GEORGII WAHLENBERG

MED. DOCT. REG. ACAD. SCIENT. STOCKHOLM. MEMBRI

FLORA LAPPONICA

EXHIBENS

PLANTAS GEOGRAPHICE ET BOTANICE

CONSIDERATAS,

IN LAPPONIIS SVECICIS

SCILICET

UMENSI, PITENSI, LULENSI, TORNENSI ET KEMENSI

NEC NON

LAPPONIIS NORVEGICIS

SCILICET

NORDLANDIA ET FINMARKIA UTRAQUE

INDIGENAS,

ET

ITINERIBUS ANNORUM 1800, 1802, 1807 ET 1810

DENUO INVESTIGATAS.

CUM MAPPA BOTANICO-GEOGRAPHICA, TABULA TEMPERATURAE ET TABULIS BOTANICIS XXX.

BEROLINI,

IN TABERNA LIBRARIA SCHOLAE REALIS.

1812.

Regiae Academiae

Scientiarum Stockholmiae

florenti

Cujus stipendiis et consiliis munitus Lapponiam ter adiit, hanc Floram sacram esse

voluit

Berolini,
d. 20. Decemb. 1811.

Auctor
G. Wahlenberg.

RATIO OPERIS.

Ut certo constaret quid terra lapponica ferat, quid ferre recuset, hanc floram conscripsi et edere decrevi, sperans eam ad geographicam plantarum propagationem ac distributionem cognoscendam haud inutilem fore. Praeclara illa scripta geographiam plantarum illustrantia, quae postremis his annis edita sunt, et spes nobis data per geographiam plantarum indagandi et explicandi subtiliores climatum modificationes; tale institutum nunc multo utilius quam antea reddere videntur. Lapponiae fertilitas prae caeterarum sub summa arcto positarum terrarum, ejus situs inter duas diversissimas orbis partes, ipsaque illa consideratio, quod Europae finem septentrionalem constituit: efficere videntur, ut vegetatio Lapponiae prae caeteris cognitu digna sit. In sequentibus sectionibus operis explicare conabor situm Lapponiae, ejus praestantiam prae caeteris terris hyperboreis, ejus clima etc. itaque nunc tantum de opere instituto pauca disserere constitui.

Primum atque grave propositum mihi fuit non tantum certa plantarum nomina exhibere, verum etiam ita illustrare ut unicuique earum certitudo constaret. Itaque differentias, easque utplurimum a me factas, adhibui, et insuper observationes ad specimina lapponica plerumque in Lapponia scriptas adjeci. Atque hoc non ita accipi velim, quasi nil nisi nova et prioribus meliora afferre voluerim; illud enim mihi magis cordi fuit, ut certitudo quantum fieri posset maxima constaret de plantis lapponicis. Si fata consideramus earum florarum nudo catalogo absolutarum, institutum meum utile et necessarium esse, fatebimur. Quis in pervolvenda ex. gr. Zoegae Flora islandica non quaeret, quanta sit certitudo in nudis his nominibus, multi etiam suspicabuntur, auctorem longe aliam plantam habuisse quam nomen indicat e. s. p. Ne simile quid meo libro accideret, operam dedi, eamque ob causam volumen ejus increvit. Ulterius synonymis additis indicare volui, ubi quaevis planta in caeteris regionibus arcticis inventa sit, atque ut haec synonyma geographico magis quam botanico respectu considerentur, opto et ita spero, ea inutilem haud occupare locum in libro nostro.

Lapponia est terra majoris amplitudinis et diversi magis climatis quam vulgo quis putet. Itaque res maximi momenti est, non solum scire quid intra Lapponiae fines proveniat, quid non; verum etiam rite cognoscere mutationes, quas subit vegetatio intra ipsam Lapponiam, usque ad eos fines, ubi nives et glacies omnia vegetabilia supprimunt. Ne igitur singularum plantarum loca natalia reperta memoriae parum fidae mandarem, semper catalogum plantarum lapponica-

rum ad manum habui in excursionibus meis, ubi mox numero et signo adposito diem notavi, quo plantam reperi, simulque herbarium portativum ad plantas comparandas mecum tuli. Sic orta sunt Diaria systematico-botanica, eaque accuratiora quam forsan nemo ante me composuit. Itaque satis persvasum mihi habeo nihil memoria excidisse; et post quatuor annorum itinera haec diaria adhibui ad plantarum per terram lapponicam distributionem rite cognoscendam, indeque construxi haec loca habitationis uniuscujusque plantae, quae primo intuitu lectori peregrino minoris momenti videri possunt, quamquam, ut ita dicam, nucleum operis constituunt. Inde quoque intelligi posse crediderim, vix ullum a me vegetabile praetermissum vel neglectum esse, immeritoque in inspicienda flora tam paupere solere exclamari; nonne plura vegetabilia haec terra proferat? Crediderim ego quidem, Lapponiam aeque perlustratam esse ac alias Europae terras; et si Botanicis Germaniae vitio non vertimus quod Africae plantas in Germania haud detexerunt, mihi quoque ignoscendum esse puto, quod Germaniae plantas in Lapponia reperire haud potui. Considerent modo qualis sit terra et quale clima!

Finis mihi propositus illustrandi geographiam plantarum, non tantum laborem majorem mihi effecit, verum etiam volumen praesentis operis pluries auxit. Si tantum nova ad systema vegetabilium afferre voluissem, certe paucioribus plagis floram hanc absolvissem. Quod autem haud neglexi, omnes in Lapponia provenientes formas vegetabilium colligere easque rite examinare, id vel ex tabulis nostris annexis, propria manu delineatis, intelligi posse credo. Sed ubi quaeritur, an omnes vegetabilium formae efficiant species constantes nec ne, multae obveniunt difficultates; et tunc haud erubescam fateri, mea itinera et observationes circa naturae progressionem institutas in regionibus respectu soli locique quam maxime variis, longe aliam mihi dedisse sententiam, quam quae plerisque Botanicis placet. Qui in regionibus planis et omni varietate orbatis, uti in Germania septentrionali vitam degit et de caetero plantarum peregrinarum tantum pauca individua in horto et herbario vidit, haud intelligere potest, quanta sit varietas vegetabilium in regionibus montanis. Fingit sibi characteres sic dictos certos, et putat se eorum criteriis dijudicare posse diversitatem specificam plantarum totius mundi; et ut certior fiat pauca individua per annum in horto colit; sed affirmare non dubito, haec criteria nihil valere contra transitiones repertas in spontaneis plantis terrae adeo mutabilis ac Lapponia nostra. Est certe opinio aeque vetus ac parum probanda, culturam mox reducere, quidquid natura per saecula et per abruptas permutationes locorum, quales in hortis non inveniuntur, produxerit. Quis adhuc reducere potuit monstrositates plantarum ex. gr. Poeoniam flore pleno? Cum itaque contendo, Salicem lanatam *variare foliis integerrimis et serratis, subrotundis et lanceolatis, lanatis et glaberrimis, sequor tantum experientiam certam, quam deserere haud volui, ut Botanicorum opinioni placerem. Pauciores certe species distinxi quam plerique alii se-*

cundum mea specimina distinxissent, sed semper certa experientia nisus. Reliquas formas dissimiles vegetabilium indicavi ut varietates, ita ut si quis, cupiditate catalogum plantarum augendi ductus, has ad dignitatem specierum promovere velit, id utique fieri possit. In hac re alii faciant quae me facere vetant visa repertaque. Haec omnia commemorare utile duxi, ne quis credat me in natura observanda parum diligentem fuisse.

In describendis autem plantis, me non omnem illam subtilitatem, quam requirit genius hodiernus Botanices, adhibuisse, forsan fatendum erit. Est autem exactitudo et subtilitas quae parum prodest, et forsan nocet scientiae, utpote quae nimium discedit ab omnibus differentiis habitualibus plantarum et nomina introducit, a notionibus plurimorum cultorum scientiarum affinium nimium aliena, et sic eo tendit, ut fiat scientia paucis accessu facilis. Itaque cum nonnulli recentiorum folia omnia muscorum sub microscopio latitudinem quandam exhibentia mox dicant lanceolata, quae ceterum setacea ne dicam capillaria sunt; cum porro folia statim serrata dicant, ubi reticuli margo non omnibus ex partibus rectus et laevis est e. s. p.: talem subtilitatem imitatione parum dignam esse crediderim. Talis quoque exactitudo nimium repugnat omni lucidiori cognitioni physiologicae plantarum, utpote quae commonstrat, quam cito facileque tales formae accidentales in se invicem transeant. Studium praeterea cognitionis botanicae et cognitionis physiologicae plantarum re vera inter se pugnant, et quasi in contraria au-

cunt: altera semper occupata est in separando, et in formarum diversitatibus demonstrandis, altera vero in naturae catena nectenda et in uniuscujusque formae transitionibus in alteram ortumque ejus ex altera docendis. Genius tam diversus duarum partium ejusdem scientiae effecit, ut summi Botanici systematici sese semper malos physiologos exhibuerint. Equidem ut nunc magis quam antea disjungantur et a se invicem removeantur, haud conferre volui; itaque meas de plantis annotationes, quantum fieri potuit, habituales facileque perspiciendas exhibere studui, ut nexus quidam cum physiologica et technica plantarum cognitione existeret. Nec in differentiis plantarum componendis aureum illum canonem oblivisci potui: pulchritudo scientiae brevitatem exposcit!

Plantae novae, quas in Lapponia detexi, undecim annis a primo meo itinere lapponico praeterlapsis, quod ad majorem partem, novae esse desierunt. Exemplaria earum varia, me inscio et invito, e Svecia emigrarunt et ideo in variis operibus descripta et delineata reperiuntur, ita tamen, ut non omnis huic libro detracta sit utilitas. Botanicorum cupiditas insatiabilis augendi catalogum plantarum efficit, ut publici juris faciant quae vel imperfecte noscunt, quasi nomina nuda et incerta scopo scientiae satisfaciant; simul autem loca habitationis mirum in modum permutant. Ita plures mearum plantarum in Lapponia natas esse voluerunt, quae ibi nunquam repertae sunt; alias in Svecia collocarunt, quae revera in Norvegia crescunt, et. s. p. Nisi omnem geographicam cognitio-

nem plantarum perire volumus, pernecessarium est ut talia errata corrigamus, quae res finem primarium operis mei constituit.

In edenda hac flora consilium aliud mihi fuit impediendi, quin nomina Linneana, ut fieri solet, immutarentur. Plures eo usque originales Linnei plantas quaesiverunt, ut a vero et certo eo longius aberraverint. Plantas quidem in Flora Lapponica, utpote Linnéi primo opere, descriptas, maxime originales agnoscunt, sed quaenam plantae in Lapponia crescant non semper sciunt, verum huic plantas valde alienas assignant. Necesse tamen est, Linnéi plantas crescere, ubi eas se legisse dicit; et nulli dubitamus, quin locus habitationis certissimam nobis praebeat ansam recuperandi ejus plantas originales, eamque multo certiorem quam specimina incerta herbarii Linneani. Post itinera plura et longiora, quam quis alius in hac terra instituit, eaque ad loca habitationis plantarum respectu geographico indaganda praecipue facta, certi aliquid me afferre posse confido. Ad nomina certa et loca certa indaganda eo magis excitatus sum, cum synonyma male intellecta, specimina falsa e. s. p. effecerint, ut plantae variae nunc tanquam lapponicae exhibeantur, quae in Lapponia nunquam lectae sunt ex. gr. Pedicularis sylvatica *), Sparganium erectum, Matricaria Chamomilla, Carex sylvatica Huds. *et* Psyllo-

---

*) *Quae aeque perperam pro spontanea ad Upsaliam exhibita est. Confer* Ehrh. Beitr. 5. *p.* 21.

phora Ehrh. *Nec in plantis Sveciae meridionalis ad Lapponiam transferendis solum erraverunt, verum Lapponiae quoque indigenas facere voluerunt plantam gallicam* Filaginem pyramidatam, *germanicam* Equisetum Telmateja m, *Helveticam* Saxifragam Aizoon, *et lusitanicam* Agrostidem capillarem. *Accepimus etiam quendam* Sonchum lapponicum, *qualem nullus Botanicorum in Lapponia reperit neque ibi repertum vidit; item* Salicem arbusculam *duplicem, quarum nulla neque in Lapponia crescit neque cum descriptione Linneana convenit. Res est maximi momenti in geographia plantarum, ut tales errores corrigantur et atro carbone notentur. Tantum itaque abest ut recentissima Botanicorum scripta novam floram lapponicam superfluam fecerint, ut multo magis eam pernecessariam reddiderint.*

Qui haec omnia rite perpendent, non inutile opus a me susceptum esse fateantur necesse est.

INTRODUCTIO GEOGRAPHICA.

De Plantarum in terris arcticis distributione et plantarum lapponicarum origine.

Jam diu cognitum est, frigus et infertilitatem climatis haud semper increscere eodem gradu ac latitudo geographica; nunc quoque expertum habemus, vegetationem haud decrescere eodem gradu ac frigus absolutum totius anni increscit, verum temperiem inprimis tempestatum anni vegetationem et fertilitatem efficere ac definire. Hæc autem proportio temperiei, quam in singulis anni tempestatibus esse videmus, longe alia est in terris versus oras maris sitis ac in terris continentalibus; itaque longitudo loci quam maximam habet efficaciam non tantum in plantarum multitudine definienda, verum etiam in forma naturaque earum modificandis*). Hoc quidem statim nobis perspicuum fit, cum vegetationem sub varia longitudine geographica prope circulum arcticum comparamus atque consideramus. In insulis Orcadibus arbor nulla altior quam *Corylus Avellana* crescit, quæ ibi climatis vicissitudines melius patitur quam et *Abies* et *Pinus sylvestris*. In Helgelandia ad oram occidentalem Norvegiæ eadem *Corylus* versus septentrionem fere æque provenit ac *Abies*. Contra in Svecia *Corylus* crescere desinit spatio octo graduum latitudinis geographicæ antequam Abies desistit; et in Sibiria *Corylus* plane abest, sed iterum invenitur Oceanum orientalem versus ad Amur-flumen unacum *Quercu*, quæ iisdem fere finibus se continet**). — In Scotia vas-

*) Sententiam meam de climatis maritimi et continentalis proprietatibus earumque efficacia in plantarum formis fingendis exponere studui in *Berlin. Magaz. für Naturkunde* 1811. III.

**) *Gmel. fl. sibir.* 1. p. 150. *Georgii it. sibir.* p. 381.

tæ satis sylvæ *Pini sylvestris* crescunt, sed nulla *Abies*; etiam in oris occidentalibus Norvegiæ desinit *Abies* sub latitudine 67 graduum, sed *Pinus sylvestris* multo longius septentrionem versus procedit usque ad 70 latit. gradum, et *Betula alba* fere 71 gradum attingit. Contrariam vel longe alienam progressionem arborum in Sibiria reperimus, ubi *Abies* unacum *Larice*, in Europæ oris maritimis incognita, versus septentrionem longius procedit quam vel *Pinus sylvestris* vel *Betula alba*. Nam cum fluminis Obi cursum sequimur, *Pinus sylvestris* desinit in regione a meridie ante Obdorsk sita, *Betula alba* autem terminum suum apud Obdorsk habet (67. latit.); sed *Abies* longius septemtrionem versus procedit, et denique ad mare glaciale tantum reperiuntur *Larix* et *Alnus incana**). Ita etiam juxta flumen Lena *Pinus sylvestris* crescere desinit ultra Jakutsk, sed *Larix* usque ad Sikta procedit**). Versus Oceanum alterum sive orientalem eadem fere progressio arborum ac apud nos iterum reperitur: in Kamtschatka *Pinus sylvestris* et *Abies* æque non crescunt ac in Grönlandia, sed *Betula alba* optime viget. Denique in oris occidentalibus Americæ versus Nutka soond iterum inveniunt primum *Pinum sylvestrem****) in proficiscendo meridiem versus uti in nostris oris, et simul vastum gregem plantarum europæarum in tota Sibiria continentali desideratarum. Quando peregrinamur ab oris nostris maritimis versus continentem Asiæ, primum amittimus *Quercum* et *Corylum* (quæ omnium arborum maxime requirunt clima quale ad oras maritimas esse solet), postea *Pinum sylvestrem* et dein *Abietem*, post quas adhuc superstites sunt *Pinus Cembra* et *Larix*, quæ interea his se adjunxerunt, simul ac *Robiniae* et ceteræ alti continentis plantæ. Talem progressionem servant arbores et in Asia et America. Utriusque continentis arctici oræ orientales tamen vegetationem et clima habent magis continentale, quam occidentales, idque ob ventos in plagis arcticis utplurimum ab occidente

---

*) *Pallas it. sibir.* 3. p. 21.

**) *Gmel. it. sibir.* 2. p. 519.

***) *Pennants Arctic Zoology introd.* p. 235.

provenientes et temperiem continentis ad oras orientales secum ferentes; notabile admodum est quanta sit similitudo inter Kamtschatkam et Terram novam (Newfoundland), et quanta e contrario inter regionem Portus franciæ (Ports francois) in ora occidentali Americæ et regionem Nidrosiæ in Norvegia.

Ex diversa hac progressione plantarum in interioribus terrae continentis partibus et in regionibus propius ad mare sitis, magna nascitur difficultas in comparanda fertilitate absoluta et in emetiendis climatis gradibus per terras arcticas. Sunt tamen etiam plantæ, quæ nullo respectu climatis continentalis et maritimi ad circulum arcticum ubique æque proveniunt. Talem sese sistit *Betula nana* et ex parte quoque *Betula alba*, quamquam eas climate maritimo paulum magis gaudere credimus. In temperatioribus Zonis arcticis vix esse videntur plantæ magis aptæ ad instituendam comparationem climatis variarum ut dicunt longitudinum geographicarum quam Cerealia nostra. Hæc æque permanent in Scotiæ et Norvegiæ climate maritimo ac sub Sibiriæ cœlo continentali, quamqnam *Hordeum* in Sibiria fere semper assumat habitum quendam continentalem in conservando vivido colore ad summam usque maturitatem. *) Cultura *hordei* in Finmarkia succedit fere ad terminum Pini, sed jamdudum in Lapponia Kemensi longe ante Pinum desinit uti ad Kyrö Enarensium, et in Sibiria ultra duos gradus ante Pinum cessat scil. ad Beresow et Jakutsk; quod quidem, uti mihi videtur, efficit clima continentale.

Ipsa vegetatio Lapponiæ rite considerata melius ducit ad notiones has generales quam ulla alia Jam diu comprobatum fuit, Lapponiam numerosiorem plantarum gregem alere quam ullam aliam terram æque alte sub summa arcto positam, quod quidem effici videtur situ ejus medio inter vastissimam terram continentalem arcticam scil. Sibiriam et amplissimum oceanum arcticum ejusque terras insulares. Ab utraque plantas suas recepisse videtur, utpote quæ plantas communes habeat cum ambabus his terris respectu climatis sibi contrariis; nec id mirum, cum quoque intra parum diversam longitudinem geographicam conjun-

---

*) *Georgii it. sibir.* p. 441.

gat magna ex parte utriusque plagæ clima. Hoc quidem efficere videtur ejus alpinum jugum, quod in norvegico latere, ut ita dicam, retinet temperaturam aëremque maritimum ut plenam in vegetatione ostendat efficaciam; ab altero latere eundem aërem arcet, et lapponiis svecicis conservat Sibiriæ coelum serenum. Ut id luculentius experirer, diligenter quæsivi quasnam plantas cum Sibiria communes habeat lapponia, quasnam plantas e terris maritimis utpote Scotia et Islandia accepisse videatur.

1) *Plantae lapponicae e Sibiria continentali quasi oriundae. Veronica longifolia* adeo vulgaris in Sibiria haud crescit in toto regno Britannico etc. *Pingvicula villosa* extra Lapponiam nonnisi in Sibiria occurrit; etiam *P. alpina* in Britannia non habitat. *Elymus arenarius* multo frequentius in Sibiria crescit; *Arundo arenaria* autem vix alibi quam in Scotia reperta est. *Lysimachia thyrsiflora*, tam vulgaris in sibiria, haud visa est in Scotia nec nisi rarissime in Anglia. *Polemonium cœruleum* Sibiriæ maxime propria planta est, utpote neque ad Norvegiæ littora procedens. *Convallaria bifolia* vulgaris Sibiriæ planta e Flora britannica excluditur. *Juncus parviflorus* tantum in Sibiria reperitur; nec *J. spadiceum* adhuc in Britannia repererunt. *Scheuchzeria palustris*, vulgaris illa in terra continente planta, adhuc desideratur in Smithii flora britannica. *Daphne mezereum* pauci admodum in Britannia invenerunt, sed in Sibiria usque ad flumen Jenisey vulgaris est. Vulgatissimum nostrum et Sibiricum *Ledum palustre* nemo neque in Britannia neque islandia vidit; ita etiam in Sibiria solummodo occurrunt *Menziesia caerulea, Andromeda calyculata* et *tetragona* et *hypnoides*. In Sibiria vulgaris omnino est *Saxifraga Hirculus*, quae in Norvegico latere alpium nostrarum vix reperitur et Britanniae incertus civis est. *Silene rupestris* in Britannia haud occurrit. *Lychnis apetala* extra Lapponiam tantum in Sibiria lecta est. *Rosa majalis* in Britannia desideratur. Vulgatissimus in Lapponia svecica et Sibiria *Rubus arcticus* ne in Norvegico quidem latere alpium nostrarum crescit. *Potentilla nivea* in Britanniæ alpibus non habitat. *Actaea spicata* rubra in Sibirico latere tantum crescit; et in Scotia ne nigra quidem lecta est. *Nymphaea lutea* in Scotia raro legitur. *Acon-*

Aconitum Lycoctonum nobis vulgatissimum in terris insularibus nusquam crescit. Aeque propriæ Siberiæ sunt *Pedicularis Sceptrum carolinum* et *lapponica* et *hirsuta*. *Linnea borealis* apud nos vulgatissima vix in tota Britannia reperta est. *Cardamine bellidifolia* in terris insularibus rarissime invenitur; nunquam vero *Astragalus alpinus, Sonchus sibiricus, Tussilago frigida, Viola biflora* et planta nobis vulgatissima *Calla palustris*. *Carex globularis* nobis vulgatissima ne in norvegico quidem alpium latere crescere solet. *Pinus Abies* in maritimis terris omnino desideratur. *Salix limosa* in Scotia rarissima et fere incerta, Sibiriæ vulgaris est; in Sibiria sola autem occurrunt *Salix myrtilloides, arbuscula* etc. *Veratrum album* certo e Sibirico latere oriundum est. Formas insignes continentales inter muscos exhibent *Splachnum rubrum* et *luteum*, quæ per totam Sibiriam crescentia *) latus norvegicum alpium omnino fugiunt, multo autem minus in insulis occurrunt. *Peltidea arctica* quoque in Scotia haud occurrit.

2) *Plantae lapponicae e terris maritimis* uti videtur oriundae, sunt: *Veronica saxatilis; Scirpus rufus* et forsan etiam *Boeothryon*. *Melica caerulea* in Sibiria rara esse videtur. *Arundo arenaria*. *Alchemilla alpina*. *Pulmonaria maritima*. *Campanula latifolia*. *Gentiana involucrata*. *Ligusticum scoticum*. *Sibbaldia procumbens*, quae in Scotia et Islandia vulgaris, in Sibiria nonnisi ad lacum Baykal raro visa est. *Convallaria verticillata*. *Narthecium Ossifragum* et *Tofjeldia borealis* terris maritimis magis gaudent quam continentalibus. *Erica vulgaris* jugum montium Verchoturiensium vix transcendit; et *Arbutus Uva ursi* ultra flumen Lena haud procedit. *Saxifraga aizoides* et *caespitosa*. *Silene acaulis*. *Stellaria cerastoides*. *Sedum villosum*. *Oxalis Acetosella*. *Tormentilla erecta* in Sibiria valde parva fit. *Trollius europaeus* ultra lacum Baikal in asiaticum permutatur; nec ulterius provenire videtur *Thymus Serpyllum*. *Erigeron alpinum*. *Carex pulla* e Scotia proventa esse videtur. *Salix myrsinites* et *glauca* et

---

*) Ad Lenam fluvium *Splachnum rubrum* habuit Dillen. hist. p. 547; ex Kamtschatka *Spl. luteum melanocaulon* vidimus, et discripsimus in Berlin. mag. —

herbacea tam vulgares in locis alpinis maritimis vix in Sibiria reperiuntur; ultra flumen Ob *Salix herbacea* in *retusam* permutari videtur. *Hippophaë Rhamnoides* rarior est in Sibiria. *Myrica Gale* omnino desideratur in Sibiria. Accedit magna cohors lichenum in maritimis tantum crescentium uti *Lichen tristis*, *L plumbeus* et *rubiginosus*, *L. glomuliferus*, *L aquilus*, *L. gelidus*; ne eas adferam species, quas novas circa promontorium septentrionale (vulgo Nordcap) detexi. Nec exempli loco laudare volui plantas meridionales, quæ sub summa arcto in littoribus maris detinentur uti *Potentilla anserina*, *Lotus corniculata*, *Statice Armeria*; mirum omnino est quod pleræque plantæ delicatiores, antequam versus septentrionem crescere desinunt, littorales evadunt.

3) *Plantæ solo lapponico propriæ* vixque alibi repertæ. *Agrostis algida* extra Lapponiam summam haud visa est nisi forsan in Spitzbergia. *Arundo lapponica* et *strigosa*. *Holcum alpinum* intra Lapponiam retineri vel ex eo cognosci potest, quod tantum regionem Lapponiæ mediæ minorem occupat. *Aira alpina* et *atropurpurea*. *Myosotis deflexa* in Lapponia nuper detecta. *Diapenzia lapponica* et *Campanula uniflora* extra Lapponiam non repertæ nisi rarius in extrema Grönlandia. *Primula Finmarkica*. *Juncus arcticus* et *arcuatus*; etiam *J. biglumis* extra lapponiam rarissimus est. *Alsine stricta* lapponiæ propria esse videtur; ita etiam *Alsine rubella*; e contrario *Cherleria sedoides*, in aliis alpibus usque ad extremam scotiam vulgaris, Lapponiam omnino aspernatur. *Arenaria humifusa*. *Ranunculus lapponicus* et *pygmaeus*. *Rhododendron lapponicum* extra Lapponiam nullus reperit nisi in alpibus davuricis, ibique facie non parum mutata; ita etiam *Salix lanata*. *Draba alpina* et *muricella*. *Gnaphalium pilulare* et forsan etiam *alpinum*. *Carex capitata*, *microglochin*, *tenuiflora*, *norvegica*, *rotundata*, *ustulata* (quæ tamen etiam in Islandia reperta esse dicitur), *pedata*, *alpina*, et *laxa*. *Salix punctata*, *versifolia* aliæque novæ extra lapponiam haud provenire videntur.

4) *Plantae ex alpibus Helveticis* forsan oriundæ utpote ubi vulgatiores, sunt: *Agrostis alpina*; *Aira spicata*. *Poa laxa*. *Gentiana glacialis* et

nivalis. Saxifraga Cotyledon. Lychnis alpina et adhuc certius *Ranunculus glacialis* in nulla alia arctica terra proveniunt quam in Lapponia. Ita fere etiam *Bartsia alpina* et *Pedicularis flammea. Astragalus leontinus* et *Phaca montana* fere in solis alpibus helveticis habitant. *Ophrys alpina. Scirpus Bellardi* et *Carex rupestris All. Aspidium montanum. Asplenium viride.*

Ex his satis constare mihi videtur, quam varia sit vegetatio alpina lapponiæ; infra demonstrabimus quam varia ibi sit temperies et natura cœli. Nostro quidem instituto utile censemus accuratius indicare, quomodo vegetatio cum increscente latitudine geographica minuatur antequam lapponiam perveniamus, vel quomodo vegetatio decrescat in regionibus ad meridiem prope Lapponiam sitis. Id quidem eo magis necessarium est, cum ex eo tantum perspici possit quænam plantæ in Lapponia necessarie desiderentur, et in Flora lapponica haud quærendæ sint. Nemo negabit, vegetabilia ex professo indagata esse ad nostram Upsaliam, sed propius Lapponiam nullum scimus locum ex toto perlustratum. Cum Ehrharti Catalogum plantarum Upsaliensium comparamus cum Flora lapponica, non possumus non mirari quanta sit diversitas. Ex 600 plantis Upsaliensibus perfectioribus vel s. d. phænogamis vix 258 in Lapponia inveniuntur; itaque amittimus in illo itinere fere $\frac{7}{12}$ vegetationis. Est igitur operae pretium indicare, ubi in hoc spatio crescere desinant plantæ insigniores et maxime notæ, et simul annotare ubi aliæ plantæ magis septentrionales occurrant. Considerandus itaque est uniuscujusque plantæ terminus septentrionalis et meridionalis. Ultra Upsaliam *Pulsatillam* haud vidimus. Ad flumen Dal-elfven crescere desinunt *Quercus Robur, Rhamnus catharticus, Crataegus Oxyacantha, Prunus spinosa, Centaurea Scabiosa, Ornithogalum luteum, Turritis glabra* etc. In vicinitate urbis Gevaliæ desinunt *Saxifraga granulata, Laserpitium latifolium, Malva rotundifolia, Typha angustifolia, Carex intermedia Gooden.* etc.; contra autem accepimus uberius ibi *Alnum incanam* (antea enim nonnisi paucas ad templum Börstel vidimus), et mox etiam ad Trodje *Betula nana* copiose crescere incipit. Finis septentrionalis Gestriciæ constituit quoque terminum septentrionalem *Spiraeae Filipendulae*, *Trifolii montani*, *Primulae veris* (postea nonnisi parcius ad Sundsvall visæ), *Viburni Opuli*, *Lythri Salicariae* (provenientis tamen in littoribus maris usque ad Vesterbottniam) et fere etiam *Coryli Avellanae*; ibi vero plures nobis obviam prodeunt plantæ mere Norlandicæ uti *Rubus arcticus* copiosissime, et *Carex globularis*. In Helsingia circa Hudiksvalliam quoque copiosa est *Cornus svecica*; ibi vero in terra interiore desinit crescere *Alnus glutinosa*, uti etiam *Scabiosa Succisa*, *Lychnis dioica* flore albo, *Carex ericetorum*, *Lemna minor* etc. In Medelpadia mox nobis obviam venit *Aconitum Lycoctonum*; sed ibi terminum septentrionalem agnovimus *Scabiosae arvensis*, *Lonicerae Xylostei*, *Plantaginis mediae*, *Cynosuri caerulei*, *Festucae fluitantis*, *Arctii Lappae*, *Campanulae persicifoliae*, *Galii veri*. Citra sylvam notissimam Skulskogen vel in Angermannia australi *Alnus glutinosa*, quae jamdiu a rusticis Alnus littoralis vel maritima in hac regione appellata est, in littoribus quoque maris crescere recusat; simulque desinunt *Acer platanoides*, *Anemone Hepatica*, *Rosa canina* (quæ etiam ad oras maris tantum per Norrlandiam occurrit), *Heracleum Sphondylium*, *Dactylis glomerata*, *Orobus tuberosus*, *Thymus Serpyllum*, *Carex muricata* Gooden. et *elongata* Linn., *Silene nutans*, *Lychnis Viscaria*, *Sparganium erectum* etc. In Angermannia septentrionali demum amittimus *Anemonem nemorosam*, *Centauream Jaceam*, *Veronicam Chamaedryn*, *Pimpinellam Saxifragam*, *Pteridem Aquilinam*, *Hypericum perforatum*; ibi vero copiosissime occurrit *Salix limosa*. Denique ad Lapponiam Umensem proficiscentes in Vesterbottnia prope Umeam ultima vice vidimus *Centauream Cyanum*, *Salicem fuscam*, *Potentillam argenteam* et *Anserinam*, *Dianthum deltoidem*, *Lycopsin arvensem*, *Arenariam rubram*, et plantas complures jam littorales v. c. *Lythrum Salicariam*, *Sedum Telephium* etc.; contra autem occurrunt *Phleum alpinum*, *Salix arbuscula*, *Splachnum luteum* etc. *Myricam Galem* etc. mox amitti infra dicemus. Illud denique adjiciendum est, terminum uniuscujusque plantæ nos ibi constituere ubi frequentius crescere desinit:

rara enim ut dicunt avis parum facit ubi de vegetatione universa quæritur.

Expositis igitur vegetationis mutationibus in regionibus adjacentibus, ad scopum nostrum præcipuum accedimus demonstrandi mutationes vegetationis intra ipsam Lapponiam. Ut autem illæ rite intelligantur necessarium duco, primum adferre quænam regiones Lapponiæ, a quibus, et quam diligenter perlustratæ sint.

Historia Floræ lapponicæ seu plantarum in Lapponia investigatarum.

Uti Lapponia partim Svecico partim danico regno subjecta est, ita etiam tum a Svecis ac Danis vel Norvegis perlustrata est; neque unquam peregrinus plantas ibi legit. Sveci non tantum Lapponiam svecicam, longe maximam partem Lapponiæ perlustrarunt, verum etiam ad oras extremas maritimas Nordlandiæ et Finmarkiæ sæpe pervenerunt; contra autem Dani oram extremam maritimam semper secuti sunt ultra promontorium septentrionale vix autem proximas alpes adscenderunt, nunquam vero alpium jugum viderunt vel superarunt.

Ol. Rudbeck fil. anno 1695 Lapponiam lulensem peragravit, ibique ad Qvickjock et proxime adjacentes alpes pervenit. Primas lineas floræ lapponicæ exaravit quamquam satis incertas; incendio enim funesto Upsaliensi impeditus fuit, quin accuratiora de plantis earumque locis indicaret. Complures etiam plantas ut lapponicas exhibuit huic terræ valde alienas, quas expungere recentiores vix ausi sunt.

Car. Linné anno 1732 primum perlustravit Lapponiam Umensem sylvaticam ultra Lycksele usque ad infimam partem fluminis Juncktån; exinde ad Vesterbottniam reversus est, et dein totam Lapponiam Lulensem peragravit trans Harris, Jockmock, Quickjock; alpium jugum ad Virih-jaur et Tulpajegna transcendit, et sic in sinum Torr-fjord Nordlandiæ Saltensis descendens ad Rörstad adjacentesque insulas *) maris oc-

*) Notare utique oportet, quod nulla Salleröa a Linnéo sic dicta in his regionibus nota est. Nomen Hellöæ vel Hellerõæ uti videtur in Salleröam mutavit.

cidentalis pervenit. Post moram dierum paucorum alpium jugum iterum superavit, et eadem fere via per Lapponiam Lulensem reversus est ad Vesterbottniam. Dein regionem ultra Torneam sitam perlustravit et ad Kengis usque pervenit, sed Lapponiam Tornensem haud vidit. Plantas lapponicas omnes diligenter et satis accurate annotavit, et sic Floram lapponicam confecit satis bonam, ita ut pauca tantum adjicere potuerint insequentes peregrinatores.

Laur. Montin anno 1749 per Lapponiam Lulensem usque ad mare septentrionale et Rörstad perrexit vestigiis Linnéi omnino insistens. Pauca addidit ex. gr. *Splachnum luteum* et *Juncum biglumem* in Dissertatione de Splachno exhibita. Nonnullæ quoque plantae ex Herbario ejus Stockholmiæ in Academia R. Scientiarum asservato, promi possunt scil. *Spergula stricta* Sw. et *Juncus spadiceus*.

C. Solander anno 1753 Lapponiam Pitensem ëjusque alpes diligenter perlustravit, et ni fallor littora maris septentrionalis ad Saltdalen salutavit, uti conjicere licet ex eo, quod *Gentianam auream Linn.* reperit. Plantas rarissimas et a nemine alio in Lapponia visas detexit ex. gr. *Hieracium Taraxaci*, *Caricem pedatam*, quarum tamen et loca specialia et specimina desiderantur, nec Anglis magis nota esse videntur. Alias autem plantas cum Cel. *Bergio* communicavit in Stockholmia adhuc asservatas.

Jon. Hollsten annis 1758 — 1766 Quickjockiae Lapponiæ Lulensis verbi divini minister vixit. In alpibus altis circa Quickjockiam aliisque, quas in itineribus muneris causa susceptis ad alpem Arrasfjället adiit, plantas diligenter quæsivit et multas detexit ex. gr. *Ophrydem alpinam*, *Veronicam saxatilem*, quarum specimina bona in Herbario Bergiano Stockholmiæ etiam nunc prostant.

Petr. Adlerheim eodem fere tempore Curator fodinarum Lapponiæ tornensis, plantas varias ad Svappavaara legit et novas quasdam ex. gr. *Phacam frigidam*, *Sonchum sibiricum* cum Linnéo communicavit.

I. E. Gunnerus, celeber ille Episcopus Nidrosiensis, itinera visitatoria præcipue annis 1759, 1764 et 1767 per Nordlandiam maritimam et Finmarkiam utramque usque ad Vardhus fecit. In his itineribus partim alpes maritimas ipse perlustravit, partim Sacerdotes ad plantas investigandas incitavit, quo factum est ut multæ plantæ rarissimæ innotuerint in Flora ejus norvegica exhibitae. Diligenter omnia annotavit etiam loca natalia plantarum meridionalium, itaque plus fecit ad vegetationem Lapponicam præcipue maritimam cognoscendam quam ceteri fere omnes.

Ol. Swartz anno 1783 cum sociis nonnullis in Lapponia Lulensi trans Quickjock ad alpem Arrasfjället pervenit, pastorem sacris officiis fungentem insequens. Muscos varios in hoc itinere lectos esse scimus, et plantas quoque detectas esse perhibent, sed earum loca specialia et specimina mihi non certa esse videntur; itaque plerasque omittere coactus sum.

Mart. Vahl anno 1787 per hiemem et ver in Tromsöa Nordlandiæ commoratus est et Lichenes nonnullos fungosque legit; dein æstate insequente præternavigavit Finmarkiam usque ad Vardhus, et inde revertens alpes inter Porsangriam et Qualöam transgressus est. Paucas tantum plantas rariores legit ut *Astragalum sordidum;* sed fungos plures sarchocarpos detexit et determinavit quam quivis alius. Observationes suas partim in Flora danica partim in relatione speciali in Natur-Videnskabers Sælskabs skrivter exhibuit.

Sam. Liljeblad anno 1788 Lapponiæ tornensis Zonam meridionalem fluminis tornensis cursum legens peragravit, et trans Juckasjärvi ad lacum insignem Torne-träsk inter alpium jugum situm venit. Partem itaque alpium valde memorabilem et a nemine perlustratam vidit, ubi *Acrostichum hyperboreum, Airam alpinam* suam et *Drabam nivalem* detexit. Cæteras ejus plantas, quantum potui, diligenter citavi. Denique e Lapponia revertens montem subalpinum Yllästunturi prope Lapponiam Kemensem situm visitavit et *Pteridem crispam* reperit.

Gröndal, Med. Regius eodem anno 1788 e Muonioniska in Lapponia tornensi infima egrediens, Peldovuoma et flumen Ounasjoki transiit, lacum Enarensem superavit, et ad Neiden Russiæ adjacentemque sinum Varangriæ nec non Vadsöam Finmarkiæ maxime orientalis tetendit. Quamquam aves inprimis venatus est, tamen plantas rarissimas legit uti *Cucubalum tataricum*, *Stellariam humifusam Rottb.* sed earum loca specialia haud annotavit.

Ipse quaternis itineribus Lapponiam peragravi et omnes singulasque ejus partes perscrutavi, non tantum de plantis omnibus verum etiam de geographia botanica et physica sollicitus.

Anno 1800 d. 14. Junii Lapponiam tornensem intravi: Muonioniskae degens, montem subalpinum Oilostunturi visitavi, per finem mensis Junii ad templum Enontekis commoratus montem Roussatjärro et alios montes subalpinos investigavi. Dein trans montem Nonainen ad Naimaka perrexi ejusque montem Vallivaara lustravi, postea d. 2 - 4. Julii alpium jugum ad Moskonvaara et Tsatseraise transii, et in Nordlandiam ad sinum maris Lyngen descendi. Ibi in pago Qualviig d. 5. -- 13. Julii habitans alpes adjacentes maximas, longe supra limitem nivalem elevatas perscrutatus sum, et præcipue cacumen alpis Lyngentind ad templum Lyngense ultra nivem conscendi. Ulterius Tromsöam vidi et sinum maris Balsfjorden visitavi, ubi *Myosotidem deflexam* detexi. Alpium jugum d. 19. Julii iterum quærens, viam pristinam repetivi et alpes ad Tsatseraise superavi; dein flumen Köngämä sequens ad templum Enontekis iterum d. 23. Julii perveni. Moram iterum faciens in domo Rev. Pastoris *Grape*, cujus observationibus Thermometricis infra usus sum, habitavi usque ad d. 10. mensis Augusti, interea regionem australem ad Idivuoma variosque montes diligenter perlustrans. Denique Muonioniskam repetens e lapponia d. 16. Augusti discessi post duorum mensium intra Lapponiam iter. Carices multas in hoc itinere detexi, quarum differentias ipse in Actis Stockholmiensibus exhibui, et quarum icones ad mea exemplaria factas in Schkubrii tractatu de Caricibus reperi; itemque muscos multos primum intra Sveciam legi ex. gr. *Conostomum boreale*, *Cinclidium stygium*, *Dicranum latifolium*, *Weissiam roseam* etc. His aliisque observationibus incitatus Lapponiam iterum visitare optavi, et stipendium opera Cel. *Swartzii* a R. Academia Scientiarum accepi. Ne autem fluxus fluminum vernalis et nives liquefactæ moram mihi iterum facerent, alpes hyeme transire decrevi. Itaque

Anno 1802. a rhenone supra nivem vectus d. 17 Aprilis Lapponiam Tornensem intravi, trans Muonioniska et Leppäjärvi ad Kautokeino perveni, et dein d. 22 - 24. Aprilis alpes frigore hyemali adhuc rigentes superavi, quod ante me nullus Botanicorum fecit In Finmarkia ad sinum Altensem et quidem ad Påsekow habitans totum mensem Maji contrivi, et præcipue Lichenes in scopulis denudatis maris et in rupibus montium nive nunquam tectis quæsivi, illosque detexi, quos exhibet Cel. *Acharii Supplementum* ad *Methodum lichenum*. Demum vere appropinquante initio mensis Junii domum mutavi, et ad Hammerfest Qualöæ d. 1 - 14. Junii habitavi iterum Lichenes quærens. Ulterius insulas et promontoria extrema petii, Måsöam et adjacens promontorium perlustravi, trans Stappenöer et Tuenäs procedens præternavigavi promontorium septentrionale d. 21 Junii. Porsangriam dein perscrutatus sum; ad Rebvog d. 22 Junii — 9 Julii habitans, Kistrand visitavi nec non Billefjord frustra transire tentavi. Finmarkiam occidentalem ulterius præternavigans Svärholt superavi, isthmum his in locis notissimum Hopseidet transgressus sum, et sic ad templum Tana perveni petris et undis maris glacialis vale dicens. Cum flumine Tana postea luctuandum fuit. Ad Polmak nonnullos dies commoratus sum, et longiorem moram d. 24. Julii Utsjokiæ quæsivi. Interea ipsum jugum alpinum Finmarkicum salutare volui, et ad supremum Levojoki tentorium habitans alpes Rastekaise, Käimickaisse etc. d. 27 — 30 Julii perlustravi. Utsjockiam reversus lacum Enarensem petii, ibique ad Jwalojoensuu d. 13 — 17 Augusti commoratus sum. Inde terram omnium maxime desertam penetrare studui, ad Sotajoki per plures dies tendere tentorium coactus fui, et sic trans Tankajoki ad pagum Muttania parœciæ Sodankylä perveni d. 26 Augusti lassitudine et inedia adeo pressus, ut per dies complures stomacho laborarem. Denique postquam trans Kiurujärvi et Kellojärvi perveneram, ad templum Sodankylä moram quæsivi et vires resuscitavi usque ad d. 9 Septembris, interea præcipue fungos legens. Fluminum cursus sequens ad Pelkola paullum commoratus sum, et exinde montem subalpinum Pyhätunturi d. 14 Sept. visitavi, et postremo Lapponiam deserui d. 16 Septembris ad lacum Kemiträsk perveniens, post quinque mensium intra Lapponiam iter. In hoc omnium longissimo itinere præter Lichenes præcipue Salices in Finmarkia legi et fungos in Lapponia Kemensi. De cætero descriptionem Lapponiæ Kemensis composui, quam edidit Generosissimus L. Baro *Hermelin* cum titulo: *Geografisk och Ekonomisk Beskrifning om Kemi-Lappmark, Stockholmiae* 1804. 4to. — In duobus his itineribus per Lapponias maxime septentrionales vegetationem satis diversam reperi ab ea, quam in Lapponia Lulensi descripsit Linnéus. Optavi itaque vestigiis hujus illustris viri insistere, ut etiam altitudinem nostrarum alpiùm et vegetationis terminos emetirer. Hoc consilio cum Cel. *Swartzio* et Regia Academia Scientiarum communicato, iterum stipendio munitus et instrumentis geographicis scilicet Circulo Bordaći et Barometris instructus sum. Idem autem consilium alpes hieme transeundi sècutus sum, ac in ultimo itinere, quod tunc quidem pernecessarium esse comperi. Ideoque

Anno 1807 iterum rangifero supra nivem vectus Lapponiam Lulensem d. 23 Aprilis salutavi, trans Jockmock et Quickjock ad alpes perveni; eas autem hieme transagere, heic multo magis arduum esse quam in Lapponia tornensi, comperi tum ob majorem altitudinem et præruptiora latera, tum ob intentatam viam. Die 3 Maji sylvaticam regionem deserui, alpem Valli transvectus sum, ad lacum Tarraloubbal lapsum cum traha rangiferina feci, quo destructum est unum Barometrorum meorum; alterum postea a Lappone in soleis nivalibus (snö-skidor Svec.) supra nivem currente portandum curavi. In alpe Utsa-titir prope Virih-jaur detentus sum ob inopiam rhenonum sub tentorio in nive habitans usque ad d. 9 Maji; dein per diesque noctesque, quæ nivem alpium hyemalem æque illustrarunt, Gåutilis superavi, et ad Lerfjord parœciæ Nordlandicæ Folden descendi per latera alpium prærupta et nive glaciata quam maxime lubrica, ubi Rhenones nobis nullam præstare potuerunt operam. Post tam arduum et a nemine antea tentatum transitum alpium perveni ad mare septentrionale, cujus sinus interiores ob fere inauditum hoc anno frigus glacie obducti fuerunt et nova mihi impedimenta objecerunt. Denique, postquam molem glaciei perfregeram, undis maris me commisi et ad Kierringöam d. 18 Maji substiti. Per mensem ibi degens et adventum veris exspectans præcipue Algas maritimas in fundo maris quæsivi. Dein Rörstad ejusque alpes d. 16 — 23. Junii perscrutatus sum; sed adveniente jam vere loca lætiora in intimo sinu foldensi quæsivi, et in pago Dale stationem primariam ad indagandas alpes mihi elegi. Perscrutatus alpes adjacentes Strömklumpen et Skirriporri d. 1. Julii isthmum Saltensem transegi, et regionem, quam vocant, aquatilem Saltensem penetravi, trans Skönstugan et Langvand alpium jugum quaerens. Ibi ad lacum tunc glacie tectum Lommijauri tentorium tetendi, alpem totius lapponiæ altissimam Sulitelmam primum trigonometrico modo emensus, d. 14 Julii summum ejus cacumen inter glacierum ruptarum pericula conscendi ibique Barometrum exposui *). Postea ad sinum Saltensem reversus, isthmum Saltensem iterum trajeci d. 19. Julii, et alpem Strömklumpen prope Dale emensus sum. Appropinquante jam summa æstate iter alpinum longius præparavi, d. 23 Julii sinum Torrfjord penetravi, et exinde alpini jugi summam glaciem Tulpajegna transcendens ad lacum alpinum maxime memorabilem Virihjaur d. 25 Julii perveni, ibique ad Sirkaloukt tentorium fixi per nonnullas hebdomades. Alpibus undique investigatis glacies iterum superare et ad mare retrogredi coactus sum d. 6 Augusti, ubi ad sinum Sörfoldbotten plantas littorales iterum quærere licuit. Denique d. 12 Augusti littoribus inferalpinis vale dixi, et superatis iterum glaciebus lacum Virihjaur trajeci, nec non ad alpem Kirkivare tentorium tetendi, unde summam glaciem Ålmajalos-jegna prope laudatam Sulitelmam d. 15 Augusti conscendi, ubi Barometrum unum superstes perdidi. In variis his excursionibus circa lacum Virihjaur utpote centrum alpium omnium lapponicarum institutis, detexi *Astragalum leontinum* et *montanum*, *Aspidium montanum*, *Drabam androsaceam*, *Caricem pedatam* et

---

*) Mea circa altitudinem montium et terminos vegetationis experimenta seorsim exhibui in tractatu: *Berättelse om mätningar för att bestämma Lappska fjällens högd och temperatur*, Stockholm 1808, cum mappa geographica et tribus prospectubus alpium.

Bellardi All. etc. Instante jam autumno domicilia in lapponia svecica quærere coactus sum, et Vallivare transscendens ad Quickjock reversus sum d. 21. Augusti. Mox vero ad Lapponiam Pitensem transii et ad templum Arjeplog d. 28. Augusti usque ad 4. Septembris præcipue Salices et plantas aquaticas quæsivi: dein templum Löfmock vidi, adjacentesque alpes Peliekaise, Ribnitskaise etc. d. 5. et 6. Septembris perscrutatus sum; et denique trans Tjäkelvafs nive jam cadente Quickjock repetivi. Perlustratis iterum ejus alpibus jam nive autumnali fere tectis d. 9—12. Septembris, alpinam regionem deserere coactus sum, et fluminis Lulensis cursum sequens Lapponiam d. 23. Septembr. egressus sum post mensium quinque intra Lapponiæ fines iter. — In hoc itinere alpes perlustrare mihi satis contigit et Linnéi plantas alpinas resuscitare; sed de plantis sylvaticis dubia varia adhuc manserunt, quod antea sylvaticam regionem ultimo tantum autumno vel primo vere peragraveram. Optavi itaque Lapponiam sylvaticam eamque maxime meridionalem itinere æstivali peragrare, præcipue ut terminos plantarum svecicarum indagarem, Lichenes muscosque sylvaticos in Lapponia adhuc non repertos quærerem, et insuper experimenta circa temperiem terræ instituerem. R. Academia Scientiarum svasu Cel. *Swartzii* huic proposito non tantum innuit, verum etiam stipendio largiori me donavit. Quarta igitur vice

Anno 1810 Lapponiam intravi et quidem Lapponiam Umensem d. 8. Julii salutavi, ad Lyckselam mox perveniens. Ibi d. 8—15. Julii degens plantas sylvaticas quæsivi et *Salicem versifoliam* detexi. Dein ultra Faltrásk et Gransele progrediens Sorselam d. 18. Julii vidi, et trans lacum Stora-Vindeln ad Gillesnöle et alpem Givorten perveni. Hac alpe d. 22. Julii investigata ad Sorselam et Lyckselam reversus sum; unde d. 29. Julii — 2. Augusti iter feci ad lacum Örträsk angulum infimum et maximo meridionalem totius Lapponiæ occupantem. Postquam ibi neque *Myricam Galem*, neque *Callam palustrem* etc. reperire potui, Lyckselam revidi et d. 4. Augusti e Lapponia discessi, plantarum terminos *) meri-

*) Quæ in hoc itinere institui experimenta de temperie terræ, plantarum terminis etc. exposui in tractatu Actis R.

diem versus quærens. — Post tam multa et vario modo instituta itinera, opus meum de vegetatione lapponica haud immaturum fore speravi.

Plures quidem naturæ scrutatores Lapponiam adiisse scio, sed eorum circa plantas vel vegetationem observationes haud mihi innotuerunt. De geographia autem physica hujus terræ optime meruit *A. Hellant*, qui Lapponiam singulis annis peragravit montesque ejus emensus est e. s. p. Hujus variis annotationibus in Observatorio Reg. Academiæ Scientiarum asservatis usus sum. Denique Lapponiam peragravit Generosissimus *Leop. von Buch*, et experimenta quam maxime fida de altitudine montium, terminis vegetationis etc. exposuit in libro: *Reise nach Norwegen und Lappland*, Berlin 1810.

Divisio Lapponiæ in partes naturales secundum vegetationem.

Certis experimentis infra demonstrabimus, clima ubique idem esse ad Sinum bottnicum stricte sic dictum *). Hic Sinus quasi saccum occlusum constituit, ex quo omnes plantae et tota constitutio regionis quasi proficiscuntur et per Zonas disponuntur sine respectu ad latitudinem geographicam. Sic Zonæ variæ inter hunc sinum et jugum alpinum parallelæ, considerandæ sunt. Vegetatiò ab una Zona ad alteram adeo sensim mutatur, ut certe debeamus distinguere inter regionem fere sylvaticam et fere alpinam; et sic ortæ sunt denominationes: subsylvatica et subalpina eodem sensu, quo Botanici illud sub usurpari solent. Itaque monemus, regionem subalpinam haud sic appellatam esse, quasi subtus

---

Academiæ Sc. Stockholm. inserto, cui titulus: *Rön om Springkällors temperatur i Rikets norra provinser.*

*) Incolæ et nautæ hujus regionis aliud nomen tribuunt mari supra fretum Quarken sito quam mari infra Quarken. Quod supra fretum Quarken est, dicunt svetice *Bottenviken* i. e. *Bottnicum sinum*, quod infra Quarken dicunt *Bottenhafvet* i. e. *bottnicum mare.* In hoc strictiori sensu Sinum bottnicum lubentissime accepimus, cum constitutio coeli et terræ adjacentis ibi longe alia sit, quam ad mare bottnicum, baltico mari longe similius.

alpes sita sit, sed quia fere alpina tum altitudine ac vegetatione est. Datur vero regio altera lapponiæ, quae re vera subtus alpes sita est idque ad latus norvegicum jugi alpini, quam infra alpes locatam dicimus; et sic ortæ sunt denominationes: plantæ infra alpes crescentes, plantæ infra-alpinæ et denique etiam inferalpinæ; quæ nomina nobis percommoda visa sunt, et ut haec nobiscum accipiant lectores, optamus. Varias illas Zonas seu regiones Lapponiæ accuratius describere juvat.

Limitem naturalem Lapponiae efficere videtur catena montium sylvaticorum, circiter 500 ped. paris. altorum, qui 5. - 8. miliaria svec. a sinu bottnico distant. Hi montes toti sylva abiegna consiti sunt, nec vertice denudato unquam distinguuntur; neque montes ulli subalpini infra illam catenam existunt. Incipiunt infra lacum Kemiträsk, procedunt ad Torneam superiorem et Öfver-Calix, dein circa Edefors districtus Lulensis visi sunt, et denique ad lacum Tafvelsjön districtus umensis procedunt. Hanc catenam montium vix superant *Calla palustris*, *Myrica Gale*, *Veronica officinalis*, *Chrysanthemum Leucanthemum*, *Festuca elatior* (quæ F. pratensis Smith Engl. bot. 23. t. 1592. , *Carex stellulata* etc., quæ plantæ proprie vix lapponicæ appellari possunt. Betula ibi frondescit initio mensis Junii.

Lapponia sylvatica inferior ubi non tantum Abies verum etiam *Trifolium pratense*, *Lysimachia thyrsiflora*, *Convallaria majalis* (ad ripas fluviorum), *Nymphæa alba* læte crescunt. Heic nonnullæ plantæ subalpinæ crescere incipiunt uti *Tofjeldia borealis* et *Serratula alpina*. Limes superior hujus districtus positus esse videtur ad Sodankylä Lapponiæ Kemensis, inter Kengis et Muonioniska Lapponiæ Tornensis, ad Jockmock Lapponiæ Lulensis et ad Falträsk Lapponiæ Umensis.

Lapponia sylvatica superior plantas supra enumeratas desiderat, sed sylvis abietum adhuc undique gaudet. Ubi Abies in locis apricis crescere desinit, ibi limitem super. hujus regionis positum esse credimus. Terminus autem abietis in Lapponia Kemensi, Tornensi nec non Pitensi perconspicuus esse reperitur, quia terra ibi planior est et convallibus profundis caret; sed in convallibus profundis et occultioribus Lapponiæ Lulensis versus Quickjock et Umensis versus Gillesnöle abies solito propius ad alpes procedit, lateribus montium tecta. Ibi limitem superiorem hujus regionis ponimus, quo Abies in apricis desideratur scil. ad Gautsträsk Lapponiæ Umensis et Tjåmotes Lapponiæ Lulensis, quamquam Abies ad Gillesnöle et supra Quickjock in occultis procedit. In cæteris Lapponiis limitem superiorem Abietis invenimus ad lacum Laisträsk, ad finem superiorem lacus Hornafvan et inter Tjäkelvaſs et Rappen Lapponiæ Pitensis; paullo supra Gellivare Lapponiæ Lulensis, supra Wittangi et infra Palojoensuu Lapponiæ tornensis; denique ad Kyrö versus lacum Enarensem Lapponiæ Kemensis. Plantæ magis meridionales in hac regione desinentes sunt: *Trifolium repens, Festuca rubra, Rumex aquaticus, Nymphæa lutea* et pleræque plantæ aquaticæ. Plantæ plures alpinæ heic inveniuntur uti *Salix glauca* usque ad mediam ejus partem, *Salix hastata* in magis septentrionalibus, *Bartsia alpina* et *Lychnis alpina* ad ripas fluviorum. Cultura Hordei bene succedit, sed supra hujus regionis limitem parum. Betula frondescit medio Junio. Temperies terræ ad Sorsele 2° therm. centigr. in scaturigine reperta est. *) Regio hæc valde paludosa est in lapponiis planioribus uti Kemensi, Tornensi et in Gellivare Lulensis, nec non in Pitensi; sed Lapponia reliqua Lulensis ut et Umensis convallibus profundioribus plenæ, aqua minus laborant.

Montes subalpini in hac regione sunt siccissimi et quam maxime glareosi vel lapidosi, *Lichene rangiferino* undique obtecti et exinde fulmine plerumque devastati, sterilissimi. Supra terminum sylvarum nonnisi 200 vel 300 pedes paris. elevati sunt, ideoque nivem vix ultra solstitium æstivum retinent. Plantis alpinis siccissimis tantum gaudent scil. *Menziesia cærulea, Arbuto alpina, Junco trifido, Lycopodio alpino, Azalea procumbenti* et rarius *Diapenzia lapponica.* Dispersi undique jacent, nec catenam unquam efficiunt. Tales montes subalpini in Lapponia Kemensi frequentissimi

*) Vide Acta Stockholmiensia ann. 1811.

sunt, ubi *tunturi* lingua fennica dicuntur: uti *Vilma tunturi*, *Jauri-tunturi*, *Suas-tunturi*, *Pyhätunturi*, *Luosto-tunturi*, *Karastunturi*, *Oratunturi*, *Niivatunturi*, *Kompo-tunturi*, *Sombio-tunturi*, *Luiro-tunturi*, *Nuorttitunturi*, *Riitatunturi*; plures quoque occurrunt in Lapponia Tornensi septentrionali uti *Yllästunturi*, *Jeristunturi*, *Ollos-tunturi*, *Ounas-tunturi*. In Lapponia Lulensi nonnisi unicus *Gellivare Dunder* notus est; Lapponia vero Pitensis, quæ vario respectu Lapponiæ tornensi similis est, nonnullis gaudet montibus *bout* ibi dictis, uti *Kalkis-bout*, *Ardnabout* prope Arjeplog sitis. Nomen bout caput calvum indicat. Lapponia umensis unicum tantum talem montem in ipso limite superiore hujus regionis situm habet scil. *Naulo-berget* prope Sorsele *).

Regionem subsylvaticam dicimus illam Zonam Lapponiæ, ubi Pinus tantum crescit nec ulla Abies. Præcedentibus regionibus longe angustior est et plerumque cæteris difficilior determinatu, quia Abies in convallibus profundis sæpe reperitur solito propius ad alpes. In Lapponiis septentrionalibus interdum ultra octo miliaria svecica lata et certissime determinata; scil. in Lapponia Kemensi inter Kyrö Enarensem et lacum Petsekojaur extenditur; ad Peldovuoma-tunturi longe angustior fit, sed in Enontekis iterum valde dilatatur e Nunainen usque infra Palojoensuu extensa, quam latitudinem ad Juckasjärvi conservari puto utpote ultra Vuolosjoki procedens. Contrahitur iterum in Lapponia Lulensi ob convalles ejus profundiores, in quibus Pinus paullo supra Quickjock procedit præcipue ad Kamajoki. In Lapponia Pitensi iterum latior et magis conspicua fit utpote supra lacum Tjäkelwafs usque inter Tjäkelvafs et Rappen extensa; nec

---

*) Montem sic dictum *Stötting fjället* inter Lyckselam et Aselam situm uti alpem elatam descripserunt Geographi; est vero nonnisi mons sylvaticus abiete undique consitus et haud ultra 600 pedes parisinos elevatus. Nomen illud *fjäll* non semper alpem arboribus denudatam indicat, verum sæpe et forsan strictissimo sensu locum, e quo fluvii oriuntur vel e quo aquæ ad utrumque latus diffluunt. Ita dicunt se *fjället* transiisse, quum per sylvam ex. gr. inter flumen Umense et Vindelense sitam penetrarunt.

nec non e Laisträsk usque supra Adolphström; sed in media parte hujus Lapponiæ nonnisi e fine superiore lacus Hornafvan ad finem superiorem lacus Hyttetrask extenditur. *Pinus* in Lapponia Umensi fere sola inde a Gautsträsk usque ad locum Petsigerk procedit, (isque locus ob defectum Pini finis pinorum in lingva vernacula dictus est). Ante Pinos crescere desinit *Carex globularis*, et in magis meridionalibus *Prunella vulgaris*. In hac regione cito nobis obveniunt *Pedicularis lapponica* per sylvas undique dispersa, *Viola biflora* et *Talictrum alpinum* ad ripas fluviorum, *Salix lanata* et *Tussilago frigida* ad margines paludum fontiumque, nec non *Ranunculus lapponicus*. Cultura Hordei ibi vix succedit, ita ut coloni ibi sint pauperimi. Temperiem terræ 1°, 8 thermom. centrigr. ad Risnäs Lapponiæ umensis reperi. Betula frondescit inde a solstitio æstivo. Lacus et flumina majora hujus regionis circiter 1000 pedes parisin. supra mare elevata sunt.

Regio subalpina Betulam adhuc alit, cæteris arboribus sylvestribus destituta. Finem ejus superiorem ponimus ubi Betula orgyalem altitudinem haud attingit. *Populus tremula* et *Prunus Padus* ante Betulam desistunt, sed *Sorbus Aucuparia* fere eundem limitem attingit. Betula intra Lapponiam semper longe altius versus alpes adscendit quam Pinus et Abies; ideoque hæc regio longe magis determinata magisque conspicua est quam præcedens; tamen in mappa geographica difficillime exaratur, quia betula in partem montosam adscendens, montes omnes vario modo circumcingit et convalles omnes minores penetrat. Non sine aliquo dubio limitem ejus superiorem ponimus ad Sjeckakoski Utsjokensem, ad Kautokeino Finmarkiæ, ad Naimaka et Torneträsk, ad lacum intermedium Lulensem, ad lacum Tarrajaur parœciæ Quickjock e. s. p. Prope lacum Bartauri et Ribnitsjaur Lapponiæ Pitensis nec non Juckt-träsk et Björkvatnet Lapponiæ Umensis sola Betula provenit. Betula ibi ante finem Junii vix frondescit. Est regio sicca *Lichene rangiferino* quam maxime obtecta, monticulis rotundis arenosis consita sine ullis petris. Montes majores interdum obveniunt ex alpium jugo quasi procedentes et sylvis accedentes, qui lapponibus semper *Vallivare* s. *Vallketje* dicuntur. Hic locis siccioribus crescere incipit *Azalea procumbens*, *Juncus spicatus* et *trifidus*. Temperiem terræ ad limitem Betulæ in Givorten Lapponiæ Umensis 1°, 4 thermom. centigr. esse, reperi.

Betula transit e latere norvegico alpium usque in Sveciam duobus tribusve locis intra fines Lapponiæ, ubi adeo demissum est jugum alpium. Hoc quidem eo magis memorabile est, quod alpium jugum ex alpe Dovriana usque ultra circulum polarem continuatum, vegetationem occidentalem norvegicam ab orientali svecica disjungit, ut nonnisi plantæ alpinæ transire queant. Transitus primus et omnium maxime memorabilis nobis occurrit ad lacum Torneå-träsk, ubi ex insigni illa convalle inferalpina *Malangerdalen* silva betulina penetrat per convallem *Audje vaggi* juxta lacus Polno-träsken usque ad Torne-träsk, unde dein in Sveciam descendit. Hac via multas plantas inferalpinas Nordlandicas ad Lapponiam Tornensem meridionalem pervenisse crediderim ex. gr. *Saxifragam Cotyledonem* et forsan etiam *cæspitosam*, *Sedum annuum*. Alterum transitum aperiit flumen Altense, quod e latere meridionali, alpium jugum penetrat et Betulam aliasque plantas secum fert. Tertium transitum efficit flumen Tanense, quo alpium jugum ad Tanam templum vel Guldbolmen adeo angustum et parum conspicuum est, ut illud omnino finitum dicamus. Hac via adscendit *Thymus Serpyllum*, *Matricaria inodora* etc. Quamquam *Pinus sylvestris* supra Utsjoki copiose in convalle fluminis crescit, tamen heic usque ad mare septentrionale haud penetrat. Itaque catenam alpium hic deficere, dici non potest; sed *finis alpium* omnino est ad Neiden pagum Russiæ adjacentem, ubi Pinus sylvestris e Svecia usque ad mare septentrionale propagatur. Quousque vero meridiem versus progredi nos oporteat ut transitum quoque Abietis reperiamus, mihi non constat.

Regionem alpinam inferiorem vel *alpes inferiores* dicimus, ubi post discessum Betulæ nix nullibi perennat ne locis occultis et in scrobiculis, sed ante medium Julium ubique diffluit. Ibi *Diapenzia lapponica*, *Silene acaulis*, *Andromeda hypnoides* undique per campos crescere incipiunt. *Betula nana* adhuc erecta locis paludosis crescit, ut etiam *Salix myrsinites*. Ejusdem indolis fere sunt Alpes maritimae Finmarkiae ad promontorium septentrionale, quamquam ob rupes praeruptas humorem et interdum nivem conservant, ideoque alpino jugo non parum similiores sunt. In alpe Givorten Lapponiae Umensis temperiem terrae hujus regionis 1°,0 therm. centigr. esse observavi.

Alpium jugum vel alpes superiores nivem multis locis per totam aestatem conservant, qua continuo liquefacta humorem summum vel potius solum uliginosum adipiscuntur iis omnino peculiare. Ibi itaque crescere possunt *Ranunculus glacialis* et *nivalis*, *Pedicularis hirsuta* et *flammea*, *Stellaria biflora*, *Erigeron uniflorum*, plantae nullis aliis locis obviae. Alpium jugum in Lapponia meridionali utpote Umensi, Pitensi et Lulensi aquas meteoricas occidentales et orientales omnino separat et omnium alpium summa cacumina habet; in Lapponia vero Tornensi vel potius Nordlandia maxime septentrionali alpes summae versus mare glaciale magis elevantur, quam ullo alio loco, adeo ut ex. gr. prope Lyngen et Tromsöen alpium cacumina nivalia et convalles inferalpinae laetissimae inter se alternent, exemplo per Lapponiam inaudito et scrutiniis botanicis quam maxime favente. Postea in Finmarkia occidentali a discrimine aquarum longius remotum est jugum et mari septentrionali accedit; simulque humilius fit et denique in alpibus Voriedudер et Rastekaisse limitem nivalem haud adtingentibus fere finitur. Reliquae enim alpes, quae in Finmarkiam orientalem se extendunt ex. gr. ad Tanam et inter peninsulam Varangriam et sinum Tanensem nivem vix ullibi retinent quamquam petrosae.

Ultra limitem nivalem elevata cacumina paucioribus tantum locis intra Lapponiam occurrunt. Horum humiliora 4000 ped. paris. altitudinem haud attingentia glaciebus destituuntur, altiora glaciebus *) primi generis instructa sunt, altissima vero ultra 5000 ped. par. supra mare elevata glaciebus secundi generis ruptis et cadentibus insignita sunt. Limitem nivalem circiter 3300 ped. paris. supra mare elevatum esse cognovimus. In Lapponiae Umensis confiniis septentrionalibus primum nobis notum est cacumen

*) In Sibiria nullae sunt Glacies: *Pallas it. sibir.* 3. p. 448. uti videtur ob aestatem nimis calidam.

nivale, cujus glacies secundi generis Junkaren *Soupts* dicitur (*Soupts* Lapponibus umensibus glacies denotat) et prope lacum Viresjaur descendit. In alpibus pitensibus unicum cacumen nivale nobis indigitatum ipsi vidimus scil. Saulo-tjack, quod tamen ob angustiem suam glacie destituitur. Nullibi cacumina altiora occurrunt quam in Lapponia Lulensi meridionali glaciebus frequentissimis referta lingva vernacula *jegna* dictis. Horum maximum est Sulitelma, quod latitudine plus quam per milliarium svecicum intra regionem nivalem extenditur, et cujus glacies *Salajegna* omnino secundi generis pulcherrima longe infra limitem nivalem descendit. Hujus prospectum exhibui in libro *Berättelse om Lappska fjällens höjd.* Simile fere cacumen est Ålmajalos undique circumdatum glaciebus *Ålmajalos jegna* et *Linajegna* dictis. *Tulpa jegna* longe humilior est et tantum glacie primi generis insignita; magna autem vis nivis inde extenditur usque ad Gåutilis. *Korkotjocko*, mons prope sinum maris Lerfjorden situs, et *Vågökall* in extimo maris promontorio supra limitem nivalem satis elevantur; ita etiam *Getsetjack*, *Pernitjack*, *Midatjack* et *Allekaisse*, sed an glacies habeant mihi non constat. Altera regio cacuminibus supra limitem nivalem elevatis notabilis sita est ad sinum maris Lyngensem, quæ regio altior est, quam jugum alpinum ad *Måskonkaise* et *Tsatsekaise*; prope mare altissimum cacumen *Lyngentind* elevatur, cujus vero glaciem septentrionem versus sitam haud vidi. In confiniis Finmarkiæ sinum Jökkelfjord glacie memorabilem esse tradunt; sed postea per utrasque Finmarkias vix cacumen ullum occurrit supra limitem nivalem eminens.

Versus mare norvegicum descendentes longe aliam invenimus formationem alpium. Cum prope mare undique cacumina alpina sint fere adeo alta ac in jugo alpium; fieri non potest, quin latera quam maxime sint inclinata et præcipitiis horrendis insignita. Ibi vix ullæ planities reperiuntur, sed angustis Zonis omnes montes circumscribuntur; quas quidem sequenti modo nominatas volui.

Alpium latera superiora limitem nivalem proxime attingunt, ideoque aqua nivali semper irrigata, terra pauca et uliginosa gaudent. Ranunculis præcipue frequentantur.

Alpium latera inferiora nive perenni plerumque destituta, vix tamen sicciora, *Betulam nanam* in siccioribus, *Andromedam hypnoidem*, *Veronicam alpinam*, *Juncum trifidum*, *Azaleam procumbentem* præcipue alunt.

Alpium radices ubi Betula tantum crescit nec ulla Pinus, locis quam maxime herbosis inferius gaudent. Inter betulas vix orgyales præcipue crescunt *Saxifraga oppositifolia*, *nivalis* et *cernua* locis præruptis madidis; *Polypodium Lonchitis* in siccioribus: Alpium radices inferiores dicere liceret loca illa maxime herbosa, silva betulina alta gaudentia, qualia vix nisi versus fundum sinuum majorum demum occurrunt in Finmarkia ad Porsangriam usque ad Kistrand, et ad flumen Tana. Ibi proveniunt *Polypodium Filix mas*, *Osmunda Struthiopteris*, *Sonchus alpinus*, *Ribes rubrum*. Betula ibi fine mensis Junii frondescit.

Alpes maritimæ mihi dicuntur insulæ promontoriaque extima ventis maris adeo exposita, ut inde alpinam naturam magis quam ex altitudine sua habent. Tales præcipue versus promontorium septentrionale et in Loffoden obveniunt. Arboribus et fruticibus adeo denudatæ sunt, ut ne Juniperis quidem gaudeant. Fruticulis quoque alpinis uti Andromedis etc. fere destituuntur, sed plantis alpinis succulentioribus uti *Saxifraga oppositifolia*, *Silene acauli*, *Dryade octopetala* ornatæ. In alpinis littoralibus vel maritimis occurrunt nonnullæ plantæ alpium meridionalium ex. gr. *Erigeron alpinum*, *Sedum villosum*, *Gentiana involucrata*, plantæ ultra littora in Lapponia haud adscendentes. Nonnullæ plantæ alpinæ in Nordlandiæ alpibus superioribus crescentes littora maris Finmarkiæ presse sequuntur uti *Saxifraga cæspitosa*. Omnino alpes norvegicæ plantas annuas copiosius alunt, alpes vero svecicæ a mari longius remotæ et sicciores, fruticulis alpinis insigniuntur quorum ex. gr. *Azalea lapponica* vix ullibi in Norvegia occurrit. Salicibus solis ex. gr. *myrsinite* feraciores sunt alpes norvegicæ.

Convalles inferalpinas et *loca inferalpina* dicere voluissem ubi Pinus crescit. Pineta magis conspicua nonnisi intra fundum sinuum maris in convallibus ibi obviis profundissimis et angustissimis sub ipsis alpibus altissimis sitis inveniuntur. Quamquam ex alpibus summis nonnihil remota, ejusdem indolis tamen esse videtur convallis Utsjokensis et convallis prope Karasjok et Enare-jock pinetis refertæ; de cætero nullæ in Finmarkia orientali occurrunt. Finmarkia occidentalis convallem piniferam ad Laxelv Porsangriæ habet; longe vero majorem ad Alten. Nordlandia Tromsensis et Saltensis convallibus piniferis frequentioribus gaudet, e quibus Malangrensis omnium maxima. Hæ convalles præcipue Saltenses clima longe temperatius habent quam tota reliqua lapponia, ita ut ibi proveniant *Convallaria verticillata, Campanula latifolia, Fragaria vesca* eaque copiosissime etc. Ibi nullæ plantæ alpinæ crescunt nisi ad rivulos *Saxifraga stellaris*. Trans promontorium Kunnen in Helgelandia occurrunt convalles inferalpinæ Abiete consitæ et adeo calidæ, ut tota Helgelandia a Lapponia separanda esse videatur, ne Flora Lapponica plantas a climate lapponico valde alienas recenseat ex. gr. *Corylum Avellanam*. Aër maritimus Abieti valde inimicus esse videtur; alias in convallibus Saltensibus certe provenisset, ubi temperies plantis aliis alendis magis favet quam ad Quickjock pagum 1000 pedes paris. altius situm et abiete valde feracem.

Altitudo terræ Lapponicæ supra mare.

Terra in Lapponiis meridionalibus scil. Umensi, Pitensi et Lulensi nonnisi lentius elevatur. Templum Quickjockense tantum 1070 pedes paris. supra mare elevatum reperimus; nec dubitamus, quin Gillesnöle nullomodo altius situm sit. Lapponiam Pitensem parum elevatiorem esse credimus præcipue ad lacum Tjäkelvafs et Laisan. E regione sylvatica harum Lapponiarum citius versus alpes adscendimus, et nonnisi per latera prærupta in alpium jugum pervenimus. Itaque alpes versus Lapponicam sylvaticam procedunt; sed tota Lapponia sylvatica adeo plana est, ut vix monticulus sit ultra 200 pedes paris. supra planitiem elevatus.

Lapponia Tornensis sensim altius versus jugum alpinum elevatur. Palajoensuu ad flumen Muonio jamdudum 1004 pedes paris. elevatum esse reperit *v. Buch.* Secundum observationes Barometricas per tres annos a Rev. *Erico Grape* institutas altitudo media Barometri in Enontekis 26unc. 8lin. paris. reperta est, itaque locus 1341 ped. paris. supra mare elevatus est. Tamen ad templum Jukkasjärvi Barometrum 1.4lin. depressius esse reperit mer. *Hellant*, unde patet hunc locum adhuc elevatiorem esse. A templo Enontekis terra continuo versus alpium jugum elevatur, sed adeo sensim, ut per scapham peregrinator usque in ipsum alpium jugum evehitur scil. usque in lacum Kielisjärvi, ubi Betula vix provenit. Hæc regio ad observandam progressionem plantarum omnium aptissima est. Discrimen aquarum inter Enontekis et Kautokeino longe humilius est, nec nisi 1295 ped. paris. elevatum secundum mensuram Nobiliss. *v. Buch.* Tamen non dubitamus, quin discrimen aquarum inter Sodankylä et Enare etiam depressius sit, cum Abies ibi undique crescere pergat. Sodankylä 422 ped. paris. supra mare elevatum credimus secundum observationes Barometricas Mer. *Hellant*; et Utsjoki nonnisi 244 ped. paris. Secundum distributionem fluminum lacum Enarensem vix ultra 400 ped. paris. supra mare elevatum esse suspicamur. Flumen Ounasjoki juxta Ounastunturi 780 ped. elevatum reperit *Hellant.* Ex his omnibus patet Lapponiam Tornensem omnium maxime elevatam esse, inde vero Lapponia Kemensis versus orientem adeo deprimitur, ut e mare glaciali apud Neiden nullum transitum ad Sodankylä ultra 600 ped. elevari credamus. Memorabile itaque est, quod Abies in Lapponia Tornensi ad 900 ped. adscendens, in Enare (quod vix dimidiam partem altitudinis lapponiæ tornensis attingit) haud reperitur; quod quidem nonnisi ob mare propinquum fieri posse credimus. Ventus liberius e mare glaciali adfluens impedire videtur, quin hæc Lapponia quamquam depressa calidior sit, quam propinqua illa tornensis multo elevatior. Inde forsan etiam fit, ut montes subalpini Lapponiæ Sodankylensis omni sylva denudati sint, quamquam vix ultra 1300. ped. paris. supra mare eleventur. *Hellant* montem Ounastunturi, qui altissimus omnium censetur, 1931 ped. paris. supra mare elevatum esse reperit.

Alpium jugum per Lapponias meridionales usque ad lacum Tornensem eandem fere altitudinem servare videtur, ita ut nullus inveniatur transitus, qui non 2000 ped. paris. supra mare elevatus sit. Existit itaque re vera jugum continuum in regionem alpinam elevatum, ita ut nusquam omni destituatur nive; ipsum vero jugum nunquam limitem quem vocant nivalem attingit. Cacumina alpini jugi prope Lapponiam Umensem et Pitensem rarius limitem nivalem superant, nec ullam aliam in hac regione glaciem esse cognovimus quam *Junkaren Soupts*. Sed in limite Lapponiæ Lulensis meridionalis omnium vastissima et frequentissima cacumina exsurgunt, quorum Sulitelma septentrionale 5796 ped. paris. altum est, omninoque altissimus Lapponiæ mons est. Totum jugum montis *Sulitelma* 4600 ped. paris. elevatur et inde glacies vastæ, quæ Salajegna vocantur, originem trahunt. Alterum cacumen *Almajalos* dictum, 5200 ped. paris. supra mare eminet, compluribus glaciebus *Almajalosjegna, Lina jegna* etc. refertum est. Tulpa jegna magis latitudine quam altitudine memorabilis est, utpote quæ 3800 ped. paris. alta sit. Hisce aliisque montibus in tota Scandinavia frigidissimis, quippe usque ad 2000 ped. paris. supra limitem nivalem elevatis, fere includuntur memorabiles illi lacus *Virih-jaur* et *Vastinjaur*, quibus nulli in toto jugo alpino vel latitudine vel altitudine (quæ 1788 ped. paris. est) comparari queant. Hic locus itaque pro centro alpium lapponicarum haberi potest. Nec spernenda sunt cacumina postea versus septentrionem eminantia scil. *Getsesjack, Pernitjack* et *Ridatjack;* quæ forsan altitudine præcedentes aequant. Sed ad lacum Torneå trask jugum alpinum adeo interrumpitur, ut transitus vix ultra 1300 ped. paris. elevatus esse credatur; lacum Tornensem nonnisi 1100 ped. paris. elevatum esse affirmat Meritiss. *Hellant.* Postea jugum alpinum nonnisi parca cacumina nivalia nullasque omnino glacies habet, sed transitus nihilominus ex. gr. ad Kelijärvi altior esse videtur ullo alio loco. Denique alpium jugum a flumine Altensi adeo interrumpitur ut ibi fere deficiat. Flumen illud usque Kautokeino 784 ped. paris. tantum elevatur. Quæ postea exsurgunt alpes, cacuminibus Voriedudcr et *Rastekaise* insignitæ, pro appendice potius quam parte jugi alpini merito habentur. Ex his cacumen Rastekaise Hellantius emensus est, illudque non supra 2700 ped. paris. eminere reperit, tamen nive perenni non destituatur.

Alpes maritimæ oram omnem occidentalem et septentrionalem Lapponiæ constituunt; tamen præcipua earum catena inter promontorium insulare Loffodense et latus occidentale sinus Altensis extenditur. Hæc catena, a jugo alpino fere omnino disjuncta, insulis et promontoriis constituitur adeo præruptis et altis, ut supra limitem nivalem cacumina ejus sæpius eleventur et glaciebus in mare interdum elabentibus referta sit. Jöckel fjäll, Stjernö et Sejland finem ejus septentrionalem efficiunt, cacuminibus 3500 pedes paris. altis. Omnium harum altissimæ sunt alpes Lyngenses 4000 pedes altæ et ideo cum altissimis jugi alpini adjacentis cacuminibus certantes, sed iis longe frigidiores et glaciebus frequentibus refertæ. In insulis Hindöæ et utraque Vågöe alpes iterum exsurgunt adeo elevatæ, ut non tantum limitem nivalem attingant, verum etiam adeo superent ut glaciebus refertæ sint. Præter hanc catenam reliquæ oræ lapponiæ valde tantum petrosæ sunt, vixque alpes nivales usquam habent, si memorabile illud promontorium glaciale Kunnen excipiamus, in cujus latere meridionali glacies usque ad littora maris descendit. Summum apicem montis *Strandå fjället* prope Kierringöam 3000 pedes paris. elevatum reperi. In oris Finmarkiæ septentrionalis nulla cacumina præalta existunt, sed tantum colles alpini 1200 pedes paris. alti omnique nive perenni destituti. Finmarkiæ orientalis promontoria admodum prærupta et petrosa sunt, et præcedentibus re vera altiora, quasi ab appendice jugi alpini tantum proficiscuntur; vix tamen altitudinem 2000 ped. paris. attingunt.

Temperies aëris in Lapponia.

Jam supra monuimus, latitudinem geographicam majorem minoremque a parte svecica jugi alpini parum conferre, ad temperaturam rigidiorem vel mitiorem reddendam. Sinus bottnicus, et partim quoque jugum illud alpinum ei parallelum quasi conservatorium temperiei constituit, quo efficitur, ut temperies ad Umeam et Torneam parum diversa sit et ita etiam temperies ad ex. gr. Muonioniska et Sorsele. Rem ita se habere certo demonstrant series observationum thermometricarum ad Umeam et Uleam institutarum, quæ, cum prorsus inter se conveniunt, temperaturam exhibent totius Zonæ propius ad sinum bottnicum sitæ, unde quoque conjicere licet de temperatura inferioris lapponiæ.

Medium ex longa serie observationum thermometricarum est quod sequitur.

	Umeæ*)	Uleæ**)	
Januarii .	— 11.30 .	— 13.52	th. centigr.
Februarii .	— 9.27 .	— 9.68	
Martii . .	— 4.96 .	— 9.88	
Aprilis . . .	1.11 .	— 3.23	
Maji . . .	6.67 . .	4.83	
Junii . . .	12.93 . .	12.87	
Julii . . .	17.15 . .	16.42	
Augusti . .	13.71 . .	13.70	
Septembris .	8.58 . .	8.05	
Octobris . .	3.40 . .	3.74	
Novembris	— 4.17 .	— 5.19	
Decembris	— 11.57 .	— 10.23	
medium	+ 0.77	+ 0.65	

Differunt itaque hæc loca temperatura tantum mensium vernorum scil. Martii, Aprilis et Maji; quæ tamen hac in regione nullam vegetationem producit et nihil igitur efficit ad plantarum numerum vel augendum vel minuendum.

Si vero vegetatio in altioribus et a Sinu bottnico remotioribus Zonis ubique eadem est, non est quod dubitemus, quin etiam temperatura eadem sit. Itaque, ut temperatura in altioribus regionibus Lapponiæ cognosceretur R. Academia Sc. Stockholmiensis benigne mecum communicavit observationes thermometricas Rev. Pastoris E. *Grape* apud Enontekis in Lapponia Tornensi institutas. Hæ quidem factæ sunt perspicacitate et diligentia illa singulari, quam omnes in illo viro cognoverunt, et operæ pretium igitur est, eas accuratius recensere. Quod ad mensem Januarium attinet, continuatæ sunt hæ observationes per annos quinque, reliquorum vero mensium observationes per tres annos exstant scil. an-

*) Exper. *D E. Næzen* in *Act. Stockholm.*

**) *Juhlin* in *Act. Stockholm.* cum correctionibus a L. von Buch factis.

norum 1802., 1804. et 1805. Observationes quotidie factæ sunt tempore matutino, meridiano et vespertino; accuratius vero horæ observationum haud exhibentur. Hisce observationibus diligenter consideratis illud reperimus, aërem meridianum tempestatibus anni temperatioribus scilicet æstate et autumno, fere semper calidiorem et aërem matutinum frigidiorem fuisse, prorsus ita ut in temperatioribus climatibus esse solet; sed hieme longe aliam rationem temperaturæ singulis diebus invenimus, cum aër meridianus sæpe frigidior fuerit aëre matutino. Quod heic autem summum frigus sine respectu temporis diei incidit, haud mirum nobis videtur, cum sol toto hieme omnino absit et nullam in atmosphæram hujus regionis efficaciam habere possit. Ob hanc diversam rationem temperaturæ consultius esse duxi, temperaturam summam et minimam singulorum dierum quærere et inde medium decem dierum desumere: idque sine respectu ad tempus diei. Numerus autem observationum inter summum et minimum medius omnino neglectus est. Per hanc computationem accepi seriem sequentem temperiei (therm. centigrad.) ad Enontekis in Lapponia tornensi.

Enontekis.	med. ex maximis	med ex minimis	med. hor. mediorum	Medium mensium.
Januar. 1 — 10	— 16.3	— 21.8	— 19 0	
11 — 20	— 14.7	— 19.8	— 17.2	
21 — 31	— 14.2	— 18.5	— 16.3	— 17.50
Febr. 1 — 10	— 19 9	— 23.9	— 21.9	
11 — 20	— 13.2	— 19.9	— 16.5	
21 — 28	— 13.7	— 17.6	— 15.8	— 18.06
Mart. 1 — 10	— 8.9	— 15.4	— 12.1	
11 — 20	— 7.2	— 15.3	— 11.2	
21 — 31	— 7.5	— 14.4	— 10.9	— 11.40
April. 1 — 10	— 1.2	7.7	— 4.4	
11 — 20	— 0.7	— 5.6	— 3.1	
21 — 30	0.9	— 3.9	— 1.5	— 3.00
Maji 1 — 10	2 3	— 2.1	0.1	
11 — 20	4.8	0.9	2.8	
21 — 31	6.4	2.9	4.6	2.50
Junii 1 — 10	8.2	4.4	6.3	
11 — 20	14.2	9.5	11.8	
21 — 31	12.8	9.2	11 0	9.70
Julii 1 — 10	16.8	12.2	14 5	
11 — 20	17.9	13 2	15.5	
21 — 31	18.2	13.8	16.0	15.33
August. 1 — 10	18.3	14.5	16.4	
11 — 20	16.4	11.4	13.9	
21 — 31	11 5	8.1	9.8	13.36
Sept. 1 — 10	8.7	3.8	6.2	
11 — 20	9.5	4.4	6.9	
21 — 30	4.9	1.3	3.1	5.40
Octob. 1 — 10	1.1	— 3.3	— 1.1	
11 — 20	1.3	— 3.0	— 0.8	
21 — 31	— 2.6	— 8.7	— 5.6	— 2.50
Novbr. 1 — 10	— 5.7	— 9.9	— 7.8	
11 — 20	— 6.87	— 11.39	— 9.13	
21 — 30	— 13.69	— 18.33	— 16.01	— 10.98
Decbr. 1 — 10	— 13 9	— 18.4	— 16.1	
11 — 20	— 13.3	— 20.3	— 16.8	
21 — 31	— 15 8	— 21.6	— 18 7	— 17.20
Medium	— 0.41	— 5.31		— 2.86

Hyeme (mens. I. II. et XII.) med. ex maximis	—	14.98
minimis	—	20.21
differentia		5.23
Vere (mens. III. IV. V.) med. ex maximis	—	1.22
minimis	—	6.73
differentia		5.51
Aestate (mens. VI. VII. VIII.) med. ex maximis		14.92
minimis		10.67
differentia		4.25
Autumno (mens. IX. X. XI.) med. ex maximis	—	0.37
minimis	—	5.00
differentia		4.63

Tale clima pro valde singulari sane habendum est, ubi temperatura media totius anni ad — 2°.86 et mensis Januarii temperatura media ad — 18°.6 delabitur, et tamen temperatura media mensis æstivalis Julii usque ad + 15°.33 elevatur, terraque adhuc sylvas, ne dicam olera, producere potest. Id omnino clima sibiricum vel continentale dici meretur. Verum quidem est has observationes, quemadmodum nobis quidem videtur, institutas esse cum thermometro Hydrargyri demum frigus forsan justo intensius indicante; quum vero frigus infra — 40° nonnisi bis annotatum videamus scil. d. 23 Januarii 1803 et d. 5 Februarii 1804, hanc considerationem parum valere putamus, ad nostram computationem mutandam.

Hæ observationes Enontekenses satis commonstrant, quantum sibirico climate gaudeant Lapponiæ svecicæ prope alpium jugum sitæ; est vero altera pars lapponiæ, quæ clima maritimum vel ut ita dicam islandicum habet. In latere norvegico alpium progressionem longe aliam temperiei invenimus. Ibi quoque latitudo geographica major vel minor multum confert ad temperaturam minuendam vel augendam, quamquam in propatulo est, situs terræ a mari vel remotioris vel propioris si non majorem certe parem esse vim ac latitudinis ad clima temperandum. In profundis et occlusis illis convallibus inferalpinis Nordlandiæ meridionalis temperaturam satis calidam esse comperimus. Cum ibi nullas habeamus observationes thermometricas, juvat eas adferre, quæ Nidrosiæ institutæ sunt utpote in loco a Nordlandia norvegica non admodum remoto. Temperatura *Nidrosiæ* secundum medium observationum duobus annis a *Berlin* institutarum, et in *Act. Nidrosiens.* tom. IV. insertarum, hæc est:

Januarii .	— 6.90	therm. centigr.
Februarii .	— 3.30	
Martii . .	— 6.30	
Aprilis . .	1.32	
Maji . . .	10.45	
Junii . . .	15.42	
Julii . . .	18.31	
Augusti .	15.25	
Septembris	12.15	
Octobris .	4.03	
Novembris	— 2.46	
Decembris	— 4.15	
medium	+ 4.48	

Mox itaque perconspicuum fit, quanto hiems in latere norvegico temperatior sit, et inde quoque fit, ut temperatura media totius anni satis alta vixque uno gradu demissior sit Nidrosiæ quam Upsaliæ. Nec dubitamus, quin convalles interiores Helgelandiæ temperatura æque favente gaudeant ac Nidrosia: et igitur mirari non possumus Corylum et alia vegetabilia magis meridionalia ibi crescere. Ob hanc quoque causam coactus fui Helgelandiæ plantas e Flora lapponica excludere ne nimium temperatæ cum frigidissimis miscerentur. Convalles inferalpinæ in Præfectura Saltensi adhuc satis temperatæ sunt, sed ultra sinum Vestfjorden frigidæ adeo evadunt ut Lapponiæ cæteræ haud dissimiles sint. Temperatura tamen hujus regionis vegetationi non admodum nocet antequam ad insulas exteriores maris pervenimus, ubi neque hiems valde frigida neque æstas calida est. *Mageröa* ad promontorium septentrionale nobis optimum præbet exemplum; hujus enim temperatura secundum computationes Gen. *von Buch* hæc est:

Januarii	— 5.51	therm. centigr.
Februarii	— 4.91	
Martii .	— 4.05	
Aprilis .	— 1.10	
Maji . .	1.15	
Junii . .	4.52	

Julii . .	8. 12
Augusti .	6. 50
Septembris	3. 12
Octobris .	0. 00
Novembris	— 3. 47
Decembris	— 3. 48
medium	+ 0. 07

Qui hanc progressionem temperaturæ cum Enontekensi attente comparat, certe mirabitur, tantam esse diversitatem temperiei in regionibus a se invicem haud magis remotis. Invenitur enim temperatura Islandiæ vel climatis maritimi, cum temperie Sibirica vel alti continentis arctici, intra spatium 2½ graduum latitudinis conjuncta. Vix ullam aliam terram arcticam tam diversas et quasi extremas constitutiones temperiei habere credimus, non igitur mirum Lapponiam cum Islandiæ tum Sibiriæ plantas gignere. Infra demonstrare conabor effectum hujus diversæ temperiei in vegetationem, et quomodo Enontekis cum temperatura media anni — 2°. 86 meliorem vegetationem habere possit, quam Promontorium septentrionale cum temperatura media altiori scil. + 0°. 07.

Neque in Europæ australis montibus temperaturam talem reperimus ac in Lapponia svecica ex. gr. ad Enontekis. Ut id certius cognoscerem temperiem in Monte St. Gotthardi computavi ex observationibus quatuor annorum in Ephemeridibus societatis meteorologicæ, quas eodem modo ac Observationes Enontekenses tractavi, et demum in scalam centrigradam redegi.

Mons St. Gotthardi.	Med. ex maximis	Med. ex. minimis	Med. hor. medior.	Medium mensium.
Januar. 1 — 10	— 4. 8	— 7. 2	— 6. 0	
11 — 20	— 5. 5	— 8. 2	— 6. 8	
21 — 31	— 7. 6	— 10. 3	— 8. 9	— 7. 26
Febr. 1 — 10	— 8. 0	— 11. 6	— 9. 8	
11 — 20	— 9. 8	— 13. 6	— 11. 7	
21 — 28	— 6. 2	— 9. 6	— 7. 9	— 9. 80
Mart. 1 — 10	— 5. 1	— 8. 1	— 6. 6	
11 — 20	— 7. 1	— 10. 5	— 8. 8	
23 — 31	— 6. 7	— 10. 5	— 8. 6	— 8. 00
April. 1 — 10	— 5. 6	— 9. 1	— 7. 3	
11 — 20	— 2. 1	— 4. 1	— 3. 1	
21 — 30	— 0. 3	— 3. 5	— 1. 9	— 4. 11
Maji 1 — 10	1. 7	— 1. 3	0. 2	
11 — 20	5. 5	1. 7	3. 6	
21 — 31	5. 5	2. 6	4. 0	2. 61
Junii 1 — 10	6. 6	2. 2	4. 4	
11 — 20	9. 0	5. 0	7. 0	
21 — 30	9. 3	5. 15	7. 2	6. 20
Julii 1 — 10	9. 7	5. 6	7. 6	
11 — 20	11. 3	7. 2	9. 2	
21 — 31	11. 0	6. 6	8. 8	8. 56
August. 1 — 10	9. 8	6. 3	8. 0	
11 — 20	7. 7	3. 7	5. 7	
21 — 31	9. 1	5. 5	7. 3	6. 98
Sept. 1 — 10	8. 5	5. 2	6. 8	
11 — 20	8. 2	4. 7	6. 4	
21 — 30	6. 3	3. 4	4. 8	6. 04
Octob. 1 — 10	1. 7	— 1. 2	0. 2	
11 — 20	2. 5	— 0. 7	0. 9	
21 — 31	— 1. 2	— 4. 1	— 2. 6	— 0. 50
Novbr. 1 — 10	— 3. 1	— 6. 0	— 4. 5	
11 — 20	— 2. 8	— 5. 3	— 4. 1	
21 — 30	— 5. 3	— 8. 0	— 6. 6	— 5. 08
Decbr. 1 — 10	— 4. 6	— 7. 1	— 5. 8	
11 — 20	— 5. 0	— 7. 7	— 6. 3	
21 — 31	— 5. 8	— 8. 7	— 7. 2	— 6. 48
Medium	+ 0. 74	— 2. 54		— 0. 90

Hyeme medium ex	max.	— 6.36
	min.	— 9.33
	diff.	2.97
Vere medium ex	max.	— 1.57
	min.	— 4.75
	diff.	3.18
Aestate medium ex	max.	9.25
	min.	5.24
	diff.	4.01
Autumno med. ex	max.	1.64
	min.	— 1.33
	diff.	2.97

Ex his observationibus colligi potest, temperaturam Montis S. Gotthardi multo magis convenire cum temperatura Promontorii septentrionalis quam cum temperatura Enontekensi. Optarem quidem habere Promontorii septentrionalis temperaturam maximam et minimam unoquoque die observatam; forsan diei et noctis diversa temperies ansam nobis præberet melius explicandi diversitatem vegetationis ad hoc promontorium et in Monte S. Gotthardi. Cum rite consideramus quantum valeat calor insignis æstatis ad vegetationem promovendam, quamquam dirissimum sit frigus hyemale; conjicere quoque licet, uniuscujusque diei calorem meridianum plus prodesse quam frigidior aër nocturnus nocere possit. Itaque quo major est differentia inter temperiem meridiei et noctis eo præstantius est clima, ceteris paribus. Hæc quoque consideratio favet climati lapponico, nam reperimus differentiam inter temperaturam diei et noctis esse 4°.90 ad Enontekis, sed in Monte S. Gotthardi tantum 3°.28 per totum annum, et nonnisi 2°.97 sub hyemem. Valde probabile mihi videtur a calore meridiano vegetationis gradum præcipue pendere, itaque hunc seorsim indicavi in tabulis temperiei supra datis; et si observationes Enontekenses temperaturam minimam noctis haud exhibent, utpote ante ortum solis haud factæ, id parum dolemus. Præstaret omnino temperaturam mediam meridiei in variis climatibus comparare, ubi de effectu climatis in vegetationem quæritur.

Temperatura terræ in Lapponia.

Observationes et experimenta jam allata satis commonstrant, temperaturam mediam aëris totius anni vegetationem haud definire vel constituere. Abjiciendagitur est spes scalam climatum inde accipiendi, et quærenda est hæc scala ex alio principio. Haud dubitamus, quin temperatura terræ, in fontibus scaturientibus bonis observata, huic consilio optime inserviat et methodum satis bonam climata quasi per scalas emetiendi præbeat. Experimentis certis et per plures annos continuatis scimus, terram *Upsaliæ* in Svecia media gaudere temperatura + 6°.5 therm. centigr., unoque igitur gradu calidiorem esse aëre ejusdem loci. Ad urbem *Gevaliam*, ubi crescere incipit *Alnus incana*, temperaturam terræ + 5°.5 esse reperimus; et in Kroppa, *Vermlandiæ* ferrimontanæ parœcia, et prope *Aboam* Finlandiæ, ubi primum occurrit *Carex globularis*, ad 5°.0 subsistit. Medelpadiæ oppidum Sundsvall, ubi ultima *Pyrus Malus* maturescit, temperatura terræ + 4°.0 gaudet. Ad lacum *Tafvelsjön* inter oppidum Umeå et limitem Lapponiæ Umensis, ubi *Callam palustrem*, *Veronicam officinalem* etc. amisimus, plures reperimus fontes d. 3. Julii et 8 Augusti eadem temperatura scil. 2°.9 præditos. In ipso limite Lapponiæ ad *Tegsnäs* fontem observavimus d. 5 Augusti cujus temperatura 2°.6 erat. Ad pagum *Tansele* in Lapponia Umensi duo sunt fontes, quorum temperatura d. 9 Julii et d. 3 Augusti fuit 2°.2; alius quoque ejusdem regionis fons ad Storbacken temperaturam + 2°.3 ostendebat. Juxta *Sorsele* ejusdem Lapponiæ, fontem reperimus profundum et valde scaturientem in palude Räfva-myran, qui bis mense Julio temperaturam 2°. 0 habebat; et ad coloniam Risnäs juxta lacum Vindelensem alium vidimus temperaturæ 1°. 8. In alpe Giworten et quidem ad terminum supremum *Betulæ albæ* reperimus fontem temperaturæ + 1°. 4; alius fons supra terminum Betulæ habebat 1°. 2; et tertius adhuc altius situs, ubi *Andromeda hypnoides* crescere incipiebat, temperaturam adhuc 1°.0 ostendebat, idque in fine mensis Julii. Quamquam mihi non contigit, hos fontes variis anni temporibus experiri; tamen eorum cum fontibus in Svecia planiori sitis analogica progressio respectu temperaturæ, et id ipsum, quod eos versus finem æstatis observavi et inter se convenientes inveni, commonstrare videtur, eos temperaturam terræ quodammodo veram præbuisse. Quod si ita est, rationem habemus probabilem colligendi, punctum congelationis temperaturæ terrenæ cum ipso limite nivali coincidere, terramque intus frigore non rigescere, antequam superficies ejus glacie et nive continua obducta sit, terminumque ultimum temperaturæ terræ, terminum quoque constituere omnis vegetationis et omnis vitæ organicæ. Hic terminus certissimum nobis præbet punctum, e quo omnem vegetationem et vim productivam vitalem certis gradibus emetiri possimus.

Si, his rationibus nisi, temperaturam terræ in altitudine templi Enontekensis quærimus, eam +1°.7 esse, colligere possumus; adeoque temperaturam terræ 4°.3 calidiorem esse temperatura aëris ejusdem loci. Est, quod miremur tantam differentiam esse, cum sciamus temperaturam aëris et terræ ad Upsaliam nonnisi uno gradu differre. E contrario temperaturam aëris et terræ prope Promontorium septentrionale vel in regione maritima Lapponiæ comparantes, longe aliam reperimus proportionem quam ad Enontekis. Meritissimus de geographia Lapponiæ ille *Hellant* temperaturam puteorum in Vadsöa observavit, eamque reperit d. 5. Augusti + 2.5 et mense Decembris + 2.0. Equidem observationem posteriorem pro certiore lubenter acceperim, utpote factam in illo tempore anni, quo temperatura terræ minus profundæ medium servare solet; et ita temperaturam ad Vadsöam in limite Betulæ sitam tantum 0°.6 calidiorem habuerim quam in eodem limite supra alpem Givorten. Cum vero hanc observationem cum observationibus temperaturæ aëris ad Promontorium septentrionale comparamus, nascitur tantum parva diversitas inter temperiem aëris et terræ in maritimis locis, utpote quæ vix uno gradu temperaturam aëris superet. Itaque hæc omnia experimenta commonstrant, quam bene temperatura terræ respondeat vegetationi et facultati productivæ climatis, idque in locis ubi temperatura media aëris dissimillima est vegetationi et clima justo rigidius indicat. Hoc quidem ita explicaverim, nivem, quæ per $7\frac{1}{2}$ menses terram tegit, impedire quominus frigus hyemale terram penetret; igiturque temperaturam aëris in mitiori tempore anni præcipue efficere temperaturam terræ. Quamquam frigus vero horrendum hyemale, ad Enontekis observatum, temperaturam aëris mediam totius anni tam depressam reddit, tamen temperaturam terræ relinquit æque altam et forsan altiorem quam ad Promontorium septentrionale.

Ut hæc melius illustrentur, pauca memorare juvat de anni vicissitudinibus in Lapponia altiori ex. gr. ad Enontekis. Medio mense Septembris folia Betulæ plerumque flavescunt et cadunt. Initio mensis Octobris lacus minores glacie obducuntur et terra conglaciatur mox etiam nive obtegitur. Dein pluviæ vix unquam tam copiosæ cadunt, ut terra nive denudetur. Per totam hiemen nix ne ex parte quidem solvitur, ita ut fluvii minores exsiccentur; nec instante vere adeo liquefit, ut rivuli ulli oriantur, ante medium mensis Maji. Sed ad finem mensis Maji insignis vicissitudo anni observatur in eo, quod flumina glaciem secum ferunt et tunc quoque terra glacie solvitur, postquam indurata fuit per $7\frac{1}{2}$ menses. Tamen ver non statim instat, sed incolæ exspectant adhuc, ut flumina aqua alpina turgescant vel ut fluxus, quem vocant, alpinus defluat, quæ vicissitudo ante finem Junii incidens conjuncta est cum aëre et vento frigidioribus, quod vel ex observationibus thermometricis allatis colligi potest. Tandem Betula frondescit, æstas advenit.

Sic temperatura aëris æstivalis in his regionibus præcipue efficit et determinat temperaturam terræ; et adhuc certius nobis constat, omnem vegetationem et vim productivam climatis solo calore æstatis effici, sine respectu ad rigiditatem hyemis. Inde perspicuum admodum fit, temperaturam terræ et vegetationem sibi invicem optime respondere, et temperaturam terræ omnium optimam scalam nobis præstare ad emetiendam vegetationem totamque climatum fertilitatem.

De climate lapponico ejusque vi vegetativa.

Climatis notio vegetationis notionem comprehendit, nec vulgo nomine climatis intelligimus solam temperaturam mediam aëris, verum etiam vim vegetativam regionis. Nemo enim dicat, clima Enontekense esse 3 gradibus frigidius climate Mageröæ, cum illud sylvas, hoc vero vix ullum fruticem producat. Temperies tantum illa æstivalis in vegetatione producenda efficax, constituit clima, ejusque gradus determinat. Ut facilius demonstraretur et intelligeretur, quæ temperies valeat ad vegetationem efficiendam, construxi annexam tabulam temperiei ad Enontekis, promontorium septentrionale, aliaque loca. Inde didicimus, eandem temperaturam mediam in omni climate requiri ad easdem mutationes veris efficiendas. Itaque et Upsaliæ et in Lapponia Enontekensi necesse est, ut temperatura media aëris attingat 4 gradum therm. centigr., antequam flumina glaciem secum ferant, ut sit 8°. antequam Hordeum seri possit; ut accedat ad 12°. antequam Betula frondescere incipiat e. s. p. Inde quoque sequitur, in locis, ubi temperatura media veris vel æstatis gradum 12 nunquam attingit, nullam Betulam neque frondescere neque crescere posse, si etiam hiems satis temperata sit, uti id observatur tum ad Promontorium septentrionale tum in Monte S. Gotthardi. Aliæ autem plantæ longam magis, quam calidam æstatem sibi exposcunt: ubi temperatura æstivalis media per tres menses gradum 8°.5 haud attingit, ibi hordeum haud ad maturitatem pervenire potest. Hoc quidem jamdudum infra Enontekis contingit; sed nihilominus tamen arbores variæ æstate brevi et calida hujus regionis contentæ sunt: Betulæ enim et Salices alpes versus longe altius læte propagantur. Arbores coniferæ fere æque ac Hordeum æstatem longiorem quamquam temperatiorem, requirunt, itaque longe altius adscendunt in alpibus helveticis quam Betula etc. Ex observationibus thermometricis allatis constat, æstatem in alpibus helveticis, etiamsi temperatior sit, fere longiorem esse, quam in alpibus lapponicis; et pro certo scimus, temperaturam mediam omnium mensium per totum annum eo magis æquabilem esse in montibus Andium Americæ meridionalis, et igitur omnes arbores, calidiorem quam longiorem æstatem requirentes, ibi crescere desinunt duplo longius infra limitem nivalem, quam apud nos; sed Hordeum aliaque Cerealia temperie moderata 7 vel 8 graduum contenta, si ea modo longior sit, duplo altius versus limitem nivalem ibi adscendunt quam omnes arbores. Ex his observationibus intelligi crediderim, quantopere vegetatio se accomodet ad varias modificationes temperiei, easque variis regionibus proprias; ita ut experimentis de varia progressione plantarum in variis terris facilius ad subtilissimas modificationes climatum cognoscendas ducamur, quam ulla alia methodo.

Illud vero ubique obtinere videtur, herbas provenire in temperie æstivali minori quam arbores, et defectum caloris sufficientis æstivalis solam esse causam, cur arbores haud æque adscendant in alpibus, idque sine respectu ventorum vehementiorum, frigoris hyemalis etc. Hujus rei indicium præbere videtur Betula, cum in radicibus alpium vegetare desinit. Incolæ ipsi regionis inferalpinæ observant, eam æstatem esse bonam, cum Betularum gemmæ folia quinque protrudunt; frigida enim æstate tria tantum folia edunt. Ad alpium autem latera, ubi crescere desinit, nunquam plura quam tria folia producere potest, unde ramuli ejus valde nodosi; altius vero ne unum quidem edere potest ideoque nec ulterius progredi; hoc autem fieri ob defectum caloris sufficientis et neutiquam propter frigus quoddam destruens hyemale, haud dubium mihi esse videtur. *Betula nana* tantum tria folia e singula gemma plerumque edit, et hæc folia, utpote parva, spatio trium vel quatuor hebdomadum perficiuntur, modo temperatura satis calida sit, ideoque in nostris alpibus altius adscendere potest quam ullus alius fruticulus; sed in Helvetia ne alpes quidem salutat, quia calor æstatis non sufficit.

Tali ratione optime explicari credimus vegetationis progressus versus alpes. Quod autem aliæ plantæ in diversis terris alios terminos observant, et quod ordinem inter se diversum servant ex. gr. in alpibus lapponicis ac in helveticis e. s. p. id effici videmus varia temperiei æstivalis modificatione. Eo utilius erit variarum plantarum terminos observare, utpote non tam vanæ curiositatis nutrimentum, quam principium ad climata varia optime cognoscenda, ad usum generis humani. Vegetationis limites varii nusquam in Lapponia certius observantur, quam in latere svecico et quidem præcipue in ea regione, ubi terra lentius elevatur versus alpes, uti in Lapponia tornensi præcipue in parœcia Enontekis. Credat forsan aliquis, varias plantarum progressiones melius observari in latere norvegico alpium, ubi latera præruptiora, et ubi uno die loca calidiora cum frigidissimis comparari possunt.

Regiones.	Altitudo supra mare.	Temperatura terræ.	Terminus superior plantarum.	Terminus inferior plantarum.
			Lichen lanatus. β. Gyromium proboscideum. Gyromium cylindricum. Polytrichum septentrionale. Ranunculus glacialis.	
			Jungermannia concinnata. Andræa alpina. Weissia cirrata. Polytrichum juniperinum. Saxifraga oppositifolia. Silene acaulis.	
Limes nivalis.	3300 ped. par.	0°.0	Peltidea crocea. Ranunculus nivalis. Saxifraga nivalis. Diapensia lapponica.	
Alpes su seu ni			Rheum digynum. Ranunculus pygmæus. Salix herbacea. Dryas octopetala. *Empetrum nigrum.* Cerastium alpinum. Aira spicata *et* alpina. Stellaria cerastoides. Erigeron uniflorum.	
			Alsine biflora. Pedicularis hirsuta. Andromeda tetragona. Andromeda hypnoides. Rhododendron lapponicum. Polypodium hyperboreum. Campanula uniflora.	

s			[illegible] Pedicularis lapponica. Ophrys alpina. Potentilla nivea. Rhodiola Rosea. Lychnis alpina. Saxifraga aizoides. Lychnis apetala. Astragalus alpinus. leontinus.	Pedicularis hirsuta. flammea. Draba alpina. *Ranunculus nivalis.* Saxifraga nivalis. Juncus arcticus.
Alpes inferiores.			Carex rupestris All. Draba muricella. Anthoxanthum odoratum. Scirpus Bellardi. Carex microglochin. Carex ustulata. Bartsia alpina. Aira flexuosa. *Betula nana* erecta. Menziesia cærulea. Arbutus alpina.	Rhododendron lapponic. Astragalus leontinus. Phaca montana. Campanula uniflora. Dryas octopetala. Silene acaulis. Cerastium alpinum. Andromeda tetragona. Saxifraga oppositifolia. Veronica alpina. Carex lagopina.
		1°.0	Rubus Chamæmorus. Pteris crispa. Trientalis europæa. Geum rivale. Epilobium alpinum. *Salix lanata.* Solidago Virgaurea.	Saxifraga aizoides. Gentiana nivalis. Draba muricella. Salix myrsinites. Andromeda hypnoides. Juncus arcuatus.
			Trollius europæus. Lycopodium alpinum. Epilobium palustre. Salix hastata. Cornus svecica. Lychnis dioica rubra. Carduus heterophyllus. Tussilago frigida. Salix arbuscula. *Salix glauca.*	Carex microglochin. Pteris crispa. Salix herbacea. Rhodiola Rosea. Diapensia lapponica.

Regio subalpina.	1800	1°.4	Aira atropurpurea. Ranunculus lapponicus. Pedicularis Sceptrum carol. Menyanthes trifolia. Comarum palustre. *Betula alba* orgyalis. Melampyrum pratense. Phaca frigida.	Azalea procumbens. Juncus spicatus. Aspidium Lonchitis.
			Carex capitata. Arundo lapponica. Euphrasia officinalis. Aconitum Lycoctonum. Sonchus alpinus. Onoclea Struthiopteris. Sorbus Aucuparia. Erica vulgaris. Epilobium angustifolium. Spiræa Ulmaria. Prunus Padus. *Alnus incana.* Festuca rubra.	Juncus parviflorus. trifidus. Arbutus alpina. Menziesia cærulea. Lycopodium alpinum.
Regio subsylvatica.	1200	1°.8	Populus tremula. Linnæa borealis. Rubus idæus. Epilobium montanum. Tormentilla erecta. Veronica serpyllifolia. Ledum palustre. *Pinus sylvestris.* Rosa majalis β.	Sonchus alpinus. Angelica Archangelica. Ranunculus lapponicus. Salix lanata. Phaca frigida *in septentr.*
Regi			Convallaria bifolia. Carex Levcoglochin. Arundo phragmites. Salix pentandra. Carex globularis.	Aira atropurpurea. Viola biflora. Tussilago frigida.

Regiones.	Altitudo supra mare.	Temperatura terræ.	Terminus superior plantarum meridionalium.	Terminus inferior plantarum septentrionalium.
superior.		2°.8	Trifolium repens. Plantago major.	
			Talictrum flavum. *Salix myrtilloides.* Nymphæa lutea. Convallaria majalis.	Salix glauca. Bartsia alpina.
Regio sylvatica inferior.		2°.2	Nymphæa alba. *Trifolium pratense.* Vicia Cracca. Salix versifolia. Lysimachia thyrsiflora. Alisma Plantago. Scirpus palustris.	Arundo lapponica. Tofjeldia borealis. Serratula alpina.
		2°.6	Crepis tectorum. Gentiana Amarella. *Fragaria vesca.* Chrysanthemum Levcanthemum. Scutellaria galericulata.	Astragalus alpinus *in ripis fluminum.* Salix myrtilloides. Lychnis alpina *in ripis fluminum.*
		3°.0	Daphne Mezereum. Carduus palustris. Lysimachia vulgaris. Schœnus albus. Rubus arcticus *baccifer.* Orchis bifolia. *Calla palustris.* Veronica officinalis. Festuca elatior. Carex stellulata. Myrica Gale.	Epilobium alpinum *in fontibus frigidis.*

Sed hæc ipsa latera magis declivia efficiunt, ut plantæ adscendentes nusquam tam certos terminos inter se observent, sæpe etiam lapidibus et terris delabentibus ad loca inferiora trahuntur; et de cætero hæc latera præruptiora magis vel minus calida evadunt pro situ vel ad meridiem vel ad septentrionem vergente. Omnia hæc evitantur in latere svecico, et itaque tabulam annexam feci præcipue ad observationes in Lapponia tornensi factas.

(hic Tabula conferenda).

Accedit ratio prorsus singularis, vegetationem in summis alpibus moderans, eaque in nivis per æstatem aliquando remanentis vi destructiva in vegetationem sita est. Per se patet, non omnes æstates in alpibus æque calidas esse et nivem æque solventes; ubi vero nix sub frigida vel potius pluviosa quadam æstate insoluta permanet, vegetabilia omnia funditus destruuntur. Hoc quidem nobis perconspicuum fuit in alpibus Lulensibus anno 1807; frigida enim æstas anni 1806 nivem non solutam per totos campos alpium reliquit, et hos campos insequente æstate post solutam nivem vidimus adeo devastatos, ut nonnisi reliquiæ plantarum destructarum superstites fuerint, tristi et fusco colore terram obducentes Ipsi Lappones tristem hanc rem animadverterunt. Huic malo præcipue obnoxiæ sunt omnes plantæ fruticulosæ, uti Andromedæ, Azaleæ et ipsum Empetrum; quæ igitur haud crescere possunt in locis, ubi nix quavis æstate haud adeo solvitur, ut terra quodammodo exsiccetur. Juncos et varia quoque gramina cæspitosa hac occasione mirum in modum destructa vidimus. Nullæ vero plantæ in his campis citius reveniunt quam *Ranunculus glacialis* et *nivalis*, *Saxifraga nivalis* et *stellaris* et *oppositifolia;* et itaque propius ad limitem nivalem accedere possunt quam cæteræ omnes. Si omnino vegetabilia quædam sunt, quæ nive perennanti haud destruuntur: præcipue ea sunt Lichenes et Polytricha; inprimis *Peltideam croceam* in locis nive devastatis frequentem vidimus. Lichenes umbilicati et nonnulli imbricati ex. gr. *L. stygius*, certo vivi persistunt in lapidibus haud quavis æstate nive denudatis; et sic ultimam certe vegetationem in terra ultima constituunt!

Nive hac perennanti magis devastantur alpes norvegicæ, prope mare septentrionale sitæ, quam alpes svecicæ. Prope mare semper æstatem magis pluviosam esse reperimus; et illud ibi terrarum neminem fugit, pluvias semper magnam partem nivis insolutam et re vera conglaciatam relinquere. Et hæc ipsa nix, pluviis solito diuturnioribus conglaciata, alpes admodum devastat. Serena æstas in Nordlandia et Finmarkia semper bona habetur; calore enim solis nix melius solvitur, quam pluviis omnibus calidis. Ob æstatem pluviosam alpes Norvegicæ semper glacies majores gignunt quam svecicæ; sed in alpibus Sibiricis, æstate serenissima gaudentibus, nullæ unquam oriuntur glacies *) Hanc quoque ob causam plantas nivales uti Saxifragas, Ranunculos etc. multo frequentiores reperimus in alpibus maritimis; e contrario plantæ fruticulosæ uti Andromedæ multo frequentiores in svecicis sunt.

Ex his satis patet, vegetationis progressionem in variis Lapponiis quodammodo diversam esse. In partibus sylvaticis Lapponiarum, cum septentrionalium tum meridionalium, plantæ exacte eundem servant ordinem inter se. Ita *Calla palustris* vix ultra Tafveljön in Lapponia umensi progreditur, uti vix ultra Torneam superiorem in tornensi regione; *Trifolium pratense* crescere desinit ad Falträsk uti ad Kengis; et sic in cæteris. Verum prope alpes, in Lapponiis meridionalibus, adsunt convalles alpinæ profundiores, præcipue ad Gillesnöle et Quickjock, quæ quodammodo diversam progressionem plantarum admittunt, et non tantum Abietem longius alunt, verum etiam plantas non paucas inferalpinas quasi e latere norvegico profectas gignunt. — In latere norvegico alpium observant arbores quidem et frutices majores eundem ordinem ac in latere svecico, sed herbæ variæ majorem minoremve regionem occupant. Plantæ succulentæ utpote *Saxifragæ*, *Silene acaulis* etc. ibi melius crescunt et latiorem regionem occupant, præcipue magis descendunt versus littora maris; e contrario fruticuli varii duriores, uti Andromedæ, ibi angustioribus limitibus circumscribuntur, quam in latere svecico,

---

*) *Pallas it. sibir.* 3. p. 448.

et plerumque in summis tantum cacuminibus habitare coguntur.

Quamquam supra in conspectu generali plantarum arcticarum annotavimus, quæ plantæ, utpote mere islandicæ vel scoticæ, in latere norvegico Lapponiæ detineantur, et quæ, utpote Sibiricæ, in Lapponiis svecicis melius crescant; tamen magis specialia quædam adjicere juvat. In solo norvegico latere crescunt: *Hypericum perforatum, Pteris aquilina, Thymus Serpyllum, Convallaria verticillata, Campanula latifolia, Narthecium ossifragum, Blechnum Spicant, Fumaria bulbosa, Veratrum album, Sedum villosum, Ranunculus Ficaria, Scrophularia nodosa, Lotus corniculata, Anemone nemorosa* (alias tantum ad Tärnam visa), *Potentilla Anserina.* Aliæ plantæ norvegicæ transiisse videntur in convalles alpinas Lapponiæ Umensis et Lulensis: uti *Carex alpina* et partim quoque *atrata, Saxifraga Cotyledon, Sedum annuum.* Quamquam in utroque latere crescant, tamen frequentius in norvegico occurrunt: *Salix myrsinites* et *glauca* et *herbacea, Sorbus Aucuparia, Erica vulgaris* etc. — E contrario Lapponiæ maxime orientales uti Kemensis et Tornensis plantas nonnullas alunt adeo sibiricas, ut etiam in Lapponiis svecicis meridionalibus desiderentur; quales sunt *Phaca frigida, Andromeda calyculata, Polemonium cæruleum, Sonchus sibiricus, Veronica longifolia.* Quomodocunque itaque vegetationem Lapponiæ consideramus, semper aliquid peculiare invenimus, sive ab orientali latere sibirico seu ab occidentali maritimo latere profectum.

Numerum plantarum in variis regionibus computantes, reperimus, nullam regionem gaudere vegetatione magis propria et singulari, quam regionem alpinam nivalem, tamen plantas perfectiores vix ultra 93 producit. Regio subalpina jam tristior est, neque memorabile quid offert præter fruticulos paucos; plantas autem circiter 125 perfectiores habet. Quamquam regio sylvatica Botanico suecico fere nihil novi exhibet, tamen omnium regionum ditissima est, utpote ultra 313 plantis perfectioribus gaudens. Ex his patet, quantum plantæ sylvaticæ cæteras numero et quantitate superent.

Postquam ita consideravimus, quomodo plantæ in terra frigidissima proveniant, indagare quoque lubet, cujusnam indolis et ordinis naturalis sint plantæ frigoris patientissimæ.

De indole Plantarum Lapponicarum.

Si numerum et quantitatem plantarum lapponicarum e singulo ordine naturali perpendimus, sequentem fere seriem ordinum accipimus.

Algæ lichenosæ sive Lichenes Linn. omnium vegetabilium lapponicorum longe numerosissimæ sunt, utpote quarum ultra 207 species inveniantur. Forsan etiam majorem molem vegetabilium lapponicorum constituunt; sic enim copiosissime tum in sylvis ac locis subalpinis crescunt *Boeomycides* fruticulosi, præcipue *rangiferinus*, ut terram quasi lana densa tectam crederes. In saxis etiam multi Lichenes imbricati occurrunt, una cum Gyromiis variis, qui in alpibus usque ultra limitem nivalem propagantur. In terra quoque alpina copiose proveniunt varii Lichenes corniculati v. gr. L. (*aculeatus*, *ochroleuchus*, *divergens*. Quamquam itaque Lapponia re vera lichenum patria sit, et Lichenes ultimam vegetationem in ultima terra constituant; tamen pleræque species arboreæ, in Svecia vulgatissimæ, ibi desiderantur, inter quas inprimis multi lichenes longifolii (Physciæ). Multi quoque, præcipue crustaceo-imbricati et subfoliacei, ad littora tantum maris septentrionalis occurrunt ex. gr. L. *murorum*, *conspersus*, *parietinus*, *ciliaris*.

Musci frondosi una cum Hepaticis vix minorem specierum numerum efficiunt, quippe qui ultra 198 species complectantur; sed longe minorem molem vegetationis lapponicæ constituunt quam Lichenes, et dispersim magis crescunt in Lapponia quam in Svecia nostra. Musci hypnoidei parcius occurrunt in sylvis et nunquam totam terram tam dense tegunt, quam apud nos; in alpibus inferioribus tantum occurrunt *Hypnum rugosum* L. et *Trichostomum lanuginosum*. Omnium muscorum nulli in Lapponia tam frequenter propagantur ac Polytricha, quorum inprimis *P. septentrionale* et *juniperinum* usque ultra limitem nivalem occurrunt, et foliis suis rigidis confirmant, quam necessaria sit substantia compactior ad frigus sustinendum. De cætero in alpibus inferioribus crescunt *Tortula tortuosa*, *Mnium crudum* β., *Didymodon capillaceum*, *Dicranum virens* etc. In alpibus altioribus adhuc occurrunt *Dicranum latifolium* et *purpureum* et *falcatum*, *Encalypta alpina* et in summis locis *Weissia cirrata*. Musci nivales præcipue sunt *Conostomum boreale*, *Mnium turgidum*, *Splachnum reticulatum*, *Andræa alpina*, *Jungermannia concinnata* et partim quoque *J. julacea*. De cætero vix ulla *Jungermannia* in summis alpibus, nisi *J. emarginata* in rivulis et *J. trichophylla* in locis occultis invenitur. In locis subalpinis denique reperimus *J. setiformem* et *saxicolam Schrad.*; sed in sylvis parciores sunt Jungermanniæ quam ulli alii musci, quasi earum structura laxior climati haud apta sit. Musci insigniores, uti pleræque *Weissiæ*, *Splachna*, *Cinclidium* etc. in locis paludosis subsylvaticis detinentur. Quæ in terra nuda argillosa apud nos crescere solent *Gymnostoma*, *Phasca*, *Tortulæ* etc. in Lapponia omnino desiderantur Igitur muscis non admodum favet Lapponia inprimis non alpina.

Calamariarum 56 species sunt, quarum pleræque *Carices* et nonnulla *Eriophora* magnam sane partem vegetationis lapponicæ constituunt. Omnia loca paludosa et uliginosa foliis suis tegunt et ripas quoque fluminum occupant, ubi vix ulla gramina aquatica in Lapponia proveniunt. E contrario locis collinis fere nullæ crescunt Carices in Lapponia nisi per alpes, ubi *C. lagopina*, *rupestris All.*, *canescens* β. et *alpina Sw.* versus limitem nivalem longe propagantur.

Graminum 46 species, ex quibus tamen pleræque parcius occurrunt, ita ut tantum Airæ nonnullæ, uti *Aira cæspitosa* in humidis, et *flexuosa* in locis siccis, gregem graminum pratensium constituant. In ericetis *Arundo lapponica* perquam vulgaris est; in paludosis *Arundo stricta* abundat, et in umbrosis *Arundo Calamagrostis*. In locis sterilibus apricis tum regionis sylvaticæ tum alpinæ ubique crescit *Festuca ovina*. Alpes de cætero inhabitant nonnullæ Airæ et Agrostis una alterave cum *Poa alpina*. Vix vero ullæ sunt in Lapponia Festucæ majores, Bromi, Poæ majores aquaticæ etc.

Caryophyllearum 29 species, eæque complures *Alsinaceæ*, magnam partem vegetationis alpinæ efficiunt et Botanicis magnam messem præbent. De cætero haud ita conspicuæ sunt. In sylvaticis regionibus vix ulli Dianthi vel Lychnides occurrunt.

Bicornium 20 species multo insigniores sunt et in sylvis et in alpibus. *Vaccinia* et *Arbutus* in sylvis parcius occurrunt quam in Svecia, utpote quæ nonnisi in lucis lætioribus et ad prata sylvatica terram lapponicam tegant, et baccas parcius proferant; ultra partem sylvaticam superiorem baccas rarius maturant *Myrtillus* et *Vitis idæa*. Jam circa Sorsele *Myrtilli* vix nisi ad pagum Örnäs maturescunt. *Andromedæ*, *Azalea* et *Diapenzia* alpes admodum ornant et illis faciem re vera lapponicam præbent.

Amentacearum 28 species in subalpinis et alpibus inferioribus longe maximam partem vegetationis constituunt, et magis conferunt ad summum septentrionem habitabilem reddendum, quam fere omnes aliæ plantæ. *Betula alba* longe altius versus alpes propagatur quam reliquæ arbores; et *Salices* plures præcipue *S. glauca* in alpibus fruticeta orgyalia formant, in quibus tentoria sua tendunt Lappones, quarum ligno utuntur et quarum foliis rangiferos alunt. *Salix lanata* quoque materiam saccharinam, certe ultimam, profert, myriades apium alpinarum alentem. Majori itaque scopo inserviunt in hac terra quam in ulla alia. Minutæ illæ species *S. herbacea* et *reticulata*, vi destructivæ nivis melius resistunt, et ideo altius versus limitem nivalem propagantur, quam aliæ plantæ fruticulosæ.

Compositæ capitatæ in Lapponia paucissimæ, et vix 5 species exhibent, quarum una Serratula in alpibus crescit. Cardui in slvis admodum rari, omnesque fere inermes sunt. De cætero quoque plantæ vel frutices aculeati in Lapponia non crescunt, ita ut nulla vegetatio in toto orbe innocentior sit, quam

Lapponica. Spinas horrendas producunt Africæ plantæ, calore quasi induratæ; sed frigus omnem vegetationem mitiorem reddit.

Semiflosculosarum 14 species insignem occupant locum inter vegetabilia lapponica, utpote quæ admodum herbosæ et succosæ sint. *Soncho alpino*, in lucis subalpinis et Salicetis alpium copiosissimo, homines etiam vescuntur; et *Leontodon Taraxacum* admodum vulgare est.

Discoidearum 20 species Botanicis magis placent quam incolis; sunt enim pleræque *Gnaphalia* et *Erigera*, parum insignia in alpibus quærenda. Nec Achilleam magni faciunt incolæ amaras plantas parum curantes.

Junci, eorumque affines, 22 species efficiunt, quarum multæ alpibus familiares et Botanicis pergratæ sunt, alteque ad nivem perennem propagantur ex. gr. *J. arcuatus* et *biglumis*. Respectu ad molem et utilitatem non magni momenti sunt.

Senticosarum 17 species longe insigniorem et utiliorem partem vegetationis lapponicæ tum in sylvis tum in alpibus constituunt. Memorabilis ille *Chamæmorus* (excepto Empetro) baccas ultimas in alpibus offert, easque tam præstantes et copiosas, ut etiam aliarum terrarum incolæ iis delectarentur. *Rubus arcticus* vero in Lapponia baccas vix profert. De cætero *Alchemillæ*, *Potentillæ*, *Dryas*, *Sibbaldia* etc. valde insignes herbæ alpium sunt.

Multisiliquarum 20 species, quarum Ranunculi in alpibus complures occurrunt, et peregrinantium oculos magis oblectant, quam incolis utiles sunt. Hi, una cum Succulentis, vegetationem illam nivalem constituunt, eamque ob causam valde memorabiles sunt.

Succulentarum 17 species, e quibus *Saxifragæ* 15 in alpibus alteram partem vegetationis nivalis efficiunt. Nullæ enim plantæ in locis, a nive interdum perennanti devastatis, citius succrescunt, et igitur altius ad limitem nivalem propagantur. *Rhodiola* quoque radice sua odora, stiptica et crassa, cæteris plantis alpinis fere omnibus præstat. In sylvis vero vix ullæ Saxifragæ et Seda occurrunt.

Siliquosarum 21 species minoris plerumque momenti sunt, præter *Cochlearias* in maritimis excellentes, *Drabas* alpinas Botanicis pergratas, itemque Cardaminem unam et Cheiranthum Lapponiæ proprium.

Personatarum 19 species, quarum Pediculares maximum ornamentum Lapponiæ in summis etiam alpibus sunt. Veronicæ quoque haud spernendæ sunt, nec Bartsia.

Papilionacearum 10 species pleræque in parte sylvatica inferiore crescere desinunt, nec ibi in pratis satis vulgares sunt. Alpes inhabitant tantum Astragali duo et Phaca una alterave.

Orchidearum 14 species in Lapponia sparsim modo crescunt et exiguam tantum partem totius vegetationis constituunt. Ex iis tamen alpes salutant *Ophrys alpina*, *Orchis albida* et *conopsea* et *viridis*.

Filicibus affines *Tetradidymæ* 14 species exhibent, quarum 6 in alpibus copiosius proveniunt, et reliquæ fere omnes ex. gr. Equiseta, in sylvis vulgares sunt, ita ut partem haud spernendam vegetationis lapponicæ constituant.

Filicum 19 species in radicibus alpium juxta mare occidentale plerumque crescunt, ubi etiam magnam molem vegetationis constituunt et in Oeconomia incolarum haud spernuntur. In alpibus quoque 6 species occurrunt locis occultioribus et dispersis. Sed in sylvis Lapponiæ svecicæ paucæ et dispersæ admodum crescunt filices.

Holoracearum 12 species sunt, quarum pleræque parcius crescunt; tamen *Rumex Acetosa* et *Acetosella* nec non *Polygonum viviparum* per totam Lapponiam copiose inveniuntur et quidem usque ad superiores alpes, ubi iis se adjungit *Rheum digynum*. Igitur minime spernendæ sunt, et propter acidum suum ferculis Lapponicis primariis annumerantur.

Campanacearum 11 species in Lapponia parcius crescunt, præter solam Campanulam rotundifoliam et Parnassiam vulgatius crescentes. Alpinæ tantum sunt una alterave Campanula et Viola una.

Rotacearum 9 species, quarum Trientalis omnes sylvas fertiliores admodum ornat, et Gentianæ nonnullæ alpium decus sunt.

Corydales, quarum 7 species sunt, parcius occurrunt, et una alterave Pingvicula in alpibus crescit.

Umbellatarum 9 species, quarum tantum quatuor in regione sylvatica copiosius occurrunt, et una Angelica in subalpinis et salicetis alpium copiose crescens, lapponibus pergrata est. Plantæ aliæ calidæ vel oleo volatili præditæ in Lapponia non occurrunt.

Calycanthemarum 6 species sunt, e quibus *Epilobium angustifolium* sane summum ornamentum Lapponiæ est. In alpibus species una alterave Epilobii occurrit.

Coniferarum 3 tantum species sunt, sed Pini duæ longe maximam molem sylvarum Lapponiæ constituunt, quamquam in alpes haud adscendant, uti pineta alpium Europæ magis australis. Sola Juniperus in alpibus passim occurrit, sed sparsim et adeo occulte crescit, ut limitem nullum exhibeat.

Asperifoliarum 6 species sunt, quarum sola *Myosotis scorpioides* vulgaris est tum in sylvis tum in alpibus.

Fungorum 94 species in sylvis tantum habitant, ita ut solummodo pauci fungilli epiphylli et unus alterve Agaricus in alpibus leguntur. Fungos sclerocarpos in Lapponia satis diligenter quæsivi, ut eorum tantum pauci me fugere potuerint; sed Fungi carnosi majores certe minus indagati sunt quam alia vegetabilia. Tamen non dubito, quin fungi in tota Lapponia multo rarius quam in Svecia totaque Europa inveniantur.

Algarum aquaticarum 55 species in mari fere omnes habitant, ubi partem valde considerabilem et memorabilem vegetationis hyperboreæ constituunt. Tanta enim est moles *Fuci digitati, saccharini* etc. ut plantarum terrestrium omnium molem fere æquiparent. Materiam nutrientem bonam habent *F. esculentus, palmatus* etc., quo respectu nonnisi lichenibus vincuntur. Sunt igitur post Lichenes omnino præstantissima vegetabilia frigidissimi septentrionis. Ultra Pormontorium septentrionale plerique propagantur, et secundum observationes in itinere Phippiano institutas, multi adhuc occurrere videntur, ubi aqua marina ne æstate quidem 2 gradum superat. — In aquis dulcibus tantum Confervæ 9 parcius occurrunt.

Inundatarum 7 species parcius in parte sylvatica crescunt; itaque omnino confirmavimus, quæ Linnéus scripsit de paucitate plantarum aquaticarum in Lapponia. Aquæ hujus terræ minores, uti rivuli, hieme longa omnino exsiccantur, et itaque plantis aquaticis minus favent. Plantas perfectiores ex. gr. *Ranunculum lapponicum* et *Geum rivale* radicibus suis crescere vidi in fontibus, quorum temperatura 1°,8 vel 1°.0 erat; sed in aqua tam frigida Confervas vel alias plantas aquaticas, omnino submersas, detegere non potui.

Pomacearum 7 species, baccis parvis instructæ, vel sæpius steriles, vix nisi in sylvis proveniunt.

Aggregatæ stricte sic dictæ in Lapponia desiderantur, sed iis affinia genera Statice, Valeriana, Circæa, Linnæa et Plantago unam modo speciem in sylvatica regione proferunt.

Stellatæ exhibent 5 species Galii generis, easque omnes sylvaticas.

Preciarum 3 species, quarum Menyanthes Lapponiæ valde familiaris est.

Gruinalium 4 species in sylvis vulgares sunt.

Sarmentaceæ paucæ scil. Convallariæ 3, et Paridis 1 species in locis sylvarum occultis crescunt et frigoris impatientes sunt.

Spathacearum una alterave species fere littorales sunt.

Hydrocharides Juss. 2 species scil. Nymphææ, aquas sylvarum admodum ornant.

Piperitæ duæ Lapponiam vix intrant; Calla enim in limite Lapponiæ desinit crescere, et Zostera in mari infimo latet.

Verticillatæ, quarum 6 species sunt, in sylvis rarius occurrunt et terræ lapponicæ fere alienæ sunt.

Dumosa una tantum species rarissima est.

Veprecularum quoque sola Daphne Mezereum in sylvis infimis rara.

Scabridæ 2 Urticas exhibent plerumque ruderales.

Postremi jam enumerati ordines in Lapponia certe pauperrimi sunt. Desiderantur autem omnino sequentes ordines naturales Linnéani: Palmæ, Scitamineæ,

mineæ, Ensatæ, Coronariæ, Hesperideæ, Trihilatæ, Putamineæ, Rhœadeæ, Luridæ, Contortæ, Lomentaceæ, Cucurbitaceæ, Columniferæ, Tricoccæ, Sepiariæ et Coadunatæ. Ex his ordinibus fere unaquaque vi medica excellit vel materiis stimulantibus gaudet.

Quæ in Lapponia occurrunt plantæ innocentissimæ sunt, et nonnisi tales materias continent, quæ ad vitam animalem sustinendam pernecessariæ sunt. Lichenes multi, præcipue umbilicati (*Gyromia*), et Fuci complures pleni sunt *amylo mucilaginoso* maxime nutriente, eoque copiosiore quam in ulla terra meridionali. Hoc amylum nucleum vegetationis in ultima terra constituit. *Amyli farinacei* minorem copiam præbent gramina, Polygoni radices et Rumicum semina. *Mucilaginosa materia* parcius occurrit, nisi in Fucis marinis. *Acida vegetabilia* in Lapponia paucissima sunt. *Extractivum tinctorium* continent Lichenes nonnulli, Alni cortex etc. Stypside s. materia styptica satis copiosa gaudent Senticosæ pleræque et Rhodiola. Nulla fere in Lapponia rarior est materia vegetabilis quam *oleum volatile*; nullæ enim ibi Verticillatæ fragrantes et nulla semina calida Umbellatarum etc. inveniuntur. Sola Archangelica radice sua calido-amara omnium vices explet. *Svaveolentes* tamen *plantæ* non desiderantur in alpibus, ubi crescunt Astragalus alpinus, Rhodiola, Orchis albida, Serratula alpina; in sylvis nulla magis odorans planta occurrit quam Linnæa. *Resinosæ* sunt Pini species; ut etiam *Andromeda tetragona*, sub cujus foliis latet succus resinosus insignis. *Rhododendri lapponici* folia acri quodam tali gaudent, quale in Rhododendro chrysantho repertum est, et igitur vim medicam forsan habent. Nulla planta Lapponica succo lactescente venenoso scatet; nec *acre* quoddam venenosum occurrit, nisi in *Veratro albo*, ad ultima littora maris crescente, et in *Daphne Mezereo* per sylvas infimas rarissima.

Plantæ frigoris patientissimæ ex. gr. *Diapensia lapponica*, constant cellulosâ utriculari minutissimâ grumosâ, et per hos utriculos tenuissimos penetrant tantum vascula lignosa subtilissima, nullis ductibus spiralibus intermixta. Folia, ob organorum subtilitatem insignem compactiora, maximum frigus sustinere posse, vel in Pinetis nostris observari potest. Plantæ spongiosiores et organis majoribus constructæ, per Lapponiam locis occultis tantum occurrunt, vel etiam in aqua nivali, ubi brevi admodum tempore vegetant. Multæ tamen plantæ nivales, quamquam satis carnosæ, minutissimis organis factæ sunt ex. gr. *Saxifraga oppositifolia.* Nullæ vero plantæ in toto regno vegetabili compactiorem et minutiorem fabricam habent ac Lichenes; itaque summum frigus sustinent, in temperatura fere nivali vegetant et ultimam terram nive vix denudatam occupant. Eorum autem vegetatio longæva et tarda, ad materias maxime nutrientes producendas aptissima est, quæ materiæ per omnia eorum organa æque distributæ sunt. Sic Lichenes umbilicati ex. gr. *Gyromium cylindricum, proboscideum, hyperboreum,* aliique Lichenes foliacei v. gr. *Lichen islandicus,* exemplo certe inter plantas perfectiores inaudito, toti quasi amylo mucilaginoso quam maxime nutriente conflati sunt. Ipsa igitur subtilitas organorum, simplicitas totius vegetabilis et ipsa tarditas vegetationis conferunt, ad materiam nobilissimam et animalibus maxime necessariam producendam in ipso termino vegetationis; et sic natura, consiliis ferax, vegetationem totam in nucleum redegit in ultima terra!

Tabula temperiei ad Enontekis Lapponiæ etc.

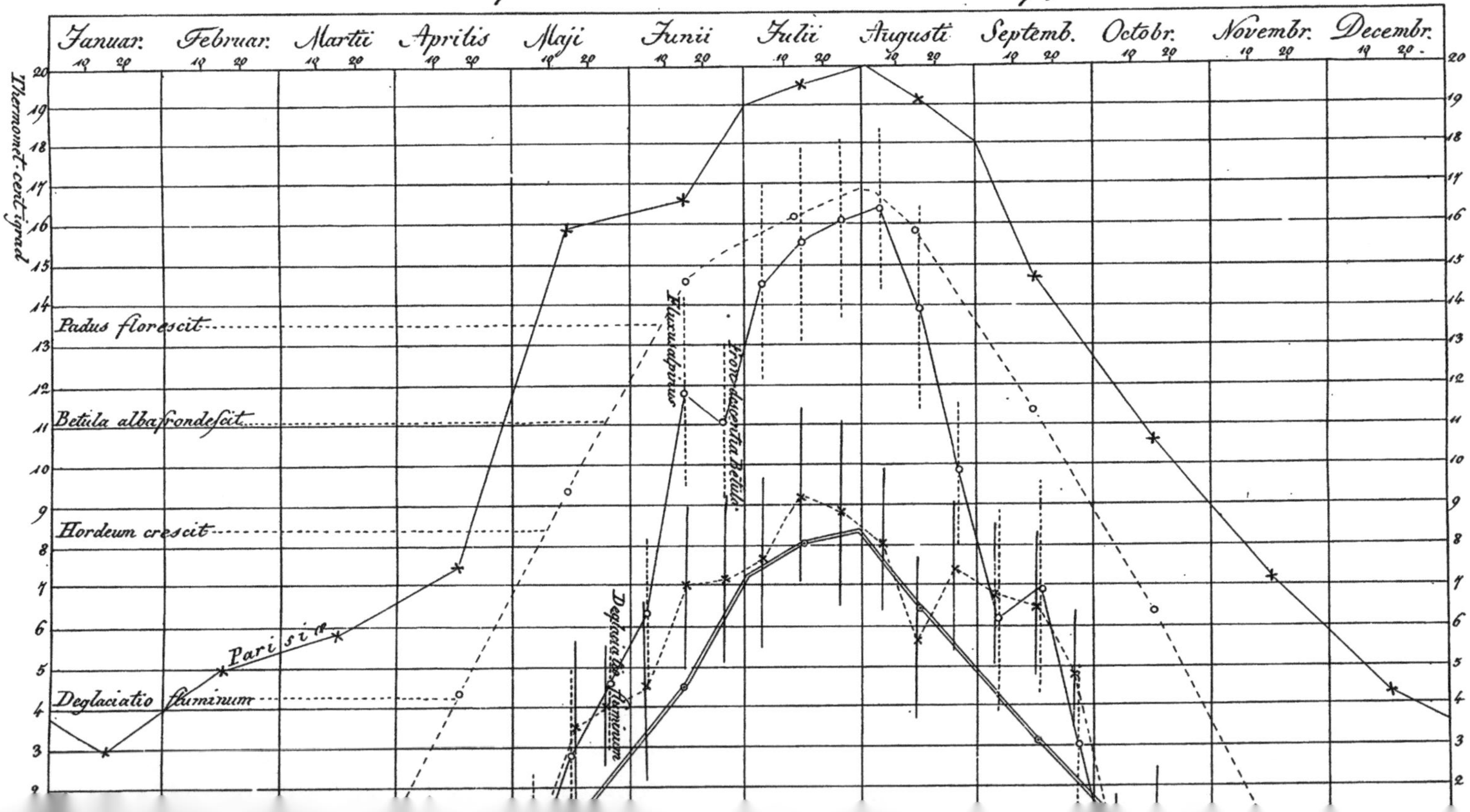

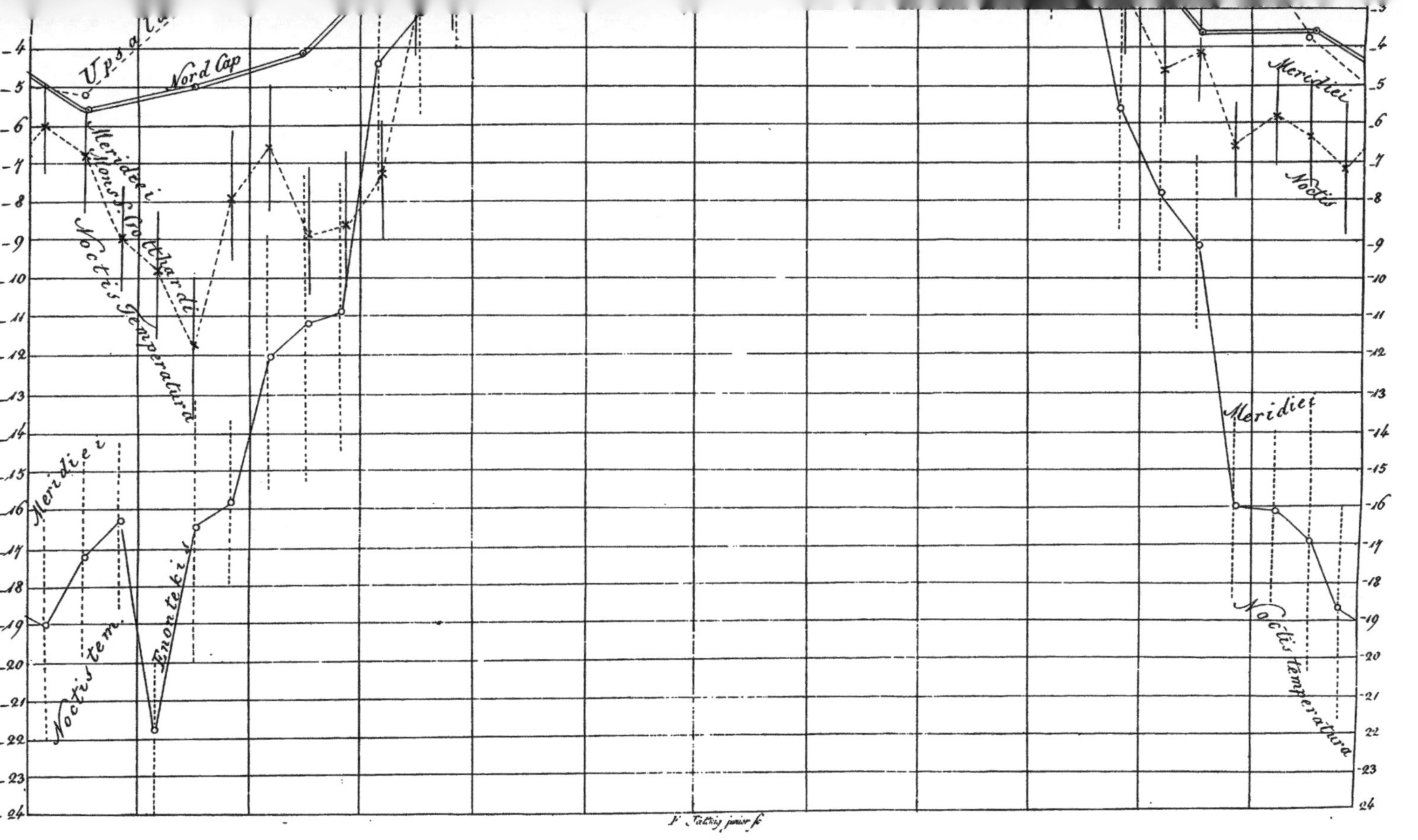

Upsala
Nord Cap
Meridiei
Mons S. Gotthardi
Noctis Temperatura
Meridiei
Noctis tem.
Enontekis
Meridiei
Noctis
Meridiei
Noctis temperatura

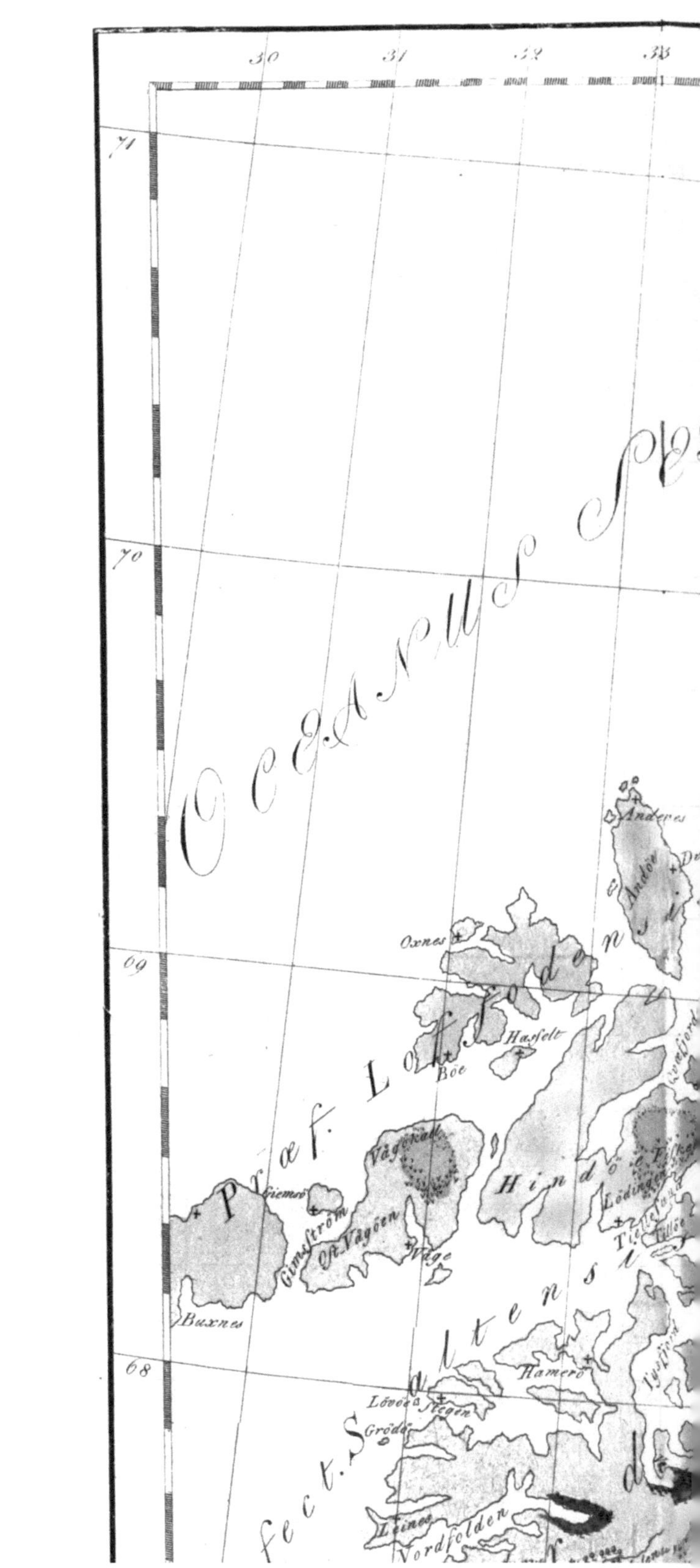

30
31
32
33
71
70
69
68
Oceanus
Anderes
Andöe
Oxnes
Hasselt
Böe
Præf. Loffoden
Vägekall
Giemsö
Gimsström
Ost.Vägöen
Väge
Hindöe
Lödingen
Buxnes
Hamerö
Tysfiord
Lövöra
Stegen
Grödö
Leines
Nordfolden

35
36
37
38
39
Senjen
Tromsö
Ringvadsö
Carlsöe
Fugelöe
Arenöe
Malanger
Lyngenfiord
Ulsfiord
Balsfiord
Tranöe
Faxefjeld
Kilpisjaur
Raunula
Lammastunturi
Vallivaara
Altes träsk
Schiangli
Rautusjoki
Vuolosjoki
Kalix träsk
Jukkasjarvi
Njaravare
Maskonkaise
Rostojaur
Allekaise

40
41
42
43
Tuenes
Hasvig
Loppen
Hammerfest
Launjaur
Vorieduder
Jesjaur
Kautokeino
Enontekis
Muonioniska

45 46 47 48

71

Nordkin
Sletnes
Omgang
Tanahorn
Perlevåg
Kongsfjord
Kiöllefjord
Hopseidet
Makur
Ördalen
Tanafjord
Vester Tanen
Tana
Gulholm
Orientalis
Vardö
Vardehus
Kiberg
Komagelo
Verskholm
Vesby
Bergby
Vadsöe
Varangerfjord
Skorajoki
Polmak
70
Polmajaur
Bugöefjord
Skogerö
Utsjoki
Mandujaur
Näutamjoki
Neiden
Miesajaur
Sautsjärvi
Hastemjärvi
Storijaur
Pitkaroono
Enare Träsk
Patsjoki
69
Enare
Toenjoki
Momeljaur
Tukkavaara
Luttojoki
Fogdhütte
Sotajoki
Rautatunturi
Luirotunturi
Nuorttijoki
Luirejärvi
Muttanka
68
Kieske

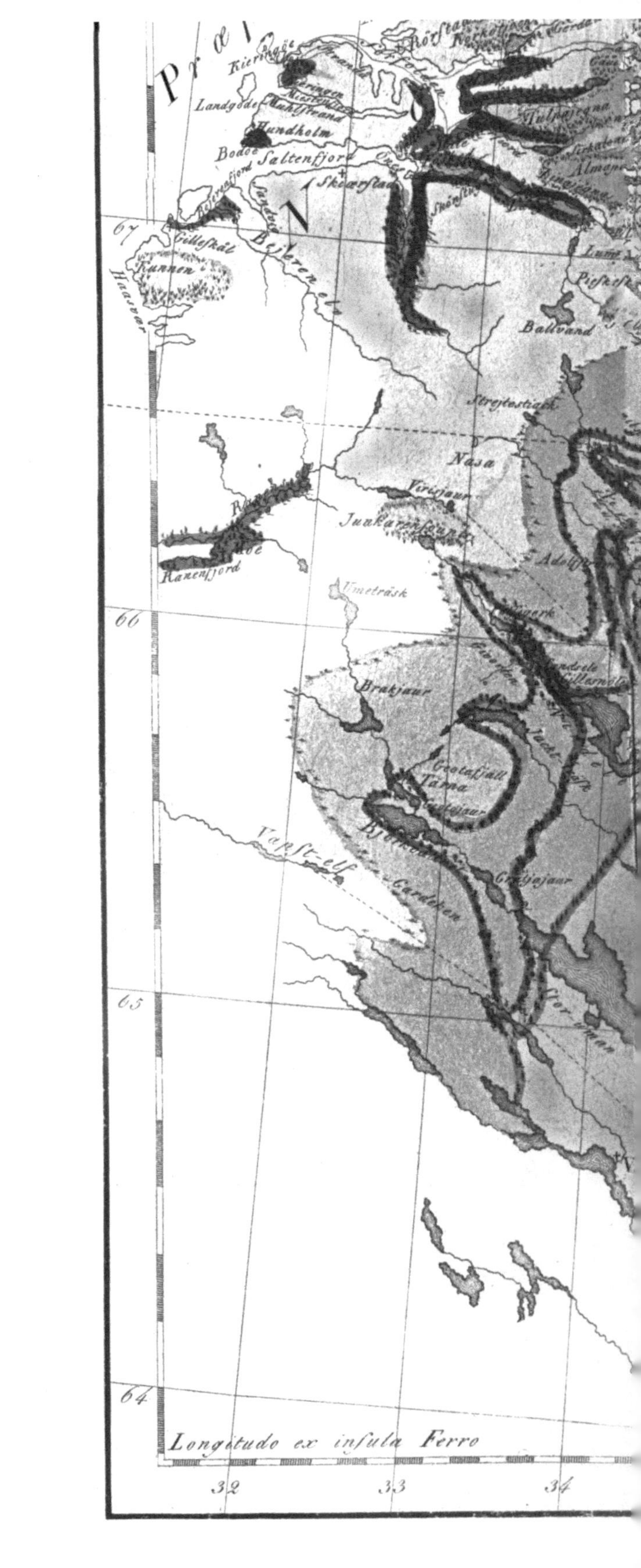
67
66
65
64
Hundholm
Bodöe
Saltenfjord
Gilleskål
Ballvand
Nasa
Ranenfjord
Umeträsk
Brakjaur
Tarna
Vapst-elf
Longitudo ex insula Ferro
32
33
34

Killingsavando
Gellivare
Schauja
Parkijaur
Randijaur
Ådemjaur
Vajkijaur
Purkiaur
Jockmock
Nelkerim
Kåskats
Vuollerim
Storbacken
Langnäs
Edefors
Storavan
Arvidsjaur
Grånsele
Björksele
Vormsele
Rusksele
Lycktråsk
Lyckfele
Tansele
Storbacken
Tågensele
Trångsele
Knaften
Grano
Degerfors
Tegsnäs
Rödå
Jucksvall
Tafvelsjö
Ortråsk
Skelle
Skellefte elf
Vindel-elf
Lapp. Pitensis
Lapp. Umensis
WESTER
36
37
38

Kolari
Kengis
Pello
Svanstein
Kattelakoski
Öfver Torneå
Öfverkalix
Kalix elf
Lule elf
Råneå-elf
Råneå
Kalix
TORNEÅ
Kemi
LULEÅ
PITEÅ
Iter anno 1807

Explicatio

Lapp. sylvatica Abiete consita

Lapp. subsylvatica Pinetis gaudens

Regio subalpina Betulam albam tantum alens.

Regio alpina inferior Salice glauca etc. ornata; nec non montes subalpini

Alpium jugum

Summa cacumina alpium supra limitem nivalem elevata et glaciebus prædita.

○ OPPIDA

\+ Templa parœciarum

∘ Domicilia Novaccolarum

▵ ——— Lapponum

39 40 41 42

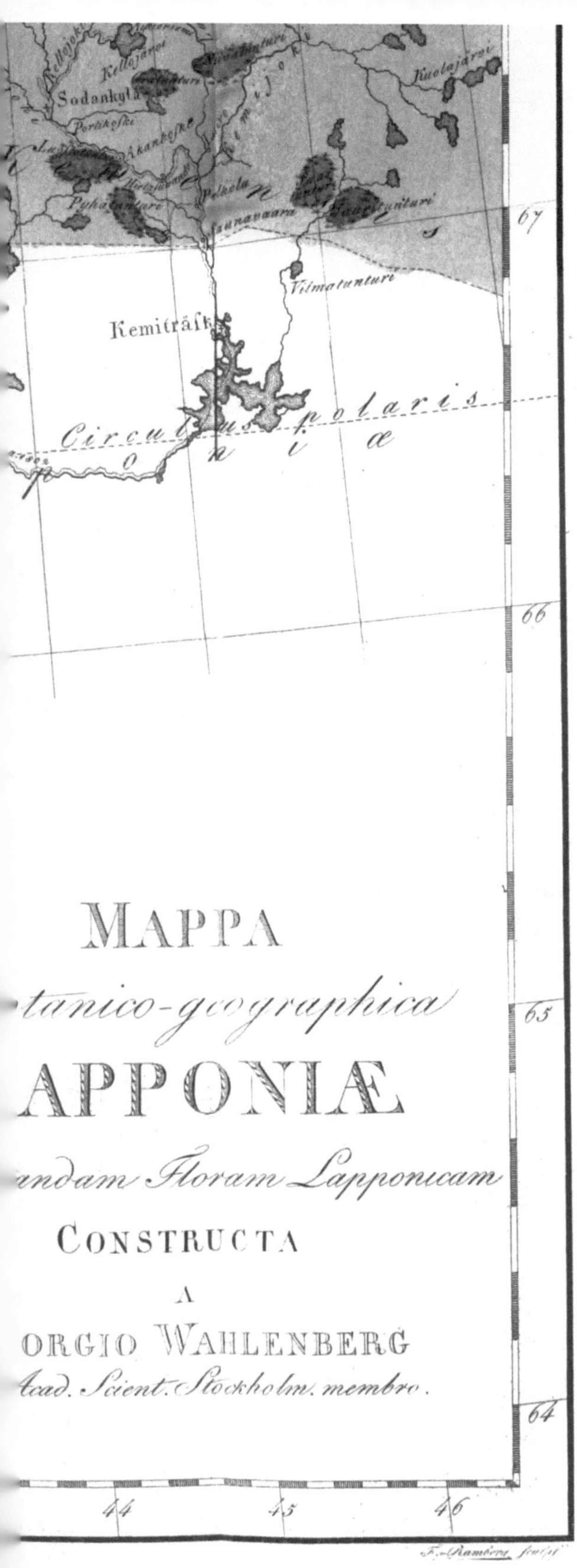
Kellojarvi
Sodankylä
Kemiträsk
Vilmatunturi
Kuolajärvi
Circulus polaris
67
66
65
64
44
45
46
MAPPA
tanico-geographica
APPONIÆ
andam Floram Lapponicam
CONSTRUCTA
A
ORGIO WAHLENBERG
Acad. Scient. Stockholm. membro.
F. Ramberg sculp.

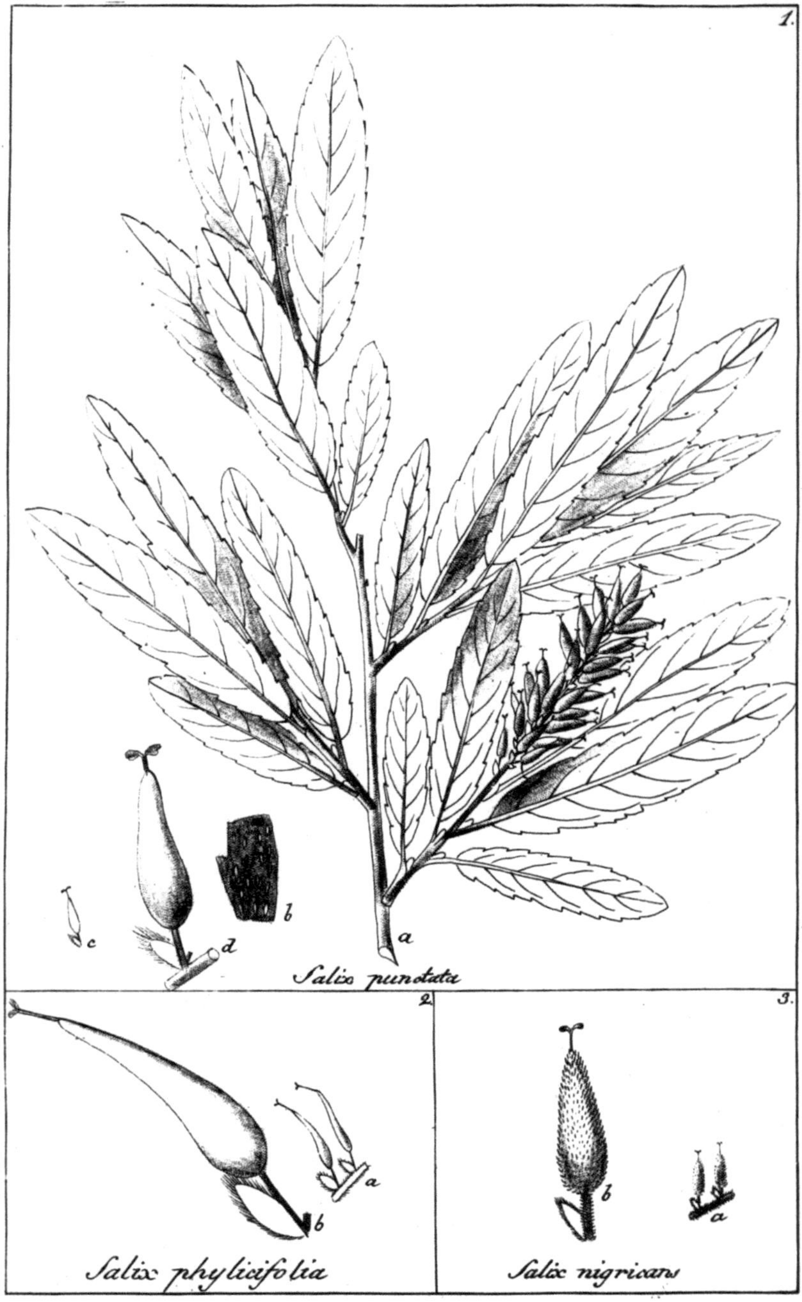

1.

a b c d

Salix punctata

2.

a b

Salix phylicifolia

3.

b a

Salix nigricans

Tab. XVIII

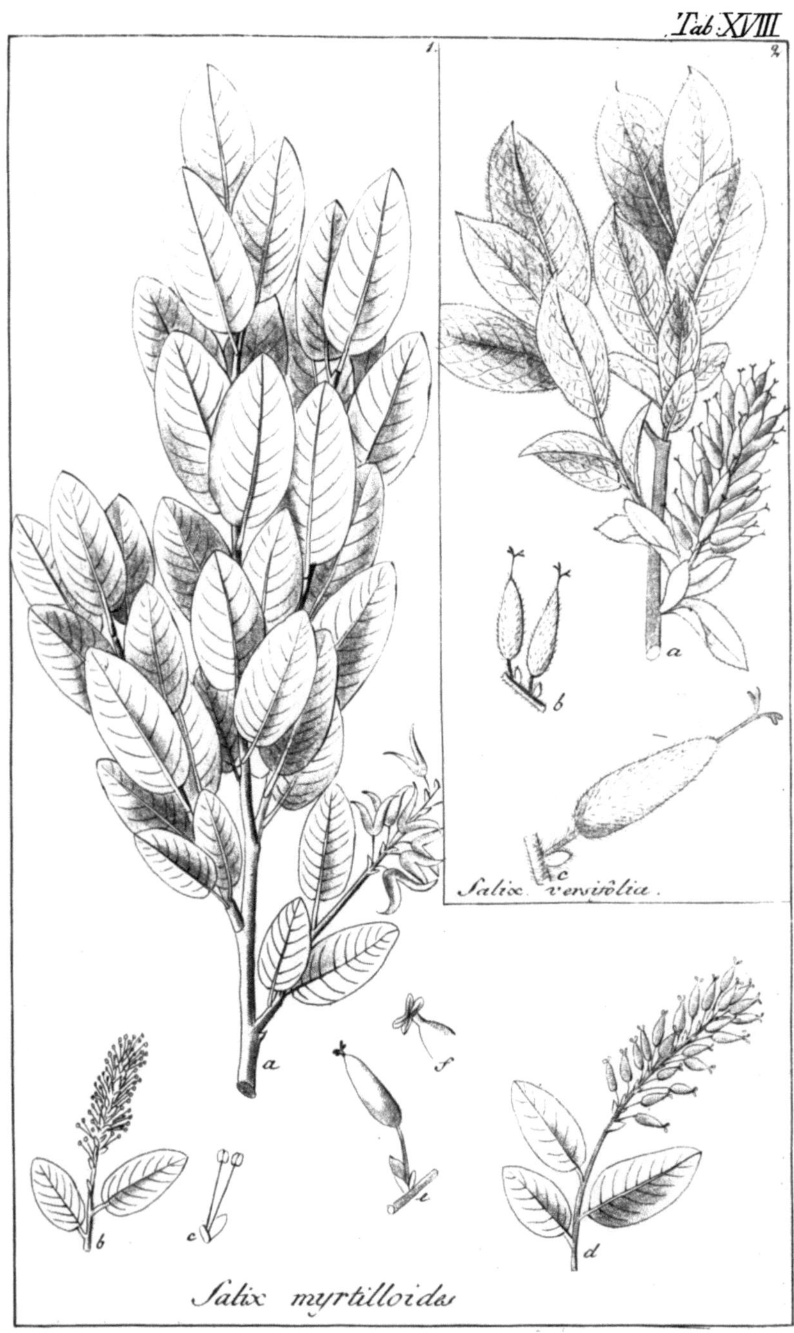

CLASSIS I.

MONANDRIA.

HIPPURIS.

Gen. plant. ed. Schreb. n. 15. Gærtn. de fructib. 2. p. 24. tab. 84. f. 7.

1. HIPPURIS *vulgaris:* foliis octonis linearibus acutiusculis.

H. vulgaris *Linn. svec.* n. 2. *lappon.* n. 1. *Willden. ed. spec. plant.* 1. p. 26. *Oed. dan. t.* 87. *Engl. bot.* 11. t. 763. max. *Zoega island.* — *Lightf. scot.* p. 70. *Michaux amer.* 1. p. 1. *Pallas it. sibir.* 3. p. 33. *Georgii flor. baikal.* p. 195.

β. caule flaccido, foliis numerosioribus.

Hab. per partem sylvaticam inferiorem passim in aquosis usque ad Muttania Lapp. Kemensis; ut et in inferalpinis Nordlandiæ passim.

β. in fluvio Muonio Lapponiæ Tornensis inferioris visa est cum aqua fluitans.

Planta β. foliis numerosioribus (plerumque ultra 12), angustioribus et tenuioribus omnino insignis est, et habitum generis Hippuridis in maximo gradu gerit. Inter hanc et H. *maritimam* quasi intermedia est planta vulgaris; vixque dubito, quin omnes tres adeo in se invicem transeunt, ut vix nisi unam speciem constituant.

CALLITRICHE.

Gen. pl. ed. Schreb. n. 17. *Gærtn. de fruct.* 1. *p.* 330. *t.* 68. f. 4.

2. CALLITRICHE *verna:* foliis trinerviis superne aggregatis majoribus, seminum margine obtusiusculo.

C. aquatica *Smith. brit.* 1. p. 8. *Willden. enum. horti berol.* p. 8.

α. foliis omnibus elongato-obovatis.

C. verna *Linn. svec.* n. 3. *lappon.* n. 2. α. γ. *Willden. spec.* 1. p. 28. *Gmel. sib.* 3. p. 13. *n.* 4. *Oed. dan.* t. 129. *Lightf. scot.* p. 70. *Zoega island.* — *Landt faeroens.* — *Engl. bot.* 11. t. 722.

β. *intermedia:* foliis inferioribus linearibus emarginatis.

C. verna *Michaux amer,* 1. p. 2.

C. intermedia *Schkuhr Handb.* t. 1. f. e. *Willden. spec.* 1. p. 29.

C. verna β. *Linn. svec.* n. 3. *lappon.* n. 2. β.

γ. *minima:* foliis omnibus linearibus emarginatis.

C. minima *Hoffm. flor. germ.*

Hab. α in aqua stagnante, β in rivulis lente fluitantibus, et γ supra limum humidum locis uliginosis, per totam Lapponiam sylvaticam et subsylvaticam passim.

Apud omnes varietates folia trinervia sunt etiamsi latitudo foliorum diversa; substantia eorum crassiuscula vel carnosiuscula, opaca et pallescenti-viridis, ex cellulis grandiusculis facile discernendis composita.

3. CALLITRICHE *autumnalis:* foliis omnibus per caulem sparsis æqualibus uninerviis truncatis, seminum marginibus membranaceis.

C. autumnalis *Linn. svec.* n. 4. *Georgii flor. baikal.* p. 195?

Callitriche-fructibus quadrifariam dehiscentibus. *Gmel. sib.* 3. p. 13. n. 5. t. 1. f. 2.

Hab. infra littora lacuum et fluviorum ubi aqua quieta est per partem sylvaticam Lapponiæ meridionalis rarius. Mihi obvia tantum fuit ad Wuollerim in fluvio ipso Lulensi.

Habitus totius plantæ a præcedentis sat diversus. Substantia foliorum tenuior, exsucca, membranacea, diaphana, sed vivide viridis, ex cellulis ita subtilissimis constructa, ut vix discerni queant augentioribus vitris. Fructus major est quam in praecedente; de cetero multum crebrius positus et omni respectu spectabilior.

CLASSIS II.

DIANDRIA.

CIRCAEA.

Gen. plant. ed. Schreb. n. 31. *Gærtn. de fruct.* 1. *p.* 114. *tab.* 24. f. 6.

4. CIRCAEA *alpina α. minor:* caule glaberrimo adscendente, foliis cordatis dentatis nitidis, calyce albido.

C. alpina *Linn. fl. lapp.* n. 3. *Schrad. flora germ.* 1. p. 14. *Vahl enum. plant.* 1. p. 301. *Michaux amer.* 1. p. 17. *Gmel. sib.* 3. p. 205. *Flor. dan.* 8. t. 1221. bona.

Hab. in locis inferalpinis Nordlandiæ rarius: a me nonnisi prope Tromsöam et in Sörfolden districtus Saltensis parcissime visa.

Bracteola minuta sub singulo pedicello differentiam haud spernendam suppeditat.

Engl. bot. 15. t. 1057. varietatem intermediam sistere mihi videtur utpote floribus nimium coloratis, et herba hirsutiore discrepans.

VERONICA.

Gen. plant. ed. Schreb. n. 32. *Gærtn. de fruct.* 1. *p.* 257. *tab.* 54. f. 7.

5. VERONICA *longifolia:* foliis ternis oppositisve lanceolatis basi subcordatis acuminatis duppli-cato-serratis cauleque pubescentibus.

V. longifolia *Linn. svec.* n. 9. *Gmel. sib.* 3. p. 218. *Georgii flor. baikal.* p. 195. *Willden. en. hort. berol.* p. 17. *Schrad. comm.* n. 11. tab. 2.

V. caule erecto etc. *Linn. lappon.* p. 5. n. 4.

V. maritima *Gunnerus flor.* n. 74. *Fl. dan.* 3. t. 374. *Willden. spec.* 1. p. 55. *Vahl. enum.* 1. p. 56.

Lysimachia spicata cærulea; in Misnia etc. *Burs. herb.* XIV. n. 15.

Lapponibus Finmarkiæ *Soudna-heina.* Fennonibus Tornensibus *Mettiesen-kuka.*

Hab. locis herbosis subhumidis præsertim juxta fluvios per partem sylvaticam et subsylvaticam Lapponiæ Kemensis et Tornensis frequenter; ut et versus fundum sinuum maris in Finmarkia et Nordlandia septentrionali passim. In locis subalpinis usque ad Naimacka Lapp. Tornensis et Kivikoski Lapp. Kemensis rarius adscendit; sed in alpinis ut et promontoriis Finmarkiæ haud reperitur, nec in Lapp. meridionalibus visa.

Quæ in his locis crescit exacte *V. longifoliæ Schrad.* in Germania provenienti convenit, et satis differre videtur a *V. maritima* ad littora Tornensia crescente et in Lapponia adhuc non reperta. Sed quod ad characteres quibus a se invicem distinguantur multæ adhuc obveniunt difficultates. Ubi folia V. *longifoliæ* angustiora evadunt sæpe reperiuntur sine cordata basi; et in V. *maritima* folia sæpe tam lata occurrunt ut ad basin omnino cordata sunt. Ideoque nonnisi levissimus character in basi foliorum consistit, et ad summum tantum dici potest, quod folia in V. *longifolia* magis in cordatam figuram prona sunt. Differunt magis habitu et fructificatione, quod quidem difficile describitur, sed in sequenti descriptione comparativa exprimam.

V. longifolia: caulis viridis, præcipue in varietate bifolia ad genicula non parum angulatus, magis pubescens, semper strictus. Folia saturate viridia obscura (nec glabrata), venis obsoletis; serraturis ut in Icone Schraderiana minus crebris, minus profundis etc. Spica fere semper unica, solitaria sessilis in apice caulis (nec fasciculi adsunt foliosi in axillis), eaque stricta, longissima et post florescentiam bracteis setiformibus prominentibus et laciniis calycinis nec non pistillis ex aggregatis floribus ita undique obvallata, ut caudam felinam quodammodo refert. Bracteæ calycis lacinias multum superantes, Pedicelli florum erecti, stricti, rachidi fere adpressi. Calycis laciniæ valde inæquales, lineares vel potius subulatæ, longæ ita ut duo longiores capsulam fere superant.

V. maritima: caulis purpurascens, semper ubique magis teres, saepe quod ad maximam longitudinem glabriusculus vel pubescentia breviori tectus, satis altus quidem sed gracilior et magis flexuosus. Folia dilute vel pallide viridia, magis glabrata, costa et venis prominentioribus; serraturis profundis, crebris valde acuminatis et sursum vel apicem folii spectantibus; apice multo longius acumininata et producta. Plerumque ad apicem ramificatur caulis, et plures spicas usque ad 6 et 5 profert, et in axillis multos habet fasciculos foliosos vel ramulos. Spicæ magis pedunculatæ vel supra foliosum caulem elevatæ, sublaxæ et flexuosæ, breviores et floribus sparsioribus et magis vagis compositæ. Pedunculi spicarum semper insigniter pubescentes. Bracteæ calycibus breviores. Pedicelli florum tenues, vagi, patentes. Calycis laciniæ subæquales, lanceolatæ, capsula multo breviores. Corollæ multo minores et tota spica florens tenuior. Capsula majuscula, semine Canabis major, inflata. Sit itaque differentia specifica: *V. maritima:* foliis ternis oppositisve lanceolatis longe acuminatis profunde dupplicato-serratis cauleque subpubescentibus, calycibus subæqualibus capsula brevioribus.

6. VERONICA *serpyllifolia:* racemo terminali subspicato, foliis ovatis crenatis, caule adscendente.

V. serpyllifolia *Linn. svec.* n. 16. *lappon.* n. 6. *Gmel. sibir.* 3. p. 223. *Oed. Fl. dan.* t. 492. *Engl. bot.* 15. t. 1075. bona. *Krock. siles.* p. 15. t. 4. *B. fruct. Olavs. it. island.* p. 944. *Michaux amer.* 1. p. 4. *Lightf. scot.* p. 73. *Flor. Kamtschatk. in Arct. Zool.* p. 194. *Landt faeroens.*—*Georgii flor. baikal.* p. 195.

Hab. locis humidis ad vias etc. per partem sylvaticam Lapponiarum omnium rarius; nec altius adscendit quam ad Idivuoma Lapponiæ Enontekensis et Pelkola kemensis. In inferalpinis Nordlandiæ passim provenit.

Quæ versus alpes crescit asperior est quam vulgaris, et ad V. humifusam Dicks. accedere videtur.

Capsula insigniter didyma vel quasi ex orbiculis duobus circularibus composita ut in Biscutella; nec datur alia Veronica in qua tam brevis et lata est, calycis laciniis vix longior. Inflorescentia subspicata, multiflora. Pedicelli fructus breviores quam bracteæ. Folia superiora fere integerrima minora; infima breviter petiolata.

7. VERONICA *saxatilis:* corymbo terminali paucifloro, foliis caulinis oblongo-obovatis subserratis, pedunculis bracteas superantibus, capsulis oblongis integris calyce majoribus.

V. saxatilis *Linn. suppl.* p. 83. *Smith. brit.* 1. p. 17. *Vahl enum.* 1. p. 63. *Willden. en. hort. ber.* p. 20.

V. fruticulosa *Oed. fl. dan.* t. 342. *Zoega island. Krock. siles.* 1. p. 26.

V. alpina frutescens; in alpibus Helveticis. *Burseri herb.* XIV. n. 26.

Hab. locis petrosis apricis in lateribus montium inferalpinarum juxta mare Nordlandiæ passim; ubi eam legi af Sörfoldbotten et Torrfjord. Ut etiam in latere lapidoso alpis Kask-ajvo juxta Quickjock supra terminum Betulæ rarius.

Figura Floræ dan. nostram plantam melius exhibet quam Engl. bot. 15. t. 1027., quia in hac surculi non satis cæspitosi, caules nimium pilosi et crassi, folia justo latiora et grandius serrata, flores longe saturatius cærulei.

Radix e caudice descendente fibroso emittit stolones multos undique prorepentes, varie flexuosos et ramosos; quorum apices foliosi evadunt et undique procumbunt, perennant et prædititi sunt foliis parvis Serpylli magnitudine et figura, multis, approximatis, secundis vel sursum versis, perennibus, oblongis, basi attenuatis, semper crassiusculis et subcoriaceis, plerumque subtus unacum caule rubicundis, integerrimis. Exsiccatione vix tenuiora evadunt folia quam dum recentia fuerunt, vixque unquam nigrescunt. Caules annotini ex apicibus surculorum foliosorum surgunt suberecti læves; in quibus foliorum paria pauca remota: foliis majusculis, circiter triplo majoribus quam in surculis, oblongo-obovatis, medio remote et obtuse serratis, glaberrimis, omnibus oppositis. Flores pauci 3 circiter in apice caulis juxta se invicem nascuntur, quorum pedunculi longiusculi vel bractea sua duplo longiores. Calyx quadripartitus fere usque ad basin, laciniis obtusiusculis majusculis glabris. Corolla magna fere ut in V. *Chamædry*, dilute cærulescens vel potius albescens: striis cærulescentibus ut in V. serpyllifolia. Capsula oblonga vel ovali-oblonga subventricosa, apicem versus fere angustata, apice integerrima (nec emarginata), sed in lacinias quatuor acutas dehiscente. Valvulæ binæ supra receptaculum seminum in medio connatæ haud sunt, et maturitate per nervum medium solvuntur in binas partes, unde capsula quoddammodo quadrivalvis evadit. Superficies capsulæ tecta est pubescentia brevi incurvata. Stylus persistens longus, capsula vix brevior, capillaris, curvatus. Tota planta glaberrima (capsulis exceptis) pallide viridis, exsiccatione neque nigrescens neque cærulescens.

Ex hisce patet, quod nullæ aliæ nostrarum affinis sit, nisi quodammodo V. serpyllifoliæ.

8. VERONICA *alpina:* spica oblonga terminali, foliis ovatis subserratis, calycibus ciliatis, capsulis obovatis emarginatis.

V. alpina *Linn. svec.* n. 15. *lappon.* p. 7. t. 9. f. 4. *Willden. en. hort. berol.* p. 20. *Krock. siles.* 1. p. 24. t. 3. fructif. *Oed. fl. dan.* t. 16. bona. *Vahl enum.* 1. p. 64. *Pallas it. sibir.* 3. p. 33. *Georgii flor. baikal.* p. 195. *Landt faeroens.* —

V. spicata *Olavs. it. island.* p. 431. 944.

V. alpina cærulea bellidis folio non ita crasso. *Burseri herb.* XIV. n. 29. 30.

Hab. locis graminosis fertilioribus succosis vel subirrigatis per latera et radices alpium meridionalium svecicarum vulgatissime, usque in montem Peliekaisse Lapp. Pitensis et Vallivare Lappon. Lulensis descendens; in septentrionalibus parcius ut et in Norvegico latere alpium rarius. In Scotia quoque rarissima est.

Herba junior primum propullulans ita mollis et tenuis est ut Alsinem fere crederes, ciliis suis pellucidis albis undique ornata, in exsiccando plerumque nigrescens. Sed ætate provectiore folia et caulis firma satis evadunt, simulque fere glabra. Caules subsolitarii. Folia caulis ovali-oblonga acutiuscula; superiora sensim minora alterna lanceolata acuta evadunt. Spica florens subrotunda multiflora, fructifera oblonga. Pedicelli bractea dimidio breviores. Calyx quadrifidus, pilis longis articulatis ciliatus, et etiam in latere pilis et apiculis exasperatus. Corolla saturate cærulea initio parum violacea, parva laciniis calycinis vix longior. Capsula obovata et emarginata vel fere obcordata, calyce duplo fere longior, superficie glaberrima nitida, stylo brevi rigidiusculo crassiusculo coronata. Dehiscit binis aperturis, nec valvularum partes a se invicem solvuntur: itaque omni respectu bivalvis dicenda. Color pedunculorum et superioris caulis etiam cærulescens, quæ cærulescentia exsiccatione augetur; ut et folia præcipue superioriora sub exsiccatione nigrescunt. Pili totius plantæ sunt divergentes vel potius retrorsum versi.

V. alpina Engl. bot. t. 484. nostram plantam tam parum refert, ut dubium sit an eandem speciem sistit.

9. VERONICA *officinalis:* spicis lateralibus pedunculatis, foliis obovatis serratis, caule procumbente hirto.

V. officinalis *Linn. svec.* n. 12. *lappon.* n. 5. *Olavs. it. island.* p. 431. 944. *Mohr island.* p. 151. *Georgii flor. baikal.* p. 195. *Landt faeroens.* — *Oed. fl. dan.* t. 248. *Lightf. scot.* p. 72. *Michaux amer.* 1. p. 5.

Hab. in parte sylvatica infima Lapponiæ meridionalis rarius vixque supra Tafvelsjö prope Lapponiam Umensem lecta; et in inferalpinis juxta fundum sinuum maris Nordlandiæ rarius, ex. gr. visa ad Torrfjord Foldensis.

10. VERONICA *Chamædrys: Linn. flor. svec.* 2. n. 18. *Flor. lapp.* n. 8. *Engl. bot.* 9. t. 623.

Hab. in Lapponia Umensi rarius: Linné; a me vero neque in Lapponia nec in Vesterbottnia lecta.

11. VERONICA *scutellata:* racemis lateralibus alternis: pedicellis divaricatis, foliis linearibus subintegris.

V. scutellata *Linn. svec.* n. 17. *lapp.* n. 10. *Gunner. norv.* n. 658. *Zoega island. Oed. fl. dan.* t. 209. *Lightf. scot.* p. 74. *Michaux amer.* 1. p. 5. *Georgii flor. baikal.* p. 195.

Hab. in Lapponiæ meridionalis ripis inundatis fluminum majorum parcius ex. gr. ad Gransele et Almycke - tjärn prope Lycksele Lapponiæ Umensis; in uliginosis Nordlandiæ passim: Gunnerus.

Quæ in his locis crescit admodum pusilla est, et semper supra limum serpit; nec itaque Lapponiæ valde familiaris planta.

PINGUICULA.

Gen. plant. ed. Schreb. n. 40. *Gærtn. de fruct.* 2. *p.* 140. *tab.* 111. f. 2.

12. PINGUICULA *alpina:* nectario conico petali laciniis breviore recurvo.

α. labii inferioris lacinia media truncata integra,

P. alpina *Linn. svec.* n. 26. *lappon.* n. 12. t. 12. f. 3. *Gunn. flor. norv.* n. 640. tab. 4. f. 4. *Flor. dan.* 3. t. 453. *Pallas it. sibir.* 3. p. 33.

P. alpina β. alba *Vahl. enum.* 1. p. 193.

β. *bimaculata:* labii inferioris lacinia media emarginata bimaculata.

P. alpestris *Persoon. synops.* 1. p. 18.

P. flavescens *Flörk. in Hoppe Taschenb.* 1800. p. 14. et p. 225. *Wahlenb. Florul. gottl. in Nov. act. Stockholm.* 1805. p. — *Schrad. fl. germ.* 1. p. 53.

P. alpina *Suter. fl. helvet.* p. 12. *Schrank. salisburg.* p. 25. *Hoppes Taschenb.* 1801. p. 139.

P. alpina α. *Vahl. enum.* 1. p. 193.

Hab. per omnes alpes Lapponicas in nuda terra uliginosa, juxta rivulos etc. usque ad Nordcap ubique copiosissime; summa vero cacumina alpium vix petit. Locis uliginosis infra alpes per Nordlandiam et Finmarkiam sæpius occurrit, ut et extra alpes ad flumina in Utsjoki et Enontekis pluries visa, ubi semper ante P. vulgarem floret. β. in alpibus circa Virih - jaur passim lecta.

Folia ut in P. *vulgari*, sed plerumque nonnihil tenuiora et minora ut reliquæ partes plantæ. Scapus glaberrimus apice semper rectus. Corolla albida striis flavescentibus præcipue in calcare, quæ striæ sub exsiccatione purpurascentes evadunt. Calcar semper versus labium inferius recurvum. Sub fauce adest macula flavo-barbata, quæ apud var. β. abit in maculas duas loborum labii inferioris flavas simulque lobi a se invicem crenâ separantur, hæ vero notæ haud semper evidentes sunt nec limites admittunt, unde certus persuasus sum, quod P. *flavescens* tantum varietas levis est P. *alpinæ*. Nec nomen flavescens satis conveniens est, cum corolla omnino alba reperitur exceptis maculis flavicantibus villosis. Capsula in ambabus rostrata vel acuminata.

13. PINGUICULA *vulgaris:* nectario subulato rectiusculo longitudine petali.

P. vulgaris *Linn. svec.* n. 25. *lappon.* n. 11. *Oed. fl. dan.* t. 93. *Lightf. scot.* p. 76. *Zoega island.* — *Landt faeroens.* — *Gmel. sib.* 3. p. 225. *Georgii flor. baikal.* p. 195.

β. *tenuior:* flore minore, scapo superne magis villoso.

P. villosa *Gunn. fl. norv.* n. 641?

Hab. locis uliginosis per universam Lapponiam ubique copiose, etiam in alpibus quamquam parcius. β. in alpibus locis spongiosis sphagno abundantibus parcius.

14. PINGUICULA *villosa:* nectario aciculari recto petalo longiore, scapo villoso apice nutante.

P. villosa *Linn. svec.* n. 27. *lappon.* n. 13. t. 12. f. 2. *Georgii it. sibir.* 1. p. 92. et 195. *Flor. dan.* 6. tab. 1021. bona.

Hab. in Lapponia sylvatica et subsylvatica juxta paludes ubi Sphagnum luxurians tumulos format, quibus inhabitat fere ubique copiose. Lecta est in paroecia Jockmock ad Vuollerim et Storbacken, in Enontekis media, in Enare ad Kamajoensuu, nec non ad Varanger Finmarkiæ orientalis.

Magis serotina est quam P. vulgaris.

Præcedenti re vera valde affinis, attamen abunde diversa. Planta valde tenuis est et præcedente multoties tenerior. Folia subrotunda utrinque rotundata, semper parva nunquam longitudinem trium linearum excedentia, valde concava et pateræformia ob margines undique inflexos. Scapus setiformis, respectu tenuitatis satis longus et strictus, usque ad radicem obsitus pilis hyalinis patulis articulatis; apex ejus mox sub calyce incurvatur, unde faux corollæ inferiora respicit et calcar sursum vertitur, quæ directio invariabilis et constans esse reperitur. Corolla parva angustata, e calcare fere aciculari sensim paullum dilatatur et in labia duo dividitur magis subæqualis longitudinis quam in *P. vulgari;* faux perangusta, nec laciniæ labiorum multum patent, laciniæ cuneiformes. Color floris dilute violaceus, in fauce striis flavescentibus pulchellus.

Post anthesin erigitur apex scapi, et demum excrescit capsula obcordata, semine coriandri haud major.

UTRICULARIA.

Gen. plant. ed. Schreb. n. 41. *Gærtn. carpolog.* 3. *p.* 108. *tab.* 198. f. 5.

15. UTRICULARIA *intermedia:* nectario conico, labio superiore integro palati gibbis duplo longiore, foliis tripartito-dichotomis strigosis.

U. intermedia *Hayne in Schrad. diar.* 1800. 1. p. 18. tab. 5. *Vahl enum.* pl. 1. p. 198. *Flor. dan.* 8. t. 1263. opt.

U. vulgaris minor *Ehrhart herb.* n. 91. *Linn. svec.* n. 28. *lappon.* n. 14.

Hab. in Lapponia sylvatica rarius. Lecta est ad Arjeplog Lapponiæ Pitensis, prope Purk-jaur Lulensis, ad Idijoki Lapponiæ Enontekis et ad Kiurujärvi in Sodankylä Kemensis.

Folia primum ad basin usque tripartita, singula vero lacinia dein per dichotomiam dividitur; singulæ laciniæ planæ, in margine setis subulatis erectis strigosæ.

ANTHOXANTHUM.

Gen. plant. ed. Schreb. n. 58.

16. ANTHOXANTHUM *odoratum:* spica oblonga, flosculis subpedunculatis arista longioribus. *Smith brit.* 1. p. 31. *Engl. bot.* 9. t. 647. *Vahl enum. plant.* 1. p. 310. *Linn. flor. svec.* n. 33. *lapp.* n. 39. *Zoega island.* — *Landt faeroens.* — *Michaux amer.* 1. p. 39. *Gmel.*

sib. 1. p. 127. n. 64. *Georgii flor. baikal.* p. 196.

Hab. ubique copiosissime per universam Lapponiam; etiam locis suboccultis in alpium summarum lateribus usque ad Nordcap.

CLASSIS III.

TRIANDRIA.

VALERIANA.

Gen. plant. ed. Schreb. n. 60. *Gærtn. de fruct.* 2. *p.* 35. *tab.* 86.

17. VALERIANA *officinalis* α: floribus triandris, foliis omnibus pinnatis: foliolis lanceolatis subuniformibus. *Smith. brit.* 1. p. 58. *Engl. bot.* 10. t. 698. *Fl. dan.* 4. t. 570. *Linn. svec.* n. 34. *lapp.* n. 15. *Zoega island. Gmel. sib.* 3. p. 120. *Georgii fl. baikal.* p. 196.

Hab. in partibus sylvaticis et subsylvaticis Lapponiarum svecicarum passim frequenter; et locis inferalpinis Nordlandiæ fere ubique: semper locis subhumidis occurrens et inodora.

SCHOENUS.

Gen. plant. ed. Schreb. n. 92.

18. SCHOENUS *albus:* culmo folioso trigono, foliis canaliculatis, fasciculis florum terminalibus subcorymbosis subbracteatis, stigmatibus stilo brevioribus.

Sch. albus *Linn. svec.* n. 41: *lapp.* n. 17. *Engl. bot.* 14. t. 985. *Schrad. fl. germ.* 1. p. 111. *Flor. dan.* t. 320. *Michaux amer.* 1. p. 34. *Lightf. scot.* p. 87.

Rynchospora alba *Vahl enum.* 1. p. 236. *Willden. en. hort. ber.* p. 71.

Hab. in paludibus aquosis spongiosis Lapponiæ sylvaticæ infimæ rarissime, nec nisi in Suddiksmyren prope Lycksele a me lectus.

In Vermlandiæ parte maxime septentrionali quoque crescere cessit; an Caricem *Levchoglochin* vidit illustris Linné et eam sub hoc nomine intelligit in Flor. Lapp.?

Schoeno *fusco* (*Engl. bot.* 22. t. 1575. haud opt.) simillimus, at differt satis: statura minore et tenuiore, squamis radicalibus aphyllis et foliis paucissimis in culmo (in Sch. fusco folia tam culmea ac radicalia), foliis latioribus brevioribus, corymbo albo tenuiore, spiculis magis paucifloris, stigmatibus brevibus erectiusculis (in Sch. *fusco* longis recurvis), colore foliorum glaucescente (qui in Sch. *fusco* saturate luteo-viridis).

SCIRPUS.

Gen. plant. ed. Schreb. n. 94. *Gærtn. de fruct.* 1. *p.* 10. *tab.* 2.

19. SCIRPUS *cæspitosus:* culmo striato nudo, vaginis mucronatis, gluma involucrali mucronata spicam superante, stigmatibus tribus.

S. cæspitosus *Linn. spec.* n. 43. *lappon.* n. 20. *Engl. bot.* 15. t. 1029. bona. *Zoega island.* — *Lightf. scot.* p. 87. *Landt faeroens.* — *Georgii flor. baikal.* p. 197.

Hab. in paludibus et paludosis per universam Lapponiam tum sylvaticam ac alpinam omnem vulgatissime.

Habitu a sequentibus satis recedit et Eriophoro *alpino* eximie convenit. Squamæ ad radicem multæ imbricatæ muticæ. Vaginæ radicales culmi virides, oblique excisæ, rudimento folii brevi mucronatæ. Culmus subteres, striis profundis exaratus, fere setaceus. Spica paullum cernua. Valvula involucralis amplectens, rufa marginibus concoloribus, dorso viridulo excedente in mucronem rigidum a substantia foliorum constructum, squamas spicæ nonnihil superantem. Semen obovatum triquetrum (quia stigmata tria sunt), læve, nitidum. Setæ revera læves, curvatæ, albescentes, longitudine seminis et lanam *Eriophori alpini* eximie æquantes.

20. SCIRPUS *Bæothryon:* culmo substriato nudo, vaginis aphyllis muticis, gluma involucrali mutica spicam subæquante, stigmatibus tribus.

S. bæothryon *Ehrh. Beitr.* 2. p. 81. *Linn. suppl.* p. 103. *Willden. ed. spec. pl.* 1. p. 295. *Flor. dan.* t. 167.

S. pauciflorus *Lightf. scot.* p. 1078. *Smith brit.* 1. p. 50. *Engl. bot.* 16. t. 1122.

Hab. in littoribus maris Nordlandiæ rarissime. A me nonnisi ad Lyngen lectus, ut pro Lapponica planta vix habeatur.

Fructificatione cum priori jungitur, sed habitu propius sequenti accedit. Squamae ad radicem nullæ, et vaginæ tenuissimæ, ecolores, truncatæ, muticæ. Culmus teres, vix striatus. Gluma involucralis subamplectens, mutica, acutiuscula, marginibus diaphanis. Semen triquetrum, punctulatum. Setæ retrorsum eximie hispidæ, semine dimidio breviores.

21. SCIRPUS *palustris:* culmo tereti nudo, spica nuda subovata obtusiuscula, stigmatibus duobus.

α. major: culmo pedali, squamis acutiusculis.

Sc. palustris *Linn. svec.* n. 42. *lappon.* n. 19. *Gmel. sib.* 1. p. 83. n. 8. *Smith. brit.* 1. p. 48. *Lightf. scot.* p. 87. *Flor. dan.* t. 273. *Landt faeroens.* — *Georgii flor. baikal.* p. 197.

β. minor: culmo digitali, squamis obtusiusculis atro-fuscis.

Sc. multicaulis *Smith flor. brit.* 1. p. 48. *Reliqu. Rudb.* 28. f. 2. *Engl. bot.* 17. t. 1187.

Hab. α. in ripis lacuum sylvaticarum Lapponiarum meridionalium passim; haud supra Arjeplog Lapp. Pitensis et Wajki-jaur Lapp. Lulensis visus. β. in littoribus maris per Nordlandiam meridionalem frequenter.

Radix in utraque varietate mihi cæspitosa et fibrosa visa est, nec manifeste repens. Culmi inferne vestiti vaginis aphyllis muticis. Spica in α. ovato-oblonga acuminata magis multiflora grisea; in β. ovato-ovalis obtusiuscula magis pauciflora fusca. Squamæ florales in α. angustiores; in β. latiores magis vaginantes obtusæ, totæ fere fuscæ. Stigmata in utraque semper duo. Setæ in α. majores eximie retrorsum hispidæ. Culmus in α. semper quodammodo tumidus inanis ut facile comprimitur; in β. multo tenuior et solidior. Semina in β. parum longitudinaliter undata.

Sc. *palustrem Linn.* et Sc. *multicaulem Smith* denuo in littoribus Vesterbottniæ attente examinavi; nec radicem diversam esse ibi reperi. Figura in Engl. bot. nostræ plantæ littorali ex asse convenit.

22. SCIRPUS *acicularis:* culmo setiformi striato, vaginis muticis, spica subebracteata.

Sc. acicularis *Linn. suec.* n. 44. *lappon.* n. 21. *Flor. dan.* t. 287. *Lightf. scot.* p 88. *Zoega island.* — *Landt faeroens.* — *Georgii baikal.* p. 197.

Hab. subinde in ripis fluviorum per partem sylvaticam Lapponiæ meridionalis: Linné.

Præcedenti re vera eximie affinis: totus aphyllus; culmis nudis crebro juxta se invicem natis, sed compactis setaceis (nec tumidulis), striatis vel sulcatis; spica constructione fere præcedentis, squama ad basin spicæ brevi florifera vix bracteam dicenda.

23. SCIRPUS *Bellardi* foliis filiformibus, spica simplici sublineari, flosculorum squama duplici.

Carex Bellardi *Allion. ped.* n. 2293. t. 92. f. 2. *Suter fl. helv.* 2. p. 240. *Schkuhr. car.* n. 6. t. D. f. 16.

Kobresia scirpina *Willden. spec.* 4. p. 205.

Elyna spicata *Schrad. germ.* 1. p. 155.

Hab. in collibus et rupibus siccis apricis per alpes Lulenses prope Virijaur sitas passim frequenter; haud vera infra Ioubba.

Habitu et forma spicæ Caricem *petræam* adeo refert, ut difficillime a Carice genere divellitur. In fructu autem dissecto facile patet, quod testa seminis nuda adest cum stylo optime concreta. Præter squamam calycinam etiam alteram habet squamam ad latus interius seminis positam; qua a ceteris differt.

24. SCIRPUS *rufus:* spica composita disticha, spiculis bractea æquante mutica involutis paucifloris.

Schœnus rufus *Smith brit.* 1. p. 45. *Engl. bot.* 17. t. 1010.

Schœnus ferrugineus *Lightf. scot.* p. 86.

Schœni compressi varietas. *Lightf. scot.* p. 1138. t. 24. f. 2. satis bona.

Hab. in littoribus limosis maris Nordlandiæ præcipue meridionalis passim copiose ex. gr. ad Önes sinus Saltensis et ad Sörfoldbotten nec non ad Tromsöam.

Scirpus *caricinus* nec in Lapponia nec in Vermlandia vel ulla alia provincia septentrionalis

Sueciæ lectus est. Ideoque neutiquam Carex Flor. lapp. n. 323. esse potest.

Qui in his locis crescit cum anglico omnibus numeris convenit et Scirpum *caricinum* magnitudine neutiquam cedit. Omnibus partibus magis membranaceus et mollis quam Sc. *caricinus*, quod etiam in aliis gramineis observatur dum in littoribus maris crescunt. Folia molliora, læviora et siccitate magis convoluta. Spica paucioribus spiculis (scilicet plerumque quinque) composita iisque multo longioribus fere cylindricis. Bractea s. involucrum spiculæ infimæ plerumque mutica, sed etiam non raro foliolo spicam totam nonnihil superante terminata. Præcipuum ideoque characterem pono in bractea uniuscujusque spiculæ magna, longitudine spiculæ et ita lata ut totam spiculam obvestit et includit, tota scariosa membranacea, rufa sine dorso vel margine discolore, unde color totius spicæ eximie rufus. Spiculæ plerumque tri-floræ, squamis longis angustis. Flores hermaphroditi. Germen sine ullis setis ad basin (quæ in Sc. caricino conspicuæ longæ). Stylus longitudine squamarum. Stigmata duo longa reflexa. Culmus magis tumidus inanis, itaque etiam teretior quam in Sc. *caricino*.

Specimina baltica ab hocce et anglico non parum differunt spiculis brevioribus, bracteis albo-marginatis; sed etiam in his setæ nullæ adsunt. *Conf. Schrad. fl. germ.* p. 133. t. 1. f. 3.

25. SCIRPUS *lacustris:* culmo tereti nudo. panicula cymosa decomposita terminali, spiculis ovatis. *Smith.* l. c. 52.

Sc. lacustris *Linn. svec.* n. 46. *lapp.* n. 18. *Engl. bot.* 10. t. 666. *Flor. dan.* 7. t. 1142. *Zoega island.* — *Michaux amer.* 1. p. 31. *Gmel. sib.* 1. p. 79. n. 1. *Georgii flor. baikal.* p. 197.

Hab. in fluviis minoribus et lacubus per sylvaticas partes inferiores Lapponiarum suecicarum passim. Mihi obvius fuit ad Kellojoki parœciæ Sodankylä, nec non ad Granselc et Falträsk Lapponiæ Umensis.

ERIOPHORUM.

Gen. plant. ed. Schreb. n. 95. *Gærtn. de fruct.* 1. p. 10. tab. 2.

26. ERIOPHORUM *alpinum:* culmis triquetris nudis, spica oblonga involucrata.

E. alpi-

E. alpinum *Linn. suec.* n. 51. *lappon.* n. 24. *Flor. dan.* t. 620. *Smith brit.* 1. p. 60. *Zoega island.* — *Hoppe Taschenb.* 1800. p. 102.

Hab. in paludibus et paludosis Lapponiæ præcipue subsylvaticæ frequenter; in alpibus et Norvegia inferalpina parcius.

Omnibus fere characteribus et toto habitu quam maxime convenit Scirpo *cæspitoso* jam dudum descripto. Radix magis elongatur et oblique adscendit. Squamæ radicales et vaginæ culmi mucronatæ similes ac in Scirpo. Culmi triquetri (quo a Scirpo satis distinguitur), simulque striati. Spica cernua triplo major, colore pallidiore. Gluma involucralis eodem modo mucronata, sed mucro multo brevior quam spica. Semen minutum, duplo minus quam in Scirpo, triquetrum vix nitidum. Lana perquam mollis et diaphana, nec ut setæ in Scirpo *cæspitoso* rigidulæ et subopacæ.

Nullum mihi est dubium, quin Scirpus *cæspitosus* ad idem genus naturale ac Eriophorum *alpinum* proprie dictu pertinet, sed valde dubito an ad Eriophorum referri debeat ob setas tantum læves. Heic applicari posse videtur canon: summum jus summa est injuria; ne nimium sapientes.

27. ERIOPHORUM *vaginatum:* foliis triquetris superne serrulatis, culmo teretiusculo vaginato, spica subovata.

E. vaginatum *Linn. suec.* n. 50. *lappon.* n. 24. *Fl. dan.* t. 236. *Hoppe Taschenb.* 1800. p. 103. *Engl. bot.* 13. t. 873. *Zoega island.* — *Lightf. scot.* p. 90. *Landt faeroens.* — *Gmel. sib.* 1. p. 85. n. 10. *Pallas it. sib.* 3. p. 33. *Georgii flor. baikal.* p. 197.

E. cæspitosum *Host. gram.* 1. p. 30. t. 39. *Schrad. fl. germ.* 1. p. 150.

Juncus alpinus capitulo lanuginoso. *Scheuchz. prodr.* tab. 7. f. 1.

Hab. in paludibus et uliginosis universæ Lapponiæ usque ad Nordcap omnium vulgatissimum.

Radix dense cæspitosa: caudice horizontali crassitudine calami scriptorii. Folia dense congesta, stricta et rigidula, inferne omnino triquetra, apicem versus planiuscula et marginibus serrulatis prædita. Vaginæ caulis breviores et supernè insigniter inflatæ atque scariosæ. Spica oblongata: squamis eximie acuminatis.

28. ERIOPHORUM *capitatum*: radice stolonifera, foliis semiteretibus lævissimis, culmo tereti vaginato, spica subglobosa.

E. capitatum. *Höst. gram.* 1. p. 30. t. 38. *Schrader. fl. germ.* 1. p. 151.

E. Schevchzeri *Hoppe Taschenb.* 1799. p. 109. et 1800. p. 104. *Roth. Neue Beitr.* 1. p. 95.

Juncus alpinus capitulo tomentoso majori. *Schevchz. prodr.* tab. 7. f. 2.

Hab. in paludosis subalpinis parcius: ad Seida prope flumen Tana Finmarkiæ orientalis copiosius lectum.

Totum gramen mollius et laxius quam præcedentis. Radix vage adscendens: stolonibus laxis, subfiliformibus. Folia mollia et flexilia, semiteretia (sine ulla carina), tota lævissima et integerrima (sine apice serrulata). Vagina inferior culmi foliolo semipollicari prædita: superior dupplo longior quam in E. *vaginato* vel sesquipollicaris, strictior et fere tota viridis. Spica bracteâ obtusâ plerumque prædita, haud vero semper. Reliquæ etiam characteres e forma spicæ, brevitate lanuginis etc. minoris momenti esse mihi videntur.

29. ERIOPHORUM *polystachion*: spicis pedunculatis: pedunculis lævibus, culmo teretiusculo stricto, foliis canaliculatis superne triquetris.

E. polystachyon. *Linn. svec.* n. 49. *lapp.* n. 22. *Zoega island. Gmel. sib.* 1. p. 85. n. 11. α. *Lightf. scot.* p. 89. *Georgii flor. baikal.* p. 197. *Landt faeroens.*

E. angustifolium. *Smith. brit.* 1. p. 59. *Engl. bot.* 8. t. 564. (haud opt.) *Roth n. Beitr.* p. 94. *Hoppes Taschenb.* 1800. p. 107.

Hab. in paludibus et uliginosis sterilibus per universam Lapponiam etiam alpinam ubique copiose.

Hoc solum in Lapponia provenit; sed E. *latifolium* tantum in Svecia meridionali utpote Bahusia etc.

E. *polystachyon* hocce dignoscitur: culmo strictiori, teretiori; foliis ad basin tantum planis, de cætero triquetris, subulatis, saturate viridibus, rigidis duris; radice stolonibus multis repente.

E. *latifolium* differt: culmo laxiori, trigono, obtusangulo, altiori; foliis quod ad maximam partem planis, latioribus, dilute vel luteo-viribus, mollioribus, apice tantum summa triquetra; pedunculis spicarum angulatis scabris: et crescit locis fertilioribus siccioribus.

30. ERIOPHORUM *gracile:* spicis pedunculatis, pedunculis scabris, culmo teretiusculo, foliis triquetris subfiliformibus.
E. gracile. *Roth catal. bot.* 2. app.
E. triquetrum. *Hoppe Taschenb.* 1800. p. 106* 1801. p. 133. 1802. p. 62.

Hab. in paludibus profundis aquosis per partes sylvaticas Lapponiarum Svecicarum passim; supra Palojoensuu Lapp. Tornensis et Sorsèle Lapp. Umensis haud lectum.

Magis ab utrisque præcedentibus memoratis differt, quam præcedentes duo inter se differunt. Folia omnia tota filiformia, triquetra, apice compressa, gracilia, molliora, erecta. Culmi graciles laxi, teretiusculi, longi. Pedunculi pubescentia quadam creberrime exasperati. Radix oblique adscendens, sine stolonibus horizontalibus.

Nomen gracile magis mihi placet utpote comparationem præcedentium melius involvens et habitum multo graciliorem indicans. Præstat quoque nomen desumere a toto habitu, quam e partis cujusdam singulæ figura; quo enim evidentior est ratio nominis, eo melius.

NARDUS.

Gen. plant. ed. Schreb n. 97.

31. NARDUS *stricta:* spica setacea recta secunda. *Smith. brit.* 1 pag. 61. *Linn. flor. svec.* n. 52. *lappon* n. 40. *Leers herb.* p. 11. t. 1. f. 7. *Lightf. scot.* p. 90. *Zoega island.* — *Landt faeroens.* — *Georgii flor. baikal.* p. 197.

Hab. in sylvaticis partibus omnium Lapponiarum passim; a me vero neque in alpibus neque in subalpinis visa.

P H A L A R I S.

Gen. plant. ed. Schreb. n. 106. *Schrad. fl. germ.* 1. *p.* 177.

32. PHALARIS *arundinacea:* panicula patente glomerata, corolla exteriori brevissima pilosa.

Ph. arundinacea. *Linn. svec.* n. 53. *Leers herborn.* p. 18. t. 7. f. 3. *Oed. fl. dan.* t. 259. *Schrad. flor. germ.* 1. p. 180. *Lightf. scot.* p. 90. *Landt. færoens. Michaux amer.* 1. p. 43. *Gmel. sib.* 1. p. 86. n. 12. *Georgii flor. baikal.* p. 197.

Arundo colorata *Willden. spec.* 1. p. 457.

Hab. juxta ripas fluminum majorum totius paræciæ Sodankylä in Lapponia Kemensi usque ad Sombiojärvi ita copiosissime ac si sata esset; alias nonnisi ad Torrfjord Nordlandiæ et juxta Sturbacken Lulensis visa.

Corolla quidem dupplex est, sed exterioris valvulæ tam inconspicuæ, minutæ, interioribus adpressæ, et ita pilis tectæ ut facile pro fasciculo laneo sumuntur; interior longitudine calycis, valvulis quod ad latitudinem valde inæquales. Semen dupplici corolla tectum decidit (nec tum a calyce ac corolla tectum ut in Alopecuro), dimidio brevius quam valvula major nitida.

P H L E U M.

Gen. plant. ed. Schreb. n. 128. *Gærtn. de fruct. p.* 1. *t.* 1.

33. PHLEUM *pratense:* spica cylindracea, calycibus truncatis mucronato - aristatis ciliatis: aristis calyce brevioribus.

Phl. pratense *Linn. svec.* n. 56. *Lapp.* n. 26. *Zoega island.* — *Gmel. sib.* 1. p. 89. n. 16. *Georgii flor. baikal.* p. 197. *Lightf. scot.* p. 91. *Landt. færoens.*

Hab. in Nordlandiæ inferalpinæ pratis, ut etiam Lapponiæ maxime meridionalis passim ex. gr. ad Lycksele Lapp. Umensis. In alpibus certe non provenit ut Linné dicit in Flora Lapponica; nec in Lapponiis septentrionalibus a me visum.

34. PHLEUM *alpinum:* spica ovata, calycibus truncatis mucronato - aristatis ciliatis: aristis longitudine glumarum.

Phl. alpinum *Linn. svec.* n. 57. *lapp.* n. 25. *Zoega island.* — *Flor. dan.* t. 213. *Smith brit.* 1. p. 69. *Schrad. germ.* 1. p. 184.

Hab. locis graminosis fertilioribus in alpium lateribus et radicibus per universam Lapponiam usque ad Nordcap ubique frequenter; ut etiam in pratis etc. lapponiarum omnium sylvestrium et subalpinarum vulgaris. In Vesterbottnia jamdudum provenit.

Spica crassior quam in præcedente idque ob magnitudinem insigniorem glumarum. Aristæ longiores insignes fuscæ, unde color totius spicæ fuscescens. Vaginæ superiores subinflatæ. Spica vero sæpe sat longa et omnino cylindrica evadit. *Engl. bot.* 8. t. 519. huic parum convenit.

ALOPECURUS.

Gen. plant. ed. Schreb. n. 102.

35. ALOPECURUS *pratensis β. alpestris:* culmo erecto glabro, spica cylindracea obtusa, glumis calycinis ciliatis basi connatis acutis, foliis lævissimis.

Varietas A. pratensis *Linn. svec.* n. 49.

Hab. in alpium Lulensium lateribus inferioribus rarissime. A me tantum lectus est in valle alpina humida irrigata Spätjem-vaggi dicta a Quickjock haud longe remota.

Memorabile omnino est, quod denum in alpibus varietatis forma occurrit hoc gramen, cum A. *pratensis* vulgaris nullibi in Lapponia visus est. Primum itaque credidi hoc gramen alpinum varietatem sequentis speciei esse, sed omnes partes fructificanis cum A. *pratensi* conveniunt; nec ullam aliam diversitatem reperire potui quam folia lævissima, spica magis colorata et florescentia magis serotina.

36. ALOPECURUS *geniculatus:* culmo adscendente geniculato, spica sublobata cylindraceo-attenuata, glumis calycinis subliberis obtusis.

A. geniculatus *Linn. svec.* n. 60. *lappon.* n. 37. *Leers herb.* p. 16. t. 2. f. 7. *Engl. bot.* 18. t. 1250. *Schrad. flor. germ.* 1. p. 175. *Zoega island.* — *Gmel. sibir.* 1. p. 88. n. 15. *Lightf. scot.* p. 92. *Landt faeroens.* —

β. *natans:* culmo ramoso, foliis natantibus, glumis obtusissimis. *Linn. fl. svec.* n. 60. β. *lappon.* n. 38.

Hab. locis humidis et aquosis per Lapponias omnes sylvaticas nec non inferalpinas meridionaliores passim frequenter.

β. natat in lacubus sylvarum passim.

Habitu melius quam charactere quodam firmo ab A. *pratensi* distinguitur. Glumæ tamen semper obtusæ plerumque dupplo minores. Arista longitudine et insertione varia: ubi brevis est, juxta apicem glumæ inseritur. Ligula semper longior quam in A. pratensi. Spica in lobos magis divisibilis.

M I L I U M.

Gen. plant. ed. Schreb. n. 110.

37. MILIUM *effusum:* panicula diffusa, floribus muticis ovatis.

M. effusum *Linn. svec.* n. 61. *lappon.* n. 35. *Leers herborn.* n. 50. t 8. f. 7. *Lightf. scot.* p. 92. *Engl. bot.* 16. t. 1106. *Flor. dan.* t. 1143.

Hab. in lucis arborum frondosarum per partes sylvaticas, subsylvaticas et inferalpinas passim parcius, usque ad Norskholmen prope Tanam Finmarkiæ orientalis; ut et in subalpinis nemoribus rarius visum ex. gr. ad Kirkivare alpium Lulensium.

Flores fere majores quam in svecico.

A G R O S T I S.

Gen. plant. ed. Schreb. n. 111.

38. AGROSTIS *alpina:* panicula angusta pauciflora: ramis simpliciusculis lævibus, arista infra medium proveniente rectiuscula, corolla univalvi.

Agr. alpina *Spec. plant. ed. Willden.* 1. p. 368.

Trichodium alpinum *Schrad. germ.* 1. p. 200.

? Agrostis panic. tenuissima *Linn. lappon.* n. 45. *Zoega island.*

Gr. parvum paniculatum alpinum, panicula spadicea, aristatum. *Schevchz. agr.* p. 140. *prodr.* p. 22. t. 4. f. 1.

Hab. in omnibus alpibus locis siccioribus ut etiam in

campis siccis apricis per partem subalpinam et subsylvaticam ubique frequens.

Ex una radice plures culmi stolonesque steriles foliosi nascuntur. Stolones omnes radicales (nec e geniculis culmorum): foliis perangustis, convolutis indeque subsubulatis, rigidiusculis, breviusculis, multo crassioribus quam in sequenti. Folia culmea duo tresve angusta, convoluta (est ideoque culmus magis foliosus quam in sequenti). Culmus spithamalis, strictus. Paniculæ rami duo vel tres unacum uno alterove flosculo e singulo verticillo, breves ita ut longior vix tertiam partem totius paniculæ adtingit, subdivisi et vix ultra quinque floribus onusti; exinde panicula valde angusta et pauciflora apparet. Flores majusculi magnitudine fere Airæ flexuosæ vel dupplo majores quam in *A. canina*. Calyces saturatius fuscæ quam in reliquis. Corollæ valvula quinquenervis, qui nervi in apiculos paucos exeunt, unde corolla apice sublaciniata. Arista leviter geniculata et rectior quam in sequente

39. AGROSTIS *rubra:* panicula lata, ramis paucis sublævibus, arista infra medium proveniente declinata, calycibus lanceolatis, corolla univalvi, foliis radicalibus setaceis.

Agr. rubra *Linn. spec. plant.*

Agr. panicula inferiore verticillatim laxa etc. *Linn. Flor. lapp.* n 46.

β. panicula ramosiori, pedunculis asperis, floribus minus rufescentibus.

Agr. rubra *Flor. svec.* n. 64.

Agr. setacea *Smith. flor. britt.* 1. p. 79?

Hab. locis humidiusculis juxta fluvios et rivulos per partes subsylvaticas omnium Lapponiarum svecicarum frequenter; at β. in sylvaticis Lapponiæ inferioris passim.

Omnia quæ in Flora Lapponica attulit Linnéus optime hujus speciminibus subsylvaticis convenit. Paniculæ rami inferiores longi sunt ita ut dimidiam altitudinem totius paniculæ longe superant, unde dum plerumque divergunt basis paniculæ valde ampla et lata et tota panicula insigniter pyramidata. De cætero flores versus autumnum admodum rufescunt, ut totum gramen rufescens apparet, et potius A. rufa diceretur quam rubra. Cum ulterius locus in Flora

Lapp. adlatus omnino convenit, nullum dubium esse potest, quin vera sit planta quamquam Linné postea addita differentia arista terminali eam obscuram reddidit. Corolla apice subintegra subenervis. Rami paniculæ paucissimi, fere semper tantum duo, eique inferne omnino læves (nec exasperati), in paucos tantum ramulos paucifloros divisi, ut tota panicula admodum rara et paupera fit.

Var. β. in *Svecia* inferiori quoque crescit, et omnino convenire videtur cum A. *setacea Smith fl. britt.* — paniculam satis densam habet. Flosculi vero in utraque eidem, ita et nonnisi varietate a Lapponica differt.

A. canina Linn. in septentrionali Svecia haud crescit, nec Upsaliæ admodum frequens; estque omnino idem gramen ac exterorum in *Engl. bot.* 26. t. 1856. exhibitum. Calyces ejus minores, breviores et magis ovati, plerumque fusci vel brunnei (unde Linnéo colorati dicuntur, ut ipsum gramen svetice brun-hven, in Speciebus plantarum purpurascente-lucentes). Panicula multo magis densiflora; ramis flexuosis erectioribus. Aristæ magis recurvæ. Multis fasciculis foliorum setaceorum ad radicem prædita est ut *A. rubra.* Anno 1745 primum innotuit Linnéo, et quidem uti videtur Upsaliæ lecta.

40. AGROSTIS *vulgaris:* paniculæ ramis subhispidis, ramulis divergentibus, ligula brevissima, corolla mutica.

A. vulgaris *Schrad. flor. germ.* 206. t. 2. f. 3. *Engl. bot.* 24. t. 1671. optim.

A. stolonifera *Leers herb.* p. 20. t. 4. f. 6.

β. *aristata: Schrad.* l. c. t. 3 f. 1.

Hab. juxta fluvios in subhumidis nemorosis per partem sylvaticam omnium Lapponiarum svecicarum ut etiam in Nordlandia vulgaris; nec altius versus alpes quam Abies adscendit.

Ideoque nequit esse Agrostis Flor. lapp. n. 45. quæ Linnéus in Flor. svec. ed. 1. assumsit atque pro extraalpina agnoscit, addito charactere „panicula compressa et nomen svecicum Fält-hven"; dein vero omisit et uti videtur cum Agr. *stolonifera* conjunxit usque dum ab exemplare heterogeneo, quod delineavit Smith Agr. *capillaris* in ic. ined. iterum in Spec. plantarum resumta est, adjunctis nominibus „panicula capillari", excluso synonymo Fl. svec. Exinde patet quod gramen lapponicum ipso dubium fuit, nec sperandum est quod nos pro certo extricemus ipsius dubia. In prælect. ord. nat. p. 147. *A. capillarem* exoticam dixit. Manebit itaque illud synonymon Floræ lapponicæ semper obscurum.

41. AGROSTIS *algida:* calyce ovali lævi obtuso, corolla minima univalvi mutica, foliis planis, panicula subspicata.

A. algida. *Phipps voyage bor.* p. 204?

Icon tab. nostr. I.

Hab. in stillicidio aquæ nivalis ad latus septentrionale alpis Raste-kaisse Finmarchiæ orientalis; ubi adeo ab aqua inundata fuit ut spica tantum eminuit. Lecta florens d. 27. Juli 1802.

Parvas cæspites in aqua format hoc pusillum gramen. Ex una radice nascitur unus alterve culmus, unacum stolones nonnulli foliosi, vix vero perennis esse videtur. Stolones foliis semper planis instruuntur ut culmus. Vaginæ foliorum radicalium culmum tegunt usque ad dimidiam ejus altitudinem, atque laxæ sunt; de cætero culmus nudus, sine foliis. Folia ipsa semper plana (nec in sicco specimine convoluta unquam), respectu brevitudinis latiuscula quamquam vix lineam lata, vix pollicem longa, mollissima, pallescentia vel luteo-viridia, lævissima. Culmi sesquipollicares vel bipollicares, foliis vix altiores ita ut spicæ tantum in cæspitibus supereminent, lævissimi, tenues. Panicula adeo contracta et coarctata ut subspicata dici meretur, nec rami ejus sub florescentia divergunt unquam unde semper linearis vel subcylindrica. Rami in singulo verticillo paniculæ plures quidem, sed breves, pauciflori, erecti, semper lævissimi. Tota spica 5 circiter lineas longa. Flores minutiores quam in ulla alia specie boreali. Calycis valvulæ perquam molles ut exsiccatione contrahuntur et formam suam perdunt, nec sub anthesi divergunt ut in cæteris sed semper erectæ et parum apertæ sunt; de cætero ovales, tenuissimæ, lutescentes subhyalinæ, obtusæ, subæquales, valde concavæ et nullo modo carinatæ: exterior obtusiuscula, nervo crassiore ad apicem vix pertingente prædita; interior obtusissima, nervo brevi prædita et tota fere hyalina. Corolla perexigua, valvula unica hyalina minuta oblonga, calyce multoties brevior et etiam brevior quam germen. Stamina calyce vix longiora. Semen cito excrescit ut calyce longior fit, semper magnitudine seminum Papaveris et a calyce tectum est; nullis pilis stipatum. Præcipue mollitie et tenuitate omnium partium a cæteris longe recedit, nec ullæ aliæ speciei affinis esse videtur.

In exsiccata planta difficillime extricantur partes fructificationis, unde haud fidendum esse descriptioni in Itinerario ad Polum borealem data puto; ita ut cum reliquæ partes optimæ conveniunt fieri quidem potest ut una eademque planta sit ac nostra.

Ad genus illud novum Trichodium pertineret haec species; quum vero habitus Trichodiorum omnino idem ac reliquarum Agrostidum nimium artificiale mihi videtur et sine culpa omittendum. „Agrostidis character difficilis est, sed quum reliqua genera satis bonos characteres habeant, hujus generis gramen esse colligitur, in quo illi locum non habent." Linné Prælection. in ord. nat. p. 155.

Explicatio iconis: a. gramen totum magn. nat, b. panicula spicata magn. paullo aucta. c. flos unus e latere visus magn. magis aucta. d. idem antice visus eod. augm. e. ejusdem valvulæ cum semine semimaturo eod. augm. f. flos valvulis expansis ut apparet corolla univalvis eod. augm. g. valvula corollina seorsim. h. apex valvulæ calycinæ exterioris magn. valde aucta. i. apex valvulæ interioris eod. augm.

ARUNDO.

Schrad. flor. germ. 1. p. 211.

42. ARUNDO *sylvatica:* panicula erecta, calycibus acutis, arista dorsali geniculata calycem excedente, pilis brevissimis.

Agrostis arundinacea *Linn. svec.* n. 63.
Arundo sylvatica *Schrad. flor. germ.* p. 218. t. 4. f. 7.
Agr. culmo enodi etc. *Linn. lapp.* n. 44.

Hab. in sylvis Lapponiæ meridionalis: Linné. Hanc quidem in Lapponia non vidi, quum vero in cæteris provinciis borealibus vulgaris est, eam e Flora Lapponicâ temere exclusam haud volui.

43. ARUNDO *lapponica:* panicula stricta, calycibus acutiusculis, arista dorsali geniculata pilisque corollam æquante.

Icon tabulæ nostræ I.

Hab. in collibus et campis siccioribus apricis præcipue igne nuper devastatis per partem subalpinam et subsylvaticam omnium Lapponiarum svecicarum ubique frequenter; etiam in locis inferalpinis Finmarkiæ usque ad Svärholt reperitur.

Hujus specimen ad cel. Schrader misi, quod pro novæ speciei et ab Arundinibus germanicis distinctæ agnovit.

Serotinum est nec ante mensem Augusti floret spectabile hocce gramen, quod statura sua stricta alta atque paniculis densis cærulescentibus campos steriles admodum insignit. Folia stolonum ita angustissima ut fere filiformia; caulina quoque angusta marginibus in sicco nonnihil convolutis. Culmus sæpius tripedalis, strictus firmus. Panicula ultra palmaris, stricta; rami breviusculi, unde quodammodo conglomerata et corrugata apparet. Flores majores quam in cæteris scil. ob latitudinem majorem vel crassitiem insigniorem, acutiusculi ut in sequenti nec acuminati ut in *A. calamagrostide* etc. Valvulæ calycis binæ uninerves. Corollæ valvula exterior calyce vix brevior, quadrinervis quidem sed nervis pertenuibus ad apicem vix pertingentibus multo minus in apiculas serratas excurrentibus ut in A. varia. Arista dorsalis vix longitudine corollæ. Pili longitudine corollæ vel calyce vix breviores. Ob longitudinem corollæ et pilorum flos satis plenus et turgidus apparet. Color in junioribus cærulescens, dein dilute purpurascens. Ad *A. variam Schraderi* ita accedit ut differentia hujus exponere debemus.

A. variam Schrader. in Gottlandia reperi et varietatem Agrostidis arundinaceæ dixi in Florula; cujus panicula longa neutiquam stricta, flores multo angustiores, corolla et lana breviores, arista calyce fere longior, et corollæ nervi quatuor validi in apiculas serratas exeuntes.

Explicatio iconis: a. Panicula magn. nat. b. flosculus totus 5:es auctus. c. valvulæ corollinæ cum lana paullo magis auctæ.

44. ARUNDO *stricta:* panicula stricta, calycibus acutis, arista tenui sub apice inserta corollam subæquante, pilis corolla brevioribus.

A. stricta *Timm. in Roth. n. Beitr.* 1. p. 118. *Schrad. flor. germ.* 1. p. 215. t. 4. f. 5.

A. neglecta *Ehrh. beytr.* 6. p. 157.

β. *angustata:* panicula elongata lineari, floribus linearibus.

γ. *interrupta:* panicula cylindrica, fasciculis inferioribus remotis conglobatis.

Hab. locis humidis subapricis per partem sylvaticam, subsylvaticam et subalpinam omnium Lapponiarum svecicarum ubique frequenter: ut et in inferalpinis locisque depressis maritimis totius Finmarkiæ et Nordlandiæ ubique. Supra Betulam in alpibus vix adscendit.

β. ad paludes juxta Enontekis lecta est et γ. ad ripas fluviorum paucis locis visa.

Tota panicula insigniter pallescit vel potius flavescens reperitur, nec nisi ante florescentiam raro cærulescens est (tuncque Melicam cæruleam haud male refert). Panicula stricta recta (ut etiam totum gramen), ramis suis patentibus strictis angustius pyramidata. Flores minores quam in omnibus cæteris, magnitudine vix Melicæ cæruleæ superantes, plerumque clausi (nec ut in cæteris ob lanam copiosam semper aperti).

45. ARUNDO *psevdophragmites:* panicula laxa, calycibus acuminatis, arista dorsali recta corollam æquante, pilis corolla longioribus.

A. pseudophragmites *Schrad. germ.* p. 213. t. 4. f. 3.

Hab. per partem sylvaticam Lapponiæ passim frequenter in collibus campisque siccis, iisdem locis ac *A. sylvatica* crescere debuisset.

Panicula densa satis plena ob flores crassiores, unde non male Phragmitidi assimilata fuit. Similis est sequenti quoad faciem externam, sed de cætero parum affinis facillimeque distinguitur floribus multo latioribus vel crassioribus fere ut in A. *lapponica*, quacum etiam insertione aristæ convenit. Flores majores quam in cæteris plerisque, primum violaceæ, dein rufescentes.

Hanc quoque cum Cel. Schrader communicavi, unde certo certius scio eam esse veram *A. pseudophragmitidem.*

46. ARUNDO *Calamagrostis:* panicula nutante diffusa, calycibus sublinearibus acuminatis, arista exigua in fissura corollæ terminali, pilis corolla longioribus.

A. Calamagrostis *Linn. svec.* n. 107.. *lappon.* n. 42. *Flor. dan.* t. 180. *Schrad. flor. germ.* p. 214. t. 4. f. 4. *Gmel. sib.* 1. p. 126. n. 62. *Pallas it. sibir.* 1. p. 62.

β. *diffusa.*

Hab. in locis umbrosis subhumidis ad ripas fluviorum et paludes nec non ad rupes montium per partes sylvaticas, subsylvaticas et inferalpinas universæ Lapponiæ ubique frequenter.

β. in siccioribus rarius.

Flores angustiores quam in cæteris omnibus, fere lineares, unde panicula perrara apparet. Valvulæ calycis a se invicem valde divergunt ut flores quam maxime aperti. Corolla minor quam in præcedentibus, dimidio calyce vix longior.

47. ARUNDO *strigosa:* panicula erecta sparsa, calycibus sublinearibus acuminatis, arista tenui dorsali corollam æquante, pilis corolla brevioribus.

Icon tab. nostr. II.

Hab. ad littora maris septentrionalis passim. Specimina collegi ad ostium fluminis Tana Finmarkiæ orient. et ad Lyngen Nordlandiæ.

Fructificatione optime convenit A. strictæ sed habitus diversissimus fere A. epigejæ vel *A. calamagrostidis* contractioris. Culmus et folia fere *Calamagrostidis.* Panicula erecta quidem et contracta ut in *A. stricta,* attamen rariuscula. Pedunculi eximie angulati ut in *A. stricta,* omnium hispidissimi ut et carina calycis. Valvulæ calycinæ longæ fere ut in *A. epigejos,* sed muticæ, nec acumine illo lineari rigido instructæ. Corolla calyce multum brevior: arista semper dorsali lanâque brevi. Color paniculæ cæruleo-virens.

Uti novam speciem eam agnovit cel. Schrader, cui specimen ejus misi.

Explicatio iconis: a. panicula tota magn. nat. b. ramulus paniculæ cum floribus quatuor magn.

triplo aucta. c. flos unus magnit. 6:plo aucta. d. corolla exinde exemta eodem augmento.

48. ARUNDO *epigejos:* panicula stricta conglomerata, calycibus longe acuminatis, arista dorsali recta corollam subæquante, pilis corolla longioribus, foliis sublanceolatis.

A. epigejos *Linn. svec.* n. 106. *Schrad. germ.* p. 211. t. 4. f. 1. *Zoega island.* — *Georgii fl. baikal.* p. 198.

A. Calamagrostis *Lightf. scot.* p. 106.

Hab. in ripis arenosis fluminis Ivalojoki paroeciæ Enare, et fluminis Kittinenjoki ad Akankoski paroeciæ Sodankylä frequenter; nec alibi visa.

Radix repens magis quam in cæteris. Culmi tripedales circiter, stricti, firmi. Folia multo latiora quam in præcedentibus, ad basin sublanceolata, valde attenuata. Panicula densa; floribus aggregatis. Calyces longe acuminati vel subulati, acumine lineari rigido (nec membranaceo) subfalcato, plerumque nonnihil falcati, valde hispidi. Corolla calyce dupplo brevior; valvula exterior apice bifida, laciniis acuminatis serratis. Arista dorsalis vel potius sub apicem corollæ inserta, tenuis, apicem corollæ paullum superans.

49. ARUNDO *arenaria:* panicula subspicata, corolla mutica subæquali, pilis brevissimis, foliis convolutis.

A. arenaria *Linn. svec.* n. 108. *lappon.* n. 43. *Flor. dan.* t. 917. *Schrad. germ.* p. 221. t. 5. f. 2. *Lightf. scot.* p. 107. et 1158. *Zoega island.* — *Olavs. it. island.* p. 814. 941. *Michaux amer.* 1. p. 73.

Hab. ad littora maris septentrionalis: Linné; a me vero ibi haud visa.

50. ARUNDO *Phragmites:* calyce quinque-floro floribus breviore.

A. Phragmites *Linn. svec.* n. 105. *lappon.* n. 41. *Leers herb.* p. 94. t. 7. f. 1. *Schrad. germ.* p. 223. t. 5. f. 4.. *Lightf. scot.* p. 106. *Zoega island.* — *Gmel. sib.* 1. p. 125. n. 61. *Georgii flor. baikal.* p. 198.

Hab. in lacubus et fluviis juxta ripas per partes sylvaticas omnium Lapponiarum passim copiose; vixque tam alte ac Abies versus alpes adscendit.

Calycis valvulæ dimidio breviores quam flosculorum. Rachis flosculorum longitudine fere calycis, flosculis a se invicem remotiusculis, lana longa tecta. Valvula singuli flosculi apice longa setacea.

HOLCUS.

Gen. plant. ed. Schreb. n. 1565.

51. HOLCUS *odoratus:* panicula divaricata, pedunculis lævibus, calycibus subrotundis trifloris, flosculis muticis ciliatis.

H. odoratus *Linn. flor. svec.* n. 918. *lappon.* n. 53. *Flor. dan.* 6. t. 963. *Olavs. it. island.* p. 431. *Michaux amer.* 1. p. 56. *Gmel. sib.* 1. p. 101. n. 33. *Georgii flor. baikal.* p. 237.

H. borealis *Schrad. germ.* 1. p. 252.

H. repens *Host. gram.* 3. p. 3. t. 3.

Hab. locis humidis umbrosis totius Lapponiæ passim parcius; etiam in alpinis fruticetis humidis rarius visus.

Qui ibi crescit ita muticus est ut ne initum quidem aristae in apice flosculorum observatur. Folia infima caulis plana sunt nec convulata. Caulis nudus. Flosculus primus acutus (nec ut in H. alpino truncato-obtusus), margine interiore dense ciliatus, de cætero inferne glaber (nec ut in H. alpino hispido-pilosus) et tantum nervus dorsalis hispidulus; alter itidem pulchre ciliatus, nervo dorsali rigido apicem attingente sed non excedente; tertius apice magis pilosus quam in H. alpino.

Varietas occurrit in subalpinis cujus flosculi duplo fere minores sunt quam in vulgari.

In hoc et sequente flosculi haud secedunt a calyce ut apud Airas etc. an itaque semen nudum demittunt uti Melicæ?

52. HOLCUS *alpinus:* panicula coarctata, calycibus oblongis trifloris, flosculis pilosis, arista geniculata dorsali longiuscula.

Aira alpina *Liljeblad sv. flor. ed.* 2. p. 41.

Icon tabulæ nostræ II.

Hab. juxta summos alpes Tornenses in monticulis collibusque siccis arenosis elevatis alpinis frequenter. A cel. Liljeblad primum ad Torneå-träsk in alpe Kärpile lectus, dein a me juxta alpes paroeciæ Enontekis prope Kummaeno et ad Tsatsekaise nec non in Lammastunturi copiose visus; sed de cætero nunquam observatus est.

Odore gratissimo præcedentem fere vincit, cui re vera valde affinis, attamen tum habitu tum multis characteribus a forma petitis abunde distinctus. Radix subrepens. Vaginæ foliorum radicalium sat saturate fusco-purpureæ; interiores culmum quoad majorem partem tegunt, valde laxæ vel inflatæ, subplicatæ. Folia exteriora, quæ plerumque præcedentis anni sunt, culmo multum longiora angustissima simulque arcte convoluta ut omnino filiformia apparent; vaginarum intimarum perbrevia vix pollicaria. Culmus humilis, semper spithamæus circiter, quoad maximam partem vestitus vaginis subradicalibus. Panicula coarctata in thyrsum ovatum. Pedunculi pauci subdivisi parum patentes (nec divergentes), semper ubique læves. Spiculæ ejusdem circiter crassitudinis ac in præcedente, sed duplo longiores, unde oblongæ jure dicuntur. Calycis valvulæ flosculis fere longiores, nitidæ, in medio nonnihil fusco-purpurascentes, de cætero ejusdem coloris ac in præcedente. Flosculus infimus masculus diander linearis; valvula exterior obtusa apice laciniata, dorso in aristam brevem excurrente, versus marginem interiorem hispido-pilosa (nec ut in H. odorato margine tantum ciliata); interior bifida nervis duobus validis in lacinias pilosas excurrentibus. Flosculus medius s. alter masculus diander acuminatus: valvula exterior fere usque ad medium bifida, ad quam fissuram e dorso egredit arista geniculata quam ipsa valvula duplo fere longior, laciniis duobus acutis: de cætero ut in præcedente flosculo. Flosculus tertius hermaphroditus triander oblongus acutus fere hyalinus glaber; valvulis binis longitudine subæqualibus indivisis. Nectarium exiguum multoties minus quam in H. odorato.

Pro Aira alpina a nonnullis habitus est, sed neque in Lapponia Lulensi crescit, neque convenit characteri Linnæano.

Explicatio iconis: a. gramen totum. b. flos separatus valvulis calycinis diductis parum auctus. c. flos-

c. flosculus infimus magn. aucta. d. flosculus medius. e. flosculus terminalis hermaphroditus.

A I R A.

Gen. plant. ed. Schreb. n. 112. *Gærtn. de fruct.* 1. *p.* 4. *tab.* 1.

53. AIRA *spicata:* culmo pubescente, foliis planis, panicula spicata, flosculis compressis calycem excedentibus medio aristatis: arista reflexa longius exserta.

A. spicata *Linn. svec.* n. 69. *lappon.* n. 47. *Oed. fl. dan.* t. 228. *Schrad. germ.* 1. p. 264. *Zoega island.* — *Suter helvet.* 1. p. 40.

Hab. in summis campis elatis et ad rupes totius alpini jugi tum meridionalis ac septentrionalis frequenter, ubi etiam in altissimis cacuminibus adscendit; sed infra summas alpes vix unquam descendit nec extra alpes nisi ad Hopseidet Finmarkiæ et Quickjock Lulensis rarissime visa.

Habitu a sequentibus longe recedit, et affinitate Avenæ flavescenti revera propior est. Poæ cristatæ valde affinis esse videtur, ut Koeleriæ generi Persoon. synops. 1. p. 97. forsan intraret; tamen calycem semper biflorum tantum reperi, saltim nonnisi rudimentum tertii floris adest uti neque in cæteris Airis inconsuetum est. Calycis valvulæ insertionem aristarum parum superant. Valvulæ corollinæ crena tantum in apice emarginatæ, neque ad insertionem usque aristæ bifidæ. Arista crassior, asperior et magis horsum vorsum retroflexa quam in cæteris. — Ulterius culmo et rachide pubescenti ub aliis eximie differt.

54. AIRA *cæspitosa:* foliis planis sulcatis, panicula diffusa, pedunculis scabris, flosculis calycem subexcedentibus, arista brevi inclusa.

A. cæspitosa *Linn. svec.* n. 70. *lappon.* n. 50. *Oed. fl. dan.* t. 240. *Schrad. germ.* 1. p. 257. *Zoega island.* — *Landt. færoens.* — *Gmel. sib.* 1. p. 95. n. 27. *Lightf. scot.* p. 94. *Georgii flor. baikal.* p. 197.

Hab. in pratis subhumidis locisque graminosis per universam Lapponiam sylvaticam et subalpinam ubique frequentissime, ut etiam in salicetis alpium passim.

Folia semper plana. Paniculæ rami longiusculi nutantes, eximie scabri. Valvulæ calycinæ dorso et margine serrulatæ. Flosculi in rachide elongata, subpedicellati, subdistantes sunt et calycem nonnihil excedunt, simulque stilus rachidis villosus inter flosculos attamen minor quam in A. bottnica. Arista amborum flosculorum ad basin fere inserta valvulam suam plerumque æquans. Articulus unusquisque Rachidis tertiam circiter partem longitudinis flosculi æquat.

55. AIRA *alpina:* foliis subulatis, panicula densa erectiuscula, pedunculis lævibus, flosculis calycem æquantibus, arista subterminali brevi subinclusa.

A. alpina *Linn. svec.* n. 73.

Icon tabulæ nostræ III.

Hab. nonnisi in alpibus idque locis uliginosis irrigatis sterilissimis per campos elatiores apricos alpium Lulensium fere ubique frequentissime, ut et in alpibus pitensibus passim; nec non ad Pikokaisse in Finmarkia Tanensi parcius visa. Nec extra alpes unquam reperta.

Læte viget et altis culmis adscendit hocce gramen in locis sterilissimis a glacie nuper devastatis, ubi panicula sua densa superbit et foliis cæspitosis luteo-viridibus brevibus se facillime distinguit. Faciem habet tam propriam prorsus avenaceam ut nullus in loco de affinitate summa cum præcedenti suspicari queat; dixit quoque Linnéus eam „ avenaceam alpinam" in Pane svecico, unde nova accedit ratio quod vera sit Linnéi planta. Folia adulta omnino explanari queant et tunc latiuscula fiunt simulque intus sulcata esse reperiunter, sed ita in convolutionem prona ut semper convoluta occurrunt et juniora vix ac ne vix explanari possunt, unde haud injuste subulata dicuntur; de cætero brevia, rigida, humi ut plurimum adpressa, nonnihil concava et luteo-viridia. Folia culmea in latere vaginæ semper inserta sunt, nec culmum basi amplectunt unde convolutioni destinata videantur; de cætero divergentia brevia. Culmus crassiusculus, strictus bipedalis et ultra. Panicula ramis multis approximatis multiflo-ris magis densa quam in ulla alia Aira atque superne contracta. Rami inferiores plerumque spiculas viviparas ferunt, et admodum laxi ut fere penduli sunt atque longiores quam dimidia panicula; rami cæteri erectiusculi (nec diffusi et nutantes ut in A. cæspitosa et flexuosa). Omnes tum rami ac ramuli lævissimi sunt (quo admodum differt a præcedenti). Spiculæ majores quam in præcedenti vel ejusdem fere magnitudinis et figuræ ac in Aira montana, basi et carinis violaceo-fuscis, de cætero stramineo-nitentes. Valvulæ calycis fere omnino æquales, acuminatæ, tum dorso ac marginibus lævibus. Flosculi longitudine calycis, omnino sessiles et congesti (nec per elongationem rachidis pedicellati et remotiusculi atque stilo piloso interstincti ut in A. cæspitosa). Arista flosculi inferioris paullo infra apicem bifidam corollæ inserta est, et valvulam suam vix superans; flosculi autem superioris omnino terminalis brevissima. Rachidis singulus articulus vix quartam partem longitudinis sui flosculi attingit.

Ex hisce patet, quod foliis non parum præcedenti accedit sed inflorescentia magis sequenti. Vivipara fit neutiquam germinatione germinis, sed primum excrescunt foliola e rachide flosculos interposita, dein ex apice petali exterioris superioris floris, et denique etiam ex apice inferioris floris; in primo gradu flores superstites sunt perfecti, in ultimo delentur, et pili quoque flosculorum exuuntur.

Explicatio iconis: a. gramen integrum. b. flos separatus magn. nat. c. idem magnitudine dupplo aucta. d. flosculus inferior exemtus cum articulo rachidis eodem augmento. e. flos viviparus, cujus flosculus terminalis in foliola duo degeneratus est, superstite tantum flosculo inferiore perfecto.

56. AIRA *flexuosa:* foliis setaceis, panicula divaricata, flosculis calycem æquantibus, arista geniculata longiuscula subexserta.

A. flexuosa *Linn. suec.* n. 71. *lappon.* n. 48. *Fl. dan.* t. 157. *Lightf. scot.* p. 95. *Schrad. germ.* p. 259. *Landt faeroens.* — *Zoega island.* — *Michaux amer.* 1. p. 61.

Lapponibus *Sitno* s. *Sidno.*

Hab. in campis siccis locisque apricis sterilibus per partem sylvaticam usque in alpinam totius Lapponiæ vulgatissime; sed in summis cacuminibus et lateribus alpium haud provenit.

Folia re vera setacea et solida, nec condupplicatione talia facta ut in sequenti. Panicula laxa et divaricata; ramis numerosis, ramosis vel trichotomis multifloris, flexuosis, longitudine dimidiæ paniculæ. Spiculæ oblongæ, multo crassiores quam in sequenti, sed breviores obtusioresque. Flosculi omnino sessiles nec in rachide elongata positi ut in sequenti. Aristæ parum calycem excedunt (duplo minus quam in sequenti).

A. montana Flor. dan. 8. t. 1222. hujus tantum varietas albicans est.

AIRA *bottnica:* foliis filiformibus, panicula læviuscula angusta stricta, calycibus acuminatis, flosculis pedicellatis calycem subæquantibus, arista recta flosculis duplo longiore.

A. montana *Linn. svec.* n. 72? *lappon.* n. 49?
Icon tab. nostr. IV.

Hab. nonnisi in littoribus extimis maris Vesterbottniæ locis glareosis apricis frequenter.

Mirum omnino est quod plerique Botanici varietatem præcedentis pro Aira montana Linnéi habere potuissent, quamquam differentia ejus data omnino characteristica est. Jamdudum in Flora Lapponica Linné optime scripsit „Panicula in hac magis contracta, locustæ angustiores ac in præcedenti" et tamen semper confusa fuit ob locum et synonyma adscriptum. Ubique crescentem in Flora svecica quidem dixit, sed dein in nullis suis Florulis utpote Akeröensi nec in itineribus neque in Herbationibus Upsaliensibus meminit hocce gramen. In Flora alpina eam memorat, non vero flexuosam. Pro anglica non habetur in Flor. angl, et Hudsoni A. montanam varietatem dicit Airæ flexuosæ in Spec. pl. p. 1676. In spec. plant. eam in alpinis crescere dicit, non vero in Flor. svec. an quædam commutatio locorum in Flor. svecica locum obtinuit? — Præcedenti facie simillima quamquam re vera Airæ cæspitosæ affinior. Folia filiformia apparent, tamen haud solida ut in præcedente, verum angustissima et condupplicatione filiformia facta sunt et intus sulcata; de cætero brevia, rigidula. Culmus erectus, flaccidus. Panicula longissima sæpe usque ad pedem longa, angustissima: ramis paucis simplicibus vel indivisis, erectis ut fere rachidi adpressis, et paucifloris, strictis nec ullo modo flexuosis, læviusculis, fusco-purpureis, respectu paniculæ brevibus et ne quintam ejus partem adtingentibus. Spicularum valvulæ plerumque patentes sunt ob villos inclusos, de cætero angustæ, duplo fere longiores quam in A. flexuosa, eximie acuminatæ. Rachis flosculorum elongata ut flosculi pedicellati evadunt, idque magis quam in A. cæspitosa, et eximie pilosa nec non stylo piloso flosculos interposito terminata. Flosculi altitudine calycis, subdissiti. Aristæ dorsales insignes, ultra lineam supra calycem exsertæ. Rachidis singulus articulus longitudine fere dimidium flosculum æquat.

Explicatio iconis: a. panicula integra. b. flos singulus magn. natur. c. idem magnitudine triplo aucta. d. flosculus inferior cum articulo rachidis eodem augmento.

57. AIRA *atropurpurea:* foliis planis, panicula divaricata paupera, flosculis calyce multum brevioribus apice pilosis.

A. alpina *Vahl flor. dan.* 6. tab. 961.

Hab. in fruticetis campis et juniperetis subuliginosis per partem subsylvaticam totius Lapponiæ passim copiose, ut etiam subalpinam rarius. A me pluries copiose lecta in parœcia Enontekis, inter templum et Palojoensuu, in Enare juxta Jvalojoki et Sotajoki nec non in Lapp. Pitensi ad Tjäkelvafs et ad montes subalpinos Peliokaise, Ribnit-kaise etc. ubi paullo supra sylvam Betulinam adscendit; sed nunquam in summis alpibus eam legi. In Finmarkia legit cel. Vahl.

Serotinum admodum est elegans hocce gramen, quod mense Septembris adhuc florens legi. Calycibus suis majusculis saturatissime violaceis sese admodum insignit et potius Melicas quam Airas cæteras refert; nec aliis Airis ullo modo affinis est, quamquam charactere generico bene iis convenit. Folia mollia, tenuia, atque semper plana, ultra lineam lata; culmi vaginis longis laxiusculis suffulta. Culmus pedalis et parum ultra, laxus. Panicula rara vel paucis ramis composita: Rami tantum duo in singulo verticillo, divaricati, simpliciusculi, pauciflori vix ultra 5 vel 6 floribus donati, superne versus flores pilis incurvis hispidi. Flores s. spiculæ majusculæ. Calycis valvulæ sesquitertia linea longæ, oblongæ, acutæ, naviculares, atro-purpureæ vel violaceæ margine pallido, carina hispida. Flosculi minuti ovato-oblongi, dimidiam longitudinem calycis vix superantes, crassiusculi, nec ita scariosi ac præcedentium, superne pilosiusculi; valvulis integris. Arista dorsalis, geniculata, flosculo multo longior sed apicem calycis haud adtingens.

MELICA.

Gen. plant. ed. Schreb. n. 113. *Gærtn. de fruct.* 2. *p.* 5. *tab.* 80.

58. MELICA *nutans:* panicula racemosa secunda, spiculis nutantibus ovatis subtrifloris.

M. nutans *Linn. svec.* n. 76. *lapp.* n. 36. *Lightf. scot.* p. 95. *Engl. bot.* 15. t. 1059. *Flor. dan.* 6. t. 962. *Schrad. germ.* p. 267. *Gmel. sib.* 1. p. 97. n. 29. *Georgii baikal.* p. 197.

Hab. locis nemorosis subhumidis in parte sylvatica omnium Lapponiarum passim, in subsylvatica Lapponiæ Kemensis rarius ex. gr. ad flumen Utsjokense; et in inferalpinis passim.

59. MELICA *cærulea:* panicula angustata elongata, spiculis strictis cylindricis, calyce minuto.

M. cærulea *Linn. mant.* 2. p. 325. *Smith. brit.* 1. p. 93. *Schrad. germ.* p. 269. *Engl. bot.* 11. t. 750. *Landt faeroens.* — *Lightf. scot.* p. 96.

Aira cærulea *Linn. svec.* n. 67. *lappon.* n. 54. *Gmel. sib.* 1. p. 96. n. 28. *Flor. dan.* t. 239. *Georgii flor. baikal.* p. 197.

Hab. locis humidis uti præcedens in parte sylvatica omnium Lapponiarum frequenter, in subsylvatica Kemensi juxta flumina rarius ex. gr. ad Mieraskoski Utsjokense; et in inferalpinis passim.

POA.

Gen. plant. ed. Schreb. n. 114.

60. POA *maritima:* panicula subcontracta, spiculis linearibus quinquefloris, flosculis distantibus teretiusculis acutiusculis.

P. maritima *Huds. angl.* p. 42. *Engl. bot.* 16. t. 1140. optim. *Lightf. scot.* p. 98. *Flor.*

dan. t. 251. *Schrad. germ.* 1. p. 281. *Zoega island.*

Hab. ad littora humidiora maris Nordlandiæ rarius. A me lecta ad Lyngenfjord et Tromsöam, nec non ad Torrfjord foldensem.

Culmus adscendens, subflaccidus. Folia plana et vix convoluta tenuia mollia. Panicula rarior, subelongata; rami paucissimi vix ultra duo in singulo verticillo, subasperi, erectiusculi vel patentes. Spiculæ elongatæ, compositæ flosculis angustis distantibus.

In Poa *distante* s. *salina* folia angusta convoluta rigidula; culmus strictus; panicula densior brevior, ramis circiter quinis e singulo verticillo asperioribus; spiculæ breviores, flosculis magis imbricatis brevibus latioribus vel ovalibus, ita obtusissimis ut fere truncatis.

61. POA *annua:* panicula divaricata lævi, spiculis oblongis multifloris, flosculis subdistantibus obtusis liberis, culmo compresso.

Poa annua *Linn. svec.* n. 83. *Leers herb.* 29. t. 6. f. 1. *Schrad germ.* p. 304. *Engl. bot.* 16. t. 1141. var. latifolia. *Zoega island.* — *Lightf. scot.* p. 97. *Landt faeroens.* —

Hab. locis stercoratis juxta domos Novaccolarum totius Lapponiæ frequenter.

Totum gramen tenue, mollissimum, interdum fere capillare, omnibus partibus lævibus. Panicula paucis ramis vix ultra duo è singulo verticillo, paucifloris. Spiculæ elongatæ eamque ab causam longiores quam in cæteris. Flosculi sine carina notabili læves, sursum membranacei hyalini obtusissimi, sine nervo dorsali crassiori. Axis spicularum ita elongata est ut ne flosculus infimus sessilis est.

62. POA *alpina:* panicula divergente, spiculis subrotundis quadrifloris, glumis ovatis naviculari-bus liberis.

P. alpina *Linn. svec.* n. 79. *Smith. brit.* 1. p. 100. *Lightf. scot.* p. 96. *Landt faeroens.* — *Engl. bot.* 14. t. 1003. *Willden. en. hort. ber.* p. 103. *Schrad. germ.* 1. p. 292. *Zoega island.*

β. vivipara. *Linn. svec.* n. 79. β.

P. vivipara *Willden. en. hort. berol.* p. 103.

Hab. ad rupes et saxa omnium alpium frequenter, nec non in rupibus inferalpinis maritimis Nordlandiæ passim; de cætero haud extra alpes.

Gregatim crescit et densas cæspites format quamquam vix stolonifera. Folia fere semper disticha, latiuscula, brevia ut fere Nathecii Ossifragi folia referunt; de cætero mollia, carinata: carina scabra. Culmus crassiusculus strictus, semipedalis et paullo ultra. Panicula brevis et satis densa; e singulo verticillo rami tantum bini, divergentes, asperuli. Spiculæ magnitudine et figura fere Holci odorati. Calycis valvulæ latiusculæ, exacte naviculares, dorso magis curvo quam in ulla alia, aspero. Gluma corollina lata, dorso crassiusculo aspero in apice exurrente.

P. subcærulea Engl. bot. 14. t. 1004. inter hanc et sequentem quasi media esse videtur.

Hujus quoque rachis flosculorum in foliola excrescit, tuncque vivipera audit. Flor. dan. 5. t. 807.

63. POA *laxa:* panicula laxiuscula, ramis subflexuosis lævibus, spiculis oblongis trifloris, flosculis villo connexis.

P. laxa *Willden. spec. plant.* 1. p. 386. *Hoppe Taschenb.* 1802. p. 63. *Schrad. germ.* 1. p. 291.

P. flexuosa *Smith brit.* 1. p. 101. *Engl. bot.* 16. t. 1123.

Gr. alpinum paniculatum minus etc. *Scheuchz. agr.* p. 163. prodr. t. 4.

Hab. in collibus siccis apricis per partem subalpinam Lapponiæ Lulensis inter frutices Betulinos passim.

Specimina ad cel. Schrader misi, quo certior factus sum hanc P. laxam veram esse.

Radix subrepens vel oblique adscendens; stolonibus multis excurrentibus. Folia omnia angustissima haud lineam lata, conduplicata, breviuscula, lævissima. Culmus vix pedalis, angustus vel gracilis. Panicula rara subcontracta: rami e singulo verticillo duo tantum, simpliciusculi, subflexuosi, lævissimi, pauciflori breviusculi (dimidiam altitudinem paniculæ vix attingentes). Spiculæ satis angustæ et exacte oblongæ. Valvulæ calycinæ lanceolatæ carinatæ læves. Flosculi inferne villosi et villo connexi: valvulis sursum diaphanis sine apice rigido. Tota panicula fusco-violacea præter margines corollæ albescentes.

Figura Schevchzeri nostræ plantæ satis convenit, sed panicula in nostra vix cernua nec satis contracta; quo respectu melius Poam flexuosam Smithii refert, etiamsi color paniculæ longe magis cærulescens, quam in figura ejus citata.

64. POA *pratensis:* panicula diffusa, spiculis subquinquefloris oblongo-ovatis margine scariosis coloratisque: flosculis villo connexis.

P. pratensis *Linn. svec.* n. 82. *lappon.* n. 51. *Engl. bot.* 15. t. 1073. bona. *Smith brit.* 1. p. 104. *Landt færoens.* — *Georgii flor. baikal.* p. 197.

β. *angustifolia:* foliis inferioribus angustissimis.

P. angustifolia *Linn. svec.* n. 81. *lappon.* n. 52.

Hab. in pratis stercoratis et agris prope domicilia Lapponiæ sylvaticæ passim.

65. POA *trivialis:* panicula divergente, spiculis trifloris subovatis subpubescentibus villoque connexis: flosculis quinquenervibus, vaginis scabris.

P. trivialis *Linn. svec.* n. 80. *Smith brit.* 1. p. 103. *Engl. bot.* 15. t. 1072. bona. *Landt færoens.*

P. scabra *Ehrh. gram.* n. 72.

Hab. in pratis totius Lapponiæ frequentissime, ubi gregem graminis constituit locis siccioribus fertilioribus.

66. POA *glauca:* panicula elongata contracta, spiculis oblongis subtrifloris, flosculis liberis acutis.

P. glauca. *Fl. dan.* 6. t. 964. *Engl. bot.* 24. t. 1720.

β. latifolia panicula magis diffusa.

P. cæsia *Engl. bot.* 24. t. 1719.

Hab. in rupibus nemorosis inferalpinis Nordlandiæ passim; ut etiam ad Kalkisbout Lapponiæ Pitensis visa.

Uti mihi quidem videtur quasi media est inter præcedentem et sequentem speciem respectu formæ, sed colore glauco eximio ab utraque differt. Folia sæpius siccitate convolvuntur; sed in β. latiora et explanata persistunt, qualis plerumque in inferalpinis Nordlandiæ meridionalioris occurrit.

67. POA *nemoralis:* panicula angustata subsecunda, spiculis sublanceolatis subtrifloris asperis, flosculis acuminatis liberis.

P. nemoralis *Linn. svec.* n. 85. *Smith brit.* 1. p. 106. *Leers herb.* 30. t 5. f. 3. *Flor. dan.* t. 749. *Gunn. flor. norv.* n. 1027. p. 132. *Gmel. sib.* 1. p. 95. *Lightf scot.* p. 98.

Hab in rupibus nemorosis totius Lapponiæ sylvaticæ et inferalpinæ passim.

Est varietas β. Engl. bot. 18. ad. tab. 1265. Ipsa vero tabula potius P. glaucam nostram exhibet.

FESTUCA.

Gen. plant. ed. Schreb. n. 119.

68. FESTUCA *ovina:* foliis setaceis, panicula secunda coarctata, spiculis sublinearibus aristatis.

F. ovina *Linn. svec.* n. 91. *lappon.* n. 55. *Leers herb.* 32. t. 8. f. 3. *Schrad. germ.* 1. p. 319. *Zoega island.* — *Lightf. scot.* p. 101. *Georgii flor. baikal.* p. 197. *Landt. færoens.*—

Poa foliis setaceis etc. *Gmel. sib.* 1. p. 107. n. 42.

β. *vivipara:* lævior succosiorque.

F. ovina β. vivipara *Linn. svec.* n. 91. *lappon.* n. 56.

F. vivipara *Smith brit.* 1. p. 114. *Engl. bot.* 19. t. 1355.

Hab. locis sicciusculis per universam Lapponiam tum sylvaticam ac alpinam usque in summas alpes adeo frequentissime ut nihil vulgatius.

Plerumque heic viridis est, nec rubet. Aristæ semper breves adsunt.

Gramina pleraque in alpibus læviora et succosiora evadunt præcipue in locis madidis, ubi denique vivipara fiunt. Ne itaque omnes eorum varietates alpinas pro distinctis speciebus habeamus cavendum est.

69. FESTUCA *rubra:* foliis radicalibus filiformibus, panicula subcontracta, flosculorum arista breviore, radice subrepente.

F. rubra *Linn. svec.* n. 92. *Smith brit.* 1. p. 116. *Schrad. germ.* 1. p. 329. *Zoega island.* — *Lightf. scot.* p. 102. *Engl. bot.* 29. t. 2056.

β. spiculis latioribus villosis.

Hab. in pratis siccioribus et graminosis per partem sylvaticam omnium Lapponiarum frequenter, ut et per subsylvaticam passim; in inferalpinis frequentissime. Apud nos usque in alpina loca haud adscendit.

Panicula in gramine lapponico valde contracta et simpliciuscula, unde interdum Bromum pinnatum bene refert. Folia caulina in recenti gramine plana, sed exsiccatione convoluta evadunt. De cætero multis modis variat; spiculis tenuioribus, crassioribus, villosis e. s. p. idque uti videtur sine respectu loci solique. Semper his in locis viridis persistit, nec nisi Vesterbottniæ maturitate interdum rubet.

B R O M U S.

Gen. plant. ed Schreb. n. 120.

70. BROMUS *arvensis: Linn. svec.* n. 97. *lappon.* n. 27.
Hab. in agris Novaccolarum Lapponiæ meridionalis rarius: Linné.

71. BROMUS *secalinus Linn. svec.* n. 96. *lappon.* n. 28.
Hab. in agris Novaccolarum cum antecedente rarissime: Linné.

Obs. Festuca n. 29. Floræ Lapponiæ, quam ad Bromum pinnatum citat Linnéus, forsan ad Festucam rubram pertinet; sin minus valde dubito, quod ubique crescat gramen in Lapponia, quod vix Vermlandiæ et nullo modo in septentrionalioribus provinciis provenit.

A V E N A.

Gen. plant. ed. Schreb. n. 122.

72. AVENA *fatua Linn. svec.* n. 101. *lappon.* n. 30.
Hab. in agris Novaccolarum Lapponiæ meridionalis rarius: Linné.

73. AVENA *pratensis Linn. svec,* n. 104. *lappon.* n. 31.
Hab. in nemoribus graminosis raro: Linné; mihi tamen dubia videtur.

LOLIUM.

Gen. plant. ed. Schreb. n. 126.

74. LOLIUM *perenne Linn. svec.* n. 104. *lappon.* n. 32.

Hab. in pratis agricolarum Lapponiæ meridionalis commune: Linné.

TRITICUM.

Gen. plant. ed. Schreb. n. 130.

75. TRITICUM *caninum:* calycibus aristatis trinervibus paucifloris, flosculis aristatis.

Tr. caninum *Schrad. germ.* 1. p. 389. *Smith brit.* 1. p. 159. *Gmel. sibir.* 1. p. 122. n. 58. t. 27.
Elymus caninus *Linn svec.* n. 112. *Zoega island.* — *Lightf. scot.* p. 108.

Hab. in lucis graminosis sicciusculis per universam fere Lapponiam præcipue inferalpinam Norvegicam passim, usque ad Kivikoski fluminis Tanæ et Kanetskoski fluvii Utsjokensis Lapp. Kemensis.

Gramen altum et conspicuum. Folia latiuscula longa. Spiculæ semper subcylindricæ, nervis elevatis notatæ. Aristæ flosculorum tenues setaceæ ipso flosculo fere longiores.

76. TRITICUM *repens:* calycibus subulatis muticis quinquenervibus multifloris, flosculis subulato-aristatis, radice repente.

T. repens *Linn. svec.* n. 114. *lappon.* n. 35. *Schrad. germ.* p. 390. *Zoega island.* — *Gmel. sib.* 1. p. 118. n. 53. *Landt færoens.* — *Georgi fl. baikal.* p. 198.

Hab. ad domos inque cultis Novaccolarum totius Lapponiæ passim copiose; ut etiam ad littora deserta fluminis Ivalojoki Kemensis repertum.

Occurrit quoque in Lapponia flosculis tum muticis ac aristatis, itaque in desertis caute a præcedente distingvendum. Spiculæ planiusculæ cito evadunt, longiores. Calyx vix unquam aristatus; flosculorum arista ubi adest fere subulata crassiuscula rigida et ipso flosculo multoties brevior. De cætero observatur semper in spica habitus quisdam loliaceus, quo facile a præcedente et Elymis distinguitur.

ELYMUS.

Gen. plant. ed. Schreb. n. 128.

77. ELYMUS *arenarius:* spica erecta, calycibus lanceolatis longitudine spiculæ, foliis convolutis rigidis.

E. arenarius *Linn. svec.* n. 111. *lappon.* n. 54. *Zoega island Smith. flor. brit.* 1. p. 153. *Engl. bot.* 24. t. 1672. *optim. Landt færoens* — *Pallas it. sibir.* 3. p. 316. *Georgii fl. baikal* p. 198.

Hab. ad littora maris septentrionalis per totam Nordlandiam et Finmarkiam frequentissime; adscendit quoque in ripis arenosis fluminis Tana usque ad pagum Seida. Denique inventus est in media Lapponia sylvatica Umensi juxta Sorsele ad Skebecksudden aliisque locis fluminis Vindelensis copiose.

Luxuriose in his locis crescit præcipue ad ostia fluminum, ubi spicam ultra pollicem crassam acquirit semper vero rectam et ut in vulgari constructam.

MONTIA.

Gen. plant. ed. Schreb. n. 133. *Gærtn. de fruct.* 2. *p.* 220. *tab.* 129.

78. MONTIA *fontana Linn. svec.* n. 115. *lappon.* n. 30. *Engl. bot.* 17. t. 1206. *Zoega island.* — *Lightf. scot.* p. 110. *Landt færoens.*

Hab. locis humidis denudatis per partes sylvaticas et subsylvaticas omnium Lapponiarum svecicarum passim; ut etiam in campis humidis inferalpinis Nordlandiæ fere ubique.

KOENIGIA.

Gen. plant. ed. Schreb. n. 137. *Gærtn. de fruct.* 2. *p.* 212. *tab.* 128.

79. KOENIGIA *islandica.*

K. islandica *Linn. mant.* 35. *Flor. dan.* 3. t. 418. *Landt færoens.* — *Zoega island.*

Hab locis subinundatis ad littora maris Vardöæ et in sinu Varanger parce. Norges Topographiske Journal 7 bind 24 heft pag. 120.

CLASSIS IV.

TETRANDRIA.

GALIUM.

Gen. plant. ed. Schreb. n. 162. *Gærtn. de fruct.* 1. *p.* 109. *tab.* 24.

80. GALIUM *verum Linn. svec.* n. 123. *lappon.* n. 61. *Olavs. it. island.* p. 675.

Hab. vix in Lapponia. Unicum tantum specimen pusillum in Lapponia Lulensi se invenisse dixit Linné, sed neque in proximis provinciis Sveciæ crescit supra Sundsvall Medelpadiæ.

81. GALIUM *boreale:* foliis quaternis lanceolatis trinervibus lævibus, caule erecto, seminibus hispidis.

G. boreale *Linn. svec.* n. 124. *lappon.* n. 60. *Lightf. scot.* p. 116. *Landt faeroens.* — *Fl. dan.* 6. t. 1024. *Olavs. it. island.* p. 450. *Pallas it. sibir.* 3. p. 315. *Georgii flor. baikal.* p. 199.

Hab. ad littora lacuum et fluminum locis graminosis subhumidis per partem sylvaticam inferiorem Lapponiarum meridionalium utpote Umensis et Pitensis satis frequenter (haud vero supra lacum Rappen). Dein haud provenit antequam in Lapponia Kemensi, ubi e Fennonia proventa adscendit juxta flumina per partem sylvaticam et subsylvaticam totam usque ad Polmak et ultra sat frequenter. In pratis inferalpinis Nordlandiæ meridionalis frequenter provenit, haud vero supra præfecturam Saltensem.

Folia in summo septentrione interdum satis lata, obtusa et lævigata, adeo ut habitum nonnihil diversum acquirit planta. Fructus pilis densissimis rectis fere tomentosus. Caulis magis asper, ut etiam pedunculi.

82. GALIUM *palustre:* foliis quaternis obovato-lanceolatis inæqualibus obtusis, caulibus diffusis læviusculis, seminibus lævibus corolla minoribus.

G. palustre *Linn. svec.* n. 126. *lappon.* n. 59. *Willden. spec.* 1. p. 585. *Lightf. scot.* n. 115. *Engl. bot.* 26. t. 1857. bona. *Zoega island.* — *Georgii. fl. baikal.* p. 199.

Hab. locis aquosis ad ripas etc. Lapponiæ infimæ sylvaticæ rarius.

Caules læviusculi vel mucronulis rarioribus retroversis exasperati, superne divisi fere in cymam. Flores in summo caule subcymosi, copiosiores: pedunculis trichotomis, divergentibus: ultimis folio brevioribus, semper lævissimis. Corollæ semper fructu majoribus.

83. GALIUM *trifidum:* foliis quaternis sublinearibus obtusis, caule procumbente hispido, seminibus lævibus nutantibus corolla trifida majoribus.

G. trifidum: *Flor. dan.* t. 48. *Willden. spec.* 1. p. 585.

Hab. locis uliginosis et paludosis per partem sylvaticam et subsylvaticam Lapponiæ passim.

Præcedenti revera affinis, quamquam habitu G. uliginoso similior. Caulis tenuis ut in G. uliginoso, et valde retrorsum hispidus. Folia minuta, ad basin marginibus hispidis. Flores plerique axillares subsolitarii, longius pedunculati: pedunculis arcuatis, hispidis. Semina duo leviter tantum connata, omnino lævia.

A Galio palustri utique distingvi meretur ob habitum procumbentem ne dicam repentem, pedunculos axillares s. laterales, capilli tenuitatis, arcuatos, semper hispidos, corollas dupplo minores.

84. GALIUM *uliginosum:* foliis senis lanceolatis retrorsum aculeatis mucronatis rigidis, fructibus scabris corolla minoribus.

G. uliginosum *Linn. svec.* n. 127. *lappon.* n. 58. *Willden. spec.* 1. p. 595. *Lightf. scot.* p. 115. *Engl. bot.* 28. t. 1972. *Landt faeroens.* — *Georgii fl. baikal.* p. 199.

Hab. in campis humidiusculis ad rivulos etc. per partem sylvaticam ubique, usque ad subalpinam rarius: idque omnium Lapponiarum svecicarum; ut etiam in inferalpinis Nordlandiæ.

Caulis erectiusculus, retrorsum hispidus sed aculeis multo rarioribus vel remotioribus quam in præcedenti.

85. GALIUM *svaveolens:* foliis senis oblongis retrorsum hispidis, caule prostrato hispido, fructibus hispidis: pilis uncinatis.

G. triflorum *Michaux amer.* 1. p. 80. *Willden. hort. berol.* 1. tab. 66. (ramus).

Hab. ad rupes umbrosas locis subhumidis in Nordlandia inferalpina raro. A me copiose lectum ad pagum Dale in Sörfoldbotten præfecturæ Saltensis.

Magnitudine, odore et figura foliorum Asperulam *odoratam* satis refert; statura verum Gálii *rotundifolii*, et asperities Galii *uliginosi* vel potius *Aparines*. Adeo undique retrorsum aculeatum est, ut etiam nudis digitis pertinaciter adhæret. Radix perennis. Caules numerosi, ex una radice fasciculatim nati, longi scil. bipedales et ultra, flaccidi ita ut supra gramen prostrati jacent, tetragoni, acutanguli, pilis vel parvis aculeis retrorsum versis admodum exasperati, simplices vel inferne præditi ramulis paucis brevibus apice floriferis. Folia semper sena, in verticillis distantibus posita, ultra pollicem longa et quatuor circiter lineas lata, oblongo - lanceolata, acuta, cum acumine molli, uninervia et obsoletius venosa, undique lævia sed marginibus pilis rigidis inferne retrorsum versis et crebrius positis valde adhærentia. Pedunculi axillares, plerumque bini e singulo verticillo per totam longitudinem caulis, breviusculi scil. foliis duplo longiores, nudi præter squamam involucralem, simplices et apice divisi in tres circiter pedicellos floriferos. Flores successive versus apicem caulis prorumpunt, ita tamen ut caulis apex semper foliosus nec floribundus. Corollæ minutæ ut in *G. uliginoso*, planiusculæ, albæ, germine suo hispido haud admodum majores. Pistillum germinis longitudine. Fructus pilis rigidis uncinatis longiusculis nitidis hispidus ut in G. *Aparine*, sed de cætero minor.

Ob suaveolentiam suam comparandum fore suspicor cum Asperula *odorata;* cujus folia duplo longiora, magis lanceolata ob æqualem fere undique latitudinem: marginibus inferne lævibus; caulis erectus, lævis, terminatus pedunculis pluribus, dein iterum iterumque fasciculatim divisis; corolla manifeste tubulata, in germine minuto tunc læviusculo posita; Pistillum germine duplo longius; fructus

fructus multo major obsitus pilis crassiusculis sed rectis brevioribus mollibus et exsiccatione crispabilibus, ut potius pilosus vel tomentosus quam hispidus dicendus est. Ideoque nequeunt non abunde diversas esse.

Planta citata e Horto Berolin. nostræ exacte convenit, quod instituto examine accurato in Herbario Cel. Willdenovii dedicimus; eademque suaveolentia gaudet. Nomen ob hanc proprietatem servavi. Flores semper albi.

86. GALIUM *Aparine:* foliis octonis lanceolatis scabris retrorsum hispidis, caule flaccido, fructibus uncinato-hispidis.

G. Aparine *Linn. svec.* n. 45. *Smith brit.* 1. p. 180. *Engl. bot.* 12. t. 816. *Flor. dan.* t. 495. *Lightf. scot.* p. 117. *Georgii flor. baikal.* p. 199.

Hab. in agris Lapponiæ rarissime. Mihi visum est ad Idivuoma parœciæ Enontekis Tornensis, et ad Innerfösked præfecturæ Saltensis Nordlandiæ.

Geniculi caulis a confluentibus aculeis interdum quasi villosi apparent, haud vero semper. Fructus multo majores quam in præcedentibus.

PLANTAGO.

Gen. plant. ed. Schreb. n. 186. *Gærtn. de fruct.* 1. p. 236. tab. 51.

87. PLANTAGO *major:* foliis ovatis glabriusculis, scapo tereti, spica flosculis imbricatis, seminibus capsulæ plurimis.

P. major *Linn. svec.* n. 129. *lappon.* n. 62. *Fl. dan.* 3. t. 461. *Olavs. it. island.* p. 430. *Lightf. scot.* p. 117. *Landt faeroens.* — *Georgii flor. baikal.* p. 199. *Flor. Kamtschatk. in Arct. Zool.* p. 194. *Penn. Arct. Zool. ad Nutka sound.* p. 241.

Hab. ad domos locis cultis stercoratis partis sylvaticæ infimæ Lapponiarum passim; in districtu Kemensi infra pagum Kairavoupaja frequenter; ut etiam in Nordlandia meridionali copiose usque ad Salten. In Lapponia Umensi usque ad Sorsele adscendit.

Folia in his locis interdum scapo longiora. Scapus crassiusculus.

88. PLANTAGO *maritima:* foliis semicylindraceis subintegerrimis basi lanatis, scapo tereti, spica cylindrica.

P. maritima *Linn. svec.* n. 133. *lappon.* n. 63. *Lightf. scot.* p. 118. *Landt faeroens.* — *Olavs. it. island.* p. 19. *Michaux amer.* 1. p. 94. *Pallas it. sibir.* 3. p. 33. 425. *Georgii fl. baikal.* p. 199.

Hab. ad mare septentrionale Nordlandiæ frequenter, et Finmarkiæ usque ad Nordcap parcius. Supra littora quidem passim adscendit, sed neutiquam usque in alpibus.

CORNUS.

Gen. plant. ed. Schreb. n. 194. *Gærtn. de fructib.* 1. p. 126. tab. 26.

89. CORNUS *svecica:* herbacea, foliis omnibus oppositis sessilibus multinervibus: nervis basilaribus.

C. svecica *Linn. flor. svec.* n. 139. *lapp.* n. 65. tab. 5. f. 3. *Flor. dan.* t. 5. *Lightf. scot.* p. 119. *Cranz groenland.* — *Falk russische Top.* 2. p. 118. *Pallas fl. ross.* 1. p. 52. *Flor. Kamtschatk.* in *Arct. Zool.* p. 194. *Landt faeroens.* —

Lapponibus *Piädnak-muörje* (i. e. Canis baccæ). Fennonibus Enontekensibus *Sia-marja.* Svecis et Norvegis *Svinbär.*

Hab. omnium vulgatissime locis umbrosis per partem sylvaticam et alpinam usque in lateribus inferioribus alpium totius Lapponiæ etiam Norvegicæ æque ad Nordcap.

Nux ut in cæteris bilocularis, sed dissepimentum perforatum magnâ fenestrâ.

ALCHEMILLA.

Gen. plant. ed. Schreb. n. 222. *Gærtn. de fruct.* 1. p. 346. t. 73.

90. ALCHEMILLA *vulgaris:* foliis novemlobis acute dentatis, corymbis terminalibus.

A. vulgaris *Linn. svec.* n. 141. *lapp.* n. 66. *Fl. dan.* 4. t. 693. *Zoega island.* — *Lightf. scot.* p. 120. *Landt færoens.* — *Engl. bot.* 9. t. 597. *Falk russ. topogr.* 2. p. 120.

β. *pubescens:* foliis sericeis acute serratis.
A. pubescens *Lamark.*

Hab. in graminosis siccioribus per partem sylvaticam et subalpinam omnium Lapponiarum nec non in inferalpinis Norvegicis ubique vulgatissime; in salicetis alpium juxta rivulos quoque passim occurrit, sed nonnisi rarius ulterius adscendit.
β. in alpestribus apricis siccis passim occurrit.

91. ALCHEMILLA *alpina:* foliis digitatis obtusis apice serratis subtus sericeis. *Willden. enum. hort. berol.* p. 171.
A. alpina *Linn. svec.* n. 142. *lappon.* n. 67. *Zoega island.* — *Lightf. scot.* p. 120. *Flor. dan.* t. 49. *Gærtn. fruct.* 1. p. 346. t. 73. *Landt færoens.* —

Hab. ad rupes locis subocccultis in alpium meridionalium lateribus frequenter, in septentrionalium parcius; ut et in rupibus inferalpinis maritimis usque ad Nordcap passim copiose. In suecico latere infra ipsas alpes altiores nunquam descendit, utpote haud visa infra Givorten Lapp. Umensis, Peliekaise Lapp. Pitensis, Vallivare Lappon. Lulensis, Peltsanen Lapp. Tornensis.

POTAMOGETON.

Gen. plant. ed. Schreb. n. 234. *Gærtn. de fruct.* 2. p. 23. t. 84.

92. POTAMOGETON *natans:* foliis superioribus petiolatis ellipticis natantibus.
P. natans *Linn. svec.* n. 145. *lapp.* n. 68. *Zoega island.* — *Landt færoens.* — *Flor. dan.* t. 1025. *Lightf. scot.* p. 121. *Engl. bot.* 26. t. 1822. *Georgii fl. baikal.* p. 199.

Hab. in fluviis pacificis et lacubus Lapponiæ sylvaticæ infimæ passim parcius: usque ad Ademjaur Lapp. Lulensis visum.

93. POTAMOGETON *perfoliatum:* foliis cordatis amplexicaulibus omnibus immersis. *Linn. svec.* n. 146. *lappon.* n. 69. *Flor. dan.* t. 136. *Lightf. scot.* p. 121. *Michaux amer.* 1. p. 101. *Georgii fl. baikal.* p. 199.

Hab. in fluviis per partem sylvaticam passim copiose, ut et subsylvaticam rarius ex. gr. in Idijoki Lapponiæ Enontekensis lectum et ad lacum Enare.

Folia semper basi admodum cordata, quamquam interdum de cætero satis oblongata; distincte nervosa: nervis præcipue tribus exstantioribus; Stipulæ exiguæ tenuissimæ angustæ, caulem vaginantes. Semina reticulata, magnitudine fere seminum Cannabis, apice insigniter incurvato s. retuso.

94. POTAMOGETON *gramineum:* foliis lineari-lanceolatis venosis stipula latioribus, pedunculis incrassatis foliis longioribus.

P. gramineum *Linn. suec.* n. 151. *lappon.* n. 70. *Lightf. scot.* p. 123. *Flor. dan.* 1. t. 222. *Herbar. Ziervogel.*

P. lanceolatum *Engl. bot.* 28. t. 1985.

P. gramineum latiusculum. *Celsii herb.* n. 597.

β. *subnatans:* foliis superioribus latioribus attenuatis sessilibus subnatantibus.

Hab. in fluviis per partem sylvaticam et subsylvaticam totam vulgatius; unde etiam versus alpes longius adscendit quam sylva abietina et præcedens species scil. usque in Kamajoki Lapp. Lulensis; nec nisi in provinciis nostris septentrionalibus provenit.

Folia semper basi attenuata, magis venosa quam nervosa. Stipulæ angustæ quidem, sed longiusculæ, subpatentes vel a caule disjunctæ, nec adeo scariosæ ac in præcedente.

β. differt tantum foliis supremis latioribus et natantibus, tamen æque teneris ac reliqua folia. Flores semper virides, et petala germinibus multo longiora: quibus notis a P. *fluitante Engl. bot.* 18. t. 1286. facile dignoscitur. Multo magis differt a P. *heterophyllo Engl. bot.* 18. t. 1285.; quod nonnisi in Gottlandia legi et foliis superioribus re vera petiolatis ad P. *natans* accedit.

Nomen gramineum huic apprime convenit, quia Sparganio *natanti* seu nostro gramini fluitanti (Flotgräs) cæteris longe similius. Figura *Engl. bot.* cit. satis convenit quamquam tum folia ac pedunculi paullum breviora sunt quam in nostra planta. Floræ dan. figura citata plantam lapponicam bene refert. A P. compresso *Linn.* longe differt habitu multoties grandiore, foliis 2-4 lineas latis, pedunculis crassitie pennæ columbinæ, etc.

E Norvegico latere alpium lapponicarum nullum vidi Potamogeton, nec Gunnerus quoddam annotavit supra Nidrosiam crescens.

95. POTAMOGETON *pusillum:* foliis linearibus obtusiusculis uninervibus, seminibus acuminatis.
P. pusillum *Linn. svec.* n. 153. *Zoega island.* — P. ramosum angustifolium. *Burs. herb.* X. n. 121.
Hab. in fundo lacuum et fluviorum Lapponiæ sylvaticæ infimæ passim. A me lectum in fluvio Lulensi ad Wuollerim alibique.

Sub profunda aqua sæpius crescit more Confervarum, ubi nunquam superficiem attingit et tamen fructificat.

SAGINA.

Gen. plant. ed. Schreb. n. 236. *Gærtn. de fruct.* 2. p. 225. tab. 129.

96. SAGINA *procumbens:* caulibus procumbentibus glabris, pedunculis axillaribus, petalis brevissimis.
S. procumbens *Linn. svec.* n. 155. *lappon.* n. 157. *Willden. spec.* 1. p. 718. *Gmel. sib.* 4. p. 159. *Georgii flor. baikal.* p. 199. *Lightf. scot.* p. 125. *Landt faeroens.* — *Zoega island.* — *Smith. flor. brit.* 1. p. 199. *Engl. bot.* 13. t. 880.
Hab. ad domos, vias et ripas fluminum Lapponiæ sylvaticæ passim; ut etiam in inferalpinis Nordlandiæ et Finmarkiæ usque ad Kistrand.

Ubi læte crescit caules supra terram satis longe excurrunt, et ex axillis foliosis undique pedunculos erigunt, quorum apices proxime sub floribus infracti sunt unde flores nutantes evadunt quamquam pedunculi stricti. Folia linearia et plana (nec subulata ut in Spergula *saginoide*), patentia. Flores ob petala calyce duplo breviora et stamina pauca valde inconspicui sunt. Capsula calyce parum longior. Hisce notis a Spergula saginoide satis differt; cujus descriptionem suo loco conferas. Ad Kistrand legi multa specimina numero quinario partium fructificationis insignia.

TILLAEA.

Gen. plant. ed. Schreb. n. 237.

97. TILLAEA *aquatica:* caule erecto, foliis lineari-subulatis, floribus sessilibus.

T. aquatica *Linn. svec.* n. 156. *Willden. spec.* 1. p. 720. *Zoega island.*

Sedum minimum annuum, flore roseo tetrapetalo. *Linn. lappon.* n. 196.

Hab. in ripis fluminum ex. gr. Lulensis copiosissime: *Linné;* a me nec ibi nec in aliis provinciis Sveciæ borealis visa.

Caulis interdum prope radicem ramulos paucos exserit, de cætero simpliciusculus. Flores in axillis foliorum alterni: interdum fasciculo foliorum opposito. Folia planiuscula sed e connata basi sensim angustata in apicem subulatum.

CLASSIS V.

PENTANDRIA.

MYOSOTIS.

Gen. plant. ed. Schreb. n. 240. *Gærtn. de fruct.* 1. p. 328. *tab.* 68.

98. MYOSOTIS *scorpioides:* seminibus lævibus, racemis subbracteatis, foliis glabriusculis. *Willden. spec.* 1. p. 746.

M. scorpioides β. palustris *Linn. svec.* n. 157. *lappon.* n. 75. *Smith. brit.* 1. p. 212. *Flor. dan.* t. 583. *Landt faeroens.* — *Zoega island.* — *Lightf. scot.* n. 132. *Gmel. sib.* 4. p. 75. *Georgii fl. baikal.* p. 200.

Hab. in pratis et graminosis etiam sicciusculis per omnes partes universæ Lapponiæ usque in lateribus superioribus alpium vulgaris.

Radix perennis. Caules plures ex una radice, simpliciusculi. Racemus inferne bracteis nonnullis ornatus, quæ tamen pedunculos haud fulcrant, sed cum iis alternant vel eos opponuntur. Calyx quod ad maximam partem glaber et lævis.

99. MYOSOTIS *arvensis:* seminibus lævibus, racemis ebracteatis, foliis hirtis.

M. arvensis *Spec. plant. ed. Willd.* 1. p. 747. *Roth. germ.* 2. p. 222.

M. scorpioides α. arvensis *Linn. svec.* n. 157. *lappon.* n. 74.

Hab. in Lapponia Lulensi rarius: Linné. In agris Vesterbottniæ eam vulgarem vidi, haud vero in Lapponia; ideoque loco admodum a præcedente differt.

Radix annua. Caulis solitarius, inferne simpliciusculus, superne in plures racemos nudos divisus. Calyx pilis uncinatis hirtus, quod pro optimo charactere speciei habeo. Flores minores.

100. MYOSOTIS *deflexa:* seminum marginibus membranaceis in lacinias glochidatas divisis, pedunculis deflexis subebracteatis. *Wahlenb. in Act. Stockholm.* 1810. p. 113. t. 4.

Hab. in radicibus alpium umbrosis ad rupes, locis calidioribus versus meridiem positis, rarius. Lecta tantum est juxta Balsfjord paroeciæ Tromsöensis Nordlandiæ, et ad latus meridionale montis Njammats juxta Quickjock; idque copiose M. *scorpioidi* immixta. Suspicor eam haud ita raram esse, sed quum *scorpioidi* simillima sæpius prætervisam. In ruderatis et ad domos haud crescit uti reliquæ species aculeatæ.

Toto habitu M. *scorpioidi* simillima, ut sub florescentia prima nonnisi hirsutie sua patente distingui queat. Huic etiam affinitate propius accedere crediderim quam aculeatis speciebus; cui sententiæ favent glochides e marginibus membranaceis natæ, nec in latere seminum positæ.

Radicem biennem esse docuit cultura annis 1808 et 1809 instituta tum in Horto Upsaliensi ac Bergiano Stockholmiæ. Caules plures ex una radice, semipedales, pedales et ultra, erecti, inferne simplices; superne ramulis nonnullis lateralibus erectis gracilibus racemiferis. Hirsuties in caule et reliquis partibus patens vel horizontalis, de cætero ejusdem fere indolis ac in M. *arvensi.* Folia oblongo - lanceolata, magnitutine circiter pollicaria. Racemi longi, graciles, erecti, hirsutie adpressa. Bracteæ in racemi parte inferiore paucæ, pedunclis breviores, in latere inferiore rachidis pedicello oppositæ vel ad latus ejus insertæ. Pedicelli in latere superiore rachidis inserti, post florescentiam ad inferiora deflectuntur toti fere ad perpendiculum, et calyce quadruplo circiter longiores evadunt. Flores magnitudine et colore ut *M. scorpioidis.* Perianthium quinquefidum, hirtum (hirsutie tamen haud uncinata ut in *M. arvensi*): laciniis fructu grossificante divaricatis vel reflexis longitudine fere seminum. Semina ovata; exteriori facie convexa, apiculis tenuissimis rigidis hispidula; undique cincta marginibus simplicibus membranaceo-corneis, in viginti et ultra lacinias apice glochidatas divisis usque infra medium; lateribus interioribus lævibus. Receptaculum seminibus duplo fere brevius, pistillo emarcido terminatum.

Ut melius distingvatur utile quidem puto, quod aliarum specierum characteres melius exponuntur.

M. virginiana: seminibus undique aculeato-glochidibus, fructibus pedunculatis nutantibus, ramis divaricatis. De cætero notandum quod radix annua, folia magna glabriuscula et tantum scabra, flores albi.

M. echinophora: seminibus undique aculeato-glochidibus, fructibus pedicellatis erectis bracteatis, foliis lanceolatis albo-pilosis. De cætero radix annua, semina multo longiora.

M. Lappula: seminibus undique aculeato-glochidibus, fructibus subsessilibus bracteatis, foliis lanceolatis albo-pilosis. Semina præter glochides in utroque latere callis obtusis adspersa sunt, et breviora quam in præcedente. Aculei seminum multo duriora quam in *M. deflexa.*

LITHOSPERMUM.

Gen. plant. ed. Schreb. n. 241. *Gærtn. de fruct.* 1. p. 327. tab. 67.

101. LITHOSPERMUM *arvense Linn. spec.* n. 160. *lappon.* n. 73.

Hab. in agris Novaccolarum Lapponiæ meridionalis rarius: *Linné.* Haud vero in Lapponia cicur occurrit.

PULMONARIA.

Gen. plant. ed. Schreb. n. 244.

102. PULMONARIA *maritima:* glaberrima, caule ramoso procumbente, foliis carnosis, calyce tubum corollæ æquante.

P. maritima *Linn. spec. plant.* p. 195. *Lightf. scot.* 1. p. 134. tab. VII. *Landt faeroens.* — *Zoega island.* — *Flor. dan.* t. 25. *Gunner. norveg.* n. 17.

P. parviflora *Michaux flor. amer.* p. 131?

Hab. in littoribus maris glareosis exterioribus (nec versus fundum sinuum) per Nordlandiam passim copiose, ut et Finmarkiam ex. gr. in Väjnäset prope Kistrand Porsangriæ et in Vardöa.

Calyx in hac neutiquam abbreviatus, sed tubo corollæ fere longior; ideoque præstat Pulmonarias dividere in hirsutas et glaberrimas. Re vera affinis est *P. virginianæ*, sed folia ita carnosa ut nequit non facillime distingvi. *P. parviflora* Mich. secundum differentiam ejus quod ad singulas partes huic *P. maritimæ* optime convenit.

ASPERUGO.

Gen. plant. ed. Schreb. n. 249.

103. ASPERUGO *procumbens:* calycibus fructus compressis.

A. procumbens *Linn. svec.* n. 160. *lappon.* n. 76. *Lightf. scot.* p. 135. *Flor. dan.* 4. t. 552. *Engl. bot.* 10. t. 661. *Falk russische Topogr.* 2. p. 124.

Fennonibus Tornensibus *Vieri-heina.*

Hab. in cultis ad domos Novaccolarum per partem sylvaticam Lapponiarum svec. passim copiose, ut et Nordlandiæ passim. In Lapponia Kemensi haud visa est.

LYCOPSIS.

Gen. plant. ed. Schreber. n. 250.

104. LYCOPSIS *arvensis Linn. svec.* n. 167. *lappon.* n. 77.

Hab. in agris Lapponiæ meridionalis copiose: *Linné.* neque ibi nec in adjacentibus provinciis a me visa.

DIAPENZIA.

Gen. plant. ed. Schreb. n. 255.

105. DIAPENZIA *lapponica. Linn. svec.* n. 169. *lappon.* n. 88. tab. 1. f. 1. *Flor. dan.* t. 47. *Crantz groenland.* — *Rottb. pl. groenl. in Act. Hafn.* X. p. —.
Icon tab. nostr. IX. *(fruct.)*

Hab. per totum alpium jugum in campis elevatis et collibus nive fere nunquam tectis vulgatissime; ut etiam in maritimis alpinis Norvegiæ per insulas promontoriaque extima usque ad Nordcap frequenter; nec non in montibus alpinis jugo propius sitis per partem subalpinam et subsylvaticam Lapponiarum svecicarum passim usque in Kalkisbout Lapponiæ Pitensis, Snirrak Lapponiæ Lulensis et Lammastunturi Lapponiæ Tornensis. Infra alpes nunquam descendit nec in radicibus alpium unquam invenitur; sed solo alpino quam maxime frigori exposito sibi exposcit, et ubi illud invenitur etiam in collibus planitiei juxta mare crescit ex. gr. ad templum Rörstad Nordlandiæ Saltensis.

Floret per totum mensem Julii ultraque et albedine insigni alpes admodum ornat. Ipsa planta omnium plantarum perfectiorum frigori patientissima est, utpote quæ in campis maxime perflatis et ideoque nive fere nunquam tectis persistere potest per totam dirissimam hiemem viridis. Dum per alpes elatos sub intensissima hieme profectus sum hujus plantæ cæspites foliosas undique vidi denudatas et æque virides ac æstate. Anatomen ideoque institui foliorum Rörstadiæ degens, et reperi in costa dorsali nonnisi pauca vasa lignea sine ullo vestigio ductuum spiralium; cellulosa quam maxime utriculosa vel potius granulosa est.

Radix primaria sub terra alte defigitur estque angusta satis et attenuata, submollis nec lignosa. E vertice ejus surgunt rami teretes, longiusculi, oblique per terram adscendentes divergendo, qui cum terræ superficiem tangunt expanduntur in cæspitulos foliosos perennes. Primaria autem radix sub terra alte latens, per hos ramos vel caudices plures adscendentes latam, crassam et convexam cæspitem generat, adeo duram ut vix sub pedibus deprimitur. Quamquam itaque mollitie sua ad herbas pertinet hæc planta, valde ramosa est et longæva foliisque revera perennibus instruitur, cujus exemplum aliud scio nullum. Est tota paradoxa: radix et caudices quasi herbæ est, sed folia fruticis quam maxime sempervirentis. Haud ideoque mirum si eam ad illos ordines naturales retulerunt Botanici, qui herbis constant; in qua opinione firmati fuerunt a corolla tubulata staminibus tubo impositis. Fructus vero et semina optime cum Bicornibus conveniunt, ut me judice planta nequit non esse Azaleis proxime affinis. Anatome fructus more Gærtneriano instituta sequens est.

Per. Capsula supera, calyce parum brevior, ovata, acuta, stylo coronata, cartilaginea, rotundato-trigona, trilocularis, trivalvis: valvulis vix ad basin separatis. Dissepimenta medio valvularum inserta atque valleculis capsulæ externis respondentia, a columna centrali supra centrum capsulæ sese separantia dum dehiscit capsula, sed ad centrum et infra firmiter cum columna centrali connata.

Recep. in singulo loculamento singulum, axi capsulæ firmiter adnatum et superne bilobum, inferne liberum vel a columna centrali solutum et undique seminibus tectum; de cætero oblongum, fungosum, luteolum, favosum.

Sem. plura, minuta, subcubica vel subrotunda, rufescentia, areolata.

Integ. simplex, membranaceum, tenue.

Album. semini conforme, albidum, friabile vel grumosum.

Embr. oblongus, albidus, centralis. *Cotyl.* sulco exiguo divisæ. Rad. crassa, centripeta.

Explicatio iconis: a. A. capsula apice dihiscens, naturali et aucta magnitudine. B. capsula aperta superne visa. C. ejus sectio transversalis per centrum. D. ejus sectio transversalis infra centrum, qua receptacula libera manifestantur. E. capsula e latere visa, postquam demta est valvula anterior, quo situs et figura receptaculorum visui patent. F. sectio longitudinalis per columnam capsulæ et receptaculum unum, quâ fovea in media axi indigitatur. g. G. Semina. H. semen unum longitudinaliter dissectum in eodem situ ac Fig. F. — I. Seminis sectio transversalis. K. Embryo separatus.

ANDROSACE.

Gen. plant. ed. Schreb. n. 257. *Gærtn. de fruct.* 1. p. 232. tab. 50.

106. ANDROSACE *septentrionalis: Linn. fl. svec.* n. 170. *lappon.* n. 78. *Falk russische Topogr.* 2. p 125.

Hab. in alpibus Lulensibus rarissime; *Linnéus* bis hanc plantam legit, ego vero nunquam.

PRIMULA.

Gen. plant. ed. Schreb. n. 258. *Gærtn. de fruct.* 1. p. 233. tab. 50.

107. PRIMULA *farinosa β. stricta:* foliis dentatis subtus glabriusculis denudatisve, calyce leproso, corollæ tubo exserto laciniis limbi longiore.

Pr. farinosæ var. *Linn. svec.* n. 172. *lappon.* n. 79. *Olavs. it. island.* p. 940. *Pallas it. sibir.* 3. p. 223. *Georgii fl baikal.* p. 200.

P. stricta *Horneman in Flor. dan.* 8. t. 1385. bona.

Hab. in graminosis inferalpinis subhumidis per totam Nordlandiam nec non Finmarkiam occident. et orientalem passim parcius; unde rarissime in alpibus adscendit ex. gr. ad Sorjåsjauri alpium Lulensium lecta est.

Varietas hæc vere memorabilis in sola Lapponia occurrere videtur. Folia majora quam in vulgari, evidenter dentata, subtus adeo omni farinâ destituta ut vix nisi in infimis vestigia quædam lepræ albicantis prope costam adsunt. Caulis sæpe pedalem altitudinem attingit. Calycis laciniæ eximie rugulosæ vel nodulosæ, ad magines et præcipue intus pulvere leproso grandiore obtectæ, nec adeo tenui pruina farinosa ornatæ ac in vulgari. Corollæ tubus calyce duplo longior: limbi laciniis tubo minoribus et angustioribus, leviterque emarginatis. Figura Flor. dan. optime nostræ plantæ convenit.

108. PRIMULA *finmarkica Willden. spec.* pl. p. 806. P. norvegica *Retz. scand. ed.* 2. n. 249.

P. integrifolia *Gunner. fl. norv.* n. 154. *Oed. Fl. dan.* tab. 188. *Retz. scand* 1. p. 39. *Georgii fl. baikal.* p. 200?

Hab. Finmarkiæ occidentalis ad Hasvig; item in Maasöen anno 1759 mense Junii lecta ab Eposc. Gunnero. Ad eundem anno 1764 ex Vardöa Finmarkiæ orientalis missa. Deinde nullibi lecta est.

MENYANTHES.

Gen. plant. ed. Schreb. n. 263. *Gærtn. carpolog.* 3. p. 112. tab. 198. f. 9.

109. MENYANTHES *trifoliata:* foliis ternatis. *Linn. fl. svec.* n. 173. *lappon.* n. 80. *Engl. bot.* t. 495. *Lightf. scot.* p. 137. *Landt færoens.* — *Fl. dan.* 4. t. 541. *Olavs. it. island.* p. 18. *Michaux amer.* 1. p. 125. *Georgii fl. baikal.* p. 201. *Falk russ. Topogr.* 2. p. 126.

Lapponibus *Krasso.*

Hab. in paludibus et humidis per partem sylvaticam omnium Lapponiarum svecicarum vulgatissime, per subsylvaticam et subalpinam etiam sæpius copiose; et in inferalpinis maritimisque Norvegicis usque versus Nordcap copiosissime.

LYSIMACHIA.

Gen. plant. ed. Schreb. n. 269. *Gærtn. de fruct.* 1. p. 229. tab. 50.

110. LYSIMACHIA *vulgaris:* paniculata, foliis ovato-lanceolatis acutis. *Linn. svec.* n 175. *lappon.* n. 81. *Lightf. scot.* p. 138. *Engl. bot.* 11. t. 761. *Georgii fl. baikal.* p. 201. *Falk russ. Topogr.* 2. p. 126.

Hab. in Lapponia meridionali sylvatica infima rarius: *Linné*; ego tantum in Vesterbottnia Lapponiæ accedens vidi eam.

111. LYSIMACHIA *thyrsiflora:* racemis lateralibus pedunculatis. *Linn. svec.* n. 176. *lappon.* n. 82. *Flor. dan.* t. 517. *Gmel. sibir.* 4. p. 87. n. 39. *Krock. flor. siles.* 1. p. 308. t. 37. *Persoon. synops.* 1. p. 172.

Hab. in rivulis et lacubus per partem sylvaticam inferiorem omnium Lapponiarum svecicarum passim copiose. Haud visa est supra Kellojärvi Kemensis, Muonioniska Tornensis, Jockmock Lulensis, Kalkis-jaur lapponiæ Pithensis, et Lycksele Lapponiæ Umensis.

A Z A L E A.

Gærtn. de. fruct. plant. 1. p. 301. tab. 63.

112. AZALEA *procumbens:* trunco depresso procumbente, foliis margine revolutis oblongis sempervirentibus.

A. procumbens *Linn. svec.* n. 179. *lappon.* n. 90. tab. 6. f. 2. *Olavs. it. island.* p. 940. *Cranz groenland.* — *Lightf. scot.* p. 139. *Landt færoens.* — *Engl. bot.* 15. t. 865. *Gmel. sibir.* 4. p. 126. n. 12. *Flor. Kamtschatk. in Arct. Zool.* p. 194. *Georgii fl. baikal.* p. 201.

Hab. in lateribus præcipue inferioribus omnium alpium et in montibus subalpinis etiam a jugo alpium remotioribus ubique frequentissime: uti in Givorten Lapp. Umensis, Kalkisbout Lapp. Pitensis etc. scil. locis siccioribus sterilibus; summa autem alpium cacumina non petit, nec extimas insulas versus Nordcap, ubi ante Diapenziam desistit. In radices alpium et loca inferalpina extraalpinaque nunquam descendit.

Folia subtus tomento tenuissimo e pilis erectis apice parum curvis obducta; tamen costa dorsalis lata glabra. Corolla alba: laciniis roseis. Capsula uti Gærtnerus scripsit plerumque bilocularis, rarius trilocularis et nunquam ultra; sed valvulis in medio tam profunde fissis, ut capsula quadrivalvis vel sexvalvis dici debet. Dissepimenta a marginibus valvarum inflexis formata, supra centrum capsulæ a columna media soluta sunt, sed infra cum columna ita connata ut ab eadem nunquam solvantur; itaque apertura capsulæ perexigua foret, nisi dehiscissent valvulæ simul in medio dorso ita ut singulum loculamentum quoddammodo binis valvulis constituitur. Ex hisce patet, quod in bivio revera stat inter Jussieui Rhododendra et Ericas, tamen vix dubito quin Ericis propior est. Quousque Azaleæ nobis extraneæ huic respectu fructus conveniunt dubito;

Azalea lapponica autem omnibus partibus ita Rhododendris convenit ut nequit non iis adnumerari.

POLEMONIUM.

Gen. plant. ed. Schreb. n. 289. *Gærtn. de fruct.* 1. p. 299. tab. 62.

113. POLEMONIUM *cæruleum:* foliis pinnatis, panicula stricta, calycibus corollæ tubo longioribus subtomentosis.

P. cæruleum *Linn. svec.* n. 183. *lappon.* n. 86. *Flor. dan.* t. 255. *Falk russ. Topogr.* 2. p. 127. *Pallas it. sibir.* 3. p. 319. 253. *Gmel. sib.* 4. p. 103. t. 50. *Flor. Kamtschatk. in Arct. Zool.* p. 194. *Penn. arct. Zool. ad Nutka sund.* p. 241. *Georgii flor. baikal.* p. 201.

Hab. in pratis udis et ad ripas fluviorum per partem sylvaticam et subsylvaticam Lapponiæ Tornensis et Kemensis vulgatissime; etiam in parte subalpina passim copiose usque ad Polmach Finmarkiæ orientalis.

Longe speciosior ibi mihi visa est quam in hortis nostris, corollis magnis saturatius cæruleis superbiens.

Capsula uti Gærtnerus eam describit quoad divisionem similis Diapenziæ, sed receptaculum illud insigne desideratur, ita ut dictitante facie perbene diversi ordinis nat. esse possunt.

CAMPANULA.

Gen. plant. ed. Schreb. n. 290. *Gærtn. de fruct.* 1. p. 153. *tab.* 31.

114. CAMPANULA *uniflora:* caule unifloro, fructibus corolla majoribus membranaceo - angulatis ciliatis.

C. uniflora *Linn. svec.* n. 185. *lapp.* n. 85. tab. 9. f. 5. 6. *Rottboel pl. groenl. in Act. hafn.* V. X. p. 452. tab. VI. f. 19. bona.

Hab. in alpibus Lulensibus earumque lateribus declivis herbosis rarius, ex. gr. ad Virih-jaur pluribus locis copiose; ut etiam in Pitensibus alpibus lecta a Solander, nec non in Tornensibus rarissime visa.

Floribus suis saturate et pulchre cæruleis e longingvo detegitur et facillime a *Camp. rotundifolia* distingvitur. Radix perennis sub terra profunde latet, teretiuscula vel subfusiformis, valida; e cujus vertice oblique surgunt multi stolones foliosi, et alii cauliferi (uti in Act. hafn. l. c. satis bene depicta est), cum nonnullis emarcidis præteritorum annorum mixti. Folia stolonum foliosorum ovalia, obtusa, subpetiolata, subintegerrima; caulium inferiora sunt oblonga, leviter crenata obtusiuscula, glaberrima: suprema lanceolata vel sublinearia, sparsa. Caulis florifer sesquipollicaris, fructifer usque ad spithamam longitudinem extenditur, strictus, superne parum pilosus. Flos cernuus, magnitudine fere *Lobeliæ Dortmannæ*. Germen oblongum ipsa corolla parum brevius, angulis submembranaceis pilosis vel ciliatis. Calycis laciniæ fere duplo breviores quam corolla, latiusculæ, ciliatæ et dorso pilosæ. Corolla angustata vel coarctato-campanulata, parvula, saturate cærulea. Capsula elongato-turbinata, flore multo longior utpote semipollicaris, angulis senis submembranaceis pilosis undique stipata.

Differt a C. *cenisia:* corolla multo minore, capsula longiore, flore cernuo, foliis caulinis sublinearibus; a C. *pulla* calyce ciliato etc.; a C. *Bellardi* foliis haud serratis; et ab omnibus his ni fallor fructu membranaceo-angulato.

115. CAMPANULA *rotundifolia:* glabra, foliis radicalibus reniformibus, caulinis linearibus integerrimis.

C. rotundifolia *Linn. svec.* n. 184. *lapp.* n. 83. *Engl. bot.* 13. t. 866. *Lightf. scot.* p. 141. *Landt færoens.* — *Olavs. it. island.* p. 429. *Michaux amer.* 1. p. 108. *Pallas it. sibir.* 3. p. 33. 286. *Georgii fl. baikal.* p. 201.

β. *linifolia:* foliis caulinis latioribus, radicalibus longioribus, caule subunifloro. *Linn. fl. lapp.* n. 84.

C. uniflora *Flor. dan.* t. 189.

Hab. in parte sylvatica Lapponiarum meridionalium svecicarum ubique et in Kemensi tota frequenter, nec non in pratis inferalpinis Nordlandiæ Finmar- kiæ-

kiæque vulgaris; sed in Lapponia Tornensi altiore haud visa.

β. in radicibus et lateribus alpium præcipue Norvegiam versus vulgaris.

β. a *C. uniflora Linn.* facillime dignoscitur germine suo brevi et parvo obovato lævissimo, colore corollæ diluto etc.; sed magnitudo corollæ ita ludit ut interdum minor quam in præcedente. De cætero ne quidem affines, ita ut dum nota est præcedens vera ne quidem comparari queant. In nostris alpibus semper glaberrima est, et sola varietas plantæ vulgaris.

116. CAMPANULA *latifolia β*: foliis ovato-lanceolatis subscabris, caule simplicissimo tereti, pedunculis unifloris, fructibus cernuis, flore albo.

C. latifolia *Flor. dan.* t. 85. *Gunner. fl. norveg.* n. 55. *Lightf. scot.* 141.

Hab. in lucis amœnissimis umbrosissimis ad radices alpium Nordlandiæ meridionalis passim. A me lecta est ad Skönstugan Nordlandiæ Saltensis.

In Norvegia flore omni ætate albo, qualis tab. 85., occurrit; sed in Dania flore cæruleo et in album et griseum vergente ut tab. 782. *Obs. Flor. dan.* 5. ad 782. Hirsutior est hæc varietas norvegica quam vulgaris svecica planta; editur quoque Brassicæ instar a Lapponibus unde concludo eam quoque mitiorem esse.

RHAMNUS.

Gen. plant. ed. Schreb. n. 358. *Gærtn. de fruct.* 2. *p.* 111. *tab.* 106.

117. RHAMNUS *Frangula Linn. flor. svec.* n. 203. *lappon.* n. 92. *Pallas fl. ross.* 2. p. 23.

Hab. ad rivulos in sylvatica parte infima Lapponiarum meridionalium rarius, ex. gr. ad Kåskats Lapponiæ Lulensis: *Linné.* Mihi haud obvius fuit.

RIBES.

Gen. plant. ed. Schreb. n. 390.

118. RIBES *rubrum:* inerme, racemis glabris pendulis, floribus planiusculis subebracteatis, foliis obtuse quinquelobis.

R. rubrum *Linn. svec.* n. 205. *lappon.* n. 98. *Flor. dan.* 6. t. 967. *Pallas fl. ross.* 2. p. 35. *Flor. Kamtschatk. in Arct. Zool.* p. 194.

Georgii fl. baikal. p. 202. *Pallas it. sib.* 3. p. 316. *Lightf. scot.* p. 263. *Engl. bot.* 18. t 1289.

β. foliis magis pubescentibus.

R. petræum. *Smith. brit.* 1. p. 265. *Engl. bot.* 10. t. 705.

Lapponibus *Jerjek.* Fennonibus *Winamarja.*

Hab. α. infra radices alpium locis nemorosis per Nordlandiam et Finmarkiam usque ad Polmach passim copiose.

β. locis umbrosis in sylvatica parte Lapponiarum svecicarum omnium satis frequenter. Usque ad Quickjock in Lapponia Lulensi procedit.

Quod in Norvegia crescit glabrius est omnino uti hortense; interdum quoque subtus sublucidum. Tum Svecicum ac Norvegicum variant floribus plus minus rubro-punctatis nunquam vero tam viridibus ac in *Engl. bot.* 10. t. 705. Racemi in utroque æque penduli et subebracteati, et baccæ exacte ut in hortensi; itaque nequeunt tum ab hortensi tum a se invicem separari. Quousque R. *petræum Wulf.* a R. *rubro* distingui potest haud judicam, verum ad R. *alpinum* haud accedit noster.

119. RIBES *nigrum:* inerme, racemis pilosis pendulis, floribus oblongis.

R. nigrum *Linn. svec.* n. 207. *lapp.* n. 99. *Engl. bot.* 18. t. 1291. *Flor. dan.* 4. t. 556. *Pallas it. sibir.* 3. p. 16. *Georgii flor. baikal.* p. 202. *Lightf. scot.* p. 148.

Fennonibus *Ludin-marja.*

Hab. locis humidis umbrosis in Lapponia Kemensi sylvatica usque ad templum Sodankylä passim copiose.

120. RIBES *alpinum:* inerme, racemis erectis, bracteis flore longioribus.

R. alpinum *Linn. svec.* n. 206. *lappon.* n. 97. *Vahl Flor. dan.* 968. *Lightf. scot.* p. 263. *Gmel. sibir.* 3. p. 173. *Pennant. Arct. Zool. ad Nutkasund* p. 241.

Hab. in sylvatica parte Lapponiarum: *Linné;* in sylvis Nordlandiæ: *Vahl.*

GLAUX.

Gen. plant. ed. Schreb. n. 408. *Gærtn. de fruct.* —

121. GLAUX *maritima Linn. fl. svec.* n. 210. *lappon.* n. 72. *Olavs it. island.* p. 166. *Michaux amer.* 1. p. 114. *Lightf. scot.* p. 147. *Fl. dan.* 4. t. 548. *Georgii fl. baikal.* p. 202. *Falk russisch. Topogr.* 2. p. 158.

Hab. in littoribus maris septentrionalis Nordlandiæ passim; ut etiam Finmarkiæ in Pörsangria visa.

CHENOPODIUM.

Gen. plant. ed. Schreb. n. 435. *Gærtn. de fruct.* 1. p. 360. tab. 75.

122. CHENOPODIUM *album:* foliis rhomboideo-ovatis erosis posticc integris: superioribus oblongis integerrimis, seminibus lævibus. *Smith. britt.* 1. p. 275.

Ch. album *Linn. svec.* n. 218. *Flor. lapp.* n. 93. *Georgii baikal.* p. 202. *Engl. bot.* 24. t. 1723.

Hab. locis cultis ad domos per totam Lapponiam usque ad Kistrand Finmarkiæ passim copiose.

GENTIANA.

Gen. plant. ed. Schreb. n. 450. *Gærtn. de fruct.* 2. *p.* 159. *tab.* 114.

123. GENTIANA *involucrata:* corollis subquinquefidis infundibuliformibus acuminatissimis fauce nudis, floribus aggregatis involucratis, caule tetragono basi ramoso.

G. involucrata *Rottboel. in Act. Hafn.* X. p. 434. t. 1. f. 2. A. B. *Retz. obs.* 1. pag. 13.

G. aurea *Linn. spec. plant.* p. 331. *Willden. spec.* 1. p. 1339. *Flor. lapp. ed. Smith.* p. 65.

G. quinquefolia *Flor. dan.* t. 344. *Zoega island.*

Hab. ad littora maris septentrionalis in pratis depressis herbosis per totam Nordlandiam et Finmarkiam passim. Lecta est ad Sörfolden Saltensem, ad Lyngen, in Maasöa et Varangria Finmarkiæ; nec raram esse puto, quia difficillima est lectu inter herbas altiores crescens nullis floribus coloratis sese insigniens. In alpibus neutiquam provenit, sed etiam lecta est ad sinum bottnicum Umoæ.

Cæteris nostris speciebus neutiquam affinis, neque habitu similis. Folia ad radicem parva, vix ungvicularia, oblonga; sed in superiore parte caulis adsunt folia involucralia sub floribus posita, multoties majora, late ovata, acuta, quinquenervia, haud amplexicaulia neque basi connata. Rami prope radicem numerosi, adscendentes, tenues, simpliciusculi, flore uno alterove terminati caule duplo breviores. Caulis de cætero simplex, nudus vel aphyllus (exceptis paucis foliis flores fulcrantibus), quadrangulus, dodrantalis. In medio caule plerumque adsunt duo magna folia involucralia, cum floribus tribus quatuorve pedunculatis; in supremo caule flores numerosi aggregati sunt in capitulum pluribus foliis fulcratum. Calyx ad medium 5fidum: laciniis oblongis, corolla fere longioribus. Corolla semper alba etiamsi sine candore, parva: tubus brevis vix calycis tubo longior: laciniæ acuminatæ erecto-patentes. Capsula calyce parum longior, obtusior quam in cæteris.

Hujus affines species in America boreali quærendæ sunt. A G. *quinquefolia* Linn. abunde diversa, quæ *aphyllæ* similis est. Quum flores neutiquam aurei nisi male exsiccati sunt, necessarium puto nomen Linnæi rejicere.

124. GENTIANA *nivalis:* corollis quinquefidis infundibuliformibus, fauce nuda denticulo laciniis interjecto, calycibus carinato-quinquangularibus, ramis sparsis unifloris.

G. nivalis *Linn. svec.* n. 231. *lapp.* n. 95. *Flor. dan.* t. 17. *Engl. bot.* 13. t. 896. *Froel. gent.* p. 83. *Zoega island.*

Hab. in lateribus declivis herbosis alpium svecicarum passim copiose: unde etiam juxta flumina in pratis locisque graminosis descendit per partem subsylvaticam Lapponiæ Lulensis et Pitensis passim ex. gr. ad Tjäkelvafs et Löfmock.

Folia ovata, acuta, per totum caulem usque ad florem æqualiter disposita, e quorum axillis passim surgunt rami uniflori foliosi. Caulis tamen haud raro uniflorus. Flos major quam in sequente. Calyx quinquedentatus vel vix ad medium usque quinquefidus, angulatus: angulis submembranaceis, exstantibus; dentibus vel laciniis attenuatis, erectis, submembranaceo - carinatis. Corollæ tubus vel pars indivisa calyce semper multo longior, ad faucem complicatus: plicis quinque introrsum versis et lacinula vel dente terminatis; limbi laciniis ovalibus, basi angustatis, patentibus, elegantissime azureis vel vivide cæruleis, aveniis.

125. GENTIANA *glacialis:* corollis quadrifidis hypocrateriformibus fauce barbatis, calyce quadripartito, pedunculis longissimis nudis.

G. glacialis *Villars delph.* 2. p. 532. *Hall. helv.* n. 652. *Suter helvet.* 1. p. 145. *Froel. gentian.* p. 98. *Wulfen. in Jaqu. misc.*

G. nana *Allion. pedem.* n. 360. (nec Wulfeni!) *Hoppe Taschenb.* 1801. p. 226.

G. tenella *Rottboel in Act. hafn.* X. p. 436. t. 2. f. 6. *Oed. fl. dan.* 318. *Zoega island.* — *Froel. gent.* p. 96.

G. Koenigii *Gunn. flor. norv.* n. 822.

Hippion longipedunculatum *Schmidt in Roem. arch.* 1. p. 21. t. 3. f. 5.

Hab. in summis alpibus earumque lateribus declivis herbosis præcipue juxta glacies alpinas rarius. A me lecta in alpe Kajsats ad Virih-jaur, ad glaciem Almajalos-jegna juxta Sorjåsjaur copiose, ut et in alpe Jolli ad Stallädno Lapponiæ Lulensis. Gunnerus eam vidit ad Varangriam Finmarkiæ orientalis.

Nonnisi in summis glacialibus regionibus crescit, unde nomen Villarsii præ cæteris elegi.

Planta gracilis, a ceteris nostris habitu admodum diversa, ad G. *amarellam* affininate proxime accedens. Folia fere omnia ad radicem congesta in rosulam, oblonga vel oblongo - elliptica, obtusiuscula, subcoriacea, magnitudine vix ungvicularia, supra cærulescentia, infra exsiccatione rugosa. Caulis proprie sic dictus brevissimus, prope radicem plerumque ramulos nonnullos emittens, et uno pare foliorum stipatus, quadrangularis. Pedunculi longissimi, ipso caule plerumque quadruplo longiores, nudi et lævissimi, stricti. Flos parvus, magnitudine circiter *Epilobii palustris.* Calyx profunde quadripartitus ne dicam quadriphyllus: foliolis ovato-oblongis vel ovato - lanceolatis, basi a pedunculo fere solutis (uti folia Sedi rupestris), directione patentibus ut tubus corollæ nudus conspicitur fere usque ad basin, obtusiusculis, sine nervo dorsali elevato. Corolla tubulosa; tubus ventricosus vel inferne dilatatus, ad faucem subconstrictus, sub florescentia calycis foliis parum longior, grossificante vero fructu elongatur ut plusquam calyce duplo longior evadit (nec marcescit); limbi laciniæ breves, attenuatæ, erectiusculæ vel parum patentes, (unde flos vere inconspicuus evadit) venosæ, saturate cæruleæ (nec azureæ ut in *G. nivali*). In fauce sunt duo lacinulæ fimbriatæ pro singula lacinia corollæ. Capsula vix longior quam corolla elongata, quæ tantum parum decolorata eam vestit. Est præcipue pedunculus longus nudus, et calyx patens a corollæ limbo distans quod faciem efficit a cæteris alienam.

Ex hac descriptione patet quod omnes characteres quibus G. *glacialis* et G. *tenella* distinguerentur levissimi momenti sunt ut etiam ab ætate pendentes; ita ut ne quidem varietates sunt sed una eademque planta. Habeo specimina lapponica calyce æque lanceolato ac ex alpibus helveticis, et quæ specimini *G. nanæ All.* in herbario cel. Swartzii exacte conveniunt. *Gentiana carinthiaca* autem, et *nana Wullfen.* differunt a *glaciali* figura corollæ etc.; quibus autem affinior est *G. dichotoma Pallas* mihi dubium videtur.

126. GENTIANA *Amarella:* corollis quinquefidis hypocrateriformibus fauce barbatis, laciniis limbi lanceolatis acutis, foliis lanceolatis. *Willden. spec.* 1. p. 1347.

G. Amarella *Linn. svec.* n. 229. *Zoega island.* — *Lightf. scot.* p. 152. *Flor. Kamtschatk. in Arct. Zool.* p. 194. *Pall. flor. ross.* 2. p. 104.

Hab. in pratis siccioribus Novaccolarum Lapponiæ sylvaticæ infimæ rarius. Ego eam ad Tuggunsele Lapponiæ Umensis copiosius vidi.

Rami in Lapponica planta internodiis longiores sunt, sed foliorum figura et angusties corollæ nec non radix flava ut in planta Cel. Willdenowii. *Gentianam campestrem* neque in Lapponia neque in aliis provinciis septentrionalibus reperi; unde crediderim eam in Fl. lapp. Linnæi lapsu memoriæ allatam esse loco Gentianæ *Amarellæ*.

127. GENTIANA *serrata:* corollis quinquefidis infundibuliformibus serratis, foliis sublinearibus.
G. serrata *Gunn. flor. norv.* n. 819. *Flor. dan.* t. 317.
β. Gent. *detonsa:* corollis quadrifidis crenulatis. *Rottboel. Act. hafn.* X. p. 435. t. 1. f. 3.
G. ciliata *Gunn. norv.* n. 733. t. 2. f. 3. *Zoega island.*
Hab. in maritimis Nordlandiæ rarissime: α. lecta est ad Storstensnäs parœciæ Tromsöe; β. ad Skjærstad Saltensis: *Gunnerus.*

SELINUM.

Gen. plant. ed. Schreb. n. 470. *Gærtn. de fruct.* 1. p. 89. tab. 21. f. 8.

128. SELINUM *palustre:* sublactescens, radice simpliciuscula, stylis post florescentiam divaricatis.
S. palustre *Linn. svec.* n. 259. *lappon.* n. 100. *Gunn. norv.* n. 593. *Falk russische Topogr.* 2. p. 144. *Georgii flor. baikal.* p. 204.
Hab. in paludosis per partem sylvaticam Lapponiarum meridionalium ubique, et Nordlandiæ rarius.

SIUM.

Gen. plant. edit. Schreb. n. 480.

129. SIUM *latifolium:* foliis pinnatis, umbella terminali.
S. latifolium *Linn. svec.* n. 247. *Fl. dan.* t. 246. *Gunn. norv.* n. 651. *Gmel. sibir.* 1. p. 200. *Georgii fl. baikal.* p. 204.
Hab. Nordlandiæ in rivulo parœciæ Tromsöen, tantum: *Gunnerus.* Rarissima certe in regionibus borealibus planta.

LIGUSTICUM.

Gen. plant. ed. Schreb. n. 478. *Gærtn. de fruct.* 2. p. 28. tab. 85.

130. LIGUSTICUM *scoticum:* foliis biternatis, foliolis trapeziis.
L. scoticum *Linn. svec.* n. 244. *lappon.* n. 107. *Engl. bot.* 17. t. 1207. *Lightf. scot.* p. 159. *Michaux fl. amer.* 1. p. 166. *Flor. dan.* t. 207. *Landt færoens.* — *Cranz grœnland.* —

Hab. ad littora exteriora maris Nordlandiæ et Finmarkiarum passim frequenter.

ANGELICA.

Gen. plant. ed. Schreb. n. 479. *Gærtn. de fruct.* 2. p. 29. tab. 85.

131. ANGELICA *Archangelica:* foliorum impari lobato.

A. Archangelica *Linn. svec.* n. 245. *lapp.* n. 101. *Olavs. it. island.* p. 158. *Flor. dan.* t. 206. *Hall. helvet.* n. 807. *Flor. kamtschatk. in Arct. Zool.* p. 194. *Landt færoens.* — *Cranz grœnland.* — *Georgii fl. baikal.* p. 204.

Lapponibus *Påsk.*

Hab. locis suboccultis juxta rivulos solo humido per omnium alpium latera et radices convallesque usque ad Nordcap vulgaris: descendit quoque juxta flumina in parte subsylvatica Lapponiæ Kemensis et Tornensis passim. In inferalpinis Norvegiæ vix reperitur, nisi in insulis extimis maris.

Pedunculi læviusculi. Flores lutescentes.

Quæ in hortis Germanicis occurrit Angelica sativa sequentis varietatem esse mihi videtur; ab Archangelica lapponica saltim abunde differt: floribus albis, pedunculis albo-pubescentibus, foliis minoribus sine impari adeo lobato e. s. p.

132. ANGELICA *sylvestris:* foliolis æqualibus ovato-lanceolatis serratis.

A. sylvestris *Linn. svec.* n. 246. *lapp.* n. 102. *Engl. bot.* 16. t. 1128. *Zoega island.* — *Lightf. scot.* p. 160. *Flor. kamtschatk. in Arct. Zool.* p. 194. *Landt færoens.* — *Georgii fl. baikal.* p. 204.

Hab. in parte sylvatica tota omnium Lapponiarum svecicarum locis humidis ad ripas etc. sat vulgaris.

Pubescentia quædam insignis brevissima asperula adest in pedunculis et summo caule, unde habitus plantæ junioris canescens. Umbellæ valde globosæ densifloræ, albæ vel parum rubescentes.

CICUTA.

Gen. plant. ed. Schreb. n. 486.

133. CICUTA *virosa:* stipulis petiolo adnatis obtusis, foliolis serratis muticis.

C. virosa *Linn. svec.* n. 253. *lapp.* n. 103. *Flor. dan.* t. 208. *Gunn. norv.* n. 42. t. 2. *Engl. bot.* t. 479. opt. *Gmel. sibir.* 1. p. 202. *Lightf. scot.* p. 164. *Flor. kamtschatk.* in *Arct. Zool.* p. 194. *Georgii fl. baikal.* p. 204.

Hab. in paludibus et paludosis per partem sylvaticam totam omnium Lapponiarum svecicarum passim copiose. In Nordlandia quoque reperitur: *Linné.*

Tota planta hisce in locis multo tenerior est quam in nostra svecia, foliorum serraturis magis inflexis.

CHAEROPHYLLUM.

Gen. plant. ed. Schreb. n. 490.

134. CHAEROPHYLLUM *sylvestre:* caule striato glabro: geniculis tumidiusculis. *Linn. svec.* n. 257. *lapp.* n. 104. *Engl. bot.* 11. t. 752. *Lightf. scot.* p. 167. *Flor. kamtschatk.* in *Arct. Zool.* p. 194. *Georgii fl. baikal.* p. 205.

Hab. in pratis et juxta domos per partem sylvaticam et subsylvaticam omnium Lapponiarum passim copiose; nec non in inferalpinis Nordlandiæ et Finnmarkiæ usque ad Maasöam et Kistrand rarius.

CARUM.

Gen. plant. ed. Schreb. n. 497. *Gærtn. de fruct.* 1. p. 106. tab. 23. fig. 7.

135. CARUM *Carvi:* caule ramoso, vaginis foliorum subventricosis, involucro partiali nullo. *Willden. spec.* 1. p. 1470. *Linn. svec.* n. 260. *lappon.* n. 105. *Olavs. it. island.* p. 814. *Gmel. sibir.* 1. p. 220. *Georgii fl. baikal.* p. 205. *Falk russisch. Topogr.* 2. p. 149.

Lapponibus *Karwen.*

Hab. in pratis siccioribus per partem totam sylvaticam Lapponiarum meridionalium frequenter et Tornensis parcius; ut etiam in inferalpinis Nordlandiæ frequenter, usque ad Alten, sed haud ultra.

PIMPINELLA.

Gen. plant. ed. Schreb. n. 498.

136. PIMPINELLA *Saxifraga Linn. svec.* n. 261. *lappon.* n. 106. *Lightf. scot.* p. 169. *Falk russisch. Topogr.* 2. p. 149. *Gmel. sibir.* 1. p. 220.

Hab. in sylvatica parte Lapponiarum meridionalium rarissime: *Linné.* Neque ego hanc inveni antequam ad Örelfven Angermanniæ retroversus sum.

Obs. Alsinem mediam uti Stellariæ speciem retuli ad Decandriam.

PARNASSIA.

Gen. plant. ed. Schreb. n. 523. *Gærtn. de fruct.* 1. p. 287. tab. 60.

137. PARNASSIA *palustris:* foliis radicalibus cordatis, nectariis multiradiatis.

P. palustris *Linn. svec.* n. 268. *lappon.* n. 108. *Fl. dan.* 4. t. 584. *Hoppe Taschenb.* 1803. p. 181. *Lightf. scot.* p. 174. *Pallas it. sibir.* 3. p. 319. *Georgii fl. baikal.* p. 205. *Zoega island.* — *Michaux amer.* 1. p. 184.

β. *tenuis:* foliis subovatis, radiis nectarii novem.

Lapponibus *Welkes peiwe-tjalme.* Fennonibus *Koiran-kuka.*

Hab. in subhumidis graminosis universæ Lapponiæ usque versus Nordcap ubique vulgatissime, si tantum summa alpium cacumina exceperis.

In alpinis plerumque omnibus partibus duplo minor et tenerior evadit, foliis radicalibus fere ovatis nec manifeste cordatis, caulino oblongo etc.; quæ varietas β. accedere videtur Parnassiæ *carolinianæ Michaux amer.* 1. p. 184.

DROSERA.

Gen. plant. ed. Schreb. n. 53. *Gærtn. de fruct.* 1. p. 291. tab. 61.

138. DROSERA *rotundifolia:* scapis radicatis, foliis orbiculatis.

Dr. rotundifolia *Linn. svec.* n. 273. *lappon.* n. 109. *Hoppe Taschenb.* 1803. p. 181. *Zoega island.* — *Michaux amer.* 1. p. 186. *Lightf. scot.* p. 175. *Engl. bot.* XIII. t. 867. *Georgii fl. baikal.* p. 205.

Hab. in paludibus sylvaticis Lapponiarum meridionalium frequenter, septentrionalium parcius.

Flores minuti vix majores quam in Myosotide scorpioidi. Scapi graciles.

139. DROSERA *longifolia:* scapis radicatis, foliis ovali-oblongis.

Dr. longifolia *Linn. svec.* n. 274. *lapp.* n. 110. *Engl. bot.* 13. t. 868. *Smith. fl. brit.* 1. p. 347*. *Persoon. synops.* 1. p. 337. *Lightf. scot.* p. 175. *Zoega island.* — *Michaux amer.* 1. p. 186. *Georgii fl. baikal.* p. 205.

Dr. intermedia *Hayne in Schrad. diar.* 1800. 1. p. 37.

Hab. cum præcedente mixta in Lapponiis meridionalibus ubique, at in septentrionalibus altius adscendit et multo vulgatius repereritur usque ad Kistrand Finmarkiæ.

Præcedenti revera admodum accedit. Flores parum majores.

Hujus varietas *Dr. anglicam Smith.* constituens in australioribus nostris regionibus occurrit omnibus partibus major, foliis longioribus, floribus magnitudine circiter *Oxalidis Acetosellæ.*

SIBBALDIA.

Gen. plant. ed. Schreb. n. 536. *Gærtn. de fructib.* 1. p. 348. tab. 73.

140. SIBBALDIA *procumbens:* foliis ternatis: foliolis tridentatis cuneiformibus, petalis sublanceolatis.

S. procumbens *Linn. svec.* n. 275. *lapp.* n. 111. *Gærtn. fruct.* 1. p. 348. t. 73. *Engl. bot.* 13. t. 897. optim. *Willden. in Act. nat. scrut. ber.* 2. p. — *Cranz groenland.* — *Olavs. it. island.* p. 430. *Lightf. scot.* p. 175. *Flor. dan.* t. 32. *Landt færoens.* — *Georgii fl. baikal.* p. 205. rariss.

Hab. locis herbosis declivis per totum alpium jugum præcipue a latere Svecico fere ubique frequentissime; in alpibus vero maritimis haud crescit, nec extra alpes ipsas descendit unquam: ideoque infra Peliekaise et Snirrak nunquam lecta.

Stamina semper 5 numeravi; sed pistilla numerosa reperi, quorum 6 vel 7 in semina matura abeunt in ambitu posita, reliqua quinque circiter centralia abortiunt. Folia etiam superne non parum pilosa; petala calyce semper multo breviora et obtusiuscula; flores satis conglomerati.

STATICE.

Gen. plant. ed. Schreb. n. 527. *Gærtn. de fruct.* 1. p. 210. t. 44.

141. STATICE *Armeria β.* scapo tereti capitato, foliis linearibus planis muticis.

St. Armeria *β. Willden. spec.* 1. p. 1522. *Linn. svec.* n. 269. *Pallas it. sibir.* 3. p. 33.* *Lightf. scot.* p. 173.* *Landt færoens.* — *Egede hist. groenland.* p. 69. tab. 2. f. 5.

Armeria maritima *Willden. en. hort. ber.* p. 333.

Hab. ad littora maris rarissime; lecta tantum est in Torfvenäs juxta Ostvaagen Maasöe Finmarkiæ, et ad Hopen Rörstadiæ in Nordlandia Saltensi.

Est varietas minor scapo pubescente, dentibus calycinis minoribus et mollioribus.

CLASSIS VI.

HEXANDRIA.

ALLIUM.

Gen. plant. ed. Schreb. n. 557. *Gærtn. de fruct.* 1. p. 56. tab. 16.

142. ALLIUM *oleraceum:* caule teretifolio bulbifero, foliis scabris semiteretibus subtus sulcatis, staminibus simplicibus.

A. oleraceum *Linn. svec.* n. 280. *Haller helv.* n. 1223. *Engl. bot.* t. 488. *Falk russ. Topogr.* 2. p. 156.

Hab. in rupibus sub radice alpis ad Torrfjorden præfecturæ Saltensis Nordlandiæ; nec alibi a me visum.

143. ALLIUM *Schoenoprasum:* scapo subnudo adæquante folia teretia subulato - filiformia. *Linn. svec.* n. 282. *Vahl in Flor. dan.* tab. 971. *Lightf. scot.* p. 180.

Lapponibus *Lauk.*

Hab. in littoralibus graminosis subhumidis totius Finmarkiæ ubique satis copiose; ut etiam in Nordlandiæ septentrionalis extimis insulis passim.

Flores rosei coloris sunt et sapor foliorum omnino isdem ac in planta culta; ideoque me judice ab eâdem distingui haud potest, quamquam folia crassiora et introrsum ob mutuam pressionem planiuscula.

CONVALLARIA.

Gen. plant. ed. Schreb. n. 575. *Gærtn. de fruct.* 1. p. 59. t. 16.

144. CONVALLARIA *majalis:* scapo nudo lævi, foliis ovalibus.

C. majalis *Linn. svec.* n. 292. *lappon.* n. 112. *Gmel. sib.* 1. p. 34. n. 1. *Michaux amer.* 1. p. 201. *Pallas it. sib.* 3. p. 315. *Lightf. scot.* p. 182.* *Engl. bot.* 15. t. 1035.

Hab. ad latera meridionalia montium in regione sylvatica infima Lapponiæ meridionalis rarius ex. gr. prope Storforsen fluminis Örelfven Lapponiæ Umensis; sed de cætero nonnisi in ripis humidis et insulis depressis fluminis Umensis et Vindelensis usque ad Gransele passim copiose. Sic ad aquas maximas et motu perpetuo agitatas tutelam sibi exposcit contra frigorem in climate sibi alias nimis rigido.

145. CONVALLARIA *verticillata:* foliis verticillatis. *Linn. svec.* n. 293. *lapp.* n. 114. *Gunner. fl. norveg.* n. 181. *Pallas it. sibir* 3. p. 266. *Smith brit.* 1. p. 371. *Flor. dan.* t. 86.

Hab. locis umbrosissimis maxime occultis in convallibus inferalpinis angustis sub ipsis radicibus alpium altissimarum positis Nordlandiæ passim copiosissime ex. gr. in convalle Langvandsdalen districtus Saltensis et in Bringbärslien Rörstadiæ, nec non ad Hellarviken prope Torrfjord; Finmarkiæ rarius occurrit.

Ut meridionalis hæc planta in summo hyperboreo proveniet, requiruntur loca tam singularia vel insignia ac convalles hæ inferalpinæ sunt, quæ accessu difficillimæ peregrinatoribus sunt et nonnisi ab ursu habitantur; quales sunt Langvandsdalen Saltensis, Rörstadalen et Norddalen Foldensis.

146. CONVALLARIA *bifolia:* foliis cordatis, floribus tetrandris. *Linn. svec.* n. 296. *lappon* n. 113. *Olavs. it. island.* p. 165. *Mohr island.* p. 172. *Gmel. sib.* 1. p. 35. n. 3. *Michaux amer.* 1. p. 201. *Pallas it. sib.* 3. p. 319. *Georgii fl. baikal.* p. 206. *Falk russ. Topogr.* 2. p. 162. *Flor. Kamtschatk.* —

Hab. in lucis siccioribus per partem sylvaticam Lapponiarum meridionalium usque ad Palojoensuu Lapponiæ Tornensis passim parcius; ut etiam in Vattenbygden Saltensis Nordlandiæ visa. Frigori tamen multum patientior est quam præcedentes.

NARTHECIUM.

Smith fl. brit. 1. p. 368.

147. NARTHECIUM *ossifragum Engl. bot.* 8. t. 535. *Smith fl. britt.* l. c.

Anthericum ossifragum *Linn. svec.* n. 287. *lappon.* n. 136. *Flor. dan.* t. 42. *Lightf. scot.* p. 181. *Landt færoens.* —

Hab. locis irrigatis sub rupibus meridiei expositis in convallibus inferalpinis Nordlandiæ meridionalis raro. A me nonnisi in Bringbärs-lien ad Rörstad lectum est.

Planta ipsa cum flore suo satis nota est, sed fructus eo magis ignotus et tam insignis ut peculiari descriptione optime meretur.

Capsula supera, oblonga et valde acuminata, trilocularis, trivalvis: dissepimenta valvis contraria a se invicem quod ad maximam partem libera; marginibus internis incrassatis et inferne a dissipimento solutis atque in columnam mediam confluentibus.

Receptaculum nullum: semina in fundo singuli loculamenti adfixa.

Arillus linearis utrinque subulatus, longitudine totius capsulæ, extremitate inferiore in fundo capsulæ adfixa, altera ad apicem capsulæ pertingente, persistens, in medio semen fovens et maturitate e latere demittens.

Semen oblongum.

Sit itaque hujus generis character factitius:

Cor. nuda infera 6-petala. Filament. lanata. Caps. trilocularis. Semina arillo subulato longitudine capsulæ, ejusque fundo infixa.

JUNCUS.

Gen. plant. ed. Schreb. n. 590. *Gærtn. de fruct.* 1. p. 53. tab. 15.

† Capsula trilocularis polysperma.

148. JUNCUS *filiformis:* aphyllus, culmo filiformi nutante, panicula laterali subsimplici, capsulis subrotundis.

J. filiformis *Linn. svec.* n. 300. *lapp.* n. 118. *Engl. bot.* 17. t. 1175. *Leers fl. herb.* p. 87. t. 13. f. 4. *Michaux amer.* 1. p. 191. *Gmel. sibir.* 1. p. 71. n. *Fl. kamtschatk. in Arct. Zool.* p. 195.

Hab. in paludosis tum sylvaticis ac alpinis omnium Lapponiarum etiam inferalpinarum ubique frequenter.

149. JUNCUS *glaucus:* aphyllus, panicula laterali effusa angusta, capsulis acutiusculis calyce brevioribus.

J. glaucus *Ehrh. Beitr.* — p. — *Smith brit.* 1. p. 375. *Fl. dan.* 7. t. 1159. *Engl. bot.* 10. t. 665.

J. inflexus *Leers herb.* p. 87. t. 13. f. 5. *Lightf. scot.* p. 183.

Hab. ad littora maris locis arenosis depressis Nordlandiæ passim.

Neque in exemplaribus Norvegicis neque in bottnicis apicem culmi folii adinstar compressum et inflexum reperi; ideoque si Juncus *inflexus* quisdam ab hocce diversus existat, e Floris scandinavicis exsulet. Squamæ calycinæ sæpius ultra sesquitertiam lineam longæ, valde acuminatæ.

Flores in nostra planta multo majores quam in *Engl. bot.* tab. 665.

150. JUNCUS *effusus:* aphyllus, panicula laterali effusa supradecomposita, capsulis apice retusis.

J. effusus *α. Linn. svec.* n. 299. *lapp.* n. 117. *Zoega island.* — *Lightf. scot.* p. 183.

Hab. ad ripas fluviorum et lacuum sylvestrium Lapponiæ meridionalis rarius: *Linné.*

151. JUNCUS *arcticus:* aphyllus, capitulo paucifloro sublaterali, capsulis obtusiusculis calyces æquantibus.

J. arcticus *Willden. spec. pl.* 2. p. 206.
J. effusus ß. *Linn. svec.* n. 229. *Flor. dan.* 7. t. 1035.
J. culmo nudo acuminato ad basin squamato, floribus sessilibus. *Linn. lapp.* n. 116.

Hab. in alpium Lulensium lateribus sterilibus declivis irrigatis, juxta rivulos nivales etc. passim frequenter, uti ad Virih-jaur prope montem Tokin et prope flumen Stallädno; etiam Finmarkiæ rarius ex. gr. ad Kiberg: *Vahl.*

Radix longe lateque repens, crassa, lignea. Squamæ ad basin culmorum amplectentes, membranaceæ muticæ. Culmi numerosi, pedales et ultra, lævissimi, (nec striati ut in J. *conglomerato*) stricti; apice supra capitulum brevi, vix triplo longiore quam capitulum, erecto. Capitulum sub apice culmi subrotundum, floribus circiter 7 compositum. Pedunculi ita brevissimi, ut squamis involucralibus semper teguntur. Flores majores quam in affinibus: squamis calycinis latiusculis, obtusiusculis, fuscis. Capsulæ majusculæ, magnitudine fere seminis Secalis, calyce fere longiores, atrofuscæ.

A J. *effuso* et *conglomerato* capsulis suis haud apice retusis et culmo lævissimo solidiore adeo differt, ut mihi J. *glauco* affinior esse videtur, cui etiam magnitudine partium fructificationis convenit. Differt squamis calycinis capsula haud longioribus, latiusculis et vix acutis.

152. JUNCUS *squarrosus:* culmo nudo, foliis filiformibus, panicula terminali aphylla.
J. squarrosus *Linn. svec.* n. 302. *lappon.* n. 121. *Lightf. scot.* p. 184. *Engl. bot.* 13. t. 933.

Hab. in paludibus cæspitosis Lapponiæ vulgaris: *Linné;* quem autem ego neque ibi neque in aliis borealibus provinciis Sveciæ vidi.

153. JUNCUS *trifidus:* aphyllus, bracteis foliaceis canaliculatis floribusque paucis terminalibus, capsula oblonga calycem æquante.
J. trifidus *Linn. svec.* n. 301. *lappon.* n. 119. *Krock. fl. siles.* p. 557. t. 48. *Hoppe Taschenb.* 1800. p. 193. et 1804. p. 73. *Lightf. scot.* p. 183. tab. 9. *Zoega island.* — *Landt færoens.* —

Hab.

Hab. locis siccis apricis petrosis per latera inferiora omnium alpium, et in montibus alpinis ac subalpinis omnibus etiam districtus sylvaticæ usque ad Pyhätunturi Lapponiæ Kemensis, Nonainen Lapponiæ Tornensis etc., nec non in campis subalpinis jugo adjacentibus ubique vulgatissime. Sed in loca inferalpina et extra alpes de cætero non descendit.

Mira omnino mihi videtur species, ad radicem prorsus aphylla. Radix repens culmos multos fasciculatos exserens squamis tantum brevibus interstinctos. Vaginæ culmi basin vestientes brevi mucrone ornatæ, de cætero in fimbrias partitæ. Folium in suprema parte culmi plerumque adest, bracteis simillimum; ligula fimbriata alba. Bracteæ canaliculatæ: marginibus serrulatis. Semina in singula capsula pauca: de cætero quoque structura capsulæ inter Juncum et Luzulam ambigit. Capsula oblonga.

J. *monanthos Jacqu.* differre mihi videtur: foliis radicalibus; et capsula ovali, dupplo majore, calycem excedente. Hunc in Lapponia nunquam vidi.

154. JUNCUS *bufonius:* culmo dichotomo, foliis angulatis, floribus solitariis sessilibus, calycibus setaceis capsula duplo longioribus.

J. bufonius *Linn. svec.* n. 305. *lappon.* n. 122. *Lightf. scot.* p. 185. *Flor. dan.* 7. t. 1098. *Leers fl. herb.* p. 89. t. 13. f. 8. *Zoega island.* — *Landt færoens.* — *Michaux amer.* 1. p. 191.

Hab. in parte infima sylvatica Lapponiarum meridionalium et Lapponiæ Kemensis, passim locis humidis; ut etiam in littoralibus Nordlandiæ meridionalis. Sed in adjacentibus regionibus frequenter occurrit.

Huic similis *J. Tenageja Ehrh.* differt: capsulis subglobosis, squamis calycinis latioribus capsula haud longioribus.

155. JUNCUS *sylvaticus:* culmo erecto, foliis nodoso-articulatis, panicula supradecomposita, foliolis calycinis mucronatis.

J. sylvaticus *Willden. spec.* pl. 2. p. 211. *Roth germ.* I. p. 155. II. p. 405.

J. subnodulosus *Schrank bay. fl.* n. 559. *Hoppe taschenb.* 1801. p. 231.
J. acutiflorus *Ehrh. gram.* 66. *Hoffm. germ.* p. 125.
J. foliosus *Hoppe taschenb.* 1810. p. 159.
J. uliginosus *Engl. bot.* 12. t. 801?

Hab. locis uliginosis et paludosis per partem sylvaticam totam omnium Lapponiarum frequenter; ut etiam in maritimis Nordlandiæ passim. Multum altius hyperboream versus adscendit, quam sequens species.

156. JUNCUS *articulatus:* culmo decumbente ramoso, foliis nodoso-articulatis, panicula composita, foliolis calycinis muticis. *Willden. spec. plant.* 2. pag. 211.
J. articulatus *Linn. svec.* n. 303. *lapp.* n. 120. *Leers fl. herb.* p. 88 t. 13. f. 6. *Schrank bay. flor.* n. 558. *Hoppe taschenb.* 1801. p. 231. *Landt færoens.* — *Lightf. scot.* p. 184. *Flor. dan.* 7. t. 1097. *Gmel. sibir.* 1. p. 69. n 32.
J. obtusiflorus *Ehrh. gram.* n. 67. *Hoffm. germ.* p. 125.
J. bifolius *Hoppe taschenb.* 1810. p. 163.
J. aquaticus *Roth. germ.* I. p. 155. II. p. 403.
β. *fluitans:* foliis capillaribus, floribus subsolitariis, culmo ramosissimo.
? J. bulbosi var. *Flor. dan.* 5. tab. 817.

Hab. in aquosis Lapponiæ infimæ passim; at β. in fluviis et rivulis infimis rarius fluitat.

Varietas β. fluitans foliis suis capillaribus J. *subverticillato* adeo convenit et a J. *sylvatico* adeo recedit, ut non potest non sub diversa specie militare. Distingvo itaque J. *sylvaticum* et *articulatum*, quamquam limites inter utrosque haud semper facile indigitantur.

157. JUNCUS *bottnicus:* culmo tereti, foliis linearibus canaliculatis, cyma terminali, capsulis oblongis acutis calyce longioribus, radice repente.
J. foliis mollioribus etc. *Gmel. sib.* 1. p. 67. n. 31. t. 17. f. 2.
Icon Tabulæ nostr. V.

Hab. ad littora maris locis depressis subhumidis per totam Finmarkiam et septentrionalem partem

Nordlandiæ passim copiose; ut etiam ad sinum bottnicum copiose lectus.

Tum habitu ac dispositione florum maxime affinis J. *bulboso*, a quo abunde differt: radicis caudice elongato repente perenni, culmo stricto, prorsus tereti, foliis latioribus et brevioribus, corymbo magis paucifloro et effuso, floribus oblongis majoribus, nigrofuscis, et capsulis ut in *J. sylvatico*.

A *J. tenui Willden.* magis diversus dispositione florum, brevitate calycis obtusiusculi etc.

Figura *J. bulbosi Engl. bot.* 13. t. 934. nostræ plantæ satis convenit, sed capsula in descriptione dicitur rotundata obovata.

Explicatio iconis: a. gramen integrum magn. nat. b. folii pars superior magn. parum aucta. c. capsula cum calyce magn. auct.

158. JUNCUS *stygius:* foliis subsetaceis, floribus ternis terminalibus, capsulis acutis calyce acuminato longioribus.

J. stygius *Linn. spec. pl.* p. 467. *Smith ic. ined.* 3. p. 55. t. 55.

Gr. junceum minimum alterum; prope oppidum Einsiedel Helvetiorum in palustribus. *Burser. herb.* 1. n. 64.

Hab. in paludibus aquosis per partem sylvaticam et subsylvaticam Lapponiarum svecicarum usque ad Enare ejusque lacum Hastcujärvi passim copiose; in Nordlandia: *Tönning.*

Folia admodum mollia, plerumque non parum rufescentia. Culmus gracilis vix spithamæus. Bractea glumacea, foliolis calycinis vix major, pallida, erectiuscula unde flores nonnihil ad latus positi sunt. Foliola calycina tenuia, pallida vel decolorata. Capsula major quam in cæteris lapponicis speciebus, magnitudine circiter semininis Hordei, exacte trigona, acuta, lutescens, semper unilocularis et sine vestigio dissepimentorum præter quam in fundo. Semina lanceolata utrinque acuminata.

Junco sylvatico proxime affinis est; folia quoque ut in illo tereti-compressa, sed sine ullis articulis. Culmus interdum superne ramulosus fit et pluribus glomerulis instruitur; tuncque facies quoque ab illius haud aliena evadit. Quod vero abunde diversus sit nulla demonstratione eget.

159. JUNCUS *triglumis:* foliis subulatis, floribus ternis terminalibus sessilibus, capsula obtusiuscula longitudine calycis.

J. triglumis *Linn. svec.* n. 306. *lappon.* n. 115. tab. 10. f. 5. *Flor. dan.* t. 132. *Engl. bot.* 13. t. 899. *Zoega island.* — *Gmel. sib.* 1. p. 67. n. 29. *Lightf. scot.* p. 186. *Landt færoens.* —

Hab. locis uliginosis et irrigatis in regionibus alpinis et subalpinis omnium Lapponiarum vulgatissime; etiam in inferalpinis Nordlandiæ et juxta flumina subsylvatica Lapponiæ Tornensis passim descendit.

Folia semper tam angusta et teretiuscula reperi ut jure meritoque subulata dici possunt. Culmus plerumque palmaris, strictus. Bracteæ plerumque binæ æquales glumaceæ, calycibus haud longiores, rubro-fuscæ, patentes adeo ut flores prorsus erecti fiunt. Flores subcolorati, stramineo-rubescentes. Capsulæ calyce vix longiores, castaneo-pallidæ, obtusiusculæ.

160. JUNCUS *biglumis:* foliis subulatis, floribus binis terminalibus altero pedicellato, capsulis apice retusis calyce longioribus.

J. biglumis *Linn. amoen. acad.* 2. p. 166. tab. 3. *flor. svec.* n. 307. *Zoega island.* — *Landt færoens.* — *Engl. bot.* 13. t. 898. (bona quamquam color nimium pallidus).

Hab. locis altioribus saltuosis irrigatis summarum alpium tum septentrionalium ac præcipue meridionalium fere ubique frequenter uti: in Rastekaisse Finmarkiæ orientalis, in Harimatskaidi prope Polmak; circa Viri-jaur Lapp. Lulensis pluribus locis; sed infra alpes haud descendit.

Folia ut in præcedenti reperi. Culmus plerumque spithamæus. Bractea una foliolacea erecta, ut flores sublaterales evadunt. Flores fusci: superiore pedicellato. Capsulæ majores quam in præcedenti, superne nigrescentes, turbinatæ, calyce multo longiores.

†† Capsula unilocularis trisperma. *Luzula Decand.* et Willden.

161. JUNCUS *pilosus:* foliis planis pilosis, panicula cymosa divaricata, pedunculorum floribus late-

ralibus sessilibus solitariis, calycibus capsula brevioribus.

J. pilosus *Linn. svec.* n. 308. *lappon.* n. 123. *Leers herb.* n. 268. t. 13. f. 10. *Engl bot.* 11. t. 736. *Lightf. scot.* p. 186. *Landt færoens.* — *Cranz. groenl.* — *Georgii flor. baikal.* p. 207.

Luzula pilosa *Willden. en. hort. berol.* p. 395.

Gr. hirsutum latifolium minus. *Burs. herb.* I. n. 93.

Hab. in sterilibus ericetis per partem sylvaticam et subsylvaticam omnium Lapponiarum vulgaris usque ad Sotajoki Lapponiæ Kemensis; ut etiam in inferalpinis Nordlandiæ passim.

Constructio paniculæ primo intuitu longe alia esse videtur quam in sequentibus, quia pedicellus floris lateralis florem terminalem adeo superat ut hæc re vera lateralis et sessilis evadit. Hanc combinationem facile apparentem quamquam quoddammodo falsam in differentia assumsi.

162. JUNCUS *parviflorus:* foliis planis glabris, culmo folioso, panicula cymosa supradecomposita foliolo bracteata: floribus lateralibus pedunculatis fastigiatis.

J. parviflorus *Ehrh. Beitr.* 6. p. 139. *Retz. scand.* 2. n. 434. *Wilden. spec.* 2. p. 219.

J. foliis planis etc. *Gmel. sib.* 1. p. 66. n. 28.

Hab. in nemorosis humidis juxta flumina per partem subalpinam Lapponiæ Tornensis passim copiose; nec alibi a me visus.

Est quædam gentilitas in habitu hujus graminis, quæ in sequenti specie desideratur. Folia ejus lata et numerosa, sed mollia et ita tenuia ut nervi omnes et tota textura interna conspicitur dum luci obvertuntur. Culmus magis foliosus quam in ullo alio Junco nostro, scil. foliis quatuor vel quinque sparsim positis, lanceolatis, vix minoribus quam radicalia ornatus. Sub panicula posita est bractea foliacea rubicunda, paniculam plerumque longitudine subæquans, sine ligula vel marginibus ullis scariosis, de cætero valde tenuis et transparens. Bracteolæ vel vaginulæ ad ramos paniculæ margines quidem scariosos vel hyalinos habent sed integros. Panicula copiosa decomposita vel supradecomposita, ramis ramulisque omnibus cymosis fastigiatis. Flosculi omnes pedicellati, minuti ut in Milio effuso. Foliola calycina tota brunnea sine marginibus scariosis, acuta, mutica, capsulis parum breviora. Color totius paniculæ dilute-brunneus, foliorum non parum rubicundus.

J. *glabratus Hoppe* huic convenit culmo folioso; sed differre videtur floribus dupplo majoribus et bracteis fimbriatis.

163. JUNCUS *spadiceus:* foliis planis glabris, culmo subnudo, panicula cymosa decomposita, bracteis bracteolisque fimbriatis, floribus lateralibus pedicellatis.

J. spadiceus *Allion. pedem.* n. 2083. *Villars delph.* 2. p. 236. t. 6. *Willden. spec.* 2. p. 218.

J. pilosus β. *Linn. svec.* n. 308.

J. foliis planis, culmo paniculato etc. *Linn. lappon.* n. 121.

Gramen hirsuto simile. *Burseri herb.* 1. n. 92.

J. glabrescens *Schrank bay. fl.* n. 566. *Hoppe taschenb.* 1801. p. 232.

Hab. locis siccis duris per latera omnium alpium, etiam maritimarum totius Finmarkiæ, fere ubique frequenter; in salicetis alpium Lulensium quoque passim descendit ibique nutans evadit.

Præcedenti certe simillimus, attamen habitu et characteribus satis distinctus. Folia multo minora omni dimensione, et opaciora nec non saturate viridia. Culmus inferne uno alterove folio ornatus, superne omnino nudus, plerumque nonnihil brevior. Bracteæ ad basin paniculæ squamaceæ, rubro-fuscæ: marginibus scariosis et hyalinis in fimbrias numerosas tenues divisis, quas præter fimbrias nulli in tota planta adsunt pili. Bracteolæ fere totæ hyalinæ, fimbriatæ. Panicula multo rarior, nec unquam supradecomposita; ramis omnibus cymosis, erecto-patentibus, nec nisi senectute nutantibus. Flores quod ad dispositionem exacte ut in præcedente, sed grandiores sunt vel crassiores. Foliola calycina nigro-fusca, sed apex et margines albi, hyalini. Capsula crassior et brevior esse videtur, nigro-fusca.

Figura Scheuchzeri bona omnino est, habitumque graminis bene exhibet. Synonymon *Linnéi* et forsan etiam *Ehrharti* ad præcedentem relatum huc potius pertinet.

164. JUNCUS *campestris:* foliis planis, culmo tereti, spicis umbellatis pedunculatis sessilibusque ovatis.

J. campestris *Linn. svec.* n. 309. *lappon.* n. 126. *Flor. dan.* 8. t. 1253. *Phipps. it. spitsberg.* — *Leers herborn.* p. 91. t. 13. f. 5. *Lightf. scot.* p. 186. *Landt færoens.* — *Cranz. groenland.* — *Zoega island.* — *Michaux amer.* 1. p. 190. *Flor. Kamtschatk.* in *Arct. Zool.* p. 195.

β. *sudeticus:* spicis subsessilibus conglomeratis, capsulis majoribus.

J. sudeticus *Willden. ed. spec. plant.* 2. p. 221.

J. spicatus: *Krock fl. siles.* p. 572. t. 52.

Hab. in locis siccis duris universæ Lapponiæ: scil. per partem sylvaticam ubique, subalpinam et inferalpinam fere ubique; et per alpes omnes passim parcius, ubi locis uliginosis in var. β. abit.

165. JUNCUS *pallescens:* foliis planis, culmo compresso, spicis umbellatis oblongis pedunculatis patentibus, bractea foliacea.

J. foliis planis, culmo paniculato, spicis ovatis. *Linn. lapp.* n. 127. tab. 10. f. 2.

J. campestris β. *Linn. svec.* n. 309. *Spec. plant. ed. Willden.* 2. p. 221.

Hab. in lucis et fruticetis siccis sterilibus per partem subalpinam omnium Lapponiarum passim copiose.

Ob culmum compressum valde debilis et fere decumbens evadit; de cætero totum gramen pallescens ejusdem fere faciei ac Carex *pallescens.* Folia prorsus plana sunt, sed angustiora quam in præcedente; culmea pauca sunt. Culmus plerumque ultra pedalis. Sub umbella spicarum semper adest bractea una vel duo foliacea, erecta spicas fere superans, amplexicaulis nec vaginans. Spicæ omnes magis pedunculatæ et fere unilaterales, numerosiores quam in præcedente. Flores minores. Foliola calycina acuminata, longitudinem capsularum vix superantia.

166. JUNCUS *arcuatus:* foliis canaliculatis, spicis umbellatis pedunculatis recurvis globosis paucifloris, bractea squamacea fimbriata.

Icon Tab. nostr. IV.

β. spicis majoribus multifloris.

I. campestris var. *Flor. dan.* 8. t. 1386.

I. pediformis *Villars delph.* 2. p. 238. t. 6.

Hab. locis uliginosis durissimis per alpes omnes vulgatissime; ibique altius adscendit et frigore longius patitur in campis a glacie devastatis quam alia quædam planta.

Sequenti proxime affinis esse videtur, quamquam quoad dispositionem spicarum præcedentibus similior est. Cæspitose crescit et ad radicem insigniter fusco-rubet. Folia stolonum radicalium ita angustissima et convoluta ut subulata fere dici possunt; culmea autem paullo latiora, canaliculato-subulata. Culmus teres lævissimus paullum curvus. Bractea sub umbella posita vaginans quidem sed aphylla: ore hyalino fimbriato. Umbella plerumque composita ita ut pedunculus infimus partialem cymam vel umbellulam profert. Pedunculi inæqualis longitudinis, recurvati. Spicæ magis pauciforæ quam in præcedentibus. Foliola calycina longiora apice hyalino. Color spicarum ex albo fuscoque variegatus.

Dicant quidem nonnulli, quod hujus folia angustiora et convoluta fiunt ex solo alpino; sed memorandum puto *I. spadicei* folia in durissimis alpibus semper plana persistere.

Explicatio Iconis: a. gramen integr. magn. nat. — b. folium seorsim. c. calyces tres cum capsula immatura magn. auct. d. calyx cum capsula magn. magis aucta.

167. JUNCUS *spicatus:* foliis planiusculis, spica racemosa nutante, spiculis sessilibus bracteatis.

I. spicatus *Linn. svec.* n. 310. *lappon.* n. 125. tab 10. f. 4. *Zoega island.* — *Flor. dan.* t. 270. *Engl. bot.* 17. t. 1176. haud bona. *Lightf. scot.* p. 187. *Cranz groenland.* —

Hab. locis siccis duris per omnes alpes præcipue inferiores vulgatissime usque in Pyhätunturi Lapponiæ Kemensis, Nonainen Lapponiæ Tornensis, et Kalkis-bout Lapponiæ Pitensis descendens; ut etiam in campis subalpinis et locis exaridis apricis inferalpinis Nordlandiæ Finmarkiæque passim.

Folia hujus quoque angusta et subconvoluta, sed majora quam in præcedenti ut etiam totum gramen majus. Culmi folia omnino convoluta vel subulata, ad os vaginae magis pilosa. Spiculae sessiles in spicam racemosam nutantem subcylindricam dispositae, pauciflorae. Bracteae sub spiculis infimis amplectentes (nec' vaginantes), apice longiusculo subulato terminatae. Foliola calycina superne hyalina.

Engl. bot. flores exhibet justo minores.

PEPLIS.

Gen. plant. ed. Schreb. n. 605. *Gærtn. de fruct.* 1. p. 237. tab. 51.

168. PEPLIS *Portula:* floribus axillaribus solitariis, foliis petiolatis ovalibus.

P. Portula *Willden. spec.* 2. p. 243. *Linn. svec.* n. 312. *lappon.* n. 128. *Flor. dan.* t. 64. *Lightf. scot.* p. 186. *Engl. bot.* 17. t. 1211.

Hab. locis aquosis partis infimae Lapponiarum meridionalium passim; in adjacentibus regionibus satis vulgaris.

TOFJELDIA.

Smith Fl. brit. 1. p. 379.

169. TOFJELDIA *borealis:* bracteis nullis, calyculis remotis scapo adnatis dimidiatis.

Narthecium boreale *Wahlenb. florul. Gottl. in Act. Stockh.* 1805. p. —

Anthericum calyculatum β. *Linn. svec.* n. 288. *Flor. lapp.* n. 139. t. 10. f. 3. *Flor. dan.* t. 36. *Lightf. scot.* p. 181. t. 8. f. 2. *Cranz grœnland.* — *Zoega island.* — *Georgii flor. baikal.* p. 206. *Pallas it. sibir.* 3. p. 33.

Hebelia allemannica *Gmel. bad.* 2. p. 118. t. 1.

Tofjeldia palustris *Huds. angl.* 157. *Willden. in Berlin. Magaz* 1808. p. 28?

Narthecium alpinum *Michaux.*

Helonias borealis *Willden. spec.* 2. p. 274?

Hab. in uliginosis et paludosis tum alpinis ac praecipue subalpinis, inferalpinis et sylvaticis totius Lapponiae vulgatissime usque ad Lycksele Lapponiae Umensis, Storbacken Lapponiae Lulensis, et templum Sodankylä Lapponiae Kemensis; sed in summis alpibus parcius provenit, et cacumina earum vix petit nec insulas exteriores versus Nordcap.

Scapus semper nudus et bracteis veris orbatus; sed florum calyculus vices bractearum gerit et in earum loco positus est. Calyculus hic fulcrans et sub insertione pedicellorum scapo adnascens trifidus est et albus, quo facillime a vera bractea distinguitur, sed dimidiatus: lobo uno sub pedicello, reliquis ad latera ejus positis, ita ut axilla nuda et calyculo liberata evadit. Stamina semper petalis breviora. Capsulæ tres usque e centro retrorsum connatæ, superius introrsum dehiscentes. Semina numerosa marginibus capsularum tum supra centrum ac infra adfixa. Nulla adest in fructu columna media sed capsulæ interdum totæ a se invicem solvuntur et per totam suturam internam aperiuntur.

Figura *Fl. danicæ* multo melior est quam illa in *Engl. bot.* 8. t. 536. Hæc species borealis s. Lapponica in summis alpibus Tyrolensibus quoque occurrit secundum specimina a me visa.

Altera species australior in Gottlandia quoque proveniens abunde differt calyculis flori approximatis et bracteis veris viridibus. Hanc *T. calyculatam* dicere voluissem.

SCHEUCHZERIA.

Gen. plant. ed. Schreb. n. 615.

170. SCHEUCHZERIA *palustris*: *Linn. svec.* n. 320. *lappon.* n. 133. t. 10. f. 1. *Willden. spec.* 2. p. 265. *Engl. bot.* 26. t. 1801. *Falk russisch. topogr.* 2. p. 165. *Gmel. sib.* 1. p. 73. n. 38. *Michaux amer.* 1. p. 209.

Hab. in paludibus aquosis profundis per partem sylvaticam inferiorem omnium Lapponiarum passim, nec supra Arjeplog Lapponiæ Pitensis et Kellojärvi Lapponiæ Kemensis reperta; ut etiam ad Ofoten Nordlandiæ inferalpinæ visa.

Hujus foliatio haud æquitans est ut in Tofjeldia, sed folia juxta vaginas canaliculato-triquetra, superne sensim plana evadunt eodem modo ac *Eriophori gracilis*. Germinum numerus verus est senarius. Capsulæ totæ liberæ sunt, angulo suo interiore dehiscentes. Semina in fundo capsulæ inserta, pauca. Sive ideoque habitus sive fructificatio consideratur, neutiquam genere conjungi potest cum præcedente.

TRIGLOCHIN.

Gen. plant. ed. Schreb. n. 616. *Gærtn. de fruct.* 2. *p.* 26. *tab.* 84.

171. TRIGLOCHIN *palustre:* capsulis trilocularibus sublinearibus basi attenuatis. *Willden. spec.* 2. p. 264.

Tr. palustre *Linn. svec.* n. 321. *lappon.* n. 134. *Flor. dan.* t. 490. *Landt færoens.* — *Zoega island.* — *Gmelin sib.* 1. p. 72. n. 36. *Lightf. scot.* p. 191. *Georgii fl. baikal.* p. 207.

Hab. locis uliginosis in parte sylvatica Lapponiarum meridionalium vulgatius, septentrionalium parcius; in inferalpina Nordlandia frequenter.

172. TRIGLOCHIN *maritimum:* capsulis sexlocularibus ovatis sulcatis. *Willden. spec.* 2. p. 265.

Tr. maritimum *Linn. svec.* n. 322. *lappon.* n. 135. *Flor. dan.* t. 306. *Landt færoens.* — *Zoega island.* — *Gmel. sib.* 1. p. 72. n. 37. *Lightf. scot.* p. 192. *Michaux amer.* 1. p. 208. *Georgii fl. baikal.* p. 207.

Hab. in littoribus maris septentrionalis Nordlandiæ copiose, et Finmarkiæ ad sinus interiores ex. gr. ad Tanam parcius.

RUMEX.

Gen. plant. ed. Schreb. n. 613. *Gærtn. de fruct.* 2. *p.* 178. *tab.* 119.

173. RUMEX *aquaticus:* floribus hermaphroditis: valvulis integerrimis nudis subtriangularibus, foliis oblongo-cordatis glabris.

R. aquaticus *Linn. flor. svec.* 2. n. 315. *Spec. plant.* p. 479. *Flor. lapp.* n. 129. β. *Willden. spec.* 2. p. 255. *Lightf. scot.* p. 190. *Georgii fl. baikal.* p. 207.

Lapathum aquaticum folio cubitali. *Cels. herb.* n. 399.

β. *crispatus:* foliis undulatis basi acutis scabris.

R. foliis cordato-oblongis acuminatis integris. *Linn. lappon.* n. 129. α. *svec.* 1. n. 232. α.

? R. acutus. *Zoega island.* — *Olavs. it.* p. 18. *Landt færoens.* —

Hab. α. in aquosis ipsisque lacubus et fluviis per partem sylvaticam omnium Lapponiarum usque ad lacum Enare passim copiose; ut etiam in Nordlandia et Finmarkia usque ad Hammerfest passim. *β.* locis siccioribus stercoratis ad domos inque agris per eandem partem Lapponiæ vulgatius.

Qui in aquis Lapponiæ crescit omnibus numeris cum svecico ordinario convenit; sed in Lapponia id peculiare habet, quod ubique in locis siccioribus adscendit ut exinde varietas *β.* nascitur. Hæc varietas crispata valvulis æque nudis instruitur ac aquaticus vulgaris; et talis forsan fuit R. *crispus*, quem Gmelin cum R. *alpino* conjungere voluit. Folia semper læte viridia sine ulla glaucescentia, qua nota a R. *hydrolapatho* differt.

Utramque varietatem nonnisi valvulis singulis omnino nudis in Lapponia semper legi; an vero per Europam temperatiorem granula acquirit et in *Rumicem Hydrolapathum* abit dicere nequeo.

Rumex crispus verus in *Engl. bot.* 28. t. 1998. depictus vix supra Upsaliam crescit, et *Linnæo* ignotus fuisse videtur usque dum Editionem secundam Floræ svecicæ ediderit; postea autem synonymon Floræ Lapponicæ sub R. *crispo* perperam posuit.

174. RUMEX *Acetosa:* floribus dioicis, foliis oblongis sagittatis, valvulis graniferis.

R. acetosa *Linn. svec.* n. 318. *lappon.* n. 150. *Cranz grœnland.* — *Zoega island.* — *Lightf. scot* p. 191. *Landt færoens.* — *Flor. kamtschatk. in Arct. Zool.* p. 195. *Georgii fl. baikal.* p. 207.

β. alpina lobis posticis foliorum brevioribus patententioribus.

Acetosa montana maxima. *Bauh. pin.* 114.

Lapponibus *Juomo* s. *Juobmo.*

Hab. *α.* in pratis et cultis Lapponiæ inferioris; at *β.* in locis fertilioribus subalpinis, inferalpinis et in salicetis alpium longe vulgatior.

175. RUMEX *Acetosella:* floribus dioicis, foliis lanceolato-hastatis, valvulis nudis.

R. Acetosella *Linn. svec.* n. 319. *lappon.* n. 131. *Engl. bot.* 24. t. 1674. *Lightf. scot.* p. 191. *Landt færoens.* — *Cranz grœnland.* — *Zoega island.* — *Michaux amer.* 1. p. 216.

Pallas it. sibir. 3. p. 33. *Georgii fl. baikal.* p. 207.

Hab. locis deustis cultis et stercorati; per universam Lapponiam vulgatissime; etiam in ipsis alpibus ad stabula rhenonum et in locis occultis passim copiose.

Obs. *Rumicem digynum Linn.* Rhei speciem esse contendo, itaque ad Enneandriam refero.

A L I S M A.

Gen. plant. ed. Schreb. n. 625. *Gærtn. de fruct.* 2. p. 22. *tab.* 84.

176. ALISMA *Plantago:* foliis ovatis acutis, fructibus obtuse trigonis. *Willden. spec.* 2. p. 276. *Linn. svec.* n. 323. *lapp.* n. 138. *Fl. dan.* 4. t. 561. *Lightf. scot.* p. 193. *Michaux amer.* 1. p. 218. *Gmel. sib.* 1. p. — *Georgii fl. baikal.* p. 207. *Flor. kamtschatk. in Arct. Zool.* p. 195.

Hab. in aquosis ad ripas lacuum per Lapponiarum meridionalium partem sylvaticam inferiorem parcius; ego eandem supra Arjeplog Lapponiæ Pitensis haud vidi.

C L A S S I S VII.

H E P T A N D R I A.

T R I E N T A L I S.

Gen. plant. ed. Schreb. n. 626. *Gærtn. de fruct.* 1. *p.* 227. *tab.* 50.

177. TRIENTALIS *europæa: Linn. svec.* n. 326. *lappon.* n. 139. *Michaux amer.* 1. p. 220. *Pallas it. sibir.* 3. p. 319. *Lightf. scot.* p. 194. *Georgii fl baikal.* p. 207. *Falk russisch. topogr.* 2. p. 166.

Hab. locis herbosis siccioribus in pratis et sylvis omnium Lapponiarum, ut etiam in subalpinis, inferalpinis et radicibus alpium omnium vulgatissima; sed in ipsis alpibus omnibus usque ad Nordcap parcius.

CLASSIS VIII.

OCTANDRIA.

EPILOBIUM.

Gen. plant. ed. Schreb. n. 639. *Gærtn de fruct.* 1. *p.* 157. *tab.* 31.

178. EPILOBIUM *angustifolium*: foliis sparsis lineari-lanceolatis venosis glabris integerrimis, floribus inæqualibus, staminibus declinatis. *Smith brit.* 1. p. 409.

E. angustifolium *Linn. svec.* n. 327. *lappon.* n. 146. *Flor. dan.* t. 289. *Engl. bot.* 28. t. 1947. opt. *Landt færoens.* — *Olavs. it. island.* p. 166. *Lightf. scot.* p. 197. *Michaux amer.* 1. p. 223. *Cranz grœnland.* — *Pallas it. sibir.* 3. p. 55. 319. *Georgii fl. baikal.* p. 207.

Lapponibus et Svecis Lapp. *Almykke* s. *Almokke*. Lapponibus Pitensibus *Gaitsa-kåle* (i. e. crapræ brassica). Enarensibus *Gjäken-nuoli* (i. e. Cuculi acus). Fennonibus Tornensibus *Hurmasen-kuka.*

Hab. locis sylvaticis fertilioribus elevatis et in pratis collinis cultisque per partem sylvaticam, subsylvaticam et inferalpinam omnium Lapponiarum vulgatissime; nec non locis stercoratis ad casas Lapponum per partem subalpinam et radices alpium omnium etiam Finmarkiæ passim copiose.

In nulla terra adeo frequentissimum simulque speciosissimum esse videtur ac in summo nostro septentrione. Omnium plantarum Lapponicarum facile splendidissimum est, habitumque a ceteris plantis lapponicis longe alienum gerit.

179. EPILOBIUM *montanum*: foliis subpetiolatis ovatis dentatis, caule tereti, stigmate partito. *Smith brit.* 1. p. 411. *Engl. bot.* 17. t. 1177.

E. montanum *Linn. svec.* n. 329. *lappon.* n 147. *Lightf. scot.* p. 198. *Fl. dan.* 5. t. 922. *Zoega island.* — *Landt færoens.* — *Georgii fl. baikal.* p. 207. *Falk russ. topogr.* 2. p. 167.

Hab. locis nemorosis infra alpium radices Nordlandiæ vulgare; at in svecico latere nonnisi per partem infimam sylvaticam Lapponiarum meridionalium passim ex. gr. ad Arjeplog Lapp. Pitensis.

Caulis undique pubescentiâ brevissimâ curvatâ præditus; neque folia glaberrima. Stigma potius bipartitum quam quadripartitum reperi.

180. EPILOBIUM *palustre:* foliis sessilibus lanceolatis subintegerrimis, caule tereti, siliquis pubescentibus, stigmate indiviso acuminato.

E. palustre *Linn. svec.* n. 330. *Lightf. scot.* p. 199. *Zoega island.?* — *Landt færoens.?* — *Pallas. it. sib.* 3. p. 33. *Georgii fl. baikal.* p. 207.

E. foliis lanceolatis, ramose florens. *Linn. lapp.* n. 148.

β. *lapponicum:* foliis linearibus obtusis aveniis integerrimis puberulis.

E. foliis linearibus *Linn. lapp.* n. 149.

Hab. β. in paludibus locisque paludosis sphagno abundantibus per partem sylvaticam et subalpinam Lapponiarum svecicarum omnium vulgatius; nec non in inferalpinis Nordlandiæ et Finmarkiæ passim; at var. α. in svecia vulgarem vix unquam in Lapponia reperi.

Germina vel siliquæ juniores in utraque varietate pubescentiâ curvula albicante subtomentosæ sunt, qua nota ab omni varietate *E. alpini* facile dignoscuntur.

β. *lapponicum:* non parum differt: caule gracili simplicissimo, foliis quam internodia caulis multo brevioribus superne evidenter puberulis etc. stigmate subdiviso.

181. EPILOBIUM *alpinum:* foliis oppositis ellipticis subintegerrimis, caule bifariam pubescente basi decumbente paucifloro, siliquis glaberrimis, stigmate indiviso clavato.

E. alpinum *Linn. svec.* n. 331. *lapp.* n. 150. *Lightf. scot.* 1. p. 199. tab. 10. *Engl. bot.* 28. t. 2001. *Flor. dan.* t. 332. *Zoega island.* —

β. *fontanum:* foliis dentatis crenatisve, caule erecto

E. alsinifolium *Engl. bot.* 28. t. 2000.

E. nutans *Flor. dan.* 8. t. 1387.

E. alpestre *Schmidt. bohem.*

Hab. in alpium omnium elatiorum graminosis subhumidis inferioribus passim copiose, ut etiam in locis inferalpinis et maritimis irrigatis passim; nec non β. in fontibus frigidis gradu 3 thermom. centigr. nunquam temperatioribus per totam Lapponiam sylvaticam usque ad Tafvelsjö districtus Umensis interdum frequenter.

Tota planta in alpibus vix ultra pollicem alta, foliis numerosis onusta. Caulis utrinque linea pubescente notatus, quæ linea e concursu foliorum oritur (nec e dorso vel costa dorsali foliorum); de cætero glaber. Siliquæ juniores glaberrimæ, rarius in tenella ætate pilis raris tenuissimis patentibus capitulatis obsitæ, sursum magis incrassatæ quam in præcedentibus. Stigma sursum insigniter incrassatum et omni crena orbatum. Folia semper glàberrima.

β. in fontibus sylvestribus ultra spithamam altum provenit, habitu fere *Epilobii montani*, sed differentiis supra datis semper constantibus facile dignoscitur; nec dubito, quin E. *palustri* affinius sit. Folia ejus sæpe adeo dentata ut non potest non E. *alsinifolium Smith.* esse. Exemplar E. *alpestris Schmidt.* in herbario Cel. Flörke visum nostræ plantæ bene convenit.

VACCINIUM.

Gen. plant. ed. Schreb. n. 658. *Gærtn. de fruct.* 1. p. 142. tab. 28.

182. VACCINIUM *uliginosum:* pedunculis unifloris, foliis integerrimis obovatis obtusis lævibus deciduis.

V. uliginosum *Linn. svec.* n. 332. *lappon.* n. 142. *Flor. dan.* t. 231. *Lightf. scot.* p. 201. *Cranz groenland.* — *Landt færoens.* — *Olavs. it. island.* p. 170. *Michaux amer.* 1. p. 235. *Pallas it. sibir.* 3. p. 319. *Flor. Kamtschatk. in Arct. Zool.* p. 195. *Georgii fl. baikal.* p. 207.

Lapponibus *Bjällo-muörje.* Finmarkicis *Ertep.*

Hab. locis subhumidis sylvaticis omnibus totius Lapponiæ vulgatissime; et in alpibus locis plerumque siccioribus usque versus Nordcap ubique parcius, sed altius adscendens quam Myrtillus.

Pili

Pili brevissimi rari in ramulis tenellis adsunt, qui etiam in petiolis foliorum adscendunt, sed adeo rari et inconspicui ut basi ciliata neutiquam dici merentur folia. Flores in alpinis minores et decolorati, plerumque steriles ut in sequentibus.

183. VACCINIUM *Myrtillus:* pedunculis unifloris, foliis serratis ovatis deciduis, caule angulato. *Smith. brit.* 1. p. 414.

V. Myrtillus. *Linn. svec.* n. 333. *lappon.* n. 143. *Flor. dan.* t. 974. *Lightf. scot.* p. 200. *Egede hist. groenl.* p. 70. *Landt. færoens.* — *Pallas fl. rossic.* 2. p. 46. *Olavs. it. island.* p. 170. *Pallas. it. sibir.* 3. p. 319. *Penn. Arct. Zool. ad Nutka sund* p. 241. *Georgii fl. baikal.* p. 207.

Lapponibus *Sarre*-s. *Sirre-muörje.* Fennonibus *Mustika-marja.*

Hab. in sylvaticis præsertim humidiusculis per universam Lapponiam vulgaris (parcius tamen quam in Svecia septentrionali); ut etiam in subalpinis usque in lateribus occultioribus ipsarum alpium parcius, ubi vero baccas haud maturat.

184. VACCINIUM *Vitis idæa:* racemis terminalibus nutantibus, foliis obovatis subintegerrimis subtus punctatis marginibus revolutis. *Linn. svec.* n. 334. *lapp.* n. 144. *Flor. dan.* t. 40. *Lightf. scot.* p. 202. *Cranz groenland.* p. 86. *Michaux amer.* 1. p. 229. *Pallas it. sibir.* 3. p. 319. *Flor. Kamtschatk. in Arct. Zool.* p. 195. *Penn. Arct. Zool. ad Nutka sound.* p. 241. *Georgii. fl. baikal.* p. 208.

Lapponibus *Jogna* s. *Jågna.* Fennonibus *Puolain-marja.*

Hab. in sylvaticis duris siccis per universam Lapponiam vulgare; ut etiam in alpibus ubique sed parcius, et ibi in superioribus lateribus adscendens pertinaciterque frigorem resistens.

185. VACCINIUM *Oxycoccos:* repens glabrum, foliis ovalibus integerrimis marginibus revolutis, corolla quadripartita.

V. oxycoccos *Linn. svec.* n. 335. *lapp.* n 145. *Zoega island.* — *Flor. dan.* t. 80. *Eged. hist. groenl.* p. 70. *Georgii. fl. baikal.* p. 208.

Flor. Kamtschatk. in Arct. Zool. p. 195. *Lghtf. scot.* p. 202.
V. oxycoccos α. *Michaux amer.* 1. p. 228.
Lapponibus *Jeggemuörje.*
Hab. in paludibus aquosis et præcipue Sphagno repletis per universam Lapponiam vulgatissime, exceptis tamen alpibus ipsis ubi vix reperitur.

E R I C A.

Gen. plant. ed. Schreb. n. 659. *Gærtn. de fruct.* 1. p. 302. *tab.* 63.

186. ERICA *vulgaris:* antheris cristatis, stylo exserto, corollis campanulatis, calycibus duplicatis, floribus racemosis secundis, foliis oppositis sessilibus sagittatis.
E. vulgaris *Linn. svec.* n. 336. *lappon.* n. 141. *Willden. spec.* 2. p. 373. *Engl. bot.* 15. t. 1013. *Lightf. scot.* p. 203. *Landt færoens.* — *Olavs. it. island.* p. 941.
Calluna vulgaris *Willden. en. hort. berol.* p. 415.
Lapponibus *Taggnas.* Fennonibus *Kanerva.*
Hab. locis duris arenosis per partem sylvaticam, subsylvaticam et inferalpinam totius Lapponiæ ubique; et in subalpinis rarius, supra Naimacka Lapponiæ Tornensis haud proveniens; at in ipsis alpibus haud crescit nisi locis nonnullis occultis maritimis et sub rupibus meridiei expositis australiorum alpium.

D A P H N E.

Gen. plant. ed. Schreb. n. 664. Thymelæa. *Gærtn. de fruct.* 1. p. 188. t. 39.

187. DAPHNE *Mezereum:* floribus sessilibus ternis caulinis, foliis lanceolatis deciduis. *Willden. spec.* 2. p. 415.
D. Mezereum *Linn. svec.* n. 338. *lappon.* n. 140. *Flor. dan.* t. 268. *Gmel. sibir.* 3. p. 26. *Falk russ. topogr.* 2. p. 168. *Pallas flor. ross.* 1. p. 54.
Hab. in lucis densis humidis Lapponiæ infimæ sylvaticæ rarius ex. gr. a me lectum ad Akankoski infra Sodankylä Kemensis, et ad Storbacken Lulensis nec non ad Knaften Lapponiæ umensis; ut

etiam in inferalpinis Nordlandiæ meridionalis sub radicem alpis Vättfjället Saltensis.

POLYGONUM.

Gen. plant. ed. Schreb. n. 677. *Gærtn. de fructib.* 2. p. 181. tab. 119.

188. POLYGONUM *viviparum:* caule simplicissimo monostachyo, foliis margine revolutis sublanceolatis.

P. viviparum *Linn. svec.* n. 340. *lappon.* n. 152. *Flor. dan.* t. 13. *Landt færoens.* — *Lightf. scot.* p. 206. *Cranz groenl.* — *Olavs. it. island.* p. 677. *Pallas it. sibir.* 3. p. 319. *Georgii fl. baikal.* p. 209. *Flor. Kamtschatk. in Arct. Zool.* p. 195. *Falk russische topogr.* 2. p. 169.

β. *alpinum:* foliis inferioribus ellipticis, floribus roseis.

Bistorta minima alpina, foliis imis subrotundis. *Ray syn.* 147.

Bistortæ species. *Mart. Spitsberg.* cap. 6. tab. I. fig. a.

Hab. in pratis et graminosis elevatioribus per universam Lapponiam sylvaticam, subalpinam et inferalpinam vulgatissime; at β. in ipsius alpini jugi clivosis et alpinis maritimis usque ad Nordcap et Vardöe ubique frequenter.

Engl. bot. 10. t. 669. parum refert nostram plantam ob folia angustissima et flores nimium distantes et magnos. In exteralpinis nostris obvenit floribus fere niveis, minutis; staminibus fuscescentibus; radice angusta, duriuscula, valde stiptica et esui neutiquam idonea.

Varietas β. gerit folia inferiora eximie dilatata interdum ovalia, flores roseos spectabiliores. Præcipue vero notabilis est ob radicem multo crassiorem, torulosam, subdulcem et farinosam; eamque esse puto, quam Samojedi effodiunt et edunt, etiamsi fatear hanc quoque constituere escam satis stipticam et vix nisi gentibus carnivoris aptam.

189. POLYGONUM *aviculare:* floribus octandris trigynis axillaribus, foliis ellipticis, caule procumbente herbaceo.

P. aviculare *Linn. svec.* n. 339. *lappon.* n. 153. *Lightf. scot.* p. 208. *Landt færoens.* — *Zoega island.* — *Michaux amer.* 1. p. 237. *Georgii fl. baikal.* p. 209. *Falk russ. topogr.* 2. p. 170.

Hab. ad domos inque locis stercoratis per partem sylvaticam et subsylvaticam nec non inferalpinam sæpius copiose.

Folia plerumque latiora et majora quam in svecica planta.

190. POLYGONUM *Persicaria. Linn. svec.* n. 342. *lappon.* n. 71. *Olavs. it. island.* p. 677. *Michaux amer.* 1. p. 239. *Lightf. scot.* p. 207. *Landt færoens.* —

Hab. in agris Novaccolarum Lapponiæ meridionalis cum seminibus cerealium allata: *Linné.*, neque hanc ibi reperi.

191. POLYGONUM *Convolvulus:* foliis cordato-sagittatis, caule volubili, fructibus obtusangulis sessilibus.

P. Convolvulus *Linn. svec.* n. 344. *lapp.* n. 154. *Fl. dan.* 4. t. 744. *Engl. bot.* 14. t. 941. *Lightf. scot.* p. 208. *Michaux amer.* 1. p. 241. *Georgii fl. baikal.* p. 209.

Hab. in agris Novaccolarum per partem infimam sylvaticam Lapponiarum omnium cicur; usque ad pagum Muonio superiorem Lapponiæ tornensis et Muttania Lapponiæ Kemensis lectus.

Valvulæ corollinæ persistentes et semen maturum obvestientes nudæ sunt vel carina omni destitutæ; fructus de cætero sessiles, scabriusculi, sordidi, sine omni nitore vel colore lætiore. Neque sub maturatione adeo grandescit conceptaculum seminis ac in P. *dumetorum.* Embryo in Lapponica planta periphericus est vel extra albumen ad angulum seminis positus; itaque vera species est Polygoni *Gærtn.*

PARIS.

Gen. plant. ed. Schreb. n. 683. *Gærtn. de fruct.* 2. p. 19. tab. 83.

192. PARIS *quadrifolia: Linn. svec.* n. 346. *lappon.* n. 155. *Olavs. it. island.* p. 940. *Lightf.*

scot. p. 209. *Georgii fl. baikal.* p. 209. *Falk russ. topogr.* 2. p. 172.

Hab. locis humosis umbrosissimis sub ipsis alpium radicibus Nordlandiæ passim, Finmarkiæ rarissime ex. gr. ad Kistrand; ut etiam in insulis fluminum prope Cataractas majores Lapponiæ Umensis ex. gr. ad Hällforsen juxta Lycksele et ad Gransele fluminis Vindelensis. Itaque frigori satis impatiens esse videtur.

ELATINE.

Gen. plant. ed. Schreb. n. 685.

193. ELATINE *Hydropiper:* foliis oppositis, floribus alternis.

E. Hydropiper *Linn. svec.* n. 348. *lappon.* n. 156. α. *Willden. spec.* 2. p. 472.

Hab. ad margines fluvii Lulensis non raro: *Linné;* ego ad Tornoam reperi.

CLASSIS IX.

ENNEANDRIA.

RHEUM.

Gen. plant. ed. Schreb. n. 692. *Gærtn. de fruct.* 2. p. 177. tab. 119.

194. RHEUM *digynum:* floribus digynis hexandris, foliis reniformibus.

Rumex digynus *Linn. svec.* n. 317. *lapp.* n. 132. *Flor. dan.* t. 14. *Engl. bot.* 13. t. 910. *Zoega island.* — *Lightf. scot.* p. 190. *Landt færoens.* — *Georgii fl. baikal.* p. 207. *Pallas it. sibir.* 3. p. 33. *Cranz groenland.* — *Phipps it. polar.* p 55.

Acetosa rubra *Mart. Spitsberg.* —

Lapponibus *Häbro* s. *Äbro.*

Icon nostræ tab. IX. f. 2. (fructus).

Hab. in clivosis omnium alpium lateribus præcipue ad rupes irrigatas et rivulos vulgatissime, usque ad ipsum Nordcap; ex alpibus quoque descendit juxta flumina usque in subsylvaticis et inferalpinis rarius ex. gr. ad flumen Tana et Utsjoki. In montibus subalpinis vero nunquam reperitur nisi in Gellivare-dunder Lapponiæ Lulensis copiose.

Omnes prorsus Auctores pro valvulis seminalibus distinctis habuerunt integumentum seminis in alas membranaceas diductum. Quod autem seminis integumentum sit exinde patet, quod stigmata in marginis membranacei sumitate inserta sunt et sessilia (nec in nuclei denudati apice), quodque stamina extra illud posita reperiuntur (cum in Rumicibus intra valvulas): ne quid dicam de marginum membraceorum simplicitate. Nequit itaque esse Rumicis species; et e contra apprime Rheis convenit nudis seminibus membranaceo-alatis, embryone centrali recto, radicula supra albumen producta et rostrum quasi nuclei seminalis efficiente. Nec numerus partium fructificationis repugnat quin ad Rhea pertineat; si enim tertia pars desumitur a Rheo, oritur numerus omnium partium hujus plantæ; si autem tertia pars in Rumicibus desumeretur, essent stamina 4 nec ut re vera sunt 6. Magnitudo plantæ magis a Rheis abhorret quam habitus; nam folia ejus multis costis e pedunculo divergentibus instruuntur ut in Rheis, quo affinitas quadam cum foliis palmatis demonstratur. Radix valde perennis et longæva, satis crassa.

In Rumicibus veris Valvulæ adsunt, semina sunt triquetra sine marginibus membranaceis, embryo curvatus est et periphericus vel extra albumen positus, stigmata in stylis liberis.

Ex his patere puto, quod si sequatur character generum, hæc planta necessarie ad Rheum referenda est.

Explicatio iconis: a. Semen cum calyce magn. nat. b. idem quadruplo auctum, quo apparet stigmata vel stylos cum marginibus seminis membranaceis cohærere, et lacinias calycis in valvulas haud abire. c. idem eodem augmento transversaliter sectum, calycis laciniis reflexis, nec unquam cum marginibus seminis conjunctis. d. seminis nucleus dissectus longitudinaliter, cum embryone recto centrali. e. Embryo solutus 6:ies auctus.

CLASSIS X.

DECANDRIA.

LEDUM.

Gen. plant. ed. Schreb. n. 744. *Gærtn. de fructib.* 2. p. 145. tab. 112.

195. LEDUM *palustre:* foliis sublinearibus margine revolutis subtus tomentosis.

L. palustre *Linn. svec.* n. 352. *lapp.* n. 160. *Fl. dan.* 6. t. 1031. *Willden. spec.* 2. p. 602. *Pallas it. sibir.* 3. p. 287. *Cranz groenland.* p. 83. *Rottboel. pl. groenl. in Act. Hafn.* X. p. 441. *Flor. Kamtschatk. in Arct. Zool.* p. 195. *Georgii fl. baikal.* p. 213. *Falk russische topogr.* 2. p. 176.

β. *dilatatum:* foliis oblongo-ovalibus.

L. latifolium *Willden. en. hort. ber.* p. 450?

Lapponibus *Jegge-gouts* s. *Gouts-grase* Fennonibus *Suonpursu.* Norvegis *Finne-the* (i. e. thea lapponum).

Hab. locis paludosis sylvaticis per partem sylvaticam et subsylvaticam omnium Lapponiarum svecicarum vulgatissime; ut etiam in Lapponiæ Kemensis regione subalpina usque ad Polmak (ubi plerumque latifolium evadit), et Finmarkiæ orient. regiones interiores Varangriæ etc. passim copiose. Alpes omnino fugit, nec in tota Nordlandia et e latere Norvegico alpium reperitur unquam.

In utraque varietate tomentum foliorum sub prima infantia album est, dein ferrugineum evadit; ut neque colore ejus distingvi queant. Ledum *latifolium* quoddam re vera diversum nunquam vidi.

Centrum capsulæ (i. e. punctum illud ubi vasa nutrientia seminum cum styli ductubus coeunt) sub ipsa apice capsulæ positum, unde egrediuntur receptacula teretia in loculamentis deorsum libera dependentia. Semina in longo arillo inclusa. Ab hoc charactere tota abhorret capsula *Ledi buxifolii,* quæ fere *Azaleæ procumbentis* constructionem habet.

RHODODENDRON.

Gen. plant. ed. Schreb. n. 746. *Gærtn. de fruct.* 1. *p.* 304. *tab.* 63.

196. RHODODENDRON *lapponicum:* foliis ellipticis obtusis foveolatis resinoso-punctatis, umbellis terminalibus, ramis divaricatis procumbentibus.

Azalea lapponica *Linn. svec.* n. 180. *lappon.* n. 89. t. 6. f. 1. *Fl dan* 6. t. 966. *Rottb. pl. grœnl. in Act. Hafn.* X. p. — *Pallas ross.* 2. p. 52. t. 70. f. 1. A. B. (maxima in subsylvaticis).

Hab. in collibus alpinis duris siccis e latere svecico alpium Lulensium et Tornensium passim copiose, uti ad oram orientalem lacus Virih-jaur in monte Tokin, in Kirkivare, in Jolli etc. frequenter; nec non ad Kunma-eno inter Karanasvaara et Peltsanen parœciæ Enontekis sat copiose; summum vero alpium jugum nivale fugit, nec in Norvegia tota unquam lectum nisi pauca exemplaria in convalle Guldbrandsdalen a mari longissime remoto.

Singulis partibus ita convenit Rhododendris ut neutiquam ab iis disjungi queat; nec stamina quinque sunt, sed numerus eorum inter quinque et decem plerumque medius et vagus, neque parum declinata sunt. Rami potius humi adpressi quam suberecti sunt, et tantum apice rosulis foliorum ornati. Gemmarum squamæ ciliatæ. Folia annua sunt vel decidua, nec ulla sub capsulis præcedentis anni adsunt unquam. Folia juniora utrinque luteo-viridia foveolis impressis concoloribus puncto pertuso resinam exsudante centrali notatis; postea hæ foveolæ ferrugineæ evadunt et præcipue in pagina inferiori valde conspicuæ, puncto centrali nigricante. Capsulæ oblongæ, 4-5 sulcatæ, dehiscendo usque ad basin 4-5 partitæ: Dissipimenta duplicata et columnæ mediæ vix unquam annexa. Receptacula longa linearia subfoliacea, columnæ mediæ per totam longitudinem capsulæ adnata instar totidem alarum. Semina utrinque acuminata, subarillata.

Fructus structura ex toto Rhododendri maximi Gærtn. t. 63. est.

MENZIESIA.

Smith ic. ined. 56. *Gærtn. carpol.* 3. *p.* 145. *tab.* 209. *fig.* 6.

197. MENZIESIA *cærulea:* foliis linearibus obtusis, pedunculis aggregatis.

Andromeda cærulea *Linn. svec.* n. 354. *lappon.* n. 164. t. 1. f. 5. *Flor. dan.* t. 57. *Gmel. sibir.* 4. p. 121. *Cranz grœnl.* — *Pallas it. sibir.* 3. p. 306.

Erica cærulea *Willden. spec.* 2. p. 393. *Gmel. sibir.* 4. p. 131. t. 57. f. 2.

Andromeda taxifolia *Pallas ross.* 2. p. 54. t. 72. f. 2. (in Kamtschatka et ad Tungu-flumen tantum).

Hab. in collibus et campis duris siccis per regionem subalpinam et alpinam ipso alpium jugo proximam ubique omnium frequentissime, infra templum Enontekis Lapponiæ Tornensis descendens; ut etiam frequenter in alpium campis inferioribus, et in montibus subalpinis totius regionis sylvaticæ usque ad Kalkisbout Lapponiæ Pitensis, Ollostunturi Lapponiæ Tornensis e. s. p.; nec non in alpibus maritimis totius Finmarkiæ et septentrionalis Nordlandiæ parcius.

Quoad partes floris et numerum omnium partium optime cæteris Andromedis convenit, sed habitus et capsulæ constructio aliena est. Folia neutiquam terna sunt, sed sine ordine conferta, Taxi foliis non parum similia: Denticuli marginum pellucidi interdum capitati, ut pilos pedunculorum non parum æquant. Capsula urceolata, inferne circulo elevato cincta; apice dehiscit in suturis adeo ut dissepimenta e marginibus valvularum formata esse apparent; sed margines valvularum vix ad medium a se invicem solvuntur, infra medium omnino connati tum inter se tum cum columna, ut neque vi disjungi queant. Receptacula brevia ut in *Andromeda polifolia.*

Menziesiæ generis character consistit in corolla ventricosa indivisa Andromedarum (sed stamina bilocularia mutica), et capsula marginibus inflexis dissepimenta constituentibus ut apud Rhododendra. Huic quoque generi pertinet *Andr. dabœcia.*

ANDROMEDA.

Gen. plant. ed. Schreb. n. 747. *Gærtn. de fruct.* 1. p. 104. t. 63.

198. ANDROMEDA *polifolia β.:* foliis lanceolatis mucronatis margine revolutis, pedunculis aggregatis, corollis ovatis.

A. polifolia *Linn. svec.* n. 353. *lappon* n. 173. t. 1. f. 3. *Lightf. scot.* p. 214. *Georgii fl. baikal.* p. 213. *Pallas it. sib.* 3. p. 287.

A. polifolia β. media *Aiton. kew.* 2. p. 68. *Willden. spec.* 2. p. 601.

Hab. in paludibus omnibus per partem sylvaticam usque ad subalpinam omnium Lapponiarum svec. et inferalpinam Norvegicarum vulgatissime; ut etiam ubique parcius in ipsarum alpium paludosis.

Non tantum foliorum pagina inferior, verum etiam bracteæ et pedunculi florum rore candido eleganti obducta sunt. Costa foliorum in mucronem subpellucidum exstantem abit. Antheræ setis recurvatis armatæ. Stylus persistens capsulis parum longior. Capsula obovata, subrugosa; umbilico perforato. Receptacula sessilia, brevia, subrotunda. Semina majora quam in cæteris speciebus lapponicis seminibus papaveris fere majora, polita et nitida, oblonga utrinque rotundata, sine margine ullo compresso.

Elegantior est in Lapponia quam alibi unquam floribus numerosis fere umbellatis in pedunculis elongatis incarnatis. Est quædam gentilitas admirabilis in flore et pedunculo a rubore subpellucido florido aucta, sed quasi nube glaucescente modeste involuta; qua admodum placet hæc Andromeda in his desertis. Huic figura *Engl. bot.* 10. t. 713. adeo dissimilis est pedunculis suis brevissimis, ut haud citari meretur; totam illam elegantiam amisit, quam poetica sua descriptione exposuit Linnæus in Flora lapponica.

199. ANDROMEDA *calyculata γ. angustifolia:* foliis oblongis obtusis squamuloso-punctatis, racemis secundis foliaceis, calyce bracteolato, corollis ovalibus.

A. calyculata *Linn. svec.* n. 357. *Gmel. sibir.* 4. p. 119. n. 4. *Georgii fl. baikal.* p. 214. *Falk russ. topogr.* 2. p. 176.

A. calyculata γ. angustifolia *Willden. spec.* 2. p. 614.

Hab. in paludibus umbrosis Sphagno repletis per Lapponiam Kemensem infimam passim copiose.

Racemi interdum nudi sunt vel sine bracteis foliaceis. Foliorum serraturæ in nostra varietate vix adsunt, sed eorum loco rugositas vel callositas inæqualis. Antheræ re vera muticæ sunt. Stylus capsulam coronans quadruplo longior est quam ipsa capsula. Forma capsulæ valde depressa ut fere caseolaris, idque magis quam in figura *Gærtneri*, simulque calyx brevior. Dissepimenta quidem e latere medio valvularum oriuntur et dehiscentia in angulis primum fit; sed successu temporis dissepimenta in binas laminas dividuntur et singuli loculamenti conceptaculum inferne cohærens decidit: ideoque in hac admodum manifeste cernitur, quod dissepimenta revera e marginibus inflexis valvularum semper formantur, quamquam e dorso primum dehiscunt dum dissepimenta arcte columnæ mediæ adnata sunt. Receptacula in centro capsulæ subpedicellata, de cætero brevia subglobosa. Semina e latere interiore compressa et submarginata.

200. ANDROMEDA *tetragona:* foliis subtriquetris sagittatis quadrifariam imbricatis, pedunculis solitariis lateralibus, corollis campanulatis.

A. tetragona *Linn. svec.* n. 356. *lapp.* n. 166. tab. 1. f. 4. *Fl. dan.* 6. t. 1030. *Willden. spec.* 2. p. 607. *Rottb. pl. groenl. in Act. hafn.* X. — *Pallas ross.* 2. p. 56. t. 73. f. 4. (haud in Sibiria.)

Hab. locis editis siccis per alpium Tornensium jugum et Nordlandiæ septentrionalis summas alpes vulgatissime; ut etiam in Finmarkia occidentali rarius, et in alpibus Lulensibus e latere svecico passim satis copiose ex. gr. ad Kobrinojvi, Jolli et septentrionale latus montis Vallivare. In summis alpibus Pitensibus eam quoque legit Cel. *Solander.*

Folia ejusdem omnino figuræ, constructionis et situs ac in *Erica vulgari*, quamquam calcara minus retrorsum producta sunt. Hæc autem constructio vix evidenter describi queat; margines omnino revoluti sunt et calcara formant, sed discus simul sursum productus in margines alios spurios sursum versos. Folia neutiquam nuda sunt, sed undique pilosiuscula, marginibus haud exceptis, unde differentia ab A. *ericoide Pallas* satis vaga videtur. Corolla oblongo - campanulata. Capsula magis conica quam in cæteris: umbilico perforato usque ad centrum capsulæ. Receptacula quinque magis distincta, inferne soluta et in loculamentis retrorsum producta. Stylus capsula brevior. Antheræ setas binas longitudinem fera filamenti æquantes demittunt.

201. ANDROMEDA *hypnoides:* foliis subulatis confertis, pedunculis solitariis terminalibus, corollis campanulatis. *Willden. spec.* 2 p. 608.

A. hypnoides *Linn. svec.* n. 355 *lappon.* n. 165. tab. 1. f. 3. *Flor. dan.* t. 10. *Zoega island.* — *Pallas. it. sibir.* 3. p. 34. (conf. *Pallas fl. ross.* 2 p. 56!)

Hab. per universum alpinum jugum usque ad Rastekaisse in locis siccis durissimis editis vulgaris; in collibus subalpinis jugo proximis passim degreditur usque ad summum jugum alpis Givorten Lapponiæ Umensis, Peliekaisse Lapponiæ Pitensis, Valli et Säkkok Lapponiæ Lulensis, Kielijärvi Lapponiæ Tornensis; sed de cætero neque in maritimis alpinis Lapponiæ Norvegicæ neque extra altiores alpes descendit unquam.

Floribus suis pulchellis incarnatis campanulatis quasi supra muscum i. e. surculos Hypno satis similes pendentibus valde singularis est. Folia simplicissima, subulato - planiuscula, extrorsum glaberrima: marginibus introrsum pellucido - denticulatis. Pedunculi ramis longiores, semper terminales (nec rami unquam ad eorum basin innovant sed tantum parum incrassati evadunt), semper solitarii, glabriusculi. Corolla late campanulata. Antheræ setis binis brevioribus armatæ. Capsula globosa: umbilico perforato, sed basi styli incrassata et subglobosa repleto.

In quaternis his Andromedæ speciebus capsula admodum similis: valvulis dissepimento contrariis vel e media pagina dissepimenta emittentibus, apicibus valvularum inflexis et ad centrum fere capsulæ retrogradis unde umbilicus formatur insignis. In centro capsulæ quinque adsunt receptacula distincta brevia, rarius retrorsum protensa. Antheræ in plerisque Andromedis setis binis armatæ sunt, quibus etiam differunt a Menziesia s. ante hac Andromeda *caerulea*.

ARBUTUS.

Gen. plant. ed. Schreb. n. 750.

202. ARBUTUS *Uva ursi:* caulibus procumbentibus, foliis integerrimis cuneiformibus.

A. Uva ursi *Linn. svec.* n. 358. *lapp.* n. 162. tab. 6. f. 3. *Willden. spec.* 2. p. 618. *Olavs. it. island.* p. 148. *Michaux amer.* 1. p. 249. *Lightf. scot.* p. 216. *Pallas it. sibir.* 3. p. 16. *Flor. Kamtschatk. in Arct. Zool.* p. 195. (conf. *Pallas fl. ross.* 2. p. 48.) *Georgii fl. baikal.* p. 214.

Hab. in sylvaticis et alpinis siccis arenosis totius Lapponiæ fere ubique copiose, sed in ipsis alpibus parce.

203. ARBUTUS *alpina:* caulibus procumbentibus, foliis serratis rugosis deciduis.

A. alpina *Linn. svec.* n. 359. *lapp.* n. 162. *Engl. bot.* 29. t. 2030. *Lightf. scot.* p. 215. *Zoega island.* — *Flor. dan.* t. 73. *Pallas it. sibir.* 3. p. 24. 27. 33.

Lapponibus *Karanes muörje* (i. e. corvorum baccæ). Norvegis *Ravne-bær.*

Hab. in subalpinis siccis arenosis totius Lapponiæ omnium vulgatissima; ut etiam in alpinis et ipsis alpibus usque versus Nordcap ubique parcius; nec non per partem subsylvaticam usque ad Muttania Lapponiæ Kemensis, Gellivare Lapponiæ Lulensis e. s. p. descendens et per partem inferalpinam præcipue Lapponiarum septentrionalim passim. In omnibus montibus subalpinis copiose occurrit.

Folia annua sunt et sub hieme omnino pereunt, quamquam remanent decoloratæ. Epidermis in pagina inferiori soluta est ut in Buxo et Pyrola. Semina in singula bacca quinque, lenticularia, introrsum margine acutiore columnæ adfixa, rugulosa, duriusculo putamine prædita, pulchre purpurascentia. Præcedenti itaque respectu generis utique convenit, quamquam specie valde diversa quod ad constructionem singularum partium. Arbutus *Unedo Gærtn. de fruct.* 1. p. 284. tab. 59. f. 4. ab utrisque differt loculamentis polyspermis.

PYROLA.

Gen. plant. ed. Schreb. n. 752. *Gærtn. de fruct.* 1. p. 303. tab. 63.

204. PYROLA *rotundifolia:* staminibus adscendentibus, pistillo declinato, racemo multifloro. *Smith brit.* 2. p. 444. *Linn. svec.* n. 360. *lappon.* n. 169. *Flor. dan.* t. 110. *Lightf. scot.* p. 218. *Landt færoens.* — *Michaux amer.* 1. p. 251. *Pallas it. sibir.* 3. p. 319. 287. *Gmel. sibir.* 4. p. 128. *Flor. Kamtschatk. in Arct. Zool.* p. 195. *Georgii fl. baikal.* p. 214.

Hab. locis herbosis umbrosis per partem sylvaticam omnium Lapponiarum passim parcius.

205. PYROLA *minor:* floribus racemosis dispersis, staminibus stylisque rectis æqualibus inclusis.

P. minor *Linn. svec.* n. 361. *Willden. spec.* 2. p. 621. *Flor. dan.* t. 55. *Lightf. scot.* p. 218. *Gmel. sibir.* 4. p. 128. *Georgii fl. baikal.* p. 214.

Fennonibus Enontekensibus *Lilien-kuka.*

Hab. locis umbrosis per partem sylvaticam et subsylvaticam omnium Lapponiarum fere ubique satis copiose; ut etiam in Nordlandia inferalpina passim et Finmarkia rarius.

Hanc a P. *rotundifolia* haud distinxisse videtur *Linnéus* in sua Flora lapponica; longe vulgatior est quam illa per totam Lapponiam.

206. PYROLA *secunda:* racemo unilaterali, foliis ovalibus serratis.

P. secunda *Linn. svec.* n. 362. *lappon.* n. 168. *Smith. brit.* 2. p. 445. *Lightf. scot.* p. 219. *Flor. dan.* t. 402. *Olavs. it. island.* p. 814. *Michaux amer.* 1. p. 250. *Pallas it. sibir.* 3. p 319. *Falk russische topogr.* 2. p. 177.

Hab. in sylvis acerosis siccis Lapponiarum meridionalium vulgatius, septentrionalium rarius.

207. PYROLA *uniflora:* scapo unifloro. *Linn. svec.* n. 364. *lappon.* n. 167. *Willden. spec.* 2. p. 622. *Smith. brit.* 2. p. 446. *Michaux amer.*

1. p. 251. *Pallas it. sibir.* 3. p. 287. *Gmel. sibir.* 4. p. 129. *Georgii fl. baikal.* p. 214.
Hab. in lucis fertilioribus Lapponiarum meridionalium frequentius, septentrionalium rarius.

CHRYSOSPLENIUM.

Gen. plant. ed. Schreb. n. 763. *Gærtn. de fruct.* 1. p. 208. tab. 44.

208. CHRYSOSPLENIUM *alternifolium:* foliis alternis reniformibus subincisis.
Ch. alternifolium *Linn. svec.* n. 365. *lapp.* n. 151. *Smith. brit.* 2. p. 447. *Lightf. scot.* p. 219. *Georgii fl. baikal.* p. 214. *Pallas it. sib.* 3. p. 34. *Gmel. sibir.* 3. p. 29.
Hab. in pratis udis per Lapponiam rarissime, sed etiam ad templum Enontekis lectum est.

SAXIFRAGA.

Gen. plant. ed. Schreb. n. 764. *Gærtn. de fruct.* 1. p. 177. tab. 36.

209. SAXIFRAGA *Cotyledon:* foliis radicalibus aggregatis lanceolato-lingulatis albido-serrulatis, panicula composita laxa, calycibus glanduloso-pilosis.
S. Cotyledon *Linn. svec.* n. 366. *lappon.* n. 177. tab. 2. f. 2. mala. *Flor. dan.* t. 241. *Willden. spec.* 2. p. 638. *Olavs. it. island.* p. 453. *Suter helvet.* p, 243.
S. pyramidalis *Lapeyrous. saxifr.* p. — *Sternberg saxifr.* p. 2. t. 2. optim.
S. foliorum ora cartilaginea, caule triplicato-ramoso, petalis immaculatis. *Hall. helv.* n. 977.
Cotyledon media foliis subrotundis. Bauh. in *Burser. herb.* XVI. n. 96.
Norvegis *Bergdusk.*
Hab. in rupibus irrigatis umbrosis sub ipsis radicibus alpium per Nordlandiam meridionalem usque ultra sinum Saltensem passim copiose; ut etiam in convallibus profundis subalpinis juxta Quickjock Lapponiæ Lulensis raro scil. ad montem Njammats et ad Vallivare, nec non juxta lacum Tornensem prope alpes lecta a cel. *Lilje-*

blad; sed ulterius septentrionem versus nunquam reperta est, nec in ipsis alpibus unquam.

Folia semper prædictæ formæ, nec latitudine sua apud nos variant, sursum parum latiora apiceque obtusiuscula, læte viridia (nec ut in S. *aizoon* glauca). Margo eorum proprie dictu cartilagineus non est, nec serraturæ, quum in latere inferiore omnino virides; sed superne obductæ tantum sunt epidermide quadam accessoria albida, quæ in centro uniuscujusque serraturæ adfixa est quasi in umbilico depresso, et ad ambitum cito solvitur a subjacente substantia folii sicque gutta una albida in unaquaque serratura constituit. Basin versus folii hæ serraturæ sensim abeunt in cilias capitulatas vel glanduliferas. Foliola s. bracteæ paniculæ fere usque ad apicem ciliata, et utrinque glanduloso-pilosa. Panicula tota ut etiam calycis fundus glanduloso-pilosa; sed laciniæ calycinæ plerumque glabræ, subcoloratæ, obtusæ. Petala versus basin vix manifeste ciliata, albida sine ullis punctis, oblongo-obovata nec ita subrotunda ac in figura Floræ danicæ (sine dubio perperam ita depicta). Calyx fructificans subglobosus, fructum longe magis inferiorem fovens quam in S. *aizoon.* Pedunculi florum tenuissimi fere capillares.

Nobis extranea est *S. aizoon Jacqu. austr.* 5. t. 438. *Sternb. saxifr.* tab. 3. A. (S. petiolis paucifloris, petalis punctatis *Hall. helv.* n. 978.), cujus serraturæ foliorum eodem modo constructæ sunt ac in nostra S. *Cotyledone,* sed eximie differt: scapo subsimplici, firmo, et bracteis latioribus inferne prædito; calyce omnino glabrato, magis dilatato et planiore fructum magis superum fovente; petalis inferne latioribus, sibi invicem contiguis et subovatis. Hanc in tota Scandinavia haud sponte crescere puto, unde figura *Floræ lapp.* huc a nonnullis citata non potest non ad ipsam *S. Cotyledonem Linn.* pertinere.

In *Sax. mutata* ejusque affini *S. crustata* serraturæ foliorum longe alius constructionis sunt utpote e membrana hyalina tenuissima factæ; cæteræ quoque partes alienæ, ut nostræ plantæ vix quidem affinis est. Dilabunt itaque Cotyledones in squamoso-serratas et membranaceo-serratas.

210. SAXI-

210. SAXIFRAGA *oppositifolia:* foliis coriaceis ciliatis oppositis ovatis imbricatis planiusculis, caule calyceque glabro, flore terminali semisupero.

S. oppositifolia *Linn. svec.* n. 369. *lappon.* n. 179. t. 2. f. 1. *Sternb. saxifr.* p. 36. *Olavs. it. island.* p. 433. *Landt færoens.* — *Phipps it. spitzberg.* — *Lightf. scot.* p. 222. *Gmel. sibir.* 4. p. 168. *Georgii fl. baikal.* p. 215.

Herba facie Sedi. *Mart. spitzberg.* c. 5. t. F. f. C.

Hab. locis ab aqua nivali irrigatis præcipue saltuosis per totum alpium jugum et omnes alpes maritimas usque ad summa cacumina vulgatissime; ut etiam in petris maritimis et rupibus inferalpinis passim; de cætero extra summas alpes haud visa, nisi in monte Snirrak Lapponiæ Lulensis parcius.

Folia omnia sunt ciliata: ciliis eglandulosis s. capitulo terminali orbatis, subulatis seu extenuatis, rigidis; suprema in pedunculo alterna sæpius sunt. Caulis interdum pilosiusculus ob cilia foliorum decurrentia: de cætero glaberrimus. Petala haud raro satis angusta et lanceolata. Pistilla calyce semper longiora. Rami autem semper uniflori. Apex foliorum semper incrassatus, triangularis et quodammodo retusus, (sine ciliis) et in medio puncto unico perforatus; quæ quidem structura in S. *biflora* minus manifesta, in S. *retusa* insignior. Ad marginem foliorum S. *cæsiæ* adest series tota punctorum perforatorum et nonnisi basis plana ciliata, unde affinitas harum tum inter se tum S. *cotyledoni* demonstratur.

Hæc quasi media est inter S. *bifloram* et *retusam* tum respectu figuræ foliorum ac constructionis floris. Neque S. *biflora* nec S. *retusa* in Lapponia crescit. *Saxifraga biflora* satis differt caule calyceque villoso, foliis tenuibus: ciliis sive nullis sive mollibus et capitulo glanduloso instructis.

211. SAXIFRAGA *nivalis:* foliis obovatis truncatis crenatis subsessilibus, scapo nudo, floribus aggregatis semisuperis, petalis calycem æquantibus.

S. nivalis *Linn. svec.* n. 368. *lapp.* n. 176. t. 2. f. 5. 6. *Engl. bot.* 440. *Willden. spec.* 2. p. 645. *Lightf. scot.* p. 221. *Cranz grœn-*

land. — *Landt færoens.* — *Zoega island.* — *Pallas it. sibir.* 3. p. 33? *Gronov. virgin.* 160.

β. tenuis: foliis subpetiolatis, floribus pedunculatis cymosis.

S. punctata *Rottboell act. hafn.* X. p. 445. t. 3. n. X.

Sempervivum parvum *Mart. spitzberg.* n. 2. t. F. f. *a.*

Hab. per totum alpium jugum omnesque alpes maritimas in locis suboccultis præruptis ab aqua nivali semper irrigatis frequenter; ut etiam ad rupes inferalpinas Nordlandiæ sat vulgaris; sed juxta flumina alpina in Lapponiis svecicis rarissime.

Hæc nulli alii nostrarum affinis est, sed a cæteris omnibus disjuncta: toto habitu, floribus inconspicuis semper erectis campanulatis, petalis calyce et germine fere minoribus valde inconspicuis, discretis vixque sibi invicem contiguis.

Folia subcoriacea et tam opaca ut nullæ venæ transparent, glabra, margine pubescentia, subtus plerumque rubicunda: crenis satis profundis. Caulis vel scapus crassiusculus firmus, pilis brevibus viscosis obductus. Flores ita aggregati ut capitulum plerumque formant, numerosi. Petala parva albicantia vel parum rubicunda.

β. tenuis varietas est insignior: omnibus partibus gracilioribus et tenerioribus, foliis undique glaberrimis et magis elongatis; floribus paucioribus et ita pedunculatis, ut cymam fere efficiunt; fructu minore et stigmatibus magis recurvatis.

212. SAXIFRAGA *stellaris:* foliis oblongis serratis, scapo nudo ramoso, petalis lanceolatis inferis, calyce reflexo.

S. stellaris *Linn. svec.* n. 367. *lappon.* n. 175. *Flor. dan.* t. 23. *Sternberg saxifr.* p. 11. *Lapeyrouse saxifr.* n. 23. *Zoega island.* — *Lightf. scot.* p. 220. *Gmel. sibir.* 4. p. 163. n. 75. *Landt færoens.* — *Cranz grœnland.*

Herba foliis Aloes. *Martens spitsberg.* n. 1. t. G. fig. a.

Hab. per universum alpium jugum et omnes alpes maritimas locis subocultis irrigatis, juxta rivulos etc. ubique frequenter; nec non extra alpes ad rivulos alpinos et fluvios passim uti in Nordlandia inferalpina, ad Kengis prope Lapponiam Tornensem e. s. p.

Flores ante florescentiam semper nutant ut in sequentibus speciebus, quibus re vera affinis est. Calyx post florescentiam reflexus.

213. SAXIFRAGA *Hirculus:* foliis caulinis lanceolatis nudis obtusiusculis, caule erecto, floribus campanulatis inferis.

S. Hirculus *Linn. svec.* n. 570. *Flor. dan.* t. 200. *Sternberg saxifr.* p. 24. *Willden. spec.* 2. p. 649. *Pallas it. sibir.* 3. p. 34. 446. *Gmel. sibir.* 4. p. 165. t. 63. f. 3. *Georgii fl. baikal.* p. 215. *Falk russische topogr.* 2. p. 178.

Hab. in paludibus firmioribus per partem sylvaticam et subsylvaticam Lapponiæ Tornensis ubique frequenter, et Kemensis passim; ut etiam Varangriæ in Finmarkia orientali: *Gunnerus.*

Folia radicalia latiora sunt et petiolata, tenuia et omnino plana, undique nuda et ne basi quidem ciliata, neque apice perforata. Caulis uniflorus vel biflorus. Flores toti campanulati sunt, petalis sursum latioribus, omnino inferis. Calyx post florescentiam reflectitur ut in *S. stellari.*

Engl. bot. 15. t. 1009. plantam sistit multo vegetiorem quam nostra, nec de cætero ex asse quadrat.

214. SAXIFRAGA *aizoides:* foliis lineari-subulatis subciliatis mucronatis, caulibus decumbentibus, floribus planis semiinferis.

S. aizoides *Linn. svec.* n. 571. *lappon.* n. 178. *Sternberg saxifr.* p. 25. t. 8 f. 1. *Smith. brit.* 3. n. 452. *Zoega island.*

S. autumnalis *Lightf. scot.* p. 222. *Flor. dan.* t. 72.

Hab. in utroque latere jugi alpini meridionalis ubique frequenter usque in alpe Ribnitskaise Lapponiæ Pitensis decedens; sed propius fines Finmarkiæ nonnisi in latere norvegico alpium reperitur, ubi in radicibus rupium alpinarum et ad latera montium maritimorum inferalpinorum passim copiose crescit; nec non in oris maritimis Finmarkiæ ad Alten passim et in Qualöa prope Hammerfest parcius, ut etiam ad flumen Utsjokense Lapponiæ extimæ Kemensis copiose visa.

Folia caulina ac radicalia simillima, omnia sessilia, linearia, crassiuscula et quodammodo semiteretia, ob latus inferius tumidum inane et epidermide distenso præditum, intra apicem puncto luteolo impresso notata, saltim ad basin ciliata. Racemus in apice caulis foliosus, ramis ante florescentiam nutantibus. Flores planiusculi, calyce semper patente et ad basin germini ita adnatus ut tantum subinferi dici possunt flores.

Nullam unquam vidi S. *autumnalem*, quam pro diversa a S. *aizoide* habere potui.

215. SAXIFRAGA *cernua:* foliis caulinis reniformibus subpalmatis petiolatis, caule bulbifero subunifloro, calyce infero 5-partito, petalis obovatis obtusis.

S. cernua *Linn. svec.* n. 373. *lappon.* n. 172. tab. 2. f. 4. *Smith. brit.* 2. p. 453. *Engl. bot.* 10. t. 664. optim. *Sternb. sax.* p. 18. t. 12. f. 2. *Phipps it. Spitsberg.* — *Rottb. pl. grœnl. in Act. hafn.* X. *Pallas it. sibir.* 3. p. 33. *Gmel. sibir.* 4. p. 163. n. 74. *Georgii fl. baikal.* p. 215.

Hab. locis suboccultis ad rupes irrigatas per alpium jugum meridionale vulgaris, infra Vallivare Lapponiæ Lulensis haud-descendens, per jugum septentrionale passim copiose; sed Finmarkiæ raro.

Tum a S. *granulata* tum ab omnibus sequentibus distinctissima est: floribus omnino inferis, ita ut calyx usque ad basin solutus est et partitus nec non parvus respectu petalorum; de cætero facies ab omnibus aliis Saxifragis aliena præcipue ob florem in pedunculo tenuissimo longo nudo fere fili-pendulum (nec quasi vi reflexum ut in præcedentibus). Tota planta admodum gracilis; folia tenuia. Lobi foliorum radicalium acuti, caulinorum acuminati. Flores multo majores quam in sequentibus; petalis basi elongatis, obtusis, calyce quadruplo vel quintuplo longioribus (nec specimina petalis acutis in Lapponia vidi).

216. SAXIFRAGA *bulbifera:* foliis palmato-lobatis: caulinis subsessilibus, caule bulbifero, germine semiinfero.

S. bulbifera *Linn. spec. pl.* p. 577. *Gunner. norv.* n. 1006. *Zoega island.*

? S. grandiflora *Sternberg saxifr.* p. 20. t. 12. f. 4.

Hab. in Tromsö Nordlandiæ et alibi: *Gunnerus;* ego tantummodo in latere irrigato alpis Käimiokaisse districtus Tanensis Finmarkiæ parcius legi.

Specimina hujus nonnulla, quæ ad Käimiokaisse legi, in spiritu vini diu conservata habui, ut figura floris optime apparuit. Toto habitu a præcedente admodum recedit et sequentibus magis affinis apparet. Omnium autem simillima est *S. sibiricæ,* ut quæstio sit an ab eadem vere diversa. Cæspitose crescit, quo ab affinibus eximie differt et *S. cæspitosæ* convenit, stolonibus et cauliculis numerosis multiplex. Folia radicalia fere ut in sequenti lobata: lobis obtusis rotundatis; caulina subpalmata lobis obtusiusculis. Omnia folia crassiuscula sunt ut nervi neutiquam transparent. Sub bulbis superioribus posita sunt foliola integra, lanceolata, obtusiuscula. Caulem non nisi uniflorum simplicem legi. Flos minor quam in præcedente, ejusdem figuræ et constructionis ac in *S. granulata,* sed magnitudo quam in *S. cæspitosa* minor. Calyx quodad dimidiam fere partem germini adnatus. Petala oblonga, obtusa, laciniis calycinis triplo longiora. — Denique perierunt mea specimina in incendio Upsaliensi d. 19. Juni 1809, ut nunc certi quid ex instituta comparatione cum tabulis Sternbergianis vix extricare possum.

A *Saxifraga bulbifera Sternb. saxifr.* p. 15. t. 12. f. 1. longe differt foliis glabris etc. nec non patria diversissima.

217. SAXIFRAGA *rivularis:* foliis lobatis petiolatis: summo florali obovato, caule subbifloro, germine semiinfero.

S. rivularis *Linn. svec.* n. 374. *lappon.* n. 174. tab. 2. f. 7. *Sternberg saxifr.* p. 19. t. 12. f. 3. *Zoega island.* — *Pallas it. sibir.* 3. p. 33. *Gmel. sibir.* 4. p. 170. *Landt faeroens.* — *Cranz groenland.* — *Phipps it. spitsberg.* —

Ranunculus tertius. *Mart. spitsberg.* cap. 3. tab. H. fig. c.

Hab. locis madidis occultis, juxta rivulos, sub petris per alpium jugum septentrionale et omnes alpes maritimas usque ad Nordcap ubique minus frequenter; sed in meridionalibus rarius. Nec extra summas alpes provenit unquam.

Planta pygmæa vix unquam ultra pollicem alta, et toto habitu Ranunculo pygmæo admodum similis. Radix tenuis et simplex ut annua re vera apparet. Folia pleraque radicalia, lobata: lobis obtusis rotundatis; petiolis longis, tenuibus, basi dilatatis in membranam amplectentem. Folium caulinum plerumque adest unum lobatum: petiolo membranaceo amplexicauli. Foliolum vel bractea sub inferiore flore majusculum, obovatum, subpetiolatum. Pedunculi florum insigniter pilosi. Flores late campanulati, minusculi. Calyx fere ad dimidiam partem germini adnatus. Petala laciniis calycinis duplo tantum longiora.

218. SAXIFRAGA *tridactylites:* foliis cuneiformibus tridentatis viscosis, caule subpaniculato, fructibus globosis, stigmatibus calycem æquantibus.

S. tridactylites *Linn. svec.* n. 375. *Smith brit.* 2. p. 454. *Engl. bot.* t. 501. bona. *Sternberg saxifr.* p. 44. t. 17. f. 3. bona. *Zoega island.* — *Gunner norv.* n. 544.

S. annua *Lapeyrous. saxifr.* —

Hab. in collibus et campis siccis inferalpinis Nordlandiæ meridionalis rarius; a me lecta ad pagum Säljäs juxta Sörfolden districtus Saltensis.

219. SAXIFRAGA *petræa:* foliis cuneiformibus quinquedentatis glabriusculis, caule nudiusculo cymoso, fructibus oblongis, stigmatibus calycem superantibus.

S. petræa *Linn. spec. plant.* p. 578. *Flor. lapp.* n. 173 *Vahl in act. hist. nat. hafn.* 2. p. 10.* *Willden. spec.* 2. p. 654. *Gunn. norv.* n. 427. t. 9. f. 1 - 3. *Fl. dan.* 1. t. 68.

S. hypnoides *Scopol. carn.* p. 296. t. 16.

S. controversa *Sternberg saxifr.* p. 43. t. 16. f. 1 - 6.

S. adscendens *Wulfen in Jacqu. collect.* 1. p. 197. t. 11.

Hab. in rupibus siccis meridiei expositis tum ipsarum alpium meridionalium ex. gr. ad Lill-Tokin juxta Virih-jaur, tum sub ipsis alpibus ex. gr. ad Torrfjorden Saltensis et Gillesskaliæ Nordlandicæ parcius; ut etiam Maasöæ Finmarkiæ visa a *Gunnero.*

Habitu non parum a præcedente differt, ut re vera diversa mihi videtur. Tota planta magis glabra et parum viscosa præcipue folia radicalia. Omnibus stolonibus radicalibus procumbentibus orbata est, nec cæspitem ullum perennem efformat, qua nota a sequenti et S. *decipiente* etc. longe differt et ad præcedentem accedit. Ad radicem folia disposita sunt in rosulam magis regularem. Caulis rarioribus foliis sparsis ornatus, quæ folia dentibus minus profundis incisa sunt. Apex caulis dividitur prorsus in cymam, cujus rami singuli floribus tribus quatuorve subsessilibus donati sunt. Fructus calyce vestitus longior et major est; stigmatibus magis elevatis. Petala in nostra calyce dupplo tantum longiora fere ut in præcedenti.

Est quasi media inter præcedentem et S. *androsaceam.*

220. SAXIFRAGA *cæspitosa:* foliis radicalibus aggregatis subcuneiformibus trifidis obtusis, scapo subnudo subbifloro, fructibus urceolatis, stigmatibus clavatis calycem longe superantibus.

S. cæspitosa *Linn. svec.* n. 376. *Gunner. norveg.* n. 1047. t. 7. f. 3. 4. *Cranz grœnland.* — *Phipps it. spitzb.* — *Olavs. it. island.* p. 815. *Landt faeroens.* — *Martin Act. holm.* 1758. p. 307.

S. grœnlandica *Lapeyrouse saxifr.* n. 37. *Sternberg saxifr.* p. 53.

β. grœnlandica: foliis conglomeratis corrugatis imbricatis.

S. grœnlandica *Linn. spec. plant.* p. 578. *Gunner. norveg.* n. 689. t. 7. f. 1. *Cranz grœnland.* —

γ. repens: stolonibus prælongis decumbentibus, foliis laxioribus.

S. hypnoides *plurimorum Auctorum svec.*

Hab. in petris siccis elatioribus per alpes meridionales passim frequenter ex. gr. ad Virih-jaur prope Väjryggsröset, in Kaisats, in Kobrinojvi, in Jolli ut etiam in transgressu illo humili ad lacum Torneträsk; sed magis septentrionem versus nonnisi in petris et rupibus maritimis per Nordlandiam totamque Finmarkiam usque ad Nordcap ubique satis copiose.

β. et *γ.* tantum in locis maritimis legi.

Magnitudine et facie externa admodum varians est; vidi specimina quæ S. *granulatam* fere superabant. Semper admodum cæspitosa est, caudice multifariam sese dividente et foliis squarrosis præteritorum annorum turgescente. Folia e basi lineari sursum dilatantur et finduntur in lacinias lanceolatas, obtusiusculas, parum a se invicem divergentes; de cætero glabriuscula, subtrinervia. Scapi nascuntur singuli ex unaquaque rosula foliosa, subnudi vel uno alterove foliolo trifido ornati. Flores semper erecti, semisuperi. Petala oblonga, obtusa vel apice rotundata, laciniis calycinis duplo longiora, plerumque alba, sed in ipsis alpibus haud parum flavescentia. Stigmata clavata in stylis patentibus elevata, lacinias calycinas plusquam duplo superantia.

β. corrugata tantum est a solo alpino simulque maritimo.

γ. caulibus decumbentibus foliosis ultra spithamam longis gaudet, quibus inter lapides serpit. De cætero nihil a vulgari differt nec limites inter utramque dantur; neque aliam S. *hypnoidem* in Lapponia legi unquam aut ibi lectam vidi.

Engl. bot. 12. t. 794. ad nostram plantam quidem pertinere videtur, tamen minus convenit quam fig. *Flor. norveg.* — Nec *Flor. dan.* 8. t. 1388. convenientissima. Optimæ omnium figuræ nostræ plantæ itaque exstant in *Flor. norveg.*

DIANTHUS.

Gen. plant. ed. Schreb. n. 770. *Gærtn. de fruct.* 2. *p.* 227. *tab.* 129.

221. DIANTHUS *superbus:* floribus disjunctis paniculatis, squamis calycinis brevissimis acuminatis, petalis barbatis multipartito-fimbriatis, foliis obtusiusculis.

D. superbus *Linn. svec.* 2. n. 383. *Willden. spec.* 2. p. 679. *Fl. dan.* 4. t. 578. *Pallas it. sib.* 2. p. 569.

D. plumarius *Gunner. norv.* 532. *Pallas it. sibir.* 3. p. 34?

D. petalis multifidis *Linn. lapp.* n. 170.

Norvegis *Fjaer-nellike* (i. e. littoralis Dianthus).

Hab. in littoribus marinis sabulosis per Finmarkiam passim, ex. gr. in Väjnäset juxta Kistrand copiose et ad Varangriam parcius; nec non in parte sylvatica infima Lapponiæ Kemensis rarius ex. gr. ad Akankoski juxta flumen Kittinenjoki in rupe calcarea frequenter.

Lapponica planta singulis suis partibus a D. *plumario* diversissima. Radix certe perennis est subrepens, stolonibus nonnullis foliosis semper prædidita, haud vero integrum cæspitem foliosum supportans. Folia linearia quidem sunt, sed sursum latiora et quodammodo sublanceolata (fere ut in *Silene nutante*) plana et tenuia: marginibus apud exsiccatam plantam revolutis, lævibus; de cætero apex foliorum obtusus inermis, et color viridis sine ulla glaucescentia. Caulis semper teres, lævissimus, superne per dichotomiam divisus in paniculam. Petala quodammodo oblonga et acuta, ad utrumque latus partita in lacinias capillaceas. Capsula calyce multo longior.

E diverso in D. *plumario*: tota planta glauca, in densis cæspitibus nascens; folia rigida canaliculata, attenuata, ita acuminata ut fere mucronata, marginibus involutis asperis vel subciliatis; caulis angulatus, superne tetragonus; Petala cuneiformia, truncata, in lacinulas simplices breves superne divisa. Atque hæc planta a terra lapponica abhorret, vixque totius Sveciæ indigena est.

C U C U B A L U S.

Gen. plant. ed. Schreb n. 771.

222. CUCUBALUS *Behen:* calycibus inflatis glabris reticulato-venosis, capsulis trilocularibus. *Linn. svec.* n. 385. *lapp.* n. 180. *Willden. spec.* 2. p. 684. *Falk russ. topogr.* 2. p. 179. *Gmel. sibir.* 4. p. 131. *Michaux amer.* 1. p. 271. *Lightf. scot.* p. 226.

β. *maritimus:* caulibus decumbentibus, petalis coronatis, capsulis submonolocularibus.

C. Behen β. *Linn. svec.* n. 385.

Silene amœna *Lightf. scot.* p. 227.

Silene maritima *Smith brit.* 2. p. 468. *Willden. spec.* 2. p. 700. *Zoega island.* — *Engl. bot.* 14. t. 957.

Hab. in agris novaccolarum per partem sylvaticam et subsylvaticam omnium Lapponiarum frequenter.

β. in littoribus maris Nordlandiæ et Finnarkiæ passim

In sic dicta Silene *maritima* ad littora bottnica proveniente capsulam omnino monolocularem vel omni vestigio dissepimentorum destitutam reperi; in Gottlandica vero sæpius adsunt dissepimenta. Ita etiam corona petalorum plus minusque conspicua est.

223. CUCUBALUS *tataricus Linn. spec. pl.* p. — *Liljeblad svensk. flora* 2. p. — *Falk russ. topogr.* 2. p 179.

Hab. in Lapponia Kemensi et quidem ad flumen Kemense: *Gröndal;* locus specialior mihi non innotuit.

Plantam hanc tantum semel bisve in herbariis vidi, et quidem specimina ejus misera. Caule decumbente et pedunculis florum elongatis assurgentibus lævigatis a C. *tatarico* in hortis culto differre mihi videtur. Itaque valde dubius hanc plantam insero cum nomine præfixo.

S-I L E N E.

Gen. plant. ed. Schreb. n. 272.

224. SILENE *acaulis:* depressa cæspitosa, pedunculis radicalibus unifloris, foliis ciliatis, petalis emarginatis, fructibus oblongis.

S. acaulis *Linn. svec.* n. 387. *lappon.* n. 184. *Persoon synops.* 1. p. 500. *Flor. dan.* t. 21. *Engl. bot.* 16. t. 1081. (mascula). *Smith. brit.* 2. p. 472. *Olavs. it. island.* p. 815. 433. *Lightf. scot.* p. 227. t. 12. f. 1. *Landt faeroens.* —

Hab. locis irrigatis et succosioribus per universum alpium jugum omnesque alpes maritimas usque in ipso Nordcap vulgatissima omnium; ut etiam in rupibus inferalpinis Nordlandiæ passim, sed extra altiores alpes seu infra Vallivare Lapponiæ Lulensis in Lapponiis svecicis haud crescit, nisi unico loco in littore lacus Mandujauri ad templum Utsjokense lecta.

Planta hæc depressa revera dioica est, quod unicuique facile est observatu, dum in uno cæspite copiosissimæ adsunt capsulæ, in altero ne unica quidem.

Plantæ masculæ flores magis aperti, majores et colore pallidiores sunt, ungvibus petalorum utplurimum longioribus; stylis ungve petalorum multum brevioribus sine stigmate pubescente.

Plantae foemineae flores longius pedunculati, plerumque minores et magis rubicundi. Styli tam longi, ut stigmata exteriorem marginem petalorum attingunt; recurvati. Rudimenta filamentorum tenuia, germine multum breviora, capitulo omni orbata. Capsula calyce duplo longior, in sex lacinias dehiscens, unilocularis et nonnisi in infimo fundo costis tribus pro rudimentis dissepimentorum divisa. — An hæc S. norvegicam Persoon. synops. 1. p. 500. constituit?

Folia semper quidem ciliata sunt, sed in latioribus evidentius.

S. exscapam All. in Lapponia nunquam legi neque lectam vidi.

225. SILENE *rupestris:* caule dichotomo, floribus erectis, petalis emarginatis, fructibus turbinatis, foliis lanceolatis.

S. rupestris *Linn. svec.* n. 390. *lappon.* n. 183. *Flor. dan.* t. 4. *Willden spec.* 2. p. 707. *Gmel. sib.* 4. p. 139. *Georgii fl. baikal.* p. 215.

Hab. sub ipsis alpium radicibus locis calidioribus rupestribus Nordlandiæ meridionalis rarius; ex. gr. ad Torrfjorden a me lecta, et ad Quæfjorden a *Gunnero.*

Tota planta glaberrima et lævissima, glaucescens. Calyx fructiferus turbinatus, decemcostatus. Capsula denudata ovalis, sex-dentata; quoad dimidiam partem dissepimentis tenuissimis trilocularis. Seminis dorsum canaliculatum.

In Sveciæ montibus subalpinis provenit tantum usque ad Skulberget Angermanniæ.

S T E L L A R I A.

Gen. plant. ed. Schreb. n. 773. *Gærtn. de fruct.* 2. p. 229. tab. 130. fig. 3.

226. STELLARIA *graminea:* foliis sublinearibus integerrimis, panicula terminali divaricata, calyce trinervi petalis subæquali.

St. graminea *Willden. spec.* 2. p. 711.
St. graminea α. *Linn. svec.* n. 393. *lapp.* n. 187. *Gmel. sibir.* 4. p. 145. t. 61. f. 2. *Georgii fl. baikal.* p. 215. *Lightf. scot.* p. 229. *Landt færoens.* —

Hab. in pratis siccioribus per partes sylvaticas et subsylvaticas Lapponiarum omnium usque ad templum Utsjoki sat vulgaris.

Flores magnitudine circiter *Stellariæ mediæ.* Foliola calycina evidenter admodum trinervata, et insuper hyalino-marginata, acuminata. Petala calyce fere longiora. Bracteæ sub ramis paniculæ prorsus hyalinæ.

227. STELLARIA *uliginosa:* foliis lanceolatis integerrimis, pedunculis lateralibus paucifloris, calyce enervi petalis longiore.

St. uliginosa *Smith. brit.* 2. p. 476. *Landt færoens.* — *Roth. germ.* I. 191. II. 489.
St. Alsine *Willden. spec.* 2. p. 713.
St. graminea γ. *Linn. svec.* p. 150. *Lightf. scot.* p. 229. *Fl. dan.* 3. t. 415.
St. lateriflora *Krock. siles.* 2. p. 52. t. 4.

Hab. in uliginosis et aquosis per partem sylvaticam et subsylvaticam omnium Lapponiarum svecicarum, ut etiam in inferalpinis norvegicarum ubique.

Optima differentia hujus plantæ consistit in minutie florum, qui *Montiae fontanae* vix majores, et in calyce prorsus enervi fere toto viridi, petalisque brevissimis. De cætero figura foliorum sat variabilis ut etiam situs florum et directio caulis; legi enim specimina numerosissima foliis linearibus, caule omnino erecto, et floribus paniculatis terminalibus, eaque tamen huc pertinentia. Alio loco eam vidi omnino repentem foliis prorsus ovali-oblongis et flore uno alterove axillari.

Engl. bot. 15. t. 1074. utpote longe nimium grandis habitum plantæ lapponicæ parum exhibet.

228. STELLARIA *crassifolia:* foliis lanceolatis integerrimis crassiusculis, pedunculis lateralibus unifloris, calyce subenervi petalis breviore.

St. crassifolia *Ehrh. beitr.* 3. p. 60. *Willden. spec.* 2. p. 712.

β. *minor* subrepens.

St. humifusa *Fl. dan.* 6. t. 978. — an etiam *Rottboellii act. hafn.* X. t. 4? et Swartz *act. Stockh.* 1789. t. 4. f. 1.?

Hab. in littoribus maris Nordlandiæ et Finmarkiæ passim copiose; præcipue frequenter collecta est in peninsula Önes Nordlandiæ Saltensis.

Magnitudine et statura admodum variat; interdum fere major quam *Stellaria media* et erecta: alio loco tam pusilla ac *Sagina procumbens* et prorsus repens, in quo statu pro *Stellaria humifusa* habitam fuisse suspicor, et inde synonyma dubia ejusdem adposui. Caulis semper acute tetragonus (qui pro certissima differentia Stellariæ *humifusae* habuerunt auctores, qualis in mea Arenaria humifusa vix adest) et prope radicem ramosissimus. Folia semper lanceolata et longitudine internodiorum vel iis longiora, parum crassiuscula ut nervus medius transparet, læte-viridia (nec in his locis glauca). Pedunculi semper axillares et solitarii uniflori, foliis triplo longiores. Calyces semper ejusdem magnitudinis ac in *Stellaria graminea* vel *Stellaria media*, obsolete trinerves; sed petala calycibus sesquilongiora sunt, unde flores magis conspicui quam in præcedentibus, quibus maxime affinis est hæc species.

229. STELLARIA *media:* foliis ovatis, caulibus prostratis linea laterali pilosa alterna. *Smith. brit.* 2. p. 473.

St. media *With. arrang.* 418. *Engl. bot.* 8. t. 537.

Alsine media *Linn. svec.* n. 267. *lapp.* n. 186. α. *Fl. dan.* 3. t. 525. *Lightf. scot.* p. 172. *Landt faeroens.* — *Falk russisch. topogr.* 2. p. 152.

Hab. ad domos per Lapponias omnes usque versus Nordcap vulgatissime.

Ambigit omnino hæc planta inter Stellarias et Holostea, tamen adeo affinis sequenti apparet, cujus quoque varietatem esse statuit Linnéus in Flora Lapponica, ut nonnisi repugnante natura in alio genere locum obtinere potest.

230. STELLARIA *nemorum:* foliis inferioribus petiolatis cordatis, caule piloso superne dichotomo, calycibus patulis glabriusculis.

St. nemorum *Linn. svec.* n. 391. *Smith brit.* 2. p. 473. *Fl. dan.* 2. t. 271. *Pallas it. sibir.* 3. p. 34. *Lightf. scot.* p. 228.

Alsine foliis ovato-cordatis. *Linn. lapp.* n. 186. β.

Hab. in lucis graminosis humidioribus, ad rivulos etc. sub ipsis alpium radicibus et in inferalpinis per Nordlandiam totam ubique frequenter, et Finmarkiam rarius ex. gr. ad Norsk - holmen Tanensem.

Folia tenuia et admodum mollia fere ut *Stellariæ mediæ:* nervis pellucidioribus, marginibus ciliatis vel pilosis. Caulis debilis admodum, et pilosus. Pedunculi fructiferi toti deflexi. Calycis foliola patentia, lanceolata, marginibus scariosis. Capsulæ oblongæ calyce longiores.

In *Cerastio aquatico L.* quod a Lapponia longe abest: folia omnia caulina sunt amplexicaulia, crassiora: marginibus nudis subcrispis; caulis strictus, pubescenti - viscosus; pedunculi erectiusculi, apice recurvato; calyces, conniventes et subglobosi, valde viscosi (ut etiam pedunculi) et sine marginibus scariosis. Capsulæ ovatæ calyce breviores.

231. STELLARIA *cerastoides:* foliis lanceolatis obtusis enervibus, caule decumbente linea laterali pubescente, pedunculis geminatis pubescentibus, petalis calyce duplo longioribus.

St. cerastoides *Linn. svec* n. 394. *Engl. bot.* 13 t. 911. bona. *Smith. brit.* 2. p. 477. *ic. pl. Linn.* t. 15. *Willden. spec.* 2. p. 714. *Zoega island.* — *Fl. dan.* t. 92. *Wullfen in Jacqu. Coll. aust.* 1. p. 254. tab. 19. *Gunner. norv.* n. 951. t. 6. f. 2. *Landt færoens.* — *Cranz groenland.* —

Hab. in stillicidiis aquæ nivalis per totum alpium jugum et omnes alpes maritimas fere ubique frequenter; ut etiam locis inferalpinis in terra denuta stercorata juxta casas Lapponum maritimorum Finmarkiæ passim. In Lapponiis svecicis ipsum jugum alpium vix deserit infra Säkkok Lapp. Lulensis haud lecta.

Ipsa herba semper glabra mihi visa est, et soli pedunculi cum inferiore parte calycis pubescentes nec non linea unilaterali caulis infra par supremum foliorum. Hæc linea pubescens caulis ex insertione pedunculi unilateralis oritur, et inde caulis ex altero latere omnino glaber est. Caulis longe lateque in terræ superficie procumbit, nec cæspites densos format. Folia subsecunda et plerumque falcata, quodammodo lineari-elliptica ob fines utrosque obtusatos vel rotundatos, sine nervo evidenti saltem haud ad apicem pertingente, et potius erga lucem reticulata apparent. Pedunculi in apice caulis bini vel terni, fere pollicares, sursum tendentes et ideo angulum rectum cum caule formantes. Flos et capsula fere *Cerastii alpini*, unde nomen illud cerastoides optime convenit; ut etiam herba *Stellariæ uliginosæ* haud dissimilis.

ALSINE.

Gærtn. de fruct. 2. *p.* 223. *tab.* 129. *fig.* 7.

252. ALSINE *stricta:* foliis subulatis teretiusculis muticis, scapis unifloris glaberrimis longissimis, calyce lævissimo capsulam ovatam subæquante.

Spergula stricta *Swartz Act. Stockholm.* 1799. p. 229 — 239. t. 3.

Stellaria biflora *Montin. herb.*

Hab. locis præruptis herbosis meridiei expostis siccioribus per alpium jugum meridionale passim copiose: legi eam multoties frequenter in alpibus Lulensibus circa Virih-jaur ex. gr. in monte Lilla-Tokin, in Kobrinojvi, in Jolli juxta Sorjåsjauri, et in Jegna-apo. Extra has summas alpes nunquam lecta est.

Latos et densos cæspites efficit caudicibus et stolonibus suis numerosissimis. Folia semiteretia obtusiuscula, glaberrima et lævissima sine ullis nervis, erecta vel plerumque subsecunda et curvata, basi vix connata vel saltim sine vaginula notabili. Pedunculi seu scapi nudi, nec nisi unico pari foliolorum ornati, plerumque uniflori, glaberrimi, tenues sed stricti, plerumque bipollicares interdum tamen spithamæi. Flores subglobosi fere ut in Spergulis (quo valde a sequentibus differt), magnitudine seminis coriandri, erecti. Foliola calycina ovata, acutiuscula, lævissima sine ullis nervis, patentia. Petala vix calyce longiora, subrotunda, integra. Stigmata semper tria, brevia, sessilia. Capsula ovata, calyce vix longior, trivalvis, subtrigona. Valvularum suturæ in immatura jam capsula perconspicuæ connatæ. Ob has saturas præformatas non potest non ab Arenariis distingvi (in quibus capsula revera univalvis sine ullis suturis præformatis, et demum superne in lacinias senas rumpens). Primam itaque et optimam speciem constituet in genere quodammodo novo, ad quod etiam pertinent sequentes.

233. ALSINE *biflora:* foliis subulatis muticis, scapis pubescentibus subbifloris, calycibus trinervibus obtusis capsula oblonga dimidio brevioribus.

Stellaria biflora *Linn. svec.* n. 395. *Svartz nov. act. Stockh.* 1788. p. 36. tab. 1. f. 1. *Zoega island.*? *Pallas it. sibir.* 3. p. 34?

Sagina ramis erectis bifloris. *Linn. lapp.* n. 158.

Hab. locis parum madentibus præruptis per jugum alpium meridionalium fere ubique copiose; in Tornensibus alpibus passim, et Finmarkicis raro; nec extra alpium jugum vel infra Kask-ajvo Lapponiæ Lulensis unquam visa.

E radice alte sub terræ superficiem defixa rami multi egrediuntur, qui denique abeunt in numerosos caudices et stolones foliosos cæspitem quidem formantes sed haud densum. Folia plano-teretiuscula sine ulla carina vel nervo notabili, patentia vel etiam divergentia; basis eorum mediante vagina insigniore membranacea connata. Scapi vel pedunculi paucis paribus foliolorum linearium stipati, quorum duo a flore haud remota; de cætero scapi sæpe uniflori et crassiusculi respectu affinium sunt, pilis brevibus patulis pubescentes. Flores parum aperti vel patentes sunt, ut etiam sub summa florescentia nonnisi infundibuliformes apparent. Foliola calycina lanceolata, obtusa, tribus nervis vel costis elevatis insignita, sursum patentiora. Petala calyce parum longiora oblonga, apice rarius emarginata plerumque omnino integra. Capsula oblonga, attenuata, calyce sesquilongior, trivalvis.

234. ALSINE *rubella:* foliis subulatis bisulcatis muticis, scapis subpubescentibus unifloris, calycibus trinervibus acuminatis capsula brevioribus, petalis calyce brevioribus.

Icon Tab. nostr. VI.

Hab.

Hab. in summitate alpis Lyngensis Nordlandiæ septentrionalis circiter 3000 pedes paris. supra mare elevata, ubi eam loco petroso maxime exposito legi florentem d. 11. Julii 1800.

Præcedenti maxime affinis, sed duplo tenuior et omnibus partibus minor. Valde densos vel compactos cæspitulos format. Folia breviuscula extus binis sulcis et tribus costis elevatis notata, erecta. Pedunculi tenuissimi nudi vel unico pari foliolorum donati, pollicares, pilis brevissimis rarioribus subpubescentes. Flores oblongi nunquam patentes visi, duplo minores quam in præcedenti. Foliola calycina oblongo-attenuata, acuminata, nervosa vel tribus costis elevatis notata. Petala calyce breviora rubella. Capsula calyce parum longior, de cætero trivalvis et ejusdem figuræ ac præcedentis.

Toto habitu et petalis suis parvis *Cherleriae sedoidi* admodum accedit, ita ut me judice genere vix distingvi queant. Capsula eadem.

Explicatio iconis: a. planta magn. nat. b. eadem magn. quadruplo auct. c. folia duo magn. magis aucta. d. germen et styli cum staminibus magn. aucta. e. foliolum calycinum et f. petalum eodem augmento.

Alsines genus differt tum ab Arenaria ac Stellaria capsula trivalvi (nec subunivalvi apice laciniis 6 dehiscente). Conveniunt omnes hujus generis species habitu stricto, foliis acicularibus etc. ut me judice genus naturale constituunt. Species facile disponuntur in duabus subdivisiones: 1) calycibus capsula brevioribus scil. *A. biflora, rubella, austriaca, verna, juniperina;* 2) calyce capsulam æquante seu superante scil. *A. stricta, fasciculata, grandiflora.*

A R E N A R I A.

Gen. plant. ed. Schreb. n. 774. *Gærtn de fruct.* 2. p. 232. tab. 130. f. 7.

235. ARENARIA *humifusa:* foliis oblongis enervibus glaberrinis, caulibus procumbentibus, flore terminali sessili bracteato.

Stellaria humifusa *Svartz* — secundum specimen.

Arenaria norvegica *Gunn. norv.* n. 1100. tab. 9 *Flor. dan.* 8. t. 1269?

Hab. locis præruptis siccioribus meridiei expositis alpium meridionalium rarissime; legi eam in latere meridionali alpis Lill-Tokin juxta Virih-jaur parcius; et, si synonymon Gunneri verum, in alpe insulæ Stegen Nordlandiæ quoque visa est.

Planta hæc inconspicua a ceteris nostris diversissima est habitu fere *Arenariæ peploidis L.* (cui tamen haud tam affinem puto). In terræ superficie admodum depressa repit et areolas vivide virides efficit, in quarum ambitu flores latent supra herbam vix elevati; ita ut planta humo tam innata vix datur alia. Radix omnino perennis et satis longæva. Caules admodum implexi, vix pollicares, ramosissimi, et foliis congestis undique tecti. Folia in caule sunt oblonga acutiuscula, subcarnosa ut nulli nervi vel costæ apparent, minuta vix ultra lineam longa: sed sub flore congesta sunt alia ovata paullo majora, quæ florem imbricatim fere tegunt. Flores nunquam patentes sunt ut in Stellariis; sed foliola calycina in formam perianthii semper connivent, de cætero ovata, acuta. Petala oblonga obtusiuscula, integra, calyce vix ac ne vix longiora. Stigmata tria in stylis satis longis elevata. Capsula ovata, calycem parum superans, apice in lacinias sex dehiscens.

Figura Cel. *Swartzii* in *Act. Stockholm.* 1789. t. 4. f. 1. meam plantam adeo parum refert, ut nunquam suspicatus sum, quod hæc figura meam *Ar. humifusam* repræsentaret antequam specimen ipsius *Cl. Swartzii* e Jemtia allatum vidi. Forsan deceptus fuit acutissimus vir a speciminibus *Exp. Gröndalii* e Finmarkia allatis et ad *Stell. crassifoliam* pertinentibus. Stell. *crassifolia* ubique in summo septentrione ad littora maris crescit unde tum Exp. *Groendal* ac *Rottboel* sua specimina habuerunt; e contrario nostra *A. humifusa* nonnisi in summis alpibus Sveciam versus occurrit. Itaque tum Rottboellii ac Swartzii figuras ad *Stellariam crassifoliam* potius relatas voluissem, et tantum specimen Jemtlandicum huc pertinere putassem. Multum tutius cito *Ar. norvegicae Gunn.* figuram, quæ saltim genere non differt a nostra (uti id faciunt figuræ *St. hu-*

mifusae Sw. et *Rottb.* petalis suis bipartitis etc.), si etiam floribus subpedunculatis haud convenientissima.

Proxime affinis est *Arenariae ciliatae Linn* quæ in Burseri Herbario asservatur et sub n. 154. in Amoen. acad. Vol. 1. p. 322. memoratur; cujus folia omnino ejusdem formæ sunt sed uninervia et ciliata, flores breviter pedunculati et nudi vel nullis foliis obvallati.

Arenaria multicaulis Linn. in plantis martino-Burserianis n. 155. habet folia late ovata, convexa et fere asperula, flores vero omnino sessiles et foliis imbricatis obvelati ut in *Arenaria humifusa.*

Arenaria polygonoides foliis tenuibus fere subulatis a præcedentibus longe discedit et ad Alsinem bifloram habitu accedit, a qua tamen eximie differt capsula subglobosa, sexfida, calyce vix longior.

236. ARENARIA *ciliata:* foliis oblongis ciliatis uninervibus, caulibus diffusis, flore terminali subpedunculato.

A. ciliata *Linn. spec. plant.* p. 608. *Jacqu. misc.* 2. p. 367. *Wulfen in Jacqu. Collect.* 1. p. 245. t. 16. f. 2. *Gunn. norv.* n. 1078. *Flor. dan.* t. 346.

A. multicaulis *Gunn.* n. 666?

Hab. in alpibus Nordlandiæ meridionalis rarius ex. gr. in Mofjället Helgelandiæ: *Gunnerus.*

Valde dubius hanc plantulam in Flora lapponica admisi, cum adeo similis est præcedentibus aliisque, nec post Gunneri tempora unquam in Scandinavia reperta.

237. ARENARIA *peploides:* foliis ovatis acutis carnosis. *Willden. spec.* 2. p. 716.

A. peploides *Linn. svec.* n. 396. *lapp.* n. 149. *Fl. dan.* 4. t. 624. *Olavs. it. island.* p. 677. *Lightf. scot.* p. 229. *Landt faeroens.* — *Pallas it. sibir.* 3. p. 33. *Falk russ. topogr.* 2. p. 180.

Hab. in littoribus maris per Nordlandiam et Finmarkiam passim copiose; unde etiam adscendit in ripas arenosas fluminis Tana usque ad Seida ultra tria miliaria a mari distantem.

238. ARENARIA *marina:* foliis filiformibus muticis, stipulis scariosis vaginantibus, pedunculis gla-

berrimis, capsulis calyce grandioribus, seminibus radiatis.

A. marina *Flor. dan.* t. 740. *Smith brit.* 2. p. 480.
A. rubra β. *Linn. svec.* n. 399. *Lightf. scot.* p. 230.
A. maritima *Linn. lapp.* n. 189. *Gronov. virgin.* 161.

Hab. in littoribus marinis Nordlandiæ meridionalioris passim parcius.

Quamquam habitu cum A. *rubra* satis convenit, tamen characteribus certissimis distinguitur: Semina mirum in modum margine radiante hyalino cinguntur, et centro quoque pellucido prædita sunt, adeo ut embryo circularis translucet cum cotyledonibus suis binis facile distinguendis.

SEDUM.

Gen. plant. ed. Schreb. n. 789. *Gærtn. de fruct.* 1. p. 313. t. 65.

239. SEDUM *acre:* foliis alternis subovatis gibbis adnato-sessilibus, cyma trifida foliosa. *Smith. brit.* 2. p. 487. *Linn. svec.* n. 403. *lapp.* n. 195. *Zoega island.* — *Lightf. scot.* p. 235. *Engl. bot.* 12. t. 839. *Falk russisch. topogr.* 2. p. 181.

Hab. in petris et saxis juxta littora maris per Nordlandiam et Finmarkiam usque ad Nordcap ubique.

240. SEDUM *annuum:* caule erectiusculo solitario, foliis teretibus obtusis basi subsolutis, cymæ ramis divergentibus: floribus sessilibus.

S. annuum *Linn. svec.* n. 405! *Zoega island.*
S. rupestre *Flor. dan.* t. 59. *Gunner. norv.* n. 636.
S. saxatile *Allion. pedem.* n. 1746. *Willden. spec.* 2. p. 765.
S. rubens *Haenke it. sudet.* p. 114.
Sempervivum minus vermiculatum insipidum in Pyrenæis lectum. *Burseri herb.* XVI. n. 64.

Hab. in alpibus maritimis et rupibus littoralibus per totam Nordlandiam et maximam partem Finmarkiæ passim copiose; ut etiam in alpium radicibus lateribusque Nordlandiæ meridionalis et juxta Quickjock ex. gr. in Njammats et Kaskajvo Lapp. Lulens. passim parcius.

Quod in alpibus legi ita simillimum est illi *Sedo annuo* ab ipso Linnæo juxta Upsaliam indicato, ut ne quidem varietates sunt, sed ipsa eadem planta. Quod huic conveniet *S. rupestre Oederi* nullum est dubium; itemque quod etiam crescit in alpibus Europæ meridionalis ex *Herbario Burseri* patet. Ideoque omnia supra adlata synonyma pro veris habeo. Folia plerumque punctis fuscis rubent, haud vero semper; et sine iis plerumque in alpibus helveticis occurrere videtur. Caulis plerumque prope radicem geniculo deflectitur, qui interdum adeo longus ut fere totus decumbens evadit. Caulis semper solitarius e radice annua natus; sed interdum mox ramificat. Flores in ramis cymæ divergentibus sessiles sunt. Petala angusta sublinearia et calyce parum longiora, unde flores satis inconspicui, flava.

241. SEDUM *villosum:* foliis teretiusculis oblongis pedunculisque viscoso-pilosis, petalis obtusiusculis ovatis. *Vahl symb.* 2. p. 52.

S. villosum *Linn. spec. plant.* p. 620. *Smith brit.* 2. p. 488. *Flor.dan.* t. 24. *Zoega island.* — *Lightf. scot.* p. 237. *Landt faeroens.* —

Hab. in saxis ad littora maris Nordlandiæ meridionalis rarius. A me lectum in peninsula Öneset sinus Saltensis frequenter

Flores magnitudine, colore et tota facie ita *Saxifragæ oppositifoliæ* simillimi, ut primo intuitu pro iis habui. Petala plusquam calyce duplo longiora, satis lata, obtusiuscula, violaceo-purpurea. Calycis quoque foliola obtusiuscula. Germina per se obtusa, et e latere exteriore stylum emittentia. Omnes flores longiuscule pedunculati; pedunculis aphyllis. Folia superiora caulina planiuscula sunt, sed stolonum radicalium omnino teretia. Caulis solitarius et simplex, ad basin gemmis foliosis stipatus, unde radix perennis esse videtur.

O X A L I S.

Gen. plant. ed. Schreb. n. 794. *Gærtn. de fruct.* 2. p. 152. tab. 113.

242. OXALIS *Acetosella:* scapo unifloro, foliis ternatis obcordatis pilosis, radice squamoso-articulata. *Smith brit.* 2. p. 491. *Engl. bot.* 11. t. 762. *Linn. svec.* n. 406. *lapp.* n. 194. *Michaux amer.* 2. p. 38. *Lightf. scot.* p. 237. *Cranz grœnland.* — *Falk russ. topogr.* 2. p. 181.

Hab. in sylvaticis sterilibus inferalpinis Nordlandiæ meridionalis ubique frequenter, unde usque in districtu Tromsöensi rarius provenit; et in radicibus alpium meridionalium svecicis rarissime, scil. ad Njammats Lapponiæ Lulensis; nec non in sylvis Lapponiæ Umensis ad Lycksele bis terve lecta.

LYCHNIS.

Gen. plant. ed. Schreb. n. 796. *Gærtn. de fruct.* 2. p. 229. *tab.* 130. *fig.* 2.

243. LYCHNIS *alpina:* fructu quinqueloculari obovato, petalis bifidis, bracteis glaberrimis, floribus subcapitatis.

L. alpina *Linn. svec.* n. 410. *lappon.* n. 185. *Flor. dan.* t. 65. (rigid.) *Suter helvet.* 1. p. 257. *Willden. spec.* 2. p. 809. *Persoon synops.* 1. p. 520. *Cranz grœnland.* — *Georgii fl. baikal.* p. 216?

Hab. locis graminosis fertilioribus meridiei expositis per totum alpium jugum præcipue in latere ejus svecico ubique frequenter usque ad Peliekaise Lapponiæ Pitensis, Snirrak Lapponiæ Lulensis, etc.; unde etiam in pratis subalpinis et ad ripas fluviorum per Lapponias sylvaticas svecicas præcipue septentrionales passim descendit adeo ut etiam ad Hällforsen juxta Lycksele et ad Tegsnäs fluminis umensis lecta est; — sed in inferalpinis Nordlandiæ vix reperitur, nec in tota Finmarkia nisi parcissime Maasöæ et Rebvogiæ a me visa.

Optime distinguitur calyce obovato brevi, capsulaque subglobosa, bracteis foliisque omnibus glaberrimis, etc. Stylos semper quinque reperi.

E contra in *Lychnide Viscaria:* calyx longus clavatus et capsula oblonga, margines bractearum et foliorum superiorum lanati vel villosi.

244. LYCHNIS *dioica:* caule folioso multifloro piloso, foliis oblongis, floribus dioicis, petalis bifidis, capsulis ovatis.

L. dioica *α.* rubra *Linn. svec.* n. 411. *lappon.* n. 182. *Smith brit.* 2. p. 495. *Engl. bot.* 22. t 1579. *Willden. spec.* 2. p. 810. *Gmel. sibir.* 4. p. 137. *Landt færoens.* — *Georgii fl. baikal.* p. 216.

L. sylvestris *Willden. enum hort. berol.* p. 491.

Norvegis *Fjeld-nellike.*

Hab. locis occultis fertilioribus in radicibus alpium Nordlandiæ et Finmarkiæ ubique frequenter; unde ad latera occultiora alpium omnium passim adscendit, et in meridionalibus usque ad radices alpium svecicarum meridiei expositas interdum provenit ex. gr. ad Kåbdespakti et Peliekaise Lapponiæ Pitensis; nec non in insulis fluminum Lapponiæ Umensis ad Lyckselam.

Caulis retrorsum pilosus, laxus, simpliciusculus sed apice multiflorus. Folia caulina oblonga, pilosa. Calyx obsolete nervosus, sine angulis. Capsula laciniis decem dehiscens; de cætero ejusdem fere structuræ ac in sequenti. Semina nigricantia vel plumbea, leviter tuberculata, sine ullo vestigio marginum membranaceorum.

245. LYCHNIS *apetala:* calyce inflato demumque corollam includente, caule nudo unifloro, seminum marginibus inflatis. *Icon* Tab. nostr. VII.
Lychnis apetala *Linn. svec.* n. 412. *lappon.* n. 181. t. 12. f. 1. fructif. *Flor. dan.* 5. t. 805. (fructifera). *Gmel. sibir.* 4. p. 137.

Hab. locis declivis herbosis per latera inferiora alpium Lulensium circa Virih-jaur passim vel fere ubique copiose scil. in Kajsats, in Tokin, in Kirkivare, Jolli, Jegna-apo etc.; alibi vero rarissime lecta, nisi extra alpes in Nordlandiæ et Finmarkiæ arenosis passim secundum Gunnerum.

Præcedenti vix ac ne vix affinis mihi videtur, sed potius ad Cucubalos vel Silenes accedit. Vix ulli auctorum hanc plantam rite florentem viderunt, nec nisi jamdudum defloratam descripserunt. Sub ipsa florescentia caulis perbrevis est et vix ultra pollicaris; flos omnino pendulus, calyx parum inflatus et petala extra os calycis haud parum exserta, germenque intra calycem nonnihil pedicellatum. Postea vero caulis magis magisque attollitur, calyx grossificatur et inflatus evadit magisque erigitur; quo in statu plantam legit ipse Linné. Denique germen grandefactum totum calycem replet, et erectum stat, tuncque caulis sepe pedalem altitudinem superat. Radix valde perennans est et multicaulis. Folia radicalia plerumque glaberrima ejusdem fere figuræ et indolis ac in Silene *nutante:* caulina paucissima et minora ut caulis quodammodo nudus apparet. Caulis hirsutie brevissima deorsum deflexa exasperatus. Venæ vel costæ calycis ex hirsutie brevi nigricante insigniores factæ. Capsula vix calyce longior, semper in lacinias quinque dehiscens; unilocularis ut vix rudimentum ullum dissepimentorum in fundo adest. Semina castanei coloris reniformia, margine membranaceo inflato reticulato concolore cincta, qualem in nulla alia planta Charyophyllæa vidi.

Explicatio iconis: a. flos verus cum petalis subexsertis. — c. petala denudata. — d. petalum unum separatum cum stamine uno. — e. Calyx post florescentiam incrassatus. — f. capsula. — g. eadem perpendiculariter secta ut conspiciatur columna. — h. H. semen integrum. — I. semen longitudinaliter sectum ut conspiciatur embryo periphericus intra marginem reticulatum. — K. semen transversim sectum.

CERASTIUM.

Gen. plant. ed. Schreb. n. 797. *Gærtn. de fructib.* 2. p. 231. tab. 130.

246. CERASTIUM *alpinum:* foliis oblongis, caule piloso nudiusculo paucifloro, capsulis petalisque calyce duplo longioribus.

α. *hirsutum:* foliis latioribus hirsutis.

C. alpinum *Linn. svec.* n. 418. *lappon.* n. 192. *Smith brit.* 2. p. 500. *Engl. bot.* t. 472. *Gmel. sibir.* 4. p. 150. n. 52. *Georgii flor. baikal.* p. 216. *Zoega island.* — *Cranz groenland.* — *Phipps it. spitsberg.* —

Planta facie Pilosellæ. *Mart. spitsberg.* cap. 7. tab. G. fig. d.

β. *glabratum:* foliis sublanceolatis glabris. *Flor. dan.* 6. t. 979.

Hab. in alpium jugo ejusque lateribus et convallibus graminosis ubique; ut etiam in monticulis et petris maritimis aliisque locis inferalpinis per totam Nordlandiam et Finmarkiam satis frequenter; nec non prope Vindelpää Enarensem visum.

Variat admodum latitudine et hirsutie foliorum, nec non numero florum. Dum folia latiora usque ad ovalia sunt, semper simul pilosiora fiunt; quo angustiora eo plerumque glabriora superstite tantum caule piloso. Legi quoque specimina foliis admodum latis simulque capsula calycibus breviore, quæ vero a vulgari specie haud differunt. Exterorum autem *C. latifolium* aliam esse plantam videtur in Herbario Burseri asservatam: foliis semper tomentosis ex pilis brevibus densis rectis, semperque ovali-ellipticis, caule nudo unifloro.

247. CERASTIUM *viscosum:* caulibus hirsutis diffusis foliosis, foliis ovato-lanceolatis, floribus subfasciculatis, petalis calycem æquantibus.

C. viscosum *Linn. svec.* n. 414. *lappon.* n. 193. *Smith brit.* 2. p. 497. *Engl. bot.* 11. t. 790. *Zoega island.* — *Lightf. scot.* p. 240. *Landt færoens.* — *Gmel. sibir.* 4. p. 152. *Falk russische topogr.* 2. p. 182.

C. vulgatum *Curt. lond.* 2. p. 34. *Persoon synops.* 1. p. 520.

Hab. in pratis et graminosis sylvis per partes sylvaticas et subsylvaticas omnium Lapponiarum svecicarum vulgare; ut etiam in inferalpinis Nordlandiæ ubique, et Finmarkiæ præcipue Tanensis passim copiose.

248. CERASTIUM *semidecandrum: Linn. svec.* n. 416. *Flor. lapp.* n. 193. γ.

Hab. in apricis Nordlandiæ meridionalis passim: *Linné:* mihi tamen dubium videtur, cum in Svecia vix supra Upsaliam repertum est.

SPERGULA.

Gen. plant. ed. Schreb. n. 798. *Gærtn. de fruct.* 2. *p.* 230. *tab.* 130.

249. SPERGULA *arvensis:* foliis verticillatis, caule pubescente, floribus decandris, seminibus obtuse marginatis.

Sp. arvensis *Linn. svec.* n. 419. *lappon.* n. 190. *Willden. spec.* 2. p. 818. *Smith brit.* 2. p 502. *Zoega island.* — *Lightf. scot.* p. 243. *Gmel. sibir.* 4. p. 153. *Landt færoens.* —

Hab. in agris Nordlandiæ inferalpinæ frequenter, unde etiam in rupibus montium passim adscendit nec tamen in *Sperg. pentandram* abit; ut etiam in agris Lapponiæ sylvaticæ svecicæ rarius.

Caulis unacum foliis pilis brevibus patentibus, pubescit, semper laxus, sine geniculis tumidioribus. Semina nigra, margine obtusiusculo albo haud pellucido cincta.

Spergula pentandra, quam supra Arosiam Sveciæ haud vidi, magis diversa est quam quis primo intuitu crederet: caule erecto, firmo glaberrimo, articulis caulinis nodosis et limbo annulari protuberante cinctis, foliis brevibus ad latera annuli aggregatis nec proprie verticillatis, et marginibus seminum latis membranaceis, hyalinis, radiato-striatis.

250. SPERGULA *nodosa:* foliis oppositis subulatis muticis: axillis superioribus ramulosis, calyce enervi.

Sp. nodosa *Linn. svec.* n. 420. *lappon.* n. 191. *Smith brit.* 2. p. 503. *Engl. bot.* 10. t. 694. opt. *Zoega island.* — *Flor. dan.* t. 96. opt. *Lightf. scot.* p. 244. *Gmel. sibir.* 4. p. 153. *Falk russ. topogr.* 2. p. 182.

Hab. in littoribus inundatis maris per Nordlandiam et proxime adjacentem partem Finmarkiæ passim; ut etiam foliis paullo crassioribus in littore fluminis Lulensis ad Vuollerim lecta.

Lapponica planta sylvestris est minor, articulis magis sparsis et ramulis seu prolificationibus rarioribus, unde etiam faciem nodosam fere amittit.

251. SPERGULA *saginoides:* foliis oppositis subulatis muticis, caulibus adscendentibus unifloris, floribus nutantibus.

Sp. saginoides *Swartz in act. Stockholm.* 1789. p. 44. t. 1. f. 2. *Gmel. sibir.* 4. p. 157. n. 64.

Hab. in alpibus meridionalibus passim. Ego eam multoties legi ad Virih-jaur locis graminosis succosis meridiei expositis copiose; ut etiam in loco irrigato inferalpino ad Sörfolden Nordlandiæ frequenter.

Saginæ *procumbenti* adeo simillima, ut primo intuitu vix distinguitur; sed attentius examinata tum radicis duratione tum caule et foliis differt, ut nihil dicam de numero partium fructificationis, qui re vera in Sagina etiam quinarius observatur interdum. Radix semper perennis, e cujus vertice egrediuntur caules breves vix ultra semipollicares, simplices, primum decumbentes, superne assurgentes et unico pedunculo longiusculo unifloro terminati. Hi vero caules primi anni quodammodo perennant, et insequentibus annis e latere innovationes pedunculiferas proferunt, ideoque ramosi atque lateriflori quodammodo apparent. Folia subulata vel usque e basi attenuata, secunda vel sursum vergentia, apiculata. Flores post florescentiam in apice pedunculi incurvati nutantes. Petala longitudine calycis. Capsula oblonga calyce duplo longior, quinquevalvis. Semina rotundata, lævia.

Spergulæ subulatæ vix affinis est, cujus flores nunquam nutant, folia mucronata etc.

CLASSIS XI.

DODECANDRIA.

LYTHRUM.

Gen. plant. ed. Schreb. n. 825. *Gærtn. de fruct.* 1. p. 269. tab. 62.

252. LYTHRUM *Salicaria: Linn. svec.* n. 422. *lappon.* n. 197. *Lightf. scot.* p. 247.

Hab. juxta mare in Nordlandia meridionali parcius: *Linné.*

CLASSIS XII.

ICOSANDRIA.

PRUNUS.

Gen. plant. ed. Schreb. n. 849.

253. PRUNUS *Padus:* floribus racemosis, foliis deciduis basi subtus biglandulosis subrugosis serratis, ramulis puberulis.

Pr. Padus *Linn. svec.* n. 431. *lapp.* n. 198. *Georgii fl. baikal.* p. 217. *Flor. kamtschatk. in Art. Zool.* p. 195. *Gmel. sibir.* 3. p. 171. *Lightf. scot.* p. 253.

Lapponibus *Autje.* Fennonibus *Tuomi* s. *Duome.*

Hab. locis depressis per partem sylvaticam Lapponiarum omnium vulgaris, et subsylvaticam usque ad Enontekis Lapponiæ Tornensis passim; nec non in inferalpinis Nordlandiæ et sub ipsis alpium radicibus usque ad flumen Altense vulgatissime, sed de cætero in Finmarkia haud provenit nisi ad flumen Tana a mari remotius passim parce scil. ad Polmak, Väskinjarga etc., ut etiam ad flumen Utsjokense.

In summo septentrione ubi crescere desistit ex. gr. ad flumen Tana Finmarkiæ, occurrit racemis omnino erectis, floribus inodoris, foliis minoribus et tota fere frutescens, adeo ut quis facile de discrepantia ejus a Pr. *virginiana* dubitare possit. Glandulæ sæpius absunt; ubi autem reperiuntur, sub lobis baseos crescunt. Serraturæ foliorum semper latæ ut in vulgari, et nervi prorsus exstantes unde subrugosæ fiunt folia. Ramuli semper puberuli. Pedunculi florum singulorum plus quam duplo longiores floribus ipsis. Petala oblonga.

E diverso in Pr. *virginiana:* glandulæ supra petiolum sitæ sunt et a margine folii remotiusculæ; folia multo tenuiora et ob venas inconspicuas lævissima; serraturæ tam angustæ ut fere subulatæ; ramuli glaberrimi; flores singuli brevius pedicellati: pedicelli vix floribus longiores; petala magis subrotunda.

Observ. Cratægus Aria Linn. vel quædam ei affinis arbor neque in Lapponia svecica neque Norvegica crescit spontanea, ut quoque e *Gunneri norv.* n. 211, conjicere licet.

S O R B U S.

Gen. plant. ed. Schreb. n. 855. Pirus. *Gærtn. de fructib.* 2. p. 44. tab. 87.

254. SORBUS *Aucuparia:* foliis pinnatis utrinque glabris, petiolo communi pubescente.

S. Aucuparia *Linn. svec.* n. 435 *lapp.* n. 200. *Michaux amer.* 1. p. 290. *Lightf. scot.* p. 256. *Gmel. sibir.* 3. p. 178. *Georgii fl. baikal.* p. 217. *Cranz. groenland.* p. 87. *Olavs. it. island.* p. 456. *Flor. Kamtschatk. in Arct. Zool.* p. 195.

Pyrus Aucuparia *Gærtn. fruct.* 2. p. 45. tab. 87. *Smith brit.* 2. p. 533.

Lapponibus *Raun* s. *Raudna*. Finmarkicis *Skaepe*.

Hab. in parte sylvatica et subsylvatica omnium Lapponiarum svecicarum præcipue ad radices occultas montium ubique; sed in latere Norvegico longius procedit et non tantum in locis omnibus inferalpinis et radicibus inferioribus alpium (ante Betulam desistens) ubique provenit, verum etiam frutescens in alpibus ipsis maritimis earumque lateribus inferioribus usque versus Nordcap ubique, et ad flumina Utsjokensia vulgare.

In summo septentrione foliola subtus glaberrima, petioli vero pubescentes.

SPIRAEA.

Gen. plant. ed. Schreb. n. 862. *Gærtn. de fruct.* 1. p. 337. tab. 69.

255. SPIRAEA *Ulmaria:* foliis pinnatis subtus tomentosis: impari majore trilobo: lateralibus indivisis, cymis proliferis, seminibus contortis.

Sp. Ulmaria *Linn. svec.* n. 440. *lapp.* n. 201. *Engl. bot.* 14. t. 960. *Smith br.* 2. p. 536. *Fl. dan.* 4. t. 547. *Willden. spec.* 2. p. 1061. *Olavs. it. island.* p. 165. 676. *Pallas it sibir.* 3. p. 319. *Falk russisch. topogr.* 2. p. 190. *Lightf. scot.* p. 259. *Landt færoens.* — Fennonibus Enontekensibus *Kurienpulvi.*

Hab. in pratis et nemoribus subhumidis per partem sylvaticam et subsylvaticam omnium Lapponiarum Svec. vulgaris; ut etiam locis inferalpinis et in alpium maritimarum lateribus occultis meridiei expositis per totam Nordlandiam et Finmarkiam ubique, nec non ad flumina districtus Tanensis.

ROSA.

Gen. plant. ed. Schreb. n. 863. *Gærtn. de fruct.* 1. p. 347. tab. 73.

256. ROSA *majalis* β. *cinerea:* germinibus globosis pedunculisque glaberrimis, caule aculeis stipularibus rectis, foliolis oblongo-ellipticis subtus incano-cinereis.

R. majalis *Retzii obs. bot.* 3, p. 33.

Rosa spinosissima *Linn. svec.* n. 442? *lapp.* n. 203. *Afzel. de ros.*

R. cinnamomea *Willden. spec.* 2. p. 1065?
R. collincola *Ehrh. beitr.* 2. p. 70.
R. fluvialis *Fl. dan.* 5. t. 868. (mala) *Retz. scand.*
R. syl. pumila rubra; μαιρoδov Clus. — *Burseri herb.* XXV. n. 32.
Lapponibus *Tseskes muor.*

Hab. in parte sylvatica Lapponiarum omnium svecicarum (excepta forsan Tornensi) prope ripas fluviorum locis nemorosis passim; sed ad Ivalojoki Enarensis frequentissima. In Lapponia Umensi usque ad Gillesnöle procedit. Neque in Lapponia svecica neque in adjacentibus provinciis alia Rosa.

Illust. *Linnæus* in *Spec. plant.* nullam citat rosam e Flora Lapponica, unde de rosis ibi adlatis dubium invasisse videtur. Quum hæc omnium maxime inermis est et præcipue in Lapponia sæpius legitur sine ullis aculeis semperque petiolos habet lævissimos; non possum quin rejiciam nomen R. *spinosissima Linn.;* quamquam synonymon Floræ lapponicæ tutus adposui. Sufficit mihi indicare quænam sit Rosa in his locis obvia. Singulis partibus satis convenit R. *collincolae Ehrh.* in Svecia crescenti. Rami ramulique in maturo frutice sæpius toti inermes; rarius aculeis stipularibus paucis rectis gracilibus armati. Petioli foliorum lævissimi sine minimo mucrone, pubescentes: pilis brevibus eglandulosis. Foliola angustiora quam in plerisque cæteris et obtusiora, marginibus et venis pilosiusculis eglandulosis; subtus cinereo-incana vel glaucescentia, glabriuscula. Laciniæ calycis sub florescentia fere filiformes, indivisæ, longitudine petalorum. Baccæ omnino globosæ vixque unquam depressæ ut in vulgari R. majali; de cætero molles, subbutyraceæ, intensius rubræ.

Mihi tantum constituit varietatem R. *majalis* ad R. *foecundissimam* Du Roi proxime accedentem.

257. ROSA *villosa:* germinibus globosis pedunculisque hispidis? aculeis caulinis rectiusculis, stipulis glandulosis, foliolis ovalibus utrinque villosis.

R. villosa *Linn. spec. plant.* p. 704. *Smith brit.* 2. p. 538. *Lightf. scot.* p. 261. *Landt faeroens.*—*Engl. bot.* 9. t. 583? *Afzel. de ros.*

Hab. ad rupes meridiei expositas inferalpinas in Nordlandia meridionali passim.

Semper sterilis in his locis crescere videtur, neque flores nec fructus reperire potui quamquam eam frequenter vidi. Ideoque de nomine ejus non parum dubius sum. Fruticulus est parvus vix ultra bipedalis, satis crebro aculeatus: aculeis rectis gracilibus. Stipulæ satis magnæ et ultra dimidiam partem petioli nudi percurrentes, integræ et margine tantum glandulosæ. Petioli hispidi. Foliola pauca plerumque quina, late ovalia vel subrotunda, obtusa, utrinque concolora et villosa, marginibus parum rubicundis, serraturis glanduloso-dentatis.

Eadem species esse videtur, quæ in insulis Færöensibus rarius occurrit rarissimeque floret. *Landt* de Færöis.

R U B U S.

Gen. plant. ed. Schreb. n. 864. *Gærtn. de fruct.* 1. p. 350. t. 73.

258. RUBUS *Idaeus*: foliis ternatis subtus tomentosis, caule frutescente aculeato, petiolis canaliculatis.

R. Idæus *Linn. svec.* n. 446. *lappon.* n. 204. *Lightf. scot.* p. 263. *Georgii fl. baikal.* p. 218. *Flor. Kamtschatk. in Arct. Zool.* p. 195. *Penn. Arct. Zool. ad Nutka sound.* p. 241.

Lapponibus *Kipper-muörje.* Fennonibus *Warain.*

Hab. locis deustis sylvaticis et juxta pagos per partem sylvaticam totam Lapponiarum meridionalium parcius; sed in inferalpinis et sub radicibus alpium per totam Nordlandiam omnium vulgatissimus, etiam in Alten parcius et ad Varangriam Finmarkiæ a *Gunnero* visus.

Folia in summo septentrione subtus minus albida et tantummodo parum tomentosa; vixque unquam pinnata vel quinata. Petioli semper evidenter canaliculati.

259. RUBUS *saxatilis*: foliis ternatis nudis, flagellis reptantibus herbaceis.

R. saxatilis *Linn. svec.* n. 447. *lappon.* n. 206. *Willden. spec.* 2. p. 1088. *Smith brit.* 2. p. 544. *Zoega island.* — *Landt. færoens.* — *Lightf. scot.* p. 265. *Pallas it. sibir.*

1. p. 72. *Georgii fl. baikal.* p. 218. *Falk russ. topogr.* 2. p. 192.

Lapponibus *Taiwe-muörje* (i. e. funis baccæ.)

Hab. in pratis lapidosis sylvisque per partem sylvaticam et subsylvaticam Lapponiarum, omnium ubique parcius, ut etiam sub radicibus alpium ad Quickjock passim; nec non in Nordlandiæ meridionalis inferalpinis frequenter, in septentrionali et Finmarkia rarius ex. gr. ad Alten et Kistrand.

260. RUBUS *arcticus:* foliis ternatis, caule unifloro inermi.

R. arcticus *Linn. svec.* n. 448. *lappon.* n. 207. *Flor. dan.* 3. t. 488. *Willden. spec.* 2. p. 1088. *Pallas it. sibir.* 3. p. 34. 319. 246. 287. *Flor. Kamtschatk. in Arct. Zool.* p. 195. *Falk russiche topogr.* 2. p. 192. *Pallas fl. ross.* 2. p. 67. *Gmel. sibir.* 3. p. 179. n. 22. *Georgii fl. baikal.* p. 218.

Lapponibus meridionalibus *Akkermuörje*, septentrionalibus *Gjeddemuörje*. Fennonibus *Wattuk*.

Hab. locis graminosis tum elevatis ac depressis per partem sylvaticam, subsylvaticam et subalpinam Lapponiarum omnium e latere meridionali alpini jugi positarum vulgatius; ut etiam juxta flumina in districtu Tanensi ubique, ad Kistrand rarissime et ad flumen Altense frequenter visus, sed de cætero nullibi e latere norvegico alpium crescit neque in ipsis alpibus. Baccas suas in tota Lapponia vix maturat, ejus enim patria faventior est districtus maritimus Vesterbottniæ.

261. RUBUS *Chamæmorus:* foliis simplicibus lobatis, caule unifloro inermi, foliis calycinis ovatis. *Smith brit.* 2. p. 545.

R. Chamæmorus *Linn. svec.* n. 449. *lapp.* n. 208. t. 5. f. 1. *Lightf. scot.* p. 266. t. 13. f. 2. *Michaux amer.* 1. p. 298. *Pallas it. sibir.* 3. p. 34. 319. *Cranz grœnland.* — *Georgii fl. baikal.* p. 218. *Flor. kamtschatk. in Arct. Zool.* p. 195.

Lapponibus *Ladtek* s. *Lattak*. Finmarkicis *Loamanak*. Fennonibus *Hilla*.

Hab. omnium vulgatissimus in paludosis et uliginosis Lapponiarum sylvaticarum, subalpinarum et infer-

inferalpinarum, ut etiam in ipso jugo alpium earumque lateribus infimis sat vulgaris; nullo verum loco vulgatius quam in insulis maritimis ex. gr. ad Dverberg et Andenæs in Vesterålen Nordlandiæ, Thamsöæ et Vardöæ Finmarkiæ, quæ loca ob maximam ejus copiam famosa. Baccas quoque in ipsis alpibus maturat, idque sæpius dum in sylvaticis claudicat ob tempestatem sub florescentia minus faventem.

An dioica vel monoica sit difficillime est expertu, quum radices adeo complicatæ ut singula specimina haud separari possunt.

FRAGARIA.

Gen. plant. ed. Schreb. n. 865. *Gærtn. de fruct.* 1. *p.* 350. *tab.* 73.

262. FRAGARIA *vesca:* flagellis reptantibus, calyce fructus reflexo, petiolorum pubescentia patentissima.

Fr. vesca *Willden. spec.* 2. p. 1091. *Linn. svec.* n. 450. *lapp.* n. 209. *Lightf. scot.* p. 267. *Olavs. it. island.* p. 675. 320. 815. *Pallas it. sibir.* 3. p. 319. *Flor. kamtschatk. in Arct. Zool.* p. 195. *Georgii baikal.* p. 218. *Penn. Arct. Zool. ad Nutkasund.* p. 141.

Hab. in convallibus inferalpinis earumque lateribus meridiei expositis per totam Nordlandiam usque ad Alten rarius, vixque baccas maturans; ut etiam in latere meridionali montis Njammats ad Quickjock copiose, sed de cætero nonnisi rarius occurrit in parte infima sylvatica Lapponiæ Umensis ubi pauca specimina prope templum Lycksele vidi.

Foliorum costæ subtus sericeo-albicantes; et serratura terminalis paullo longior proximis.

POTENTILLA.

Gen. plant. ed. Schreb. n. 866. Pentaphyllum. *Gærtn. de fruct.* 1. p. 349. tab. 73.

263. POTENTILLA *Anserina:* foliis interrupte pinnatis serratis, caule repente, pedunculis unifloris.

P. Anserina *Linn. svec.* n. 452. *lappon.* n. 210. *Flor. dan.* 4. t. 544. *Engl. bot.* 12. t. 861. *Smith brit.* 2. p. 547. *Olavs. it. island.* p. 949.

Michaux amer. 1 p. 304. *Lightf. scot.* p. 268. *Landt faeroens.* — *Georgii fl. baikal.* p. 219. *Falk russ. topogr.* 2. p. 193.

Hab. in ipsis littoribus maris per totam Nordlandiam ubique et Finmarkiam raro ex. gr. in Hopseidet; sed de cætero per totam Lapponiam nullo loco a me visa, vixque denuo occurrit antequam in littoribus bottnicis.

In his locis vix nisi foliis nudis occurrit unquam.

264. POTENTILLA *verna* β. foliis quinatis obovatis serratis pilosis, petalis obcordatis calyce majoribus, caulibus declinatis.

P. verna *Linn. svec.* n. 455. *lapp.* n. 212. *Lightf. scot.* p. 270. *Pallas it. sibir.* 1. p. 147. *Georgii fl. baikal.* p. 219.

P. aurea *Flor. dan.* 114. *Smith brit.* 2. p. 549. *Zoega island.* — *Cranz groenland.* — *Burseri.* XVIII. 99.

Herba facie fragariæ. *Mart. spitsberg.* cap. 9. t. H. f. b.

Hab. in alpium meridionalium inferioribus lateribus præcipue Norvegiam versus ubique frequenter, ut etiam in septentrionalium radicibus; sed inprimis in pratis elevatioribus et collibus asperis per totam Nordlandiam inferalpinam et Finmarkiam occid. vulgaris nec non Finmarkiam orient. raro ex. gr. in Hopseidet. Extra alpes in svecico latere haud emigrat.

Planta alpina a vulgari svecica parum admodum differt: herba tantummodo major et omnes partes pilis copiosioribus patentioribus obsitæ. Folia radicalia semper quinata sunt.

Figura *fl. dan.* nostræ plantæ optime convenit; sed *Engl. bot.* 8. t. 561. sistit foliola nimium elongata, et caulem justo breviorem.

P. aurea vera abunde diversa est non tantum ciliis sericeis verum etiam forma foliolorum fere Alchemillæ alpinæ, e. s. p.

265. POTENTILLA *nivea:* foliis ternatis subcuneiformibus inciso-serratis subtus tomentosis, caule adscendente.

P. nivea *Linn. svec.* n. 458. *Flor. dan.* 6. t. 1035. *Rottb. plant. groenl. in Act. hafn.* X. p. —
P. foliis ternatis utrinque hirsutis etc. *Gmel. sib.* 3. p. 183. t. 36. f. 1.

β. foliis pilosis vixque tomentosis. *P. grandiflora Linn.?*
P. levchophylla *Pallas it. sibir.* 3. p. 194?
Quinquefolium minus repens alpinum aureum. *Burseri.* XVIII. 101.

Hab. locis elevatis asperis humosis per partem centralem alpini jugi meridionalis circa Virih-jaur ubique satis frequenter, scil. ad Tokin, in Kajsats, ad Kasakjaur, in Kobrinojvi, Kirkiware, ad Sorjåsjaur, in Jegna-apo, etc.; ut etiam e latere norvegico alpium in rupibus ad Kaafjord Altensis raro visa. At β. in inferalpinis Nordlandiæ septentrionalis ex. gr. Tromsöæ legi.

Tota planta *P. vernae* admodum similis, tamen abunde distincta etiamsi tomentum in folii latere inferiore ludit. Foliola semper sunt terna (quod pro certissima differentia habeo); summo cuneiformi; cæteris ad latus inferius admodum inciso-serratis. Color paginæ superioris foliorum semper opacus vel cæruleo-viridis (dum in *Potent. verna* dilutus vel luteo-viridis). Laciniæ calycinæ angustiores et magis elongatæ. Flores plerumque paullo majores et elegantius aurei.

Varietas β. foliis subtus haud evidenter niveis, sed de cætero ita cum ipsa Potentilla nivea conveniens, ut necessarie huc pertinet. Nec de synonymo Burseriano dubitamus. Vidimus hanc sub nomine P. *Brauneanae* ex alpibus Tyrolensibus missam.

Gunneri *P. nivea* fl. norv. n. 512. t. 3. f. 1. ab hac satis differre videtur: flore albo, foliolis obovatis etc. — eam vero ex solo icone determinare inconsultum duco.

266. POTENTILLA *norvegica:* foliis ternatis, caule dichotomo, pedunculis axillaribus.

P. norvegica *Linn. svec.* n. 457. *lappon.* n. 211. *Fl. dan.* 1. t. 171. *Michaux amer.* 1. p. 302.

Hab. in inferalpinis Nordlandiæ meridionalis raro: *Linné.*

TORMENTILLA.

Gen. plant. ed. Raich. n. 619.

267. TORMENTILLA *erecta:* caule erectiusculo, foliis sessilibus. *Linn. svec.* n. 459. *lapp.* n. 213. *Fl. dan.* 4. t. 589. *Mohr island.* p. 191. *Lightf. scot.* p. 272. *Landt færoens.* — *Egede hist. groenl.* p. 69. *Georgii fl. baikal.* p. 213. (parva).

T. officinalis *Smith. brit.* 2. p. 552. *Engl. bot.* 12. t. 863.

Hab. locis humidis et paludosis graminosis per partem sylvaticam et subsylvaticam Lapponiarum meridionalium ubique frequenter, et septentrionalium parcius usque ad Nonainen Lapponiæ Tornensis; ut etiam in inferalpinis Nordlandiæ vulgaris, in radices alpium passim copiose adscendens.

GEUM.

Gen. plant. ed. Schreb. n. 867. *Gærtn. de fruct.* 1. *p.* 351. *tab.* 74.

268. GEUM *rivale:* floribus nutantibus, petalis longitudine calycis, aristis plumosis medio tortis, foliis caulinis simplicibus trifidis. *Willden. enum. hort. ber.* p. 557.

G. rivale *Linn. svec.* n. 461. *lappon.* n. 216. *Smith. brit.* 2. p. 554. *Olavs. it. island.* p. 320. *Lightf. scot.* p. 274. *Landt færoens.* — *Michaux amer.* 1. p. 301. *Falk russ. topogr.* 2. p. 194.

Hab. in pratis subhumidis nemorosis inferalpinis totius Nordlandiæ frequenter, et Finmarkiæ rarissime ex. gr. ad Polmach; nec non per partem sylvaticam et subsylvaticam Lapponiarum svecicarum passim, unde etiam juxta rivulos præcipue fontium usque in lateribus alpium adscendit saltim Lapponiæ umensis.

COMARUM.

Gen. plant. ed. Schreb. n. 869. *Gærtn. de fruct.* 1. *p.* 349. *tab.* 73.

269. COMARUM *palustre: Linn. svec.* n. 463. *lappon.* n. 214. *Willden. spec.* 2. p. 1119. *Olavs. it. island.* p. 18. *Michaux amer.* 1. p. 302.

Pallas it. sibir. 3. n. 319. *Lightf. scot.* p. 276. *Landt færoens.* — *Cranz groenland.* — *Georgii fl. baikal.* p. 219. *Falk russische topogr.* 2. p. 194.

Hab. in paludibus et pratis paludosis per partem sylvaticam usque in subalpinam omnium Lapponiarum vulgare, et in inferalpinis Nordlandiæ ubique nec non Finmarkiæ passim. Longe vulgatius versus alpes adscendit quam præcedens.

D R Y A S.

Gen. plant. ed. Schreb. n. 868. *Gærtn. de fruct.* 1. p. 352. tab. 74.

270. DRYAS *octopetala:* floribus octopetalis, foliis crenatis. *Linn. svec.* n. 462. *lappon.* n. 215. *Flor dan.* t. 31. *Lightf. scot.* p. 274. *Landt færoens.* — *Engl. bot.* t. 451. *Egede hist. groenland.* p. 69. tab. 2. f. 7. *Olavs. it. island.* p. 949. *Pallas. it. sibir.* 3. p. 35. 316. *Gmel. sibir.* p. 188. *Georgii fl. baikal.* p. 219.

Papaver album. *Mart. spitzberg.* —

Hab. locis elevatis succosioribus per totum alpium jugum et omnes alpes maritimas locaque etiam sublittoralia vulgatissime. Sed extra centrales alpes in sveticis nunquam descendit utpote infra Vallivare Lapponiæ Lulensis et Rastekaise Finmarkiæ nec non Njäravare Lapp. Tornensis haud mihi visa; neque in convallibus inferalpinis Norvegicis. Vulgatior est e Norvegico latere alpium, quam svecico.

Pubescentia duplex in hac planta adest, scil. 1) tomentum subtile niveum contortum in foliorum pagina inferiore, ut et rarius in pedunculo et marginibus calycis; 2) pili nigricantes glandulosi et interdum ramosi in latere inferiori calycis et passim per supremam partem pedunculi calycisque lacinias.

Dr. *integrifoliam* a Cl. Persoon in synops. p. 57. pro norvegica planta perperam exhibitam nonnisi e Groenlandia habuit Cel. Vahl secundum Act. hist. nat. hafn.

CLASSIS XIII.

POLYANDRIA.

ACTAEA.

Gen. plant. ed. Schreb. n. 877. *Gærtn. de fruct.* 2. p. 154. tab. 114.

271. ACTAEA *spicata:* foliis decompositis, racemo ovato, baccis globosis.

α. baccis nigris.

A. spicata *Linn. svec.* n. 464. *Lapp.* n. 217. *Fl. dan.* 3. t. 498. *Pallas it. sibir.* 3. p. 319. *Gmel. sibir.* 4. p. 181. *Georgii fl. baikal.* p. 219.

β. baccis rubris. *Falk russisch. topogr.* 2. p. 196.!

Hab. α. sub ipsis radicibus alpium locis nemorosis maxime occultis per totam Nordlandiam passim frequenter, ut etiam locis similibus Lapponiæ Lulensis rarius ex. gr. ad Njammats juxta Quickjock. At β. in luco petræ calcareæ ad Akankoski paroeciæ Sodankylæ Kemensis copiose lecta est.

Var. β. nihil nisi colore baccarum a vulgari differe videtur; sub maturescentia tamen semper rubræ persistunt ejus baccæ talesque d. 9. Septembris lectæ sunt. E Russia uti videtur proventa est, et exinde colorem inconsvetum fere asiaticum vel continentalem secum tulit. Quod hic color in America iterum provenit haud mirum mihi videtur, cum ibi clima continentale. In utrisque varietatibus petioli parum pubescunt, et foliola subtus sublucida sunt. Flores tamen haud comparavi, ut nihil de longitudine staminum dicere valeam.

NYMPHAEA.

Gen. plant. ed. Schreb. n. 886. *Gærtn. de fruct.* 1. p. 72. t. 19.

272. NYMPHAEA *alba:* foliis subrotundo - cordatis integerrimis: lobis contiguis rotundatis, calyce quadrifido.

N. alba *Linn. svec.* n. 470. *lapp.* n. 219. *Willden. spec.* 2. p. 1152. *Michaux amer.* 1. p. 311. *Lightf. scot.* p. 283. *Falk russisch. topogr.* 2. p. 196.

Hab. in fluviis minoribus et rivulis Lapponiæ Umensis infimæ usque ad Falträsk parcius, at in flumine Oerelfven frequenter.

Elegans planta habitu suo aquis Lapponiæ valde aliena; foliis suis subtus violaceis, et floribus re vera natantibus valde mirabilis.

273. NYMPHAEA *lutea:* foliis ovali-cordatis integerrimis, calyce pentaphyllo petalis majore, stigmate indiviso octodecimi-costato.

N. lutea *Linn. spec.* n. 469. *lapp.* n. 218. *Fl. dan.* 4. t. 603. *Lightf. scot.* p. 282. (rarius). *Falk russ. topogr.* 2. p. 196. *Gmel. sibir.* 4. p. 184.

Hab. in fluviis et lacubus præsertim minoribus per partem sylvaticam omnium Lapponiarum svecicarum parcius, usque ad lacum Enarensem, et Idivuoma Lapponiæ Tornensis.

Folia ovalia, supra lævia et utrinque læte viridia. Stigma integerrimum, compactum et e textura cartilaginea vel cornea factum, sub florescentia semper luteum; radiis usque ad viginti.

274. NYMPHAEA *pumila:* foliis oblongo-cordatis integerrimis punctatis subpubescentibus, calyce pentaphyllo petalis majore, stigmate lobato decemradiato.

N. lutea β. pumila. *Timm im Magaz. für Nat. Meklenb.* 3. p. 256. (secund. specim. ipsius).

N. lutea β. minima *Willden. spec.* 2. p. 1151. *Georgii fl. baikal.* p. 219? *Michaux amer.* 1. p. 311?

Hab. in fluviis minimis parœciæ Sodankylä Kemensis rarius, ex. gr. in Muttanijoki et Marjejoki juxta Pelkola frequenter lecta.

Quamquam de summa cognatione cum præcedente nullum est dubium, ut recte pro ejus filia habetur; tamen nimium differt, quin eam simplicis varietatis loco ponerem. Omnes partes duplo minores quam in præcedente. Folia paullo ultra palmaria, oblongo-cordata, tenuiora, superne punctis elevatis scabrata et e cellulosa duplo grandiore quam in præcedente constructa; petiolo sursum obtuso triangulari, angulo infimo magis depresso. Flos magnitudine *Calthæ palustris.* Foliola calycina oblonge elliptica, obtusa. Petala calyce quoad tertiam partem breviora, cuneiformia, truncata vel leviter emarginata, superne introrsum gibba. Germen oblongo-subovatum, angulis tot obtusis quot stigmatis radii: rostro cylindrico. Stigma sub prima florescentia planiusculum, in lobos decem patentes perinsignes divisum, quoad substantiam carnosum vel multo magis sponsiosum quam in præcedente, semperque viridulum nec unquam luteum; post florescentiam fuscescit et margines reflectuntur, ut lobi vix apparent. — Ob substantiam diversam tum foliorum ac stigmatis, necesse distingui debet a præcedente.

Mirum est quam multæ plantæ Lapponicæ et Sibiricæ in Megapolitano occurrunt: ex. gr. Pedicularis Sceptrum carolinum, Betula fruticosa etc.

ACONITUM.

Gen. plant. ed. Schreb. n. 328. *Gærtn. de fruct.* 1. p. 311. tab. 65.

275. ACONITUM *Lycoctonum:* foliis palmatis multifidis villosis, cuculli calcare revoluto.

A. Lycoctonum *Linn. svec.* n. 476. *lapp.* n. 221.

α. floribus cæruleis.

A. septentrionale *Willden. spec.* 2. p. 1235.

A. Lycoctonum *Flor. dan.* t. 123. *Gmel. sibir.* 4. p. 189. *Georgii fl. baikal.* p. 220.

β. floribus lutescentibus.

A. Lycoctonum *Willden. spec.* 2. p. 1232. *Jacqu. austr.* t. 380.

A. Lycoctonum luteum; in austria sponte. *Burseri* X. 2. 3.

Lapponibus *Atja-grase* (i. e. tonitrui herba).

Hab. α. locis occultis in inferalpinis et sub radicibus alpium Nordlandiæ meridionalis ubique; ut etiam in convallibus subalpinis et in betuletis ad radices alpium Lapponiarum svecicarum meridionalium passim. Var. β. in fruticeto ad Kirkivare Lapponiæ Lulensis legi, cum var. α. simul crescentem.

Quod istæ duæ varietates nihil nisi colore a se invicem differunt testor ex scrupulosa comparatione ad Kirkivare instituta. In ambabus folia sunt ejusdem figuræ, ut etiam cucullus. Flores et tota rachis eodem gradu ante florescentiam villosæ sunt.

ANEMONE.

Gen. plant. ed. Schreb. n. 948. *Gærtn. de fruct.* 1. p. 357. tab. 74.

276. ANEMONE *nemorosa:* caule unifloro, foliis caulinis ternis singulisque ternatis incisis, seminibus acutis.
A. nemorosa *Linn. svec.* n. 485. *Willden. spec.* 2. p. 1281. *Fl. dan.* 4. t. 549. *Lightf. scot.* p. 284. *Michaux amer.* 1. p. 319. *Falk russ. topogr.* 2. p. 201. *Georgii fl. baikal.* p. 221. (raro).
Hab. in nemorosis infra radices alpium Nordlandiæ meridionalis raro, uti in Salteidet pluribus locis frequenter mihi visa; nec non ad latus meridionale alpis Geota juxta Tärna Lapponiæ Umensis lecta a Rev. *Læstadio.* Rarissima ideo in Lapponia ibique e Norvegia translata.

277. ANEMONE *vernalis:* pedunculo involucrato, foliis pinnatis inciso-lobatis obtusiusculis.
A. vernalis *Linn. svec.* n. 483. *lappon.* n. 223. *Willden. spec.* 2. p. 1273. *Suter helvet.* 1. p. 326. *Falk russ. topogr.* 2. p. 200.
Hab. in subalpinis Lapponiæ meridionalis: *Linné.*
Plantam lapponicam haud vidi, quæ vero in subalpinis Dalekarliæ et Vermlandiæ crescit ab uplandica haud differt, atque folia habet rarius villosa.

THALICTRUM.

Gen. plant. ed. Schreb. n. 951. *Gærtn. de fruct.* 2. p. 355. tab. 74.

278. THALICTRUM *flavum:* foliis bipinnatis: foliolis trifidis, caule sulcato, stipulis dilatatis laceris, panicula ramosissima, floribus erectis.
Th. flavum *Linn. svec.* n. 488. *lappon.* n. 224. *Willden. spec.* 2. p. 1300. *Lightf. scot.* p. 285. *Pallas it. sibir.* 3. p. 319. *Flor. kamtschatk. in Arct. Zool.* p. 195. *Georgii fl. baikal..* p. 221.
β. *rotundifolium:* foliis rotundatis tenuioribus, stipulis coarctatis integris.
T. majus *Jacqu. austr.* t. 420?
T. montanum aliud; e Pyrenæis. *Burseri herb.* XIX. n. 45.

Hab. in pratis et graminosis subhumidiæ Lapponiæ sylvaticæ ex. gr. in Umensi usque ad Björksele passim: at β. in lucis humidis præcipue ad cataractas fluminum per Lapponiam kemensem fere ad Utsjoki frequenter procedens.

Quod in Lapponia Umensi occurrit Talictrum flavum svecico simillimum est; sed Kemense illud rotundifolium habitu omni Talictro *sibirico* adeo convenit, ut nonnisi floribus fructibusque erectis differt.

279. THALICTRUM *alpinum*: caule simplicissimo subnudo racemoso, floribus fructibusque recurvatis.

T. alpinum *Linn. svec.* n. 491. *lappon.* n. 225. *Lightf. scot.* p. 286. t. 13 f. 1. *Pallas it. sibir.* 3. p. 244. *Georgii fl. baikal.* p. 221. *Landt færoens.* — *Flor. dan.* t. 11.

Hab. in omnibus alpibus majoribus usque ad Nordcap, earumque lateribus et summis radicibus scil. locis irrigatis vulgatissime; in inferalpinis pratis uliginosis etiam frequenter, nec non extra alpes juxta flumina Lapponiarum svecicarum passim descendens scil. infra Enontekis Lapponiæ Tornensis et infra lacum Stora-Vindeln Lapponiæ Umensis.

Foliola semper adeo minuta ut duobus lineis longiora nunquam occurrunt, subrotunda, subtus glaucescentia: marginibus reflexis. Stigmata ob margines dilatatas insigniter cordata sunt.

RANUNCULUS.

Gen. plant. ed. Schreb. n. 953. *Gærtn. de fruct.* 1. p. 353. tab. 74.

280. RANUNCULUS *Flammula*: foliis ovato-lanceolatis petiolatis, caule declinato. *Willden. spec.* 2. p. 1307.

R. Flammula *Linn. svec.* n. 493. *lappon.* n. 233. *Michaux amer.* 1. p. 321. *Lightf. scot.* p. 288. *Landt færoens.* — *Georgii fl. baikal.* p. 221. *Falk russ. topogr.* 2. p. 202.

Hab. in aquosis sylvarum Lapponiæ meridionalis rarius.

281. RANUNCULUS *Ficaria:* foliis cordatis angulatis petiolatis, caule unifloro. *Linn. svec.* n. 496. *Engl. bot.* 9. t. 584. *Fl. dan.* 3. t. 499. *Lightf. scot.* p. 289. *Landt færoens.* — *Falk russ. topogr.* 2. p. 202. *Pallas it. sibir.* 3. p. 315.

Hab. in lateribus montium inferalpinorum meridiei expositis per Nordlandiam meridionalem raro: a me lecta ad Middagshauen Keringöæ Præfecturæ Saltensis.

Folia radicalia sæpius subrotunda, peltata; caulina superiora multangula. Petala paullo pauciora et breviora quam in svecica.

282. RANUNCULUS *auricomus:* foliis radicalibus reniformibus crenatis incisis; caulinis digitatis linearibus, caule multifloro. *Linn. svec.* n. 498. *Gunner. norv.* n. — *Fl. dan.* 4. t. 665. *Gmel. sib.* 4. p. 202. n. 47. *Georgii fl. baikal.* p. 221. *Lightf. scot.* p. 290. *Engl. bot.* 9. t. 624.

Hab. in pratis aquosis Nordlandiæ inferalpinæ maritimæ passim; ut etiam ad Utsjoki rarissime visus; sed in Lapponiæ Umensis sylvaticæ pratis humidioribus fere ubique frequenter.

283. RANUNCULUS *glacialis:* foliis subternatis tripartito-multifidis, caule bifloro, calycibus hirsutis, seminibus compressis marginatis.

R. glacialis *Linn. svec.* n. 501. *lapp.* n. 235. tab. 3. f. 1. *Willden. spec.* 2. p. 1320. *Zoega island?* — *Flor. dan.* t. 19. *Suter helvet.* I. p. 338. *Landt færoens.?*

Hab. tantummodo in cacuminibus altioribus totius alpini jugi, scil. locis humosis succosioribus, in tumulis glacierum e. s. p. fere ubique frequenter; sed neque in alpibus maritimis neque extra summitates alpium visus. Infra Kask-ajvo Lapponiæ Lulensis, Tsatsekaise Lapponiæ Tornensis et Rastekaise Finmarkiæ orientalis nunquam reperi.

Hæc species unacum R. *rutæfolio*, *asiatico* etc. propriam efficiunt tribum, qui Trollio satis affinis est, et a sequentibus Ranunculis longe recedit. Hujus semina in conceptaculo laxo compresso ita inclusa sunt, ut dubito numne potius capsula monosperma dicenda sit. Receptaculum depressum planiusculum magnum fere ut in Leontodonte *Taraxaco*, et calyce persistente staminibusque stipatum. Radix interdum non parum tuberosa. Folia haud ternata nisi in maximis exemplaribus, sed plerumque tripartita et multifida; de cætero carnosiuscula. Vaginæ foliorum præcipue caulinorum barbatæ sunt vel ferrugineo-ciliatæ Foliola calycina valde concava et petala plerumque ita conniventia, ut totus flos subglobosus. Color floris inter rubicundus et albissimus variat.

284. RANUNCULUS *lapponicus:* foliis tripartitis obtusis incisis, caule repente subterraneo, pedunculis unifloris, seminum rostro dilatato recurvo. *Icon.* tab. nostr. VIII f. 2.

R. lapponicus *Linn. svec.* n. 503. *lappon.* n. 251. tab. 3. f. 4.

Hab. locis uliginosis limosis per partem subsylvaticam Lapponiarum svecicarum septentrionalium ex gr. ad Enontekis et Idivuoma Lapponiæ Tornensis rarius; at in Lapponia Umensi præcipue subsylvatica frequenter a lacu Örträsk usque ad Risnäs lacus Vindelensis, inprimis ad fontium frigidarum rivulos.

Obscura plerisque auctoribus est hæc species, nec ejus affinitas satis explorata Mihi quidem *R. repenti L.* proxima videtur. Dubito an potius dicerem radicem esse repentem, an caulem; nam quos Linné dixit caules vix nisi pedunculi sunt ex axilla foliorum orti. Pedunculi et Folia iconi *Linnéi* optime conveniunt, et glaberrima sunt Semina in capitulo singulo pauca sunt vix ultra 6 vel 8; superne appendice latiuscula compressa, repleta cellulis tantum spongiosis et diaphanis; quæ appendix terminatur stylo longiusculo, recurvo. Flos parum conspicuus: petalis calyce parum longioribus.

Explicatio iconis: a. capitulum seminale magn. natural. b. semen integrum duplo auctum. c. semen longitudinaliter dissectum duplo auctum.

285. RANUNCULUS *nivalis:* foliis reniformibus quinquelobis integerrimis, caule unifloro, calyce hirsuto, seminibus rostratis rectis. *Icon* Tab. nostr. VIII. f. 3.

R. nivalis *Linn. svec.* n. 502. *lappon.* n. 232. tab. 3. f. 2. *Cranz grœnland.* — *Willden. spec. pl.* 2. p. 1321. *Hoppe taschenb.* 1800. p. 184-189.

R. quartus *Mart. spitsberg.* cap. 3. tab I. fig. d.

Hab. in totius alpini jugi campis ab aqua nivali superfusis, ad rivulos e. s. p. vulgatissime. Sed vix in alpibus maritimis ad Nordcap, neque extra altiores alpes provenit.

Satis polymorphus est; præcipue valde ludit figura foliorum. Magis nitidus et glaber est quam plerique cæteri. Caulis ad insertionem folii caulini non parum hirsutus. Calycis hirsuties fusca est. Petala duplo longiora quam calyx, patentia, indeque flos satis spectabilis. Receptaculum seminum cylindricum elongatum. Semina subrotunda, stylo longitudine ipsorum seminum recto rostrata.

Explicatio iconis: a. capitulum seminale magnit. naturali. b. semen integrum duplo auctum. c. semen dissectum dupplo auctum.

β. *sulphureus:* foliis spathulatis multilobis.

R. sulphureus *Phipps itinerar. ad pol. boreal.* p. —

R. frigidus. *Willden. spec.* 2. p. 1312?

R. primus *Mart. spitsberg.* cap. 3. tab. G. fig. c.

Hab. juxta rivulos in alpibus maxime septentrionalibus Finmarkiæ prope Nordcap passim frequenter. De cætero in Spitsbergis præcipue lectus.

Primo intuitu a *R. nivali* non parum diversus videtur: foliis minime nitidis, minus profunde divisis in lobos circiter septem, et brevius petiolatis; caule altiore; petalis pallidioribus.

Not. *Ranunculum montanum Willd.* crediderim me vidisse in convalle alpina prope Kajsats juxta Virih-jaur; quum autem nulla specimina conservavi eum dubitanter haud adponere volui.

286. RANUNCULUS *pygmæus:* foliis subreniformibus quinquefidis, caule unifloro, calyce glabro petalis longiore, mucrone seminum brevi adunco.

R. nivalis pygmæus *Linn. svec.* n. 502. β. *lappon.* n. 232. tab. 3. f. 3.

R. secundus *Mart. spitsberg.* cap. 3. tab. G. fig. e.

Icon Tab. nost. VIII. fig. 1.

Hab. in totius alpini jugi lateribus, locis irrigatis suboccultis juxta rivulos, sub petris et s. p. frequenter. Etiam in Öhrdalen juxta Hopseidet Finmarkiæ lectus, sed de cætero nunquam extra alpes altiores.

Figura Floræ lapponicæ haud bona est, utpote neque characteres neque habitum plantæ rite exprimens. Hæc planta non tantum pygmæa sed valde gracilis est, et sine flore *Saxifragam rivularem* admodum refert. Radix sine dubio annua est. Foliorum petioli longi graciles caulem floriferum sæpius superantes. Folia ipsa profundius divisa quam in præcedente. Margines membranacei ad insertionem folii caulini evidentiores. Pedunculi post florescentiam valde elongantur, sed folium caulinum supra radicalia vix elevatur. Calyx quidem glaber sed pedunculus floris pubescentia alba (nec fusca) rectiuscula passim tectus. Totus flos ejusdem fere magnitudinis et figuræ ac in *R. scelerato*. Calyx plerumque reflexus elongatus. Petala calyce breviora subrotunda. Capitulum fructus longius quam in præcedente. Semina subrotunda, stylo ipsis duplo breviore adunco mucronata. — Tam multis et insignibus characteribus non potest non a præcedente distingvi.

Explicatio iconis: a. planta florens. d. planta fructifera. b. calycis foliolum et c. petalum separatum, utraque duplo aucta. e. semen duplo auctum. f. semen dissectum quadruplo auctum.

287. RANUNCULUS *hyperboreus:* foliis profunde trilobis: lobis divergentibus, caule filiformi repente, seminibus muticis lævibus.

R. hyperboreus *Rottb. pl. island. in Act. hafn.* X. p. 458. tab. 4. f. 16. *Flor. dan.* t. 331.

R. Ammanni *Gunn. norv.* n. 826.

R. foliis subrotuudis etc. *Gmel. sibir.* 4. p. 204. n. 836.

Hab. locis limosis udis apricis per partem sylvaticam et subsylvaticam Lapponiæ Tornensis passim copiose, Kemensis rarius ex. gr. ad Hietasuvando.

Quoad magnitudinem figuramque foliorum et florum præcedenti similis est, an autem de cætero affinis valde dubito; neque scio cui nostrarum affinior sit. Tota planta admodum mollis et tenuis. Caulis omnino repit haud vero ita reptat ac in *R. reptante*. Folia late spathulata, profunde triloba; lobis plerumque divergentibus et sine ullis crenis lateralibus. Pedunculi florum folia superantes. Foliola calycina petalis paullo longiora. Capitulum seminum grandiusculum respectu teneritatis plantæ. Semina subrotunda obtusa et omnino mutica sine ullo apiculo, quo longe a præcedentibus differt; neque scrobiculata sunt ut in *R. hederaceo*, qui *R. aquatili L.* affinior est. Flores lutei sunt.

Semina Ranunculorum optimos præbent specierum characteres; species lapponicæ iis optime distingvuntur: *Ranunculus sceleratus* semina habet proprio modo umbilicata e. s. p.

288. RANUNCULUS *reptans:* foliis subfiliformibus, caule reptante filiformi.

R. reptans *Linn. svec.* n. 495. *lappon.* n. 236. t. 3. f. 5. *Flor. dan.* t. 108. *Lightf. scot* p. 289. *Buxbaum. cent.* 5. *app.* 41. *Falk russ. topogr.* 2. p. 202.

? R. filiformis *Michaux amer.* 1. p. 320?

Hab. ad ripas lacuum et fluviorum alibique in terra nuda sabulosa vel glareosa aprica per partem sylvaticam et subsylvaticam omnium Lapponiarum svecicarum sat vulgaris.

Qui in Lapponia crescit adeo differt a R. *Flammula*, ut non possum non eum præcedenti affiniorem censere: caule revera reptante filiformi, floribus semper minutis fere Saginæ *procumbentis*, foliis filiformibus. Doleo me haud semina examinasse, in quibus character certissimus forsan latet. Quod vero varietas R. *Flammulæ* existit huic habitu simillimus in propatulo est.

289. RANUNCULUS *acris:* calycibus patulis, pedunculis teretibus, foliis tripartito-multifidis: summis linearibus. *Linn. svec.* n. 507. *lapp.* n. 228. *Engl. bot.* 10. t. 652. *Olavs. it. island.* — *Lightf. scot.* p. 293. *Landt. færoens.* — *Gmel. sibir.* 4. p. 206. n. 53. *Falk russ. topogr.* 2. p. 203.

β. pumilus caule unifloro.

R. bulbosus *Linn. lapp.* n. 229.

? R. hirsutus *Smith brit.* 2. p. 592.

Fennonibus Lapp. *Terreva-ruoho.*

Hab. in cultis, pratisque per partes sylvaticas, subsylvaticas et subalpinas, nec non inferalpinas et maritimas omnium Lapponiarum usque ad Hopseidet Finmarkiæ fere ubique; in alpibus quoque eum delatum vidimus cum domiciliis lapponum.

Varietatem hujus pumilam foliis omnibus radicalibus habituque R. *bulboso* similem in collibus siccis lapponiæ vidimus; sed nullum R. *bulbosum* verum reperimus.

290. RANUNCULUS *repens:* pedunculis sulcatis, sarmentis repentibus, foliis ternatis trifidis, seminibus lenticularibus.

R. repens *Linn. svec.* n. 505. *lappon.* n. 230. *Engl. bot.* 8. t. 516. *Gmel. sibir.* 4. p. 206. *Georgii fl. baikal.* p. 221. *Lightf. scot.* p. 292. *Landt færoens.* —

Hab. in graminosis udis per partem sylvaticam et subsylvaticam Lapponiarum svecicarum passim, et ad fluvios Utsjokiæ rarius; nec non in cultis inferalpinis frequenter.

In Lapponia semper glaberrimus mihi visus est.

291. RANUNCULUS *aquatilis:* foliis submersis capillaceis, emersis subpeltatis, seminibus dorso hispidis.

R. aquatilis *Linn. svec.* n. 509. *lappon.* n. 234. *Willden. spec.* 2. p. 1332. *Gmel. sib.* 4. p. 207. *Lightf. scot.* p. 295.

R. heterophyllus *Hoffm. fl. germ.* 1. p. 179. *Hoppe taschenb.* 1802. p. 21.

Hab. in aquis per partem sylvaticam Lapponiarum meridionalium ubique, ut etiam in subsylvatica Lapponia Lulensi et Tornensi passim visus.

Semina scrobiculata, tantum dorso præcipue apicem versus hispida: pilis rigidulis. Inter utramque divisionem generis apud *Persoon. syn.* 2. p. 105. ambigit hæc species.

TROLLIUS.

Gen. plant. ed. Schreb. n. 954. *Gærtn. de fruct.* 2. p. 176. tab. 118.

292. TROLLIUS *europæus:* corollis conniventibus, nectariis longitudine staminum. *Linn. svec.* n. 510. *lappon.* n. 226. *Hoppe taschenb.* 1799. p. 255. *Lightf. scot.* p. 295. *Pallas it. sibir.* 3. p. 315. 253.* *Georgii fl. baikal.* p. 222. *Flor.*

Flor. Kamtschatk. in Arct. Zool. p. 196. *Falk russ. topogr.* 2. p. 203. *Gmel. sib.* 4. p. 190.
Lapponibus *Buola-grase.* Fennonibus Enontekensibus *Pluppun-Kuka.*
Hab. ubique fere omnium vulgatissimus scil. locis fertilioribus lætioribus tum in sylvaticis montanis tum in subalpinis ac inferalpinis usque in lateribus occultioribus ipsarum alpium etiam maritimarum usque ad Hopseidet, idque per universam Lapponiam. In districtu planiore maritima Vesterbottniæ parcior est.

CALTHA.

Gen. plant. ed. Schreb. n. 957. *Gærtn. de fruct.* 2. p. 176. *tab.* 118.

293. CALTHA *palustris:* caule erecto. *Willden. spec.* 2. p. 1338. *Linn. spec.* n. 511. *lapp.* n. 227. *Engl. bot.* 8. t. 506. *Fl. dan.* 4. t. 668. *Lightf. scot.* p. 298. *Olavs it. island.* p. 18. *Michaux amer.* 1. p. 324. *Pallas it. sib.* 3. p. 319. *Georgii fl. baikal.* p. 222.
Fennonibus *Lumpet.*
Hab. in pratis aquosis ad fluvios et rivulos per partem sylvaticam, subsylvaticam et inferalpinam omnium Lapponiarum vulgaris; etiam ad Kistrand, Tana, Utsjoki, etc. lecta.

CLASSIS XIV.

DIDYNAMIA.

MENTHA.

Gen. plant. ed. Schreb. n. 967.

294. MENTHA *lapponica:* floribus verticillatis paucis, foliis oblongo - lanceolatis petiolatis glabris, caule retrorsum scabro, calycibus asperis, pedicellis lævissimis.
Icon tab. nostr. X.
Hab. in ripis subhumidis arenosis fluvii Kemensis ad pagum Saunavaara frequenter; eandem me legisse crediderim nonnullis locis Lapponiæ Umen-

sis uti ad Lycksele et Björksele, sed nondum plane adulta.

Scrupulose eam comparavi cum speciminibus Mentharum Cel. *Smithii* in Herbario Cel. *Svartzii* asservatarum, et ab omnibus diversam esse comperi. Proxime accedit ad M. *gracilem Smith.*; sed adhuc multum gracilior, laxior, pallidior et glabrior est. Tota planta ita glabra et pallida ut *Ocymum Basilicum* fere refert, odore satis svavi fere Melissæ. Radix repens et perennis. Caulis obtusangulus, inanis (ut facile comprimitur), pallide viridis (nulloque modo coloratus), glaber sed retrorsum asper ob mucrones subtiles nudis oculis vix discernibiles; simplex (nec unquam ramosus). Folia petiolata, oblongo-lanceolata, serrata, valde tenuia et mollia, glabra et nonnisi inferne parum aspera, in pagina inferiore sublucida; eorumque paria longius a se invicem remota, tamen tam longa sunt ipsa folia ut internodia duplo superant. Verticilli vix ultra decemflori; pedicelli ipsis floribus longiores, glaberrimi, lævissimi. Calyx asper, sine punctis resinosis evidentioribus. Corolla rosea, staminibus exsertis.

Explicatio Iconis: a. planta florens magn. nat. — b. pars caulis magn. auct. c. calyx magn. auct.

A J U G A.

Gen. plant. ed. Schreb n. 959.

295. AJUGA *alpina: Gunner. norv.* n. 1099. *Smith. brit.* 2. p. 604. et 3. p. 1399.

A. pyramidalis *Huds.?* — *Lightf. scot.* p. 303? *Crantz groenland?* —

Hab. in Porsangria Finmarkiæ, unde missa ad Rev. *Gunnerum.*

T H Y M U S.

Gen. plant. ed. Schreb. n. 982.

296. THYMUS *Serpyllum:* floribus capitatis, caulibus repentibus, foliis planis ovalibus obtusis basi ciliatis. *Linn. svec.* n. 535. *Willden. spec.* 3. p. 138. *Lightf. scot.* p. 318. *Olavs. it. island.* p. 944. 491. *Crantz grœnl.* 1. p. 83. *Landt færoens.* — *Georgii fl. baikal.* p. 223. *Falk russ. topogr.* 2. p. 208.

Hab. in ripis arenosis fluvii Tana per omnem ejus longitudinem inter Guldholmen et Kivikoski passim copiose; ut etiam ad lacum Mandujauri Utsjokiæ. De cætero in Svecia haud provenit supra flumen Ångermanelfven, ut certe a Lapponia aliena est.

Singulis suis partibus cum Upsaliensi exacte convenit.

GALEOPSIS.

Gen. plant. ed. Schreb. n. 972.

297. GALEOPSIS *Tetrahit:* caule hirto: internodiis superne incrassatis, calycibus pungentibus, corollis calyce duplo longioribus: galea rectiuscula. *Willden. spec.* 3. p. 92. *Smith brit.* 2. p. 629.

G. Tetrahit α. *Linn. svec.* n. 525. *lappon.* n. 237. *Lightf. scot.* p. 310. — *Zoega island.* — *Georgii fl. baikal.* p. 222. *Falk russ. topogr.* 2. p. 206.

Hab. in agris et cultis per partem sylvaticam et subsylvaticam omnium Lapponiarum svecicarum frequenter; etiam in Nordlandia inferalpina.

298. GALEOPSIS *versicolor:* caule hirto: internodiis superne incrassatis, calycibus pungentibus, corollis calyce triplo longioribus: galea ventricosa. *Smith. brit.* p. 630. *Engl. bot.* 10. t. 667.

G. versicolor *Curtis lond.* 6. t. 38.

G. cannabina *Flor. dan.* t. 929.

G. Tetrahit β. *Linn. svec.* n. 525. *lappon.* n. 237.

Hab. cum præcedente in cultis et stercoratis fere vulgatius.

STACHYS.

Gen. plant. ed. Schreb. n. 974.

299. STACHYS *sylvatica:* verticillis sexfloris, foliis cordatis petiolatis. *Linn. svec.* n. 526. *Gunner. norv.* n. 70. *Lightf. scot.* p. 312. *Falk russ. topogr.* 2. p. 206.

Hab. in convallibus inferalpinis Nordlandiæ meridionalis passim copiose. A me pluribus locis ad Sörfolden Saltensem visa.

SCUTELLARIA.

Gen. plant. ed. Schreb. n. 989.

300. SCUTELLARIA *galericulata:* foliis cordato-lanceolatis crenatis rugosis, floribus axillaribus. *Smith brit.* 2. p. 645. *Linn. svec.* n. 538. *lapp.* n. 239. *Gmel. sib.* 3. p. 227. *Lightf. scot.* p. 320. *Georgii fl. baikal.* p. 223.

Hab. juxta fluvios Lapponiæ meridionalis infimæ passim; ego quidem nonnisi juxta limitem Lapponiæ Umensis scil. ad Granöam reperi.

PRUNELLA.

Gen. plant. ed. Schreb. n. 990.

301. PRUNELLA *vulgaris:* foliis petiolatis oblongo-ovatis basi subdentatis, calycis labio superiore truncato triaristato, caule adscendente. *Willden. spec.* 3. p. 176.

Pr. vulgaris *Linn. svec.* n. 540. *lapp.* n. 238. *Engl. bot.* 14. t. 661. *Lightf. scot.* p. 321. *Landt færoens.* — *Falk. russ. topogr.* 2. p. 209. *Georgii fl. baikal.* p. 223. *Olavs. it. island.* p. 946. *Michaux amer.* 2. p. 11.

Hab. sub ipsis radicibus alpium in locis meridiei maxime expositis Nordlandiæ meridionalis rarius; ut etiam in Lapponia Umensi sylvatica præcipue in ripis humidis fluminum usque ad lacum Stora-Vindeln passim parcius.

BARTSIA.

Gen. plant. ed. Schreb. n. 996. *Gærtn. de fruct.* 3. p. 109. tab. 198. f. 6.

302. BARTSIA. *alpina:* foliis oppositis subcordatis obtuse serratis, antheris hirsutis. *Smith. brit.* 2. p 647.

B. alpina *Linn. svec.* n. 541. *lapp.* n. 246. *Flor. dan.* t. 43. *Olavs. it. island.* p. 433. 815. *Landt. færoens.* — *Crantz. groenland.* — *Suter helvet.* 2. p. 24.

Hab. in alpibus omnibus usque ad Nordcap earumque præcipue lateribus inferioribus humidioribus vulgaris; etiam extra atque infra alpes juxta fluvios per Lapponiam sylvaticam frequenter descendit usque ad Gransele Vindelense Lapponiæ Umensis, ad Ketkessuvando Lapponiæ Tornensis, et ad Akankoski Lapponiæ Kemensis.

Semina marginibus pluribus membranaceis striatis mirum in modum cincta; quibus etiam affinitas ejus cum E. *odontitide* confirmatur, et dissimilitudo a genere Rhinanthi ulterius indagatur. — Descriptio generis a *Cel. Gærtnero* l. c. data nostræ speciei bene convenit.

EUPHRASIA.

Gen. plant. ed. Schreb. n. 998. *Gærtn. de fruct.* 1. p. 257. tab. 54.

303. EUPHRASIA *officinalis:* foliis ovatis obtuse dentatis, laciniis labii corollæ inferioris emarginatis. *Willden. spec.* 3. p. 193.

E. officinalis *Linn. svec.* n. 543. *lapp.* n. 247. *Gmel sib.* 3. p. 212. *Zoega island.* — *Lightf. scot.* p. 323. *Landt færoens.* — *Michaux amer.* 2. p. 16. *Georgii fl. baikal.* p. 223.

Hab. in pratis elevatis et graminosis sylvaticis per partem sylvaticam, subalpinam et inferalpinam omnium lapponiarum vulgatissime; ut etiam locis humidis in radicibus alpium et locis sublittoralibus usque Nordcap versus ubique parce.

RHINANTHUS.

Gen. plant. ed. Schreb. n. 997. *Gærtn. de fruct.* 1. *p.* 255. *tab.* 54.

304. RHINANTHUS *Crista galli* α. corollarum labio superiore compresso breviore bidentato, calycibus glabris.

R. Crista galli α. *Linn. svec.* n. 542. *Lappon.* n. 248. *Fl. dan.* 6. t. 981. *Engl. bot.* 10. t. 657. *Zoega island.* — *Michaux amer.* 2. p. 17. *Pallas it. sibir.* 3. p. 319. *Georgii fl. baikal.* p. 223. *Lightf scot.* p. 322.

Lapponibus Finmarkiæ *Routta-grase.*

Hab. in pratis siccioribus per sylvaticam partem Lapponiarum Svec. passim; sed in inferalpinis Nordlandiæ et Finmarkiæ usque ad Nordcap ubique frequentius, unde etiam adscendit juxta ripas fluminis Tana ad templum Utsjokense copiosius.

MELAMPYRUM.

Gen. plant. ed. Schreb. n. 999. *Gærtn. de fruct.* 1. p. 244. tab. 53.

305. MELAMPYRUM *pratense:* floribus secundis axillaribus, corollis clausis labio porrecto, foliis summis hastatis. *Smith. brit.* 2. p. 652.

M. pratense *Linn. svec.* n. 548. *lappon.* n. 240. *Lightf. scot.* p. 324. *Falk. russ. topogr.* 2. p. 210.

Lyckselensibus *Mjölkvall.*

Hab. in sylvatica parte Lapponiarum præcipue meridionalium vulgatissime, in subsylvatica ubique parcius, et in subalpina juxta fluvios locisque humidis usque ad Polmak Tanensem passim; sed in inferalpinis tantum Nordlandiæ meridionalioris rarius.

306. MELAMPYRUM *sylvaticum:* floribus secundis axillaribus, corollis hiantibus labio deflexo. *Smith brit.* 2. p. 653.

M. sylvaticum *Linn. svec.* n. 549. *Engl. bot.* 12. t. 804. *Lightf. scot.* p. 325. *Georgii fl. baikal.* p. 223. *Falk russ. topogr.* 2. p. 210.

Hab. præcipue in lucis fertilioribus inferalpinis Nordlandiæ ubique, unde etiam in salicetis alpium rarius adscendere vidi.

PEDICULARIS.

Gen. plant. ed. Schreb. n. 1003. *Gærtn. de fruct.* 1. p. 246. tab. 53.

307. PEDICULARIS *palustris:* caule solitario ramoso, calycibus ovatis cristatis scabris capsula brevioribus.

P. palustris *Linn. svec.* n. 551. *Willden. spec.* 3. p. 202. *Lightf. scot.* p. 326. *Landt færoens.* — *Georgii fl. baikal.* p. 223. *Falk russ. topogr.* 2. p. 210.

? P. sylvatica *Olavs. it. island.* p. 940.

P. caule ramoso, floribus solitariis remotis *Linn. lapp.* n. 241.

P. pratensis albo flore. *Burseri herb.* VIII. n. 91.

Hab. in paludibus et pratis udis per partem sylvaticam et subsylvaticam omnium Lapponiarum svec. usque ad templum Enare fere ubique parcius; ut etiam in Nordlandia et Finmarkia inferalpina parcius.

Lapsu memoriæ *Linnæus* retulit synonymon Floræ lapponicæ ad *P. sylvaticam*, quæ neque in Lapponia neque in alia quadam provincia boreali Sveciæ occurrit, ubi vero *P. palustris* vulgatissima.

Hujus caulis admodum ramosus et virgatus, floribus undique sparsis. Folia subtus fere concolora. Calyx brevis, subrotundo-ovatus; lobis dentatis squarrosis majusculis. Corollæ labii inferioris lacinia media vix emarginata; galea sine dentibus conspicuis magis acuminata.

Pedicularis sylvaticæ L. caulis omnino simplex et nudiusculus, sed caules multi ex eadem radice fasciculatim surgunt, quorum laterales magis serotini sunt et extrorsim deflectuntur, eamque ob causam pro ramis stirpis centralis habentur a multis botanicis; folia subtus non parum candicantia ob scabritiem quandam albam; flores in summitate caulis magis aggregati; calyces longi, oblongo-cylindracei, læves, angulati, longitudine capsulæ vel capsulam parum superantes; corollæ labii inferioris lacinia media emarginata eamque ob causam obcordata: galea obtusior dente utrinque deorsum spectante. Supra Daliam et Vestergothiam vix legitur; etiam in Helvetia rarior monente *Hallero*.

508. PEDICULARIS *Sceptrum Carolinum:* caule simplici, floribus terno-verticillatis, calycibus quinquefidis cristatis, corollis clausis, capsulis subrotundis.

P. Sceptrum carolinum *Linn. svec.* n. 553. *lappon.* n. 243. tab. 4. f. 4. *Oed. dan.* t. 26. *Falk russ. topogr.* 2. p. 210. *Gmel. sib.* 3. p. 206. n. 17. *Georgii fl. baikal.* p. 223.

Hab. in fruticetis et salicetis humidis subalpinis omnium Lapponiarum Svecicarum sat vulgaris, unde juxta flumina disseminatur per partes sylvaticas omnes Lapponiarum svecicarum usque ad Örträsk Lapponiæ Umensis passim frequenter; sed e latere Norvegico alpium rarissime occurrit, nec nisi uno ulterove loco unquam visa.

509. PEDICULARIS *lapponica:* caule simplici pubescente, foliis subsessilibus pinnatifidis serratis,

calycibus obtusis bidentatis, corollæ galea rostrata decisa.

P. lapponica *Linn. svec.* n. 554. *lapp.* n. 242. tab. 4. f. 1. *Fl. dan.* t. 2. *Cranz grœnl.* — *Pallas it. sibir.* 3. p. 34. 444.

Hab. sequentibus multum vulgatior, tum in summarum alpium lateribus siccioribus et alpibus maritimis omnibus, tum etiam in campis collibusque subalpinis omnium Lapponiarum ubique frequenter; nec non in paludosis inferalpinis Nordlandiæ et juxta fluvios paludesque per partem subsylvaticam Lapponiarum omnium passim copiose usque ad Sodankylä Lapponiæ Kemensis, Palojoensuu Lapponiæ Tornensis, Tjåmotes Lapponiæ Lulensis, Löfnock Lapponiæ Pitensis et Sorsele Lapp. Umensis descendens.

Radix omnium tenuissima, et procul dubio annua, caulemque semper solitarium alens. Folia radicalia nulla. Caulis semper ejusdem longitudinis circiter spithamalis, multum gracilior quam in sequentibus, teres, lævis, breviter pubescens. Folia omnia caulina subsessilia, lineari-lanceolata, crebrius pinnatifida, pinnulis argute serratis sursum spectantibus. Nervus foliorum in latere inferiore perevidens; folia utrinque concolora. Flores in spicam magis collecti quam in sequentibus, patentes vel subhorizontales, colore toti luteo-pallidi. Pedicelli etiam in planta fructifera calyce suo breviores. Calyces valde obtusi, in dorso et ventre excisi ut fere bilobi evadunt; lobis hisce unidentatis vel bidentatis. Corolla tota pallida; lobis labii inferioris ovalibus rotundatis; galea rostrata: rostro deorsum spectante, deciso stylumque exsertum demittente. Capsula acuminata, calyce duplo longior.

510. PEDICULARIS *flammea:* caule simplici glaberrimo, foliis pinnatis retroimbricatis dentatis, corollæ galea obtusissima, laciniis labii linearibus.

P. flammea *Linn. svec.* n. 556. *lapp.* n. 244. tab. 4. f. 2. *Zoega island.* — *Cranz groenland* — *Suter helvet.* 2. p. 30?

β. major. Flor. dan. t. 30. *Gmel. sib.* 3. p. 212.

Hab. in alpibus Lulensibus centralibus circa Virihjaur passim frequenter extra Kirkivare haud discedens; scil. minor in uliginosis et paludosis, procerior in montium præruptis graminosis lætioribus.

Radix multiplex; radiculis singulis superne lumbricalibus vel fusiformibus, carnosis. Folia omnia tum caulina ac radicalia satis numerosa longiuscule petiolata, pinnata; pinnis ovalibus ita approximatis, ut interdum sibi invicem incumbentibus (quod Linnæus termino illo imbricatis exprimere voluit), supra fuscescentibus sine omni nitore, infra multo pallidioribus et virescentibus, obtusiuscule dentatis; rachide et petiolo angusto, filiformi, rugoso. Caules plerumque plures ex eadem radice, omnes recti, glaberrimi, firmi, in varietate pumila biunciales, in proceriore usque ad pedales. Pedicelli fructiferi calyce duplo longiores cauli adpressi. Calyces quinque-nerves et 5-fidi. Corollæ minores quam in cæteris et valde angustæ, quoad partem inferiorem splendide fulvæ vel flammeæ: galea tota purpureo-fusca, obtusissima; labio parvo, laciniis linearibus. Capsula acuminata, calyce duplo longior.

A planta helvetica non parum differre videtur foliis subtus pallidis et galea singulari.

511. PEDICULARIS *hirsuta:* caule simplici hirsuto, foliis caulinis pinnatifidis crenatis: petiolo dilatato, corollæ galea obtusissima edentula.

P. hirsuta *Linn. svec.* n. 555. *lappon.* n. 245. tab. 5. f. 3. mala. *Flor. dan.* 7. t. 1105. bona. *Pallas it. sibir.* 3. p. 54. *Georgii fl. baikal.* p. 223.

Hab. in ipsius alpini jugi summis campis uliginosis nebulosis vel irrigatis apricis præcipue Lapponiarum meridionalium et Tornensis satis vulgaris, haud vero extra summitatem alpis Vallivare Lapponiæ Lulensis, nec extra Tsatsekaise Lapponiæ Tornensis; in Finmarkiæ jugo haud visa, neque in maritimis aliisque alpibus minoribus unquam.

Radix quodammodo truncosa, et plures caules alens. Folia caulina difficilia sunt descriptu, quum petiolus latus foliaceus, et inde eodem jure rachis foliacea dici queat et distinctis pinnis ad marginem ornata, ac altero respectu folia tantum pinnatifida. Folia autem radicalia omnino pinnata sunt sine petiolo dilatato: pinnis remotioribus, angustioribus sublanceolatis, crenatis, utrinque concoloribus et virescentibus. Caulis in planta fructifera ultra spithamalis, firmus, superne præcipue ad insertionem foliorum et florum hirsutus. Pedicelli fructuum longitudine calycis. Calyx quinquefidus hirsutus. Corolla tota dilute rosea, erecta; labii laciniis ovalibns latiusculis; galea obtusissima sine ullis dentibus, adeo recta et erecta ut cauli fere adpressa, stigma semper includens, parum suturatius colorata. Capsula brevior quam in præcedente, calyce vix duplo longior.

Ideoque tum respectu locus ac partibus singulis a *P. sudetica* differt; in qua corollæ patentes, et galea curvata, deorsum dentibus binis munita, inter quos dentes stigma exseritur; folia caulina angusto petiolo prædita.

LINNAEA.

Gen. plant. edit. Schreb. n. 1037. *Tabula nostra IX*, fig. 3.

312. LINNAEA *borealis:* floribus geminis. *Linn. svec.* n. 562. tab. 1. *lapp.* n. 250. t. 12. f. 4. *Oed. dan.* t. 3. *Hoppe taschenb.* 1801. p. 35. *Michaux amer.* 1. p. 87. *Pallas it. sibir.* 3. p. 319. 287. *Flor. Kamtsch. in Arct. Zool.* p. 196. *Georgii fl. baikal.* p. 224. (pusilla). *Falk russ. topogr.* 2. p. 211. *Gmel. sibir.* 3. p. 128.

Hab. locis siccioribus elevatis per partem sylvaticam subsylvaticam et inferalpinam omnium Lapponiarum vulgatissime, ut etiam in subalpinis umbrosis satis vulgaris et in salicetis alpium infimis parcius; sed in nudis alpibus haud occurrit, neque in maritimis Finmarkiæ nisi in intimis sinubus Porsangriæ et Altensis.

Planta florens optime nota est; fructus vero maturus a nemine rite descriptus est, quam ob causam eum methodo Gærtneriana sistere conabor descriptum atque depictum.

Calyx inferior sub florescentia germine dimidio minor, quadrifidus: laciniis duabus crassioribus glandulosis. Ut vero fructus grossescit grandiores fiunt duæ laciniæ calycis et crassiores, demumque apice connivent et fructum prorsus undique tegunt, glandulisque tunc pedicellatis ornantur. Quoad dimidiam fere longitudinem cum bacca connatæ sunt.

Peric. Bacca sicca membranacea oblongo-ovata, primum trilocularis, denique loculi duo semper obliterantur unacum primitiis seminum, ut bacca matura semper monosperma reperitur et obliqua.

Recept. nullum; semina apice suo axi fructus terminali adfixa.

Sem. unum parvum oblongum acutiusculum, in latere ventrali linea fusca ad insertionem funiculi decurrente.

Integ. simplex tenue membranaceum.

Album. semini conforme, carnosum, submolle, album.

Embr. dicotyledoneus, inversus, in suprema parte albuminis hærens, linearis, albumine dimidium brevior. Cotyl. oblongæ. Rad. cylindracea, supera.

Explicatio iconis: a. A. Germen post florescentiam, calycibus utrisque donatum. b. B. fructus semimaturus calyce fere tectus. C. ejusdem sectio transversalis ut videantur loculi tres baccæ. d. D. fructus maturus calyce grandefacto omnino tectus. d* D* semen ut videatur adnectio ejus cum columna fructus simulque linea in latere ventrali. E. Ejusdem sectio longitudinalis cum figura albuminis et situ embryonis. F. Ejusdem sectio transversalis. G. Embryo solutus.

Ex hisce confirmatur, quod ad *Caprifolia* pertinet, et juxta *Triosteum* recte posita est apud *Jussieuum.*

LIMOSELLA.

Gen. plant. ed. Schreb. n. 1039. *Gærtn. de fruct.* 1. p. 228. tab. 50.

313. LIMOSELLA *aquatica β. biflora:* acaulis, foliis linearibus.

L. diandra *Krock. fl. siles.* 2. p. 406. t. 27. B.

L. aquatica β. *Willden. spec.* 3. p. 342.

L. aquatica *Linn. svec.* n. 565. *lappon.* n. 249. *Lightf. scot.* p. 331. *Falk russ. topogr.* 2.

p. 211. *Gmel. sib.* 4. p. 72. n. 5. *Zoega island.* — *Landt færoens.* —
Hab. ad ripas fluviorum majorum inferiorum Lapponiæ meridionalis passim; nec non ad Hammerfest Finmarkiæ lecta a *Gunnero.*

Planta pusilla omnino acaulis et simplicissima (nec e centro caules plures umbelliferos exserens uti vulgaris). Folia plerumque prorsus filiformia, rarius apice parum dilatata. Pedunculi tantum bini vel rarius terni e singula radice, longiores quam in vulgari.

SCROPHULARIA.

Gen. plant. ed. Schreb. n. 1014. *Gærtn. de fruct.* 1. p. 249. t. 53.

314. SCROPHULARIA *nodosa:* foliis cordatis trinervatis, caule obtusangulo. *Linn. svec.* n. 560. *Gunner. norveg.* n. 732. t. 4. f. 1 — 3. *Lightf. scot.* p. 329. *Gmel. sibir.* 3. p. 195. *Falk russ. topogr.* 2. p. 211.
Hab. in nemoribus subhumidis inferalpinis Nordlandiæ meridionalis raro: a me lecta unico loco ad Sörfolden, et a *Tonning* juxta Vefsen.

CLASSIS XV.

TETRADYNAMIA.

SUBULARIA.

Gen. plant. ed. Schreb. n. 1075.

315. SUBULARIA *aquatica:* acaulis, foliis subulatis. *Willden. spec.* 3. p. 423.
S. aquatica *Linn. svec.* n. 566. *lappon.* n. 253. *Lightf. scot.* p. 337. *Zoega island.* — *Falk russ. topogr.* 2. p. 213. *Pallas it. sibir.* 2. p. 100. *Engl. bot.* 11. t. 732.
Hab. in ipsis ripis lacuum et fluminum ab aqua inundatis per partem sylvaticam Lapponiarum meridionalium ubique, et per subsylvaticam usque ad Quickjock Laponiæ Lulensis rarius.

Subglobosa est silicula, quam ob causam vix dici potest an dissepimentum sit valvis contrarium, nec ne. Parum admodum a Draba differt.

D R A B A.

Gen. plant. ed. Schreb. n. 1076 *Gærtn. de fruct.* 2. p. 284. tab. 141.

316. DRABA *alpina:* scapo nudo, pedicellis pilosis, siliculis ovalibus stylo abbreviato, foliis lanceotis integerrimis pilosis.

Dr. alpina *Linn. svec.* n. 570. *lapp.* n. 255. *Flor. dan.* t. 56.

Icon tab. nostr. XI. fig. 4.

Hab. ad rupes sicciores per latera septentrionalia summarum alpium Lulensium circa Virih-jaur passim, ex. gr. in Kajsats, ad Kasakjaur, in Tokin, Kobrinojvi, Jolli etc.; nec in alio quodam tractu Lapponiæ a me visa.

Statura ejus multum procerior et firmior quam sequentium, quibus vix affinis est. Radix perennis, atque ut in sequentibus speciebus sursum divisa in stolones atque caudices numerosos annotinos. Tota herba pilis rarioribus distinctis patentibus adspersa est. Folia omnia tum stolonum ac caudicum latolanceolata vel oblongo-lanceolata, tenuia et mollia sine nervo evidentiore, læte viridia sine ullo nitore, acutiuscula, semper integerrima, erecto-patentia, ob pilos in margine frequentiores quodammodo ciliata, longitudine semipollicaria et paullo ultra. Scapi omnino nudi et aphylli, erecti, firmi atque crassiusculi, in fructifera planta plerumque spithamæi altitudinis. Flores in apice scapi confertiores et subumbellati, semper saturate flavi, et ejusdem magnitudinis ac in Erysimo cheiranthoide. Pedicelli fructiferi longitudine siliculæ, semper pilosiores quam ulla alia pars plantæ, patentes. Calyces subpatentes, rarius pilosi. Petala calyce duplo longiora et obovata, semper flava ne dicam aurea. Siliculæ ovales vel suboblongæ subpilosæ, convexæ multum magis quam in sequentibus, nulloque modo obliquatæ. Stylus persistens abbreviatus.

Icon Floræ danicæ plantam florentem satis bene exhibet; inflorescentiam vero semper erectam et strictam vidi. Fructus figuram dare utile putavi.

Explicatio iconis: a. Scapi fructiferi pars superior cum siliculis maturis magn. nat. — b. folium magn. nat.

Dr. aizoides alpium Europæ australioris differt non tantum foliis diversissimis, verum etiam siliculis oblongis stylo elongato latitudinem capsulæ æquante rostratis, simulque ciliatis, quo contra pedicelli glaberrimi, capsula sua multoties longiores.

317. DRABA *androsacea:* scapo nudo glaberrimo, siliculis subovalibus pedicellisque glaberrimis, foliis lanceolatis integerrimis pilosiusculis.

Dr. androsacea *Willden. spec.* 3. p. 428.

Dr. fladnizensis *Wulfen. in Jacqu. misc. austr.* 1. p. 147. t. 17. f. 1.

Icon tab. nostr. XI. fig. 5.

Hab. ad rupes successiores per latera alpium tum septentrionalium ac meridionalium Lapponiæ passim; primum eam legi frequenter in alpe Lyngentind Nordlandiæ septentrionalis, dein ad Virihjaur in Kobrinojvi, Jolli etc. alpium Lulensium frequenter.

Hanc diu pro *Dr. alpina Linn.* habui, flores in recenti statu albos non satis animadvertens, antequam veram *Dr. alpinam* legi. Habitus et forma siliculæ fere ut in *Dr. alpina*, sed de cætero *Dr. hirtæ* forsan affinior est. Ab omnibus satis diversa videtur: scapis sive nudis sive interdum foliolo lanceolato integerrimo præditis, semper totis glaberrimis, paucifloris; pedicellis silicula sæpe longioribus, glaberrimis; siliculis subovalibus, stigmate fere sessili; floribus albis, sed in male exsiccata planta eximie flavescentibus.

Explicatio iconis: a. planta tota fructifera. — b. particula scapi cum foliolo lineari, quale interdum in medio scapo occurrit.

318. DRABA *muricella:* scapo nudo, pedicellis stellulato-pubescentibus silicula lanceolata acuminata brevioribus, foliis lingulatis integerrimis stellulato-pubescentibus incanis.

Dr. nivalis *Liljebl. nov. act. ups.* 6. p. 47. t. 2. f. 2.

Dr. hirta *Fl. dan.* 1. t. 142.

Icon tab. nostr. XI. fig. 2.

Hab. in jugis siccis lapidosis humilioribus tum ipsius jugi alpini ac montium subalpinorum adjacentium Lapponiæ Lulensis et Tornensis nec non Nordlandiæ septentrionalis passim frequenter; nec juxta nivem perennem eam unquam vidi. In alpe Snirrak Lapponiæ Lulensis copiose legi, unde nix omnis per totam æstatem abest.

Proxime ad Dr. hirtam accedit, sed abunde diversa est idque magis characteribus diversarum partium comparatis quam charactere quodem essentiali. Duplo minor utplurimum reperitur, haud vero ita constanter, quin exemplaria satis grandia vidi in quibus characteres non mutati. Radix perennis et modus crescendi sæpe densius cæspitosus et frutescens, ut etiam in sequente locis duris. Folia omnia subradicalia tum stolonum ac caudicum fructiferorum simillima semper integerrima, lanceolata obtusiuscula, crassiuscula præcipue in speciminibus rigidioribus, et nervo elevato evidentiore subcarinata, utrinque pubescentiâ brevissimâ stellato-ramosâ obtecta et inde canescentia, longitudine plerumque semiungvicularia; marginibus nudiusculis sine ullis ciliis longioribus. Scapus semper nudus, stellato-pubescens, pollicaris et paullo ultra. Pedicelli siliquis dimidio breviores, subpatentes, semper stellato-pubescentes. Siliculæ lanceolatæ, utrinque acutæ, glaberrimæ, subobliquæ: stigmate sessili, minuto. Flores dupplo minutiores quam in sequenti, et semper albidi.

Explicatio Iconis. a. planta tota fructifera magn. nat. — b. Folii superior pars cum pubescentia stellata magn. auct. — c. silicula cum pedicello suo magn. auct.

519. DRABA *hirta:* foliis caulinis binis ovatis dentatis subpilosis, siliculis oblongis obliquis pedicellisque glaberrimis longitudine siliculæ.

α. *inferalpina* scapo gracili, inflorescentia nutante.
Dr. hirta *Linn. spec* p. 897. *Smith. brit.* 2. p. 677. *Landt. færoens.* — *Georgii fl. baikal.* p. 224.
Icon. tab. nostr. XI. fig. 3.

β. *alpicola* scapo stricto, pedicellis brevioribus, foliis crebrius stellato-pilosis.
Dr. stellata *Jacqu. austr.* t. 452.
Icon tab. nostr. XI. fig. 1.

Hab. α. in rupibus siccis nemorosis sub radicibus alpium et ad montes inferalpinos totius Nordlandiæ fere ubique; unde β. in alpium locis saxosis siccis editis adscendere videtur et usque ad Valli in latere svecico reperta est.

Valde polymorpha est species, in cujus examine multum operis dedi. Varietates ejus supra expositas in loco natali multoties ludentes inveni et ab una in alteram facile transeuntes; quam ob causam eas post comparationem speciminum extraneorum in Herbario Cel. *Svartzii* tutus expono.

Var. α. quæ ipsissima Dr. *hirta Linn.* herba est valde gracilis et altior quam cæteræ sæpius pedalem altitudinem fere attingens. Radix perennis, sursum in multos stolones et caudices laxius divisa. Folia stolonum lanceolata, subpetiolata, semper integerrima, subciliata et pilis stellatis raris adspersa; folia caudicum fertilium stellatim disposita, plerumque integra et lanceolata, ciliis rarioribus simplicibus ornata, de cætero glabra; at folia caulina sæpius duo latiora vel oblonga, semperque dentata. Scapus glabriusculus vel pilis raris inferne adspersus. Inflorescentia nutans. Pedicelli fructiferi longitudine siliculæ, semper glaberrimi. Corymbus fructiferus elongatus longitudine fere totius scapi. Flores paullo majores quam in sequente. Siliculæ oblongæ vel ovato-oblongæ, glaberrimæ; stigmate fere sessili.

Var. β. præter habitum rigidiorem strictiorem et multo humiliorem, differt pilis magis stellatis in foliis, pedicellis fere brevioribus. Icon noster exhibet specimen procerius et varietati α. magis accedens; sæpius vero legitur pusilla et omnibus partibus Dr. *stellatæ Jacqu.* conveniens.

Quo pertinet D. *hirta Engl. bot.* 19. t. t. 1338. dubitamus, quum characterem nullum fere exhibet.

Explicatio Iconis α. fig. 3. — a. planta tota florens. — b. superior pars caulis plantæ fructiferæ. — c. folii radicalis pars superior magn. auct.

Explicatio Iconis β. fig. 1. — a. planta tota fructifera. — b. folii radicalis pars superior magn. auct.

320. DRABA *incana:* foliis caulinis numerosis incanis dentatis, siliculis elliptico-lanceolatis subcontortis pedicellisque pubescentibus silicula brevioribus.

Dr.

Dr. incana *Linn. svec.* n. 568. *lappon.* n. 254? *Flor. dan.* t. 130. *Zoega island.* — *Smith brit.* 2. p. 678. *Falk russ. topogr.* 2. p. 214.
Dr. confusa *Ehrh. Beitr.* 7. p. 155.
Hab. in inferalpinis campis siccis collibusque per totam Nordlandiam et Finmarkiam maritimam usque ad Utsjoki sat vulgaris.

Foliola in caule tam alte adscendunt ut flores inferiores plerumque fulcrant vel bractearum vices gerunt. In speciminibus humilioribus folia caulina haud raro integerrima; in altioribus autem eo profundius dentata simulque magis amplexicaulia, præcipue ubi caulis ramosus. Pedicelli et caulis magis constanter hirsuti, quam folia. Siliculæ etiam pubescunt tum in Lapponicis ac Uplandicis speciminibus.

COCHLEARIA.

Gen. plant. ed. Schreb. n. 1079.

321. COCHLEARIA *officinalis:* foliis radicalibus cordato-subrotundis: caulinis oblongis sinuatis, siliculis globosis. *Smith brit.* 2. p. 688.
C. officinalis *Linn. svec.* n. 578. *lappon.* n. 256. *Lightf. scot.* p. 342. *Landt færoens.* — *Gmel. sib.* 3. p. 256. *Oed. dan.* t. 135. *Zoega island.* —
β. foliis omnibus subrotundis minoribus.
C. danica *Gunn. norv.* n. 197.
Hab. in littoribus maris, α. totius Nordlandiæ, unde β. juxta rivulos in alpinis proximis frequenter adscendit, ipsas vero alpes apud nos haud attingit.

322. COCHLEARIA *anglica:* foliis radicalibus ovatis integris: caulinis lanceolatis dentatis, siliculis subumbellatis ellipticis rugosis.
C. anglica *Linn. spec. plant.* p. 903. *Smith brit.* 2. p. 689. *Engl. bot.* 8. t. 552.
C. *Mart. spitzberg.* cap. 4. tab. H. fig. a.
C. grœnlandica *Gunn. norv.* n. 196.
Hab. in littoribus maris extimis versus caput septentrionale ubique frequenter solo glareoso aprico; in Nordlandia rarius.

A C. *officinali* β. rotundifolia satis differre videtur habitu tenello, et caule pumilo foliis radicalibus vix dupplo longiore, nudiusculo; thyrso semper subumbellato nec unquam elongato; siliculis oblongatis (ut jam olim adnotavit *Martens* l. c.). Sapor herbæ valde amarus et nauseosus, ut nonnisi a carnivoris nautis edi queat.

CAKILE.

Gærtn. de. fruct. plant. 2. p. 287. tab. 141.

323. CAKILE *maritima:* foliis pinnatis, pinnis linearibus subdentatis. *Willden. spec.* 3. p. 416.
C. Serapionis *Gærtn. sem.* 2. p. 287. t. 141.
Bunias Cakile *Linn. svec.* n. 613. *Gunner. norv.* n. 21. *Flor. dan.* t. 1168. *Zoega island.* — *Lightf. scot.* p. 363. *Landt færoens.*—
Hab. in littoribus maris ad Flagstad Lofoddensis Nordlandiæ: *Gunnerus.*

THLASPI.

Gen. plant. ed. Schreb. n. 1078. *Gærtn. de fruct.* 2. p. 280. tab. 141.

324. THLASPI *arvense:* siliculis orbiculatis, foliis oblongis dentatis glabris. *Linn. svec.* n. 574. *lappon* n. 251. *Lightf. scot.* p. 340. *Engl. bot.* 24. t. 1659. *Falk. russ. topogr.* 2. p. 214.
Hab. in agris et cultis per partem sylvaticam, subsylvaticam et inferalpinam omnium Lapponiarum usque quo Hordeum coli potest, passim infrequenter.

325. THLASPI *Bursa pastoris:* siliculis obcordatis, foliis radicalibus pinnatifidis. *Linn. svec.* n. 576. *lappon.* n. 252. *Zoega island.* — *Flor. dan.* t. 729. *Lightf. scot.* p. 342. *Landt færoens.* — *Falk. russ. topogr.* 2. p. 214. *Flor. Kamtschatk. in Arct. Zool.* p. 196. *Georgii fl. baikal.* n. 224.
Hab. in cultis earundem regionum ac præcedens frequentius.

CARDAMINE.

Gen. plant. ed. Schreb. n. 1088. *Gærtn. de fructib.* 2. p. 294. tab. 143.

326. CARDAMINE *pratensis:* foliis pinnatis: foliolis radicalibus subrotundis: caulinis lanceolatis. *Linn. svec.* n. 585. *lappon.* n. 258. *Smith. brit.* 2. p. 699. *Engl. bot.* 11. t. 776. *Zoega island.*

— *Lightf. scot.* p. 349. *Landt færoens.* — *Cranz groenland.* — *Georgii fl. baikal.* p. 224. *Falk russ. topogr.* 2. p. 215.

Hab. per partem sylvaticam et subsylvaticam Lapponiarum omnium svecicarum, nec non in inferalpinis Nordlandiæ et Finmarkiæ locis udis, passim parcius.

327. CARDAMINE *trifolia:* foliis ternatis obtusis, caule subnudo. *Linn. svec.* n. 589. *lappon.* n. 257. *Georgii it. sibir.* 1. p. 224. *Jacqu. austriac.* t. 27.

Hab. in Lapponia: *Rudbeck;* postea vero altius quam in Dalekarlia lectam esse nescio.

328. CARDAMINE *bellidifolia:* foliis simplicibus ovatis integerrimis: petiolis longis. *Linn. svec.* n. 590. *lappon.* n. 260. tab. 9. f. 2. *Flor. dan.* tab. 20. *Wulf. in Jacqu. misc.* 1. p. 148. t. 17. f. 2. *Pallas it. sibir.* 3. p. 34. 316.

Hab. in ipso alpium jugo tum meridionali ac septentrionali fere ubique, scil. in fissuris rupium humidis, sub petris e. s. p.; at extra alpes altiores ex. gr. infra Peliekaise Lapponiæ Pitensis haud reperitur unquam.

Etiam in planta lapponica scapi floriferi folia duplo superant, ut *C. alpinam Willden.* haud separandam puto. Figura foliorum sæpius angustatur et usque oblonga evadit. Siliquæ in apice caulis fastigiatæ, strictissimæ; quæ dehiscendo valvulas elastice sursum revolvunt.

SISYMBRIUM.

Gen. plant. ed. Schreb. n. 1089.

329. SISYMBRIUM *terrestre:* siliquis declinatis ovalibus, foliis pinnatifidis dentatis, petalis calyce brevioribus. *Smith brit.* 2. p. 701. *Engl. bot.* 25. t. 1747.

S. amphibium β. *Linn. svec.* n. 551. *lapp.* n. 262. *Falk russ. topogr.* 2. p. 216. *Georgii flor. baikal.* p. 224.

S. islandicum *Flor. dan.* t. 409. *Olavs. it. island.* p. 946.

S. amphibium α. *Lightf. scot.* p. 552.

Hab. locis aquosis per partem sylvaticam omnium Lapponiarum svecicarum interdum vel rarius frequenter, usque ad Kyrö infra lacum Enarensem.

330. SISYMBRIUM *Sophia:* petalis calyce minoribus, foliis decomposito-pinnatis. *Linn. svec.* n. 595. *lappon.* n. 261 *Engl. bot.* 14. t. 963. *Lightf. scot.* p. 354. *Flor. dan.* t. 528. *Georgii flor. baikal.* p. 224. *Falk russ. topogr.* 2. p. 216.

Hab. ad domos Novacolarum Lapponiæ meridionalis infimæ rarius; ut etiam ad Stegen Nordlandiæ visa a *Gunnero.*

ERYSIMUM.

Gen. plant. ed. Schreb. n. 1090. *Gærtn. de fruct.* 2. p. 297. tab. 143.

331. ERYSIMUM *Barbaræa:* foliis inferioribus lyratis extimo subrotundo, superioribus obovatis dentatis. *Smith flor. brit.* 2. p. 706. *Willden. spec.* 3. p. 509. *Engl. bot.* t. 443.

E. Barbaræa α. *Linn. svec.* 2. n. 599. *lappon.* n. 264. *Flor. dan.* 6. t. 985. *Lightf. scot.* p. 355. *Georgii flor. baikal.* n. 225. *Falk russ. topogr.* 2. p. 216.

Hab. ad ripas fluviorum et lacuum per partem sylvaticam supremam Lapponiarum meridionalium usque ad lacum Rappen Lapponiæ Pitensis et Sorsele Lapponiæ Umensis passim; in Lapponia Kemensi infra lacum Enare rarius.

Folia semper uti a Cel. *Smithio* describuntur: inferiora lyrata, lobo extimo ovato rotundato, dentato; superiora indivisa, subovata, sinuato-dentata. Sapor herbæ nauseosus, ut vix edulis videtur. Siliquæ erectæ et rachidi prorsus adpressæ, vix pollicem dimidium longæ. Ideoque non potest non diversissimam constituere speciem ab *E. præcoce Engl. bot.* 16. t. 1129. cujus folia superiora usque ad apicem pinnatifida, siliquæ patentes, bipollicares.

332. ERYSIMUM *cheiranthoides:* foliis lanceolatis subdentatis stellato-pubescentibus, siliquis patulis pedicello duplum longioribus.

E. cheiranthoides *Linn. svec.* n. 601. *lappon.* n. 263. *Engl. bot.* 14. t. 942. *Fl. dan.* 5. t. 923. *Lightf. scot.* p. 357. *Gærtn. sem.* 2. p. 297. t. 143.

Hab. in agris Nordlandiæ inferalpinæ et partis sylvaticæ Lapponiarum svecicarum parcius, usque ad Muttania Lapponiæ Kemensis.

CHEIRANTHUS.

Gen. plant. ed. Schreb. n. 1091.

333. CHEIRANTHUS *alpinus:* foliis lanceolatis subdentatis stellato-pubescentibus, siliquis patulis pedicello sexies longioribus, seminibus appendiculatis.

Cheiranthus alpinus *Linn. mant.* p. 93. *Flor. lapp. ed. Smith.* p. 214. (haud in erratis). *Falk russ. topogr.* 2. p. 216.

Icon tab. nostr. XII. fig. 1. (siliqua etc.).

Hab. in lateribus ipsius alpini jugi tum Nordlandiam Norvegicam versus ac Lapponiam Lulensem ex. gr. ad Virih-jaur rarius; ut etiam extra alpes in rupe calcareo ad Akankoski Lapponiæ Kemensis inferioris frequenter lectus.

Primo intuitu dignoscitur a præcedente: caule simplicissimo, gracili, et paucioribus foliis instructo. Pubescentia illa stellata multum grandior et evidentior; figura foliorum fere eadem. At præcipua differentia eaque certissima consistit in siliquis triplo longioribus quam in præcedente simulque gracilioribus, vel angustioribus, magis planiusculis cum valvula utraque parallela, et in seminibus longioribus apice inani pellucido instructis. Semina circiter 26 in singulo loculamento per unam seriem rectam disposita. — A *Cheirantho erysimoide* differt siliquis patulis, floribus minoribus secundum *Linnæum:* at Jacquini *Cheiranthus erysimoides Flor. austr.* t. 74. ita simillimus ut vix distingvendus.

Explicatio iconis: a. Siliqua cum parte rachidis. B. pars inferior siliquæ exsectæ. C. eadem ubi valvula desumta ut videatur situs seminum. d. D. semen integrum. E. Semen longitudinaliter dissectum. F. Embryo. G. testa seminis vacua.

ARABIS.

Gen. plant. ed. Schreb. n. 1049.

334. ARABIS *alpina:* foliis caulinis oblongis amplexicaulibus sinuato-dentatis.

A. alpina *Linn. svec.* n. 604. *lappon.* n. 257. *Oed. dan.* t. 62. *Zoega island.* — *Cranz groenl.* — *Pallas it. sibir.* 3. p. 34. *Georgii fl. baikal.* p. 225.

A. alpina *α. Willden. spec.* 3. p. 534.

Hab. locis irrigatis occultis ad rivulos e. s. p. in radicibus alpium et inferalpinis Nordlandiæ vulgaris, unde etiam in lateribus alpium meridionaliorum passim adscendit, et usque ad Kask-ajvo Lapponiæ Lulensis nec non Kåbdespakti Lapponiæ Pitensis rarius procedit; sed in septentrionalibus haud reperitur nisi locis inferalpinis Finmarkiæ passim.

Folia per se valde venosa, rugosa et crassiuscula. Pili etiam in hac ramosi. Pedicelli patuli, stellato-pilosi, sed ipsæ siliquæ erectæ et glaberrimæ.

TURRITIS.

Gen. plant. ed. Schreb. n. 1095. *Gærtn. de fruct.* 2. p. 297. tab. 143.

335. TURRITIS *hirsuta:* foliis omnibus hispidis, caulinis amplexicaulibus medio dentatis.

T. hirsuta *Linn. svec.* n. 607. *Flor. dan.* t. 1040. *Lightf. scot.* p. 358. *Falk russ. topogr.* 2. p. 217. *Georgii flor. baikal.* p. 225. *Flor. Kamtschatk. in Arct. Zool.* p. 196.

? T. ciliata *Willden spec.* 3. p. 544?

Hab. in campis siccis inferalpinis Nordlandiæ meridionalis rarius; legi eam in præfectura Saltensi ad Säljås Sörfoldensem et ad Vättfjället ipsius sinus Saltensis.

Lapponica planta pumila est, caule simplicissimo. Folia omnia et caulis pilis furcatis stellatisque obsita. Nihil differre videtur a planta prope Upsaliam crescente, sed siliquas haud examinavi.

BRASSICA.

Gen. plant. ed. Schreb. n. 1096.

336. BRASSICA *campestris:* radice cauleque tenui, foliis caulinis cordatis amplexicaulibus. *Smith brit.* 2. p. 718.

Br. campestris *Linn. svec.* n. 608. *lappon.* n. 265. *Flor. dan.* 4. t. 550. *Falk russis. topogr.* 2. p. 217.

Hab. in agris Novacolarum Lapponiæ meridionalis frequentius, septentrionalis rarius ex gr. ad pagum Idivuoma Enontekensem et in Tromsö Nordlandiæ.

Folia infima caulis petiolata quidem sunt; sed neque lyrata vidi, neque subhispida.

CLASSIS XVI.

MONADELPHIA.

GERANIUM.

Willden. spec. plant. 3. p. 696.

337. GERANIUM *sylvaticum*: pedunculis bifloris, foliis subpeltatis quinquefidis incisis serratisque, fructibus erectis calyce triplo longioribus.

G. sylvaticum *Linn. svec.* n. 617. *lappon.* n. 266. *Smith brit.* 2. p. 731. *Lightf. scot.* p. 367. *Olavs. it. island.* p. 164. *Landt færoens.* — *Georgii fl. baikal.* p. 225. *Falk russ. topogr.* 2. p. 220.

Lapponibus *Kipper-grase* (i. e. Galeri herba). Fennonibus Enontekens. *Panaisen kuka.*

Hab. in pratis nemorosis locisque fertilioribus sylvaticis ad rivulos e. s. p. per partem sylvaticam, subsylvaticam et subalpinam omnium Lapponiarum vulgatissime; ut etiam in inferalpinis et radicibus alpium Nordlandiæ Finmarkiæque usque ad Kistrand frequenter, nec non in salicetis siccioribus alpium inferiorum passim.

Petalis plus minus coloratis striatisque, emarginatis et omnino integris diverso modo variat præcipue in inferalpinis Nordlandiæ. Sed calyx semper parvus columnâ seminum triplo brevior; folia semper tenuia et explanata (fere ejusdem divisionis ac in *Aconito Lycoctono*) ultra medium fissa (haud fere ad basin partita); pubescentia caulis patens. Valde spectabilis est floribus copiosissimis.

E contrario *G. pratense*, quod supra Upsaliam haud crescit, certe distingvitur: Calyce duplo grandiore, longitudinem dimidiam columnæ seminiferæ attingente, fructu plerumque nutante; columna fructus crassiore et magis ventrisosa; foliis (fere eodem modo ac in *Aconito tatarico*) quinquepartitis: laciniis pinnatifidis dentibusque integris: de cætero crassioribus, pilosioribus, rugosis; caule firmiore, simpliciore, retrorsum piloso.

CLASSIS XVII.

DIADELPHIA.

FUMARIA.

Gærtn. de fruct. 2. *p.* 162. *tab.* 115.

338. FUMARIA *officinalis: Linn. svec.* n. 630. *Gunner. norv.* n. 161.
Hab. in agris Nordlandicis frequens: *Gunnerus.*

CORYDALIS.

Persoon. synops. plant. 2. *p.* 268. Capnoides *Gærtn. de fruct.* 2. *p.* 163. *tab.* 115.

339. CORYDALIS *bulbosa* β. *minor:* radice tuberosa solida, foliis biternatis trifidisque, caule simplici, bracteis obovatis integris.
Fumaria bulbosa β. *Linn. svec.* n. 631. *Georgii fl. baikal.* p. 225?
Corydalis fabacea. *Persoon synops.* 2. p. 269. *Flor. dan.* 8. t. 1394. optim. *Willden. en. hort. berol.* p. 740.
Fumaria fabacea *Retz. scand. ed.* 2. n. 859. *Willden. spec.* 3. p. 862.
Fumaria bulbosa radice non cava minor; in Lusatia. *Burser. herb.* VII. n. 102.

Hab. in montium inferalpinorum lateribus fertilioribus meridiei expositis per Nordlandiam rarius; a me frequenter lecta ad Lyngenfjord et in monte Middagshauen prope Kierringöam Præfecturæ Saltensis.

Planta lapponica omnibus numeris convenit Uplandicæ spontaneæ, quæ tantum in hortis luxuriat bracteis palmatis. Tuber radicis omnino globosum, extime obductum est membranis nonnullis fuscescentibus, quas intra reperies substantiam corticalem spongiosam cellularem. Nucleus vero dulcescens copioso amylo in cellulosa radiante scatet, in cujus medietate columna adest vascularis nunquam cava. Folia sunt biternata; foliolis omnibus ejusdem longitudinis ut si explicentur semicirculum efficiunt; laciniis singulis obovatis vel cuneiformibus rotundatis. Color foliorum cæruleo-viridis. Bracteæ etiam obovato-cuneiformes, obtusæ.

E contrario F. *cava* vix in tota Svecia reperta fuisse videtur, et optime distinguitur: foliis quodammodo bipinnatis (fere ut in *Ranunculo rutæfolio*) demumque multifidis, bracteis ovato-oblongis acuminatis. Color foliorum et bractearum pallide viridis et glaucescens ut in *Fumaria nobili* L., cui me judice magis affinis est. Radicis tuber non tantum intus cavum, verum etiam subdivisum, substantiæ lutescensis et amari saporis; quam ob causam Aristolochia fabacea dictum est, itidemque fabaceæ nomen præcedenti haud bene competit.

ANTHYLLIS.

Gen. plant. ed. Schreb. n. 1174. *Gærtn. de fruct.* 2. p. 307. t. 145.

340. ANTHYLLIS *vulneraria:* herbacea, foliis pinnatis inæqualibus, capitulo duplicato. *Linn. svec.* n. 638. α. *Smith brit.* 2. p. 759. *Fl. dan.* 6. t. 988. *Zoega island.* — *Lightf. scot.* p. 387. *Falk russ. topogr.* 2. p. 223.

Hab. in rupe calcareo ad Akankoski Lapponiæ Kemensis infimæ frequenter, ut opinor e longinquo adventa; nec non ad Storforsen prope flumen Örelfven Lapponiæ Umensis loco arenoso meridiei optime exposito copiose.

Color florum flavus. Capitula florum sæpe duo lateralia omnino sessilia e geniculo caulis orta, bracteis digitatis fulcrata. Pinnæ in foliis caulinis subæquales; in radicalibus autem maxime inæquales, ita ut foliolum extimum sæpe solitarium adest sine ullis foliolis lateralibus.

LATHYRUS.

Gen. plant. ed. Schreb. n. 1186. *Gærtn. de fruct.* 2. p. 330. *tab.* 152.

341. LATHYRUS *palustris: Linn. svec.* n. 648. *lapp.* n. 271. *Michaux amer.* 2. p. 66. *Georgii fl. baikal.* p. 226. *Falk russ. topogr.* 2. p. 224.
Hab. in sylvis præsertim subhumidis Lapponiarum meridionalium ubique: *Linné;* ego quidem hunc nullibi reperire potui.

342. LATHYRUS *pratensis:* pedunculis multifloris, cirrhis diphyllis simplicissimis; foliolis lanceolatis.
L. pratensis *Linn. svec.* n. 647. *Smith brit.* 2. p. 765. *Fl. dan.* 3. t. 527. *Lightf. scot.* n. 391. *Willden. spec.* 3. p. 1089. *Zoega island.* — *Landt færoens.* — *Gmel. sibir.* 4. p. 5. *Georgii fl. baikal.* p. 225.
Hab. rarissime in convallibus inferalpinis Nordlandiæ meridionalis; lectus in latere montis meridiei exposito ad Torrfjord Sörfoldensem frequenter.

VICIA.

Gen. plant. ed. Schreb. n. 1187. *Gærtn. de fructib.* 2. p. 325. tab. 151.

343. VICIA *sylvatica:* pedunculis multifloris; foliolis ovalibus; stipulis setaceo-dentatis.
V. sylvatica *Linn. svec.* n. 650. *lapp.* n. 270. *Lightf. scot.* p. 393. *Willden. spec.* 3. p. 1095. *Gmel. sib.* 4. p. 11. *Georgii. fl. baikal.* p. 225.
Hab. in dumetis inferalpinis Nordlandiæ meridionalis rarius: a me lecta ad Vättfjället sinus Saltensis et ad Torr-fjord sinus Sörfoldensis.
Stipulæ pulchre divisæ sunt in dentes numerosos setaceos. Foliola apiculata sunt.

344. VICIA *Cracca:* pedunculis multifloris, floribus imbricatis, foliolis lanceolatis pubescentibus, stipulis semisagittatis integris. *Smith. brit.* 2. p. 769. *Linn. svec.* n. 652. *Lapp.* n. 269. *Engl. bot.* 17. t. 1168. *Fl. dan.* 5. t. 804. *Olavs. it. island.* p. 430. *Lightf. scot.* p. 394. *Landt faeroens.* — *Michaux amer.* 2. p. 69. *Geor-*

gii fl. baikal. p. 225. *Falk. russ. topogr.* 2. p. 224.

Hab. in maritimis elevatis totius Nordlandiæ vulgatissime et Finmarkiæ rarius usque ad Kistrand; ut etiam ad flumina Lapponiæ meridionalis infimæ passim usque ad Falträsk Lapponiæ Umensis.

E R V U M.

Gen. plant. ed. Schreber. n. 1188.

345. ERVUM *hirsutum*: pedunculis multifloris, seminibus globosis binis. *Linn. svec.* n. 656. *Lappon.* n. 268. *Smith. brit.* 2. p. 776. *Lightf. scot.* p. 398. *Engl. bot.* 14. t. 970. *Falk. russ. topogr.* 2. p. 224.

Hab. in agris Novacolarum Lapponiæ meridionalis copiose.

P I S U M.

Gen. plant. ed. Schreb. n. 1184. *Gærtn. de fruct.* 2. p. 331. tab. 152.

346. PISUM *maritimum*: caule petiolisque triangularibus, stipulis sagittatis, pedunculis multifloris. P. maritimum *Linn. svec.* n. 640. *lapp.* n. 272. *Flor. dan.* t. 338. *Smith brit.* 2. p. 760. *Zoega island.* — *Kalm it. amer.* 3. p. 427.

Hab. in littoribus maris per Finmarkiam rarius frequenter ex. gr. in Väjnäset ad Kistrand, in Höpseidet; sed in littore arenoso orientali fluminis Tana prope Guldholmen copiosissime, et ad Varangerfjorden frequentissime.

Folia inferiora interdum impari foliolo gaudent, semper autem cirrho destituuntur; unde planta junior satis aliena apparet præcipue quum foliola multum latiora. Cætera folia caulis semper terminantur longo et simplici cirrho; foliolis quadrijugis; stipulis magnitudine fere foliolorum, in medio parum dentatis. Pedunculi florum valde pubescunt. Flores grandiusculi, pulchri et varii coloris; vexillo saturate cæruleo, emarginato; alis purpurascentibus vel albis. In locis extimis maritimis fere tota planta pubescit et floribus minoribus instruitur sine ullis bracteolis, habitumque satis alienum Viciæ cujusdam induit. Nullibi Finmarkiæ tam glaberrima et grandis occurrit ac in littoribus Vesterbottniæ, et qualis in Engl. bot. 15. t. 1046. exhibitur.

PHACA.

Gen. plant. ed. Schreb. n. 1207. *Gærtn. de fruct.* 2. *p.* 341. *tab* 154. *fig.* 2. Oxytropis *Decand.*

347. PHACA *frigida:* caulescens erecta glabra, foliis quadrijugis, racemis fastigiatis paucis, leguminibus exsertis pendulis oblongis depressis subpilosis.

Ph. frigida *Linn. syst. nat.* 10. p. 1173. *Jacqu. austr.* t. 166. *Willden. spec.* 3. p. 1253.

Ph. alpina *Linn. spec. pl.* p. 1064. *fl. svec.* n. 657. *Mantiss.* 2. p. 448. *Flor. dan.* 5. t. 856. *Falk russ. topogr.* 2. p. 227.

Hab. in collibus sterilibus duris fruticulosis juxta flumina per partem subalpinam Lapponiæ Kemensis passim copiose, et Lapponiæ Tornensis rarius; uti videtur e Sibiria adventanea. Scilicet lecta est ad fluvios Utsjokenses ubique frequenter, ad Kamasjoki et Ivalojoki in parœcia Enare parcius, in latere montis subalpini ipsius limitis regnorum Harimatskaiti Tanensis, in fruticeto montis Nunainen prope Enontekis; et in alneto montium Kuravaara parœciæ Jukkasjärvi Lapponiæ tornensis meridionalioris.

Planta nostra plerumque pedalis vel paullo ultra. Radix lignosa, teres, longa; e cujus summitate surgunt caules plures, fasciculati, spithamam unam et dimidiam circiter alti, glaberrimi. Squamæ caulem inferne amplectunt. Stipulæ majusculæ subtriangulares. Folia in singulo caule circiter sex: rachide glaberrima: foliolis quadrijugis cum impari, subtus pallidioribus et pilosiusculis, basi eximie obtusatis vel rotundatis. Pedunculi florum prope apicem caulis bini vel terni, crassiores quam caulis superjacens, folia subposita caulemque dupplo superantes, stricti. Bracteæ florum majusculæ, hirsutæ, pedicello longiores. Flores pallidi, subconferti. — Planta lapponica procerior est pluribusque racemis instruitur quam austriaca a *Jacquino* depicta.

E diverso adeo definienda Ph. *alpina:* caulescens erecta subpilosa, foliis multijugis, racemis lateralibus numerosis, leguminibus exsertis lunatis compressis subpilosis. — Ph. alpina. *Jacqu. ic. rar.* 1. t. 151. *Gærtn. de fruct.* l. c. Ejus stipulæ sublanceolatæ; folia circiter duodecimjuga; pedunculi florum laterales numerosi, foliis bracteantibus vix longiores cauleque multum humiliores, atque petiolis foliorum vix crassiores; bracteæ florum exiguæ; flores laxe racemosi, flavi, etc.

348. PHACA *montana:* subcaulescens procumbens incana, foliolis duodecimjugis acuminatis, leguminibus deflexis subtriquetris.

Ph. montana *Crantz austr.* 422.

Astragalus montanus *Linn. spec.* p. 1070. *Jacqu. austr.* 2. t. 167. *Willden. spec.* 3. p. 1302. *Scop. carn.* 2. p. 78. t. 45. *Pallas it. sibir.* 3. p. 230.

Oxytropis montana *Decandol.* — *Persoon synops.* 2. p. 331.

Onobrychis floribus Viciæ majoribus cæruleo-purpurascentibus. *Burser. herb.* XIX. n. 143. 144.

Icon tab. nostr. XII. fig. 3. (fruct.)

Hab. in alpium Lulensium lateribus graminosis meridiei expositis juxta Virih-jaur rarius copiose: scil. a me reperta ad alpem Lill-Tokin, et in præcipitie alpis Jolli ad Sorjåsjaur, tantum.

Radix prorsus lignosa et valida, sursum divisa in caudices lignescentes perenantes numerosos densum cespitem constituentes. Tota herba canescens (qua canescentia specimina helvetica fere carent, de cætero simillima). Caules annotini interdum brevissimi et fere nulli, sæpe vero palmares et ultra, humi arcte adpressi, teretes. Stipulæ majores quam in Astragalis alpinis, pilosæ. Petiolus et rachis foliorum plerumque bipollicaris: foliolis plerumque 12-jugis, lanceolatis, acuminatis, albicanti-pilosis. Pedunculi fere crassiores quam caulis superjacens, et foliis cauleque dupplo longiores, teretes, erecto-pilosiusculi. Flores fere minores et pauciores quam in sequentibus Astragalis, dilute rubicundi ut fere rosei, exsiccatione vero cærulescentes, inodori. In hujus legumine sutura superior depressa est versus inferiorem omnino ut in *Phacis* Linnæanis, ibique nullum unquam adest dissepimenti vestigium, nec ob hanc structuram adesse potest, quum dissepimentum semper surgit e sutura inflexa ubi nuda nec seminifera est: seminifera sutura inflexa nunquam dissepimentum emittere potest.

E contrario in *Astragalis* veris sutura inferior impressa vel elevata est versus superiorem simulque dissepimentum emittit; nec dissepimentum unquam oriri potest nisi e sutura lævi vel inferiore (numquam e superiore seminifera). Ut hoc melius illustretur, dedi figuras comparativas, quarum explicationem vide ad Astr. *leontinum*. Ex hisce patet, quod hic antehac Astr. *montanus* respectu fructus cum Phacis convenit, nec ob carinam tantum parum acutiorem novum genus constituere potest.

349. PHACA *sordida:* acaulis sericea, foliolis lanceolatis, capitulis 'paucifloris cernuis, bracteis calyce brevioribus, leguminibus cylindraceo-oblongis pubescentibus.

Astragalus sordidus *Willden. spec.* 3. p. 1313.
Astragalus uralensis *Flor. dan.* t. 1041. *Lightf. scot.* p. 401. t. 17.

Hab. in arena ad flumen Komagelven alibique juxta sinum Varanger Finmarkiæ: *Vahl* et *Gröndal.*

ASTRAGALUS.

Decandole astragal. p. 99. *Gærtn. de fruct.* 2. p. 339. tab. 154.

350. ASTRAGALUS *alpinus:* caulescens procumbens, foliolis novem-jugis ovalibus, floribus pendulis racemosis, leguminibus basi elongatis.

Astr. alpinus *Linn. svec.* n. 661. *lappon.* n. 267. tab. 9. f. 1. *Gmel. sibir.* 4. p. 45. *Flor. dan.* t. 51. *Willden. spec.* 3. p. 1297. *Pallas it. sibir.* 3. p. 446. *Flor. Kamtschatk. in Arct. Zool.* p. 196.
A. alpinus helveticus. *Burser. herb.* XIX. n. 145.
Icon tab. nostr. XII. fig. 5. (fruct.)

Hab. in alpium Lapponicarum omnium lateribus graminosis et radicibus ubique frequenter, ut etiam in inferalpinis et subalpinis præcipue locis subhumidis arenosis juxta fluvios vulgaris; nec non per partem sylvaticam totam Lapponiarum svecicarum juxta flumina disseminatus usque ad Granbam districtus Umensis, et Akankoski Lapponiæ Kemensis passim; sed loca maritima Finmarkiæ etc. fugit.

Tota planta valde laxa et gracilis. Caulis procumbens, breviusculus, teres, lævissimus. Stipulæ breves. Petiolus communis fere tripollicaris (vel duplo longior quam in sequente); foliolis novem-jugis, ovalibus, obtusis, pilosiusculis. Pedunculus vel scapus ipso caule crassior caulemque duplo superans, sed folio suo bracteante parum longior. Flores racemosi et adeo laxe pedicellati ut a minimo vento tremulant, valde suaveolentes fere magis quam in Lathyro odorato. Petala pleraque albescentia apice tantum carinæ saturatius cæruleo.

351. ASTRAGALUS *leontinus:* caulescens adscendens, foliolis quinquejugis oblongis obtusis, floribus subsecundis, leguminibus ovatis gibbis.

Astr. leontinus *Jacqu. ic. rar.* 1. t. 37. *Miscell.* 2. p. 59. *Willden. spec.* 3. p. 1287.

Astr. oroboides *Flor. dan.* 8. t. 1396. bona.

Icon tab. nostr. XII. fig. 4. (fructus)

Hab. in alpium Lulensium lateribus graminosis meridiei expositis circa Virih-jaur passim frequenter. A me lectus est ad latus alpis Lill-Tokin, in latere alpis Kåbrinojvi, et in præcipitie alpis Jolli juxta ortum fluminis Stall-ädno e Sorjásjaur.

Præcedenti certe valde affinis, quamquam abunde diversus. Duplo major plerumque est, semperque firmus et adscendens. Caulis angulatus crassiusculus. Stipulæ oblongæ, cærulescentes. Petiolus et rachis foliorum sesquipollicaris; foliolis quinque-jugis oblongis, obtusis, plerumque glaberrimis, subtus glaucescentibus. Pedunculi florum ipso caule semper teneriores, folio suo bracteante plusquam duplo longiores, stricti, sulcati. Flores conferti, subsecundi, inodori, patentes. Calyx sæpius glaberrimus, cærulescens. Petala omnia pallide cærulea concolora.

Explicatio iconis: a. legumina matura in racemo suo. b. legumen unum anterius exsectum in situ naturali magn. nat. c. legumen transversim sectum ab inferiora oblique visum magn. parum auct. d. idem e latere visum, adeo tamen ut sutura seminifera magis sursum vertitur.

TRIFOLIUM.

Gen. plant. ed. Schreb. n. 1211. *Gærtn. de fruct.* 2. p. 333. tab. 153.

352. TRIFOLIUM *repens:* capitulis umbellaribus, leguminibus tetraspermis, calycinis dentibus superioribus brevioribus, foliolis ovato-oblongis emarginatis serrulatis, caule repente. *Willden. spec.* 3. p. 1359. *Linn. svec.* n. 665. *lappon.* n. 274. *Engl. bot.* 25. t. 1769. *Lightf. scot.* p. 404. *Olavs. it. island.* p. 319. 430. 815. *Michaux amer.* 2. p. 59. *Landt færoens.* —

Hab. in pratis locisque graminosis per partem sylvaticam omnium Lapponiarum svec. ubique, in Lulensi usque ad Quickjock, in Umensi usque ad Sorsele; ut etiam in inferalpinis totius Nordlandiæ et ad Alten Finmarkiæ vulgaris.

353. TRIFOLIUM *pratense:* spicis densis globosis, calycis dente infimo tubo corollæ monopetalæ inæqualis breviore, stipulis aristatis, foliolis ovalibus subintegerrimis, caule adscendente. *Willden. spec.* 3. p. 1366.

Tr. pratense *Linn. svec.* n. 666. *lapp.* n. 273. *Lightf. scot.* p. 404. *Flor. dan.* t. 989. *Engl. bot.* 25. t. 1770. *Falk russ. topogr.* 2. p. 228. *Pallas it. sibir.* 3. p. 319.

Hab. in Lapponia rarius et longe antequam præcedens desistit septentrionem versus; scil. crescit nonnisi in infima parte sylvatica Lapponiarum meridionalium usque ad Falträsk Lapp. Umensis et in adjacente Vesterbottnia septentrionali versus Kengis; nec non in inferalpina Nordlandia meridionali frequentius.

LOTUS.

Gen. plant. ed. Schreb. n. 1212. *Gærtn. de fruct.* 1. p. 336. tab. 153.

354. LOTUS *corniculata:* capitulis depressis, caulibus decumbentibus, leguminibus cylindricis patentibus. *Linn. svec.* n. 675. *Willden. spec.* 3. p. 1395. *Lightf. scot.* p. 411. *Landt færoens.* — *Pallas it. sibir.* 1. p. 370. *Falk. russ. topogr.* 2. p. 229.

L. cor-

L. corniculatus γ. crassifolius *Persoon synops.* 2. p. 354.

Hab. in pratis sublittoralibus Nordlandiæ inferalpinæ passim ex. gr. Tromsöæ, ad Sörfolden et præcipue ad Sinum Saltensem pluribus locis copiose, unde etiam in lateribus alpium adjacentium adscendisse rarius observatur.

Foliola obovata atque latiora quam in svecica planta simulque carnosiora. Tota herba pilis raris adspersa est, crebrius tamen in alpinis speciminibus. Est itaque varietas illa crassifolia *Persoonii.*

CLASSIS XVIII.

POLYADELPHIA.

HYPERICUM.

Gen. plant. ed. Schreb. n. 1224. *Gærtn. de fruct.* 1. p. 300. t. 62.

355. HYPERICUM *perforatum:* floribus trigynis, caule ancipiti, foliis obtusis pellucido-punctatis, foliolis calycinis lanceolatis. *Linn. svec.* n. 680. *lappon.* n. 275. *Smith. brit.* 2. p. 801. *Lightf. scot.* p. 416. *Flor. dan.* t. 1043. *Gmel. sib.* 4. p. 179. n. 4. *Falk russ. topogr.* 2. p. 230.

Hab. in lateribus montium meridiei expositis per Nordlandiam maritimam meridionalem rarius; ego in unico monte Middags-hauen prope Kierringöam observavi.

CLASSIS XIX.

SYNGENESIA.

SONCHUS.

Gen. plant. ed. Schreb. n. 1233.

356. SONCHUS *oleraceus:* pedunculis subtomentosis umbellatis, calycibus glabris, foliis amplexicaulibus sinuato-dentatis. *Willden. spec.* 3. p. 1514.

S. oleraceus *Linn. svec.* n. 688. *lappon.* n. 289. *Engl. bot.* 12. t. 843. *Flor. dan.* t. 682. *Lightf. scot.* p. 428. *Georgii fl. baikal.* p. 228. *Falk russ topogr.* 2. p. 232.
S. oleraceus β. *Smith brit.* 2. p. 818.
Hab. in agris et cultis Lapponiarum meridionalium rarius: *Linné.*

Quo magis tomentosus eo plerumque mitior; quantum vero glabrior eo etiam asperior vel magis denticulis pungens.

357. SONCHUS *alpinus:* racemo simplici hirto bracteato, foliis basi sagittatis sursum lyratis: lobo extimo maximo deltoideo.
S. alpinus *Linn. svec.* n. 689. *lappon.* n. 296. *Flor. dan.* t. 182. *Willden. spec.* 3. p. 1519. *Falk russ. topogr.* 2. p. 232.
S. montanus *Retz.*
S. cæruleus *Smith brit.* 2. p. 815.
Lapponibus *Tjärge* s. *Järge.* Norvegis *Tort.*
Hab. in radicibus alpium umbrosis lætioribus Lapponiarum meridionalium ubique frequentissime, ut etiam in convallibus inferalpinis totius Nordlandiæ vulgaris; sed ulterius septentrionem versus vix mihi visus neque in Finmarkia neque in cæteris Lapponiis septentrionalibus, nec extra regionem alpinam scil. infra Givorten Lapponiæ Umensis, Löfmock Lapponiæ Pitensis et Quickjok Lapponiæ Lulensis unquam.

Flores quidem racemosi sunt; sed pedunculi inferiores sæpe bracteis suis longiores et bracteolis linearibus satis numerosis obsiti, ut differentia Linnæi minime repugnat. Calycis squamæ tantummodo in medio nervo hirtæ sunt, et longitudinem fere flosculorum æquant. Foliorum lobus extimus latitudine sua fere totam longitudinem folii emetitur; laciniæ laterales divergunt sed vix unquam retrorsum divaricatæ sunt; costa tantum media hirta est.

Talem *Sonchum alpinum* qualem descripsit Clar. *Smith* in Lapponia neque vidi neque ibi lectum fuisse scio, itaque e Flora Lapponica tutus excludo.

358. SONCHUS *sibiricus:* pedunculis squamatis corymbosis, foliis lanceolatis sessilibus indivisis dentatis.

S. sibiricus *Linn. spec.* n. 690. *Gmel. sib.* 2. p. 11. tab. 3. *Willden. spec.* 3. p. 1522. *Pallas it. sibir.* 3. p. 319. *Georgii fl. baikal.* p. 228. *Falk russ. topogr.* 2. p. 232.

Hab. in nemorosis subhumidis juxta flumina per partem sylvaticam supremam Lapponiæ Tornensis et Kemensis rarius ex. gr. ad Ivalojoki Enarense parcius.

Nonnisi folia subradicalia interdum runcinata sunt; omnia vero dentata, subamplexicaulia. Pedunculi et calyces semper glaberrimi et lævissimi, quibus a præcedentibus longe recedit. Ad hunc ipsum accedere mihi videtur *S. alpinus Smith* s. *S. lapponicus Willden. spec. plant.* 3. p. 1520.

LEONTODON.

Gen. plant. ed. Schreb. n. 1237. *Gærtn. de fruct.* 1. p. 363. tab. 158.

359. LEONTODON *Taraxacum*: calyce inferne reflexo, foliis runcinatis denticulatis lævibus. *Linn. spec.* n. 693. *lappon.* n. 280. *Willden. spec.* 3. p. 1544. *Engl. bot.* 8. t. 510. *Lightf. scot.* 1. p. 432. *Olavs. it. island.* p. 943. 429. *Cranz grœnland.* — *Michaux amer.* 2. p. 88. *Falk russ. topogr.* 2. p. 232. *Landt færoens.* — *Gmel. sibir.* 2. p. 14. *Pennant Arct. Zool. ad Nutka sund.* p. 241. *Georgii flor. baikal.* p. 228.

β. foliis subintegris.

Fennonibus Enontekensibus *Punainen-kuka.*

Hab. ad habitacula hominum et in cæteris graminosis per partem sylvaticam, subalpinam et inferalpinam omnium Lapponiarum totiusque Finmarkiæ usque ad Nordcap vulgare; ut etiam in ipsis radicibus et lateribus alpium inferioribus sat frequenter. In alpe Rastekaisse Finmarkiæ visa est var. β.

APARGIA.

Willden. spec. plant. 3. p. 1547.

360. APARGIA *Taraxaci*: scapis subnudis unifloris erectis, calyce hirsuto, foliis lanceolatis runcinato-dentatis glabris.

A. Taraxaci *Willden. spec.* 3. p. 1550.
Hedypnois Taraxaci *Engl. bot.* 16. t. 1109.
Hieracium Taraxaci *Linn. spec.* 2. p. 1125. *Lightf. scot.* p. 435.

Hab. in alpibus Lapponiæ Pitensis: *Solander.*

361. APARGIA *autumnalis:* scapis ramosis declinatis squamosis, foliis lanceolatis runcinato-dentatis integerrimis.

A. autumnalis *Willden. spec.* 3. p. 1551.
Leontodon autumnale *Linn. svec.* n. 695. *lappon.* n. 281. *Lightf. scot.* p. 435. *Zoega island.* — *Landt færoens.* — *Falk russ. topogr.* 2. p. 233.

β. *asperior:* calycibus nigro-hirsutis.
Hypochæris radicata *Gunner. norv.* n. 398.

Hab. in parte sylvatica infima Lapponiarum meridionalium et Kemensis passim; nec non β. in maritimis Nordlandiæ meridionalis frequenter ubi lecta ad Saltenfjord et Sörfolden.

Pappus interdum substipitatus apparet, quod autem magis monstrositate quam lege ordinaria fit.

In maritimis Nordlandiæ calyces solito magis hirsuti et asperi unacum pedunculis, itemque folia pilosiuscula; de cætero a vulgari nihil differt.

HIERACIUM.

Gen. plant. ed. Schreb. n. 1238. *Gærtn. de fruct.* 2. p. 360. t. 158.

362. HIERACIUM *alpinum:* scapo unifloro subnudo, calyce villosissimo, foliis oblongis integris dentatisve villosis.

H. alpinum *Linn. svec.* n. 696. *lappon.* n. 283. *Engl. bot.* 16. t. 1110. *Lightf. scot.* p. 434. tab 18. *Zoega island.* — *Pallas it. sibir.* 3. p. 33. 445. *Landt færoens.* — *Georgii fl. baikal.* p. 228.

Hab. in collibus et campis siccioribus sterilibus apricis per partem subalpinam et alpinam præcipue Lapponiarum meridionalium usque ad Tornensem vulgatissime, infra Givorten Lapponiæ Umensis, Peliekaisse Lapponiæ Pitensis et Snirrak Lapponiæ Lulensis haud descendens; e latere vero Norvegico alpium parcius occurrit, neque in Nordlandia neque Finmarkia, nec ad Utsjoki visum.

Villositas calycis plerumque fuscescens est, sed interdum ibi ut in reliqua herba omnino canescens. Folia supra aliquando glabriuscula, subtus semper plus minusve villosa. Scapus interdum adeo tenuis et humilis, ut diversa videtur planta.

Figura Lightfootii varietatem minorem caule aphyllo, Botanicon angl. vero majorem caule unifolio optime sistunt.

363. HIERACIUM *Auricula:* foliis lanceolatis integerrimis, stolonibus repentibus, scapo nudo multifloro cymoso.

H. Auricula *Linn. svec.* n. 699. *lappon.* n. 282.
H. dubium *Flor. dan.* t. 1044.

Hab. in pratis et graminosis Lapponiæ meridionalis infimæ passim; ad Örträsk Lapponiæ Umensis copiose.

Folia subtus glabra et glaucescenti-viridia.

364. HIERACIUM *murorum:* caule subfolioso piloso paniculato, foliis ovatis petiolatis dentatis: caulino minore.

H. murorum *Linn. svec.* n. 701. *lappon.* n. 284. *Lightf. scot.* p. 437. *Landt færoens.* — *Cranz groenland.* — *Georgii fl. baikal.* p. 228. *Gmel. sib.* 2. p. 25.

Hab. in pratis campisque siccioribus Lapponiæ tum sylvaticæ ac subalpinæ usque ad convalles et latera ipsarum alpium ubique.

Habitu suo gracili et nudiusculo præcedentem potius refert quam sequentes.

H. sylvaticum Engl. bot. 29. t. 2031. huc omnino pertinet foliis suis petiolatis.

365. HIERACIUM *sylvaticum:* caule folioso hispido paniculato, pedunculis tomentosis, foliis oblongis sessilibus hispidis sinuato-dentatis.

H. sylvaticum *Flor. dan.* 7. t. 1113.
H. hirsutum foliis caulinis ambientibus; in Misnia. *Burseri herb.* VI. n. 54.

Hab. locis subhumidis per partem sylvaticam omnium Lapponiarum svecicarum ubique, præcipue in ripis fluminum glareosis.

Herba alta usque ad tripedalem altitudinem assurgens, tota pilis rigidiusculis scabris obsita. Caulis valde foliosus firmus. Folia caulina numerosa lanceolato-oblonga, subamplexicaulia, rigidiuscula. Panicula subfastigiata, pedunculis sub flore albo-tomentosis et lævibus. Calyces glabri et læves. *Hieracio umbellato* affinius esse mihi videtur quam præcedenti.

366. HIERACIUM *paludosum:* caule folioso glabro, foliis oblongis amplexicaulibus runcinato-dentatis glabris, floribus paniculatis hispidis.

H. paludosum *Linn. svec.* n. 702. *lappon.* n. 285. *Fl. dan.* 5. t. 928. *Smith. brit.* 2. p. 831. *Lightf. scot.* p. 438.

Hab. in uliginosis et umbrosis graminosis Lapponiarum meridionalium usque ad convalles subalpinas ex. gr. juxta Givorten Lapponiæ Umensis fere ubique frequenter.

Foliis instruitur magnis glaberrimis, inferne retrorsum dentatis. Soli calyces nigro-hispidi sunt. Pappus prorsus candidus, qui in reliquis non parum fulvescit. Folia adeo glaberrima et mollia ut Sonchum quendam vel Taraxacum habitu refert.

Engl. bot. 16. t. 1094. plantam tenellam, foliis basi hastatis præditam exhibet et adeo mala mihi videtur.

367. HIERACIUM *umbellatum:* caule folioso superne scabro, foliis linearibus denticulatis scabridis, floribus subumbellatis lævibus.

H. umbellatum *Linn. svec.* n. 704. *lappon.* n. 287. *Engl. bot.* 25. t. 1771. *Fl. dan.* 4. t. 680. *Pallas it. sibir.* 3. p. 319. *Lightf. scot.* p. 439. *Falk. russ. topogr.* 2. p. 253.

Hab. locis siccis sylvaticis Lapponiarum omnium sylvaticarum sat vulgare: ad lacum Enarensem usque procedit.

Herba ipsa læte virens. Caulis altus firmus, inferne læviusculus. Folia longiora, per marginem et costam apiculis brevibus rigidulis eximie scabrata, de cætero glabra. Pedunculi præter scabritiem glabri, sed calyces prorsus læves nigricantes.

C R E P I S.

Gen. plant. ed. Schreb. n. 1239.

368. CREPIS *tectorum* β. foliis lanceolatis sessilibus lævibus: inferioribus dentatis, caule glabro.

C. tectorum *Linn. svec.* n. 705. *lappon.* n. 286. *Lightf. scot.* p. 440. *Georgii fl. baikal.* p. 2 8. *Gmel. sibir.* 2. p. 28. t. 11. et 12. *Falk russ. topogr.* 2. p. 234.

Hab. locis siccis cultis et in tectis per partem sylvaticam inferiorem Lapponiarum meridionalium et Kemensis rarius; in inferalpinis Nordlandiæ meridionalis frequentius.

In Lapponia semper gracilis et parva crescit, sine foliis ullis hastatis vel runcinatis.

HYPOCHOERIS.

Gen. plant. ed. Schreb. n. 1246.

369. HYPOCHOERIS *maculata:* caule subnudo, ramo solitario, foliis ovato-oblongis integris dentatis. *Linn. svec.* n. 708. *lappon.* n. 288. *Lightf. scot.* p. 442. *Flor. dan.* t. 149. *Georgii fl. baikal.* p. 228. *Gmel. sibir.* 2. p. 38. *Falk russ. topogr.* 2. p. 234.

Hab. in Lapponiæ meridionalis infimæ locis saltuosis meridiei quam maxime expositis rarius; ego eandem tantummodo legi prope Storforsen fluminis Örelfven unacum Anthyllide et Convallaria; nec in adjacentibus provinciis vulgatius occurrit.

SERRATULA.

Gen. plant. ed. Schreb. n. 1264.

370. SERRATULA *alpina:* calycibus subhirsutis oblongis, foliis indivisis subdentatis subtus lanatis, pappo plumoso. *Smith brit.* 2. p. 846.

S. alpina *Linn. svec.* n. 714. *lappon.* n. 291. *Flor. dan.* t. 37. *Pallas it. sibir.* 3. p. 316. 319. *Georgii fl. baikal.* p. 228. *Gmel. sibir.* 2. p. 76. t. 52. *Falk russ. topogr.* 2. p. 235.

β. *latifolia:* foliis ovatis subtus glabris. *Lightf. scot.* tab. 19. *Engl. bot.* 9. t. 599.

Hab. in alpium radicibus et lateribus inferioribus præsertim locis humidis subumbrosis idque omnium Lapponiarum vulgaris; ut etiam locis inferalpinis et alpinis maritimis usque ad Nordcap, nec non in subhumidis umbrosis extra-alpinis totius Lapponiæ fere ubique, ad Lycksele Lapponiæ

Umensis, Jockmock Lapponiæ Lulensis e. s. p. descendens.

371. SERRATULA *arvensis:* foliis dentatis spinosis. *Linn. svec.* n. 715. *lappon.* n. 293. *Lightf. scot.* p. 449.
Hab. in agris Lapponiæ meridionalis copiose: *Linné.*

CARDUUS.

Gen. plant. ed. Schreb. n. 1254.

372. CARDUUS *crispus:* caule pedunculisque alatis spinosis, foliis sinuatis dentato-spinosis subtus lanuginosis, calycibus aggregatis globosis squarrosis nutantibus.
C. crispus *Linn. svec.* n. 719. *Willden. spec. plant.* 3. p. 1652. *Fl. dan.* 4. t. 621. *Falk russ. topogr.* 2. p. 236.
Carduus caule crispo. *Celsii herbar.* n. 120.
Hab. in agris omnium Lapponiarum etiam Kemensis usque ad lacum Enare sæpe frequentissime.

Caulis sæpe altitudinem humanam attingit, alis crispatis pungentibus undique munitus. Folia lata, plana, fere indivisa mollia et succosa, spinulis setaceis flexilibus vix pungentibus, parallelis (nec squarrosis), marginalibus (nec a costis quibusdam validioribus ortis ut in C. *tenuifloro Smith*).

373. CARDUUS *palustris:* caule alato spinoso, pedunculis inermibus, foliis sinuatis dentato-spinulosis, floribus racemosis ovatis spinulosis, pappo plumoso.
C. palustris *Linn. svec.* n. 720. *Smith. brit.* 2. p. 850. *Engl. bot.* 14. t. 974. *Lightf. scot.* p. 453. *Gmel. sibir.* 2. p. 57. tab. 23. fig. 2. *Georgii fl. baikal.* p. 228.
Cnicus palustris *Willden. spec.* 3. p. 1662.
Hab. in pratis paludosis Lapponiæ Umensis maxime meridionalis rarius: ad pagum Knaften prope flumen Örelfven a me copiose visus.

374. CARDUUS *heterophyllus:* foliis amplexicaulibus lanceolatis serrato-spinulosis laciniatisve subtus tomentosis, caule subunifloro, calyce inermi.

Carduus heterophyllus *Linn. svec.* n. 721. *lapp.* n. 292. *Smith brit.* 2. p. 833. *Engl. bot.* 10. t. 675. *Olavs. it. island.* p. 679. *Flor. dan.* t. 109. *Pallas it. sibir.* 3. p. 316. et 1. p. 62. *Georgii fl. baikal.* p. 228. *Gmel. sibir.* 2. p. 51. t. 21.

C. helenioides *Lightf. scot.* p. 457.

Cnicus heterophyllus *Willden. spec.* 3. p. 1673.

Lapponibus *Svala-njuoktjem* (i. e. Canis Lagopi lingua).

Hab. in Lapponiarum svecicarum nemorosis subhumidis fertilioribus per partem sylvaticam vulgaris, per subalpinam totam præcipue juxta fluvios copiose, ut etiam in alpium salicetis passim; sed in inferalpinis norvegicis parcius.

Folia infima s. subradicalia indivisa sunt, subovata basi longe attenuata; serraturis grandioribus spinula vix pungente terminatis. Folia caulina inferiora per se longa et fere linearia sunt, sed in medio laciniis paucioribus elongatis integerrimis prædita; summa iterum integra et tantum spinulis ciliata. Squamæ calycinæ semper obtusiusculæ, et vix unquam mucrone munitæ. Pappi apices nudi et incrassati sunt fere uti *Antennariæ Gærtn.*; itaque sub Carduo manere potest, quamquam pappus inferne plumosus est.

BIDENS.

Gen. plant. ed. Schreb. n. 1267.

375. BIDENS *tripartita:* floribus discoideis, calycibus subfoliosis, seminibus erectis, foliis tripartitis. *Linn. svec.* n. 726. *lappon.* n. 294. *Lightf. scot.* p. 461. *Georgii fl. baikal.* p. 229. *Pallas it. sibir.* 1. p. 62.

Hab. in humidis Lapponiarum maxime meridionalium rarius: *Linné.*

TANACETUM.

Gen. plant. ed. Schreb. n. 1280.

376. TANACETUM *vulgare:* foliis bipinnatis incisis serratis. *Linn. svec.* n. 730. *lappon.* n. 295. *Engl. bot.* 18. t. 1229. *Lightf. scot.* p. 465. *Landt færoens.* — *Georgii fl. baikal.* p. 229.

Gmel. sibir. 2. p. 133. t. 65. f. 1. *Falk russ. topogr.* 2. p. 258.
Hab. in pratis ad domos Lapponiarum meridionalium et Nordlandiæ meridionalis rarius.

ARTEMISIA.

Gen. plant. ed. Schreb. n. 1281.

377. ARTEMISIA *vulgaris:* foliis pinnatifidis planis incisis subtus tomentosis, racemis simplicibus, floribus ovalibus, receptaculo nudo.
A. vulgaris *Linn. svec.* n. 731. *lappon.* n. 297. *Engl. bot.* 14. t. 978. *Lightf. scot.* p. 468. *Michaux amer.* 2. p. 128. *Flor. Kamtschatk. in Arct. Zool.* p. 196. *Penn. Arct. Zool. ad Nutka sund.* p 241. *Georgii fl. baikal.* p. 229. *Gmel. sibir.* 2. p. 108.
Hab. ad margines agrorum Lapponiarum meridionalium ex. gr. infra Falträsk Lapponiæ Umensis passim; præcipue vero in Nordlandia frequenter.

GNAPHALIUM.

Gen. plant. ed. Schreb. n. 1282.

378. GNAPHALIUM *dioicum:* sarmentis procumbentibus, caule simplicissimo nudiusculo cymifero, calyce obtusiusculo, floribus dioicis, pappo maris clavato.
Gn. dioicum *Linn. svec.* n. 736. *lappon.* n. 302. *Lightf. scot.* p. 470. tab. 20. *Smith. brit.* 2. p. 869. *Pallas it. sibir.* 3. p. 319. *Georgii fl. baikal.* p. 229. *Penn. Arct. Zool. ad Nutka sund.* p 241. *Gmel. sibir.* 2. p. 105. *Falk russ. topogr.* 2. p. 239
Antennaria dioica *Gærtn. de fruct.* 2. p. 410. t. 167.
Hab. ubique vulgatissime, tum in omnium alpium lateribus etiam superioribus usque ad Nordcap, tum in collibus siccis sterilibus locisque omnibus sylvaticis per universam Lapponiam.

Ni valde fallor hujus plantæ masculæ varietas est Antennaria alpina *Gærtn. fruct.* 2. p. 410. tab. 167. fig. 3. E.

379. GNAPHALIUM *alpinum:* sarmentis procumbentibus, caule simplicissimo nudiusculo cymi-

fero, calycibus acuminatis squarrosis, floribus dioicis.

Gn. alpinum *Linn. svec.* n. 737. *lappon.* n. 301. *Pallas it. sibir.* 2. p. 569? *Willden. spec. plant.* 3. p. 1883.

Hab. in ipso alpium jugo locis siccioribus editis tum Lapponiarum meridionalium frequenter ac septentrionalium parcius; nec extra alpes unquam a me visum: scil. infra Peliekaisse Lapponiæ Pitensis, Snirrak Lapponiæ Lulensis e. s. p.

Singulis suis partibus præter solum calycem ita præcedenti convenit, ut pro specie mere factitia vel arbitraria idem habeo. Sarmenta sæpius æque longa immo longiora occurrunt, et folia radicalia non minus spathulata. In planta matura pedunculi ita longi et ejusdem situs, ut neque ibi differentia ulla. Quum autem sola differentia in calyce femineo adest acuminato, squarroso atque grisei coloris; difficile semper erit ei marem associare, cujus squamæ obtusæ et rubicundioris coloris erant ut in *Gn. dioico.* Ego quidem vix dubito quin sit sola degeneratio alpina præcedentis atque eodem mare gaudeat. Receptaculum eodem modo scrobiculatum ac in *Antennaria Gærtn.* Semina tum hujus ac præcedentis lævissima sunt.

380. GNAPHALIUM *sylvaticum:* caule herbaceo simplicissimo folioso spicato, foliis lineari-lanceolatis, floribus sessilibus axillaribus.

Gn. sylvaticum *Linn svec.* n. 739. *lapp.* n. 298. *Lightf. scot.* p. 471.

α. floribus sparsis, foliis angustioribus supra denudatis.

Gn. sylvaticum *Retz. prodr.* 193. *Falk russ. topogr.* 2. p. 240.

Gn. rectum *Smith. brit.* 2. p. 870. *Willden. spec.* 3. p. 1885. *Flor. dan.* t. 1229.

β. *fuscatum:* floribus approximatis, foliis sublanceolatis utrinque tomentosis.

Gn. fuscatum *Persoon. synops.* 2. p. 421.

Gn. sylvaticum *Smith brit.* 2. p. 869. *Willden. spec.* 3. p. 1884. *Engl. bot.* 13. t. 913. bona. *Hoppe taschenb.* 1801. p. 42.

Gn. norvegicum *Retz. prodr.* n. 193.

Gn. sylvatico affine *Fl. dan.* 2. t. 254. *Zoega island.* — *Crantz grœnland.* —

Hab. præcipue β. locis siccis sylvaticis inferalpinis totius Nordlandiæ ubique et Finmarkiæ passim usque ad Hopseidet, ut etiam per partem subalpinam et subsylvaticam omnium Lapponiarum svecicarum ubique satis frequenter; at in parte sylvatica inferiore plerumque varietatem α. legimus.

Qui in solo natali attentius examinavit α. et β. non potest non has plantas pro varietatibus parum memorabilibus habere. Plantæ juniores plerumque magis tomentosæ et *Gn. norvegicum* melius referunt, sub provectiore vero ætate fere omnes *Gn. recto* satis conveniunt.

381. GNAPHALIUM *supinum:* caulibus herbaceis simplicissimis filiformibus racemiferis superne lanatis paucifloris, foliis linearibus, floribus oblongis demum pedicellatis.

Gn. supinum *Villars delph.* 3. p. 192. *Smith brit.* 2. p. 871. *Engl. bot.* 17. t 1193

Gn. filiforme *Liljeblad. svensk. flor.* 2. p. —

Gn. alpinum *Lightf. scot.* 470. t. 20. f. 2. *Flor. dan.* 332. *Pallas it. sib.* 3. p. 34? *Georgii fl. baikal.* p 229.

Gn. fuscum *Scop. carn.* 2. p. 152. t. 57.

β. subacaule.

Filago acaulis *Krocker siles.* 2. p. 498. t. 41.

Gn. pusillum *Hänke sudet.* 93. *Willden. spec. plant.* 3. p. 1889.

Hab. locis uliginosis subinundatis præcipue per partem subalpinam Lapponiarum septentrionalium svecicarum usque infra Enontekis Lapponiæ Tornensis, et inferalpinam Nordlandiæ septentrionalis passim; sed β. in solis alpibus editioribus crescit, inprimis ad Virih-jaur alpium Lulensium frequens.

In Lapponia caulis quidem semper erectus, sed ita gracilis atque flexilis ut in herbariis plerumque varie distortus reperitur. Stolones foliosi primi anni etiam procumbentes sunt quales in Gn. *pusillo* Hänke. Folia cæspitosa et multoties breviora quam in Gn. *sylvatico.* Ob lanam crassam et insignem caulis superne incrassatus apparet. Flores oblongi sunt et parum minores quam in Gn. *sylvatico,* quod etiam flosculorum situ et indole omnino refert. Seminula tum in hoc ac præcedentis duabus varietatibus tenuissimâ hirsutie prædita sunt. — Figura in *Engl bot.* haud optima mihi videtur utpote quæ caulem nimis foliosum et crassum exhibet.

β. nonnisi floribus subacaulibus inter folia fere absconditis differt.

382. GNAPHALIUM *uliginosum:* caule herbaceo diffuse-ramoso lanato, foliis linearibus subtomentosis, floribus globosis confertis, seminibus lævissimis.

Gn. uliginosum *Linn. suec.* n. 740. *lapp.* n. 300. *Willden. spec. plant.* 3. p. 1891.

Hab. vix in Lapponia sed in adjacentibus provinciis maritimisque bottnicis vulgare; ideoque e flora lapponica haud exclusum volui.

Floribus suis globosis vel duplo brevioribus a præcedente certissime distinguitur. Rami plerique prope radicem egreduntur, et passim iterum dividuntur. Receptaculum evidentius scrobiculatum, et flosculi pleriqne feminei nec nisi pauci centrales angrogyni. — *Linné* sub fl. lapp. n. 300. etiam præcedentem intelligit ut e loco adposito patet.

383. GNAPHALIUM *pilulare:* caule herbaceo diffuse ramoso, floribus globosis aggregatis, foliis involucralibus lanceolatis glabratis, seminibus hispidulis.

? Gn. nudum *Schkuhr handb.*

Icon tab. nostr. XIII.

Hab. solo arenoso subhumido ad ripas fluminum Lapponiæ infimæ sylvaticæ rarius; a me tantum lectum ad Hietasuvando Lapponiæ Kemensis copiose.

Habitu quidem similis Gn. *uliginoso*, sed satis diversum mihi videtur: caule nudo et tantummodo ad radicem foliis minoribus paucis prædito, glabriusculo, vix ultra sesquipollicari; foliis fere omnibus iisque majoribus sub capitulo florum positis, lanceolatis, fere glabris, subpetiolatis divergentibus, longitudinem florum multoties superantibus; floribus magis globosis vel brevioribus atque paullo grandioribus, basi denudatis; seminibus setulis crebris brevibus patentibus. Nisi semina hispidula essent varietatem Gn. *uliginosi* crediderim, eodem jure ac Gn. *rectum* a Gn. *norvegico* haud separandum.

Leontopodio non parum accedit tum habitu ac seminibus hispidis.

Explicatio iconis: A. caulis lateralis plantæ unacum radice et caudice stirpis centrali. B. flos vel potius receptaculum seminiferum magn. duplo auctum. C. Semen hispidulum cum flore femineo 20:es auctum.

E diverso apud Gn. uliginosum caulis magis foliosus, lanatus; folia sub floribus haud adgregata, sed lanata, linearia: semina glaberrima e. s. p.

Filaginem pyramidatam Linn. e Flora Lapponica excludo, quum neque in Lapponia neque in ulla provincia boreali Sveciæ a me visa est. Filago montana sola in Svecia boreali occurrit.

E R I G E R O N.

Gen. plant. ed. Schreb. n. 1287. *Gærtn. de fruct.* 2. p. 448. *tab.* 170. *fig.* 3

384. ERIGERON *acre:* foliis lanceolatis dentatis, caule corymbifero: pedunculis unifloris.

E. acre *Linn. svec.* n. 741. *lappon.* n. 308. *Smith brit.* 2. p. 877. *Lightf. scot.* p. 474. *Engl. bot.* 17. t. 1158. *Falk russ. topogr.* 2. p. 240. *Flor. kamtschatk. in Arct. Zool.* p. 196. *Pennant arct. Zool. ad Nutkasund.* p. 241.

Hab. locis siccis arenosis per partem sylvaticam inferiorem Lapponiarum omnium frequenter, at in Umensi usque ad Gillesnöle adscendit; in inferalpinis Nordlandiæ meridionalis ubique occurrit.

Folia in speciminibus grandioribus semper dentibus paucioribus insignibus munita sunt; quibus semper carent specimina æque alta E. alpini. Calyces plerumque glabriusculi sunt. Ligulæ flosculorum radiantium multum breviores sunt quam in sequentibus speciebus.

385. ERIGERON *alpinum:* foliis hirsutis, caule inferne sublanato subbifloro, calyce piloso.

E. alpinum *Linn. spec. plant.* 2. p. 1211. *Smith brit.* 2. p. 877. *Flor. dan.* 292. *Engl. bot.* t. 464. bona.

?E. uniflorum *Zoega island.* —

Conyza cærulea alpina major. *Burseri herb.* XV. n. 33.

β. *ramosum:* multiflorum flore terminali majore.

Hab. in petris et saxis maritimis apricis per totam Nordlandiam ubique et Finmarkiam rarius; at in Nordlandia meridionali sub radicibus alpium adscendit locisque umbrosis fertilioribus in varietatem β. multifloram mutatur. Nunquam in alpibus ipsis provenit.

In maritimis proveniens caule gaudet vix digitali, usque ad radicem densius piloso; foliis radicalibus obtusis quidem, sed angustioribus semperque hirsutis; calycibus distincte pilosis; et radio tum rubicundo et albo. — Nostræ plantæ omnino convenit illa in Burseri Herbario asservata et a *Linnæo* citata.

β. ab *E. acri* L. caute distingvenda. Caulis ejus usque ad bipedalem altitudinem sæpe assurgit, flore majore atque altiore præcociore terminatus, e latere ejus egrediuntur rami graciles vagi pauciores uniflori; adeo ut haud difficile est visu, quod caulis pro unico flore destinatus sit nec ullo modo corymbiferus. Radium hujus varietatis semper album vidi.

386. ERIGERON *uniflorum:* foliis radicalibus glabratis spathulatis, caule unifloro inferne glabrato, calyce lanato.

E. uniflorum *Linn. svec.* n. 742. *lappon.* n. 307. tab. 9. f. 3. *Flor. dan.* 8. t. 1597. bona. *Hoppe. taschenb.* 1801. p. 45.

Conyza cærulea alpina minor. *Burseri herb.* XV. n. 34.

Hab. frequenter in alpibus Lapponicis meridionalibus altioribus usque ad Peliekaise Lapponiæ Pitensis et Kaskajvo Lapponiæ Lulensis descendens scil. in lateribus earum saltuosis durioribus irrigatis; in septentrionalibus alpibus vero nunquam repertum est, neque extra alpes provenit.

Caulis plerumque bipollicaris, nec unquam ultra palmaris, prope radicem plerumque glabratus. Folia radicalia præcipue stolonum sterilium semper glaberrima reperi simulque oblongo - spathulata, quam differentiam optimam hujus speciei puto; caulina inferiora tantum basin versus ciliata. Calyx omnino lanatus vel villosus ob pilos, copiosos implexos, magisque globosus et turgidus apparet quam in præcedente. Pappus præcipue radii brevior, vix longitudine calycis. Radius tum rubicundus ac albus.

TUSSILAGO.

Gen. plant. ed. Schreb. n. 1289. *Gærtn. de fruct.* 2. p. 447. tab. 170. f. 7.

387. TUSSILAGO *frigida:* thyrso fastigiato, floribus radiatis, foliis triangularibus sinuatis subtus tomentosis.

☿ *Hermaphrodita* s. Mascula s. radiata: thyrso laxiore, flosculis femineis paucis radiatis fertilibus: hermaphroditis plurimis sterilibus.

T. frigida *Linn. svec.* n. 744. *lappon.* n. 303. *Fl. dan.* 1. t. 61. *Gmel. sib.* 2. p. 150. tab. 70. *Hoppe taschenbuch* 1803. p. 56.

♀ *Feminea* s. discoidea: thyrso coarctato, flosculis omnibus femineis subapetalis fertilibus.

Hab. locis paludosis in salicetis alpium et campis infimis alpinis sat frequenter, ut etiam in nemoribus paludosis per partem subalpinam et subsylvaticam passim usque infra Risnäs Lapponiæ Umensis, Löfmock Lapponiæ Pitensis, Muonioniska Lapponiæ Tornensis e. s. p. lecta; sed in inferalpinis Norvegicis haud reperitur.

Radix omnino repens est. Folia cordato-triangularia, ambitu sinuata: sinubus haud quidem profundis tamen quintam partem radii foliorum penetrantibus. De cætero in ambitu foliorum nulli adsunt dentes glanduliferi. Scapi bracteæ latæ sunt et subamplectentes. Pedunculi florum griseo-tomentosi. Quo ad florescentiam magis polymorpha est planta quam reliquæ Petasitides. Quantum ego quidem indagare potui dioica est, et quidem sequenti modo.

Mascula planta flores habet radiatos. Flosculi disci numerosi infundibuliformes, staminibus perfectis in tubum connatis, stigmate clavato crasso fere monstroso; qui vero omnes steriles sunt ipsoque pappo destituuntur, eamque ob causam potius masculi dicendi sunt quam hermaphroditi. Flosculi radii pauci quinque ad octo, ligula oblonga grandiore instructi, semper feminei iique fertiles: stigmate tenuiore bifido et pappo completo. De cætero flores

flores hujus plantæ majores et spectatiores non tantum ob radium, verum etiam ob flosculos disci grandiori corolla instructos.

Femineæ plantæ flores discoidei et minores sunt, sed numerosioribus flosculis prædititi. Flosculi fere omnes feminei fertiles sunt, fere apetali vel ligula tenui unilaterali fere setacea instructi; stigmate tenui bifido; pappoque completo. Interdum in centro unus alterve flosculus masculus adest stigmate suo monstroso insignitus. Sub prima florescentia thyrsus coarctatus est, sed maturescendo expanditur laxusque fit.

Tussilago nivea Willd. differt præcipue foliis tantum dentatis: dentibus apice glanduliferis capitulo glanduloso ex venis validioribus orto. Tomentum paginæ inferioris foliorum multo magis niveum. In ambitu foliorum nulli àdsunt sinus conspicui. Calyces et scapi superior pars glabrior et bracteis angustioribus instructa.

388. TUSSILAGO *Farfara:* scapo unifloro squamato, flore radiato, foliis subcordatis angulatis denticulatis subtomentosis.

T. Farfara *Linn. svec.* n. 743. *Smith brit.* 2. p. 878. *Fl. dan.* 4. t. 595. *Hoppe taschenb.* 1803. p. 33. *Lightf. scot.* p. 475. *Landt færoens.* — *Georgii flor. baikal.* p. 230. *Gmel. sibir.* 2. p. 140. *Falk russ. topogr.* 2. p. 240.

Hab. in radicibus alpium Nordlandiæ clivosis et irrigatis, nec non locis inferalpinis ad rivulos e. s. p. passim copiose. Etiam ad Sodankylä Lapponiæ Kemensis visa est.

A vulgari svecica planta ne minime differt. Flores disci tubulosi in hac quoque specie potius masculi dicendi quam hermaphroditi, quum germina eorum omnia abortiunt et vix quidem pappum edunt. Me itaque judice referendum esset hoc genus ad Polygamiam necessariam.

SENECIO.

Gen. plant. ed. Schreb. n. 1290.

389. SENECIO *vulgaris:* corollis nudis, foliis pinnato-sinuatis amplexicaulibus, floribus sparsis. *Linn. svec.* n. 747. *lappon.* n. 296.

Hab. in sylvis rarius: *Linné;* ut puto tantummodo Lapponiæ maxime meridionalis.

SOLIDAGO.

Gen. plant. ed. Schreb. n. 1292. *Gærtn. de fruct.* 2. p. 447. tab. 170.

390. SOLIDAGO *Virgaurea:* caule subflexuoso angulato, foliis inferioribus oblongis asperis serratis, racemis subaxillaribus erectis asperis, ligulis elongatis. *Willden. spec.* 3. p. 2065.

S. Virgaurea *Linn. svec.* n. 754. *lappon.* n. 306. *Fl. dan.* 4. t. 663. (var. lapponica!) *Georgii fl. baikal.* p. 230. *Lightf. scot.* p 482. *Smith. brit.* 2. p. 889. *Flor. Kamtschatk. in Arct. Zool.* p. 196. *Gmel. sibir.* 2. p. 164. Fennonibus *Keltainen.*

Hab. locis tum siccis ac humidiusculis per partem sylvaticam, subalpinam et inferalpinam omnium Lapponiarum vulgatissime; ut etiam in infimis lateribus omnium alpium paullo parcius.

In Lapponia plerumque illa varietas obvia est, quam *S. lapponicam Wither.* dicunt, sed etiam ibi tam frequenter in vulgatissimam Virgauream abit ut varietatis insignioris nomine vix notari meretur.

ARNICA.

Gen. plant. ed. Schreb. n. 1296.

391. ARNICA *montana β. Linn. svec.* n. 760. *lappon.* n. 305.

Hab. in campis convexis subalpinis Lapponiarum meridionaliorum passim: *Linné;* ad lacum Torneåträsk: *Liljeblad;* ego vero eandem in Lapponia nunquam vidi.

CHRYSANTHEMUM.

Gen. plant. ed. Schreb. n. 1307.

392. CHRYSANTHEMUM *Leucanthemum:* foliis amplexicaulibus oblongis: superne serratis inferne dentatis. *Linn. svec.* n. 763. *lappon.* n. 310. *Engl. bot.* 9. t. 601. *Lightf. scot.* p. 488. *Pallas it. sibir.* 3. p. 319. *Penn. Arct.*

Zool. ad Nutka sund. p. 241. *Georgii fl. baikal.* p. 230.

Hab. in Nordlandia meridionali inferalpina frequenter: *Linné;* a me vero ibi nunquam visum; e latere svecico nonnisi in pratis regionis sylvaticæ infimæ rarissime scil. ad pagum Knaften prope flumen Örelfven Lapponiæ Umensis lectum.

393. CHRYSANTHEMUM *inodorum:* foliis bipinnatis: pinnis subfiliformibus tripartitis, caule diffuse-ramoso, seminibus coronato-marginatis.

Chrysanth. inodorum *Linn. spec. pl.* p. 1253. *Flor. dan.* t. 696.

Cotula fœtida *Olavs. it. island.* p. 433.

Pyrethrum inodorum *Engl. bot.* 10. t. 676. *Willden. spec. plant.* 3. p. 2157.

Matricaria inodora *Linn. svec.* n. 765. *Zoega island.* —

Anthemis vulgaris *Linn. lapp.* n. 309.

Hab. locis cultis calcatis sublittoralibus per totam Nordlandiam maritimam Finmarkiamque vulgare, unde etiam juxta flumen Tana adscendit usque ad templum Utsjokense frequenter; per Lapponias meridionales juxta domos ubique provenit.

In prima editione Floræ svecicæ synonymon Flor. lapponicæ sub n. 702. (Matricaria inodora) allatum vidimus; postea vero in ed. 2. sub Chamomilla illud male transposuit *Linnæus.*

Planta norvegica maritima habitum *Ch. maritimi* gerit, sed matura semina examinare nunquam mihi contigit.

ACHILLEA.

Gen. plant. ed. Schreb. n. 1313. *Gærtn. de fruct.* 2. p. 426. tab. 168. f. 9.

394. ACHILLEA *Millefolium:* foliis bipinnatis glabriusculis: laciniis linearibus dentatis, caulibus superne sulcatis.

A. Millefolium *Linn. svec.* n. 770. *lapp.* n. 311. *Flor. dan.* tab. 737. *Lightf. scot.* p. 496. *Landt færoens.* — *Zoega island.* — *Olavs. it. island.* p. 677. *Pallas it. sibir.* 3. p. 319. *Georgii fl. baikal.* p. 231. *Penn. Arct. Zool.*

ad Nutka sund. p. 242. *Falk russ. topogr.* 2. p 243.

Fennonibus Enontekensibus *Pietarin-kuka* (i. e. *Petri-flos*).

Hab. ubique per universæ Lapponiæ partes sylvaticas, subalpinas, inferalpinas et maritimas usque ad Nordcap vulgare, scil. in pratis et graminosis præcipue ad domos casasque Lapponum.

Engl. bot. 11. t. 758. flores duplo majores exhibet quam in nostra planta occurrunt.

L O B E L I A.

Gen. plant. ed. Schreb. n. 1363.

395. LOBELIA *Dortmanna:* foliis linearibus bilocularibus integerrimis, scapo subnudo. *Linn. svec.* n. 783. *lappon.* n. 279. *Ligthf. scot.* p. 505. tab. 21. *Michaux amer.* 2. p. 153.

Hab. in fluviis Lapponiæ maxime meridionalis rarissime, ubi semel sine flore observata fuerit a *Linnæo;* numne folia *Isoëtidis* tunc temporis parum cognita vidit? In aliis provinciis borealibus Sveciæ frequenter occurrit.

V I O L A.

Gen. plant. ed. Schreb. n. 1364. *Gærtn. de fruct.* 2. p. 139. tab. 112.

396. VIOLA *palustris:* acaulis, radice repente, foliis reniformibus glaberrimis, stipulis integerrimis, calyce obtuso.

V. palustris *Linn. svec.* n. 786. *lappon.* n. 278. *Flor. dan.* t. 83. *Smith. brit.* 1. p. 908. *Lightf. scot.* p. 506. *Olavs. it. island.* p. 433. *Engl. bot.* t. 444. *Landt færoens.* — *Crantz grœnland.* — *Pallas it. sibir.* 3. p. 54. *Falk russ. topogr.* 2. p. 245.

Hab. in aquosis per partem sylvaticam, subalpinam et inferalpinam usque ad Finmarkiam maritimam fere ubique parcius.

Folia in Lapponica planta sæpe immo sæpius cordata sunt, attamen satis superque a V. canina differt. Radix filiformis in limo longe repit et stipulis integerrimis elongatis ad exitum folii pedunculique instruitur. Scapi foliis vix longiores. Calycis laciniae praecipue inferiores obtusissimae vel rotundatae, abbreviatae ut vix quartam petali partem attingunt. Folia sparsim crenata.

Memorabile est quod in Sibiria quoque adeo sibi dissimilis evadit, ut cum *V. canina* eam conjunxit *Gmel. sibir.* 4. p. 98.

397. VIOLA *biflora:* caule subbifloro, foliis reniformibus crenato-serratis, stipulis integerrimis.

V. biflora *Linn. svec.* n. 790. *lappon.* n. 276. *Willden. spec.* 1. p. 1167. *Gmel sibir.* 4. p 98. n. 61. *Fl. dan.* t. 46. *Pallas it. sibir.* 3. p. 34.

Hab. in alpium omnium lateribus occultioribus inprimis vero radicibus et pratis inferalpinis Nordlandiae Finmarkiaeque vulgatissima omnium; ut etiam juxta fluvios ex alpibus delabentes per partem subsylvaticam Lapponiae svecicae passim: ex. gr. ad Sorsele Lapponiae Umensis et infra Enontekis Lapponiae Tornensis.

Folia in singulo caule plerumque tria vel quatuor, omnia semper reniformia vixque unquam manifeste cordata; crenis sursum versis et ideo serraturas quodammodo referentibus; pilis minutis sericeo-splendentibus. Stipulae tenues, oblongae, obtusiusculae, integerrimae. Pedunculi ex alis tantum superiorum foliorum, foliis duplo altiores, ebracteati. Calyces acuminati et elongati ut in sequente specie. Petala pallide-lutea, fauce prorsus imberbi. Stigma eximie peltatum.

398. VIOLA *canina:* caule adscendente, foliis cordatis, stipulis setaceo-dentatis, pedunculis folio longioribus.

V. canina *Linn. svec.* n. 785. *lapp.* n. 277. *Smith brit.* 1. p. 246. *Lightf. scot.* p. 508. *Engl. bot.* 9. t. 620. *Landt færoens.* — *Cranz grœnland.* — *Zoega island.* — *Gmel. sib.* 4. p. 98. *Georgii fl. baikal.* p. 231.

Hab. in sylvis Lapponiae maxime meridionalis haud frequenter: *Linné;* ego tantummodo in radicibus montium meridiei expositis Nordlandiae meridionalis rarius ex. gr. ad Rörstad inveni.

399. VIOLA *montana:* caule triquetro erecto, foliis cordatis oblongis, stipulis dentatis, floribus caulinis apetalis.

V. montana *Linn. svec.* n.. 787. *Flor. dan.* 8. t. 1229. flor. prim. *Gmel. sib.* 4. p. 47. *Georgii fl. baikal.* p. 231?

Hab. in montibus rupibusque Lapponiæ sylvaticæ raro; in unico monte calcareo ad Akankoski Lapponiæ Kemensis legi.

Planta difficilis determinatu, cujus tantum specimina fructifera legi Statura et habitu *V. mirabilem L.* satis refert, cui etiam pedunculis folio brevioribus convenit; at abunde differt forma foliorum et stipularum *Violæ caninæ* certe proxima est, a qua satis diversa videtur pedunculis brevioribus, foliis longioribus, stipulis majoribus et tantum grandius dentatis, floribusque summis ni fallor apetalis.

V. *lactea Smith*, quam plerique exteri V. *montanam* vocant, in Lapponia haud obvia est.

400. VIOLA *tricolor:* caule triquetro diffuso, foliis oblongis incisis, stipulis pinnatifidis. *Linn. svec.* n. 791. *Gunner norv.* n. 171. *Olavs. it. island.* p. 429. *Lightf. scot.* p. 509. *Landt færoens* — *Falk russ. topogr.* 2. p. 246.

Hab. in Nordlandia et quidem præfectura Senjensi: *Gunnerus.*

CLASSIS XX.

GYNANDRIA.

ORCHIS.

Swartz de Orchid. in Schrad. diar nov. 1. p. 6. fig. A.

401. ORCHIS *bifolia:* bulbis indivisis, nectarii labio lanceolato integerrimo; cornu longissimo, petalis patentibus. *Linn. svec.* n. 793. *Flor. dan.* t. 235 *Lightf. scot.* p. 512. *Gmel. sib.* 1. p. 16. n. 13. *Flor. kamtschatk. in Arct. Zool.* — *Willden. spec.* 4. p. 10.

Hab. in lateribus montium sylvaticorum meridiei quam maxime expositis Lapponiæ maxime meridionalis rarissime: nonnisi in Målberget prope lacum Örträsk Lapponiæ Umensis a me lecta læte florens.

402. ORCHIS *latifolia:* radicibus subpalmatis rectis, nectarii calcare conico: labio trilobo lateribus reflexis, bracteis flore longioribus.

O. latifolia *Linn. svec.* n. 801. *Lightf. scot.* p. 516. *Landt færoens.* — *Willden. spec.* 4. p. 28. *Flor. dan.* t. 266. *Zoega island.* — *Gmel. sib.* 1. p. 24. n. 21. *Flor. kamtschatk.* l. c.

Hab. in paludosis circa templum Enontekense passim.

403. ORCHIS *maculata:* radicibus palmatis patentibus, nectarii calcare germinibus breviore: labio plano trilobo, petalis dorsalibus patulis, bracteis longitudine germinis.

O. maculata *Linn. svec.* n. 800. *lappon.* n. 312. *Engl. bot.* 9. t. 632. *Willden. spec.* 4. p. 31. *Smith brit.* 3. p. 925. *Lightf. scot.* p. 517. *Olavs. it. island.* p. 166. *Landt færoens.* — *Georgii fl. baikal.* p. 232. *Falk russ. topogr.* 2. p. 247. *Gmel. sibir.* 1. p. 23. n. 20.

Hab. in pratis humidis et paludibus per partem sylvaticam et subalpinam omnium Lapponiarum svecicarum rarius; in inferalpinis Nordlandiæ passim.

404. ORCHIS *conopsea:* radicibus palmatis elongatis, nectarii calcare setaceo germinibus duplo longiore; labio trifido obtuso subintegerrimo, spica cylindracea.

O. conopsea *Linn. svec.* n. 799. *Smith brit.* 3. p. 926. *Lightf. scot.* p. 518. *Flor. dan.* t. 224. *Falk russ. topogr.* 2. p. 248. *Gmel. sib.* 1. p. 22. n. 19. *Georgii fl. baikal.* p. 232.

Hab. in pratis inferalpinis Nordlandiæ et ipsis alpibus Lulensibus locis graminosis humosis ex. gr. in Lill-Tokin raro; nec non in paludibus Lapponiæ sylvaticæ præcipue Tornensis frequentius.

Quam in alpibus legi flores habet ut in vulgari et spicam tantum breviorem magisque paucifloram. Illa autem, quæ in paludibus obvia est, flores gerit paullo minores et calcar nonnihil brevius, unde pro *O. odoratissima* habita fuit tum a Linnæo in novitiis Floræ svecicæ tum ab aliis, idque perperam admodum; nam vera *O. odoratissima* haud supra Gottlandiam lectam esse scimus, ejusque calcar ipsis petalis fere brevius, et subulatum.

405. ORCHIS *viridis:* radicibus palmatis, petalis conniventibus, nectarii calcare saccato brevissimo: labio lineari apice tridentato, foliis oblongis, bracteis flore sesquilongioribus.

O. viridis *Swartz in Schrad. diar.* p. 19. *Willden spec.* 4 p. 33.

Satyrium viride *Linn. svec.* n. 804. *lappon.* n. 313. *Flor. dan.* t. 77. *Lightf. scot.* p. 519. *Landt fœroens.* — *Zoega island.* — *Persoon synops* 2. p. 506. *Gmel. sib.* 1. p. 21. n. 18.

Hab. in graminosis inferalpinis subhumidis Nordlandiæ passim et in ipsis alpibus Lulensibus locis humosis graminosis rarius; nec non ad radices montium per partem sylvaticam et subsylvaticam Lapponiarum meridionalium usque ad Tornensem rarius

In alpibus exstat floribus magis rubicundis et paullo grandioribus. Epidermis paginæ inferioris tum foliorum ac bractearum sæpe solvitur sponte et vesiculæ in modum elevatur, unde rachis interdum quasi purpureo-alata apparet.

406. ORCHIS *albida:* radicibus fasciculatis, nectarii calcare petalis breviore obtuso; labello trifido, petalis conniventibus.

O. albida *Swartz l. c.* p. 20. *Willden. spec.* 4. p. 38

Satyrium albidum *Linn. svec.* n. 806. *Smith brit.* 3. p. 929. *Engl. bot.* 8. t. 505? *Flor. dan.* t. 115. *Lightf scot.* p. 519. *Olavs. it. island* p. 433. *Gunner. norv.* n. 446. *Falk russ. topogr.* 2. p. 248.

Hab. in ipsis alpibus Lulensibus, locis herbosis humosis meridiei optime expositis ad latera earum inferiora occultiora sitis passim copiose ex. gr. ad Virih-jaur in Lill-Tokin et ad Sorjåsjauri in Jolli; nec non in maritimis Finmarkiæ ad Hasvig et ad Varangriam lecta secundum *Gunnerum.*

Valde memorabilis est planta. Radix constituitur radiculis lumbriciformibus attenuatis basique sua digitatim adfixis, ita ut quinque circiter manum fere referunt et posterius adfiguntur ad plantam præsentis anni pertinentibus; aliæ quinæ anterius adponuntur ad alendam plantam futuri anni destinatæ, in quarum latere anteriore oritur gemma sequentium annorum progressive. Est itaque radix digitata; digitis a se invicem solutis. Folia plerumque oblonga et acutiora quam in svecica planta. Caulis digitalis usque ad dodrantalem. Spica laxior et brevior, quam in svecica planta: floribus svaveolentibus odore fere *Orchidis bifoliæ* sed gratiore. Flores de cætero paullo majores quam in svecica simulque exstantiores; petalis acutioribus, omnino albidis; labello lutescente trifido ejusque laciniis subæqualibus. Calcar cylindricum obtusum, labello petalisque brevius vel germine triplo brevius.

Orchis hyperborea in Lapponia Lulensi ad Virihjaur lecta fuisse fertur, sed in nullo herbario ejus specimen lapponicum adest. Quærere itaque liceat numne specimina pygmæa Orchidis albidæ visa fuerint.

O P H R Y S.

Swartz de Orchid. in Schrad. diar. nov. 1. p. 43. t. 1. fig. D.

407. OPHRYS *Monorchis:* radice testiculata, caule nudo, labello trifido subtus gibboso.

O. Monorchis *Linn. svec.* n. 810. *lappon.* n. 317. *Gunner. norveg.* n. 644. *Gmel. sibir.* 1. p. 18. n. 15. *Georgii fl. baikal.* p. 232. *Falk russ. topogr.* 2. p. 248.

Hab. in Lapponia Umensi rarissime: *Linné,* (ni valde fallor tantum ad littora maris Umoæ occurrit); in Porsangria Finmarkiæ orientalis: *Gunnerus.*

Radix quidem more Orchidum testiculata, sed tubere tantum unico simul existente, eoque evanescente antequam sequentis anni tuber excrescit. Præcedenti plantæ de cætero valde affinis eique etiam odore conveniens. Petala lateralia intima colore labelli, ut facile pro ejus laciniis habentur. Ipsius labelli laciniæ breves sunt et laterales atque divergentes.

408. OPHRYS *alpina:* radice testiculata, foliis linearibus scapum subæquantibus, labello indiviso utrinque unidentato.

O. alpina *Linn. svec.* n. 817. *Swartz in Schrad. diar.* p. 45. *Flor. dan.* 3. t. 452. *Suter helv.* 2. p. 207. *Willden. spec. plant.* 4. p. 62.

Chamæorchis alpina folio gramineo. *Burseri herb.* III. n. 130.

Hab. in alpium Lulensium lateribus humosis fertilioribus meridiei expositis rarius copiose ex. gr. a me inventa in Stor-Tokin juxta Virih-jaur et in alpe Jolli ad Sorjås-jauri frequenter unacum *Orchide albida* et *viridi* crescens, sed multum altius in sterili alpium latere adscendens. De cætero lecta est in alpibus maritimis Nordlandiæ in Carlsöa Senjensi, et ad Hasvig Finmarkiæ: *Gunnerus.*

Radix bitesticulata ut in Orchidibus, tubere futuri anni ante præsentis posito, atque supra radiculis nutrito. Folia omnia radicalia e vagina radicali orta, numerosa scil. circiter novem, plana, linearia et angusta, tum latitudine ac longitudine scapum vel caulem æquantia, uninervia. Scapus sesquipollicaris vel palmaris, strictus, crassiusculus. Spica non parum sparsiflora, bracteis et floribus fere *Orchidis viridis*, cui re vera valde affinis est hæc planta. Petala viridia vel parum rubicunda, obtusiuscula. Labellum lutescens oblongum, obtusiusculum, latere utroque haud semper evidenter unidentato. Planta haud minima inter Orchideas ut dixit *Linnæus*, sed potius mediocris magnitudinis.

Divisio illa Orchidearum a calcare nectarii facilis quidem est, sed plantas maxime affines admodum disjungit.

NEOTTIA.

Swartz de Orchid. in Schrad. diar. nov. 1. p. 49. t. 1. fig. I.

409. NEOTTIA *repens;* labello basi ventricoso apice attenuato, floribus pubescentibus secundis, foliis ovatis reticulatis.

Neottia repens *Swartz* l. c. p. 52. *Willden. spec.* 4. p. 75.

Satyrium repens *Linn. svec.* n. 807. *lapp.* n. 314. *Flor. dan.* 5. t. 812. *Lightf. scot.* p. 520. *Guner. norv.* n. 521. t. 6. f. 1. *Michaux amer.* 2. p. 157. *Falk russ. topogr.* 2. p. 248.

Hab. in sylvis densis muscosis Lapponiarum meridionalium passim et quidem Quickjockiæ fere ubique frequenter; nec non in sylvis inferalpinis Nordlandiæ usque ad Alten Finmarkiæ rarius.

Anthera ejus mobilis et opercularis est fere ut in Epipactide Swartz. *Corolla* 5-petala; petalo supremo s. galea concavo, oblongo, petala lateralia superiora includente ut 3-petala apparet corolla. *Labium* scrotiforme: lineis callosis quatuor in fundo notatum; lamina angusta canaliculata ipso scroto duplo minore. *Anthera* in processu posteriore columnæ genitalium subincurvo adnexa, mobilis stigmatique incumbens, persistens. *Stigma* in anteriore processu columnæ genitalium, bidentatum.

EPIPACTIS.

Swartz de Orchid. in Schrad. diar. nov. 1. p. 62. t. 1. fig. N.

410. EPIPACTIS *cordata:* radice fibrosa, caule bifolio, foliis cordatis oppositis, labello bifido utrinque unidentato.

E. cordata *Swartz* l. c. p. 66. *Willden. spec. plant.* 4. p. 88.

Ophrys cordata *Linn. svec.* n. 809. *lapp.* n. 318. *Flor. dan.* 8. t. 1378. bona. *Smith brit.* 3. p. 933. *Lightf. scot.* p. 524. *Gmel. sib.* 1. p. 25. n. 23. *Michaux amer.* 2. p. 158. *Falk. russ. topogr.* 2. p. 248.

Hab. in sylvis densis uliginosis præcipue Lapponiarum meridionalium passim copiose; ut etiam in inferalpinis rarius ex. gr. in Carlsöa Nordlandiæ lecta a *Gunnero*, et in Öhrdalen juxta Hopsfjord Finmarkiæ orientalis a me visa.

Folia potius rhomboidalia quam proprie cordata. Scapus in speciminibus majoribus pubescens Labellum lineare profunde bifidum s. bicaudatum, attenuatum; ad basin utrinque dente acuminata munitum.

MALAXIS.

Swartz de Orchid. in Schrad. diar. nov. 1. p. 68. t. 1. fig. P.

411. MALAXIS *monophyllos:* radice tuberculosa, folio ovato acuto, scapo triquetro, labello concavo acuminato.

M. monophyllos *Swartz* l. c. p. 69.

Ophrys lilifolia *Linn. svec.* n. 811. *Gunner. norv.* n. 962. *Gmel. sib.* 1. p. 20. n. 16.

Hab. in paludibus Nordlandiæ: *Gunnerus.*

CYMBIDIUM.

Svartz de Orchid. in Schrad. diar. nov. 1. p. 72.

412. CYMBIDIUM *corallorhizon:* radicibus ramosis flexuosis, caule vaginato aphyllo, petalis inferioribus linearibus deflexis, labello indiviso acuto.
C. corallorhizon *Svartz* l. c. p. 77. *Willden. spec.* 4. p. 109.
Ophrys Corallorhiza *Linn. svec.* n. 816. *lapp.* n. 315. *Flor. dan.* 3. t. 451. *Lightf. scot.* p. 523. *Gmel. sib.* 1. p. 26. n. 25. *Michaux amer.* 2. p. 158. *Georgii fl. baikal.* p. 232.
Hab. in sylvis paludosis Lapponiarum præcipue meridionalium passim frequenter; et in paludosis inferalpinis Nordlandiæ passim, nec non Finmarkiæ ad Kistrand et Hopseidet lectum.
Cypripedium bulbosum Linn. nonnisi in collibus nemorosis pratorum ad Kemi Ostrobottniæ lectum esse scimus, ideoque e Flora Lapponica hucusque excludendum. Nec in Lapponia repertus est *Cypripedium Calceolus.*

CALLA.

Gen. plant. ed. Schreb. n. 1388. *Gærtn. de fruct.* 2. p. 20. tab. 84.

413. CALLA *palustris:* foliis cordatis, spatha plana, spadice undique hermaphrodito. *Linn. svec.* n. 822. *lapp.* n. 320. *Gmel. sib.* 1. p. 1. n. 2. *Michaux amer.* 2. p. 187. *Fl. dan.* 3. t. 422. *Gunner. norv.* n. 727. *Georgii flor. baikal.* p. 232. *Falk russ. topogr.* 2. p. 249.
Hab. in ipso limite infimo Lapponiarum meridionalium ejusque paludibus rarius copiose, at in Vesterbottnia Lapponiis adjacente infra Torneam superiorem et Tafvelsiön districtus Umensis ubique; nec non Nordlandiæ maxime meridionalis secundum Gunnerum.

ZOSTERA.

Gen. plant. ed. Schreb. n. 1390 *Gærtn. de fruct.* 1. p. 76. tab. 19.

414. ZOSTERA *marina:* foliis subtrinervibus, caule teretiusculo. *Vahl enum. plant.* 1. p. 14. *Willden. spec. plant.* 4. p. 179.

Z. marina *Linn. svec.* n. 823. *it. V. goth.* p. 166. t. 4. f. 1. *Smith brit.* 1. p. 7. *Lightf. scot.* p. 550. *Flor. dan.* t. 15. *Landt færoens.* — *Engl bot.* t. 467.

Hab. in mari infra littora et in recessubus littoralibus, ubi aqua maririna nunquam deficit, per Nordlandiam meridionalem passim. A me multoties visa in districtu Foldensi; dein vero septentrionem versus deest.

CLASSIS XXI.

MONOECIA.

CHARA.

Gen. plant. edit. Schreb. n. 1397. *Hedwig theor. fruct.* ed. 2. p. — t. —

415. CHARA *flexilis:* caulibus lævissimis enervibus diaphanis, ramis filiformibus integris, baccis axillaribus lateralibusque.

Ch. flexilis *Linn. svec.* n. 1134. *Smith brit.* 1. p. 6. *Lightf. scot.* p. 536. *Engl. bot.* 15. t. 1070. optim.

Hab. in fundo fluviorum et lacuum Lapponiæ sylvaticæ meridionalis rarius copiose; ego eam per Lapponiam Lulensem usque in fluvio subalpino Tarrajoki juxta Quickjock legi frequenter. Hæc in borealibus nostris provinciis multum vulgatior est quam *Ch. vulgaris*, longiusque septentrionem versus procedit.

Quoad structuram internam Confervis omnino similis est. Caulis e membrana tenuissima enervi (haud striata) tubulari fit, in cujus simplici cavitate adest succus glutinosus viridis, ætate provectiore fæculas glutinosas ad parietes tubi deponens, unde nascuntur granula eadem de quibus in Confervis toties disputaverunt Botanici. Fructificatio etiam haud impedit, quin eam Confervis affiniorem crederem quam alii cuidam familiæ.

Cel. *Smith* in *Engl. bot.* 24. t. 1703. iterum ab hac distingvit *Ch. nidifica* (*Conf. nidifica Fl. dan.*

t. 761.) præcipue antheris pedicellatis et ramis numerosioribus diversa. Aliam speciem *Ch. translucentem* exhibet Engl. bot. 26. t. 1855. a nostra magis diversam.

L E M N A.

Gen. plant. ed. Schreb. n. 1400.

416. LEMNA *trisulca:* foliis petiolatis lanceolatis. *Linn. svec* n. 828. *lappon.* n. 370. *Lightf. scot.* p. 537. *Georgii fl. baikal.* p. 232. *Falk russ. topogr.* 2. p. 250.

Hab. in aquis Lapponiæ maxime meridionalis rarissime; semel tantum lecta est in Lapponia Umensi a *Linnæo.*

S P A R G A N I U M.

Gen. plant. ed. Schreb. n. 1402. *Gærtn. de fruct.* 1. p. 75. tab 19.

417. SPARGANIUM *natans:* foliis decumbentibus planis, stigmate ovato brevissimo. *Smith. brit.* 3. p 962. *Linn. svec.* n. 832. *lappon.* n. 345. *Lightf. scot.* p. 540. *Flor. dan.* t. 260. *Zoega island.* — *Landt færoens.* —

β. minimum. *Bauh. pin.* 15. *Linn. lapp.* n. 344. *Gmel. sib.* 1. p. 153. n. 69. α.

Hab. in fluviis et aquis paludosis per partem sylvaticam et subsylvaticam omnium Lapponiarum svec. fere ubique parcius; in septentrionali parte Lapponiæ Kemensis eam haud vidi, neque e latere norvegico alpium. β. in paludum marginibus et ripis fluviorum erectum crescit præcipue in Lapponia infima.

Synonymon *Floræ Lapp.* n. 344. perperam sub *Sparganio erecto* positum est ab ipso Linnæo. Gramen illud a Lapponia longe abest vixque supra Medelpadiam occurrit.

C A R E X.

Gen. plant. ed. Schreb. n. 1407. *Gærtn. de fruct.* 1. p. 12. tab. 2.

* Spica unica simplicissima.

418. CAREX *dioica:* spica simplici dioica, stigmatibus binis, capsulis ovatis gibbis nervosis superne serrulatis rectis, culmo lævi.

C. dioica *Linn. svec.* n. 833. *Smith brit.* 3. p. 963. *Gooden. transact. linn.* 2. p. 139. *Schkuhr car.* n. 1. tab. A. f. 1. *Lightf. scot.* p. 541. *Zoega island.* — *Landt faeroens.* — *Falk russ. topogr.* 2. p. 251.

C. lævis *Hoppe taschenbuch.* 1800. p. 243. et 1801. p. —

Hab. in paludosis aquosis et pratis maxime udis per partem sylvaticam, subsylvaticam et inferalpinam usque ad Kistrand, scil. omnium Lapponiarum vulgaris.

Radix stolones vagos serpentes exserit, haud vero proprie repens est. Folia filiformia vixque canaliculata, præter apicem lævissima. Culmus rotundatus. Capsulæ e membrana crassa coriacea factæ, fuscæ.

C. scabra Hoppe taschenb. — nullibi in Svecia lecta est; ideoque nequit esse *C. dioica Linn.* ut autumavit *Hoppe* in synonymo Schevchzeri nimium fisus.

419. CAREX *capitata:* spica simplici androgyna subglobosa, stigmatibus binis, capsulis subrotundo-ovatis planiusculis lævissimis.

C. capitata *Linn. spec. plant.* p. 1379. *Oed. dan.* t. 372. mala. *Schkuhr caric.* n. 2. t. Y. f. 80. *Gmel. sib.* 1. p. 144. n. 85?

Hab. in juniperetis campis uliginosis duris præcipue juxta paludes per partem subalpinam Lapponiæ Tornensis et Lulensis nec non inferalpinam Nordlandiæ passim copiose; ut etiam in alpium Lulensium et Pitensium uliginosis inferioribus parcius. Interdum quoque in sylvatica parte Lapponiæ legimus ex. gr. ad Lycksele prope Avaviken, ad Sorsele juxta Brackavan et ad Risnas Lapponiæ Umensis, nec non ad Niavvi Lapponiæ Lulensis.

Radix crassiuscula et dense cæspitosa est, sed innovatur tantum ex uno latere, adeo ut concatenatam esse merito dicerem. Folia filiformia, triquetra, longiora et copiosiora quam in præcedente. Culmus triqueter superne serrulatus, strictus. Spica præter apicem masculam omnino globosa, magnitudine pisi, tota colore stramineo nitido refulgens, quo e longinquo a præcedente discernitur. Squamæ duplo fere breviores et angustiores quam capsula ipsa. Capsulæ nitidæ, straminei coloris, tenues ut fere scariosæ, convexiusculo-planæ, integerrimæ, rostellatæ, imbricato-patentes. Gramen pulchellum omnino est, et ob capsulas diversissimas neque præcedenti affine.

420. CAREX *Levcoglochin:* spica simplici androgyna subquadriflora, stigmatibus tribus, capsulis lanceolatis teretibus reflexis, folio canaliculato.

C. Levcoglochin *Ehrh. phyt.* n. 8. *Persoon synops.* 2. p. 535. *Flor. dan.* 8. t. 1379. *Hoppe taschenb.* 1801. p. 144.

C. pauciflora *Lightf. scot.* p. 543. t. 6. f. 2. *Willden. spec. plant.* 4. p. 211. *Engl. bot.* 29. t. 2041.

C. pulicaris *Linn. svec.* n. 834. *lappon.* n. 339. *Zoega island.* —

Hab. in paludibus profundis spongiosis per partem sylvaticam omnium Lapponiarum svecicarum vulgaris, ut etiam in subsylvaticis parcius, sed ulterius alpes versus haud adscendit, neque e Norvegico latere unquam visa.

Ob similitudinem quandam externam sequenti, necesse est descriptionem quandam comparativam subjungere, idque eo magis quum figura nulla mihi satisfacit. Radix omnino repens atque tenuis sine ullis squamis majoribus seu foliis emarcidis. Vaginæ culmi inferiores aphyllæ et tantum mucronatæ; intima folio submembranaceo et subconvoluto vel canaliculato instructa. Culmus triqueter. Capsulæ fulvescunt, attenuato-rostratæ. Stylus perlongus est atque intra capsulam spiraliter contortus, et nihilo tamen minus extra capsulam exsertus in modum aristæ atque in stigmata longa abiens.

In Lapponia neutiquam provenit *C. psyllophora Ehrh.* neque in ulla alia provincia septentrionali sveciæ; itaque synonymon *Flor. Lapp.* huc referendum si non ad *C. dioicam.*

421. CAREX *microglochin:* spica simplici androgyna submultiflora, stigmatibus tribus, capsulis attenuatis semiteretibus reflexis, arista aciculari exserta.

C. micro-

C. microglochin *Wahlenb. act. holm.* 1803. p. 140. *Flor. dan.* 8. t. 1402. *Schkuhr caric. app.* p. 32. tab. Ssss. fig. 110. bona.

Hab. in uliginosis subalpinis maritimis Nordlandiæ rarius copiose ex. gr. in Tromsöa et in Önäset Saltensi frequenter; ut etiam in subalpinis Lapponiæ Tornensis usque ad Mustavaara prope Enontekis descendens passim frequentius, nec non in ipsis alpibus Lulensibus rarius parciusque ex. gr. in Kasakvare, et in Kirkivare prope Virih-jaur.

Arista vera in hac specie adest, quam ob causam omnium europæarum Caricum maxime memorabilem esse duco; eoque magis dignam quod certa descriptione illustratur, quum præcedenti quodammodo similis et adeo a paucis attentius examinata fore autumo. Radix cæspitosa re vera est, sed stolones tenues vagos exserens. Folia numerosa, filiformia, solida (nec unicum canaliculato-convolutum ut in præcedente). Culmus teres, lævissimus sine angulis vel sulcis. Capsulæ circiter sex, lanceolato-attenuatæ, dupplo breviores quam præcedentis, albo-fuscescentes. Arista juxta latus exterius seminis inserta, sub florescentia in nectario inclusa, dein vero extra os capsulæ exseritur et dimidio longior quam capsula persistit. Stylus brevissimus intra capsulam totus inclusus atque stigmata tantum juxta latus interius aristæ exserens. — Itaque quoad omnes et singulas partes a præcedente essentialiter differt, ut illi vix ac ne vix affinem esse crediderim. Caveant quoque Botanici ne aristam pro excrescentia quadam vivipara habeant.

Floræ danicæ fig. cit. folia nimium lata exhibet, nec de cætero optima.

422. CAREX *rupestris:* spica simplici androgyna sublineari, stigmatibus tribus, capsulis obovatis triquetris adpressis, squamis subrotundis capsula sublongioribus.

C. rupestris *Allion. pedem.* n. 2292. t. 92. f. 1. *Willden. spec.* 4. p. 215. (senescens).

C. petræa *Wahlenb. act. holm.* 1803. p. 139. *Schkuhr caric. append.* p. 35. t. Kkk. fig. 139. *Willden. spec. plant.* 4. p. 214.

Hab. in collibus petrisque siccis apricis alpium Lulensium omnium et adjacentium Nordlandicarum omnino vulgaris; nec non in altissimis alpibus septentrionalibus usque ad Rastekaise Finmarkiæ passim copiose et in alpinis maritimis Finmarkiæ usque ad Qualöam passim; sed extra altiores alpes vel infra summum Vallivare Lapp. Lulensis haud visa. Est itaque inter vulgatiora gramina alpina, spica sua fusco-picea satis spectabilis.

Radix valde multiplex et stolones multifariam se ramificantes emittens, ut copiosus cæspes formatur. Folia omnia radicalia, plana, inferne haud ita angusta sed sursum conduplicantur et valde attenuata fiunt; de cætero insigniter torta et curvata rigidiuscula, culmum fructiferum sæpe æquantia, plerumque tamen ipso duplo breviora. Culmus exacte triqueter et acutangulus, sæpe ultra spithamam altus ut inter majores hujus sectionis numeranda est hæc species. Spica medium versus incrassata ob capsulas ibi magis approximatas, basi angustata, apiceque mascula sublineari. Color spicæ florentis nigro-fuscus, maturæ pallidior. Flores feminei usque ad octo reperi, qui ob squamas grandiores et capsulas majusculas turgidasque spicam spectabiliorem constituunt quam præcedentium omnium. Squamæ foemineæ semper subrotundæ obtusissimæ, totæ scariosæ et tenuissimæ, sub florescentia totæ nigro-fuscæ, maturescendo pallidiores sursum evadunt et denique ob fragilitatem evanescunt. Capsulæ magis subrotundæ et gibbosiores quam in plerisque aliis Caricibus, obtusissimæ ut tantum os parum protuberat integrum, squamis plerumque parum breviores interdum tamen sublongiores.

C. petræa Flor. dan. 8: t. 1401. adeo pessima mihi videtur, ut vix citari quæat.

Exemplaria bona quamquam senescentia *C. rupestris All.* in herbario Cel. *Willdenovii* asservata me demum docuerunt, hanc et meam *C. petræam* nihil differre. Squamarum margines in adultis speciminibus deraduntur et culmi longiores fiunt.

** Spiculis androgynis
† apice masculis.

425. CAREX *incurva:* spiculis apice masculis in capitulum subglobosum aggregatis, capsulis semi-

globosis rostellatis ore subintegerrimis, culmo obtusangulo incurvo.

C. incurva *Lightf. scot.* p. 544. tab. 24. *Engl. bot.* 13. t. 927. *Schkuhr car.* n. 19. tab. Hh. fig. 25.

C. spica unica subrotunda etc. *Fl. dan.* 3. t. 432.

Hab. ad littora maris et in pratis subhumidis proxime adjacentibus per totam Nordlandiam et partem proximam Finmarkiæ fere ubique copiose; nec non in Varangria visa.

Radix longe repens est, atque satis tenuis. Folia subconvoluta, mollia atque lævia. Culmus raro ultra bipollicaris longitudinis, triqueter quidem sed obtusangulus atque lævissimus, ita incurvus ut spica plerumque humi incumbit. Spica ob squamas semper albido-marginatas valde pallescens est, idque e prima florescentia, magnitudine nucis Avellanæ. Spiculæ subglobosæ, pauciores. Squamæ magine lato albido tenuissimo ornatæ, pallidæ, vix mucronatæ. Capsulæ sæpius fusco-nigræ, sine ore membranaceo.

Quod vidi specimen *C. juncifoliæ All.* ex alpibus Helv. forsan falsum fuit, et tantum varietas *C. curvulæ.*

424. CAREX *chordorrhiza:* spiculis apice masculis subaggregatis, capsulis semiglobosis apiculatis, foliis brevissimis, radice filiformi procumbente.

C. chordorrhiza *Ehrh. phyt.* n. 77. *Schkuhr caric.* tab. G. fig. 31. *Flor. dan.* 9. t. 1408. haud bona.

Hab. in paludibus profundis aquosis per partem sylvaticam et subsylvaticam omnium Lapponiarum svec. sat vulgaris; ut etiam in inferalpinis Nordlandiæ et Finmarkiæ usque ad Masöam passim frequenter.

Radix filiformis, longe supra limum excurrens, radiculasque agens et simul e latere superiore culmos simplices nudos exserens. Vaginæ pleræque culmi aphyllæ sunt, intimæ folium culmo quintuplo brevius. Culmus triqueter, lævis. Spiculæ vix ultra quatuor, breves, totæ unicolores, rufescentes. Capsulæ semiglobosæ, grandiores et gibbosiores quam in plerisque caricibus ad latera rotundatæ et sine ullis marginibus vel angulis, erectiusculæ vel subadpressæ, apiculatæ nec ullo modo acuminatæ, ore bilobo hyalino. Apex mascula subulata supremæ spiculæ supra reliquas eminet.

Species ita distinctissima ut ne quidem ulli cæterarum Caricum affinis est. Folia in fig. *Flor. dan.* nimium lata et longa picta sunt.

425. CAREX *paniculata β.:* spiculis apice masculis in spicam subdecompositam digestis, capsulis conico-acuminatis utrinque gibbis margine serratis ore bidentatis.

C. paniculata β. *Wahlenb. act. holm.* 1803. p. 143.

C. teretiuscula *Gooden. transact. linn.* 2. p. 163. t. 19. f. 3. *Schkuhr car.* t. T. f. 69. *Willden. spec.* 4. p. 244.

Hab. in Nordlandia inferalpina rarissime, nempe unico loco juxta Lyngenfjord solo uliginoso umbroso parce lecta.

Methodus illa Carices spiculatas dividendi ex situ florum masculorum præstantissima est utpote quæ species proxime affines optime conjungit. Spiculæ omnes in hac divisione ejusdem magnitudinis atque figuræ, nec spicula extima cæteris longior ut in sequentibus plerisque.

†† Spiculis basi masculis.

426. CAREX *leporina:* spiculis basi masculis quinis approximatis ovalibus, squamis capsulam æquantibus, capsulis ovatis acuminatis membranaceo-marginatis ore bifidis.

C. leporina *Linn. svec.* n. 837. *lappon.* n. 322. *Lightf. scot.* p. 547. *Leers herb.* 195. t. 14. f. 6. bona. *Gmel. sib.* 1. p. 147. n. 90.

C. ovalis *Gooden. transact. linn.* 2. p. 148. *Schkuhr caric.* p. 59. t. B. f. 8. *Willden. spec. plant.* 4. p. 229.

Gr. præcedentibus affine. *Burseri herb.* 1. n. 22. *Linn. plant. Martino-Burserian.* p. 2.

Hab. in parte sylvatica infima Lapponiarum meridionalium rarius; ad templum Sorselense eam quoque copiose legi, cum foeno alieno ni fallor illuc apportatam.

Hæc in sylvatica parte crescit ubi Linnæus ipse suam C. *leporinam* legit; sequens species autem in solis alpibus occurrit ubi se nunquam eam vidisse prædicat. Exinde et ex herbario Burseriano certissimum fit, quod hæc ipsa Linnæi C. *leporina* originalis est; sin minus nulla mihi adest ratio repudiendi certam plantam e flora svecica, et quærendi incertam e flora lapponica. Estne id umbram quærere? Num in prima adolescentia ipse suas plantas fixe determinatas habuit? Cur non melius pro certum accipere id quod sub virili ætate certum determinavit? præcipue Floræ svecicæ plantas; et repudiendum solummodo confusiones, quas senex introduxit.

427. CAREX *lagopina:* spiculis tribus basi masculis confertis subglobosis, squamis capsula brevioribus, capsulis subrotundis acutis obtuse marginatis ore subintegris.

C. lagopina *Wahlenb. act. holm.* 1803. p. 145.
C. leporina *Flor. dan.* 294. *Willden. spec.* 4. p. 229. n. 46. *Schkuhr caric. append.* p. 17. tab. Fff. fig. 129.
C. Lachenalii *Schkuhr caric.* tab. Y. fig. 79.

Hab. per totum alpium jugum omnesque alpes adjacentes in campis subuliginosis elatioribus frigidis ubique frequenter, unde etiam cacuminum latera parcius salutat; nec non in alpinis maritimis Nordlandiæ septentrionalis et totius Finmarkiæ parcius; haud vero infra Givorten Lapponiæ Umensis, Peliekaise Lapponiæ Pitensis, Snirrak Lapponiæ Lulensis et Kielijärvi Lapponiæ Tornensis descendit.

Memorabilis species et optime a præcedente distincta. Ipsum gramen duplo triplove minus quam præcedentis, atque magis lutescentis coloris. Culmus triqueter et acutangulus, sed semper lævis. Spiculæ præcipue inferiores sæpe satis oblongatæ occurrunt, attamen capsulæ bene maturæ denique ita patent ut prorsus subglobosæ evadunt spiculæ. Squamæ parvæ vel capsula multum breviores, obtusiusculæ. Capsulæ tam breviores et ita præcedentis capsulis dissimiles tum respectu formæ ac substantiæ, ut de affinitate earum fere dubitare liceat. Hujus capsulæ tantum acutæ et breviter rostellatæ (nec acuminatæ), colore fulvescentes vel rufescentes unde tota spica eundem colorem acquirit; marginibus obtusiusculis atque integerrimis. Stigmata neque in hac incurvata ut in præcedente.

Lagopinam eam dixi non tantum quia leporinæ affinis, verum etiam quia Tetraones Lagopi ejus seminibus delectantur et aluntur. Nec itaque nomen convenientissimum et antiquius immutare volui.

428. CAREX *glareosa:* spiculis ternis subconfertis oblongis: terminali basi mascula, capsulis oblongis attenuatis nervosis squamas æquantibus, foliis angustissimis, culmo flaccido.

C. glareosa *Wahlenb. act. holm.* 1803. p. 146. *Schkuhr car. append.* p. 24. tab. Aaa. fig. 97.

Hab. ad littora maris glareosa vel sabulosa sicciora totius Nordlandiæ et Finmarkiæ usque ad templum Kistrand et Tana passim copiose.

Præcedentem quoad habitum exteriorem haud male refert, sed C. *Heleonastidi* re vera proxime affinis est, et a C. *alpina* etc. omnibus partibus abhorret. Radix valde implexa et ramosissima. Gramen molle et tenue constituit foliis suis angustissimis lineam unam haud latis simulque conduplicatis, culmo multum brevioribus. Culmus acutangulus quidem est sed nunquam serrulatus, admodum flaccidus ut fere debilis, haud ultra spithamam longus. Bracteæ spicularum totæ scariosæ. Spiculæ haud ultra tres plerumque tantum binæ, contiguæ. Squamæ fuscæ, marginibus albicantes, capsulis fere longiores. Capsulæ fere semiteretes, longius acuminatæ, erectæ vel fere adpressæ, virescentes, nervosæ. Spica terminalis cæteris longior est, atque sola quæ ad basin floribus masculis instruitur.

429. CAREX *Heleonastes:* spiculis quinis basi masculis approximatis ovalibus, capsulis ovatis acutis utrinque convexiusculis patentibus, culmo stricto.

C. Heleonastes *Ehrh. phytoph.* n. 28. *Schkuhr caric.* n. 42. tab. Ii. fig 97.

Hab. in paludibus aquosis apricis per partem sylvaticam Lapponiarum svecicarum usque ad Enontekis passim copiose.

Tota stricta, rigidiuscula et aspera, atque multoties major quam C. *glareosa.* Radix cæspitosa, nec proprie dictu ramosa. Folia conduplicata, rigidula, acute serrulata. Culmus acutangulus serrulatus vel admodum asper, plerumque ultra pedem altus. Bracteæ spicularum mucrone rigidulo instructæ. Spiculæ omnes æquales atque floribus masculis ad basin instructæ, subcontiguæ, ovales vel potius subglobosæ. Squamæ capsulis nonnihil breviores, obtusæ. Capsulæ compressæ, obtusangulæ, extus sub ore sinu rimæformi impresso pernotabili. Tota spica castaneo-pallescentis coloris.

430. CAREX *stellulata:* spiculis quaternis basi masculis, capsulis ovato-attenuatis acutangulis serrulatis divaricatis.

C. stellulata *Schreb. spicil.* — *Gooden. transact. linn.* 2. p. 144. *Schkuhr caric.* n. 34. tab. C. fig. 14. *Engl. bot.* 12. t. 806. *Willden. spec. plant.* 4. p. 236.

C. muricata *Linn. svec.* n. 839. *Lightf. scot.* p. 549. *Flor. dan.* t. 287. *Leers fl. herb.* p. 196. t. 14. f. 8. *Zoega island.* — *Gmel. sib.* 1. p. 148. n. 91. *Falk russ. topogr.* 2. p. 251.

Cyperoides nemorosum spicis parvis asperis. *Celsii herb.* n. 198.

Hab. in humidis graminosis inferalpinis Nordlandiæ meridionalis rarius ex. gr. a me lecta pluribus locis ad sinum intimum Saltensem; nec non in infimo Lapponiæ Umensis limite.

431. CAREX *loliacea:* spiculis basi masculis subdistantibus paucifloris, squamis capsula duplo brevioribus, capsulis oblongo-ellipticis obtusis obtusangulis divergentibus.

C. loliacea *Linn. svec.* n. 840. *Willden. spec. plant.* 4. p. 237. *Flor. dan.* 8. t. 1403.

C. tenella *Schkuhr car. append.* p. 18. tab. Pp. fig. 104.

Hab. in pratis udis et paludosis Lapponiarum meridionalium sylvaticarum passim usque ad Sorsele Lapponiæ Umensis et ad Arjeplog Pitensis; nec non in inferalpinis udis totius Nordlandiæ rarius, ut etiam Utsjokiæ visa.

A *Linnæo* haud male suæ *Carici muricatæ* (quæ nostra C. *stellulata* est) comparatur, cui re vera valde affinis est. Totum gramen omnium gracillimum et mollissimum, foliis dimidiæ tantum lineæ latitudinis. E radice valde ramificatur, et satis densos cæspites constituit. Culmi sæpe pedalis longitudinis, graciles, læves. Spiculæ semper virescentis coloris sunt, sub florescentia semine carvi vix majores, bracteola setacea suffultæ. Squamæ albicantes, omnium tenuissimæ. Capsulæ in singula spicula tres vel quatuor, ita obtusæ ut apice fere rotundatæ, utrinque convexiusculæ nervosæ; ob formam suam seminibus *Lolii temulenti* haud dissimiles, ut nomen omnino bonum.

432. CAREX *tenuiflora:* spiculis ternis basi masculis confertis subpaucifloris, squamis subæquantibus, capsulis ovato-oblongis acutiusculis subacutangulis.

C. tenuiflora *Wahlenb. act. holm.* 1803. p. 147. *Schkuhr caric. append.* p. 17. tab. Eeee. fig. 187.

Hab. in paludibus aquosis graminosis pratisque maxime udis per partem subsylvaticam omnium Lapponiarum svec præcipue vero Tornensis vulgaris.

Quin præcedenti valde affinis sit nullus dubitat. Tenuitate foliorum et gracilitate omnium partium eam vix cedit. Culmus asperior est nec ita tenuis. Spiculæ magis flavescunt, dum florent minutæ ut in præcedente (quam ob causam tenuifloram dixi), dein vero grossificantur et pisi magnitudinem fere acquirunt, ut vix eandem plantam crederes. Capsulæ in singula spicula circiter decem, semper erectæ; ejusdem circiter faciei ac in præcedente, sed acutiores tum apice ac marginibus.

433. CAREX *canescens:* spiculis subsenis basi masculis subapproximatis, capsulis ovatis acutiusculis obtusangulis adpressis squama longioribus.

C. canescens *Linn. svec.* n. 842. *lappon.* n. 332. *Flor. dan.* t. 285. *Lightf. scot.* p. 550. *Zoega island.* —

C. curta *Gooden. transact. Linn.* 2. p. 145. *Schkuhr caric.* n. 33. tab. C. f. 13.

C. elongata; ex torfaceis Juræ. *Schleicher exsicc.* n. 16.

Cyperoides spicatum minus, spica longa divulsa s. interrupta. *Celsii herb.* n. 199.

C. Richardi *Michaux amer.* 2. p. 170.

β. *alpicola:* spiculis superioribus aggregatis, capsulis patentibus acutis subacutangulis.

C. elongata *Gunner. norv.* n. 713?
C. Gebhardi *Schkuhr caric. app.* p. 22. tab. Hhhh. fig. 192.
C. curta; ex monte Fouly. *Schleich. exs.* n. 13.
Hab. α. in aquosis Lapponiarum omnium sylvaticarum ubique; sed β. in alpibus locisque subalpinis et inferalpinis longe vulgatissima.

In vulgari planta α. spicula terminalis plerumque non nihil major est, atque basi elongata mascula a ceteris distat. Totum gramen magis albicans, unde nomen Linnæi mihi optimum videtur et neutiquam omittendum.

Varietas β. *alpicola* spiculas numerosiores atque magis flavescentes habet, quarum inferiores subpedicellatæ, superiores minores atque confertæ, sine basi elongata; capsulæ multum acutiores atque patentiores. Hæc forsan in Herbario Linnæano asservatur, et ab Anglis pro originali *C. canescente* habetur.

434. CAREX *norvegica:* spiculis quaternis basi masculis subapqroximatis oblongis, capsulis lenticularibus apiculatis squama brevioribus, bracteolis cuspidatis.
C. norvegica *Willden. spec. plant.* 3. n. 42. *Schkuhr caric.* n. 40. tab. S. fig. 66. florens.
· *Icon* tab. nostr. XV. fig. 3. (seminifera).
Hab. in littoribus maris limosis sub fluxu fere inundatis totius Nordlandiæ et proxime adjacentis Finmarkiæ vulgaris.

Gramen totum flavescens, molle, atque crassiusculum, spiculis suis longe turgidioribus quam in affinibus facile distingvendum. De cætero nulli affinior quam præcedenti videtur. Radix dense cæspitosa, fixa atque difficile evellenda. Folia latiora simulque breviora quam in præcedente, dimidiam partem culmi vix attingentia. Culmus raro ultra spithamam altus, ut inter breviores Carices numeranda est; triqueter et acutangulus sed lævis vel integerrimus, strictus. Spiculæ duplo triplove majores et crassiores quam in præcedente, ex fulvo flavescentes atque nitidæ; quarum terminalis basi elongata mascula notabilis est. Squamæ capsulas prorsus tegunt atque obvolvunt, iisque longiores sunt, obtusissimæ. Capsulæ omnino orbiculares et simul utrinque convexiusculæ unde lenticulares merito dicuntur (quod rarum in hac sectione exemplum), ore integerrimæ. Reperi monstrum hujus plantæ spiculis e singula bractea fasciculatis.

Quum icon *Schkuhrii* ad plantam florentem factus est, meum supprimere nolui; cujus *explicatio* hæc est: a. culmi seminiferi superior pars. b. culmi pars exsecta inanis magn. auct. c. capsula cum squama introrsum visa magn. nat. — d. eadem magn. auct. — e. capsula denudata magn. nat. — f. eadem magn. auct. — g. capsula transversim secta. h. semen integrum et i. sectum.

*** Spicis pluribus sexu distinctis.

† Bracteis vaginantibus (stigmatibus tribus).

435. CAREX *flava:* spicis subapproximatis ovalibus incluse pedunculatis, bracteis foliatis, capsulis obovatis nervosis: rostro subulato deflexo ore bifido.

C. flava *Linn. svec.* n. 843. *lappon.* n. 334. *Leers herb.* n. 714. tab. 15. f. 6. bona. *Michaux amer.* 2. p. 171. *Lightf. scot.* p. 551. *Engl. bot.* 18. t. 1294. *Falk russ. topogr.* 2. p. 251.

β. *lutescens:* capsulæ rostro breviore rectiusculo, marginibus foliorum incurvis.

C. Oederi *Ehrh.* gr. 79. *Schkuhr car.* n. 35. tab. F. fig. 26. *Engl. bot.* 25. t. 1773. *Michaux amer.* 2. p. 171.

Hab. α. locis udis in parte sylvatica et subsylvatica Lapponiarum meridionalium usque ad Enontekis passim parcius, nec non in inferalpinis Nordlandiæ frequentius; sed β. nonnisi in maritimis Nordlandiæ passim.

α. folia habet latiuscula flavescentia plana marginibus fere recurvis; culmum acutangulum plerumque serrulatum.

β. folia multum angustiora, viridiora et marginibus fere semper incurvis prædita; culmus obtusangulus. An planta Oederi in Flor. dan. — sit adhuc dubitamus.

Differunt itaque hæ varietates non parum etiam respectu loci; sed limites inter utrasque vix dantur.

436. CAREX *filiformis:* spicis subsessilibus oblongis remotiusculis, bracteis breviter vaginantibus fo-

liatis, capsulis ellipticis villosis bifurcatis, foliis subfiliformibus.

C. filiformis *Linn. svec.* n. 847. *Engl. bot.* 13. t. 904. *Flor. dan.* 8. t. 1344. optim. *Schkuhr car.* n. 68. t. K. f. 45. *Gooden. transact. linn.* 2. p. 172. t. 20. fig. 5.

C. tomentosa *Lightf. scot.* p. 553.

C. hirta *Flor. dan.* t. 379. *Linn. flor. lappon.* n. 335?

Hab. in ripis lacuum et paludum per partem sylvaticam et subsylvaticam Lapponiarum omnium svec. passim copiose; nec non in inferalpinis Nordlandiæ rarius.

Folia re vera subfiliformia sunt, inferne subconvoluta, dein canaliculato-triquetra. Culmus adeo gracilis, ut nomen Linnæi valde adæquatum putamus. Ex observatione in *Floræ svec.* ed. 1. n. 760. (ubi comparatur *Carici ampullaceæ*), confirmatur quod hæc sit Linnæi species; nulli enim et habitu similior et loco crescendi magis conveniens quam *C. ampullaceæ.* Vix dubito quin *C. hirta* vera in Lapponia non crescat cum neque in ulla provincia boreali Sveciæ provenit, nec in Helvetia alpina est.

437. CAREX *rotundata:* spicis subsessilibus ellipticis distantibus, bracteis breviter vaginantibus foliatis, capsulis subglobosis nitidis inflatis rostellatis ore emarginatis, squamis obtusis, foliis subfiliformibus.

C. rotundata *Wahlenb. act. holm.* 1803. p. 153. *Flor. dan.* 8. t. 1407. *Schkuhr car.* n. 71. tab. Gg. fig. 93.

C. globularis *Vahl in act. hist. nat. hafn.* 2. p. 45.

Hab. in paludosis aquosis per partem subsylvaticam et subalpinam Lapponiarum præcipue septentrionalium satis frequenter.

Magnitudine admodum variat: plerumque spithamæa est tuncque distinctissima videtur; sed sæpe eam ultra sesquipedalem vidi, facie prima *C. filiformi* similem, et revera *C. ampullaceæ* adeo affinem, ut diu dubitavi an tute ab ea distingvi potuisset. Folia culmo ipso multum tenuiora et convoluta, ut fere filiformia apparent (quo optime a *C. ampullacea* distingvitur), apicem versus triquetra, longitudine culmum fere æquantia. Culmus omnino teres et lævissimus, interdum ut supra dixi sesquipedalis et ultra. Bracteæ culmum breviter vaginant ut in *C. filiformi:* folio culmum æquante. Spicæ interdum subcylindraceæ, obtusæ et nunquam apice masculæ. Squamæ ovatæ, adeo obtusæ ut fere rotundatæ, capsulis breviores. Capsulæ prorsus subglobosæ, breviter rostratæ, valde nitidæ et plerumque unacum squamis brunnei coloris, valde patentes ut fere divergentes, ore bilabiato. Spica mascula altera ad basin spicæ terminalis sæpe adest.

Fl dan. fig. cit. folia adeo lata sistunt, ut habitum *Caricis pullæ* fere acquirit planta.

438. CAREX *panicea:* spicis exserte pedunculatis laxis remotiusculis, bracteis vaginantibus subfoliatis, capsulis subsparsis subinflatis: apice deflexo integerrimo.

C. panicea *Linn. svec* n. 853. *lappon.* n. 335. *Leers fl. herb.* p. 203. t. 15. f. 5. *Schkuhr caric.* n. 93. tab. Ll. fig. 100. *Lightf. scot.* p. 558. *Falk russ. topogr.* 2. p. 251. *Gmel. sib.* 1. p. 136. n. 74. *Flor. Kamtschatk. in Arct. Zool.* p. 196. *Georgii fl. baikal.* p. 233.

? C. globularis *Flor. dan.* 3. t. 443.

β. *sparsiflora:* floribus magis sparsis, capsulis vix inflatis.

Hab. ubique vulgatissime tum in alpibus ac extra et infra alpes, α. locis uliginosis paludosis sterilibus, β. locis siccioribus fertilioribus et suboccultis.

Varietas α. quæ planta notissima est, habet folia semper glaucescentia rigidiuscula, et spicas glauco-fuscescentes.

β. gaudet foliis lutescenti-viridibus, mollioribus, brevioribus; spicis lutescentibus angustissimis; capsulis angustioribus, magis acuminatis, apertura ampliore uniloba.

439. CAREX *livida:* spicis subincluse pedunculatis sparsifloris remotiusculis, bractearum foliolo convoluto, capsulis oblongis subdepressis obtusis.

C. limosa δ. livida *Wahlenb. act. holm.* 1803. pag. 162.

C. livida *Willden. spec.* 4. p. 285. *Schkuhr caric. append.* p. 58. tab. Ssss. fig. 211.

Hab. in paludibus limosis et juxta scaturigines per partem sylvaticam totam Lapponiarum svecicarum usque ad Enontekis passim frequenter.

Postquam eam copiosius legi, quasi mediam esse reperi inter *C. paniceam* et *C. limosam;* huic affinitate ex partibus fructificationis petita propior est, illi vero habitu longe similior. Radix cæspitosa, crassa, stolonifera. Folia eximie glauca et rigidiora quam in *C. panicea*, cui de cætero similia. Culmus plerumque pedalis, strictior quam in prædictis speciebus, triqueter, obtusangulus. Bracteæ minus a se invicem remotæ quam in *C. panicea* (nisi unica abnormiter subradicalis sit et tunc spicam longissime pedunculatam fulcrat); vaginis constrictioribus quam in *C. panicea*, interdum longitudinem spicæ æquantibus; foliolo semper angustissimo convoluto longitudine spicæ, quo optime a *C. panicea* distingvitur. Spicæ semper erectæ strictæ, ejusdem fere formæ ac in *C. panicea;* sed capsulæ depressæ vel planiusculæ, obtusæ, et ejusdem indolis ac in *C. limosa* α.

440. CAREX *laxa:* spicis pendulis subdensifloris remotis, bracteis vaginantibus foliatis, capsulis oblongis obtusiusculis depressis squamas obtusas æquantibus.

C. laxa *Wahlenb. act. holm.* 1803. p. 156.

Icon tab. nostr. XV. fig. 1.

Hab. rarissime in ripis lacuum turfosis; a me non nisi ad Kaunavaara haud procul templo Enontekensi frequenter lecta.

Quod etiam hæc ob fructificationem fere eandem *C. limosæ* proxime affinis sit, non dubito; sed folia totusque habitus adeo abunde diversus, ut nequit non distinctissima esse. Totum gramen flavescens est atque valde molle et laxum fere ut in *C. pallescente*. Folia ultra lineam lata, nervosa, culmo plerumque dupplo breviora. Culmus adeo tenuis et flaccidus ut fere decumbit, sæpe bipedalis, semper lævis. Bractearum vaginæ laxiusculæ, ipsis spicis sæpius longiores; folio spicas superante, latitudine fere foliorum radicalium, sæpius undulato ut in *C. pallescenti.* Squamæ fulvæ unicolores, sine nervo.

Capsulæ oblongæ, utrinque attenuatæ cum ore protuberante.

Explicatio iconis: a. gramen totum seminiferum. b. pars culmi exsecti magn. auct. c. capsula cum squama sua magn. auct. d. squama seorsim. e. capsula integra. f. capsula transversim secta.

441. CAREX *ustulata:* spicis ovalibus pendulis subapproximatis, bracteis laxe vaginantibus subaphyllis, squamis acuminatis capsula brevioribus, capsulis ovalibus acuminatis planiusculis ore bidentatis.

C. ustulata *Wahlenb. act. holm.* 1803. p. 156. *Willden. spec.* 4. p. 293.

C. atro-fusca *Schkuhr car.* n. 90. tab. Y. fig. 82.

Hab. in alpibus Lulensibus centralibus circa Virihjaur, Sorjåsjaur etc. locis tum uliginosis ac fertilioribus irrigatis fere ubique frequenter; nec alibi vel extra alpem Jegna-apo unquam visa.

Gramen valde memorabile est; atque adeo distinctum, ut dubito cui nostrarum affine sit. Radix cæspitosa et vix stolonifera. Folia latiuscula scil. lineam unam cum dimidia diametro æquantia, simulque brevia vix bipollicaria, et rigidula marginibus subrecurvis. Culmus magis foliosus quam in plerisque cæteris, strictus, obtusangulus, fere semper spithamam altus. Bracteæ approximatæ ita ut vagina inferioris insertionem superioris fere attingit; vaginæ laxiusculæ et sursum ampliatæ, longitudine spicarum; ad aperturam atropurpureæ sine ligula truncata, in apicem subulatum pedunculos æquantem attenuatæ. Spicæ omnes et totæ purpureo-atræ, ex apice culmi strictioris pendulæ et ictu ventis tremulantes, unde hæc species primo intuitu e longinquo dignoscitur. Squamæ ovato-oblongæ, acuminatæ, capsulis parum breviores sed iis multum angustiores, atræ. Capsulæ adeo planæ atque depressæ ut similes inter Carices spic. sexu distinctis haud existunt, atræ et versus basin tantum purpurascentes. Stigmata etiam purpurascentia. Spica mascula cæteris vix tenuior et plerumque etiam pendula reperitur.

442. CAREX *capillaris:* spicis sparsifloris subpaucifloris longe pedunculatis cernuis subdistantibus,

bracteis vaginantibus subfoliatis, capsulis oblongis attenuatis ore unilobis.

C. capillaris *Linn. svec.* n. 851. *lappon.* n. 326. *Engl. bot.* 29. t. 2069 optim. *Schkuhr caric.* n. 82. tab. O. fig. 56. *Lightf. scot.* p. 557. *Zoega island.* —

Hab. in graminosis duris rupibusque maritimis, inferalpinis et alpinis per totam Nordlandiam et Finmarkiam usque ad Utsjoki sat vulgaris; unde in alpium meridionalium et Tornensium jugo parcius adscendit, et usque in parte subsylvatica Lapponiarum Svecicarum rarius ex. gr. ad Savujärvi Lapponiæ Enarensis et prope Lofmock Lapponiæ Pitensis provenit; sed in proprie sylvaticis non crescit.

Svecicæ plantæ omnibus partibus optime convenit. Capsulæ margines prope aperturam sæpius serrulati.

443. CAREX *digitata:* spicis linearibus sparsifloris subexserte pedunculatis: femineis masculam superantibus, bracteis vaginantibus aphyllis, capsulis turbinatis pubescentibus.

C. digitata *Linn. svec.* n. 844. *lappon.* n. 338. *Leers fl. herb.* p. 199. t. 16. f. 4. *Willden. spec. plant.* 4. p. 256. *Schkuhr car.* n. 65. tab. H. fig. 38. *Smith. brit.* 3. p. 979. *Engl. bot.* 9. t. 615.

Hab. in sylvatica parte infima Lapponiarum maxime meridionalium rarius vixque nisi in insulis fluminum majorum lecta ex. gr. ad Hellforsen prope Lycksele; nec non in collibus inferalpinis Nordlandiæ meridionalis raro, ex. gr. in Önäset Saltensium visa.

†† Bracteis amplectentibus s. dimidiatis (stigmatibus tribus).

444. CAREX *pedata:* spicis subpedunculatis approximatis sparsifloris paucifloris, bracteis amplectentibus cuspidatis, capsulis subglobosis apiculatis ore bilobis nitidis.

C. pedata *Linn. spec. plant.* p. 1384.
Icon tab. nostr. XIV.

Hab. in collibus et lateribus asperis siccis alpium Lulensium ad latus meridionale lacus Virih-jaur positarum rarius copiose: ego eam inter *Scirpum Bellardi* crescentem reperi ad latus meridionale alpis Kajsats et alpis Lill-Tokin pluribus locis frequenter.

A præcedente adeo distat, ut nulla fieri potest comparatio huic; *Carici ericetorum* quidem habitu similior, sed neque illi neque alii cuidam Carici nostrarum affinis esse videtur. Ad C. *glomeratam Schkuhr* n. 65. proxime accedit forma capsularum, sed abunde diversa est spicis paucifloris et sparsifloris. Radix valde ramosa et conglobata, ut densos cæspites format hoc gramen ad basin fuscescens. Folia angustissima vix unquam ultra dimidiam lineam lata, longitudine pollicaria vel paullo ultra, plana rigidula, culmo dupplum breviora. Culmus vix ultra digitalis, strictus, obtusangulus vel rotundatus. Bractea infima culmum ita brevissime vaginat ut nonnisi amplectens dici potest, ore fulvescente, cuspide subsetacea spicis propriis plerumque breviore terminata. Spicæ femineæ subexserte pedunculatæ, quinquefloræ et subsparsifloræ; rachide valde flexuosa. Squamæ subrotundæ, obtusissimæ, totæ scariosæ, fuscæ, capsulis breviores. Capsulæ omnino subglobosæ, nitidæ; ore hyalino bilabiato. Spica mascula tenuis cæteris parum altior.

Explicatio iconis. a. Carex tota seminifera. b. Pars suprema culmi cum spiculis magn. duplo aucta. c. Capsula cum squama sua magn. nat. — e. eadem magn. aucta. — d. Capsula denudata. f. Capsulæ suprema pars ut videatur os capsulæ. g. Capsulæ transversaliter dissectæ inferior pars.

445. CAREX *globularis:* spicis sessilibus ovatis distantibus, bracteis amplectentibus foliaceis, capsulis ovatis acutis hispidis squama longioribus, foliis angustissimis.

C. globularis *Linn. svec.* n. 846. *lappon.* n 336. *Schkuhr. caric. append.* p. 52. tab. Eeee. fig. 188.

Hab. locis subhumidis turfosis duris sylvarum per partem sylvaticam præcipue inferiorem omnium Lapponiarum Svec. sat vulgaris; usque ad Sorsele Lapponiæ Umensis, Arjeplog Lapponiæ Pitensis, Tjomotes Lapponiæ Lulensis, fere ad Enontekis Lapponiæ Tornensis et Savujärvi Lapponiæ Kemensis

mensis procedens; sed in Svecia proxima longe vulgatior. In Norvegico latere alpium haud visa.

Totum gramen gracillimum est, quoad habitum *C. remotæ* haud dissimile; de cætero nulli affinior quam *C. montanæ* L. Radix valde ramosa atque implicata, simulque satis tenuis et laxa, vaginis purpureis superne tecta ut in *C. montana*. Folia haud ultra dimidiam lineam lata; mollia atque gracilia, culmo fructifero duplo triplove breviora. Culmus pedalis et ultra, adeo flaccidus ut fere decumbens, triqueter acutangulus et plerumque serrulatus. Bracteæ foliaceæ eandem fere magnitudinem habent ac folia radicalia, atque altitudinem culmi æquant. Spicæ femineæ minores quam in plerisque affinibus, griseo-virescentis coloris. Squamæ obtusæ, capsulis duplo fere breviores. Capsulæ subgloboso-ovatæ, subcostatæ vel angulatæ, ore integerrimo protuberante. Spica mascula gracillima, ut fere subulata.

446. CAREX *alpina:* spicis ternatis subglobosis subsessilibus approximatis: terminali androgyna, bracteis amplectentibus subfoliaceis, capsulis subglobosis apiculatis asperis.

C. alpina *Swartz* — *Liljeblad svensk. flor.* p. — *Zoega island.?*

Cyperoides alpinum etc. *Flor. dan.* 3. t. 403.

C. Vahlii *Schkuhr car.* n. 72. tab. Gg. fig. 94. *et append.* p. 46. tab. Ppp. fig. 154. *Willden. spec. plant.* 4. p 252.

β. *inferalpina:* capsulis oblongis lævibus, spica terminali sæpe mascula.

Hab. præcipue β. in graminosis humidiusculis inferalpinis per Nordlandiam vulgatissime et Finmarkiam totam usque ad Utsjoki passim; at α. in jugi alpini Nordlandici humidioribus frequenter, unde rarius usque ad Quickjock et partem subalpinam Lapponiarum meridionalium descendit; nec non juxta Lapponiæ Umensis flumina ad Rovostrand, Gransele, Bjorksele et Lycksele provenit.

α. tota brevior et strictior, culmo lævi, capsulis fulvescentibus vel interdum fuscescentibus evidenter asperis.

β. longior et gracilior est, culmo sæpius serrulato, capsulis elongatis albescentibus. Spicam terminalem masculam in hac sæpe observavi, quæ vix in præcedente varietate.

In utraque squamæ semper totæ aterrimæ et capsulis dimidio breviores, obtusiusculæ; adeo ut hæ partem constantiorem constituunt in planta hac variabili. Folia mollia, læte viridia sunt.

447. CAREX *atrata:* spicis pedunculatis cylindricis contiguis cernuis: terminali androgyna, bracteis subamplectentibus, capsulis ovalibus planiusculis apiculatis.

C. atrata *Linn. svec.* n. 849. *lappon.* n. 324. *Schkuhr car.* n. 44. tab. X. fig. 77. *Engl. bot.* 29. t. 2044. *Lightf. scot.* p. 555. *Gmel. sib.* 1. p. 149. n. 92. *Georgii fl. baikal.* p. 233.

Hab. in summis alpibus Lapponiarum meridionalium locis irrigatis passim, unde etiam in subalpinis ad Quickjock alibique descendit; sed de cætero nonnisi in graminosis inferalpinis durioribus per Nordlandiam septentrionalem et totam Finmarkiam maritimam usque ad Varangriam satis frequenter (nec ibi in alpibus).

Radix crassa et firma. Folia culmo suo triplo latiora, interdum duo lineas lata, saturate viridia, marginibus recurvis. Culmus triqueter: angulis acutissimis. Spicæ fasciculi instar in apice culmi congestæ et altitudine fere æquales sunt; laterales totæ femineæ; terminalis vel intermedia basi mascula, cæteris de cætero æqualis. Squamæ acutæ, tum longitudine et latitudine capsulas plerumque æquantes et tegentes. Stigmata semper tria vidi. Capsulæ in summis alpibus fuscæ occurrunt, adeo ut de differentia *C. nigræ All.* adhuc dubito.

448. CAREX *limosa:* spicis pedunculatis oblongis pendulis, bracteis amplectentibus subsetaceis, capsulis ellipticis depressis obtusiusculis squama brevioribus.

α. foliis angustissimis, culmo acutangulo laxo.

C. limosa *Linn. svec.* n. 850. *lappon.* n. 325. *Engl. bot.* 29. t. 2043. bona. *Schkuhr car.* tab. Tt. fig. 107. *Flor. dan.* t. 646. *Lightf. scot.* p. 556. *Zoega island.* — *Gmel. sib.* 1. p. 140. n. 80. *Georgii fl. baikal.* p. 234.

β. *rariflora:* spicis sparsifloris, squamis obtusis capsulas obvolventibus, culmo obtusangulo.

γ. *irrigata:* foliis latiusculis, squamis elongatis capsula subrotunda duplo longioribus.

Icon tab. nostr. XV. fig. 2.

Hab. α in paludibus fluctuantibus limosis per partem sylvaticam et subsylvaticam omnium Lapponiarum vulgaris; β. locis uliginosis maritimis Nordlandiæ et Finmarkiæ passim; γ. in aquosis irrigatis per partem sylvaticam et subalpinam omnium Lapponiarum vulgatissime, ut etiam in alpinis et inferalpinis passim.

α. habet folia culmo vix latiora, spicas subdensifloras: squamis capsula parum longioribus.

β. folia parum latiora; culmus strictus; bracteæ mucrone pedunculis breviore terminatæ; spicæ lineares et sparsifloræ; squamæ subrotundæ capsula vix longiores plerumque piceæ; capsulæ adpressæ.

γ. præcedente magis memorabilis: foliis latiusculis; culmo stricto acutangulo, et inprimis spicis ob squamas longas patentes satis squarrosis crassis atque spectabilibus. Hæc in tota Svecia septentrionali vulgaris est. — *Explicatio iconis* ejus: a. folii superior pars. b. culmi superior pars cum spicis seminiferis. c. capsula cum squama duplo aucta. d. capsula magis aucta. e. capsula transv. secta.

C. limosa *Linn. svec. ed.* 1. n. 762. est C. *flacca Schreb.* tum secundum locum in Itin. gottland. — tum secundum synonymon: Gr. cyperoides foliis caryophylleis etc. *Celsii herb.* n. 195.

449. CAREX *pallescens:* spicis pedunculatis subcylindricis nutantibus, bracteis subamplectentibus foliaceis, capsulis ellipticis teretiusculis obtusis.

C. pallescens *Linn. svec.* n. 852. *lappon.* n. 327. *Fl. dan.* 6. t. 1050. mala. *Leers fl. herb.* p. 203. t. 15. f. 4. *Schkuhr car.* n. 92. tab. Kk. fig. 99. *Gmel. sib.* 1. p. 159. n. 78. *Lightf. scot.* p. 558. *Georgii fl. baikal.* p. 233.

Hab. in sylvis Lapponiarum maxime meridionalium rarissime; ut etiam in inferalpinis Nordlandiæ rarius, ubi eam bis terve legi.

Folia in speciminibus lapponicis non evidenter pubescentia; sed culmus serrato-ciliatus est.

450. CAREX *ampullacea:* spicis subpedunculatis cylindraceis: masculis pluribus, bracteis amplectentibus foliaceis, squamis lanceolatis

subæquantibus, capsulis subglobosis rostratis bifurcatis, culmo obtusangulo.

C. ampullacea *Gooden. transact. Linn.* 2. p. 207. *Engl. bot.* 11. t. 780. *Schkuhr caric.* n. 104. tab. Tt. fig. 107. *Willden. spec.* 4. p. 308.

C. obtusangula *Ehrh. gram.* n. 50.

C. vesicaria β. *Linn. svec.* n. 856. *Flor. lapp.* n. 328. *Gmel. sib.* 1. p. 143. n. 83. 2.

C. vesicaria *Lightf. scot.* p. 566.

Lapponibus *Kabmak-suoine* s. *Kabmak-talles* (i. e. calceorum gramen).

Hab. in aquosis sylvaticis omnibus ut etiam subalpinis totius Lapponiæ vulgatissime.

Folia satis lata, sed exsiccatione eximie convolvuntur, et satis flexibilia et mollia, unde ad calceos lapponum implendos omnium aptissima sunt. Nec quis Botanicorum svecanorum unquam dubitavit, quin hæc sit *Floræ lapp.* n. 328.; quod synonymon a *C. sylvatica Huds.* longe abhorret, quæ planta nonnisi ducenta miliaria svecana a Lapponia crescit. Squamæ valde angustæ sunt et ad os capsulæ pertingunt, quo optime a *C. rotundata* distingvitur.

451. CAREX *vesicaria*: spicis subpedunculatis cylindraceis, bracteis amplectentibus foliaceis, squamis oblongis, capsulis oblongis inflatis acuminatis bicuspidatis, culmo acutangulo.

C. vesicaria *Linn. svec.* n. 856. *lappon.* n. 331. *Schkuhr car.* n. 103. tab. Ss. fig. 106. *Gmel. sib.* 1. p. 143. n. 84. var. 1.

C. inflata *Lightf. scot.* p. 567.

β. spicis minoribus fuscescentibus.

Hab. in ripis lacuum et fluviorum per partem sylvaticam Lapponiarum passim; at β. usque in subalpinis rarius.

Squamæ hujus speciei latiores simulque capsulis multum breviores.

452. CAREX *Buxbaumii*: spicis sessilibus oblongis remotiusculis, terminali androgyna, bracteis subamplectentibus foliaceis, squamis cuspidatis, capsulis ellipticis triquetris obtusis asperulis.

C. Buxbaumii *Wahlenb. act. holm.* 1803. p. 163. *Willden. spec.* 4. p. 252. *Flor. dan.* 8. t. 1406.

C. polygama *Schkuhr car.* n. 70. tab. X. et Gg. fig. 76.

β. spica terminali mascula, squamis muticis.

Hab. in ripis muscosis turfosis paludum, lacuum et fluviorum per partem sylvaticam et subsylvaticam Lapponiarum omnium usque fere ad Utsjoki Lapponiæ Kemensis et Enontekis Lapponiæ Tornensis passim copiose; ut etiam in Nordlandia inferalpina haud raro.

Carici cæspitosæ ita simillima est, ut difficile ab illa discernitur, etiamsi certe adque fixe distincta. Vaginæ radicales purpureo-fuscæ, sæpius iisdem fibrillis solvuntur ac in *C. stricta Gooden.* Folia latiora, culmo duplo breviora. Culmus acutangulus, serrulatus. Bracteæ altitudine culmi. Squamæ fuscæ sunt, nervo viridi excepto in cuspidem capsulis sæpe longiorem excurrente; sed etiam non raro muticæ. Capsulæ certiorem præbent differentiam; sunt enim superne gibbæ atque utrinque rotundatæ, fere sphæroideæ, simulque glaucescentes atque asperulæ, ore bidentato. Stigmata insuper tria capsulis dupplo breviora et crassiuscula, quo certissime distingvitur; et semen exacte triquetrum. Variat sæpe spicâ masculâ terminali.

††† Stigmatibus duobus.

453. CAREX *maritima:* spicis pedunculatis pendulis cylindraceis: masculis pluribus, stigmatibus binis, bracteis foliaceis distantibus, squamis longe cuspidatis, capsulis orbiculatis.

C. maritima *Muller in Flor. dan.* 4. t. 703. *Vahl in Act. hist. nat. hafn.* 2. p. 13. *Schkuhr car.* tab. W. fig. 74.

? C. psevdocyperus *Zoega island.*

Hab. in littoribus limosis marinis Nordlandiæ meridionalis rarius; ego eam ad Fösked Saltensium frequenter legi.

Adgredior nunc sectionem difficillimam hujus generis, in qua omnes species sibi invicem adeo accedunt, ut vix limites dantur. Difficillime itaque est determinare quænam sint species, quæ varietates? an omnes distingvendæ sint? an pleræque conjungendæ?

C maritima ex melius distinctis est. Gramen totum admodum flavescit; foliis ultra sesquilineam latis, margine subrecurvo. Culmus acutangulus integerrimus. Spicæ femineæ ob squamas totas flavescantes et nitentes eximie refulgent, valde densifloræ. Squamarum cuspis capsula pluries longior, grandius serrata. Capsulæ orbiculatæ, apiculatæ, ore emarginato, patentes. Spica mascula altera parva.

454. CAREX *salina:* spicis pedunculatis erectis distantibus oblongis, stigmatibus binis, bracteis foliaceis, squamis subcuspidatis, capsulis suborbiculatis apiculatis ore emarginatis.

α. *cuspidata.* C. cuspidata *Wahlenb. act. holm.* 1803. p. 164. — C. salina *Schkuhr. caric. append.* p. 29. tab Cccc. fig. 185.

β. *mutica.* C. salina *Wahlenb. act. holm.* 1803. p. 165.

Hab. in littoribus maris sub fluxu fere inundatis per Nordlandiam totam vulgatius et per Finmarkiam rarius usque ad Tanam templum.

Var. α. ad præcedentem valde accedit, attamen transitum haud vidi. Sunt hujus spicæ semper erectæ et strictæ; capsulæ laxius positæ et fere adpressæ; cuspides squamarum integræ et breves: de cætero squamæ sæpius fuscescunt. Spicæ remotiores quam in β.

Var. β. *Carici aquatili* valde affinis, ut vix nisi capsulis majoribus, et habitu obesiore flavescente distingvi queat. Foliorum margines semper eximie incurvati. Culmus vix ultra spithamæam altus, obtusangulus. Squamæ persistentes sunt, capsulisque semper longiores.

455. CAREX *aquatilis:* spicis subsessilibus linearibus superne incrassatis remotiusculis, stigmatibus binis, bracteis foliaceis, capsulis suborbiculatis integerrimis, culmo stricto obtusangulo, foliis marginibus incurvis.

C. aquatilis *Wahlenb. act. holm.* 1803. p. 165.

β. *nardifolia* foliis angustissimis subfiliformibus.

Hab. in ipsis fluviis et lacubus per partem sylvaticam totam, subalpinam et inferalpinam omnium Lapponiarum ubique vulgatissime; at β. in lateribus alpium præcipue maritimarum frequenter.

Ex maximis hujus generis speciebus est, sæpe altitudinem fere humanam attingens, statura sua firma et rigida satis spectabilis. Ad radicem sæpius pollicem crassa est; folia tamen vix duas lineas lata, stricta, marginibus semper incurvis. Bracteæ inferne spicas circumvolvunt et includunt, culmo altiores. Spicæ respectu magnitudinis graminis satis angustæ, superne incrassato-obtusæ. Capsulæ duplo triplove minores quam in C. stricta; squamis plerumque longitudine capsulam æquantibus sed multum angustioribus.

Carici strictæ Gooden. certe omnium simillima est, sed notis recensitis ut mihi videtur satis diversa; nec in filas unquam solvuntur ejus vaginæ.

β. tenuis est et plerumque semipedalis.

456. CAREX *saxatilis:* spicis subsessilibus oblongis obtusis, stigmatibus binis, bracteis subfoliaceis auriculatis, squamis obtusis capsulas æquantibus, capsulis ellipticis obtusis subexcurvis.

C. saxatilis *Linn. svec.* n. 848. *lappon.* n. 337. *Gmel. sib.* 1. p. 134. n. 71. *Willden. spec.* 4. p. 272.

Hab. locis siccioribus petrosis per omnes montes alpinos tum alpini jugi tum regionum sylvaticarum totius Lapponiæ vulgaris.

Præcedenti certe valde affinis est. Radix subrepens vel oblique excurrens; vaginis rubro-fuscis. Folia plana, respectu brevitatis suæ satis lata; marginibus semper excurvis. Culmus acutangulus sed integerrimus vel lævis, plerumque spithamalis, rarius fere pedalis. Bracteæ angustæ, culmo breviores; marginibus excurvis. Squamæ totæ fusco-atræ vel nervo tenui pallidiore præditæ, satis latæ ut capsulas prorsus tegunt et adeo spicas atras reddunt. Capsulæ angustiores quam in affinibus, virescentes ore integerrimo. Spica mascula crassa et clavata; sæpe etiam basi feminea.

Figuram ullam hujus speciei bonam vix scio nisi *C. rigidæ Engl. bot.* 29. t. 2047.

457. CAREX *cæspitosa:* spicis sessilibus subcylindricis obtusis subapproximatis, stigmatibus binis, bracteis subsetaceis auriculatis, capsulis ovalibus obtusis squama longioribus, foliis angustis patulis.

C. cæspitosa *Linn. svec.* n. 855. *Schkuhr car.* n. 48. tab. Bb. fig. 85. c. d. *Lightf. scot.* p. 560. *Cranz grœnland:* — *Gmel. sib.* 1. p. 157 n. 76.
C. nigra verna vulgaris. *Linn. lappon.* n. 330.
Hab. in paludosis aquosis et graminosis udis per partem sylvaticam, subsylvaticam et inferalpinam omnium Lapponiarum vulgaris; in subalpinis et maritimis Finmarkiæ raro.

Folia longitudine culmi vel eo longiora, angusta, flaccida vel patula. Culmus quoque flaccidus, valde serrulatus et scindens. Squamæ plerumque capsulis dupplo breviores, obtusæ, tenuiter albomarginatæ. Stigmata capsulis duplo longiora, tenuissima ut fere capillaria.

458. CAREX *acuta:* spicis subpedunculatis linearibus remotiusculis nutantibus: masculis pluribus, bracteis foliaceis, stigmatibus binis, capsulis ovalibus tumidulis obtusiusculis squamas æquantibus.
C. acuta α. nigra *Linn. svec.* n. 857. *lapp.* n. 329.
C. acuta *Gooden transact. Linn.* 2. p. 203. *Schkuhr car.* n. 50 tab. Ff. fig. 92. b. *Lightf. scot.* p. 565. *Gmel. sib.* 1. p. 142. n 83
Hab. in pratis udis Lapponiæ sylvaticæ infimæ et meridionalioris passim.

Quod hæc Linnéi var nigram constituit nullum est dubium; sed C. *acuta β. rufa* Linn. videtur esse C. *riparia Gooden.* etiam secundum synonymon Gr. *cyperoides latifolium spica rufa. Burseri herb.* 1. n. 68. quod illud gramen exhibet. Hæc C. *riparia* nonnisi in Svecia meridionali crescit.

459 CAREX *pulla:* spicis subpedunculatis ovalibus, stigmatibus binis, bracteis subfoliaceis, capsulis subglobosis subinflatis: rostello bifido.
C. pulla *Gooden. transact. Linn.* 3. p. 78. tab. 14. *Engl. bot.* 29. t. 2045. optim.
C. fusca *Schkuhr car.* n. 52. tab. Cc. fig. 88.
C. globularis var. *Vahl in Act. hist. nat. hafn.* p. 47.
Hab. in lateribus irrigatis spongiosis alpium Pitensium et Lulensium usque ad Själlapoult et Peliekaise passim frequenter; ut etiam Finmarkiæ orient.

in alpe Raste-kaisse districtus Tanensis copiose visa; haud vero extra summas alpes.

Quoad spicas C. *rotundatæ* adeo simillima, ut vix discerni queant; sed folia et culmum *Caricis saxatilis L.* gerit, ideoque distinctissima est. Radix crassiuscula. Folia sesquilineam plerumque lata, plana, culmo multum breviora, saturate viridia haud vero glaucescentia. Culmus strictus, acutangulus et serrulatus, plerumque pedalis. Bracteæ subauriculatæ, subfoliaceæ vel foliolo angusto spicam masculam vix attingente præditæ. Spicæ interdum adeo pedunculatæ ut fere nutantes, sæpius vero subsessiles; de cætero semper breves, ovales vel ovali-ellipticæ, plerumque subapproximatæ. Squamæ oblongæ, obtusiusculæ, capsulis plerumque longiores easque prorsus tegentes, totæ atrofuscæ sine ullo nervo discolore, apice hyalino. Capsulæ patentes, fuscescentes, nitidæ; rostello omnino bifido. Spica altera mascula ad basin spicæ terminalis adest.

A præcedentibus valde differt capsulis suis inflatis et nitidis; de cætero eis satis affinis esse videtur. Caricum spicatarum species distigmaticæ adeo sibi invicem accedunt et sectionem tam bonam naturalem et firmam constituunt, ut nunquam inter cæteras misceri debuissent. Omnes quoque bracteas dimidiatas vel subamplectentes habent. Sed bonam quandam cæteras Carices multispicatas distribuendi rationem haud invenio; adhibui quidem illam ex insertione bractearum desumtam utpote et facilem et cæteris certiorem, fateor vero eam species sæpe maxime affines nimium disjungere, et nimium habitualem esse. An melius secundum formam vel indolem capsulæ distribuerentur?

Postquam tabulas Schkuhrianas diligentius comparare mihi contigit et varia quoque specimina ejus vidi, juvat synonyma nonnulla Caricum extranearum ex tractatu mea in Act. Stockholm. subjungere.

C. paleacea Act. Stockh. 1803. p. 164. eadem est ac *C. crinita Schkuhr car. app.* p. 28. tab. Eee. fig. 125. et tab. Ttt. fig. 164.

C. prasina Act. Stockh. p. 161. est *C. miliacea Schkuhr car. app.* p. 77. tab. Ooo. fig. 151

C. grisea Act. Stockh. p. 154. est *C. laxiflora Schkuhr app.* p. 69. tab. Kkk. fig. 141.

C. lurida Act. Stockh. *p.* 153. est *C. lupulina Schkuhr app.* p. 54. tab. Iii. fig. 194.
C. subulata Act. Stockh. p. 152. est *C. Boryana Schkuhr.*
C. heterosperma Act. Stockh. p. 151. est *C. anceps Schkuhr app.* p. 66. tab. Fff. fig. 128.
C. castanea Act. Stockh. p. 155 est *C. refracta Schkuhr app.* tab. Iii. fig. 136.
C. cruciata Act. Stockh. p. 149 est *C. ramosa Schkuhr app.* p 40. fig. 204.
C. tribuloides Act. Stockh. p. 145. est *C. lagopodioides Schkuhr app.* p. 20. tab. Yyy. fig. 177.
C. microsperma Act. Stockh. p. 144. est *C. multiflora Schkuhr app.* p. 14. tab. Lll. fig. 144. — et ejus varietas *C. cephalophora Schkuhr car.* tab. Hhh. fig. 153.
C. pyrenaica Act. Stockh. p. 139. est *C. Fontanesiana Decand. fl. franc.* Ejusdem vero C. pyrenaica nonnisi varietas C. dioicæ Linn. mihi esse videtur.

L I T T O R E L L A.

Gen. plant. ed. Schreb. n. 1415.

460. LITTORELLA *lacustris; Linn. mantiss.* p. 295. *Smith brit.* 3. p. 1011. *Lightf. scot.* p. 571. 1129.
Plantago uniflora *Linn. svec.* n. 135. *lappon.* n. 64. *Flor. dan.* t. 170.
Hab. in littoribus maris Nordlandiæ unacum Plantagine maritima parcius: *Linné;* ego vero eam nullibi detegere potui.

A L N U S.

Gærtn. de fruct. 2. *p.* 54. *tab.* 90. *fig.* 2.

461. ALNUS *incana;* foliis oblongis acutis subtus incanis, axillis venarum nudis.
A. incana α. glauca *Ait. kew.* 3. p. 339. *Willden. spec.* 4. p. 334.
Betula Alnus β. incana *Linn. svec.* n. 861. *lappon.* n. 340. *Lightf. scot.* p. 577? *Crantz grœnland.* p. 87? — *Pallas sibir. it.* 3. p. 22. 25. *Pallas fl. ross.* 1. p. 64. *Flor. kamtschatk. in Arct. Zool.* p. 196. *Georgii fl. baikal.* p. 234.
β. *virescens:* foliis ovalibus obtusiusculis subtus viridibus glabris.
Alnus foliis glutinosis oblongis mucronatis. *Gmel. sibir.* 1. p. 171. n. 24. 2.
Lapponibus *Leipe.* Svecis *Aldra.*

Hab. ad fluvios aliasque aquas locis humidis occultioribus per partem sylvaticam omnium Lapponiarum svec. vulgatissime; per partem subsylvaticam parcius occurrit et ibi præcipue locis humidioribus in β. abit, quod etiam fit in locis inferalpinis per omnem Nordlandiam ubique frequenter et Finmarkiam intimam usque ad Kistrand Porsangriæ et exitum fluminis Tana. Est inter frigoris impatientiores arbores cum *Pado* mox supra Pinum desistens.

In Norrlandia svecica, ubi crescit locis montanis siccioribus, folia habet valde incana et pubescentia, simulque accuminata; sed quo magis septentrionem versus procedit, eo magis in humidioribus descendit et viridior glabriorque evadit, adeo ut in Lapponia plerumque eodem solo occurrit ac *Alnus glutinosa* apud nos et tam viridis est ut observatorem fere decipit. Sunt vero folia sub prima infantia semper pubescentia præcipue quoad petiolos et venas, multum tenuiora et molliora; nunquam retusa. Venæ foliorum fere magis rubicundæ in var. lapponica virescenti, quam in vulgari glauca. Hæc varietas virescens axillis venarum nudis certe distinguitur ab *A. viridi Villars.*

URTICA.

Gen. plant. ed. Schreb. n. 1422. *Gærtn. de fruct.* 2. p. 183. tab. 119.

462. URTICA *urens:* foliis oppositis ovalibus nervosis profunde serratis, racemis glomeratis petiolo brevioribus.

U. urens *Linn. svec.* n. 862. *lappon.* n. 375. *Engl. bot.* 18. t. 1236. *Lightf. scot.* p. 578. *Olavs. it. island.* p. 435. *Gmel. sibir.* 3. p. 30. n. 18.

Hab. in cultis Lapponiarum omnium passim usque ad regiones subalpinas.

463. URTICA *dioica:* foliis oppositis cordatis serratis, racemis dioicis glomeratis petiolo longioribus.

U. dioica *Linn. svec.* n. 863. *lappon.* n. 374. *Engl. bot.* 25. t. 1750. *Lightf. scot.* p. 578. *Olavs. it. island.* p. 435. *Michaux amer.* 2. p. 179. *Landt færoens.* — *Georgii fl.*

milam quandam sive ut varietatem sive ut distinctam speciem quærimus.

467. BETULA *nana:* foliis orbiculatis crenatis glabris subtus reticulatis, squamarum seminalium lobis æqualibus.

B. nana *Linn. svec.* n. 860. *lappon.* n. 266. tab. 6. f. 4. *Willden. spec.* 4. p. 465. *Lightf. scot.* p. 575. *Olavs. it. island.* p. 167. *Cranz grœnland.* — *Suter helv.* p. 266. *Michaux amer.* 2. p. 180. *Falk russ. topogr.* 2. p. 252. *Pallas it. sibir.* 3. p. 24. 27. 316. 447. *Flor. ross.* 1. p. 62. t. 40. *Flor. Kamtschatk. in Arct. Zool.* p. 196. *Georgii fl. baikal.* p. 274.*

Lapponibus *Reusak-skirre* (i. e. Lagopi virga). Svecis et Norvegis Lapponiæ *Rypris.*

Hab. in paludibus sterilibus per partem sylvaticam, subsylvaticam et subalpinam omnium Lapponiarum vulgatissime; in campis uliginosis et declivis alpium inferiorum frequentissime, nec non in collibus et lateribus siccis duris alpini jugi copiose, ubi denique versus cacumina omnino repens et humifusa evadit. Nullibi vero altius in summis maximeque expositis locis repit quam versus Nordcap ad oras extimas; ubi paucissimæ plantæ perdurant. In paludibus inferalpinis etiam ubique provenit. Solum macrum semper sibi exposcit, ideoque rarius in convallibus et radicibus alpium crescit, ubi lætior est vegetatio.

Folia sæpe ad cuneatam vel obovatam formam procedunt; semper vero obtusissima sunt vel apice rotundata, latitudine sæpius longitudinem exsuperante. Squamæ fructus trifidæ sunt; laciniis omnibus prorsus æqualibus. Characteri generis Betulæ apprime convenit squamis fructus deciduis, extenuatis (nec turbinatis); seminibus alatis, unico nucleo tantum præditis (nec nuculæ biloculares ut in Alno). Sunt vero alæ seminum minores quam in cæteris Betulis.

Betula fruticosa, in Lapponia haud mihi obvia, distingvitur non tantum forma foliorum verum etiam squamarum seminalium lobis lateralibus brevioribus subincrassatis, seminibus ob alas latiores fere obcordatis.

Obs. *Corylus Avellana* in Nordlandia maxime meridionali quidem occurrit, sed misera adeo ut vix pro lapponica habenda. In Svecia vix supra Gestriciam crescit.

P I N U S.

Gen. plant. ed. Schreb. n. 1451. *Gærtn. de fruct.* 2. p. 59. tab. 91. fig. 1.

468. PINUS *sylvestris:* foliis geminis rigidis, strobilis subpedicellatis recurvis ovato-conicis oppositis longitudine foliorum.

P. sylvestris *Linn. svec.* n. 874. *lappon.* n. 346. *Lightf. scot.* p. 587. *Pallas ross.* 1. p. 5. tab. 2. *Gmel. sib.* 1. p. 178. n. 29. *Pallas it. sibir.* 3. p. 15. (Fichte). *Pennant Arct. Zool. ad Nutka sound.* p. 235. *Georgii fl. baikal.* p. 235. *Ejusd. it. sibir.* (ad Argun) p. 380.

Lapponibus *Petse.* Fennonibus *Honga.* Svecis *Tall.*

Hab. per partem sylvaticam et subsylvaticam omnium Lapponiarum vulgatissime: scil. infra Näutamjoki et Petsekojaur nec non Vaskojoki Lapponiæ Kemensis; infra Peldovuoma-tunturi, Leppajärvi, Nunainen et Vuolosjoki Lapponiæ Tornensis; infra Quickjock Lapponiæ Lulensis ubi tamen juxta flumina in convallibus paullo altius adscendit, nec tamen infra Quickjock totam regionem tegit; — infra finem superiorem lacus Tjäkelvafs, et infra Hytteträsk nec non infra Adolphström Lapponiæ Pitensis; — et denique infra Gillesnöle Lapponiæ Umensis ubi tamen in convalle fluminis usque ad Petsigerk procedit. E latere norvegico alpium nullibi totas provincias tegit sed tantum in convallibus inferalpinis, ad fundum sinuum maris et ad latera monticulorum inferalpinorum Nordlandiæ copiose occurrit; Finmarkiæ vero nonnisi in convalle inferalpina juxta flumen altense, et ad flumen Launjoki intra Porsangriam, nec non in convalle ad Utsjoki, Karasjoki et Enarejoki minores sylvas constituens.

Strobili semper solitarii sunt, sed duo in eodem articulo ramulorum scil. ex opposito latere egrediuntur. Strobilos plures duobus vix unquam vidi, multo minus subracemosos. Adeo pedicellati sunt strobili ut etiam maturescentes nutant vixque unquam a squamis dehiscentibus ultra situm horizontalem eriguntur.

Ultimæ Pini alpes versus Lapponicas procedentes et præcipue ad hyperboream accedentes altitudinem nonnullarum orgyarum acquirunt satis tortuosæ et difformes, inter Betulas altiores sparsim disseminatæ. Nunquam ibi in latitudinem quandam cogitur ut subrepens vel procumbens diceretur. Causa mihi videtur illa esse quod prius a frigore cogitur quam ab impetu ventis vel a loci apricitate. E contrario jamdudum in montibus subalpinis Vermlandiam et Dalekarliam distingventibus eam vidi adeo depressam et supra betulas adscensam ut de Pinu pumilione cogitavi, quasi prius a ventibus in repentem virgultum coacta, quam a frigore mortificata. Certum tunc est quod Pinastros nullos habemus in alpibus Lapponicis; an vero in subalpinis meridionalioribus vix dicere audeo.

469. PINUS *Abies:* foliis solitariis tetragonis, strobilis cylindricis: squamis rhombeis planis erosis repandisque. *Lambert pin.* p. 37. tab. 25.

P. Abies *Linn. svec.* n. 875. *lappon.* n. 347. *Falk russ. topogr.* 2. p. 259. *Pallas fl. ross.* 1. p. 7. *Gmel. sib.* 1. p. 175. n. 26. *Pallas it. sibir.* 3. p. 15. 21. (Tannen). *Georgii fl. baikal.* p. 235. *Ejusd. it. sibir.* (ad Argun) p. 380.

Lapponibus *Kuosa*, inusitatius *Quesa.* Fennonibus *Kuusi.* Svecis *Gran.*

Hab. per partem sylvaticam totam omnium Lapponiarum svecicarum præsertim locis humidiusculis vulgatissime: scil. infra Momeljaur, Kyrö et partem superiorem fluminis Ivalojoki Lapponiæ Kemensis; infra Peldovuoma, Songamuotka et Svappavaara Lapponiæ Tornensis, infra Tjåmotes Lapponiæ Lulensis; infra finem inferiorem lacus Tjäkelvafs et Löfmock nec non Laisträsk Lapponiæ Pitensis; ut etiam infra Gautsträsk et finem superiorem lacus Storuman Lapponiæ Umensis: tamen in Lapponia Umensi et Lulensi altius reperitur adscendisse in convallibus angustis locisque occultis ad latera prærupta, uti ad Gillesnöle et Sandsele

baikal. p. 234. *Flor. kamtschatk. in Arct. Zool.* p. 196. *Gmel. sibir.* 3. p. 30. n. 19.
Lapponibus *Kaskelis.*
Hab. in cultis et ad domicilia omnium Lapponiarum præcipue meridionalium vulgatissime; ut etiam in alpium radicibus sub rupibus Nordlandiæ copiose nec non Quickjockiæ Lapponiæ Lulensis.

MYRIOPHYLLUM.

Gen. plant. ed. Schreb. n. 1440. *Gærtn. de fruct.* 1. p. 331. tab. 68.

464. MYRIOPHYLLUM *spicatum:* foliis pinnatis capillaceis, floribus masculis interrupte spicatis nudis.
M. spicatum *Linn. svec.* n. 867. *lappon.* n. 343. *Flor. dan.* 4. t. 681. *Lightf. scot.* p. 581. *Zoega island.* — *Michaux amer.* 2. p. 190. *Georgii fl. baikal.* p. 234. *Gmel. sibir.* 3. p. 35. t. 5 f. 2. *it.* 2. p. 198 t. 33.
Hab. in fluviis minoribus pacificis per partem sylvaticam Lapponiarum præcipue meridionalium passim; etiam in fluvio subalpino Kamajok ad Quickjock, et subsylvatico Idijoki Enontekensi parcius vidi.

In his regionibus occurrit nonnisi varietas tenuior, cujus rachis foliorum vere capillacea et ne quidem crassior quam pinnarum apices. Flores inferiores feminei spicæ interdum bracteis pinnatifidis suffulti sunt, sed omnes flores masculi maximam partem spicæ occupantes semper nudi vel ebracteati sunt.

SAGITTARIA.

Gen. plant. ed. Schreb. n. 1441. *Gærtn. de fruct.* 2. p. 21. tab. 84.

465. SAGITTARIA *sagittifolia:* foliis sagittatis acutis. *Linn. svec.* n. 809. *lappon.* n. 344. *Flor. dan.* t. 172. *Michaux amer.* 2. p. 189. *Falk russ. topogr.* 2. p. 255. *Gmel. sibir.* 4. p. 207.
Hab. forsan rarissime in infimæ Lapponiæ rivulis; a me vero nonnisi in Vesterbottnia maritima visa est, nec alibi a Linnéo reperta fuisse videtur. In rivulis Varangriæ Finmarkiæ orientalis lectam esse refert *Gunnerus.*

BETULA.

Gærtn. de fruct. 2. *p.* 53. *tab.* 90. *fig.* 1.

466. BETULA *alba:* foliis subdeltoideis acutis inæqualiter serratis glabriusculis, pedunculo petiolis breviore, squamarum seminalium lobis lateralibus brevioribus rotundatis.

B. alba *Linn. svec.* n. 859. *lappon.* n. 341. *Willden. spec.* 4. p. 462. *Lightf. scot.* p. 572. *Zoega island.* — *Cranz grönland.* p. 87. *Falk russ. topogr.* 2. p. 252. *Georgii fl. baikal.* p. 234. *Flor. Kamtschatk. in Arct. Zool.* p. 196. *Gmel. sib.* 1. p. 167. n. 22. *Pallas it. sibir.* 3. p. 21.

Lapponibus *Såke* (ubi pumila *Såke-skirre*). Fennonibus *Koivu.* Svecis *Björk.*

Hab. ubique extra ipsas alpes frequenter: scil. per partem sylvaticam et subsylvaticam in locis fœcundioribus siccioribus de principatu cum Pinu interdum certans; per subalpinam regionem jugo alpino nivoso proximam ubique sparsim crescit ibique sola est arbor lucos raros et parum umbrosos constituens; intra ipsum jugum alpinum juxta rivulos passim adscendit, uti ad lacus alpini Virihjaur latus orientale ad monten Titir, sed jugum alpinum haud transscendit nisi ad lacum Torneå-träsk et ad flumen Altense; — nec non in tota Nordlandia inferalpina ibique in radicibus alpium adscendens vulgatius quam e Svecico latere; item in convallibus omnibus interioribus Finmarkiæ et ad latera alpium maritimarum usque versus Rebvog, ut etiam ad occultas rupes peninsulæ Hopsejdet Finmarkiæ ubi ultimæ crescunt Betulæ vix orgyales.

Dum alpes versus crescere desistit orgyalis circiter altitudinis est, crassitie trunci circiter femoris prope radicem; nec dein magis pygmæa reperitur nisi fruticuli quidam erratici sub rupibus disseminati et brevi morituri. Sæpius ultimas Betulas biorgyales esse vidi e latere svecico alpium ex. gr. ad Virih-jaur. Semper itaque magnitudine sua ab omni Betula fruticosa facile distinguitur, et semper eadem persistit; adeo ut in Lapponia frustra Betulam pu-

Sandsele Umensis, et ad Vallivare supra Quickjock Lapponiæ Lulensis. E latere norvegico alpium cito desistit vixque ultra promontorium Kunnen inter Helgeland et Salten situm procedit, adeo ut nonnisi paucæ arbores in sinu Bejerenfjord existunt, eæque ultimæ septentrionem versus. Nubibus maris glacialis impatientissima itaque esse videtur.

Hæc omnium maxime memorabilem formam assumit, dum in summo septentrione crescere desistit. Assurgit enim semper in altum tam gracilis ut per se stare vix queat, ramulis tantum minoribus emortuis deflexis nigricantibus inferne instructa, apice solo viridi. Res ita sese habere videtur, quod rami ejus inferiores cito vel intra paucos annos a frigore vehementi quasi exsiccantur et pereunt simulque vegetatio in exterioribus circulis trunci refrigerati labefactatur, unde semper novas productiones e summo apice emittere cogitur et in centro magis vegetare. Repit quasi in altum, et adeo loca quam maxime occulta a nullis ventibus vexata sibi in ultimis his locis semper exposcit, ubi in altitudinem octo vel decem saltem orgyarum adscendere potest. Aceres quoque et Tilias sempentrionem versus gracilescere observavi.

CLASSIS XXII.

D I O E C I A.

S A L I X.

Gen. plant. ed. Schreb. n. 1493. *Gærtn. de fruct.* 2. p. 55. tab. 90.

* Germinibus sessilibus i. e. pedicellis latitudine germinis haud longioribus

† germinibus glabris.

470. SALIX *pentandra:* germinibus sessilibus glaberrimis: squamis brevissimis, amento foliis fulcrato pentandro, foliis oblongis glanduloso-serratis glabris.

S. pentandra *Linn. svec.* n. 879. *lappon.* n. 370. t. 8. f. Z. *Flor. dan.* 5. t. 943. *Smith brit.* 3. p. 1046. *Lightf. scot.* p. 595. *Gmel. sib.* 1. p. 153. n. 7. t. 43. f. 1. *Georgii fl. baikal.* p. 235. *Zoega island.*?

Lapponibus *Viskes-sädga* (i. e. flava salix). Norvegis *Ister-vie.*

Hab. locis aquosis per partem sylvaticam omnium Lapponiarum svecicarum usque ad lacum Enarensem sat frequenter; nec non in inferalpinis Nordlandiæ passim.

Propria hujus patria Norrlandia svec. esse videtur, ubi undique in vastam arborem homine crassiorem excrescit, qualem etiam ad lacum Enarensem vidi. Amenta fœminea crassa et brevia: squamis revera minutis pedicello brevissimo vix unquam longioribus; stylo vix elongato. Folia in pedunculo amenti feminei adsunt quina cæteris foliis haud minora. Petiolorum margines subundulati, glandulosi. Folia sæpius oblonga, plerumque tamen in media parte adeo extensa ut ad ellipticam vel sublanceolatam formam accedunt. S. pentandra *Engl. bot.* 26. t. 1805. mihi non satisfacit. — Alia S. *pentandra* in Uplandia et australiori Svecia crescit eaque frutescens s. orgyalis, squamis amenti longioribus.

Lapponiam esse Salicum patriam jam diu audivimus, et si præ cæteris terris numerosiore specierum grege haud ita excellit, tamen haud negandum putamus, quin ibi magis variabiles formæ Salicum exstant quam in ulla alia terra. Ludunt adeo species Lapponicæ quod ad formam, glabritiem et integritatem foliorum, ut nullam omnino de his haurimus certitudinem e differentiis specificis plerumque datis. Ad fructificationem itaque refugere mihi necessarium fuit, et inde methodum exstruxi, quæ nimis artificialis multis videbitur. Heic vero nonnisi inter distributionem mere arbitrariam et methodum artificialem discernendum est. An natura in his speciebus limites ullos posuit dubitamus; genius vero Scientiæ botanicæ in distinguendo occupatus requirit, ut limites qualescumque indigitamus eosque e dimensionibus partium evidentioribus desumtos.

471. SALIX *lanata:* germinibus sessilibus compressis glaberrimis, amentis sessilibus aureo-hirsutissimis, foliis ovalibus subintegris lanatis.

S. lanata *Linn. svec.* n. 892. *lappon.* n. 368. t. 7. f. 7. et t. 8. f. X. *Pallas sibir. it.* 3. p. 449? *Pallas fl. ross.* 2. p. 82?

β. *glabrata:* foliis subnudis.

S. chrysantha *Vahl. in Flor. dan.* 6. t. 1057.

γ. *glandulosa:* foliis subnudis glanduloso-dentatis sublanceolatis.

Icon tab. nostr. XVI. fig. 1.

Lapponibus *Velkes-sädga* (i. e. alba salix).

Hab. in radicibus superioribus et lateribus inferioribus alpium omnium Lapponicarum sat vulgaris mox supra et inter ultimas Betulas saliceta quadripedalia constituens; sed pumila in alpibus alte adscendit et etiam in maritimis versus Nordcap longius perdurat quam ipsa *Salix glauca;* nec non in subalpinis humidis descendit ex. gr. ad exitum fluminis Utsjoki Lapp. Kemensis, ad Saggat-träsk Lapponiæ Lulensis et ad lacum Stora-Vindelen Lapponiæ Umensis.

γ. in nemoribus subalpinis et maritimis Finmarkiæ sæpius orgyalis occurrit.

Est facile pulcherrima Salix in Svecia ne dicam in toto mundo, idque respectu fere omnium partium. Juli aurei et eximie splendentes in summis ramulis positi fruticem illustrant, hisque accedunt folia juniora ex auro argentoque micantia. Copiosiore melle scatet quam ulla alia Salix, adeo ut amenta truncata saccharinum saporem in ore edunt, et inde frequentissime ab apibus alpinis suguntur. E glandulis quoque stipularibus et interdum foliorum succum gummosum edit, quo conspurcatur charta ad plantam exsiccandam adhibita ut in Salice pentandra. Rami ramulique fruticis semper valde torulosi, distorti et crassi; annotini semper pubescunt. Folia respectu magnitudinis et habitus proxime ad S. *capreæ* accedunt, plerumque ovalia usque ad subrotunda, sæpe oblonga et interdum in var. γ. omnino lanceolata quamquam alia ejusdem fruticis subovalia sunt; respectu pubescentiæ plerumque adeo lanata reperiuntur, ut nullæ venæ vel margines oculis patent, interdum vero omnino glabra et tunc valde venosa atque rugosa et subtus glaucescentia, nec non denticulis glandulosis creberrimis per margines exasperata (sic quoque folia Populi tremulæ ubi glaberrima etiam glandulosa sunt, sed si villosa in tenellis surculis destituuntur glandulis). Stipulæ, nisi a lana densissima nimium obtectæ sunt, ovales semperque dentato-glandulosæ; qua nota a cæteris bene distinguitur et glandulosa ejus indoles semper detegitur. Amenta semper e gemmis terminalibus provenientia, sessilia, ebracteata, erecta, stricta, sæpe crassitudinem pollicis et longitudinem digiti medii attingentia, ob villos squamarum copiosos undique aureo-splendentia. Singula squama longitudinem dimidiam germinis superat, sed villis suis totum pistillum obtegit. Germen majus quam in cæteris, omnino sessile, glaberrimum et viride (nec flavescens), conicum vel e lata basi in apicem recte attenuatum acuminatumque, compressum; stylo longo germinibus vix breviore, bifido. Amentum fructiferum sæpius spithamæam longitudinem attingit. Nectarium masculinum unicum, interius, crassum fere cylindricum, truncatum.

Explicatio Iconis var. γ. a. Amenti pars inferior cum capsulis semiadultis. b. Capsula cum squama sua magn. nat. — c. Eadem magn. circiter 3plo acuta. — d. Folium minus.

472. SALIX *herbacea:* germinibus sessilibus glabris, amentis paucifloris, foliis orbiculatis utrinque retusis serratis glabris.

S. herbacea *Linn. svec.* n. 887. *lappon.* n. 355. tab. 7. f. 3. 4. *Lightf. scot.* p. 600. *Landt. færoens.* — *Engl. bot.* 27. t. 1907. *Olavs. it. island.* p. 173. *Pallas it. sibir.* 3. p. 33. *Pallas fl. ross.* 2. p. 85.

Lapponibus *Kieron-lastak* (i. e. Tetraonis alpinæ frondes).

Hab. locis duris apricis alpium Lapponicarum meridionalium vulgatissime, et septentrionalium præcipue maritimarum ubique; haud vero infra alpes altiores scil. Lammas tunturi Lapponiæ Tornensis, Peliekaise Lapponiæ Pitensis et Givorten Lapponiæ Umensis descendens.

Ipse fruticulus plerumque subterraneus est, apicibus tantum extimis e terra emergens; interdum magis supra terram luxuriat ramis digitalibus semper arcte procumbentibus et foliis pollicem fere latis. Folia semper orbiculata, tum apice ac basi retusa, unde e duobus quasi segmentis lunaribus uti siliculæ Biscutellæ composita apparent; crebro et argute serrata sunt: apicibus serraturarum incurvatis. De cætero folia sunt utrinque nitida et glaberrima, subtus valde venosa: venis divergentibus. Amenta e propria gemma haud egrediuntur, sed apicem ramuli annotini persistentis bifolii terminant. Foeminea amenta pauciflora: flosculis interdum duodecim instructa. Squamæ glabriusculæ, breves. Germina denium subsessilia, glaberrima, rubicunda; stylo subabbreviato; stigmate plerumque quadrifido.

Figura foliorum in *Engl. bot.* l. c. haud bene convenit, utpote nimium cordata.

†† germinibus villosis.

473. SALIX *polaris:* germinibus sessilibus tomentosis, amentis paucifloris, foliis obovatis obtusissimis subintegerrimis glabris, caule filiformi.

S. herbacea A. *Liljebl. svensk. flor.*

Herba facie Vincæ. *Martens spitsberg.* §. 8. tab. G. fig. 6.

Icon tab. nostr. XIII. fig. 1.

Hab. inter Sphagnum in lateribus irrigatis alpium septentrionalium rarius: ego ad Rastekaisse Finmarkiæ orientalis pluribus locis frequenter eam vidi, et ad lacum Tornensem Cel. *Liljeblad.*

Habitus tum fruticuli totius ac foliorum re vera tenuior quam præcedentis, adeo ut omnium fruticulorum facile tenerrima est. Caulis omnino filiformis. In ramulis novellis frequenter adsunt puncta resinosa vel gummosa. Folia late obovata vel subrotundo-obovata, vix unquam tam angusta ut suboblonga dici queant; margo eorum interdum una alterave serratura obsoletiore ornatus, plerumque vero prorsus integerrimus. Ulterius folia utrinque nitida, subtus parum venosa: venis rectioribus tantum patentibus. Germina magis sessilia apparent, dense albo-villosa; stylo subelongato; stigmate semper bifido, sublineari. Quum omnes partes adeo differunt et amice distinctionem svadent, non possum non eam separare.

Explicatio iconis. a. fruticulus totus magn. natur. — b. ramulus annotinus capsuliferus magn. nat. — c. capsula cum squama et nectario magn. auct. — d. apex capsulæ valde auctus ut conspiciatur tomentum.

474. SALIX *reticulata;* germinibus sessilibus villosis, foliis elliptico-subrotundis integerrimis glabriusculis subtus glaucis reticulatis.

S. reticulata *Linn. svec.* n. 888. *lappon.* n. 359. tab. 7. f. 1. 2. et tab. 8. fig. L. *Engl. bot.* 27. t. 1908. *Flor. dan.* t. 212. *Hoffm. sal.* 2. tab. 25. 26. 27. *Lightf. scot.* p. 601. *Zoega island* —

Hab. in locis irrigatis, in rupibus madidis etc. per omnes alpes centrales præcipue meridionaliores vulgatissime, ut etiam in locis maritimis Finmarkiæ frequenter. Haud infra Njäravaara Lapponiæ Tornensis et Valli Lapponiæ Lulensis visa est.

In alpibus Lulensibus legi specimina foliis longitudine bipollicaribus, subtus prorsus nudis, albescentibus potius quam glaucis, epidermide a parenchymate subjacente soluta et elevata. Germina prorsus sessilia, semper albo-villosa et obtusa: stigmate omnino sessili. Haud affinis esse videtur alii cuidam Salici.

475. SALIX *myrsinites:* germinibus subsessilibus subvillosis, foliis ovalibus acutis serratis venosis nitidis.

S. myrsinites *Linn. svec.* n. 885. *lappon.* n. 353. t. 7. f. 6. *Flor. dan.* 6. t. 1054. *Engl. bot.* 19. t. 1360. *Smith brit.* 3. p. 1054. *Zoega island.* —

Lapponibus *Sädga-skirre* (i. e. salicinæ virgæ).

Hab. præcipue locis humidiusculis vel subpaludosis per latera alpium omnium majorum ubique frequenter, et in maritimis alpinis Finmarkiæ vulgatissime.

Fruticulus plerumque pedalis et ejusdem fere faciei colorisque nigricantis ac Betula nana, valde ramosus et foliosus, atque interdum subdecumbens; ramis crassiusculis et rigidis, divergentibus. Folia ovalia sed in medio dilatata unde quasi ventricosa vel rhomboidalia evadunt, navicularia vel subconduplicata simulque subexcurva, utrinque acuta, subsessilia, utplurimum ungvicularia; juniora pilosiuscula, adultiora utrinque nitida. Amenta in apicibus ramorum supra foliaceos ramulos posita sunt, foliis omnino coætanea, stigmatibus et staminibus eximie cæruleis. Squamæ villis longioribus nitidis obsitæ. Germina plerumque villoso-sericea sed interdum basi glabrata evadunt, ut villi nonnisi in summo apice restant. Stylus plerumque abbreviatus: stigmate quadrifido, angusto.

476. SALIX *arbuscula:* germinibus subsessilibus hirsutis, stylo subelongato, foliis lanceolatis serratis glabris subtus glaucescentibus.

S. arbuscula α. *Linn. svec.* n. 886. *lappon.* n. 352. t. 8. fig. e. *Engl. bot.* 19. t. 1366. sat conveniens.

Icon tab. nostr. XVI. fig. 2.

Hab. locis sicciusculis campestribus per partem subsylvaticam et subalpinam Lapponiarum omnium frequenter; ut etiam in alpinis maritimis Finmarkiæ usque ad Rebvog passim. Solito multum major scil. orgyalis in salicetis ad ripas lacuum alpinorum occurrit passim ex. gr. ad Sirkaloukt lacus Virih-jaur Lapponiæ Lulensis. In Lapponia Umensi usque infra Tegsnäs etc. descendit.

Hanc primariam et præcipuam *S. arbusculam* Linn. esse puto, quia magis quam cæteræ formam arbusculæ pumilæ servat et germina insigniter villosa sunt, qualia omnibus varietatibus tribuit in Flor. svecica. Folia semper valde flavescentia vel luteoviridia sunt, quem colorem etiam exsiccando conservant (et inde ab omni varietate *S. nigricantis* distingvitur); de cætero dum juniora valde tenuia, mollia et pellucida, sub senectute rigidiuscula; semper satis crebro serrata: serraturis valde adpressis Forma foliorum plerumque lanceolata, sursum latior, sed oblonga etiam mihi obveniebat. Amenta infra foliaceos ramulos posita sunt, pedunculo brevi: foliolis fulcrantibus plerumque binis integerrimis duplo minoribus quam folia ordinaria. Squamæ breves germinibus dupplo saltim breviores, pilis longioribus raris obsitæ. Germina semper albohirsuta, acuminata: stylo subelongato vel germinibus duplo longiore.

Explicatio iconis. a ramulus annotinus amentiferus cum capsulis semiadultis. — b. capsula una cum squama sua magn. nat. — c. eadem magn. circiter 4:plo aucta. — d. folium.

477. SALIX *glauca:* germinibus sessilibus tomentosis, stigmate sessili, foliis lanceolato-ellipticis obtusis integerrimis sericeis.

S. glauca *Linn. svec.* n. 890. *lappon.* n. 363. t. 7. f 5. et tab. 8. fig. p. *Georgii fl. baikal.* p. 236? *Icon* tab. nostr. XVI. fig. 3.

β. appendiculata: foliis subovalibus stipulatis, squamis femineis elongatis.

S. appendiculata *Vahl in Flor. dan.* t. 1056.

S. arenaria *Flor. dan.* 1. t. 197. (S. obscura Wiborg.)

γ. lapponum: foliis cinereo-tomentosis acuminatis.

S. lapponum *Linn. svec.* n. 893. *lappon.* n. 366. tab. 8. fig. t. *Flor. dan.* 6. t. 1058. *Georgii fl. baikal.* p. 235.

Lapponibus *Sirka* (unde Sirkaloukt juxta Virihjaur nomen accepit.)

Hab in alpium lapponicarum omnium convallibus altioribus et lateribus occultioribus frequentissime, ibique fruticeta ultima canescentia quadripedalia constituens, unde etiam juxta flumina in partem subsylvaticam et sylvaticam superiorem passim usque ad Sodankylä Lapponiæ Kemensis, Arjeplog Lapponiæ Pitensis et Gransele Vindelensem Lapponiæ Umensis descendit; nec non in promontoria maritima subalpina Finmarkiæ ad Sverholt procedit; — at *β.* in inferalpinis Finmarkiæ occurrit ex. gr. ad Kistrand, Hopseidet, et *γ.* in summarum alpium uliginosis.

Variat quidem hæc eximie respectu staturæ fruticis et formæ foliorum, sed satis facile dignoscitur fructificatione semper sibi simili. Fruticeta, quæ in alpibus passim constituit Lapponibus notissima sunt et Sirka audiunt, in quibus casas suas alpinas ponunt Lappones. Rami pallidi vel rufescentes; ramuli annotini semper albo-tomentosi. Folia plerumque adeo angusta ut fere lanceolata, semper utrinque rotundata et obtusa, semper valde pallida, potius canescentia quam glauca; villis rarioribus adpressis nitidis præcipue in pagina inferiore prædita;

interdum utrinque prorsus villosa præcipue in littoribus maris, ex. gr. Rörstadiæ. Stipulæ saepe adsunt, subserratæ. Amenta longius pedunculata foliis circiter tribus ordinariae magnitudinis suffulta. Squamae femineae breviusculae vel germine triplo breviores, ita sparsim et breviter pilosae ut macula castanea in apice earum perlucet. Germina sessilia, crassiuscula, obtusa, semper denso alboque tomento obducta; stigmate sessili et sub prima florescentia intra tomentum germinis fere obscondito, bilobo, rubicundo. Ob squamas castaneas germinibus albis intermixtas amenta fœminea insigniter variegata evadunt. Amenta mascula sparsim pilosa, ut color castaneus squamarum transparet; nectario tam exteriori quam interiori bifido vel bipartito, differentiam haud spernendam hujus spiciei exhibente.

Explicatio iconis: a. ramulus annotinus amentum femineum fructu seminaturo gerens. b. capsula seminatura magn. naturali. c. eadem 4:plo aucta.

β. *appendiculata:* arbuscula est saepe biorgyalis, foliis latioribus semper stipulatis, amentis brevioribus subovalibus, squamis longitudine fere germinis. Valde memorabilis utique apparet, sed *S. glaucæ* nimium convenire mihi videtur.

γ. *lapponum:* foliis cinereis et acuminatis ad sequentem speciem accedit, cui etiam similiorem esse dixit Linné; sed attentius examen fructificationis ut etiam amentum pedunculatum foliis instructum (cujus mentionem injecit Linné in Flora svecica) eam huc revocat.

478. SALIX *limosa:* germinibus sessilibus tomentosis, stylo elongato, amentis sessilibus ebracteatis, foliis lanceolatis acuminatis integerrimis subtus tomentosis.

S. arenaria *Linn. svec.* n. 894. *lappon.* n. 362. tab. 8. fig. o. q. *Smith. brit.* 3. p. 1058. *Engl. bot.* 26. t. 1809. cum am. mascul. *Zoega island.* — *Falk russ. topogr.* 2. p. 262. *Pallas it. sibir.* 3. p. 33. *Georgii fl. baikal.* p. 235.

S. lapponum *Lightf. scot.* p. 604.

S pumila etc. *Gmel. sib.* 1. p. 164. n. 20. t. 36. f. 1.

Icon tab. nostr. XVI. fig. 4.

Hab. in paludibus et locis uliginosis tum sylvaticis, subalpinis ac inferalpinis universæ Lapponiæ vulgatissime; haud vero in alpibus occurrit ex. gr. circa Virih-jaur Lapponiæ Lulensis, nec in maritimis Finmarkiæ ultra Kistrand provenit.

Linnæus *S. argenteam Smith* in itinere Gottlandico cum hac confudit, et inde ortum est nomen specificum arenaria, quod Norrlandicæ speciei minime convenit Gottlandicæ autem optime. Itaque nomen specificum mutare pernecessarium duxi. Species hæc distinctissima præcipue fructificatione, vixque ulli alii Salici accedens. Rami recti, stricti, angulati: cortice nitido, fusco. Folia e gemmis superioribus erumpunt, oblongo-lanceolata, semper acuminata, supra obscurioris coloris ne dicam fuscescentis vixque villosa; subtus dense albo-tomentosa, sine ullo nitore; marginibus interdum obsoletius crenatis. Amenta semper prorsus sessilia sunt et nuda sine ullis bracteis foliaceis (qua nota a præcedente et plerisque aliis facile distingvitur), ob squamarum pilos longos et copiosos omnino argenteo-splendentia. Squamæ longæ scil. germen æquantes, et insuper pilis suis densis longis argenteis pistilla occultantes. Germina cinerei magis coloris quam in præcedente, eximie acuminata. Amenta mascula etiam argentea: nectario tantum unico interno integro.

Hunc e Lapponia in Horto Upsaliensi introduxi, ubi folia omnino glabra evaserunt in pagina inferiore, simulque valde rugosa.

S. glauca Engl. bot. 26. t. 1810. potius hanc quam nostram S. glaucam repræsentat.

Explicatio iconis: a. Amentum femineum defloratum in ramo præcedentis anni sessile. b. germen defloratum cum sua squama magn. nat. c. idem magn. aucta. d. folium.

** Germinibus pedicellatis: pedicellis latitudine germinis longioribus.

† germinibus glabris.

479. SALIX *myrtilloides:* germinibus pedicellatis glabris, stigmate sessili, amentis glaberrimis, foliis oblongo-ellipticis basi subcordatis obtusis integerrimis glabris.

S. myrtilloides *Linn. svec.* n. 889. *lapp.* n. 357. tab. 8. fig. i. k. *Pallas it. sibir.* 3. p. 33. 449. *Pallas fl. ross.* 2. p. 79. *Georgii fl. baikal.* p. 236.

S. foliis subserratis etc. *Gmel. sib.* 1. p. 166. n. 21.

Icon tab. nostr. XVIII. fig. 1.

Hab. in paludibus spongiosis inter Betulam nanam per partem sylvaticam inferiorem omnium Lapponiarum svecicarum passim frequenter ex. gr. ad Sodankylä, Kiurujärvi et Pyhäjärvi Lapponiæ Kemensis, inter Jockmock et Storbacken Lapponiæ Lulensis, ad Arjeplog Lapponiæ Pitensis, nec non inter Lycksele et Tegsnäs Lapponiæ Umensis. Neque extra hanc regionem Lapponiæ eam unquam vidi; sed demum e Nylandia Fennoniæ eandem attulit Nob. a *Forselles* unacum *Andromeda calyculata*, *Betula nana*, *Cornu svecica* etc.

Vix datur alia quædam Salix singulis suis partibus etiam fructificationis ita glaberrima, nec ab omnibus aliis magis distincta. Fruticem constituit circiter bipedalem, parum declinatum vel adscendentem ideoque foliis plerumque subsecundis instructum, facie sua cærulescente glaberrima et foliis rotundatis *Vaccinium uliginosum L.* satis bene referentem. Ramuli glaberrimi, rufescentes. Folia exacte oblongo-elliptica, utrinque obtusa, sed præcipue basi obtusissima et omnino subcordata, integerrima et marginibus recurvata, saturate viridia, subtus parum pallidiora, nec nisi rarius subglaucescentia, magnitudine plerumque vix semipollicaria; petioli breves, gemmam fulcratam vix superantes, semper nudi sine ullis stipulis. Amenta pedunculata et foliis nonnullis stipata, quodad omnes partes glaberrima ut vix quidem rachis interdum subpubescens reperitur. Squamæ femineæ minutæ vixque tertiam partem pedicelli superantes, obtusæ, glabræ. Pedicelli germinum longiusculi vel ipsius germinis longitudinem æquantes, glabri. Germina satis incrassata, plerumque insigniter rubicunda. Stylus fere nullus: stigmate subsessili, quadrifido. Nectarium unicum, truncatum. Capsulæ majusculæ, sesquitertiam circiter lineam longæ. Amenta mascula gracillima et satis sparsiflora, omnibus partibus glaberrima.

Explicatio iconis: a. ramus foliosus cum ramulo capsulifero. b. amentum masculinum foliis duobus stipatum. c. flosculus masculus separatus magn. auct. d. ramulus annotinus gerens amentum defloratum femineum. e. particula rachidis cum germine grossificato magn. auct. f. pars superior germinis grossificati magn. magis aucta

480. SALIX *hastata:* germinibus pedicellatis glabris elongatis, squamis hirsutis, foliis subovatis acutis subsessilibus venosis serrulatis.

S. hastata *Linn. svec.* n. 882. *lappon.* n. 354. t. 8. fig. g. *Flor. dan.* 7. t. 1238.

S. serrulata *Willden. spec.* 4. p. 664.

S. malifolia *Engl. bot.* 23. t. 1617. bona.

Icon tab. nostr. XVI. fig. 5.

β. foliis lanceolatis subintegerrimis.

S. arbuscula β. *Linn. svec.* n. 886. *lappon.* n. 360. tab. 8. fig. m. *Herb. Montin.*

S. tenuifolia *Afzel. mscr.*?

S. alpina pumila rotundifolia repens; in monte St. Bernhardi. *Burseri herb.* XXIV. n. 118.

Hab. locis humidis occultioribus juxta fluvios per partem sylvaticam, subalpinam et inferalpinam Lapponiarum præcipue septentrionalium vulgaris; ut etiam in salicetis subalpinis inprimis maritimis usque ad Kistrand et Tanam Finmarkiæ frequenter ibique in var. β. degenerans, qualis etiam occurrit in campis siccis sylvarum. In Lapponia Umensi omnino rara est, et nonnisi ad Risnäs prope lacum Vindeln lecta.

Mirum omnino ne dicam incredibile est, quantum hæc species ludit quodad figuram et magnitudinem foliorum. A forma subrotunda et basi cordata omnes percurrunt modificationes usque in lanceolatam, idque interdum in unō eodemque frutice. Surculi inferiores steriles sæpius formam illam cordatam foliorum S. *hastatæ* propriam gerunt; sed rami fructiferi fere semper in S. *serrulatam* abeunt, et hanc ob causam omnes fere auctores nonnisi sterilem S. hastatam habuerunt. Respectu consistentiæ et coloris minus variant folia utpote semper eximie venosa, flavescentia et glaberrima, satis tenuia, subtus pallida: venis plerumque rubicundis vel saltim flavescentibus. Stipulæ interdum subcordatæ et petiolis dupplo longiores; sed sæpius in ramis fructiferis omnino desiderantur. Partes fructificationis eo constantiores sunt. Amenta foliis coætanea, longius pedunculata: pedunculus foliis circiter quinque satis magnis stipatus. Rachis hirsuta. Squamæ flosculorum parvæ, pedicello germinis plerumque breviores; pilis longis adeo ornatæ ut pistilla e villo emergere videntur. Germina semper breviter pedicellata, glaberrima, attenuata, patentia: stylo subelongato.

Icon noster sistit statum quasi intermedium inter S. *hastatam* et *tenuifoliam*, ejusque *explicatio* est: a. ramulus annotinus amentum femineum deflorątum ferens. b. germen defloratum magn. nat. — c. idem cum particula rachidis quadruplo auctum. d. folium.

β. fruticem tantummodo pedalem et sesquipedalem constituens neutiquam distingui potest, quum undique in α. abit et forma foliorum mirum in modum ludit. Primum eam separavi nomine S. *venosæ*. Folia vix unquam prorsus integerrima sunt. Fructificatio semper eadem ac in α.

481. SALIX *punctata:* germinibus subpedicellatis glabris, pedunculorum foliis gemmiferis amento longioribus lanceolato-ellipticis undato-serratis nitidis punctatis.

Icon tab nostr. XVII. fig. 1.

Hab. in inferalpinis betuletis Finmarkiæ orientalis ex. gr. ad flumen Tana copiose, in Väjnäset ad Kistrand etc.

Respectu habitus cum varietatibus angustifoliis S. *nigricantis* vel *phylicifoliæ* convenit, sed folia nitida eam potius cum S. *myrsinitide* conjungunt. Præcipue folia inferiora cujusque ramuli nitida sunt, subtus albido-vel pallido-punctata; quæ puncta e poris epidermidis exhalantibus tumidis constituuntur et folia illis *Myricæ Gales* similia reddunt. Pedunculi amentorum adeo perfectis foliis et completis gemmis instruuntur, ut nullum sit dubium quin persistunt et ramulos denique efficiunt, quod omnino apud Salices raro contingit. Fructificatio fere ut in S. *phylicifolia.*

Explicatio iconis: a. ramus foliosus cum ramulo amentifero femineo simulque gemmifero. b. particula folii subtus microscopio visa. c. germen grossificatum seorsim magn. nat. — d. idem cum particula rachidis magn. 4plo auctum.

482. SALIX *phylicifolia:* germinibus pedicellatis glabris subulatis, foliis oblongis undulato-serratis glabris subtus glaucescentibus.

S. phylicifolia *Linn. svec.* n. 880. *lappon.* n. 351. tab. 8. fig. d. *Smith brit.* 3. p. 1049. *Flor. dan.* 6. t. 1052. *Engl. bot.* 28. t. 1958. *Georgii fl. baikal.* p. 256?

Icon tab. nostr. XVII. fig. 2.

Hab. in locis humidiusculis umbrosis regionis sylvaticæ et inferalpinæ omnium Lapponiarum frequenter.

Hujus nullam scio differentiam essentialiorem quam longitudinem capsularum utpote pollicem dimidium attingentem. Capsulæ adeo elongatæ sunt ut corniculatæ vel rostratæ dici merentur, nec dubito quin hæc omnium Salicum svecicarum maxime macrocarpa sit. Folia sub incauta exsiccatione omnino nigrescunt. Pedunculi amentorum breves sunt foliolis minoribus capsula vix longioribus. Ramuli tenelli et rachides petiolique semper pubescunt. — Figura citata in *Engl. bot.* satis convenit, quamquam germina multo magis elongata sunt in speciminibus lapponicis. Nec germina sericea ullo modo agnosco.

Explicatio iconis: a. particula rachidis cum duobus germinibus grossificatis magn. nat. — b. unum germen magn. quadruplo aucta.

483. SALIX *majalis:* germinibus subpedicellatis glabris elongatis, amentis sessilibus ebracteatis, foliis oblongis undato-serratis subtus glaucis.

Hab. in pratis subhumidis et ad ripas fluminum per Lapponiam sylvaticam ubique frequenter.

Fruticeta plusquam orgyalia lætissimæ vel flavescentis coloris constituit. Ramuli et folia semper glaberrimi, satis nitidi nec unquam nigrescentes. Ob hunc lætiorem habitum eam diu pro varietate procera *S. arbusculæ* habui. Omnium affinium Salicum maxime præcox est, utpote quæ amenta prorsus sessilia et ebracteata gerit eaque medio mensis Julii 1810. semina undique dejicientia ubi *S. nigricans* vix deflorata fuit. Germina prorsus glaberrima.

†† germinibus villosis.

484. SALIX *versifolia:* germinibus subpedicellatis pilosiusculis, stylo elongato, amenti foliolis lanceolatis, foliis oblongis oblique acuminatis integerrimis pilosiusculis.

Icon tab. nostr. XVIII. fig. 2.

Hab. in unica palude Suddiksmyran dicta prope templum Lycksele Lapponiæ Umensis copiose.

Quodammodo intermedia est inter *S. limosam* et *S. myrtilloidem:* prioris villositatem et formam germinis habet; posterioris vero est statura fruticuli, textura foliorum etc. Inter utramque etiam crescentem eam inveni, ut omnino earum proles hybrida esse potest. Ad *S. myrtilloiden* omnino propius accedit, tamen non potest non abunde differre: amento foliolis minoribus sublanceolatis stipato, germinibus brevius pedicellatis pilosis, stylo elongato, foliis oblongis basi potius elongata quam subcordata, apice acuminata subconduplicata simulque obliqua. Tum ob hanc obliquitatem tum ob folia amenti et inferiora ramorum angusta eam versifoliam dixa. In varia ætate varium quoque habitum gerit utpote florens *S. limosæ* simillima; fructificans vero *S. myrtilloiden* adeo refert ut tentatus fui eam pro ejus varietate pilis *S. limosæ* larvata habere. Non tantum folia adulta villositatem splendentem exuit, verum etiam germina omnino calvescunt, et nonnisi stylo elongato a *S. myrtilloidis* distingvuntur.

Explicatio iconis: a. ramus cum amento femineo semimaturo foliolis tantum minoribus fulcrato. b. particula rachidis cum duobus germinibus dupplo auctis. c. germen defloratum magn. 4:plo auctum.

485. SALIX *nigricans:* germinibus subpedicellatis villosis elongatis, foliis oblongis undato-serratis subtus incanis.

S nigricans *Smith brit.* 3. p. 1047.

S. phylicifolia β. *Linn. svec.* n. 880. *lappon.* n. 350. tab. 8. fig. c. *Flor. dan.* 6. t. 1053.

Icon tab. nostr. XVII. fig. 3.

Hab. locis sicciusculis umbrosis per partem sylvaticam, subalpinam et inferalpinam totius Lapponiæ usque ad Kistrand Finmarkiæ frequenter.

Vix ullum mihi superest dubium, quin hæc omnino confluit cum *S. phylicifolia*: ita enim folia glabrescunt simulque germina basi adeo calvescunt ut vix in summo apice villositas ulla superest. Folia tunc subtus satis glaucescunt, vixque ultra sesquipollicem longa sunt. Itaque etiam suspicor eam a *S. bicolore Engl. bot.* 26. t. 1806. haud differe; saltim amenta foeminea utriusque ex asse conveniunt.

Sed aliquando ex altera parte ad *S. capræam* eximie accedit: foliis majoribus interdum ultra tres pollices longis, subtus omnino incanis et eximie pilosis; amentis capsulisque grandioribus. Melius itaque duxi ex his varietatibus speciem intermediam admittere, quam contra differentias positas singulam varietatem diversis speciebus subjicere

Engl. bot. 17. t. 1213. haud citari meretur, cum characterem speciei omittit.

Explicatio Iconis: a. particula rachidis cum duobus germinibus paullo grossificatis. b. unum germen quadruplo auctum.

486. SALIX *capræa:* germinibus subpedicellatis sericeis, stigmatibus filiformibus, foliis obovato-oblongis integris pubescentibus.

S. capræa *Linn. svec.* n. 900. *lappon.* n. 365. tab. 8. fig. s. *Georgii fl. baikal.* p. 236?

Lapponibus *Serg.*

Hab. locis fertilioribus siccioribus per partem sylvaticam Lapponiarum svecicarum et in inferalpinis Nordlandiæ passim.

Folia tenella tomento densissimo eximie nitent.

487. SALIX *aurita:* germinibus pedicellatis sericeis, stigmatibus sessilibus capitatis, foliis obovatis repandis apice recurvatis rugosis cinereis, stipulis lunatis.

S. aurita *Linn. svec.* n. 891. *lappon.* n. 369. tab. 8. fig. y.

Hab. in sylvis humidis Lapponiarum inferiorum passim.

488. SALIX *livida:* germinibus pedicellatis subsericeis, stigmatibus subsessilibus bilobis, foliis oblongis subintegerrimis glabris subtus lividis.

S. arbuscula γ. *Linn. svec.* n. 886. *lapp.* n. 356.

S. bicolor. *Ehrhart arb.* 118?

S. foliolosa *Afzel. mscr.*

Icon tab. nostr. XVI. fig. 6.

β. *cine-*

β. *cinerascens:* foliis utrinque cinereis pubescentibus.

S. foliis integris glabris etc. *Linn. lapp.* n. 358?.

Hab. locis sicciusculis campestribus sylvarum totius Lapponiæ svecicæ ubique; sed β. in subalpinis et inferalpinis Lapponiarum præcipue septentrionalium usque ad Utsjoki passim frequenter, unde etiam juxta flumina in partem sylvaticam descendit.

α. Tum foliis ac ramulis glaberrima est, demum fere nitida et eximie versicolor. Fruticem plerumque constituit pedalem, ramis eximie divergentibus et fere deflexis, fuscescentibus. Folia oblongo-rhomboidalia et sursum latiora, utrinque fere acuminata, supra viridia et subnitida, subtus præcipue juniora livida potius quam glaucescentia: marginibus integris vel parcius crenatis. Petioli semper nudi sine ullis stipulis, ad gemmam dilatati. Amenta brevius pedunculata, uno alterove foliolo bracteata. Squamæ pedicello germinis dupplo breviores, breviter pubescentes ut etiam rachis et pedicelli. Germinis pedicellus longitudine fere ipsius germinis. Germen subcylindricum satisque longum. Stigma subsessile, obsoletius bilobum.

Explicatio iconis: a. ramulus annotinus amentiferus femineus defloratus. b germen paullo grossificatum. c. idem cum particula rachidis quadruplo auctum. d. folium.

β. Interdum in ipsis alpibus adscendit ibique prostrata et eximie cinereo-tomentosa evadit; ad ripas vero fluminum subalpinorum sæpius ultra orgyalem altitudinem attingit faciemque *S. cinereæ* gerit. Semper exstipulata est, qua differentia a præcedente aliisque affinibus tuto distingvitur, simulque folia æquabilia et nunquam rugosa.

Plures quidem Salices in Linn. fl. lapponica recensuntur, quas vero respectu loci valde incertas esse crediderim. *S. fusca* supra littora bottnica Umoæ haud provenire videtur, itaque e flora lapponica excluditur, et sic in cæteris.

EMPETRUM.

Gen. plant. ed. Schreb. n. 1496. *Gærtn. de fruct.* 2. p. 107. tab. 106.

489. EMPETRUM *nigrum:* procumbens, ramulis glabris, foliis oblongis margine revolutis glabris. *Willden. spec.* 4. p. 413.

E. nigrum *Linn. svec.* n. 904. *lappon.* n. 379. *Flor. dan.* t. 975. *Engl. bot.* 8. t. 326. (baccis minim.) *Lightf. scot.* p. 612. *Zoega island.* — *Crantz grœnland.* — *Michaux amer.* 2. p. 255. *Landt færoens.* — *Georgii fl. baikal.* p. 236. *Falk russ. topogr.* 2. p. 263. *Pallas it. sibir.* 3. p. 33 et 286. *Flor. Kamtschatk. in Arct. Zool.* p. 196. *Arct. Zoolog. ad Nutka sound.* p. 242.

Lapponibus *Tjouma.* Norvegis *Kræke-riis.* Svecis *Krak-ris.*

Hab. ubique omnium vulgatissimum: scil. in collibus et campis siccioribus sylvaticis atque subalpinis frequentissime; in ipsis alpibus etiam maritimis earumque lateribus campisque omnibus vix parcius, sed summa cacumina haud frequentat ante *Andromedam tetragonam* desistens.

Baccæ in alpibus multum grandiores et sapidiores sunt quam in sylvis, itaque a Lapponibus minime spernuntur.

HIPPOPHAË.

Gen. plant. ed. Schreb. n. 1509. *Gærtn. de fruct.* 1. *p.* 199. *tab.* 42.

490. HIPPOPHAË *Rhamnoides:* foliis lineari-lanceolatis supra glabris subtus albidis lepidotis. *Willden. spec.* 4. p. 743.

H. Rhamnoides *Linn. svec.* n. 906. *lappon.* n. 372. *Flor. dan.* t. 265. *Gunner. norv.* n. 11. *Falk russ. topogr.* 2. p. 263. *Pallas fl. ross.* 2. p. 43.

Hab. ad littora maris per Nordlandiam meridionalem raro: *Gunnerus.*

MYRICA.

Gen. plant. ed. Schreb. n. 1510. *Gærtn. de fruct.* 1. *p.* 190. *tab.* 39.

491. MYRICA *Gale:* foliis cuneato-lanceolatis apice subserratis, amenti squamis acuminatis. *Willden. spec.* 4. p. 745. *Flor. dan.* t. 327. *Engl. bot.* 8. t. 562. *Lightf. scot.* p. 613. *Linn. svec.* n. 907. *lappon.* n. 373. *Michaux amer.* 2. p. 227. *Gunn. norv.* — *Falk russ. topogr.* 2. p. 263. *Pallas fl. ross.* 2. p. 90.

Hab. ad ripas depressas lacuum prope limitem infimum Lapponiæ maxime meridionalis, nec supra lacum Hissjö Vesterbottniæ unquam a me lecta quamquam diligentissime per plures annos quæsita; in Nordlandia australiori frequenter: *Gunnerus.*

POPULUS.

Gen. plant. ed. Schreb. n. 1531. *Gærtn. de fruct.* 2. p. 56. tab. 90.

492. POPULUS *tremula:* foliis suborbiculatis dentatis utrinque glabris, petiolis compressis, ramulis hirtis. *Smith brit.* 3. p. 1081. *Linn. svec.* n. 909. *lappon.* n. 376. (ante Monandriam inserta). *Engl. bot.* 27. t. 1909. *Pallas fl. ross.* 1. p. 65. *Lightf. scot.* p. 616. *Gmel. sib.* 1. p. 151. n. 4. *Georgii fl. baikal.* p. 236. *Falk russ. topogr.* 2. p. 266.

Lapponibus *Suppe.* Fennonibus *Haapa.* Svecis *Asp.*

Hab. in humidiusculis præcipue ad radices montium per partem sylvaticam et subsylvaticam Lapponiarum meridionalium ubique, septentrionalium passim frequenter; ut etiam in inferalpinis totius Nordlandiæ passim, sed Finmarkiæ raro ex. gr. ad Kistrand et Tana nonnisi pauci frutices, ad Polmak et Utsjoki singulæ arbores minores.

RHODIOLA.

Gen. plant. ed. Schreb n. 1532.

493. RHODIOLA *rosea: Linn. svec.* n. 912. *lappon.* n. 378. *Engl. bot.* 8. t. 508. parva. *Landt færoens.* — *Flor. dan.* t. 143. *Lightf. scot.* p. 619. *Olavs. it. island.* p. 520. 103. *Cranz grœnland.* — *Pallas it. sibir.* 3. p. 34. 244. *Georgii fl. baikal.* p. 237. *Gmel. sibir.* 4. p. 174. *Falk russ. topogr.* 2. p. 267.

Sedum Rhodiola *Decand. pl. succ.* p. 143. t. 143 *Willden. en. hort. berol.* p. 485.

♂ floribus magis aggregatis, petalis majoribus.

♀ floribus cymosis, petalis obsoletioribus.

Hab. locis irrigatis et declivis rupestribus per totum alpium jugum præcipue Norvegiam versus vulgatissime, et in alpinis maritimis locisque inferalpinis usque ad Nordcap ubique frequenter; sed e svecico latere haud extra alpes altiores ex. gr. Själlapoult Lapponiæ Lulensis occurrit, nisi ad fluvios disseminata rarius ad Palojoensuu et versus Enontekis Lapponiæ Tornensis.

Uti reliquæ radices truncosæ, sic etiam hæc radiis vascularibus discretis massam cellurarem percurrentibus prædita est. Cortex flavus adfuso kali nigro-cærulescit, ut etiam sub digestione in aqua, qui color tamen denique in brunneum vergit. Materiam coriariam optimam copiosam continet, quæ pulcherrime cæruleo-nigrescit (sine virescentia ut in Tormentilla) ex adfuso ferrico. Folia subcuneiformia, dentata. Flores quidem interdum inveniuntur hermaphroditi, sed valde dubito an unquam semina maturant. Quum adeo stamina et petala in aliis perfectiora, pistilla autem in aliis plantis vegetiora exclusis alternis staminibus eaque sola fertilia, manere quidem potest Rhodiola ut distinctum genus. In horto Upsaliensi nonnisi flores masculinos vidi.

JUNIPERUS.

Gen. plant. ed. Schreb. n. 1542. *Gærtn. de fruct.* 2. p. 62. tab. 91.

494. JUNIPERUS *communis:* foliis ternis patentibus mucronatis bacca longioribus. *Linn. svec.* p. 915. *lappon.* n. 376. *Engl. bot.* 16. t. 1100. *Pallas ross.* 1. p. 2. 12. t. 54. *Gmel. sibir.* 1. p. 182. n. 52. *Lightf. scot.* p. 625. *Zoega island.* — *Cranz grœnl.* p. 87. *Landt færoens.* — *Michaux amer.* 2. p. 245. *Flor. kamtschatk. in Arct. Zool.* p. 196. *Georgii fl. baikal.* p. 237. *Falk. russ. topogr.* 2. p. 268.

β. *alpina:* foliis paullo latioribus et brevioribus, baccis subellipticis. *Smith brit.* 3. p. 1086.

Lapponibus *Kaskes.* Fennonibus *Katawa.* Svecis *En.*

Hab. ubique: scil. præcipue locis humidiusculis in parte sylvatica, subalpina et inferalpina omnium Lapponiarum vulgatissime, ut etiam in alpibus earumque lateribus ubique frequenter; sed in maritimis alpibus juxta Nordcap vix provenit ex. gr. Mageröæ, Maasöæ etc.

CLASSIS XXIII.

POLYGAMIA.

VERATRUM.

Gen. plant. ed. Schreb. n. 1564. *Gærtn. de fruct.* 1. p. 71. *tab.* 18.

495. VERATRUM *album:* racemo glabro, corollis subsessilibus acutis, foliis subplicatis.

V. album *Linn. spec. plant.* 2. p. 1479. *Flor. dan.* t. 1120. *Gunner. norv.* n. 315. t. 1. *Falk russ. topogr.* 2. p. 269. *Pallas it. sibir.* 3. p. 320. *Gmel. sib.* 1. p. 75. n. 40. *Michaux amer.* 2. p. 249. (V. viride *Willden. spec.* 4. p. 896.) *Suter helv.* 2. p. 294.

Lapponibus Finmarkiæ *Kasnem-grase* (i. e. sternutatoria herba).

Hab. juxta rivulos alpinos locis humidis occultioribus Finmarkiæ maritimæ interdum copiosissime; scil. in Taborsnäs Porsangriæ frequenter, ad Kjelvig parcius, in Hopseidet et adjacentibus sinubus maris omnium copiosissime ibique alte in alpibus adscendit, ut etiam ad Varanger parcius.

Folia inferiora ultra spithamam caulem vaginant, superiora etiam vaginantia sunt sed breviter circiter dimidiam pollicis. Vaginæ et nervi foliorum interdum obsoletius pubescunt, ut etiam bractearam insertiones in rachide; de cætero tota planta glaberrima. Corolla nervosa, luteo-viridis, quoad habitum campanulata, acuta.

ATRIPLEX.

Gen. plant. ed. Schreb. n. 1577.

496. ATRIPLEX *patula:* foliis sagittato-lanceolatis. *Linn. lappon.* n. 377.

Hab. in agris Lapponiarum meridionalium rarius: *Linné.*

CLASSIS XXIV.
CRYPTOGAMIA.
Ordo I. Filices.

Capsulae bifariam dehiscentes. Semina discreta obliqua funiculo adfixa.

POLYPODIUM.

Swartz synops. fil. p. 25.

Capsulae gyratae in puncta subrotunda nuda aggregatae.

497. POLYPODIUM *vulgare:* fronde pinnatifida, laciniis linearibus obtusis subserratis, caudice paleaceo.

P. vulgare *Linn. svec.* n. 944. *lappon.* n. 381. *Willden. spec.* 5. p. 172. *Schkuhr. crypt.* p. 12. t. 11. *Engl. bot.* 16. t. 1149. *Flor. dan.* t. 1060. *Lightf. scot.* p. 667. *Zoega island.* — *Michaux amer.* 2. p. 271. *Georgii fl. baikal.* p. 238. *Falk russ. topogr.* 2. p. 273.

Hab. in lateribus montium sylvaticorum meridiei expositis per Lapponias svecicas rarius ex. gr. in Kalkisbout Lapponiae Pitensis, in Njammats et Keurivare Lapponiae Lulensis, in Vallivaara Lapponiae Tornensis; ut etiam in monticulis Finmarkiae occidentalis et Nordlandiae septentrionalis raro ex. gr. in Storviksnäset Altensi, ad Qualvig Lyngensem, sed in Nordlandia meridionali vulgatius.

Puncta s. maculae fructiferae omnino nudae sine ullis pilis vel involucris, demumque confluunt.

In Filicibus sic dictis gyratis capsulae sunt inaequilaterae evalves; ab uno latere gyro seu nervo articulato e receptaculi vasculis orto munitae, et ab altero latere tenuissimae transversim disrumpentes, sine valvulis efformatis et sine sutura limitata.

498. POLYPODIUM *ilvense:* frondibus bipinnatifidis, pinnis oblongis obtusis, laciniis ovalibus integris, fructu hirto submarginali, stipite paleaceo. *Swartz synops. fil.* p. 39. *Willden. spec.* 5. p. 198. *Schkuhr crypt.* p. 16. t. 19.

Acrostichum ilvense *Linn. svec.* n. 938. *lappon.* n. 383. *Flor. dan.* 3. t. 391. *Falk russ. topogr.* 2 p. 272. *Georgii fl. baikal.* p. 238.
Hab. in rupibus montium sylvaticorum, subalpinorum et inferalpinorum totius Lapponiæ usque ad Utsjoki passim.

Maculæ fructificationis semper pilis numerosis nitentibus valde hirtæ sunt, sed præterea pinnæ sæpe glabræ inveniuntur. Pinnæ omnes fructiferæ sunt. Stipes paleis angustis sparsis ornatus, crassitudine fili, sæpius fuscescens, sed articulo præditus ut in sequente.

499. POLYPODIUM *hyperboreum:* frondibus subbipinnatifidis, pinnis inferioribus sterilibus semicircularibus trifidis crenatisque, fructu subhirto, stipite lævi.
P. hyperboreum *Svartz synops.* p. 39. *Willden. spec.* 5. p. 197. *Schkuhr crypt.* p. 189. t. 17. b.
P. arvonicum *Smith brit.* 3. p. 1115.
P. ilvense *Wither. arrang.* p. 774. *Zoega island?* —
Acrostichum hyperboreum *Liljebl. in Act. Stockh.* 1793. p. 201. t. 8.
β. *gracile:* pinnis omnibus pinnatifidis.
P. hyperboreum *Engl. bot.* 29. t. 2023.
Hab. in scrobiculis et fissuris per latera alpium Lulensium et Nordlandicarum meridionalium passim copiose ex. gr. inter Lommijaur et Langvand Saltensis, in alpe Lill-Tokin juxta Virih-jaur, et in alpe Jolli ad Sorjäsjaur; ut etiam ad Torneträsk visum a Cel. *Liljeblad;* nec non extra alpium jugum in monte subalpino Kalkisbout Lapponiæ Pitensis parcius a me repertum.

A præcedente abunde diversum est, idque magis glauritie sua, mollitie majori atque gracilitate, quam forma quadam constanti pinnarum. Radix eodem modo cæspitosa, sed duplo tenuior. Stipes in medietate inter radicem et pinnas infimas articulo perevidenti dividitur, ad quem denique dissolvitur et adeo rudimenta ejusdem longitudinis quasi forcipe excisa relinquit; de cætero supra hunc articulum semper glaberrimus atque lævissimus, crassitie setæ equinæ, et coloris virescentis. Quoad longitudinem haud cedit præcedenti utpote interdum spithamæum.

Pinnæ inferiores a se invicem distantes vel interstitiis triplo breviores, steriles vel sine fructu, omnino semicirculares, utrinque glaberrimæ, valde molles et ita tenues ut fere pellucidæ; superiores sensim elongantur et pinnatifidæ evadunt, atque fructu instruuntur, utrinque glabræ excepto fructu. Fructificationis maculæ duplo triplove minores quam in præcedente, submarginales, in suprema parte frondis confluentes, pilis paucioribus et brevioribus præditæ. Etiam laciniæ pinnarum superiorum sæpius crenatæ sunt.

β. adeo gracillimum et longum est ut Aspidium fragile valde refert. Pinnæ omnes æquales fructiferæ, oblongæ, pinnatifidæ. Hanc varietatem exhibet *Engl. bot.* 29. t. 2023.

500. POLYPODIUM *Phegopteris:* frondibus subbipinnatis subtus hirtis, pinnis infimis deflexis, pinnulis baseos rachi adnatis rhombeis.

P. Phegopteris *Linn. svec.* n. 945. *lappon.* n. 382. *Willden. spec.* 5. p. 199. *Schkuhr crypt.* p. 17. t. 20. a. *Lightf. scot.* p. 669. *Flor. dan.* t. 1041. *Zoega island.* — *Falk russ. topogr.* 2. p. 273.

Hab. in Lapponia Lulensi rarius: Linné (ubi ego illud nunquam vidi); sed in sylvis inferalpinis et locis umbrosis fertilioribus ad radices alpium per totam Nordlandiam vulgatissime, per Finmarkiam occident. rarius copiose usque ad Kistrand.

Pili ad fructificationem vix positi sunt, sed præcipue in venis pinnularum.

501. POLYPODIUM *Dryopteris:* fronde ternata, foliolis bipinnatis patulis, radice filiformi.

P. Dryopteris *Linn. svec.* n. 949 *lappon.* n. 387. *Lightf. scot* p. 678. *Willden. spec.* 5. p. 209. *Engl. bot* 9. t. 616. *Schkuhr crypt.* p. 19. t. 25. *Zoega island.* — *Pallas it. sibir.* 3. p. 293. 320. *Falk russ. topogr.* 2. p. 273. *Georgii fl. baikal.* p. 238

Nephrodium Dryopteris *Michaux amer.* 2. p. 270

Hab. in rupibus montium Lapponiarum omnium Svecicarum rarius; sed ad radices alpium et in pratis inferalpinis per Nordlandiam omnium vulgatissima et Finmarkiam etiam frequenter usque ad Rebvog et Hopseidet.

Frons adeo ternata, ut foliola tria prorsus æqualia petiolata sunt atque bipinnata, simulque triangularia ob pinnas baseos duplo majores quam intermedias. Pinnulæ integræ, obtusæ.

A S P I D I U M.

Svartz synops. fil. p. 42

Capsulæ gyratæ in punctis subrotundis involucello umbilicato s. laterali tectis.

502. ASPIDIUM *Lonchitis:* fronde pinnata, pinnis lunulatis dentato-spinulosis, stipite strigoso.

A. Lonchitis *Swartz synops.* p. 43. *Willden. spec.* 5. p. 224. *Schkuhr crypt.* p. 29. t. 29. bona.

Polypodium Lonchitis *Linn. spec. plant.* p. 1548. *Gunner. norv.* n. 49. *Flor. dan.* 3. t. 497. *Lightf. scot.* p. 668. *Engl. bot.* 12. t. 797. opt. *Cranz grœnland.* —

Lonchitis aspera; in Pyrenæis. *Burseri herb.* XX. n. 41.

Hab. in radicibus superioribus alpium Nordlandicarum, rupium sicciorum fissuris innatum, passim copiose ex. gr. ad Ranen et Salten fere ubique, ad Lyngen quoque copiose; in Finmarkia occidentali rarius ex. gr. in Storvigsnäset ad Alten, et in alpe prope Strandgård Porsangriæ parce: sed e svecico latere alpium nonnisi in meridionalioribus parcius occurrit, uti in alpe Säkkok Lulensis a me lectum et prope Tornensem lacum a Cel. *Liljeblad.*

Ob rigiditatem et strigositatem suam insignem valde memorabilis est species, cui nulla affinis inter nostrates existit. Figura frondis linearis angusta est atque utrinque attenuata, latitudine bipollicari, sed longitudine sæpius bipedali. De cætero frons subsessilis, prope radicem pinnis brevioribus deltoideis vel triangularibus deflexis; ut vero superiores evadunt pinnæ eo magis elongantur, et lobo basilari tantum superne instruuntur unde formam obliquam lunulatam acquirunt. Dentes spinulosi pinnarum inferiorum valde insignes, rigidi, quamquam haud proprie pungentes. Stipes et rachis crassiuscula firma, triangularis, utrinque paleis magnis rufescentibus tecta.

503. ASPIDIUM *dilatatum:* fronde bipinnata ovato-triangulari, laciniis pinnularum oblongis obtusiusculis mucronato-serratis, stipite paleaceo.
A. dilatatum *Smith brit.* 3. p. 1125. *Willden. spec.* 5. p. 263.
Polypodium dilatatum *Hoffm. germ.* 2. p. 7.
β. *spinulosum:* laciniis acutis, fronde magis elongata.
A. spinulosum *Willden. spec.* 5. p. 262. *Schkuhr crypt.* p. 48. t. 48.
P. spinulosum *Retz. prodr.* p. 250. *Flor. dan.* 4. t. 707.
Hab. in umbrosis inferalpinis Nordlandiæ passim, ut etiam in montibus sylvaticis e svecico latere rarius ex. gr. ad Quickjock; nec non ad Tana Finmarkiæ visum.

Forma frondis deltoidea vel inferne valde dilatata facillime distingvitur a *Filici mare* atque *femina*, simulque ad *A. montanum* accedit. De cætero discrete crescit, nec in tantis fasciculis ac sequentia.

504. ASPIDIUM *Filix mas:* frondibus bipinnatis, pinnulis oblongis obtusis crenulatis, stipite paleaceo, fructibus costæ approximatis.
A. Filix mas. *Svartz synops.* p. 55. *Willden. spec.* 5. p. 259. *Schkuhr crypt.* p. 45. t. 44.
Polypodium Filix mas. *Linn. svec.* n. 946. *lapp.* n. 385. *Gunner. norv.* n. 4. tab. 1. f. 4. *Lightf. scot.* p. 671. *Olavs. it. island.* p. 816. *Landt færoens.* — *Georgii fl. baikal.* p. 238. *Falk russ. topogr.* 2. p. 273.
Hab. ad rivulos et locis humidis per partem sylvaticam et subsylvaticam Lapponiarum meridionalium passim; at in inferalpinis et radicibus alpium inferioribus totius Nordlandiæ vulgaris, et Finmarkiæ usque ad Utsjoki fere ubique.

505. ASPIDIUM *Filix femina:* frondibus bipinnatis, pinnulis lanceolatis acutis dentatis, involucellis fructus lateralibus.
A. Filix femina *Swartz. synops.* p. 59. *Willden. spec.* 5. p. 276. *Schkuhr crypt.* p. 56. t. 59.
Polypodium Filix femina *Linn. svec.* n. 947. *lappon.* n. 386. *Gunner. norv.* n. 29. *Lightf.*

scot. p. 673. *Zoega island.* — *Pallas it. sibir.* 3. p. 320. *Falk russ. top.* 2. p. 273.
Nephrodium Filix femina *Michaux amer.* p. 268?
Hab. in humidis sylvaticis usque in parte subalpina Lapponiarum meridionalium frequentius; ut etiam in inferalpinis et radicibus alpium cum præcedente parcius.

Etiam in his locis plus minusve composita occurrit, sed semper præcedente multoties tenerior, maculis fructus duplo minoribus.

506. ASPIDIUM *fragile:* frondibus bipinnatis, pinnis oppositis, pinnulis distantibus obovatis inciso-dentatis, involucellis lateralibus. *Swartz synops.* p. 58. *Schkuhr crypt.* p. 53. t. 54.
Polypodium fragile *Linn. svec.* n 948. *lappon.* n. 384. *Landt færoens.* — *Flor. dan.* t. 401. *Lightf. scot.* p. 677. *Zoega island.* — *Pallas it sibir.* 3. p. 293. *Georgii fl. baikal.*
Cyathea fragilis *Engl. bot.* 23. t. 1587.
Hab. in sylvestribus omnium Lapponiarum passim frequenter; in inferalpinis et radicibus alpium Nordlandiæ et Finmarkiæ frequentius, ut etiam in rupium fissuris prope Nordcap visum.

507. ASPIDIUM *montanum:* frondibus tripinnatis deltoideis, pinnulis distantibus pinnatifidis: laciniis incisis dentatisque sublinearibus, fructibus solitariis.
A. montanum *Swartz synops.* p. 61. *Willden. spec.* 5. p. 286. *Schkuhr crypt.* p. 61. t. 63. optim.
Polypodium montanum *Allion. pedem.* n. 2410.
Hab. in umbrosis convallibus inferalpinis Nordlandiæ meridionalis rarius copiose ex. gr. ad Sörfoldbotten præfecturæ Saltensis; ut etiam in scrobiculis et sub lapidibus alpium Lulensium rarius ex. gr. in Jolli ad Sorjasjaur et in Jeqna-apo ad Virihjaur parce.

Quia pinnæ inferiores maximæ sunt ut duas tertias partes longitudinis totius frondis superant, facile pro ternata sumitur frons et inde perperam orta est comparatio hujus cum *Polypodio Dryopteride.* Reapse nonnisi ter pinnata est; pinnis inferioribus grandioribus et dilatatis fere ut in Asp. *dilatato,* cui re vera similior mihi videtur quam cæteris. Pinnæ et pinnulæ a se invicem distantes nec unquam contiguæ, plerumque alternæ, breviter pedicellatæ Laciniæ pinnularum ultimarum adeo angustæ sunt ut latitudine rachidi frondis fere cedunt; est itaque hæc filix tenuius divisa quam ipsum *Aspidium fragile*. Puncta fructus ut in Asp. fragili. Stipes sæpius duplo longior quam ipsa frons, paleis raris adspersus. Satis pulchra est species, forma triangulari frondis atque multiplici divisione nec non colore saturate viridi insignis.

ASPLENIUM.

Swartz synops. fil. p. 74.

Capsulæ gyratæ in lineolis rectis per frondem sparsis natæ; involucello exteriore introrsum dehiscente.

508. ASPLENIUM *septentrionale:* frondibus nudis subfiliformibus bipartitis laciniatisque.

Aspl. septentrionale *Swartz synops.* p. 75.

Acrostichum septentrionale *Linn. svec.* n. 937. *lappon.* n. 380. *Lightf. scot.* p. 656. *Falk russ. topogr.* 2. p. 272.

Hab. in inferalpinis Nordlandiæ meridionalis rarius: *Linné.*

509. ASPLENIUM *viride:* frondibus pinnatis: pinnis pedicellatis rhombeo-subrotundis inciso-crenatis, rachide decidua.

A. viride *Huds. angl.* p. 453. *Lightf. scot.* p. 663. *Swartz fil. syn.* p. 80. *Flor. dan.* 8. t. 1289. optim. *Willden. spec.* 5. p. 332. *Schkuhr crypt.* p. 68. t. 75. optim.

Trichomanes minus et tenuius; in monte Wasserfall Helvetiæ. *Burseri herb.* V. XX. n. 15. et 16.

Hab. in rupium fissuris umbrosis subirrigatis juxta radices alpium Nordlandiæ meridionalis passim ex. gr. ad Sörfolden et ad Saltenfjord pluribus locis frequenter; ut etiam Finmarkiæ occidentalis rarius juxta Alten in Storvigsnäset et Kaafjord, nec non in alpe ad Strandgård Porsangriæ cum Pteride crispa. Ex ultimo hocce loco idem vivum in Horto Upsaliensi introduxi, ubi per tres annos cultum haud mutabatur. Intra Sveciæ limites hucusque haud observatum, nisi in Vermlandia.

Differt præcipue a sequente gracilitate sua atque mollitie, qua tota frons peractâ fructificatione mox cadit unacum stipite suo viridi. Radix minus dense cæspitosa. Stipes nudus plerumque bipollicaris frondem elevat, quoad inferiorem partem fuscescens atque ultra hiemem persistens, de cætero semper viridis et annuus mollis unacum rachide. Pinnæ tenuissimo atque brevi pedicello insidentes, interdum adeo latæ ut semicirculares dicerentur, plerumque rhombeo-subrotundæ, molles et tenues ut nervi transparent, situ plerumque alternantes, numero sedecim paria vix superantes, sed plerumque majores quam in sequente, et in apice frondis confluentes. Lineæ fructus primum regulares nervis insidentes iisque triplo fere breviores, tenuissimo involucello albicante stipatæ, quo mox cadente in maculas irregulares diffluunt capsulæ ut aspidium magis refert.

E contrario in *Aspl. Trichomane:* stipes brevissimus unacum rachide longa, tota perenni vel ultra hiemem persistente, rigida, saturate fusca et nitida, fasciculum setaceum insignem efficiente unde ortum est nomen Trichomanes s. Polytrichum officinarum; Pinnæ mox prope radicem inseruntur, in tota fronde duplo numerosiores utpote sæpius ultra viginti quatuor paria, simulque minores unde frons magis linearis evadit, atque angustiores, ovatæ, opacæ ut nervi haud apparent, crenulis numerosioribus notatæ, etiam in apice frondis distinctæ. Lineæ fructus persistenti involucello stipantur ut vix diffluunt, totam fere nervorum longitudnem emetientes.

510. ASPLENIUM *Trichomanes:* frondibus pinnatis: pinnis sessilibus ovatis rotundatis crenulatis, rachide persistente.

A. Trichomanes *Linn. svec.* n. 942. *lapp.* n. 388. *Georgii fl. baikal.* p. 238.

Hab. in monte subsylvatico Keurivare supra Jockmock Lapponiæ Lulensis; *Linné;* ubi ego illud haud reperi nec alibi: an præcedens fuerit?

511. ASPLENIUM *Ruta muraria:* frondibus alternatim decompositis: pinnulis cuneiformibus crenulatis lobatisque. *Linn. svec.* n. 943. *Flor. dan.* t. 190. *Schkuhr crypt.* p. 75. tab. 80. b.

fig. 1. 4. bonæ. *Lightf. scot.* p. 665. *Michaux amer.* 2. p. 266. *Falk russ. topogr.* 2. p. 273. *Pallas it. sibir.* 3. p. 315. *Georgii fl. baikal.* p. 238.

Hab. in rupibus juxta mare sententrionali Nordlandiæ et Finmarkiæ maxime occidentalis rarissime, nec nisi ad Qualvig Lyngensem et in Storvigsnäset Altensem parcius lecta. Planta vero ipsa nihil differt a vulgari svecica.

PTERIS.

Swartz synops. fil. p. 94.

Capsulæ gyratæ in lineam continuam marginalem collectæ; involucello e marginibus frondis orto introrsum dehiscente.

512. PTERIS *aquilina:* fronde supradecomposita: foliolis pinnatis: pinnulis lanceolatis: infimis pinnatifidis, superioribus minoribus. *Linn. svec.* n. 940. *Willden. spec.* 5. p. 402. *Schkuhr crypt.* p. 87. t. 95. *Engl. bot.* 24. t. 1679. *Falk russ. topogr.* 2. p. 272. *Lightf. scot.* p. 65?. *Michaux amer.* 2. p. 262. *Pallas it. sibir.* 3. p. 320.

Hab. in lateribus montium inferalpinorum meridiei expositis per Nordlandiam meridionalem passim. Ego eam pluribus locis vidi in præfectura Saltensi frequenter, nec alibi in Lapponia unquam.

Margines pinnularum leviter reflectuntur, ut nihilo tamen minus involucellum proprium cum linea fructificationis clare patet.

513. PTERIS *crispa:* frondibus supradecompositis alternatim ramosis, foliolis sterilibus ovalibus crenatis obtusis; fertilibus sublinearibus margine incurvo fructum tegente.

Pt. crispa *Smith brit* 3. p. 1137. *Swartz syn.* p. 101. *Engl. bot.* 17. t. 1160. *Willden. spec.* 3. p. 395. *Schkuhr crypt.* p. 90. t. 98. frond. angustiss.

Osmunda crispa *Linn. spec. plant.* p. 1522. *Lightf. scot.* p. 655. *Flor. dan.* 3. t. 496.

Onoclea crispa *Swartz in Act. holm.* 1789. p. 109.

Filicula alpina crispa; in montibus Helvetiæ. *Burs.* XX. n. 35.

Hab. in lateribus lapidosis meridionalibus montium subalpinorum vel alpium juxta subsylvaticam regionem positarum rarius frequenter ex. gr. in Örfjället et Kåbdespakti Lapponiæ Pitensis, ad Kaskajvo et Sakkok prope Quickjock Lapponiæ Lulensis, nec non in Yllostunturi Lapponiæ Kemensis (*Liljeblad*); ut etiam in alpe maritima Finmarkiæ juxta Strand Porsangriæ copiose.

Valde insignis est filix et nulli cæterarum nostrarum affinis; nec adhuc clare patere mihi videtur cujus sit generis. Radix quodammodo repens est, sed adeo tortuosa et replicata ut cæspitem densum efficit. Frondes steriles primariæ vel primo vere surgentes quoad divisionem et formam adeo rutaceæ vel foliis rutæ similes, ut nihil magis; rachis earum alterne pinnatim dividitur idque tribus iteratis vicibus; ramis omnibus nudis sine ullis auriculis vel foliolis adnatis; ramuli terminantur foliolis discretis ovalibus, indivisis, obtusis, crenatis, rachide ipsa saltim triplo latioribus. Aliæ adsunt frondes steriles secundariæ s. intermediæ, præcedentibus longiores, quarum foliola incisa et laciniata, ut vix lacinia existit rachide latior. Denique frondes fertiles eodem modo dividuntur ac steriles, sed foliola earum ob margines revolutas linearia evadunt et rachide vix latiora, indivisa et integerrima. Capsulæ in margine revoluto foliolorum omnino latent, nec unquam sponte in prospectu veniunt, de cætero pauciores sunt vixque in linea quadam arcte contiguæ, nec ab involucello quodam proprio tectæ, sed tantum margine attenuato occultatæ. Margines foliolorum adeo revolutæ sunt ut sibi invicem contingunt, quo teretiusculæ evadunt frondes fructiferæ ut in Onoclea, nec raro subarticulatæ et subdivisæ ut novum illud genus *Cheilanthem* valde referunt.

ONOCLEA.

Swartz synops. fil. p. 110.

Capsulæ gyratæ confertæ paginam pinnularum frondis diversæ occupantes, earumque marginibus involucratæ.

514. ONOCLEA *Struthiopteris*: frondibus pinnatis: pinnis pinnatifidis, fructiferis teretiusculis.

O. Struthiopteris. *Swartz synops.* p. 111. *Schkuhr crypt.* p. 97. t. 105.

Osmunda Struthiopteris *Linn. svec.* n. 935. *Flor. dan.* t. 169. *Gunn. norv.* n. 1. t. 1. f. 1. 2. 3. *Falk russ. topogr.* 2. p. 272. *Georgii fl. baikal.* p. 238.

Struthiopteris germanica *Willden. spec.* 5. p. 288. Nordlandis tromsöensibus *Tilg* s. *Tælg* it. *Molfoor-tælg.* Helgelandis *Kaal-jæske.*

Hab. ad radices alpium et in convallibus inferalpinis per totam Nordlandiam fere ubique frequentissime ex. gr. in Helgelandia et præfectura Saltensi vulgatissime, in præfectura Tromsensi ad Malanger, Balsfjord et Lyngenfjord copiose; in Finmarkia occidentali ad Alten frequenter, sed ulterius haud visa nisi ad Seskojoki supra Utsjoki Kemensis. E latere svecico alpium eam tantum ad montem Njammats Quickjockiæ Lapponiæ Lulensis copiose reperi.

Frondes steriles satis molles atque tenues sunt; laciniis integerrimis obtusis. Rachis frondium fructiferarum crassa et rigida, profunde canaliculata et primum condupplicata.

Nordlandi norvegici teneros circinnos in jusculis edunt; et radicibus boes alunt.

B L E C H N U M.

Svartz synops. fil. p. 113.

Capsulæ gyratæ in linea longitudinali juxta costam pinnarum extensa; involucello exteriori continuo introrsum dehiscente.

515. BLECHNUM *Spicant:* frondibus lanceolatis pinnatifidis: laciniis lanceolatis obtusiusculis contiguis, fructiferis discretis. *Roth. tentam.* 3. p. 44.

Blechnum boreale *Svartz synops.* p. 115. *Engl. bot.* 17. t. 1159. *Smith brit.* 3. p. 1135. *Willden. spec.* 5. p. 408. *Schkuhr crypt.* p. 102. t. 110.

Osmunda Spicant *Linn. svec.* n. 936. *Flor. dan.* t. 99. *Lightf. scot.* p. 654. *Gunner. norv.* n. 213. *Landt færoens.* —

Hab. in inferalpinis Nordlandiæ meridionalis passim copiose ex. gr. in Bringbärslien ad templum Rörstad.

Frondes

Frondes tum steriles ac fructiferæ æque divisæ sunt fere ad rachidem, sed in fertilibus laciniæ contrahuntur vel angustantur, ut sinus latiores evadunt præcipue in maturis speciminibus. Lineæ fructificantes primum vix dimidiam latitudinem pinnarum occupant a margine satis distantes. In pagina inferiore pinnarum sterilium epidermis tota solvitur et elevatur, nec quidem costæ mediæ adhæret.

Ordo II. TETRADIDYMAE.

Wahlenb. Nov. Act. Upsal. VII.

Semina 4 in tetraëdron connata intra capsulam bivalvem s. evalvem.

BOTRYCHIUM.

Svartz synops. fil. p. 171.

Capsulæ bivalves agyratæ nudæ rachidi racemi fructiferi adnatæ.

516. BOTRYCHIUM *Lunaria:* scapo caulino unico, fronde solitaria pinnata, pinnis lunatis integerrimis. *Svartz synops.* p. 171. *Schkuhr crypt.* p. 156. t. 154. bona.

Osm. Lunaria *Linn. svec.* n 934. *lappon.* n. 389. *Flor. dan.* t. 18. *Lightf. scot.* p. 652. *Olavs. it. island.* p. 434. *Landt færoens.* — *Falk russ. topogr.* 2. p. 272.

Hab. in maritimis et inferalpinis Nordlandiæ rarius ex. gr. ad Sörfolden Saltensis et Lyngen Tromsensis parce, nec non Finmarkiæ in Maasöa visa; in sylvis Lapponiæ Lulensis vidit Linnæus et prope Lycksele ipse.

Capsulæ adnatæ, æquilateræ vel vasculis per omnia latera æque dispersis prædítæ, nullo gyro unilaterali munitæ, sed bivalves ab apice versus fundum transversaliter sponteque dehiscentes idque per suturam præformatam. Semina quaternatim connata reperi quamquam minus evidenter.

Ex jam relatis constat plerasque Filices Lapponicas e latere Norvegico alpium provenire præcipue locis angustis occultis meridiei expositis. Paucissimæ in ipsis alpibus observatæ scrobiculos recessusque maxime absconditos sibi eligunt ibique brevi vigent; adeo ut neque hæ repugnant cæterarum naturam frigoris impatientissimam. Quæ vero nunc sequuntur plantæ frigorem optime sustinent.

LYCOPODIUM.

Linn. gen. ed. Schreb. n. 1615. *Wahlenb. in Nov. Act. Upsal.* Vol. VII.

Capsulæ in axillis foliorum superiorum vel intra squamas spicarum sessiles, reniformes, bivalves, pulvere seminali quaternato scatentes, præcedentis generis analogæ.

Capsulæ aliæ semper in axillis foliorum inferiorum, 4-coccæ, bivalves sed etiam e latere rumpentes, seminibus quatuor in tetraëdron connexis subtriquetris repletæ.

517. LYCOPODIUM *complanatum:* ramis complanatis, foliis subquadrifariis: superficialibus obsoletioribus, spicis geminatis pedunculatis.

L. complanatum *Linn. svec.* n. 958. *lapp.* n. 416. *Flor. dan.* t. 78. *Schkuhr crypt.* p. 163. t. 163. *Michaux amer.* 2. p. 283. *Falk russ. topogr.* 2. p. 274. *Pallas it. sibir.* 3. p. 34. *Georgii fl. baikal.* p. 238.

Hab. in collibus campisque siccis sylvaticis et montibus subalpinis Lapponiarum omnium svecicarum vulgare; ut etiam in ipsis alpibus rarius.

Capsulas tantum fariniferas habet easque Osmundæ Lunariæ capsulis adeo simillimas, ut si pulvis earum in illa vera semina sit in hac quoque necesse erit. Habitus quidem inter utrasque longe recedit, haud tamen adeo longissime; crescit enim hoc Lycopodium semper complanatim, atque flabellatim ramificatur. Folia re vera quadrifaria sunt, sed rami adeo complanati ut series foliorum inferior et superior obsoletæ evadunt, nec foliis accessoriis L. *helvetici* comparandæ; ad insertionem pedunculorum sexfaria sunt folia, et in ipso pedunculo spicarum terna sunt.

518. LYCOPODIUM *alpinum;* foliis quadrifariis imbricatis acutis, ramis erectis dichotomis, spicis solitariis sessilibus teretibus. *Linn. svec.* n. 957. *lappon.* n. 417. tab. XI. fig. 6. *Flor. dan.* t. 79. *Schkuhr crypt.* p. 162. t. 161. bona. *Lightf.*

scot. p. 690. *Olavs. it. island.* p. 174. *Cranz grœnland.* — *Michaux amer.* 2. p. 282?

Hab. in montibus subalpinis et in collibus campisque per partem sùbalpinam Lapponiarum omnium usque ad Polmak Tanensium vulgare; per alpium vero totum jugum ubique parcius.

Præcedenti adeo affine est, ut limes inter utrumque non facile discernitur. Rami quoque hujus subcomplanati sunt, sed folia utriusque paginæ adeo eminent ut tetragoni evadunt. Facile distingvitur latus inferius ramorum ob folia discreta et quasi peltata. Situs spicarum certiorem præbet differentiam quam figura ramorum.

519. LYCOPODIUM *clavatum:* foliis sparsis enervibus filamentosis, spicis geminatis pedunculatis teretibus imberbibus. *Linn. svec.* n. 952. *lappon.* n. 418. *Flor. dan.* t. 126. *Schkuhr crypt.* p. 163. t. 162. *Lightf. scot.* p. 685. *Olavs. it. island.* p. 434. *Michaux amer.* 2. p. 282. *Falk russ. topogr.* 2. p. 273. *Georgii flor. baikal.* p. 258.

Hab. in sylvaticis et subsylvaticis omnium Lapponiarum rarius; etiam in subalpinis ad Polmak Tanensium visum.

520. LYCOPODIUM *annotinum:* foliis sparsis quinquefariis patulis subserratis, surculis annotino-articulatis, spicis sessilibus teretibus.

L. annotinum *Linn. svec.* n. 956. *lappon.* n. 419. *Schkuhr crypt.* p. 162. t. 162. optim. *Engl. bot.* 24. t. 1727. spicis nimium crassis. *Flor. dan.* t. 127. *Lightf. scot.* p. 689. *Zoega island.* — *Michaux amer.* 2. p. 283. *Falk russ. topogr.* 2. p. 274.

L. elatius juniperinum etc. *Dill. musc.* p. 455. t. 63. f. 9.

Hab. in sylvis acerosis per Lapponiam totam svec. et Nordlandiam inferalpinam sat vulgare; in subalpinis raro.

521. LYCOPODIUM *Selago:* foliis sparsis octofariis subimbricatis lanceolato-subulatis, caule dichotomo fastigiato, capsulis axillaribus sparsis.

L. Selago *Linn. svec.* n. 955. *lappon.* n. 420. *Flor. dan.* t. 104. *Willden. spec.* 5. p. 49. *Schkuhr crypt.* p. 160. t. 159. *Lightf. scot.*

p. 687. *Olavs. it. island.* p. 434. *Pallas it. sibir.* 3. p. 34. *Landt færoens.* — *Georgi fl. baikal.* —

Hab. locis durissimis sterilissimis totius Lapponiæ sylvaticæ passim; in alpinis vero et alpium omnium campis collibusque elatis ubique parcius provenit et frigori patientiorem sese sistit quam congeneres.

Nullibi seminum quaternorum connexio eorumque incrementum evidentior est quam in *Lycopodio inundato.* Hujus clavulas fine mensis Julii examinavi et semina gradatim versus apicem juniora inveni. Infimæ capsulæ sæpius semina jamdudum a se invicem soluta continebant; proximæ semina quaternata evidentissima habebant (tab nostr. XXVI. fig. 1. C — F.); quo vero superiores dein evadunt eo magis conferruminata erant semina usque in supremis nonnisi puncta quatuor pellucidiora granulorum compositionem indicebant (tab. ead. Fig. A. B.)

522. LYCOPODIUM *selaginoides:* foliis sparsis lanceolatis patulis dentato-spinulosis: floralibus majoribus, capsulis axillaribus.

L. selaginoides *Linn. svec.* n. 653. *lappon.* n. 421. *Wahlenb. Act. Nov. Ups.* VII. *Schkuhr crypt.* p. 165. t. 165. *Dillen. musc.* 460. t. 88. f. 1. *Lightf. scot.* p. 686. *Zoega island.* — *Michaux amer.* 2. p. 284. *Landt færoens.* — *Falk russ. topogr.* 2. p. 274.

Hab. locis graminosis subhumidis juxta ripas fluviorum præcipue partis subsylvaticæ et subalpinæ totius Lapponiæ sat vulgare; ut etiam in alpium convallibus et radicibus per Nordlandiam et Finmarkiam parcius usque in Måsöam juxta Nordcap.

Pulchella est species simulque ob duplicem fructum nostrarum maxime memorabilis. Caulis prope radicem valde tenuis est, et procumbens, surculos numerosos vagos decumbentes flexuosos subimplexos hypnoideos emittens; denique vero sese erigit et incrassatur in rachidem clavæ fructiferæ erectæ bi- vel tri-pollicaris ramis L. Selaginis haud dissimilis. Folia caulis inferioris et surculorum parva sunt fere ut in Hypno squarroso L., patula, respectu tenuitatis satis rigidula et re vera dentato-spinulosa. Clavæ fructiferæ folia duplo triplove majora, concava, fere divergentia, et evidentius dentato-spinulosa.

Capsulæ semina graniformia includentes subquadricoccæ revera bivalves, sed interdum quadrifariam dehiscentes. Cocculi laterales simul inferius positi magisque ad latera protuberant quam cocculi medii altius positi. Semina semper quatuor, pro numero cocculorum, insertione sua convergentia et adeo compaginata ut mutua pressione areolæ triangulares ternæ in basi seminis singuli efformantur, qua re adeo seminibus *Isoëtidis lacustris* simillima, ut dum etiam pluribus respectubus conveniunt hæ plantæ de earum affinitate vix dubitare licet; magnitudine vix cedunt seminibus Papaveris, et semper integra e capsulis recedunt atque in terra dispertiuntur, quo clare patet ea antheras haud esse ut voluit Hedwigius.

Capsulæ seminulis pulveraceis repletæ in axillis foliorum superiorum inveniuntur, bivalves, eæque simillimæ capsulis fariniferis præcedentium specierum et Filicum bivalvium. Farina hæc e granulis hispidulis efficitur, quorum quatuor in tetraëdron connata sunt omnino ut semina capsularum inferiorum; quo maxima analogia oritur amborum ut nullum sit dubium quin ejusdem indolis sint. Si itaque farina in capsulis *Botrychii Lunariæ* semina sit, necesse est ut harum quoque capsularum pulvis vera semina erit. Pollen masculinum neutiquam esse potest quum seminibus maturis nuper descriptis omnino coætaneus est pulvis, idque in spica annua; semina unacum pulvere cadunt mense Julii vel initio Augusti, quo facto tota spica perit, et nova insequente anno nascitur e surculis, cujus nunc vix vestigium adest. Surculos hos eodem tempore scrupulose examinavi nec reperire potui minimum vestigium capsularum futurarum. Exinde sententia probabilior fieri mihi videtur, quod capsulæ hæ fariniferæ fructum quoque constituunt cujus seminula nonnisi minutie sua a cæteris seminibus differunt uti semina Spinaciæ diversæ formæ occurrunt.

Explicatio ic. tab. XXVI. fig. 2. A. Seminula quaternata farinacea modice auct. B. idem tetraedron ex apice visum. C. idem e basi visum. E. idem e margine visum. D. Seminulum separatum.

ISOËTES.

Gen. plant. edit. Schreb. n. 1620. *Sprengels Anleit.* 3. p. 194. tab. 5. fig. 41. *Wahlenb. in Nov. Act. Upsal. VII.*

Capsulæ in basi foliorum subinclusæ, membranaceæ, evalves, interius rumpentes, exterius nervo foliorum adfixæ, uniloculares. Receptacula e nervo foliorum provenientia, undique in capsulæ cavum dispertiuntur, filiformia.

Semina numerosa primum quaternatim connata, demum soluta basique areolis ternis triangularibus notata, graniformia.

Capsulæ seminuliferæ aliæ præcedentibus simillimæ: seminulis pulveraceis primum quaternatim connatis.

523. ISOËTES *lacustris Linn. svec.* 2. n. 951. *iter. scan.* p. 417. c. fig. *Flor. dan.* t. 191. *Lightf. scot.* p. 683. *Engl. bot.* 16. t. 1084. bona.
Calamaria etc. *Dillen musc.* 541. t. 80. f. 2.
Icon tab. nostr. XXVI. fruct.

Hab. sub aqua in fluviis pacificis et lacubus Lapponiæ sylvaticæ inferioris meridionalis passim; ego eam pluribus locis parœciæ Jockmock Lapponiæ Lulensis legi.

Memorabilis hæc planta in Vermlandia ferrimontana admodum vulgaris est, ibique eam variis temporibus anni examinavi et Lycopodiis adeo affinem esse comperi, ut non nisi seminibus numerosis graniformibus in capsula evalvi differt. Caudex radicis constituitur talello satis crasso quam nux Avellanæ sæpe majore, in centro vegetante et ad ambitum morituro; radiculis simplicibus in terra infixo. Anatomia instituta similitudinem summam cum Filicibus truncosis demonstravit, ut nullum sit dubium quin Monocotyledonea est Folia basi lata et deltoidea inseruntur ibique marginibus hyalinis instruuntur; sed superne cepacea subtetragona: loculis quatuor a septis transversalibus alternantibus iterum divisis. *Capsula* utriculum tenuissimum membranaceum refert, in folii basi adeo subinclusa ut tantum pars media lateris interioris nuda patet; de cætero tum superne ac inferne libera et a fovea includente soluta; sed postice adnata est nervo vel costæ mediæ folii, idque longitudinaliter. Ex illo receptaculo fructus longitudinali oriuntur plura receptacula seminum seu partialia filiformia, capsulæ cavum trabecularum instar trajicientia vix tamen parieti interiori adfixa; quæ longitudinaliter disposita dissepimentum spurium quodammodo referunt. Semina matura et elabentia crustacea sunt et albissima, ob scabritiem quandam osseam stridula, magnitudine seminum Papaveris, ex uno latere notata areolis ternis triangularibus a pressione et connexione quaternata seminum juniorum ortis; semina quoque juniora semper proprio huic ordini characteristico modo quaternatim connata reperi intra testam communem inclusa. *Capsulæ aliæ fariniferæ* præcedentibus adeo simillimæ ut nulla differentia respectu formæ et texturæ internæ existit. Harum farina re vera seminula est seminibus majoribus graniformibus ultra vigecies tenuiora, de cætero in tenella ætate eodem modo quaternatim connata primumque in testa communi inclusa, ut non possunt non ejusdem indolis esse ac seminula capsularum fariniferarum in *Lycopodio selaginoide*. Nec ætate a seminibus majoribus differunt, elabunt enim eodem tempore eodemque modo. Respectu situs capsulæ graniferæ exterius positæ sunt, et fariniferæ interius; sed intra has capsulas fariniferas iterum adsunt folia cum tenellis capsulis graniferis in quibus semina non tantum quaternatim connata verum etiam in testa communi inclusa. Adhuc magis interiora versus reperi quoque tenellas capsulas fariniferas, idque in speciminibus maximis per plures vices alternantes. Nunne vero interdum capsulæ graniferæ et fariniferæ respectu situs inter se miscuntur, difficile est expertu.

In profunditate lacuum insigniori ubique occurrit foliis tam longis, ut tuto contendo Isoëtidem coromandelianam a nostra haud differre.

Explicatio Iconis: a. folii pars inferior capsulam graniferam fovens. B. eadem perpenliculariter dissecta e dorso ad ventrem, quadruplo aucta. C. folium cum capsula horizontaliter dissecta. d. semen præcedentis capsulæ. E. idem decies auctum. f. pars inferior folii junioris cum capsula granifera juniori. g. eadem perpendiculariter dissecta. H. capsula ejusdem folii exemta sexies aucta. I. semina quaternata ex hac capsula in membrana s. testa sua adhuc inclusa. K. semina magis adulta sed adhuc quaternatim connexa 60:es aucta, quorum semen singulum ad L. depictum est. m. pars inferior folii junioris cum capsula farinifera. N. atomon hujus capsulæ in prima ætate. O. seminula ejusdem capsulæ adultiora quaternata ex apice visa 150:es aucta. P. eadem seminula quaternata oblique visa et Q. e latere visa. R. horum seminulum. S. seminulum ejusdem generis maturum eodem augmento.

EQUISETUM.

Linnæi gen. ed. Schreb. n. 1614. *Hedvig. theor. ed.* 2. p. 82. tab. 1. 2.

Spica ovato-oblonga: squamis peltatis orbiculato-polygonis, pedicellatis, verticillatis.

Capsulæ 4 — 7 sub singula pelta adfixæ, pedicello parallelæ, oblongæ, introrsum longitudinaliter dehiscentes.

Semina numerosissima, globulosa, apiculata; filis duobus, cruciatim in seminum basi adfixis, apice ütraque incrassatis, circa semen convolutis sed siccitate elastice se exporrigentibus.

524. EQUISETUM *arvense;* caule fructificante nudo caduco: vaginis inæqualiter fissis; sterili ramoso: ramis simplicibus recurvatis tetragonis.

E. arvense *Linn. svec.* n. 928. *lappon.* n. 390. *Willden. spec.* 5. p. 1. *Schkuhr crypt.* p. 171. t. 167. *Engl. bot.* 29. t. 2020. bona. *Lightf. scot.* p. 647. *Zoega island.* — *Cranz grœnland.* — *Georgii fl. baikal.* p. 257.

β. alpestre caulibus sterilibus decumbentibus.

Lapponibus *Häpos-suoine* (i. e. equinum gramen). Fennonibus *Karvan-kortet.* Norvegis *Kierringrock.*

Hab. in campis siccioribus et pratis sterilibus totius Lapponiæ frequenter, in maritimis versus Nordcap parcius; at *β.* latera alpium inferiora sæpius frequentat habitu longe alieno notabile.

525. EQUISETUM *sylvaticum:* caule fructificante ramoso: vaginis inæqualiter fissis, ramis compositis divaricatis spicam superantibus triquetris.

E. sylvaticum *Linn. svec.* n. 927. *lappon.* n. 391. *Fl. dan.* 7. t. 1182. *Engl. bot.* 27. t. 1874.

bona. *Willden. spec.* 5. p. 3. *Schkuhr. crypt.* p. 170. t. 166. *Georgii fl. baikal.* p. 237.

Hab. in sylvis densis abietinis Lapponiæ inferioris passim, et in convallibus inferalpinis Nordlandiæ.

Rami triangulares, trichotomi; vaginarum dentibus subulatis, squarrosis, concoloribus.

526. EQUISETUM *palustre:* caule sexangulo: vaginarum laciniis lanceolatis subhyalinis, ramis patentibus spicam nonattingentibus quadrangulis.

E. palustre *Linn. svec.* n. 929. *lappon.* n. 392. *Herbar. Ziervog.* — *Engl. bot.* 29. t. 2021. optim. *Schrad. collect. crypt.* n. 3. *Flor. dan.* 7. t. 1183. *Lightf. scot.* p. 648. *Schkuhr crypt.* p. 174. tab. 169. optim.

E. limosum *Engl. bot.* 13. t. 929?

E. fluviatile *Olavs. it. island.* p. 434?

Hab. in uliginosis spongiosis nemorosis et ad paludes per Lapponiam sylvaticam frequenter.

Caulis gracilior quam in plerisque affinibus, crassitudinem pennæ gallinæ vix attingens: angulis acutissimis, vix asperis. Vaginæ caulis satis longæ scil. latitudine sua dupplum longiores, laxiusculæ et satis plicatæ: laciniis quod ad dorsum s. carinam fuscis, de cætero hyalinis. Rami in planta nuper deflorata internodiis parum longiores: supremi vaginam ultimam s. spicæ haud attingunt: angulis insigniter asperis. Spica fuscescens supra vaginam suam satis elevata. — Figura laudata in Engl. bot. convenientissima.

527. EQUISETUM *fluviatile:* caule striato: annulis constrictis nigro-dentatis subulatisque, ramis erectis spicam superantibus quinquangulis.

E. fluviatile *Linn. svec.* n. 930. *lappon.* n. 393. *Herb. Ziervogel.* — *Flor. dan.* 7. t. 1184.

E. limosum *Smith brit.* 3. p. 1105. *Willden. spec.* 5. p. 4. *Schkuhr. crypt.* p. 175. t. 171.

Lapponibus *Assje.* Fennonibus *Kortet.* Svecis *Fräken.*

Hab. infra ripas fluviorum et lacuum ubi aqua pacifica unam alteramve pedem profunda per partem sylvaticam omnium Lapponiarum passim copiosissime.

Caulis parum crassior quam in *E. hyemali*, vixque crassitudinem calami scriptorii superans, striis vel sulcis circiter viginti exaratus, de cætero lævis sine angulis asperis. Vaginæ caulis annulares vel respectu longitudinis latitudinem haud superantes, constrictæ: margine superiore toto nigro, dentibus nigris, opacis acicularibus. Rami ultra digitem longi, vix asperuli: vaginarum dentibus lanceolatis apice nigris. Spica intra vaginam terminalem subsessilis, nigerrima.

Hoc Svecorum notissimum *Fräken* est, et in omnibus herbariis svecicis antiquis pro *E. fluviatili* exhibetur, inter quæ herbaria Fr. Ziervogelii ipsius Linnéi in itinere Gottlandico socii summi auctoritatis est. Contra *E. Telmateja*, a Cel. *Smith. Engl. bot.* 29. t. 2022. perperam admodum pro *E. fluviatili* exhibitum, nec in fluviis crescit, nec in tota Svecia lectum est, nisi in extima Scania. Quomodo tunc Linnéi planta originalis?

528. EQUISETUM *reptans:* multicaule, cauliculis procumbentibus filiformibus nudis scabris tetragonis, vaginarum dentibus setaceis nigris.

E. reptans *Wahlenb. in Web. et Mohr ind. mus.*

E. hyemale A. tenellum *Liljeblad sv. flor.* p. 384.

E. scirpoides *Michaux amer.* 2. p. 281. *secundum Web. et Mohr crypt.* p. 60.

β. variegatum: crassius, cauliculis pentagonis, vaginarum dentibus sublanceolatis albicantibus.

E. variegatum *Schleich. catal.* n. 21. *Engl. bot.* 28. t. 1987. *Willden. spec.* 5. p. 7. *Schkuhr crypt.* p. 177. t. 172. b. haud bona.

E. nodosum *Schrank flor. bavar.*

Hab. in rupibus elatis montium inferalpinorum Nordlandiæ passim; ut etiam in alpibus Lulensibus prope Virih-jaur rarius visum. Quum autem difficulter invenitur ob caules tenues clandestinos, vix dubito quin vulgatius sit. *β.* in ripis fluminis Vindelensis prope Sorsele Lapponiæ Umensis lectum.

Tenuissimum sui generis, et ab omnibus distinctissimum. Radix longe lateque sub superficie terræ repit ut etiam passim supra terram, simulque passim dividitur in ramos solitarios et dein cauliculos multos exserit, qua re sequentem speciem valde refert. Cauliculi ipsi simplices vel ad basin tantum divisi, longitudine digiti, tenuitate fili, scabri et duriusculi ut in *E. hyemali*, quadrisulcati vel tetranguli, remotius articulati: vaginis atris, dentibus setaceis, patentibus, serrulatis, persistentibus. Spica sessilis et e vagina vix exserta, parva, cauliculo duplum crassior: peltis nigris.

β. figuræ citatæ *Engl. bot.* ex asse convenit, nisi spica paullo minor in speciminibus lapponicis. Quin varietas sit plantæ α. vix dubito, quum vaginulæ etiam in *E. reptante* interdum albicantes fiunt ad oras. Schkuhrii figura spicas longe nimium crassas exhibet.

529. EQUISETUM *hyemale*: multicaule: caulibus nudis striatis scabris, vaginis edentulis crenatis, spicis sessilibus subinclusis.

E. hyemale *Linn. svec.* n. 931. *lappon.* n. 394. *Engl. bot.* 13. t. 915. rudis. *Schkuhr crypt.* p. 176. t. 172. *Flor. dan.* 8. t. 1409. *Smith brit.* 3. p. 1105. *Lightf. scot.* p. 650. *Olavs. it. island.* p. 945. *Flor. kamtschatk. in Arct. Zool.* p. 196. *Georgii fl. baikal.* p. 237.

Hab. in arenosis subhumidis præcipue ad ripas fluminum Lapponiarum omnium sylvaticarum rarius copiose; etiam in Nordlandia inferalpina lectum.

Radix sursum varie ramificat et plures caules in superficie terræ exhibet. Caulis singulus simplicissimus, nudus (sine ullis ramulis), crassitie pennæ gallinæ, pedalis et ultra, verruculis subcartilagineis obtusiusculis scabratus. Vaginæ basi et apice annulo nigricante notatæ, crenulatæ et sine dentibus ullis, quales tamen haud semper fuere sed prima infantia instructæ sunt dentibus connatis nigris, demumque deciduis et nonnisi prope radicem et sub spica in maturis speciminibus persistentibus. Spica sessilis et tantum subexserta; peltis nigris.

Equiseta a præcedentibus generibus distant tum habitu ac fructificatione, sed Psiloto conveniunt saltim dehiscentia capsularum longitudinali ut quodammodo in eodem ordine naturali permanere possunt. An quaternus numerus filorum seminalium analogiam quandam cum quaternatis seminibus præcedentium generum indicat?

Alia genera ex sic dictis Miscellaneis, scil. *Marsilea, Salvinia* et *Pilularia* veris Filicibus affiniora sunt quam quis primo intuitu crederet. Semina eodem modo mediante funiculo adfixa, capsulæ in series vel puncta dispositæ etc.

Ordo III. Musci.

Musci frondosi *Hedw. theor. generat.*

Calyptra styligera e basi solvitur et in altum cum capsula evehitur.

Capsula operculo transversali dehiscens. Seminula sine filis elasticis.

SPHAGNUM.

Hedwig spec. musc. p. 27. Linn. gen. pl. ed. Schreb. n. 1637.

Fructificationes dioicæ: steriles (Flores masculi Hedw.) capituliformes polline solitario in apicibus ramorum; capsulifera in axillis ramorum.

Capsula apophysi globosa suffulta. Peristomium nudum.

530. SPHAGNUM *latifolium:* foliis ovatis obtusis, capsulis subglobosis. *Hedw. spec.* p. 27.

Sph. cymbifolium *Swartz musc. svec.* p. 19.

Sph. palustre α. *Linn. svec.* n. 959. *lappon.* n. 415. *Fl. dan.* 3. t. 474. *Olavs. it. island.* p. 175. 429.

Sph. obtusifolium *Ehrh. dec.* 241. *Hoffm. germ.* p. 21. *Web. et Mohr crypt.* p. 72. *Dillen.* t. 32. f. 1.

Lapponibus *Mana Tarfe* i. e. infantum muscus it. *Ruopses Tarfe* i. e. ruber muscus.

Hab. præcipue in Lapponiis sylvaticis cum insequente, sed minus copiose.

Ob latitudinem foliorum reticulum quoque eorum dupplo grandius quam in sequente. Color foliorum rubet locis siccioribus uti etiam in sequenti α, sed ubi in aqua crescunt ambæ species virescens semper est.

Sphagna omnia summa æstate fructificant et autumnum versus opercula dejiciunt.

Quod muscorum sic dicti *Flores masculi Hedwigii* haud sint solæ gemmæ, satis convincimus ab eorum forma vasculari et a præsentia verarum gemmarum ex. gr. in Bryo androgyno. Forma eorum cum capsulis seminiferis analoga et præsentia operculi mihi valde probabile facit, quod sint quodammodo capsulæ vel fructus constanter abortientes sive minoris generis uti capsulæ fariniferæ apud Tetradidymas: et inde orta est eorum denominatio supra data. Nihilo tamen minus satis persvasi sumus, quod summi momenti sunt in muscis systematice disponendis, utpote qui habitui et affinitati naturali generum optime conveniunt. Eos e dispositione rejicere idem est ac omnem considerationem affinitatis naturalis repudiare. Commodum semper erit omni Botanico muscos hypnoideos a bryoideis sub excursionibus distinguere, cur non etiam in systemate?

531. SPHAGNUM *capillaceum:* foliis lanceolatis acuminatis, capsulis suboblongis, ramis filiformibus. *Swartz! musc. svec.* p. 18. *Smith brit.* 3. p. 1146.

Sph. capillifolium *Hedwig spec.* p. 28.

Sph. palustre β. *Linn. svec.* n. 959. *Hedw. fund.* t. 3. f. 13. 15.

Sph. acutifolium *Ehrh. dec.* — *Web. et Mohr cr.* p. 75.

Sph. intermedium *Hoffm. germ.* p. 22.

β. *cuspidatum:* foliis attenuato-cuspidatis excurvis.

Sph. cuspidatum *Ehrh. dec.* — *Web. et Mohr.* p. 74. *Dillen.* t. 32. f. 2. B. *Schwægrich. suppl. muscor.* I. p. 16. t. 6.

Hab. in paludibus et paludosis per omnes Lapponias sylvaticas Svec. frequenter (vix adeo vulgatissime ac in Svecia sylvestri); in convallibus paludosis alpinis ubique parcius usque versus Nordcap; in summis vero alpibus vix invenitur nec in Nordlandia inferalpina admodum vulgare.

β. sub aqua paludum passim.

Apophysin calyptratam haud invenire potui, sed capsula quoad basin diaphana est et pallidior, quam partem pellucidiorem plerique pro calyptrata habuerunt.

Sph. cuspidatum a loco aquoso tantum orire videtur; sed magis diversum est *Sph. squarrosum* ad præcedentem magis accedens et ubique idem persistens, in Lapponia a me non visum.

GYMNOSTOMUM.

Hedw. spec. p. 30.

Fructificationes dioicæ terminales: steriles subdisciformes.

Capsulæ peristomium nudum.

532. GYMNOSTOMUM *Heimii:* subacaule, foliis spathulatis acuminatis apicem versus denticulatis, capsula cylindracea: rostro declinato.

G. Heimii *Hedw. stirp.* 1. t. 30. *Smith brit.* 3. p. 1162. *Web. et Mohr crypt.* p. 87. *Engl. bot.* 28. t. 1951. bona.

Hab. in scrobiculis petrarum juxta mare septentrionale rarissime ex. gr. in Rypklubb Qualöæ et Langöen Porsangriæ Finmarkiæ parcissime lectum.

Folia nervo valido rubro instructa, ut etiam cæteræ partes insigniter rutilantes.

533. GYMNOSTOMUM *curvirostrum:* caule diviso gracili, foliis lineari-subulatis patulis, capsulis obovatis, operculi rostro declinato.

G. curvirostrum *Hedw. stirp.* 2. t. 24. *Web. et Mohr deutschl. Crypt.* p. 83.

Bryum æstivum *Linn. spec. plant.* p. 1585.

Bryum stelligerum *Dicks. fasc.* 2. p. 3. t. 4. f. 4.

Bryum palustre æstivum. *Dillen.* p. 375. t. 47. fig. 36.

Hab. in rupibus umbrosis occultis maxime irrigatis per radices alpium Nordlandicarum passim copiose.

Muscus viridi-opacus, gracilitate sua atque tenuitate facile a *Weissia acuta*, cui satis similis, distingvendus. Caules pollicarem longitudinem vix attingunt, valde graciles et passim divisi, fastigiati et densum cæspitem constituentes. Folia siccitate connivent, fasciculo ductulorum tenui instructa, reticulo laxiore facta unde minus augente vitro punctata apparent. Setæ tortiles. Capsulæ obovato-urceolatæ marginibus crassiusculis subincurvis. Peristomium semper nudum reperi idque in speciminibus cujusvis ætatis vivis, et quorum operculum caute separavi. Operculum columnæ capsulæ inhæret postquam a peristomio solutum est, quod pro certo Gymnostomi indicio habeo; de cætero planum est, rostro subsetaceo declinato longitudinem capsulæ æquante.

Grimmia verticillata Turn. a nostro musco differt dentibus peristomii, columna brevi, operculo subconico et deciduo, capsula oblonga, foliis longioribus luteolis, caulibus fragilibus.

Neque in paludibus crescit nec æstivus apud nos est; quia mense maji capsulas operculatas et calyptratas legi. An autem ultimo autumno capsulas perficit? De cætero musci in Lapponia eandem normam servant ac alibi: scil. saxicoli et in siccis apricis crescentes primo vere capsulas maturant, palustres summa æstate optime vegetant et fructificant; rupestres vero inferalpinos autumno maturari crediderim.

534. GYMNOSTOMUM *tristichon:* caule simpliciusculo filiformi, foliis trifariis lanceolatis canaliculatis, perichætio convoluto, capsulis oblongis, operculo oblique rostrato.

G. compactum *Schleich. helvet. cent.* 2. n. 7. *Schwægrich. suppl. musc.* 1. p. 36. t. 11. f. 1.

G. luteolum *Smith brit.* 3. p. 1163.

G. æstivum *Hedwig spec.* p 52?

Hab. in rupibus alpium frigidis occultis ab aqua nivali irrigatis per Nordlandiam totam passim frequenter. Autumnalis esse videtur.

Pulchra est species et valde memorabilis. Per longam annorum seriem innovando succrescere videtur quum surculi undique occurrunt longitudine digiti, magnum et compactum cæspitem efficientes, plerumque indivisi vel e latere unico tantum simpliciter innovantes; innovatione singuli anni tertiam partem setæ ut plurimum superante. Folia semper trifariam disposita sunt, quod optime apparet in apicibus brevibus surculorum stellulas triradiatas pulchre referentibus, quum autem surculi spiraliter torquuntur obsoletius fit, adeo ut sæpius verticillata apparent; de cætero folia sunt lanceolata, breviter acuminata, patula, exsiccatione apicibus insigniter incurvata (quo surculi nodulosi apparent a præcedentis speciei facile distingvendi), nervo ductulorum tenui instructa, atque reticulo compacto facta, colore luteo-viridia. Perichætium vaginans in latere surculi evidenter conspicitur, constructum e foliis 7-9 quoad maximam partem convolutis et summis tantum apicibus liberis, quo facillime a præcedente specie distingvitur. Seta pallida ut etiam capsula et operculum. Capsula oblonga, lævis. Operculum rostro subulato obliquo. Calyptra lateralis angusta, summo apice fuscescente. — Ex hisce patet quod optime diversus est a præcedente, cui proxime affinis. Rarissime capsulas profert, sed sterilis muscus facile dignoscitur apicibus suis triradiatis, qua ratione ductus muscum ignotum tristichon dixi, quod nomen adhuc ægre omittere volui.

ANICTANGIUM.

Hedwig spec. p. 40.

Fructificatio monoica: sterilis alaris gemmiformis.

Capsulæ peristomium nudum s. nullum.

535. ANICTANGIUM *ciliatum:* caule ramoso, foliis ovatis enervibus concavis apice canis denticulatis, capsula sessili.

A. ciliatum *Hedw. spec.* p. 41.
Gymnostomum ciliatum *Swartz musc. svec.* p. 19.
Hedwigia ciliata. *Hedw. stirp.* 1. t. 40.
Bryum apocarpum β. *Linn. svec.* n. 986.

Hab. in saxis siccis inferalpinis Nordlandiæ meridionalis passim, septentrionalis rarius; sed de cætero rarissime tantum in Lapponia lectum ex. gr. ad Wallivaara prope Naimaka situm parœciæ Enontekensis, ut etiam parcius in Westerbottnia.

536. ANICTANGIUM *lapponicum:* caule diviso, foliis linearibus siccitate tortilibus, capsula turbinata costata subexserta.

A. lapponicum *Hedw. spec.* p. 40.
Gymnostomum lapponicum. *Swartz musc. svec.* p. 20. *Hedwig. Stirp.* 3. t. 5. A. *Smith brit.* 3. p. 1167. *Schkuhr deutsch. laubmoos.* t. 8. *Hoffm. fl. german.* p. 29.

Hab. in fissuris rupium madidis ad latera montium sylvaticorum et subalpinorum Lapponiarum svec. rarius; in Nordlandia septentrionali quoque rarius, sed in meridionali frequentius. Nostra Medelpadia ejus vera patria est, ubi omnino vulgare; itaqne nomen lapponicum haud optime quadrat. Vernalis est mense Maji maturans.

Muscus

Muscus anomalus est præcedenti neutiquam affinis, quin autem *Orthotricho crispo* similior vix dubito quamquam peristomium re vera nullum et calyptra diversissima lateralis. Caulis potius divisus quam ramosus, vix unquam ultra pollicem longus. Flores s. d. masculos semper axillares in propriis ramis ejusdem caulis ac femineo reperi, ut de genere nullum dubium sit. Folia re vera linearia sunt atque longiora quam in plerisque similibus, nervo valido instructa unde sub exsiccatione insigniter torquentur ut totus muscus eximie crispus evadit. Seta foliis vix duplo longior, foliis perichætialibus ultra dimidium vaginata, lutescens et mollis, sub capsula dilatata in strumam viridem. Capsula ipsa si strumam excipias subglobosa est atque eximie costata ut in Orthotricho crispo. Operculum rostro tenuissimo molli luteo instructum et umbone pariter tam tenui ut interdum perforatur et peristomium refert, sed margines operculi crassi sunt. Calyptra magna ut totam capsulam tegit, lateralis, basi truncata integra.

TETRAPHIS.

Hedw. spec. p. 45.

Fructificatio polygama; sterilis capituliformis, terminalis; alia neutra cyathiformis.
Capsula. Peristomii dentes quatuor pyramidales.
Calyptra æqualis, inferne laciniata.

537. TETRAPHIS *pellucida:* caulescens, foliis lanceolatis laxis, capsulis subcylindricis. *Hedw. spec.* p. 45. tab 7. fig. 1. a — f. *Web. et Mohr crypt.* p. 93. *Engl. bot.* 15. t. 1020. *Flor. dan.* 8. t. 1412.

Mnium pellucidum *Linn. spec.* n. 968. *Zoega island.* — *Schmidel. ic.* 1. t. 3. *Cranz grœnland.* — *Georgii fl. baikal.* p. 239.

Hab. in lateribus tumulorum per paludes e Sphagno exstructorum Lapponiæ totius sylvaticæ et subsylvaticæ sat frequenter; in Nordlandiæ inferalpinæ truncis putridis passim.

Splachnis affinior mihi videtur quam alii cuidam generi.

T. ovata Funk (T. rigida Hedw. fil.) denique etiam in Svecia a me lecta est, scil. in rupibus umbrosissimis montis Brattberget ad lacum Skjärgen parœciæ Kroppa Vermlandiæ ferrimontanæ.

ANDRAEA.

Ehrhart Beitr. 1. *p.* 15. 180. *Hedw. spec. p.* 47.

Fructificatio sterilis gemmiformis?

Capsula exigua: Peristomii dentes quatuor, capsulâ majores, apicibus operculo styligero adnati, inferne denudati.

538. ANDRAEA *alpina:* foliis ovato-oblongis obtusiusculis enervibus: perichætialibus imbricatis muticis.

A. alpina (et rupestris *Hedw. spec.* p. 47. tab. 7.) *Engl. bot.* 18. t. 1278. *Web. et Mohr crypt.* p. 383.

A. petrophila *Ehrh. crypt.* n. 67.

Jungerm. alpina *Linn. spec. plant.* p. 1601.

Lichenastrum alpinum atro-rubens etc. *Dillen.* p. 506. tab. 73. fig. 39.

β. *subsecunda:* foliis acutiusculis subsecundis.

A. rupestris *Web. et Mohr crypt. german.* p. 384.

Hab. in saxis lapidibusque siccinsculis apricis per totam Lapponiam sylvaticam et subalpinam passim; ut etiam in inferalpinis Nordlandiæ Finmarkiæque ad Maasöam usque, et in ipsis alpibus rarius.

Quum ambo hi musci ab auctoribus recentissimis segregati perichætio imbricato prorsus conveniunt, nullus dubito quin *Jung. alpinam L.* veram constituunt quodque nullus eorum *J. rupestris L.* sit. Folia omni nervo ductuloso carent, atque mutica semper sunt. Perichætium foliis duplo longius est, foliolis sensim longioribus ut interioribus evadunt, simulque omnibus enervibus muticis.

539. ANDRAEA *rupestris:* foliis ovato-subulatis secundis uninervibus: perichætialibus æqualibus mucronatis.

A. rupestris *Roth neue beytr.* 1. — *Engl. bot.* 18. t. 1277.

A. Rothii *Web. et Mohr crypt. german.* p. 386. t. 11. f. 3-9. *Schwægrich. musc. suppl.* 1. p. 43.

Jungerm. rupestris *Linn. svec.* n. 1045.

Lichenastrum alpinum nigricans, foliis capillaceis reflexis *Dillen. musc.* p. 507. tab. 73. f. 40.
Hab. in rupibus præruptis irrigatis sylvaticis per Lapponias meridionales rarius.

Hujus speciei nomen satis conveniens esse puto, quia in rupibus sylvaticis semper crescit muscus; præcedens autem saxicola est in saxis apricis elatis proveniens. Surculi hujus plerumque longiores sunt atque toti nigricantes. Foliorum basis ovata nervo ductuloso insigni instructa, qui nervus excedit in acumen subulatum opacum rigidulum versus unum latus recurvatum. Perichætium foliis proximis haud longius; foliolis omnibus æqualis longitudinis, latis et vaginam laxam constituentibus, sed exteriora foliola demum in mucronem abeunt, interiora apiculata sunt.

SPLACHNUM.

Linn. gen. ed. Schreb. n. 1641. *Hedw. spec.* pag. 51.

Fructificatio polygama terminalis: sterilis disciformis in diverso caule.
Capsula apophysi inani conoidea s. umbraculiformi insidens.
Peristomium simplex: dentibus octo plerumque bipartibilibus obtusis.

540. SPLACHNUM *rubrum:* subacaule, foliis ovatis dentatis, apophysi umbraculiformi convexa purpurea.
S. rubrum *Linn. svec.* n. 963. *Amoen. acad.* 2. p. 272. t. 3. f. 2. *Hedwig stirp. crypt.* 2. t. 18. *Flor. dan.* 8. t. 1358. bona. *Falk russ. topogr.* 2. p. 274.
Hab. in nuda terra uliginosa sylvarum umbrosissimarum desertarum per Lapponiam infimam raro: ex. gr. ad Kengis lectum, nec non ad Lycksele et ad lacum Örträsk Lapponiæ Umensis.

Color umbraculi adeo saturatissimus et elegantissimus, ut nihil in natura pulchrius esse queat; qui color adfuso acido ex. gr. nitrico quidem dilutior fit et ab alkali obscurior, sed a neutro prorsus mutatur, ut inter constantiores colores vegetabiles numerandus est. A prima infantia saturatisse purpureum est umbraculum, nec in senectate mutatur.

541. SPLACHNUM *luteum:* subacaule, foliis ovalibus subdentatis, apophysi umbraculiformi planiuscula lutea.

Spl. luteum *Linn. svec.* n. 964. *Amoen. acad.* 2. p. 277. t. 3. f. 1. *Hedw. stirp. crypt.* 2. tab. 17. *Flor. dan.* 8. t. 1359.

Hab. locis paludosis apricis stercore bovino insidens per partem subsylvaticam et sylvaticam omnium Lapponiarum svec. passim copiose, ad Idivuoma Lapponiæ Enontekensis frequentissime. Aestivalis est unacum reliquis 3 speciebus annuis et mense Augusti maturans.

Tutissima ut etiam facillima differentia hujus et præcedentis speciei in colore umbraculi consistit, nam folia *Spl. lutei* sæpe non parum denticulata sunt et umbraculum convexiusculum. Color umbraculi in Kali testaceus tantummodo evadit.

542. SPLACHNUM *sphæricum:* subacaule, foliis oblongo-spathulatis acuminatis integerrimis, apophysi globosa magnitudine capsulæ.

Spl. sphæricum *Swartz method musc.* p. 33. t. 1. f. 1. *Hedw. stirp. crypt.* 2. tab. 16. *Web. et Mohr crypt. germ.* p. 100. *Hoffm. fl. german.* p. 22.

β minus. Spl. gracile *Dicks.* t. 10. f. 5. *Dillen.* t. 44. fig. 4.

Hab. locis paludosis apricis in stercore bovino per partem sylvaticam et subsylvaticam omnium Lapponiarum svec. passim copiose; ut etiam in subalpinis frequenter.

Apophysi sua minuta vix crassiore quam ipsa capsula, eaque viridi facile distinguitur. Setis spithamæ longitudinis sæpe occurrit, semper vero tenuissimis vere capillaribus, quibus a varietate tenella Spl. mnioidis facile distinguitur hæc species.

543. SPLACHNUM *vasculosum:* caulescens, foliis ovali-spathulatis obtusiusculis integerrimis, apophysi ventricosa purpurea capsulis triplo ampliore.

Spl. vasculosum *Hedwig. stirp. crypt.* 2. tab. 15. *Flor. dan.* 8. t. 1413. optim. *Web. et Mohr crypt. germ.* p. 100. *Hoffm. fl. german.* p. 22.

Hab. in paludibus profundis spongiosis Lapponiarum sylvaticarum et subsylvaticarum rarius, usque ad Nonainen paroeciæ Enontèkis.

Fateor me dubitare an limites quidam certi existunt inter hanc speciem et *Spl. ampullaceum*. Quem in Lapponia reperi muscum caule gaudet ultra bipollicari, innovationibus dimidiam setam æquantibus, foliis obtusissimis, simulque apophysi brevi, adeo ut a *S. ampullaceo* longius distat. Sed in Vermlandia legi colore sensim dilutiore et figura apophyseos longiore simul ac foliis longioribus usque dum in *Spl. ampullaceum* abire videtur.

544. SPLACHNUM *urceolatum:* caule subdiviso, foliis bullatis integerrimis imbricatis cuspidatis, apophysi obconica latitudine capsulæ.

S. urceolatum *Schreb. in Crantz grœnl.* — *Flor. dan.* 8. t. 1361 f. 2. *Hedw. stirp. crypt.* 2. tab. 13. *Web. et Mohr crypt.* p. 102.

Spl. bryoides *Zoega island.* —

β. *minus:* foliis angustioribus.

Spl. mnioides *Hedw. stirp. crypt.* 2. tab. 11. *Swartz nov. Act. Ups.* 4. p. 241.

Phascum pedunculatum *Flor. dan.* t. 192.

Hab. locis siccioribus in stercore bovino vel truncis emortuis ossibusque per partem sylvaticam, subsylvaticam et subalpinam omnium Lapponiarum fere ubique; ut etiam in alpestribus locis Nordlandiæ Finmarkiæque rarius. Altius versus alpes adscendit præcipue var. β. quam reliqua Splachna, et solum est Splachnum in norvegico latere a me lectum; alpes vero altiores fugit. Hoc et proxime insequens potius vernalia sunt mense Junio maturantes, perennia.

Quoad longitudinem insigniter variat, scil. a pollice una usque ad tres, et folia quoque plus minusve longa proportionaliter inveniuntur, sed superiora semper valde concava, qualia etiam apud *Spl. mnioide* reperio. De cætero in capsula nulla adest differentia harum specierum; in utraque apophysis junior viridis est, matura rubra. Folia sub apice valde concava vel extrorsum gibba surculos obesiores efficiunt quam in ullo alio.

545. SPLACHNUM *angustatum:* caule diviso, foliis lanceolatis cuspidatis serratis: perichætialibus

setam subæquantibus, apophysi obconica latitudine capsulæ.

Spl. angustatum *Swartz method. mus.* p. 33. *Nov. Act. Ups.* 4. p. 241 *Hedw. stirp. crypt.* 2. tab 12. *Smith brit.* 3. p. 1199. *Web. et Mohr crypt.* p 97. *Schkuhr deutsch. laubmoos.* t. 14.

Hab. locis siccioribus sylvaticis in truncis emortuis per partem infimam Lapponiarum meridionalium rarius.

Hujus caulem usque tripollicarem vidi, cum seta foliis perigonialibus duplo tantum longiore. Ipsa capsula in vetustis exemplaribus conoidea s. sursum angustata apparet, qualis etiam in præcedente sæpe occurrit. in cæteris autem speciebus unacum seminulis cadit nec unquam vetusta persistit. Memorabile utique est, quod capsula omnium specierum simillima tum respectu magnitudinis et figuræ; nec operculum differentiam ullam præbet apud omnes conoideum obtusum. Loco habitationis omnes quoque conveniunt sylvas antiquissimas boreales amantes, adeo ut Vermlandia septentrionalis plures species alit quam ipsa Lapponia. Annuæ species nonnisi in fimo bovino vetusto crescunt, eamque ob causam juxta semita boum pascentium plerumque leguntur; species vero ambæ perennes tum in stercore ac cornibus aliisque quisquiliis animalium aluntur, tum in truncis arborum putrescentium.

546. SPLACHNUM *reticulatum;* caule subdiviso, foliis oblongo-ligulatis obtusis concavis, capsula apophysique clavata obliqua. *Swartz* l. c. 24.

Bryum reticulatum *Dicks. fasc.* 2. pag. 4. tab. 4. fig. 6.

Spl. Froelichianum *Hedw. stirp* 3. t. 40. *Schkuhr deut. laubm.* tab 18. *Web. et Mohr.* l. c. p. 104.

Hab. in terra spongiosa irrigata ad latera alpium Lapponiæ Lulensis rarius; ad Stor-Tokin juxta Virihjaur copiose a me lectum. Prima æstate maturatur.

Iconi Hedwigii optime quadrat. Non parum affine est *Spl. urceolato*, quamquam *Weissiæ Splachnoidi* longe similius; a qua distingvitur foliis nitidis, seta semipollicari et tamen crassiori, capsula et apophysi ita elongatis ut clavam referunt oblongam, peristomate tenuiore omnino Splachni.

ENCALYPTA.

Schreb. gen. plant. n. 1643. *Hedw. spec.* p. 60.

Fructificatio monoica; Sterilis gemmacea axillaris.

Capsula cylindracea. Peristomium simplex: dentibus sedecim longis.

Calyptra campanulata, laxa, indivisa.

547. ENCALYPTA *ciliata:* caulescens, foliis oblongo-ellipticis, vaginulæ membrana cylindrica, calyptræ ore dentato, capsula suboblonga.

E. ciliata *Hedw. spec* p 61. *Flor. dan.* 8. t. 1416.

Leersia ciliata *Hedwig stirp. crypt.* 1. tab. 19.

Bryum extinctorium β. *Linn. svec.* n. 990.

Hab. in marginibus terrenis per Nordlandiam inferalpinam rarius. Omnes Encalyptæ vernales sunt.

Hæc sibi semper similis est meliusque distingvitur quam cæteræ: foliis magnis et siccitate haud crispabilibus sed patentioribus, muticis, statura semper eadem, ore calyptræ crassiore dentibus regularibus instructo. Vaginula longior, cujus membranula conspicua quidem est sed sursum versa et setæ adpressa.

548. ENCALYPTA *vulgaris:* subacaulis, foliis oblongis, vaginulæ membrana deflexa pileiformi, calyptræ ore nudo integro, capsula suboblonga.

E. vulgaris *Hedw. stirp. crypt.* 1. tab. 18. *Spec.* p. 60. *Web. et Mohr crypt. germ.* p. 106.

Bryum extinctorium *Linn. svec.* n. 990. *Georgii fl. baikal.* p. 239.

β. *apiculata:* caule diviso, foliis apiculatis cuspidatisve.

Flor. dan. 6. tab. 1001. f. 2.

Hab. locis siccis ad rupes per partem sylvaticam Lapponiarum svec. raro; at in inferalpinis Nordlandiæ Finmarkiæque plerumque var. β. occurrit frequenter locis arenosis ad prærupta montium.

Adeo gradatim caulescens et divisa evadit simulque habitu ita alienata ut difficulter dignoscitur. Folia semper breviora et cauli adpressa in statu sicco, ut surculi satis angusti et læves apparent; nec acuminata sunt folia quamquam subpilifera. Vaginulæ membrana in utraque varietate eadem, magna ob appendicem calyptræ ei adhærentem; itaque os calyptræ quasi truncatum nec dentibus auctum. Capsula oblonga, lævissima; peristomio etiam in altera varietate tenuissimo exalbido, cum operculo plerumque secedente.

549. ENCALYPTA *alpina:* caule subdiviso, foliis oblongo-attenuatis cuspidatis siccitate tortilibus, vaginulæ membrana cylindrica, calyptra angustata laciniata, capsula cylindrica lævi.

E. alpina *Engl. bot.* t. 1419.

E. affinis *Hedw. fil. in Web. et Mohr beitr.* p. 121. tab. 4. *Flor. dan.* 8. t. 1425. bona. *Schwægrich. musc. suppl.* 1. p. 58. t. 16.

Hab. in petris saxisque alpium Lulensium passim; ad Virih-jaur pluribus locis frequenter lecta.

Facile distingvitur ab omni varietate præcedentis: foliis sursum angustatis et siccitate tortilibus convolutis (adeo ut surculi *Tortulam ruralem* referunt); calyptra elongata, cylindrica, angustata, ore lacinulato. Magnitudine vero ita variat ut interdum præcedenti interdum sequenti eo respectu convenit. Folia madida valde patent, sed siccitate apprimuntur ut surculi satis angusti evadunt. Seta vix tortilis est. Capsula prorsus cylindrica, lævis. Calyptra duplo longior quam in præcedentibus, simulque angustior; ore lacinulis inæqualibus munito.

550. ENCALYPTA *streptocarpa:* caule subdiviso, foliis lanceolato-ellipticis muticis siccitate incurvatis, vaginula nuda, calyptra cylindracea, capsula striata cylindrica.

E. streptocarpa *Hedw. spec.* p. 62. t. 10. f. 1-9.

Bryum contortum *Wulfen in Jacqu. collect.* 2. p. 226.

Hypnum saxatile erectum, ramulis etc. *Dillen.* 335. t. 43. f. 71.

Hab. in rupibus convallium inferalpinarum Nordlandiæ meridionalis rarius; a me lecta ad Skönstugan Saltensium et Dale Sörfoldensem.

Ob calyptram simillimam diu dubitavi annon præcedentis varietas sit; sed folia sursum lata, siccitate vix convoluta, parum incurvata, seta tortilis et capsula striata differentiam præbere videntur. Surculi madidi ut in *E. ciliata* turgidi; foliis subconvexis, parum patentibus, obtusis. Capsula cylindracea, striata: striis obliquis, haud vero insigniter spiralibus. Peristomii dentes magis persistentes ut et coloratiores quam in præcedentibus simulque longi subcapillares. Calyptræ apertura plerumque lacinulis ornata est; et vaginulam omni membrana carentem reperi.

DIDYMODON.

Schreb. gen. plant. n. 1646.

Fructificatio hermaphrodita terminalis s. monoica: Sterilis capsuliferis approximata axillaris.

Capsula. Peristomium simplex: dentibus octo vel sedecim parium.

551. DIDYMODON *latifolium:* foliis oblongis, capsula oblonga cernua: dentibus perforatis.

D. latifolium *Wahlenb. in Web. et Mohr ind. mus.*

Cynontodium latifolium *Schwægr. musc. suppl.* 1. p. 110. t. 27 mala.

Icon tab. nostr. XX.

Hab. in fissuris madidis scopulorum littoralium juxta mare glaciale Finmarkiæ rarissime; a me unico tantum loco lectum in insula Langöen prope Kistrand Porsangriæ, sed copiose et in ætate optima ut idem bene examinare licuit. Vernale esse videtur.

Muscus hic adeo distinctissimus est, ut nescio an ulli alii affinis dici potest. Capsula quidem ut in *D. inclinato*, sed folia gerit *Dicrani latifolii* vel *Encalyptæ.* Caulis brevis, simpliciter innovans ut capsula matura et seta novella vel flores in eodem individuo. Folia oblonga vel oblongo-elliptica, apiculata, nervo tenui instructa, patentia. Flos terminalis rami innovantis sæpius hermaphroditus est: folliculis quatuor circiter masculinis, et uno alterove pistillo; sed interdum florem masculinum prope femininum sejunctum reperi, folliculis numerosioribus. Seta valde tortilis, semipollicaris. Capsula oblonga, in setam non parum attenuata, cernuonutans vel horizontalis directionis, coloris saturate fusci. Operculum convexum, obtuse papillatum. Calyptra dimidiata s. lateraliter fissa; rostro longiusculo. Peristomium fere ut in *D. inclinato*, dentibus semper in medio perforatis. Aeque certa est Didymodontis s. Cynontodii Hedw. species ac ulla alia. Secundum differentiam quis forsam eam *D. cernuo* similem crederet, quod vero longe abest.

Explicatio iconis: a. muscus totus cum capsula matura. A. idem magn. auct. b. muscus cum seta novella. C. flos hermaphroditus. D. flos masculus. E. folium ordinarium. F. folium subfloribus positum. G. capsula. H. Operculum. I. Calyptra. K. peristomium paribus tribus dentium. L. dens unus.

552. DIDYMODON *inclinatum:* foliis subvaginantibus setaceis distichis patulis, capsula cernua subovali.

D. inclinatum *Swartz musc. svec.* p. 28. *Web. et Mohr crypt. germ.* p. 153.

Cynontodium inclinatum *Hedw. stirp. crypt.* 1. tab. 27. *spec.* p. 58.

Hab. in campis siccis apricis et cum sequente in inferalpinis Nordlandiæ rarius et parcius.

Vix differt a sequente nisi latitudine capsulæ, qua etiam dentium latitudo provenit; nec dentes semper perforatos reperi.

553. DIDYMODON *capillaceum:* foliis subvaginantibus setaceis distichis patulis, capsula erecta subcylindrica, operculo conico.

D. capillaceum *Swartz musc. svec.* p. 28. *Hoppe taschenb.* 1801. p. 206.

Cynontodium capillaceum *Hedw. spec.* p. 57.

Swartzia capillacea *Hedw. stirp. crypt.* 2. tab. 26.

Trichost. capillaceum *Engl. bot.* 16. 1152. bona.

Bryum capillaceum *Swartz nov. Act. Ups.* IV. p. *Dicks. fasc.* 1. p. 4. t. 1. f. 6.

Hab. in marginibus terræ succosis juxta rupes per omnes partes Lapponiæ Svecicæ etiam alpinas passim; sed in inferalpinis Norvegicæ ad latera montium fertilia succosa et umbrosa vulgatissime, unde in lateribus summis alpium et versus Caput septentrionale parcius procedit. Itaque clima durum pertinaciter sustinet.

Nitidus est muscus, surculis suis pennæformibus vel plumosis facillime distinguendus. Folia inferne cauli adpressa et lateribus suis amplectentia;

deinde patentia fiunt et capillaria vel setacea. Capsula lanceolato-cylindracea.

554. DIDYMODON *rostratum:* foliis lineari-setaceis subsecundis flexuosis subenervibus, capsula erecto-cernua, operculo rostrato obliquo.

D. longirostrum *Web. et Mohr crypt. germ.* p. 155.

D. flexicaule *Schleich. crypt. helv. cent.* IV. n. 9.

D. homomallum β. divergens *Wahlenb. fl. Gottland.*

Cynontodium flexicaule *Schwægrich. musc. suppl.* 1. p. 113. t. 29.

Hab. in saxis siccis umbrosis per latera montium inferalpinorum Nordlandiæ meridionalis passim copiose.

Quoad habitum inter præcedentem et sequentem quodammodo ambigit, sequenti tamen magis affine; magnitudine utrumque vincit. Caulis sæpe bipollicaris et ultra, flexuosus, simpliciter pone florem innovans et flore hermaphrodito terminatus ut ad Cynontodia Hedw. pertinet. Folia neque basi adpressa neque amplectentia sunt, sed a latiore basi sensim angustantur in setaceam formam; de cætero varie divergentia et undique flexa, apicibus tamen secundis, longiuscula vel capsula triplo fere longiora; nervo parum conspicuo. Seta spiralis et tortuosa, superne pallida et fere straminea. Capsula lanceolata, erecta quidem, sed paullum obliqua vel subcernua. Operculum obliquum, acuminato-cuspidatum multo magis quam in affinibus, annulo elastico perinsigni insidens (quale in præcedente abest). Peristomii dentes albidi, longi ut in Trichostomo.

555. DIDYMODON *homomallum:* subacaule subdivisum, foliis attenuato-subulatis integerrimis arcuato-secundis strictis, capsula erecta subinæquali, operculo annulato conico obliquo.

D. homomallum *Hedw. spec.* p. 105. t. 23. f. 1. 2. *Web. et Mohr crypt.* p. 156.

Grim. homomalla *Engl. bot.* 27. t. 1900. haud bona.

Hab. in marginibus terrenis ad radices montium inferalpinorum Nordlandiæ meridionalis rarius.

Caulis quamquam brevissimus, bis terve divisus est. Folia stricta et rigidiora quam in proxime præcedente, validiori nervo prædita, arcuatim versus unum latus recurvata.

556. DIDYMODON *pusillum:* subacaule, foliis attenuato-subulatis subserrulatis erectis strictis, capsula erecta æquali, operculo conico.

D. pusillum *Hedw. spec.* p. 104. *Stirp. crypt.* 1. t. 28. *Web. et Mohr crypt.* p. 157.

Hab. in marginibus terrenis arenosis nudis ad fluvios per partem sylvaticam præcipue inferiorem Lapponiarum omnium Svecic sat frequenter.

Caulis perangustus est, et foliis adpressis inconspicuis vestitus, simplicissimus. Foliorum nervus sat validus unde folia rigidula evadunt. Operculum sine annulo elastico. Os capsulæ haud contractum ut in præcedente.

TORTULA.

Hedw. spec. p. 122. *Ehrh. pl. crypt. exsicc.* n. 204.

Fructificatio monoica: sterilis gemmacea axillaris. Capsula cylindracea. Peristomium ciliis mollibus in conum spiraliter convolutis.

557. TORTULA *subulata:* caule subdiviso, foliis oblongis apiculatis superne concavis, capsula subulata, peristomii ciliis inferne coalitis.

T. subulata *Hedw. spec.* p. 122. t. 27. *Engl. bot.* 16. t. 1101. *Flor. dan.* t. 1000. f. 2.

Syntrichia subulata *Web. et Mohr crypt. germ.* p. 214.

Bryum subulatum *Linn. svec.* n. 991. *Georgii fl. baikal.* p. 259.

Bryum capsulis longis subulatis. *Dillen.* p. 350. t. 45. f. 10.

β. *minor:* caule ramosiore longiore.

Hab. in scrobiculis petrarum juxta mare septentrionale Nordlandiæ meridionalis passim; ut etiam varietas minor ad Altenfjord lecta. Vere maturat.

Caule longiore gaudet quam vulgaris et ramosiore, foliis erectioribus, et interdum adeo minor est ut *Syntrichiam norvegicam* Web. valde refert. Capsula semper sursum attenuata ut unacum operculo subulata dici meretur, simulque non parum curvata. Cilia peristomii coalita mox ab infima basi circumaguntur in gyros crebros. Folia sub apice semper concava sed inferne margines patent vel reflectuntur.

558. TORTULA *mucronifolia:* caule subdiviso, foliis erectis concavis oblongis cuspidatis, capsula oblonga, peristomii ciliis inferne coalitis.

T. mucronifolia *Schwægrich. musc. supplem.* 1. p. 156. t. 35.

Hab. in subalpinis collibus siccissimis Lapponiæ Lulensis raro; in collo prope templum Quickjockense copiose eam legi.

Magnitudine et habitu *Barbulam convolutam H.* satis refert; sed characteribus proxime præcedenti adeo affinis est, ut diu dubitavi an limites quidam existant. Cauliculi breves et subdivisi. Folia semper erecta, ovali-oblonga, valde concava; quorum inferiora nervo valido in cuspidem longitudinem fere foliorum æquantem excurrente. Mares in axillis foliorum gemmaceos inveni. Seta trilinearis tantum longitudinis. Capsula oblongo-cylindracea, figura et magnitudine ut in *Barb. convoluta,* qua non potest non certissime a præcedente distingvi; ciliis peristomii albidis, inferne coalitis et mox spiralibus ut in præcedenti.

559. TORTULA *tortuosa:* caule ramoso, foliis attenuato-linearibus undulatis crispabilibus, capsulis cylindricis, operculo rostrato.

T. tortuosa *Hedw. spec.* p. 124. *Hedw. fil. in Web. et Mohr beitr.* p. 125. t. 6. *Engl. bot.* 24. t. 1708. bona.

Bryum tortuosum *Linn. svec.* n. 1000. *Hoffm. fl. german.* p. 46.

Barbula tortuosa *Web. et Mohr crypt.* p. 205.

Bryum cirratum etc. *Dillen musc.* p. 377. t. 48. fig. 40.

Hab. in lapidosis et saxosis siccis Nordlandiæ inferalpinæ ubique sed plerumque sterilis, et ad Alten Finmarkiæ raro; ut etiam in montibus subalpinis Lapponiæ svec. rarius observata ex. gr. in Ruossotjärro parœciæ Enontekis. Autumno capsulas maturare videtur.

In districtu Foldensi Nordlandiæ eam observavi capsulis insigniter curvatis (at de diversitate *T. inclinatæ Hedw.* haud dubitandum). Folia semper integerrima reperi, nervo dorsali valido instructa, de cætero tenuia (unde siccitate admodum torquentur).

BARBULA.

Hedw. spec. p. 115.

Fructificatio dioica; sterilis subdisciformis terminalis.

Capsula cylindracea. Peristomium simplex; ciliis mollibus in conum spiraliter convolutis.

560. BARBULA *ruralis:* caule diviso, foliis oblongo-ellipticis recurvatis piliferis, capsula cylindrica, peristomii ciliis basi coalitis.
B. ruralis *Hedw. spec.* p. 121.
Tortula ruralis *Swartz musc.* p. 39. *Engl. bot.* 29. t. 2070. bona.
Syntrichia ruralis *Web. et Mohr crypt.* p. 215.
Bryum rurale *Linn. svec.* n. 992. *lapp.* n. 397. *Hoffm. fl. german.* p. 45.
Br. rurale ungviculatum *Dillen.* p. 352. t. 45. f. 12.
Hab. in Nordlandiæ præcipue maritimæ petris et tectis vulgaris; ut etiam juxta proxime adjacentem sinum Altensem Finmarkiæ ubique; sed e svecico latere alpium haud observata est. Primo vere maturat.

Peristomii cilia coalita inferne vix spiraliter circumacta sunt, sed fere erecta surgunt ad quartam partem altitudinis suæ. Margines per totam longitudinem folii patent vel reflectuntur.

561. BARBULA *fallax:* caule diviso, foliis lineari attenuatis divergentibus: perigonialibus eductulosis, capsulis oblongis, operculo rostrato. *Hedw. spec.* p. 120. *stirp. crypt.* 1. t. 24.
B. fallax *Web. et Mohr crypt. germ.* p. 211.
Bryum fallax *Hoffm. fl. germ.* p. 44.
Hab. in terra irrigata Nordlandiæ meridionalis rarissime ex. gr. ad Fösked Saltensium a me tantum lecta.

Caulis brevior quam in communi, innovationibus paucis. Folia sensim in acumen attenuata (angustiora quam in *B. ungviculata*, nec ita apiculata), nervo tenui instructa ut minime rigescunt.

562. BARBULA *convoluta:* caule subdiviso, foliis subeductulosis lanceolatis obtusiusculis: perichætii vaginantibus, operculo subsetaceo.

B. convoluta *Hedw. spec.* p. 120. *Stirp. crypt.* 1. tab. 32. *Web. et Mohr crypt. germ.* p. 212.
Bryum convolutum *Hoffm. fl. germ.* p. 43.
Br. stellare nitidum pallidum. *Dillen.* p. 381. t. 48. f. 44.

Hab. in terra prope rupem calcaream ad Akankoski Lapponiæ Kemensis infimæ frequenter; nec alibi lecta.

Muscus est valde mollis et tenuis, colore suo luteo-virente facile distingvendus. Folia lanceolato-elliptica, re vera obtusiuscula sine ullo apiculo acuminato, et sine nervo insigniore. Seta fere albicans. Operculum et conus ciliorum angustius quam in cæteris omnibus.

T. revoluta Schrad. præcipue differt: foliis nervo dorsali valido instructis, longioribus minus patulis, acutioribus, margine revolutis.

PTEROGONIUM.

Swartz dispos. musc. svec. p. 26.

Fructificationes dioicæ, utraque gemmacea axillaris.

Capsula. Peristomium simplex: dentibus sedecim erectis.

563. PTEROGONIUM *filiforme:* surculis repentibus aphyllis: ramis erectis simplicibus recurvatis, foliis oblongis imbricatis enervibus.

Pterigynandrum filiforme *Hedw. spec.* p. 82. *Stirp. crypt.* 4. t. 7.
Grimmia filiformis *Web. et Mohr crypt. germ.* p. 150.

Hab. in saxis et petris siccis Nordlandiæ passim, et in subalpinis Lapponiarum svec. raro; sed semper sterile. Upsaliæ lectum est cum capsulis copiose.

GRIMMIA.

Hedv. spec. p. 75.

Fructificationes monoicæ; sterilis gemmacea axillaris vel terminalis.

Capsula ovalis. Peristomium simplex: dentibus sedecim latiusculis reflexilibus.

564. GRIMMIA *apocarpa:* foliis ovato-acuminatis: perigonialibus pilo diaphano terminatis, capsula oblonga subsessili.

Gr. apocarpa *Hedw. spec.* p. 76. *Stirp. crypt.* 1. t. 39. *Web. et Mohr crypt.* p. 129.

Bryum apocarpum α. *Linn. svec.* n. 986.

Hab. in saxis et lapidibus per universam Lapponiam ubique, attamen in alpibus et extimis insulis versus Nordcap parcius et plerumque sterilis. Vernalis semper est vel primo vere maturans.

Proxime sequenti adeo affinis est, ut valde dubitem an natura inter utrasque terminos ullos posuerit. Quum autem eas distinguere utique oportet, differentiam optimam artificialem invenio in pilo cano foliorum perigonialium; et tunc omnes species a Clar. *Turner* descriptæ ad sequentem referendæ sunt.

565. GRIMMIA *alpicola:* foliis lanceolatis: perigonialibus sursum dilatatis obtusiusculis, capsula ampliata subsessili.

Gr. alpicola *Swartz disp. musc. svec.* p. 27. 81. t. 1. f. 1. *Hedw. spec.* p. 77. tab. 15. f. 1. — 5.

β. *rivularis:* caule ramosiore longiore.

Gr. rivularis *Bridel.* — *Turner. spic. musc. hib.* p. 21. t. 2. f. 2.

γ. *stricta:* ramis strictis angustatis.

Gr. stricta *Turner. spic. musc. hib.* p. 20. tab. 2. fig. 1.

δ. *maritima:* caule simpliciusculo abbreviato, foliis angustatis.

Gr. maritima *Turn. spic. musc. hib.* p. 23. t. 3. fig. 2.

Hab. in subalpinis et alpinis omnibus fere ubique: α. et β. locis irrigatis et in rivulis; γ. et δ. locis siccis apricis præcipue maritimis passim. Aestivo tempore plerumque maturatur.

Omnes enumeratæ varietates optime conveniunt foliis suis perigonialibus obtusiusculis imberbibus, omnesque nascuntur in subalpinis vel similibus locis maritimis quo commonstrari videtur, quod e loco plus minusve aquoso aliisque accidentiis causis ortæ sunt. Ex hisce α. et β. colore obscure viridi vel nigricante gaudent ob locum aquosum, foliisque magis scariosis instruuntur; γ. et δ. magis rufescentes sunt, graciliores et habitu inde *Gr. apocarpæ* accedunt. Folia perigonialia plerumque duplo longiora

giora sunt quam capsula, et valde mollia. Dentes peristomii in α. et β. perforati; in cæteris integri.

WEISSIA.

Hedw. spec. pag. 64.

Fructificationes dioicæ; sterilis capituliformis terminalis.

Capsula subæqualis. Peristomium simplex: dentibus sedecim angustioribus reflexilibus.

566. WEISSIA *recurvirostra:* foliis linearibus apiculatis sursum patentibus, capsula cylindrica, operculi rostello recurvato. *Hedw. spec.* p. 71. *Stirp. crypt.* 1. tab. 7.

Br. stellare, foliis rubris *Dillen.* p. 382. t. 48. f. 45.

Hab. in marginibus terrenis sabulosis siccis denudatis ad latera monticulorum inferalpinorum et ad petras littorales per totam Nordlandiam vulgaris; ut etiam ad Alten et Hammerfest Finmarkiæ visa; nec non in alpibus Lulensibus prope Virihjaur rarius lecta ut etiam ad Granjele Lapp. umensis. Verno tempore maturatur.

Habitu re vera Tortulas admodum refert. Caules seniores semper rufo - ferruginei sunt. Folia linearia usque ad apicem, et apiculo terminata fere ut in *Barbula ungviculata;* inferne adpressa.

567. WEISSIA *heteromalla:* caule elongato, foliis basi subvaginantibus subulatis strictis subsecundis, operculo conico, capsula annulata.

W. heteromalla *Hedw. spec.* p. 71. *Stirp. crypt.* 1. tab. 8.

Grimmia heteromalla *Web. et Mohr crypt.* p. 137. *Schkuhr deutsch. laubm.* tab. 24. bona.

Hab. in arenosis denudatis siccis per partem sylvaticam infimam Lapponiarum svec. rarissime; a me lecta ad Ajojoki prope Idivuoma paroeciæ Enontekis, et ad Kyrö Enarensium sat copiose, nec non ad pagum Falträsk Lapponiæ Umensis copiose.

Rarissimus muscus, a paucis Botanicis visus. Abunde differt a *Didymodonte homomallo* H. foliis brevibus, neutiquam arcuatis, sed tantum leviter versus unum latus spectantibus, basi vaginantibus; atque caule subfiliformi longiore. Similior quidem mihi videtur *Didymodonti pusillo* H. Folia glaucescentia sunt et sæpius evidenter trifaria. Setæ etiam magis lutescentes quam in cæteris. — *Gr. heteromalla Engl. bot.* 27. t. 1899. haud refert nostram.

568. WEISSIA *Seligeri:* subacaulis, foliis basi latis amplectentibus attenuato-subulatis strictis, capsula ovali, operculi rostro deflexo.

Grimmia Seligeri *Web et Mohr deutschl. crypt.* p. 141. et 459. *Schkuhr deutsch. laubmoose* p. 58. t. 25. bona.

Hab. in schisto denudato irrigato ad montem Njammats juxta Quickjock Lapponiæ Lulensis frequenter. Autumnali tempore maturatur.

Singulis partibus adeo *W. calcariæ* H. convenit, ut nonnisi capsula minus urceolata, et foliis minus æqualis angustiei, haud flavescentibus distingui potest.

569. WEISSIA *acuta:* caule elongato simpliciusculo, foliis attenuato-subulatis strictis subenervibus, capsula subglobosa cerviculata.

W. acuta *Hedw. spec.* p. 71. *Stirp. crypt.* 3. tab. 35. *Engl. bot.* 23. t. 1644.

W. rupestris *Hedw. spec.* p. 72. tab. 14. f. 6. — 12.

Bryum splachnoides *Dicks.*

Br. verticillatum *Lightf. scot.* p. 733.

Br. pilosum Sphagni facie. *Dillen.* p. 374. t. 47. fig. 34.

β. setis curvatis. Grimmia rupincola *Web. et Mohr it. svecan.*

Hab. in rupibus inprimis schistosis irrigatis per radices alpium et juxta mare septentrionale Nordlandiæ fere ubique et Finmarkiæ occidentalis rarius; ut etiam in lateribus alpium Lulensium usque ad Quickjock passim. Autumno maturatur.

Omni respectu valde memorabilis est, et nulli cæterarum affinis. Caules usque ad bipollicarem longitudinem luxuriant, colore suo fulvescenti-sericeo rupes integras insigniter obvestientes. Folia e basi sensim angustantur in subulatam formam, recta et parum patentia, nervo tenui ductuloso semper instructa semper recta et siccitate ne minime sese curvantia. Setæ parum ultra bilineares. Capsulæ per se subglobosæ sunt, sed cerviculo notabili ad basin auctæ reperiuntur, in quo semina etiam foventur, unde maturitate urceolatæ evadunt capsulæ. Operculum planiusculum rubrum (dum capsulæ adhuc virent): rostello subulato, declinato. Calyptra grandiuscula capsulis fere duplo longior.

Ubi aqua continuo rivulo defluit setas sæpius reperi curvatas, quo statu *Gr. rupincolam Web.* exhibet.

570. WEISSIA *nigrita:* caule elongato dichotomo, foliis oblongo-attenuatis sparsis, capsulis cernuis ovalibus, operculo obtuso.

W. nigrita *Hedw. spec.* p. 73. *Stirp. cryptog.* 3. tab. 39.

Grimmia nigrita *Engl. bot.* 26. t. 1825.

Hab. in saltuosis irrigatis per radices et latera inferiora alpium Nordlandicarum rarius copiose ex. gr. in Önäset Saltensium, ad Lyngenfjord pluribus locis, in Tromsöa etc.; ut etiam Finmarkiæ ad Kaafjord Altensium, et in monte alpino Harimatskaiti juxta Polmak; nec non solo spongioso in parte subsylvatica Lapponiæ Enontekensis ad Kaunavaara et Mustavaara copiose lecta. Aestivalis est mense augusti maturans.

Caules cito crescunt usque ad longitudinem bipollicarem et ultra simulque dichotome dividuntur, innovationibus elongatis gracilibus, lutescentis coloris. Folia parva, triplo fere breviora quam in præcedente, e basi latiuscula mox angustata, tam remote posita ut vix se invicem tangunt, siccitate varie distorta et crispula. Capsulæ ad insertionem subito declinatæ ut horizontem respiciunt, inæquilateræ, abbreviatæ, ore contracto. Operculum convexum sine ullo apiculo. Nomen triviale ab *Hedwigio* datum parum conveniens est, cum caules sæpius læte virent et capsulæ plus minus fuscæ sunt.

571. WEISSIA *cirrata:* caule subdiviso, foliis lineari-subulatis curvatis siccitate tortilibus, capsula oblonga erecta, operculi rostro obliquo.

α. Grimmia Dicksoni *Turn. spic. musc. hibern.* pag. 27.

Mnium cirratum *Linn. spec. plant.* p. 1576.

W. crispula *Hedw. spec.* p. 68. t. 12. f. 1. — 6.

β. capsula subovali subcernua, foliis subsecundis.

W. cirrata *Hedw. spec.* p. 69. t. 12. f. 7.—12. *Web. et Mohr crypt.* p. 134. *Dillen.* t. 48. f. 42.

Hab. in saxis siccis apricis per partem sylvaticam omnium Lapponiarum passim; sed in alpibus omnibus tum summi alpini jugi ac extimorum promontoriorum Nordcap-versus ubique altius adscendit prope nivem perennem, quam quis alius muscus (excepto forsan *Polytricho juniperino*) parvos cæspitulos constituens.

Caules vix ultra dimidium pollicem longi, crassiusculi. Folia longiora quam in alia quadam specie hujus generis scil. ultra sesquilineam longa, e basi latiuscula sensim attenuata in formam subulatam, plerumque versus unum latus arcuata, et siccitate in varios cirros torta ob longitudinem suam insignem. Totus muscus luteovirens est; setis pallidis, fere semipollicaribus. Capsulæ læves, flavescentes.

β. in lapidibus rivulorum alpinorum præcipue ad Allak alpium Lulensium legi. Crassior esse videtur, capsulis paullo crassioribus et brevioribus, erecto-cernuis; rostro longo tenui cum calyptra semper cohærente et secedente. Folia subsecunda in hac ego inveni, nec in præcedente ut habet Mohr.

572. WEISSIA *fugax:* caulescens subdivisa, foliis linearibus setam subæquantibus tortilibus, capsula obovata costata, operculi rostello obliquo.

W. fugax *Hedw. spec.* p. 64. tab. XIII. f. 5-10.

W. striata *Schrad. in Diar.* 2. p. 55. *Web. et Mohr crypt.* p. 143. *Engl. bot.* 28. t. 1988.

Bryum crispatum *Dicks.* t. 7. f. 4.

Hab. in terra arenosa cryptarum sub rupibus sicciori-bus positarum ad latera montium inferalpinorum Nordlandiæ passim copiose; verno tempore maturat.

Caules breves, vix alteram lineam longi. Folia respectu brevitatis cæterarum partium valde longa, utpote caulem setamque longitudine æquantia dum madida sunt, siccitate contrahuntur et contorquentur, ut setam minime occultant: de cætero exacte linearia sunt ne dicam graminea, ad apicem interdum denticulata, nervo fere pellucidiori (quam reliqua substantia) instructa. Setæ et capsulæ valde fugaces, post dispertionem seminum mox caducæ, unde nomen Hedwigii respectu fere totius musci optimum censendum est. Setæ lutescentes vix ultra sesquilineam longæ. Capsulæ immaturæ insigniter costatæ, nec sine notabili cerviculo ut eam ob causam basi angustiores vel obovatæ apparent.

573. WEISSIA *schisti:* caulescens divisa, foliis lineari-attenuatis serrulatis tortilibus, capsulis oblongis subcerviculatis costatis, operculi rostello obliquo.

W. schisti *Schwægrich. muscol. suppl.* 1. p. 72. t. 20.

Grimmia schisti *Engl. bot.* 28. t. 1952. bona.

Bryum schisti *Retz. scand.* p. 261.

Br. foliis setaceis curvatis etc. *Fl. dan.* 3. t. 538. fig. 2.

Hab. in terra arenosa occulta sub rupibus siccis montium sylvaticorum rarius; nec in nudo schisto unquam a me lecta.

Præcedenti adeo affinis ut ejus fere varietas; nec differt nisi foliis sursum angustioribus et brevioribus, opacioribus utpote e reticulo minutiore constructis, et magis serrulatis; capsula longiore, evidentius cerviculata. — Habitu quoque ad *Dicr. alpestre* admodum accedit, sed setis suis brevibus, capsulis minoribus et foliis tenuioribus bene distingvenda. Peristomii dentes longiori acumine præditi, eoque sæpius pertuso; ideoque a Dicrano haud multum differt.

WEISSIA *rosea:* acaulis, foliis ovatis enervibus magnitudine vaginulæ, capsula cernua ovali inflata, operculo mammillato. *Icon.* tab. nostr. XIX.

W. rosea *Wahlenb. in Web. et Mohr indic. mus.*

W. incarnata *Schwægrich. musc. suppl.* 1. p. 66. t. 18.

Grimmia nuda *Turn. spic.* p. 25. *Smith brit.* 3. p. 1197.

Bryum nudum *Dicks. crypt. fasc.* 4. p. 7. t. 10. f. 15.

Hab. in argilla ad ripas fluminis Tornensis juxta urbem ejusdem nominis; nec adhuc in Lapponia reperta est. Vere vel prima æstate maturatur.

Longe a cæteris recedit, et habitu quodammodo *Bryo carneo* vel *pulchello* similis. Prorsus acaulis est ut folia et seta radicalia sunt. Folia parva et inconspicua, vaginulâ setæ vix unquam longiora, reticulata, sine evidenti nervo. Seta tortilis, rosei coloris. Calyptra plerumque in medietate setæ hæret, e latere medio disrupta. Capsula repectu cæterarum partium majuscula, horizontem respiciens, membranacea ut fere inflata. Peristomium insigniter roseum; dentibus in aqua emollitis integris, sed siccitate rimam in medio ostendentibus. Totus muscus in roseum colorem insigniter vergit, quam ob causam nomen nostrum optimum putamus.

Explicatio iconis: a. muscus totus nat. magn. b. isdem cum calyptra in media seta magn nat et B. magn. 8ies auct. C. vaginula cum parte infima setæ magn. 18ies auct D folium exterius et E. interius eodem augmento. F operculum 8ies auct. G. apertura capsulæ cum dentibus quatuor peristomii circiter [illegible]2ies auct. H. dentes duo peristomii circiter [illegible]4ies aucti.

574. WEISSIA *splachnoides:* caulescens simplex, foliis spatulatis obtusis concavis, capsula obovata apophysi minuta

W. splachnoides *Wahlenb. in Web. et Mohr ind. mus.* — *Schrægrich. musc. suppl.* 1. p. —. t —.

Grimmia splachnoides *Smith brit.* 3. p. 1197.

Splachnum longicollum *Dicks. crypt. fasc.* 4. p. 4. tab. o. f. 6.

Hab. in terra uliginosa et subpaludosa ad fontes prope radices montium e. s. p. per partem subsylvaticam et subalpinam Lapponiarum svec. passim ex. gr. ad Kaunavaara, Mustavaara, Nunainen et Kortonjärvi parœciæ Enontekis, ad Sotajoki Enarensium, in Harimatskaiti juxta Polmak, ad flumen Örelfven prope Knaften Lapponiæ Umensis; nec non in Nordlandia inferalpina ad Storstensnes prope Tromsöam, et ad Skönstugan Saltensem Aestivalis est.

Respectu generis valde ambiguus est hic muscus utpote quoad habitum et flores Splachnis valde affinis, sed peristomio et fructu Weissiis optime conveniens. *Splachno reticulato* adeo accedit, ut difficilius dignoscuntur. Caulis plurium linearum longitudinis, simplex, sed perennis et prolifer. Folia oblongo-ligulata vel sursum fere latiora et concava, prorsus obtusa, erecta. Flores plerumque hermaphroditi terminales, subdisciformes vel aperti sed foliis erectis (nec patentibus) stipati; folliculis plurimis masculis. Alios tamen flores reperi mere masculos, de cætero hermaphroditis simillimos. Seta fere pollicaris, sat tenuis. Capsula obovata, sed nonnisi in suprema parte semina fovens, unde basis ejus exsiccatione in Apophysi minuta contrahitur. Operculum planiusculum submammillatum. Peristomium dentibus sedecim angustis attenuatis, excurvis, semper distinctis, et firmioribus quam in *Splachno reticulato*. Calyptra lateralis.

CONOSTOMUM.

Swartz in Schrad. Diar. nov. I. 2. p. 24.

Fructificationes dioicæ; sterilis discoidea. Capsula subglobosa. Peristomium conicum, apice coalitum, inferne in columnas sedecim divisum. Calyptra minuta, e latere rumpens.

575. CONOSTOMUM *boreale:* foliis quinquefariis lanceolatis acuminatis. *Icon* tab. nostr. XXI.

C. boreale *Swartz in Schrad. diar. bot.* l. c. cum fig. *Flor. dan.* 8. t. 1424. f. 2. mala. *Schwægrich. musc. suppl.* 1. p. 76. t. 21.

Bryum sexangulare *Schreb. in Cranz hist. Grœnland.* —

Bryum tetragonum *Dicks. fasc.* 2. pag. 8. tab. 4. fig. 9.

Grimmia conostoma *Engl. bot.* 16. t. 1135. mala.

Hab. in terra uliginosa et spongiosa subinundata per totum alpium jugum præcipue e svecico latere sat vulgare; in subalpinis et subsylvaticis ad latera montium passim, nec non in deviis uliginosis montium prope Lycksele Lapponiæ Umensis parcius, ut etiam in subalpinis Nordlandiæ parcius. Vermlandiæ etiam reperi in montibus Svartkärnsbergen paroeciæ Kroppa sat copiose. Summa æstate scil. mense Julii et Augusti maturatur.

Quoad habitum *Mnio fontano* sat simile est, eamque ob causam Mnium quinquefarium illud nominavi antequam peristomium rite observavi; nec adhuc dubito, quin illi affinius sit quam ulli alii musco. Densos cæspitulos efficit, sed e surculis emortuis inseparabilibus constitutos, adeo ut verus caulis vivus nonnisi paucarum linearum longitudinis est, innovationibus paucis divisus. De cætero caulis fili tenuioris crassitudinis tantum est. Folia semper adpressa, lanceolato-attenuata, subcarinata et quinquefariam disposita adeo ut caules prorsus quinquangulares efficiunt, colore glaucescentia. Flores utriusque sexus terminales in diverso individuo; feminei foliis perigonialibus erectis elongatis et superne serrulatis: pistillis circiter quatuor, filis paucis succosis. Floris masculi folia perigonialia patent adeo ut floris partes internæ omnes aperte cernuntur; paraphysibus clavatis uti esse solent in floribus disciformibus. Seta vix ultra semiuncialis, fulvescens, semper terminalis quia innovatio adhuc brevis est dum capsula matura. Capsula cernua, subglobosa, costata, basi parum exstante et gibbosa. Operculum oblongo-conicum, subrecurvum. Peristomium dum humidum exacte conicum, apice coalitum nec ullo modo divisibile; exsiccatione vero columnæ sedecim inferne a se invicem divergunt, quo abitus pro seminibus patet, indeque totum peristomium brevius fit et coronam regiam fere refert. Singulæ columnæ transversim striatæ, inferne æquali spatio insertæ, sed superne per paria primum coalescunt unde quodammodo bijuga apparent, dein in compagem pertusam unicam omnes abeunt. Calyptra brevis ut operculum fere solum tegit.

Explicatio iconis: a. Folii perigonialis feminei apex 36es auct. b. Surculus cum flore masculo discoideo augm. 8. c. Folium ejusdem perigoniale augm. 20. d. Flos masculus denudatus dissectus 48es auct. e. Calyptra augm. 10. f. capsula cum peristomio sine operculo 10es auct. g. Capsula immatura dissecta ut videatur camera superior seminalis et substantia baseos gibbosæ augm. 12. h. Peristomium humidum augm. 34. i. Peristomium exsiccatione sese aperiens augm. 34. k. Peristomii apicis pars 120es auct.

TRICHOSTOMUM.

Hedw. spec. p. 107.

Fructificationes monoicæ; sterilis gemmiformis.

Capsula subcylindrica. Peristomium simplex:

dentibus sedecim usque ad basin partitis in crura duo setacea recta.

576. TRICHOSTOMUM *lanuginosum:* caule decumbente ramoso virgato, ramis brevibus curvatis, foliis lanceolato-attenuatis denticulatis curvatis marginibus apiceque diaphanis.

Tr. lanuginosum *Hedw. stirp. crypt.* 3. tab. 2. *Engl bot.* 19. t. 1348. *Web. et Mohr crypt.* p. 114

Bryum hypnoides *Linn. svec.* n. 1003.

Bryum hypnoides polycephalon lanuginosum. *Dill.* p. 372. t. 47. f. 32.

Hab. plerumque sterile in ipsius alpini jugi campis elatioribus lapidosis usque ad altiora cacumina et in summitatibus alpium maritimarum ubique, tum inter ac supra lapides disperse crescens nec cæspites constituens; ut etiam in summitatibus montium subalpinorum jugo proximorum e latere svecico passim; sed in sylvaticis vix visum nec ad limitem nivalem persistit ut *Weissia cirrata*, neque in extimis scopulis maritimis uti *Polytrichum juniperinum.*

Trichostoma nostra omnia vernalia sunt.

Surculi omnino Hypni, sed setæ in apicibus ramorum terminales. Folia longiora et magis curvata quam in sequentibus, superne etiam marginibus hyalinis denticulatis. Setæ breviusculæ. Capsulæ oblongo-ovatæ.

577. TRICHOSTOMUM *ericoides:* caule decumbente ramuloso, ramulis brevissimis aggregatis, foliis oblongo-acuminatis subexcurvis apice diaphano denticulato.

Tr. ericoides *Schrad. spicil.* 62. *Smith brit.* 3. p. 1241. *Engl. bot.* 28. t. 1991. *Schwægrich. musc. suppl.* 1. p. 147. t. 38.

Trichost. elongatum *Ehrhart dec.* n. 233.

Bryum hypnoides Ericæ facie. *Dillen.* p. 371. t. 47. f. 31.

Hab. in saxis sæpius irrigatis ad mare septentrionale Nordlandiæ locis inferalpinis nebulosis passim copiose ex. gr. prope Örnäs parœciæ Foldensis frequenter.

Mihi quasi medium esse videtur inter *Tr. lanuginosum* et *Tr. canescens;* adeo ut nescio cui potius jungendum. Foliis multum brevioribus siccitate squarrosis a præcedente differt; et setis longis capsulisque majoribus subcylindricis *Tr. fasciculare* valde refert, cui etiam habitu proximum esse videtur. Setæ fere semper e ramis lateralibus egrediuntur.

578. TRICHOSTOMUM *fasciculare:* caule erectiusculo ramuloso, ramulis brevissimis aggregatis, foliis oblongo-acuminatis imberbibus marginibus revolutis, capsulis subcylindricis.

Tr. fasciculare *Schrad. spicil.* 61. *Hedw. spec. musc.* p. 110. *Web. et Mohr crypt.* p. 117. *Engl. bot.* 28 t. 2005. *Schwægrich. musc. suppl.* 1. p. 155. t. 38.

Bryum lutescens *Dicks. crypt. fasc.* 4. p. 14.

Br. hypnoides - - fasciculare alpinum *Dillen.* p. 370. t. 47. f. 28.

Hab. in lateribus rupium irrigatis umbrosis montium inferalpinorum et ad radices alpium passim frequenter; nec non in rupibus elatioribus montium sylvaticorum rarius.

Folia siccitate tota apprimuntur ut in Orthotrichis plerisque; summus eorum apex obtusiusculus viridis. Setæ satis longæ, tortiles.

579. TRICHOSTOMUM *canescens:* caule erecto ramuloso, foliis lanceolato-acuminatis confertis recurvis piliferis, capsulis oblongo-ovatis.

Tr. canescens *Hedw. stirp. crypt.* 3. t. 3. *Spec. musc.* p. 111. *Web. et Mohr crypt.* p. 116.

Bryum hypnoides β. *Linn. svec.* n. 1003.

Bryum hypnoides hirsutie canescens etc. *Dillen. musc.* p. 368. t. 47. f. 27. B - E.

Hab. in saxis lapidibusque siccioribus sylvaticis per Lapponias svecicas parcius.

Caulis hujus non tantum erectus est, verum etiam setas in apice gerit (dum in præcedentibus plerumque rami fructiferi sunt). Ramuli vestiti foliis confertissimis summo apice capillari hyalino vel piliferis (nec apice latiore diaphano instructis et in *Tr. ericoide*).

580. TRICHOSTOMUM *heterostichum:* caule erecto diviso, foliis lanceolato-attenuatis erectis summi-

tate diaphana denticulata, capsulis subcylindricis.

Tr. heterostichum *Hedw. stirp. crypt.* 2. t. 25. *Spec. musc* p. 109. *Web. et Mohr crypt.* p. 113. *Engl. bot.* 19. t. 1347.

Han. in saxis siccioribus apricis Nordlandiæ inferalpinæ passim; ut etiam in lapponia sylvatica infima svecica rarius.

Caulis innovando dividitur in partes subæquales, sed ramos laterales proprie dictu non habet. Foliorum dimidia fere pars hyalina et denticulata est. Setæ plerumque breviusculæ. Operculum brevius crassiusque quam in præcedentibus.

381. TRICHOSTOMUM *microcarpon:* caule diviso, foliis lanceolato-attenuatis erectis piliferis, capsula oblonga, operculo subulato.

Tr. microcarpon *Hedw. spec.* p. 112. t. 23. f. 1-5. *Smith. brit.* 3. p. 1243.

Dicranum microcarpon *Schrad. samml.*

Bryum caule erecto etc. *Linn. lapp.* n. 396.

Br. hypnoides alpinum setis et capsulis exiguis. *Dillen.* p. 370. f 47. f. 29.

Hab. in lapidibus saxisque siccis et elatis per totam Lapponiam præcipue subalpinam et inferalpinam maritimamque ubique frequentius quam præcedentia.

Difficilis determinatu utpote tum *Dicrano ovali* tum *Fissidenti pulvinato* simillimum. Ab utrisque distingvitur forma Capsulæ oblonga, angustiori atque minori semperque lævi; peristomii dentibus longioribus, profundius divisis; operculo crassiori.

382. TRICHOSTOMUM *glaucescens:* caule erecto subdiviso, foliis lanceolatis patentibus glaucis, capsula cylindracea, calyptra laterali, operculo subrostrato obliquo.

Tr. glaucescens *Hedw. stirp. crypt.* 3. t. 37. *Spec. musc* p. 112.

Didymodon glaucescens *Web. et Mohr crypt.* p. 158.

Hab. in scrobiculis arenosis et marginibus terræ occultis per alpes fere omnes passim copiose, nec non per partes sylvaticas et inferalpinas rarius usque ad Utsjoki locis elatioribus siccioribus.

Singularis hic muscus facillime distinguitur colore suo glauco insigni, qui tum in sicco ac humido isdem est. Folia ipsius caulis brevia sunt nec ullo modo elongata, atque subsparsa; sed perigonialia triplo longiora in linearem formam elongata. Seta plerumque multum longior quam caulis. Calyptra e latere unico dehiscit, quo optime a præcedentibus distingvitur, quibus re vera minime affinis est.

583. TRICHOSTOMUM *cylindricum:* subacaule, foliis basi subvaginantibus capillaceis flexuosis patentibus, capsula cylindrica subincurva lævissima, operculo conico.

Tr. cylindricum *Hedw. spec. musc.* p. 107. t. 24. f. 7-13.

Dicranum cylindricum *Web. et Mohr crypt.* p. 202.

Tr. tenuifolium *Schrad. diar.* 1799. 2. p. 58.

Bryum paucifolium *Dicks.* t. 11. f. 3.

Hab. in terra arenosa denudata succosa regionis inferalpinæ raro: uti ad templum Lyngense et ad Storstensnäs præfecturæ Tromsensis, nec non ad Vättfjället sinus Saltensis; ut etiam in parte subsylvatica Lapponiæ svecicæ rarissime, nec nisi ad templum Enontekis Tornense et templum Quickjock Lulense lectum.

Habitu a præcedentibus longe recedit, et *Dicrano purpureo* longe similius est. Omnibus partibus gracillimum et magis capillare quam alius quisque muscus svecicus. Folia iis *Didymodontis capillacei* sat similia, sed undique patentia. Setæ eximie fulvescentes, tenuissimæ interdum fere pollicem longæ. Capsulæ etiam tenues, seta æquina haud crassiores, longiusculæ, curvulæ, læves (nec ullo modo striatæ ut in Dicrano purpureo), rufescentes.

FISSIDENS.

Hedw. spec. p. 152.

Fructificationes monoicæ; sterilis gemmiformis. Capsula subinæqualis. Peristomium simplex: dentibus sedecim, latiusculis, bifidis.

584. FISSIDENS *taxifolius:* caule pinniformi subdiviso, foliis ultra medium dupplicatis oblon-

go - ligulatis superne serrulatis, capsula laterali inclinata.

F. taxifolius *Hedw. spec. musc.* p. 155. t. 39. f. 1 - 5.

Hypnum taxiforme minus etc. *Dillen. musc.* p. 263. t. 34. f. 2.

β. caule longiore subramoso. F. adianthoides *Hedw. stirp. crypt.* 3. tab. 26.

Hab. in terra quam maxime madida et succosa ad rupes inferalpinas Nordlandiæ raro, nec nisi ad Tromsöam et ad fluvium Laxelv Sörfoldensem præfecturæ Saltensis lectus.

Fructiferum in Lapponia haud vidi. Surculi ibi majores, quam vulgo occurrunt, sesquitertiam lineam lati. Folia semper imbricatim approximata, oblonga sed sursum satis angustata, nervo valido instructa, apicem versus insigniter serrulata quo a plerisque cæteris facile distingvitur hæc species. Structura foliorum in hoc et affinibus adeo singularis ut similis apud nullos alios muscos occurrit: latus enim superius dividitur in laminas duas æquales caulem amplectentes, quæ disjunctio vel duplicatio in hac specie ultra medium folii procedit, in sequentibus non item. Perennis est. Seta oritur a dupplicatura folii, perichætio proprio foliis dimidio breviore obvoluta; apice deflexa, unde capsula inclinata evadit. Calyptra longiuscula ad medium capsulæ pertingens, latere fissa et prorsus incumbens.

585. FISSIDENS *bryoides:* caule pinniformi simplicissimo erecto: foliis infra medium dupplicatis oblongo-ellipticis apiculatis, capsula terminali erecta.

Dicranum bryoides *Swartz musc. svec.* p. 86. t. 2. f. 4. *Web. et Mohr crypt.* p. 163.

Fissidens osmundioides *Hedw. spec. musc.* p. 154. tab. 40. f. 7 - 11.

Hab. præcipue in turfis paludum locisque uliginosis per totam Lapponiam sylvaticam, subsylvaticam et inferalpinam usque ad Kistrand et Rebvog Finkiæ passim.

Caulis fere semper longior quam ipsa seta, linearis erectus. Folia sursum vix angustiora integerrima, obtusa cum apiculo, nervo tenui pellucido instructa. Capsula vix cernua. Peristomii dentes apicibus longis setaceis vidi.

Hæc et sequens species annuæ vel biennes sunt, nec nisi semel fructiferæ. Seta oritur ex apice caulis sine ullo perichætio proprio, apice recta. Calyptra brevissima, vix nisi operculum tegens, æqualis et basi in plures lacinulas divisa et re vera mitræformis dici meretur.

Dicranum osmundioides Engl. bot. 24. t. 1662. proliferum est, quale nunquam vidi.

586. FISSIDENS *viridulus:* caule pinniformi simplicissimo declinato, foliis infra medium dupplicatis oblongis acutis, capsula terminali erecta.

Dicranum viridulum *Swartz musc. svec.* p. 84. t. 2. f. 3. *Web. et Mohr crypt.* p. 161. *Engl. bot.* 19. t. 1568. haud bona.

Fissidens bryoides *Hedw. stirp. crypt.* 3. t. 29.

Hab. in humo denudato Nordlandiæ inferalpinæ rarissime; nec nisi ad fluvium Laxelv Sörfoldensem præfecturæ Saltensis repertus.

Unacum proxime præcedentibus æstivalis est, mense septemb. maturus.

Surculus oblongus, brevis, duplo brevior quam seta sua, quo me judice certius distingvitur hæc species. Folia pauca plerumque sursum angustata semperque acuta, nervo tenui pellucido ut etiam marginibus subpellucidis instructa. Capsula omnino erecta.

587. FISSIDENS *patens:* caule elongato procumbente ramoso, foliis oblongis attenuatis patentibus, setis lateralibus flexuosis, capsulis ovalibus.

Bryum patens *Dicks. fasc.* 2. pag. 6. t. 4. f. 8.

Dicranum patens *Smith brit.* 3. p. 1213. *Engl. bot.* 28. t. 1990. bona.

Trichostomum patens *Schwægrich. musc. suppl.* p. 151. t. 37. *Schkuhr deutsch. laubm.* t. 34.

Hab. in lateribus rupium passim irrigatis apricisque ad latera montium inferalpinorum et ad radices alpium Nordlandiæ rarius copiose ex. gr. ad Middagshauen Kierringöæ et in Strömslien prope Rörstad. Eadem loca occupat ac *Trichostomum fasciculare*, quod etiam habitu proxime refert.

Vernalis est, mense Maji maturans.

Memorabilis est muscus et adeo diversus ut dubito cui affinior. Forma capsulæ ejusque situs, operculum et annulus elasticus omnino *Fissidentis pulvinati H.*; sed habitus surculi *Dicrano aciculari* convenit, quamquam forma foliorum fere *Trichostomi fascicularis*. Surculi bipollicares et ultra, procumbentes et nonnisi apicibus adscendentes, sparsim divisi in ramos elongatos simplices ipsi cauli æquales Folia basi oblongâ, sursum insigniter elongata et attenuata, simulque subdivergentia (unde surculi satis squarrosi evadunt). Flores masculos haud reperire potui; sed setæ plerumque e gemmis lateralibus ortæ sunt, valde flexuosæ ut in *Neckera curtipendula*, breves vix sesquilineam longæ, pallidæ. Capsulæ ovales, costatæ, directione variæ. Annulus elasticus insignis. Operculum breviter cuspidatum. Peristomii dentes in apices sataceos elongati, quibus *Trichostomo fasciculari* melius convenit.

588. FISSIDENS *sciuroides*: surculo repente ramoso, ramis adscendentibus, foliis ovatis acutis enervibus, capsulis lateralibus oblongis.

F. sciuroides *Hedw. spec.* p. 161.

Pterogonium sciuroides *Engl. bot.* 27. t. 1903. bona.

Hypnum sciuroides *Linn. spec.* p. 1596.

Hypnum arboreum sciuroides *Dillen. musc.* p. 319. t. 41. f. 54.

Hab. in rupibus siccis prope mare septentrionale Nordlandiæ meridionalis raro.

Steriles tantummodo surculos vidi nonnullis locis in districtu Saltensi, facile distingvendos in sicco ramis numerosis curvatis nitidis angustatis in humido *Anictangium ciliatum* referentibus. Folia re vera enervia, sed ob insignem concavitatem duplicaturæ occurrunt nervos referentes.

589. FISSIDENS *strumifer*: caulibus divisis, foliis elongatis acuminatis uninervibus rectiusculis siccitate tortilibus, capsulis cylindraceis cernuis subtus strumosis.

F. strumifer *Hedw. stirp. crypt.* 2. t. 32. *Hoppe taschenb.* 1802. p. 48.

D. strumiferum *Swartz musc. svec.* p. 33. *Web. et Mohr crypt.* p. 181.

Hab. in fissuris rupium sicciorum et ad saxa umbrosa per partem sylvaticam et inferalpinam passim copiose.

Stolonibus longis et angustis longitudinem setæ vix cedentibus innovat, et de cætero etiam ramulosus est. Folia e latiuscula basi sensim usque in apicem angustata sunt, erectiuscula. Hisce notis a similibus *D. virenti* et *D. alpestri* certe distinguitur, quibus folia superne linearia competunt.

DICRANUM.

Hedwig. spec. pag. 126.

Fructificationes dioicæ: sterilis capituliformis terminalis.

Capsula plerumque cernua obliqua.

Peristomium simplex: dentibus sedecim brevioribus bifidis.

590. DICRANUM *Schraderi:* caulibus erectis subdivisis, foliis sublinearibus subsecundis superne serrulatis undulatisque.

D. Schraderi *Web. et Mohr. deutschl. kryp.* p. 177. *Schwægrich. musc. suppl.* 1. p. 166. t. 41.

D. undulatum *Schrad. spicil.*

Hab. in turfis paludum spongiosis per partem sylvaticam et subsylvaticam totius Lapponiæ passim.

Totus muscus omnium fragilissimus et valde scariosus. Caulis stupâ radiculosâ crassâ obductus. Folia eximie fulvo-nitentia, magis linearia quam in cæteris vel æqualem fere latitudinem usque versus apicem servantia, quoad texturam tenuissima, ut reticulum vix sub microscopio discernitur; nervo quidem angusto sed perevidenti, et versus apicem marginibus undulatis serrulatis cincto.

591. DICRANUM *scoparium:* caulibus erectis subdivisis, foliis attenuato-subulatis secundis serrulatis, capsula clavata cernua.

D. scoparium *Hedw. spec. musc.* p. 126. *Web. et Mohr crypt. germ.* p. 173.

Bryum scoparium *Linn. svec.* n. 995.

Br. reclinatum, foliis falcatis etc. *Dillen. musc.* p. 357. t. 46. f. 16. A. B. D.

β. *fuscescens:* foliis angustioribus secundo-curvatis.

D. fuscescens. *Turn. musc. hibern.* t. 5. f. 1. *Smith brit.* 3. p. 1204.

Hab.

Hab. in terra sterili sylvarum frequentius, alpium parcius. β. in umbrosis siccis.

Folia rigidiuscula et e textura reticulari evidentiori facta: apice subulata, serrulata et interdum recurva. Stupa radiculosa caulis sat crassa.

β. a plerisque nostratum *D. heteromallum* dictum est. Alii idem cum *D. longifolio* confunderunt, quod in Lapponia haud invenire potui.

592. DICRANUM *flagellare:* surculis erectis simpliciusculis, foliis attenuato-subulatis secundis integerrimis uninervibus, capsulis cylindraceis rectiusculis.

D. flagellare *Hedw. stirp. crypt.* 3. t. 1. *Web. et Mohr crypt. germ.* p. 173.

Hab. ad ligna putrida locisque spongiosis sylvarum passim.

Magnitudine adeo variat ut præcedenti interdum accedit, tuncque capsulas non parum cernuas habet, quo in statu D. interrupto H. convenire crediderim. Nervus foliorum integerrimus.

593. DICRANUM *montanum:* surculis erectis subramosis, foliis subsetaceis undique patentibus siccitate tortis subenervibus, capsula subcernua.

D. montanum *Hedw. spec.* p. 143. t. 35. f. 8.—13. *Web. et Mohr crypt. germ.* p. 179.

Hab. in Nordlandia inferalpina ad radices arborum et caudices decisos passim, haud vero fructificans a me ibi visum.

Præcedenti proxime affine, sed foliïs tortilibus magis setaceis et fere enervibus diversum. In Svecia haud rarum, sed parcissime fructificans; sterile etiam in Nordlandia inferalpina reperi.

594. DICRANUM *Sphagni:* surculis erectis simplicibus, foliis subulatis subsecundis integerrimis subenervibus, capsulis cernuis cylindraceis.

Sphagnum alpinum *Schreb. in Crantz groenl.* — *Linn. mant.* pag. 506.

Dicranum elongatum *Schwægr. musc. suppl.* 1. p. 171. t. 43?

Hab. in tumulis paludum spongiosis e Sphagno emortuo factis per partem subsylvaticam et subalpinam Lapponiarum septentrionalium passim copiose.

Secundum exemplaria ipsius Schreberi *Sphagnum alpinum* e Groenlandia certe constituit, quod vero a Dilleniano musco anglico Snowdonensi diversissimum. Summe scariosum et fragile est, eamque ipsam ob causam pro Sphagno habitum, præcipue cum setæ tenuissimæ flexuosæ visum facile fugiunt. *Dicrano flagellari H.* omnium similius est, sed de cætero adeo diversum ut forsan *D. Schraderiano* affinius. Caulis elongatus, ipsis setis sæpe duplo longior, stupa radiculosa obtectus. Folia adeo angusta et subito attenuata ut subulata dici merentur, tota tenuissima et vix ductulis quibusdam evidentibus loco nervi dorsalis instructa; de cætero tantummodo subsecunda et vix curvata, stricta. Setæ semper pallidæ, spiraliter flexæ, semipollicares. Capsula subcylindracea. Operculum longe rostratum.

595. DICRANUM *falcatum:* surculis erectis simpliciusculis, foliis basi lanceolatis setaceis secundis recurvis, capsula cernua pyriformi cerviculata.

D. falcatum *Hedw. spec. musc.* p. 150. t. 32. f. 1. — 7. *Engl. bot.* 28. t. 1989. bona.

Bryum pilosum interrupte falcatum. *Dill.* p. 376. t. 47. f. 38.

Hab. in saxis et rupibus siccis apricis tum sylvarum ac alpium inferiorum totius Lapponiæ fere ubique.

Folia non semper secunda et evidenter incurva; sed sæpe undique flexa et crispata, quo in statu a *D. virente* difficilius distinguitur. Est autem superior pars folii prorsus setacea et e solo nervo sine marginibus membranaceis constituta. Totus muscus rigidulus nec adeo mollis ac sequens species, obscure viridis. Setæ tantummodo semipollicares. Capsulæ fere erectæ, basi cerviculatæ; sed vix nisi in decrepito statu inferne strumosæ incurvæ.

D. longifolium facile distinguitur foliis adhuc rigidioribus et fere e solo nervo lato constitutis, nec nisi ad infimam basin marginibus angustis vix nervi dimidiæ latitudinis cinctis. Errant itaque egregie auctores folia ejus enervia exhibentes, nec dubito quin nervus totus pro parenchymate vulgari folii habuerunt. Semper majus est.

596. DICRANUM *virens:* surculis erectis subdivisis, foliis basi amplectentibus linearibus planis pa-

tulis tortilibus, capsulis cernuis demumque curvatis subtus strumosis.

D. virens *Hedw. stirp.* 3. tab. 52. *Web. et Mohr crypt.* p. 18'.

Bryum virens *Swartz nov. Act. Ups.* 4. p. 241.

Hab. in aquosis juxta radices montium et ad fontes per partes sylvaticas fere ubique et inferalpinas Nordlandiæ passim.

Muscus est mollis et insigniter pallescens vel lutescens, inferne sæpius nigricans, et inde eximie versicolor. Caulis sine stupa radiculosa, usque ad bipollicaris longitudinis. Folia basi sua lata caulem amplectunt et ei apprimuntur; dein attenuato-linearia, planiuscula vel marginibus membranaceis usque ad apicem prædita, undique patentia et nonnihil spiraliter circum caulem curvata ut in *Tortula tortuosa* Setæ sæpius pollicares. Capsula semper subtus insigniter strumosa, cernua, post maturitatem valde incurvata.

Specimina legi ad Sörfolden Nordlandiæ foliis omnino serrulatis subrecurvis, operculo breviore subconico; quæ vero ob strumam insignem et setam terminalem huc pertinere puto.

597. DICRANUM *alpestre:* surculis erectis divisis, foliis basi subamplectentibus linearibus planis obtusis patentibus siccitate tortilibus, capsulis rectis ovalibus.

Icon tab. nostr. XXI.

β. *majus:* foliis longioribus acutioribus, capsulis oblongis.

D. gracilescens *Web. et Mohr crypt.* p. 184. *Schwægrich. musc. suppl.* 1. p. 180. t. 46.

Hab. in fissuris rupium subalpinarum et alpinarum totius Lapponiæ sat frequenter.

Ipsum α. adeo diversam speciem constituit, ut nulli unquam confundi potest. Quamquam affinitas præcedenti et *Fissidenti strumifero* vel potius *Weissiæ schisti* perevidens est, tamen folia valde brevia habet et curtifolium merito diceretur; simulque obtusa et apice crassiuscula sunt. Seta respectu magnitudinis musci sat longa, ultra trilinearis, eximie pallida vel flavescens. Peristomii dentes cruribus capillaceis longis ornati.

Sed varietas *β.* habitu et notis haud spernendis valde diversa videtur. Pro varietate *Fissidentis strumiferi* H. antea habita fuit, a quo præter capsulam foliis linearibus angustis patentibus ne dicam divergentibus certe differt. Folia dupplo longiora quam in *α*, sed capsulæ ejusdem fere magnitudinis. Seta quadrilinearis. Capsula longior et dentes peristomii latiores.

Explicatio iconis: a. b. muscus integer. A. B. isdem 7es auctus. C. folium. D. Dentes peristomii.

598. DICRANUM *heteromallum:* caulescens simplex, foliis basi dilatata subamplectentibus setaceis secundis, capsula cernua urceolata, operculo rostrato.

D. heteromallum *Hedw. fundam.* 1. t. IX. f. 56. *Stirp. crypt.* 1. tab. 26. *Web. et Mohr crypt.* p. 190. *Engl. bot.* 18. t. 1272.

β. minus: gracilius, foliis mollioribus.

D. secundum *Swartz act. Stockh.* 1795. p. 244.

D. subulatum *Hedw. spec.* p. 128. t. 34. f. 1 - 5.

Hab. in arenosis inferalpinis Nordlandiæ meridionalis, *α.* in siccioribus apricis, *β.* in humidioribus occultatis.

In loco natali utrosque hos muscos adeo confusos reperi, ut nullam differentiam certam reperire potui. Utriusque folia e nervo constituta sunt et tantum ad basin marginibus membranaceis brevibus prædita; sed in *α.* nervus validior et inde folia strictiora. Capsula sursum dilatata vel obovato-oblonga.

599. DICRANUM *Schreberi:* caulescens simplex, foliis basi subvaginantibus attenuatis divergentibus flexuosis subenervibus, capsulis cernuis, operculis conicis.

D. Schreberianum *Hedw. spec.* p. 144. t. 33. f. 6 - 10.

D. Schreberi *Swartz musc. svec.* p. 88. t. 2. f. 6. *Web. et Mohr crypt. germ.* p. 185.

Hab. locis irriguis Nordlandiæ inferalpinæ et Lapponiæ sylvaticæ rarius.

Sequenti magis affine est quam quis e primo habitu facile crederet. Surculi longitudine fere setæ. Folia basi valde dilatata et tenuissime membranacea; demum longius attenuata et eximie undique squarrosa, vix vero capillaria vel subulata. Setæ trilineares. Capsulæ subovales.

600. DICRANUM *varium:* caulescens simplex, foliis basi dilatatis attenuatis subsecundis, capsulis ovalibus cernuis, operculis conicis.

D. varium *Hedw. stirp. crypt.* 2. t. 34. *Web. et Mohr crypt.* p. 186.

Bryum rufescens *Dicks.* t. 8. f. 1.

Hab. in arenosis irriguis juxta flumina Lapponiæ sylvaticæ passim frequenter.

Pusilla est species, tota vix ultra trilinearis. Folia plerumque magis congesta quam in præcedente, erectiuscula vel subsecunda. Capsulæ duplo minores quam præcedentis, ovales.

601. DICRANUM *cerviculatum:* subacaule, foliis basi lanceolatis sursum attenuato-subulatis patentibus subenervibus, capsulis subglobosis cernuis basi strumulosis, operculo rostrato.

D. cerviculatum *Hedw. stirp.* 3. t. 37. *Web. et Mohr cr.* p. 193.

β. D. pusillum *Hedw. stirp.* 2. t. 29. B.

Hab. in tumulis paludum et arenosis subhumidis Lapponiæ sylvaticæ fere ubique.

Eximie flavescit et colore suo sepe integram terram obvestit. Surculi semper brevissimi molles, foliis fere enervibus tenuissimis. Operculum setaceum longitudine capsulæ, recurvum.

602. DICRANUM *crispum:* subacaule, foliis basi subvaginantibus capillaceis divergentibus flexuosis, capsulis erectis, operculis rostratis.

D. crispum *Hed. stirp.* 2. t. 33. *Web. et Mohr crypt. germ.* p. 185.

Bryum vaginale *Dicks.* —

Hab. in terra paludosa et uliginosa per partem sylvaticam et subalpinam totius Lapponiæ vulgare.

Saturate viride est. Surculi breves vix tertiam partem setæ æquantes. Folia longiora et angustiora quam in præcedentibus. Seta quinque lineas longa. Capsulæ oblongatæ.

603. DICRANUM *purpureum:* surculis erectis dichotomis, axillis fructiferis, foliis oblongis acumi-

natis, capsulis subcylindricis rectiusculis demum incurvis oblique striatis.

D. purpureum *Hedw. spec. musc.* p. 136. t. 56. *Swartz musc. svec.* p. 36. *Web. et Mohr crypt. germ.* p. 199.

Mnium purpureum *Linn. svec.* n. 973.

Br. tenue stellatum setis purpureis. *Dillen. musc.* p. 386. t. 49. f. 51.

Hab. ubique vulgatissime tum extra alpes ac in ipsis alpium lateribus usque ad Nordcap, scil. locis siccis denudatis.

604. DICRANUM *latifolium:* subcaulescens simpliciusculum, foliis oblongo-spathulatis concavis apiculatis, capsula cylindrica erecta.

D. latifolium *Hedw. stirp. crypt.* 1. t. 33. *Spec.* p. 140. *Web et Mohr crypt. germ.* p. 202.

Trichostomum piliferum *Smith brit.* 3. p. 1246.

Bryum piliferum *Dicks. crypt. fasc.* 4. t. 10. f. 14.

Hab. juxta mare septentrionale per Nordlandiam in marginibus terrenis siccuisculis inferalpinis sat vulgare, ibique in alpibus usque parcius adscendit et in Finmarkiam maritimam præcipue occidentalem usque ad Masöam passim procedit; sed in Svecicis Lapponiis sylvaticis raro lectum est: ex. gr. ad Kyro Enarensis, ad Ollisenkoski Enontekensis, et ad Quickjock. Subæstivale est mense Julii maturans.

A cæteris Dicranis longe recedit, et tum habitu foliorum ac capsulæ Encalyptis simillimum. Color musci in vigeto statu quodammodo glaucescens. Surculi interdum elongati occurrunt. Foliis suis sursum latis et patentibus rosulam pulchre refert omnino ut Encalypta. Folia vix unquam pilo cano terminata in Lapponia occurrunt, sed plerumque cuspide molli vel apiculo instruuntur, rarius etiam mutica inveniuntur nervo ductulorum vix ad apicem pertingente prorsus ut *Tortulæ subulatæ.* Seta semper paullo ultra sex lineas longa, validiuscula, stricta. Capsula cylindracea quamquam haud longa, obsoletius oblique striata. Peristomii dentes profundius bifidi. Operculum breviter rostellatum.

POLYTRICHUM.

Linn. gen. ed. Schreber. n. 1660. *Hedw. fundam.* 2. p 90. t. 7. f. 37.

Fructificationes dioicæ terminales: sterilis disciformis, e centro innovans vel prolifera (excepto Pol. undulato).

Capsula: Peristomium simplex; dentibus triginta duo, brevibus, incurvis, membranulam transversalem adhærentibus.

Calyptræ dimidiatæ apex gerit tegmen pilorum cohærentium dependens vaginulæ antea insertum (excepto Pol. undulato et lævigato).

605 POLYTRICHUM *piliferum:* surculo simplici, foliis subulatis semiteretibus piliferis: marginibus replicatis contiguis, capsulis ovatis quadrangulis apophysi instructis.

P. piliferum *Schreb. lips.* 74. *Hedw. spec. musc.* p. 90. *Menzies transact. Linn.* 4. p. 75. *Engl. bot.* 17. t. 1199. optim. *Flor. dan.* 8. t. 1362. f. 2.

P. commune γ. *Linn. svec.* n. 966.

P. quadrangulare minus Juniperi foliis pilosis. *Dillen.* p. 426. t 54. f. 3.

Hab. in siccis sterilissimis per totam Lapponiam svecicam vulgatissime; in alpibus usque ad summa cacumina et extimas insulas capitis septentrionalis ubique parcius; in Nordlandia inferalpina minus frequens.

Colore singularum partium eximio insignis est hic muscus: folia saturate cæruleo-viridia, pilo incano ornata; flores masculi pulchre rubicundi, et calyptra purpureo-fasciata. De cætero folia crassiuscula, prorsus semiteretia, erectiuscula, obtusiuscula, cum pilo serrulato et marginibus omnino replicatis, ora interiore sibi contiguis vel incumbentibus: dorso omnino lævi.

In hoc et plerisque Polytrichis pili calyptræ tum in apice ipsius calyptræ tum in vaginula inseruntur. Flos femineus calyptræ summitatem et vaginulam continuas habet, utrasque filis succosis erectis cohærentibus vestitas. Post florescentiam in altum surgit summitas calyptræ et inferior pars elongatur simulque glabra fit, dum pili vaginulæ cum calyptræ pilis cohærentes elongantur demumque ab insertione evelluntur. Hinc quasi deorsum reflexi apparent pili; quod tamen neutiquam sunt, dum antea inferne in vaginula inserti fuerunt. De cætero pilositas calyptræ in diversis diversa est: in *P. hercynico* per totam calyptram sparsa, apud *P. undulatum* in apice tantum, et apud *P. lævigatum* omnino deest. Certior itaque est character e Peristomio et eximia forma discoidea florum masculinorum; etiam habitus proprius et folia ita carnosa vel cartilaginea, ut similia in muscorum familia haud existunt.

606. POLYTRICHUM *juniperinum:* surculo simplici, foliis attenuatis patulis: marginibus replicatis divulsis, capsulis ovatis quadrangulis apophysi instructis.

P. juniperinum *Menz. in Transact. Linn.* 4. p. 76. t. 6. f. 4. *Hedw. spec.* p. 89. t. 18. f. 6 - 10. *Engl. bot.* 17. t. 1200. bona.

P. juniperifolium *Web. et Mohr crypt.* p. 219.

P. quadrangulare Juniperi foliis brevioribus. *Dill.* p. 424. t. 54. f. 2.

β. *gracilius:* capsula breviore.

P. strictum *Menzies* l. c. p. 77. t. 7. f. 1.

Hab. locis sterilibus tum siccis ac paludosis per Lapponias omnes extraalpinas omnium vulgatissimum; in alpibus etiam ubique parcius parvumque, ubi in summa cacumina et extimas petras longius procedit quam ulla alia planta.

Folia patula (nec ut in sequenti recurvata), dorso aspera et carinata; marginibus replicatis haud vero contiguis. Basis foliorum caulem ambiens latior est quam in præcedente, duplo autem angustior quam in sequente. Calyptra pallida.

β. in paludibus Sphagno intermixtum crescens, surculis elongatis, foliis brevioribus erectioribus etc. leviter tantum differt.

607. POLYTRICHUM *commune:* surculo simplici, foliis attenuatis divergentibus serrulatis, capsulis ovatis quadrangulis apophysi instructis.

P. commune *Linn. svec.* n. 966. *lappon.* n. 395. *Engl. bot.* 17. t. 1197. *Hedw. spec. musc.* p. 88. *Menz. in transact. Linn.* 4. p. 74. *Georgii fl. baikal.* p. 238. *Falk russ. top.* 2. p. 274.

Tab XVI.

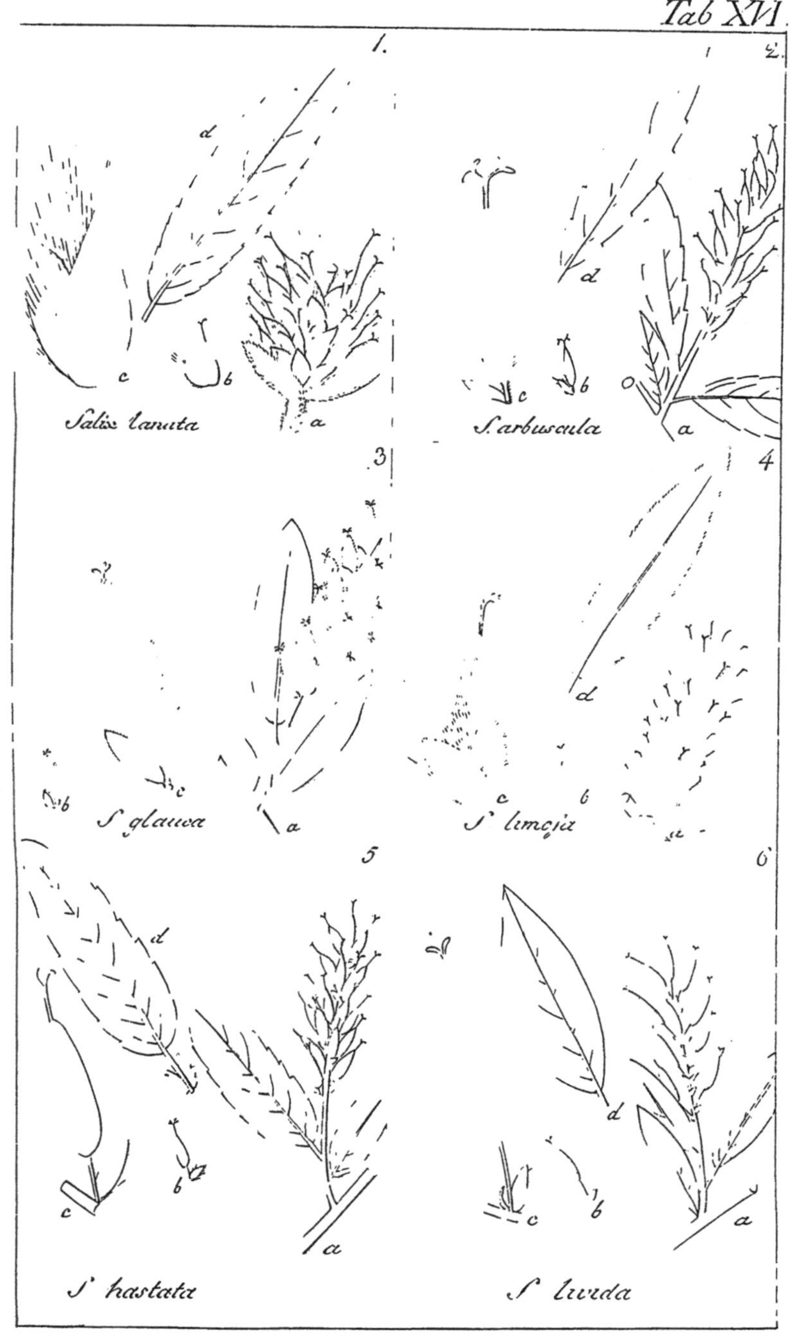

1.
Salix lanata
2.
S. arbuscula
3
S. glauca
4
S. limosa
5
S. hastata
6
S. livida

P. yuccæfolium *Ehrh. crypt.* n. 214. *Web. et Mohr crypt.* p. 221.

P. quadrangulare vulgare Juccæ foliis. *Dillen.* p. 420. t. 54. f. 1.

Lapponibus *Ruomse.*

Hab. in locis uliginosis et paludosis paullo fertilioribus (nec exsuccis) per partem exteralpinam præsertim sylvaticam vulgare, ut etiam in submaritimis Finmarkiæ passim; sed in convallibus ad rivulos alpinos raro, et in ipsis alpibus haud visum.

Surculi ut plurimum dupplo triplove longiores quam in præcedentibus et sequentibus duobus. Folia usque in extremas margines prorsus opaca et levius serrulata, insigniter divergentia ne dicam recurvata et squarrosa, longius attenuata quam in sequentibus speciebus. Operculum mucronatum.

608. POLYTRICHUM *formosum:* surculo simplici, foliis attenuatis patulis: marginibus hyalinis serratis, capsulis oblongis quadrangulis apophysi obsoleta instructis.

P. formosum *Hedw. spec.* p. 92. tab. 19. f. 1. a. *Hoppe taschenb.* 1801. p. 196. *Web. et Mohr crypt.* p. 221.

P. pallidisetum *Funk crypt. des Fichtelgeb.* fasc. 3. n. 55.

P. attenuatum *Menzies in Transact. Linn.* 4. p. 72. t. 0. f. 2. *Engl. bot.* 17. t. 1198.

Hab. in sylvaticis humidis umbrosis per Nordlandiam meridionalem passim.

Folia in hac specie omnium affinium pellucidiora, ut non tantum margines lati hyalini sunt, verum etiam striæ sparsæ in nervo viridi occurrunt. Setæ eximie pallidæ, et calyptra fere nivea. Folia musci exsiccati in aqua multo serius reviviscunt quam in præcedente, eamque ob causam difficilius examinantur.

609. POLYTRICHUM *aurantiacum:* surculo simplici, foliis attenuatis: marginibus hyalinis serratis, capsulis ovalibus subangulatis apophysi obsoleta instructis.

P. aurantiacum *Hoppe taschenb.* 1802. p. 44. et 1800. p. 151.

P. longisetum *Swartz musc. svec.* p. 103. t. 8. fig. 16.

P. gracile *Menzies in Transact. Linn.* 4. p. 73. t. 6. f. 3. *Web. et Mohr crypt.* p. 222. *Engl. bot.* 26. t. 1827.

Hab. in uliginosis humosis interdum quoque graminosis per partes sylvaticas Lapponiarum Svecicarum, et in inferalpinis Nordlandiæ passim frequenter. Aestivale est mense Julii maturans.

Non possum quin suspicar, hoc tantummodo a præcedente differre ut varietas gracilior a vero *P. juniperino*. Folia paullo minora sunt, nec adeo pellucida. Operculum in hoc et præcedente æque rostellatum.

610. POLYTRICHUM *alpinum:* surculo ramoso, foliis linearibus denticulatis patulis, capsulis oblongis substrumosis obliquis.

α. capsulis subovalibus, apophysi obsoleta confluente.

P. alpinum *Linn. spec. plant.* p. 1573. *Engl. bot.* 28. t. 1905. bona.

P. alpinum ramosum etc. *Dillen.* p. 427. t. 55. fig. 4.

β. capsulis oblongis, apophysi nulla.

P. arcticum *Swartz musc. svec.* p. 105. t. 8. f. 17. *Flor. dan.* 8. t. 1362. f. 1. bona. *Web. et Mohr crypt. germ.* p. 225.

P. sylvaticum *Menz.* l. c.

γ. capsulis cylindraceis gracilibus.

Hab. ad margines terrenos elevatos apricos præcipue juxta fluvios per omnes Lapponias sylvaticas frequentissime, per alpinas parcius; sed β. locis occultioribus alpium præcipue occurrit, et γ. in inferalpinis subocultis Nordlandiæ passim. Aestivale est mense Augusti maturans.

Surculi plus minusve longi, tamen plerumque magis elongati et ramosi quam in cæteris. Folia semper eadem, lineari-attenuata, longiora et angustiora quam in cæteris, undique denticulata, apicem versus divergentia. Sed capsularum longitudo eo magis variat: ubi brevior est capsula ibi simul substrumosa, subangulata, gibba; quo vero longior eo gracilior lævior sine vestigio apophyseos, ut capsulam *P. urnigeri* me invenisse quandoque credidi.

611. POLYTRICHUM *septentrionale:* surculo ramoso abbreviato, foliis subulatis semiteretibus subsecundis apice denticulatis, capsulis ovalibus substrumosis.

P. septentrionale *Swartz musc. svec.* p. 107. t. 9. f. 18. *Web. et Mohr crypt.* p. 223.
P. norvegicum *Hedw. spec.* p. 99. t. 22. f. 1 - 5.
P. ramosum *Gunn. norv.* n. 814. *Flor. dan.* t. 297.

β. surculo brevissimo, foliis incurvis.
P. hyperboreum *Wahlenb. in Web. et Mohr ind. mus.*

Hab. in summis alpibus locis denudatis sterilissimis apricis subuliginosis usque versus Nordcap passim ne dicam ubique, sed rarius fructificat. Aestivale est mense Augusti maturum.

A præcedente satis diversum sese sistit foliis brevibus subincurvis semiteretibus subintegerrimis obtusiusculis, vixque nisi in surculo sterili subsecundis ob insigniorem longitudinem.

Surculi et folia *P. sexangularis Flörk.* simillima, sed capsula angulata diversam efficit speciem.

612. POLYTRICHUM *urnigerum:* surculo ramoso, foliis lanceolatis planis dentatis, capsulis cylindricis erectis.

P. urnigerum *Linn. svec.* n. 967. *Hedw. spec.* p. 100. t. 22. f. 5. — 7. *Engl. bot.* 17. t. 1218. bona.
R. ramosum setis urnigeris. *Dillen.* p. 427. t. 55. fig. 5.

β. humile subsimplex.

Hab. locis sabulosis juxta fluvios e. s. p. per partem sylvaticam præcipue inferiorem Lapponiarum svecicarum parcius; at β. humile in inferalpinis Nordlandiæ rarius. Verno tempore maturat.

Folia ejus adulta eximie rubent, sed juniora præcipue in pagina superiori glaucescentia sunt, unde insigniter versicolor apparet muscus. De cætero folia sunt valde rigida, satis lata, prope basin constricta indeque lanceolata, nec attenuata, crebro dentata.

613. POLYTRICHUM *capillare:* surculo subramoso, foliis sublinearibus attenuatis planis remotius dentatis, capsulis subcylindricis cernuis.

P. capillare *Michaux amer.* 2. p. 294. teste Swartz.
β. *minus* foliis adpressis brevioribus.

Hab. in terra arenosa denudata ad fluvios etc. totius Lapponiæ sylvaticæ fere ubique vulgare; sed β. in parte subalpina et alpina passim provenit. Verno tempore maturat.

Præcedenti adeo affine ut ægre distinguitur. Color foliorum sordide vel pallide viridis, ut etiam calyptra magis albicans. Folia multum longiora, laxius posita, dentibus raris exasperata. Setæ valde tenues. Capsulæ plerumque ventricosæ vel oblongatæ.

Var. β. foliis adpressis et inde surculis angustatis valde diversum apparet, adeo ut *P. nanum* magis refert.

At *P. nanum* surculo simplicissimo, foliis semiteretibus obtusiusculis apice serrulatis semper erectis fere adpressis distinguitur, nec supra Uplandiæ limites a me lectum.

P. aloides foliis planis mollibus patulis: marginibus hyalinis argute serratis siccitate incurvis differt, nec supra Ostro-Gothiæ fines lectum scio.

614. POLYTRICHUM *hercynicum:* surculo simplici, foliis canaliculatis incurvis integerrimis, capsulis cylindraceis, calyptra interrupte pilosa.

P. hercynicum *Hedw. stirp. crypt.* 1. tab. 15. *Smith brit.* 3. p. 1381. *Engl. bot.* 17. t. 1219. *Flor. dan.* 8. t. 1417.

Catharinea hercynica *Ehrh. crypt. dec.* n. 11. *Web. et Mohr crypt. germ.* p. 217.

Orthotrichum hercynicum *Hoffm. fl. germ.* p. 25.

Hab. in terra arenosa umbrosa per radices alpium Nordlandiæ meridionalis passim ex. gr. ad Skönstugan et Vätt-fjället Saltensium, nec non ad Strömklumpen Foldensium. Ut etiam in ripis fluminis Kittinenjoki prope Sodankylense templum. Aestivale est mense Julii haud maturus.

Cæteris Polytrichis valde affine tum foliorum dorso carnoso, tum floribus masculis e centro proliferis. Folia linearia: marginibus semper inflexis: nervo inferne tenero sursum vero undulatim dilatato et in dorsum carnosum extenso. Directio foliorum incurvata unde semper crispi apparent surculi; color non parum æruginosus. Perichætialia folia cæteris simillima. Calyptra per totam longitudinem sparsim fulvo-pilosa.

615. POLYTRICHUM *lævigatum:* surculo simplici, foliis ovatis concavis imbricatis, capsulis oblongis cernuis, calyptra lævissima.

P. glabratum *Wahlenb. in Web. et Mohr ind. mus.*

Icon. tab. nostr. XXII.

Hab. in nuda arena riparia aprica fluminis Muonio prope pagum Muonio superiorem et Ketkes-suvando Lapponiæ sylvaticæ Tornensis frequentissime. Aestivale esse videtur.

Præcedenti adeo affine ut nullum de genere sed potius de specie sit dubium. Foliorum dorsum eodem modo undulatim dilatatur, quod in nullis aliis muscis hucusque observatum scio. Folia brevia in surculis ubique adsunt, et solummodo perichætialia magis elongantur. Capsulæ semper cernuæ et obesæ. Calyptra lævissima, apice magis mucronata et fusca quam in præcedente. Flores s. d. masculi pulchre cyathiformes.

Iconis explicatio: a. muscus fructifer. A. isdem sexies auctus. B. folium inferius e latere visum. C. idem antice visum. D. folium superius e latere et E. antice visum. F. folium perichætiale e latere conspectum. G. calyptra. H. calyptra infantilis et vaginula glaberrima. I. initium fructus. K. flos femineus denudatus cum filis succosis brevissimis. l. surculus masculus. L. isdem auctus. M. isdem involucris extimis reflexis ut conspiciantur antheræ. N. anthera et filum succosum seorsim.

616. POLYTRICHUM *undulatum:* surculo simplici, foliis planis lanceolatis serratis uninervibus, calyptræ rostatæ apice muricato.

P. undulatum *Hedw. stirp. crypt.* 1. t. 16. 17. *Engl. bot.* 17. t. 1220. *Michaux amer.* 2. p. 295.

Mnium undulatum *Hoffm. germ.* p. 53.

Bryum undulatum *Linn. svec.* n. 996.

Bryum phyllitidis folio etc. *Dillen* p. 360. t. 46. fig. 18.

Catharinea undulata *Web. et Mohr crypt. germ.* p. 216.

β. *minus:* foliis brevioribus obtusioribus.

P. controversum *Bridel. muscol.*

Hab. in umbrosis Nordlandiæ meridionalis rarius, sed β. in sterilibus apricis Lapponiarum omnium sylvaticarum passim. Est itaque inter Polytricha frigoris valde impatiens. Vernale est, mense Junii his in terris maturans.

A Polytrichorum habitu re vera longe discedit et Mniis admodum accedit: foliis nervo angusto limitato (nec in dorsum carnosum explanato), basi haud subvaginante, floribus masculis e centro haud proliferis e. s. p. Quamquam itaque calyptra haud glaberrima, tamen a Polytrichis magis alienum quam præcedens species, unde patet quod genus illud Catharineæ neutiquam naturale sit.

Varietas minor interdum adeo pygmæa reperitur, ut *Gymnostomum Heimii* ne dicam *truncatulum* habitu refert.

BUXBAUMIA.

Hedw. fundam. 2. p. 95. tab. 10. fig. 52.

Fructificatio dioica terminalis: sterilis discoidea.

Capsula oblique dimidiata. Peristomium dupplex: exterius dentibus sedecim truncatis, interius membranaceum plicatum subintegrum conicum.

617. BUXBAUMIA *aphylla:* pedunculata. *Linn. svec.* n. 1295. *Amoen. acad.* 5. p. 78. t. 1. *Hedw. spec. musc.* p. 167. *Engl. bot.* 23. t. 1596.

Muscus capillaceus aphyllus *Dillen musc.* p. 477. t. 68. f. 5.

Hab. in Lapponia rarissime, nec nisi ad Risnäs prope lacum Stora Vindelen Lapponiæ Umensis frequenter lecta d. 23. Julii 1810.

FUNARIA.

Schreb. in Gen. plant. n. 1650. *Hedw. spec. musc.* p. 172.

Fructificationes dioicæ terminales: sterilis discoidea.

Capsula pyriformis. Peristomium duplex planum: exterius dentibus sedecim obliquis: interius dentibus totidem membranaceis.

618. FUNARIA *hygrometrica:* foliis ovatis bullatis acuminatis integerrimis, capsula incurvata.

F. hygrometrica *Hedw. spec. musc.* p. 172. *Swartz mus. svec.* — *Wahlenb. act. Stockh.* 1806. p. — *Web. et Mohr crypt.* p. 378.
Mnium hygrometricum *Linn. svec.* n. 972. *Georgii fl. baikal.* p. 239.
Bryum bulbiforme aureum etc. *Dillen musc.* p. 407. t. 52. f. 75.
Hab. ad margines umbrosos fluviorum etc. per Lapponiam rarissime ex. gr. ad Kumma-Eno et Idijoki Lapponiæ Tornensis, prope Wuollerim Lapponiæ Lulensis, et ad Qualviig Lyngensis Nordlandiæ.

MNIUM.

Linn. gen. plant. n. — *Hedw. spec. musc.* p. 188. *fundam.* 2. p. 94.

Fructificationes dioicæ terminales: sterilis discoidea.
Capsula. Peristomium dupplex conicum: exterius dentibus sedecim acutis: interius membranaceum, plicatum, laciniatum, laciniis latiusculis et capillaribus alternantibus.

619. MNIUM *turgidum:* surculis erectiusculis dichotomis, foliis ovalibus concavis imbricatis, capsulis oblongis cernuis.
Bryum *Linn. lapp.* n. 403? Hypn. illecebrum L.?
Icon tab. nostr. XXIII.
Hab. in marginibus præruptis madidis ad rupes per summum alpium jugum et in radicibus alpium Nordlandiæ passim copiose sterile; nec nisi unico loco ad Mandujaur Utsjokiæ capsuliferum lectum.

Sequenti admodum affine esse testantur Capsulæ striatæ, dichotomia surculorum, flores masculi, color et textura foliorum isdemque habitus. Sed tanta est differentia in figura foliorum et turgescentia surculorum ut nequeat non certissime distingui. Surculi sæpius tam longi et implicati ut pro Hypni cujusdam habentur. Folia revera cochleæformia, integerrima, nervo tenui percursa.

An sit Bryum Linn. fl. Lapp. n. 403. dubitamus, quum hoc in sylvis cresceret.

Iconis explicatio: A. Muscus capsulifer m. nat. B. ejusdem apex cum capsula sexies aucta. C. folium commune. D. Peristomium interius. E. flos femineus denudatus. F. Surcusus cum floribus masculis. G. ejusdem apex. H. folium florale cum genitalibus masculis. I. eadem genitalia seorsim.

820. MNIUM *palustre:* surculis erectis dichotomis, foliis lanceolatis attenuatis patulis subintegerrimis, capsulis oblongis subcernuis.

M. palustre *Linn. svec.* p. 970. *lappon.* n. 413. *Hedw. spec.* p. 188. *Smith brit.* 3. p. 1346. *Georgii fl. baikal.* p. 239. *Falk russ. top.* 2. p. 275.

Hypnum elodes *Web. et Mohr crypt.* p. 282.

Mn. majus etc. *Dillen musc.* p. 233. t. 31. f. 3.

Hab. in paludibus per totam Lapponiam (præter alpium superiora cacumina) ubique sed parcius, et rarissime fructiferum.

Colore suo flavescente et textura molli fere Sphagnea valde notabilis est hæc species. Folia usque e basi attenuata et acuminata, nervo tenui prædita, patula vel potius subsecunda. Surculi fere toti stupa radiculosa obtecti, qualem in præcedente vix inveni.

621. MNIUM *fontanum:* surculis erectis subverticillatis, foliis ovatis acuminatis superne serrulatis, capsulis sphæricis.

M. fontanum *Linn. svec.* n. 969 *lappon.* n. 414. *Flor. dan.* t. 298. *Hedw. spec.* p. 195. *Georgii fl. baikal.* p. 239. *Falk russ. topogr.* 2. p. 275.

Bryum palustre scapis teretibus etc. *Dillen. musc.* p. 340. t. 44. f. 2.

Bryum fontanum *Huds. angl.* 475. *Swartz musc. svec.* p. 48.

Bartramia fontana *Swartz in Schrad. diar.* 1800. 2. p. 180. *Web. et Mohr crypt. germ.* p. 278.

Hab. ad rivulos et ubi aqua fontana purior diffluit per sylvas Lapponiæ passim.

Non possum non præcedenti tam affine judicare, ut genere haud distinguantur. Modus crescendi isdem est quamquam innovationes plures verticillum fere efficiunt e cujus centro seta egreditur. Folia plana fere sunt et e basi mox nonnihil squarrosa nec ullo modo subvaginantia ut in Bartramiis, nec siccitate convoluta et incurvata, unde textura aliena patet. Peristomium ob capsulæ formam globosam brevius est vel in conum depressiorem redactum

redactum, unde etiam cilia intermedia magis suppressa et obsoleta quam in cæteris.

622. MNIUM *albicans:* surculis simpliciusculis, foliis oblongo-ovatis acutis subcrenasis patentibus, capsulis ovalibus pendulis.

Bryum albicans *Wahlenb. in Web. et Mohr ind. musei.*

Hypnum Wahlenbergii. *Web. et Mohr crypt.* p. 280.

Hab. ubi aqua fontana per terram sterilem glareosam diffluit præcipue in Nordlandia inferalpina passim, sed rarissime capsuliferum ex. gr. ad Storstensnäs Tromsöæ lectum.

A sequente vix aliis characteribus distinguitur quam capsulis brevibus; sed habitus albicans musci valde diversus. Nervus foliorum rarius ad apicem pertingit, et folia magis pellucida. Surculi breves et vix innovatione divisi.

623 MNIUM *bimum:* surculis divisis elongatis, foliis oblongo-ovatis acutis patentibus, capsulis oblongo-cylindraceis pendulis, operculo mamillato.

Br. bimum *Schreb. lips.* 83. *Swartz musc. svec.* p. 50.

Mn. pseudo-triquetrum *Hedw. stirp. crypt.* 3. t. 7. *spec.* p. 190.

Br. ventricosum *Dicks. crypt. fasc.* 1. p. 4.

Br. lanceolatum bimum etc. *Dillen. musc.* p. 405. t. 51. f. 73.

Hypnum pseudo-triquetrum *Web. et Mohr crypt. germ.* p. 288.

Hab. in aqua fontana puriori per totam Lapponiam sylvaticam et inferalpinam passim copiose.

Surculi bi- vel tripollicares, satis angusti vel graciles, superne luteo-virides.

624. MNIUM *serpyllifolium:* surculis erectiusculis stoloniferis, foliis obovatis obtusis integerrimis, capsulis ellipticis, operculis apiculatis.

M. serpyllifolium α. punctatum *Linn. svec.* n. 382. *lappon.* n. 404. *Georgii fl. baikal.* p. 239.

Bryum serpyllifolium *Swartz musc. svec.* p. 51.

Mn. punctatum *Hedw. spec. musc.* p. 193.

Bryum punctatum *Engl. bot.* 17. t. 1183.

Bryum pendulum Serpilli folio rotundiore. *Dillen.* p. 416. t. 53. f. 81.

Hypnum punctatum *Web. et Mohr crypt. germ.* p. 296.

Hab. in rivulis purioribus Lapponiæ sylvaticæ et inferalpinæ Nordlandiæ parcius.

Cæteris omnibus majus et spectabilius est foliis inter muscos svecanos facile maximis, diaphanis et grandius reticulatis. Innovationes attenuatæ et graciles sunt, unde surculi stoloniferi dicuntur. Capsulæ pendulæ re vera ellipticæ; operculum convexum cum apiculo.

625. MNIUM *roseum:* surculis erectis stoloniferis, foliis ovalibus apiculatis subserratis, capsulis ovalibus pendulis, operculo convexiusculo.

Mn. roseum *Hedw. spec.* p. 194.

Br. roseum *Swartz musc. svec.* p. 51. *Smith brit.* 3 p. 1370.

Mn. serpyllifolium γ. *Linn. svec.* n. 982.

Br. stellare roseum etc. *Dillen. musc.* p. 411. t. 52. f. 77.

Hypnum roseum *Web. et Mohr crypt. germ.* p. 297.

Hab. in paludosis inter Sphagnum per Lapponiam sylvaticam passim ex. gr. ad Gransele Lapponiæ Umensis lectum.

Vagina pedunculi longior quam in plerisque, longitudinem fere foliorum attingens.

626. MNIUM *crudum:* surculis simplicissimis, foliis sparsis ovatis acuminatis: perichætialibus elongatis patentibus superne serrulatis, capsulis nutantibus.

Mn. crudum *Linn. svec.* n. 979. *Hedw. stirp. crypt.* 1. t. 37. *Georgii fl. baikal.* p 239.

Bryum crudum *Engl bot.* 23. t. 1604. bona.

Hypnum crudum *Web. et Mohr crypt. germ.* p. 290.

Bryum pendulum hornum molle. *Dillen. musc.* p. 401. t. 51. f. 70.

Hab. in præruptis terræ ad rupes aliisque locis subocultis per universam Lapponiam vulgare usque in alpium jugum et Finmarkiam.

Surculi quidem supra terram simplicissimi, sed e radice communi plures oriuntur, et e caudice novi stolones emittuntur, ut re vera multiplex est et vivax. Color foliorum insigniter albicans et pellucidus, unde pulchellus evadit muscus. Capsulæ longiores et graciliores quam in omnibus cæteris. Nervus foliorum subevanescens.

CINCLIDIUM.

Swartz in Diario Schraderi 1801. 1. p. 25. tab. 2.

Fructificationes hermaphroditæ, discoideæ: paraphysibus clavatis.

Capsula basi strumosa, oblonga.

Peristomium dupplex: exterius dentibus 16, acutis, inflexis; interius indivisum cupulatum nervis sedecim firmatum.

627. CINCLIDIUM *stygium Swartz* l. c. — *Flor. dan.* 8. t. 1422. bona.

Hab. in paludibus profundissimis fluctuantibus per partem sylvaticam Lapponiarum Svecicarum passim copiose, ad Knaften Lapponiæ Umensis omnium copiosissime.

Genus hoc a Mniis eodem modo differt ac Fontinalis ab Hypnis, tamen venæ transversales peristomii obsoletæ unde membrana connectens facile finditur. Nervi cupulam sustentantes cum dentibus peristomii exterioris alternant. Flores quoque ego hermaphroditos reperi sed multis filis clavatis intermixtis. Folia ovali-spathulata, ita integerrima ut margo revera incrassatus; subcoriacea.

TIMMIA.

Hedw. stirp. crypt. 1. tab. 31. *Spec. musc.* pag. 176.

Fructificationes monoicæ: sterilis gemmacea, axillaris: capsulifera terminalis.

Capsula subcylindrica. Peristomium duplex: interius membranaceum, laciniatum; laciniis anastomosantibus pertusisque, æqualibus.

628. TIMMIA *austriaca:* foliis lanceolatis superne serratis, capsulis striatis nutantibus, operculo apiculato.

T. austriaca *Hedwig spec.* p. 176. tab. 42. *Web. et Mohr. crypt. germ.* p. 254.

Hab. in marginibus umbrosis terrenis fluviorum parœciæ Enontekis rarissime, in cryptis et præcipitiis alpini jugi passim, sed in umbrosis monticulorum inferalpinorum Nordlandiæ totius copiose.

Utraque hujus generis species habitu surculorum *Polytricho undulato* admodum accedunt. Folia *T. austriacæ* e reticulo tenuissimo facta: nervo valido in medietate obscuriori, quo a Mniis recedit. Serraturæ foliorum rarius nisi apicem versus adsunt. Capsulæ juniores eximie striatæ ut in Mniis pluribus. Est itaque muscus anomalus, qui merito proprium genus constituet.

MEESIA.

Hedw. fund. musc. 2. p. 97. t. 9. f. 56. *Spec. musc.* p. 173.

Fructificationes discoideæ dioicæ vel subhermaphroditæ.

Capsula cernua s. obliqua, pyriformis.

Peristomium dupplex: exterius dentibus sedecim, duplo brevioribus, obtusis; interius ciliis totidem distinctis vel opere reticulato plus minusve connexis.

629. MEESIA *squarrosa:* foliis quinquefariis triangulis recurvis denticulatis, capsulis oblongis.

Bryum squarrosum *Linn. svec.* n. 1007. *Spec. plant.* p. 1585. *Hedw. spec.* p. 186. t. 44. f. 6. — 11.

Hypnum Paludella *Web. et Mohr. crypt. germ.* p 274

Hab. in paludibus profundis aquosis Lapponiæ sylvaticæ rarius; ut etiam in Nordlandia ejusque districtu Saltensi capsulifera lecta. Aestivalis est mense Septembris maturans.

Tanta est affinitas hujus et sequentis musci, ut non possum quin eos genere conjungam. Eadem enim est tum situs ac directio foliorum, nec non denticulatio peculiaris, qualem nonnisi in *Jungermannia nemorosa* reperi. De cætero situs capsulæ obliquus convenit, quamquam figura vix pyriformis. Peristomii exterioris dentes longiores quam in sequentibus, unde etiam Bryis a plerisque annumeratur. Flores masculi manifeste discoidei sunt, itaque potius Mnii generis esset quam Bryi.

630. MEESIA *longiseta:* foliis ovato - lanceolatis trifariis divergentibus dentatis.

M. longiseta *Hedw. stirp. crypt.* 1. tab. 21. 22. *Spec.* p. 173.

Mnium triquetrum *Linn. svec.* n. 978. *Spec. plant.* p. 1578.
Diplocomium longisetum *Web. et Mohr crypt. germ.* p. 374. t. 7. f. 10. 11.
Hab. in paludibus profundissimis aquosis per Lapponias sylvaticas fere ubique. Aestivalis.

Spectabilis et utique memorabilis muscus est, setis suis longis capsulas ex aqua paludum eximie attollens. Surculi sæpius quadripollicares, elongati. Folia sat sparsa, basi amplectentia, dein divergentia et nonnihil flexuosa, acuta, canaliculata, marginibus neutiquam integerrimis sed evidenter dentatis ne dicam subciliatis ut in Jungermanniis nonnullis. Peristomii dentes exteriores tam tenuiter membranacei et breves, ut visum facile effugiant; interiores hispiduli.

631. MEESIA *uliginosa:* foliis lineari-attenuatis integerrimis obtusis erectis, peristomii interioris dentibus connexis.
M. uliginosa *Hedw. stirp. crypt.* 1. tab. 1. 2. *Spec.* p. 173. *Web. et Mohr. crypt.* p. 374.
Bryum trichodes *Linn. svec.* n. 1006.
Br. trichodes aureum capsulis incurvis etc. *Dillen.* p. 389. t. 49. f. 58
β. M. minor *Brid. muscol.* II. 3. t. 2. f. 13. *Web. et Mohr crypt.* p. 374.
Hab. in uliginosis apricis per totam Lapponiam svecicam exteralpinam vulgaris, per alpes rarius, in inferalpinis Nordlandiæ passim. Aestivalis, mense Augusti et Sept. maturans.

Surculi simpliciusculi vel subdivisi, nonnihil elongati. Folia juniora saturate viridia, senescentia vero fuscata, nervo ad basin lato ultra dimidiam latitudinem folii occupante.

632. MEESIA *dealbata:* foliis lanceolatis acutis subdiaphanis patulis apice subserratis, peristomii interioris dentibus basi connexis.
M. dealbata *Swartz musc. svec.* p. 94. t. 5. f. 10. *Hedw. spec. musc.* p. 174. t. 41. f. 6-9. *Web. et Mohr crypt.* p. 375.
Bryum dealbatum *Dicks. crypt.* fasc. 2. p. 8. t. 5. f. 3. *Engl. bot.* 22. t. 1371.
Hab. ad rupes umbrosas madidas monticulorum inferalpinorum Nordlandiæ rarius. Aestivalis est.

Surculi breves, sed divisi iterum iterumque ut cæspitosi sæpius evadunt. Folia juniora pallide viridia et pulchre reticulata, nervo angusto saturatius colorato; mox vero albicantia evadunt, ut toti surculi dealbati apparent. Quo ad peristomium eodem fere modo a præcedente differt ac *M. squarrosa* a *longiseta:* dentibus exterioribus acutioribus, sed interioribus magis liberis. Difficile itaque junguntur charactere quodem, sed habitu facile conveniunt.

B R Y U M.

Linn. gen. n. ——. *Hedwig fundam.* p. 94.

Fructificationes terminales, capituliformes, dioicæ vel androgynæ (Br. pyriforme et nutans).

Capsula. Peristomium dupplex: exterius dentibus sedecim, acutis: interius membranaceum plicatum, laciniatum; laciniis latiusculis et capillaribus alternantibus.

633. BRYUM *pyriforme:* surculo simplicissimo, foliis perichætialibus elongatis setaceis divergentibus, capsula pyriformi.

Br. pyriforme *Swartz musc. svec.* p. 45.

Webera pyriformis *Hedw. stirp.* 1. t. 3. *Spec.* p. 69.

Mnium pyriforme *Linn. svec.* n. 980.

Br. trichodes aureum etc. *Dillen. musc.* p. 391. t. 50. f. 60.

Hab. in parte sylvatica Lapponiarum omnium locis umbrosis siccisculis rarius, ut etiam in Nordlandia et Finmarkia inferalpina.

Totus fere muscus nitidulus. Folia inferiora brevia, sed perichætialium nervus solus elongatus, setaceus, flexuosus, marginibus foliaceis orbatus.

634. BRYUM *nutans:* surculo simplicissimo, foliis lanceolatis acuminatis erectis, capsulis oblongis nutantibus.

Br. nutans *Schreb. lips.* 81. *Smith brit.* 3. p. 1347.

Webera nutans *Hedw. stirp. crypt.* 1. t. 4. *Spec.* p. 168.

Br. trichodes læte virens etc. *Dillen. musc.* p. 391. t. 50. f. 61.

β. *alpicola:* capsulis cernuis, foliis minus acuminatis.

Hab. ubique vulgatissime locis sterilibus siccis per omnem Lapponiam exteralpinam, ut etiam in alpibus omnibus ubi sæpe in β. abit.

Sparsim crescit et ideo inconspicuum est surculis suis minutis. Statura sua et magnitudine valde variabili; gracilius sæpe pro Pohlia venditur.

Præcipue β. diversum videtur capsulis erectiusculis ventricosis.

635. BRYUM *annotinum:* surculis abbreviatis e summitate stoloniferis, foliis sparsis lanceolatis subpellucidis, capsulis elongato-pyriformibus nutantibus.

Br. annotinum *Hedwig spec. musc.* p. 189. tab. 43. *Smith brit.* 3 p. 1358. *Swartz in diario Schrad.* 1800. 2. p. 182. t. 3. fig. C. *Engl. bot.* 26. t. 1862. haud bona.

Mnium annotinum *Linn. svec.* n. 976. *Georgii fl. baikal.* p. 239.

Br. annotinum lanceolatum etc. *Dillen. musc.* p. 399. t. 50. f. 68.

Muscus *Flor. dan.* t. 215.

Hab. in subinundatis arenosis præcipue ad ripas fluminum Lapponiæ sylvaticæ totius ubique.

Dispersim crescit et de cætero surculi in terra adeo latent, ut nonnisi stolones visui patent, itaque perinconspicuum est et rarius legitur. Folia angusta, patentia, tenera, sparsa et caulem haud occultantia nervo subevanescente. Setæ tenuissimæ et prope apicem incurvæ unde pro *Bryo pallente Sw.* diu habui. Capsulæ eximie graciles et pallidæ, collo elongato curvoque.

636. BRYUM *capillare:* surculis divisis, foliis planis obovatis cuspidatis patulis, capsulis oblongis pendulis.

Br. capillare *Hedw. spec. musc.* p. 182. *Engl. bot.* 28. t. 2007.

Mnium capillare *Linn. svec.* n. 981.

Br. foliis latiusculis congestis etc. *Dill. musc.* p. 398. t. 50. f. 67.

Hypnum capillare *Web. et Mohr crypt. germ.* p. 286.

Hab. in terra tenui gramine vestita Lapponiæ inferalpinæ et sylvaticæ passim.

637. BRYUM *cæspiticium:* surculis divisis conglomeratis, foliis ovatis concavis imbricatis, capsulis obovatis pendulis.

Br. cæspiticium *Linn. svec.* n. 1010. *lappon.* n. 402. *Hedw. spec. musc.* p. 180. *Engl. bot.* 27. t. 1904

Br. pendulum ovatum cæspiticium etc. *Dillen. musc.* p. 396. t. 50. f. 66.

Hypnum cæspiticium *Web. et Mohr crypt. germ.* p 283.

Hab. in terra uliginosa denudata prope littora maris frequenter; in reliquis locis inferalpinis et sylvaticis inferioribus parcius.

638. BRYUM *pulchellum:* surculo simplicissimo, foliis lanceolatis pellucidis erectis, capsula subglobosa pendula, setis tenuissimis.

Br. pulchellum *Hedw. stirp. crypt.* 3. tab. 38. B. *Spec.* p. 180 *Swartz musc. svec.* p. 48.

Br. carneum *β. Turn. musc. hib* p. 119.

β. atropurpureum: capsulis globosis incurvis atropurpureis

Br. atropurpureum *Wahlenb. in Web. et Mohr ind. mus.*

Hab. locis arenosis denudatis ad ripas fluminum Lapponiæ sylvaticæ et subalpinæ passim parcius; at *β.* in argillaceis inferalpinis Nordlandiæ rarius.

Sat mutabilis species esse videtur respectu totius faciei. Ipsum *Br. pulchellum* H. quasi medium esse videtur inter *Br. carneum* et atropurpureum; adeo ut sive duæ distingvendæ sive omnes conjungendæ. Surculi omnium brevissimi, angusti. Setæ quo longiores eo tenuiores, in atropurpureo sæpe bilinearis tantum longitudinis capsulam minutam incurvam fere *Weissiæ nigritæ* sustentantes. Nervus folii subevanescens.

639. BRYUM *alpinum:* surculis ramosis elongatis teretibus, foliis octofarie- imbricatis carinatis strictis, capsulis oblongis.

Br. alpinum *Linn. mant.* p. 309. *Smith. brit.* 3. p. 1353. *Lightf. scot.* p. 738. *Engl. bot.* 23. t. 1623.

Bryum hypnoides pendulum sericeum etc. *Dillen. musc.* p. 394. t. 50. f. 64.

1.

2.

a

b

3

c

Salix versifolia

a

f

b

c

e

d

Salix myrtilloides

Hab. in Lapponia ut vulgo fertur; ego vero nonnisi in scopulis maritimis Sveciæ temperatioris reperi.

Surculi longiores quam in ullo alio Bryo, subdichotome ramosis. Folia proprie dictu erecta, vix sibi invicem incumbentia sed admodum conferta, valde stricta ob nervum crassum rufescentem valde insignem. Apex foliorum subdentatus; forma oblongo-triangularis; reticulum tenuissimum.

640. BRYUM *argenteum:* surculis subdivisis teretibus, foliis ovatis imbricatis concavis piliferis, capsulis ovalibus pendulis.

Br. argenteum *Linn. svec.* n. 1008. *Hedw. spec.* p. 181.

Hypnum argenteum *Web. et Mohr crypt.* p. 276.

Br. pendulum julaceum etc. *Dillen. musc.* p. 392. t. 50. f 62.

Hab. in tectis torfaceis Nordlandiæ inferalpinæ ubique sterile, ut etiam in Lapponia sylvatica passim.

641. BRYUM *Zierii:* surculis divisis teretibus obtusis, foliis subrotundis imbricatis concavis subenervibus apiculatis, capsulis longicollis clavatis cernuis.

Br. Zierii *Dicks. crypt.* fasc. 2. p. 8. t. 4. f. 10. *Engl. bot.* 15. t. 1021. *Smith brit.* 3. p. 1356. *Hedw. spec.* p. 182. tab. 44. f. 1 - 4.

Hypnum Zierii *Web. et Mohr crypt.* p. 275.

Hab. in fissuris rupium madidis inferalpinis Nordlandiæ meridionalis passim copiose; ex. gr. ad Dale Foldensem et pluribus locis ad sinum Saltensem. Aestivalis est.

Surculi quidem præcedentis respectu formæ sat referunt, sed dupplo triplove crassiores et turgidiores ob folia valde convexa et gibba. Nervus foliorum obsoletus vel tenerrimus, et reticulum grande vel laxum pauca parenchymate viridi refertum, unde mox albescunt folia et Sphagni habitum induunt. Surculos sat longos iterum iterumque divisos sæpius reperi, quoad maximam partem ex fusco et albicanti varios, apice tantum virescentes vel glaucescentes. Capsulæ tum forma ac directione a præcedentis longe recedunt ut etiam a cæterorum muscorum fere omnium. Forma ipsius capsulæ pyriformis obliqua ut in Meesiis, sed collo inani subcylindraceo ipsa capsulâ longiori sustentatur. Seta superne arcuata ut capsula junior nutans evadit; matura vero retorquetur ut peristomium sursum, vertex deorsum spectat, quo statu collum cygni admodum refert, ut ego quidem hanc speciem Br. cygneum certe dixissem. Est itaque omni respectu insignis atque memorabilis admodum muscus.

B A R T R A M I A.

Hedwig. stirp. 2. t. 40. *Spec.* p. 164.

Fructificationes andiogynæ, terminales, gemmiformes.

Capsula globosa, sulcata.

Peristomium dupplex: exterius dentibus sedecim, acuminatis: interius membranaceum, subplicatum, apice laciniatum, laciniis æqualibus bifidis.

642. BARTRAMIA *pomiformis:* foliis basi subvaginantibus setaceis asperulis.

B. pomiformis *Hedw spec. musc.* p. 164. *Web. et Mohr crypt.* p. 260.

B. ithyphylla *Brid. musc.* 2. p. 3. t. 1. f. 6. *Engl. bot.* 24. t. 1710.

Bryum pomiforme *Linn. svec.* n. 988. *lappon.* n. 400. *Georgii fl. baikal.* p. 239.

Br. capillaceum etc. *Dillen. musc.* p. 339. t. 44. fig. 1.

β. *strigosa:* foliis subulatis stristis.

Hab. in saltuosis, ad rupes etc. tum Lapponiæ totius exteralpinæ tum ipsius alpini jugi et alpium maritimarum fere ubique parcius; β. in latere alpis Rastekaisse Finmsrkiæ. Vernalis in exteralpinis est, sed in alpibus omnino æstivalis initio mensis Augusti capsulas maturans.

Optime distingvitur foliis tam angustissimis ut nervus fere solus totam latitudinem explet, et de cætero parenchymate tam opaco limitatur ut vix rite distingvi queat; nec sine ratione folium enerve diceretur. Ob parenchyma crassius hujus folia strictiora evadunt quam in cæteris; qua nota etiam β. optime convenit: de cætero subtus convexa et lævia nec carinata ut in sequentibus. Margo foliorum tam abrupte serratus est, ut rectius asperulus dicitur.

643. BARTRAMIA *Halleriana:* foliis linearibus sursum setaceis serrulatis seta capsulæ longioribus.

B. Halleriana *Hedw. stirp.* 2. t. 40. *Spec.* p. 164. *Web. et Mohr crypt.* p. 265.
Bryum laterale *Hudson angl.* p. 483. *Lightf. scot.* p. 727.
Bryum pendulum *Flor. dan.* 5. tab. 833. f. 1.
Hab. in saxis et montosis siccioribus sylvaticis Nordlandiæ meridionalis et Lapponiæ subalpinæ australioris rarius.

Ut in sequente nervus foliorum facile distingvitur, et margines adjacentes subdiaphani sunt; sed superior pars folii in apicem longum setaceum triquetrum argute serratum abit. Nihilo tamen minus haud dubito, quin sequenti proxime affinis sit. Color plerumque magis rufescens, et folia parum rectiora.

644. BARTRAMIA *crispa:* foliis linearibus uninervibus serrulatis crispabilibus.
B. crispa *Swartz musc. svec.* p. 73. *Web. et Mohr crypt.* p. 262.
B. hercynica *Flörk. in Diar. Schrad.* 1799. 2. p. 71.
Hab. in fissuris rupium umbrosarum Lapponiæ sylvaticæ, sed præcipue Nordlandiæ inferalpinæ fere ubique. Subæstivalis est mense Julii maturans.

Folia fere tota linearia et nervus in apicem usque bene discernibilis. Ob nervum crassiorem carinæ, marginibus tenuibus limitatum, folia exsiccando eximie crispantur, et de cætero muscum molliorem constituunt. Color satis glaucescens.

Hujus varietas minor est *B. pomiformis Engl. bot.* 14. t. 998 et *Turneri synops. musc. hibern.*

645. BARTRAMIA *gracilis:* foliis sublanceolatis acutis serrulatis patulis.
B. gracilis *Flörk. in Diar. Schrad.* 1799. 2. p. 171. *Smith brit.* 3. p. 1341 (delendam dein statuit). *Engl. bot.* 26. t. 1826.
B. Oederiana *Swartz in Schrad. diar.* 1800. 2. p. 180. *Web. et Mohr crypt. germ.* p. 276.
Bryum Oederi *Retz scand.* p. 261.
Bryum foliis striatis etc. *Flor. dan.* 3. tab. 478.
Hab. in fissuris madidis rupium nemorosarum ad radices alpium Nordlandiæ et adjacentis Finmarkiæ passim copiose; nec non in convalle Quickjockensi ad Njammats et in Lapponia Pitensi unico loco visa. Subæstivalis est mense Julii maturans.

A præcedentibus longe differt. Surculi graciles apparent ob folia brevia et plerumque remotius ab invicem sparsa, ut caulis nudus patet. Folia basi adpressa, sursum patula et eximie canaliculata vel subcondupplicata, unde difficulter explanantur, explanata vero acuta tantum apparent nec ullo modo acuminata vel apiculata, siccando incurvantur. Margo serratus, subincrassatus est. Color totius musci læte viridis, nec unquam glaucescens. Rami annotini sæpe tam elongati occurrunt, ut setas capsulasque ejusdem anni superant atque occultant; unde subdivisio generis, a *Turnero* proposita haud convenit. Capsulæ minores quam in cæteris.

Nomen *B. Oederianæ* in confusionem facile inducit, et de cætero nomina a proprietate ipsius plantæ præferenda puto nominibus historicis.

ORTHOTRICHUM.

Hedwig stirp. crypt. 2. p. 96. *Spec. musc.* p. 162.

Fructificationes monoicæ: sterilis gemmacea, axillaris; capsulifera terminalis.

Capsula recta, costata s. angulata.

Peristomium dupplex: exterius dentibus sedecim acutis, reflexilibus: interius dentibus totidem moniliformibus fugacibus, vagis, vel nullis.

Calyptra conica, æqualis, angulata, pilosa s. glabra.

646. ORTHOTRICHUM *crispum:* foliis linearibus apiculatis siccitate tortuosis, setis exsertis superne incrassatis, capsulis oblongis, pilis calyptræ apicem superantibus.

O. crispum *Swartz musc. svec.* p. 42. *Smith brit.* 3. p. 1266. *Hedw. stirp. crypt.* 2 t. 33.

Neckera ulophylla *Web. et Mohr crypt. germ.* p. 236.

Polytr. capillaceum crispum etc. *Dillen. musc.* p. 43. t. 55. f. 11.

β. decumbens, foliis rectiusculis.

Hab in truncis arborum frondosarum præcipue Betulæ junioris Nordlandiæ inferalpinæ locis subhumidis occultis passim.

In Lapponia tam magnum luxuriat et toto habitu tam alienum evadit, ut non potest non a sequente distingui. Color totius musci lutescens et vetusti rufescens est. Folia fere ut *Tortulæ tortuosæ* tota linearia, longa, eximie se torquentia exsiccando, nervo in apiculum prominente. Capsulæ in setam incrassatam insigniter elongatæ, qua nota optime distinguitur et varietati β. jungitur; cujus folia breviora, acuminata, siccitate vix torta, et surculi in ambitu pulvini decumbentes ne dicam repentes et valde ramosi. Pili calyptræ apicem ejusdem superantes in utrisque.

647. ORTHOTRICHUM *curvifolium:* foliis basi ovatis sursum attenuatis siccitate incurvis, setis exsertis superne incrassatis, capsulis ovalibus, pilis calyptræ apice brevioribus.

O. cirratum. *Bernhardi in Web. et Mohr crypt.* p. 237.

Hab. in saxorum lateribus umbrosis subirrigatis per partem sylvaticam Lapponiarum et inferalpinam Nordlandiæ rarius.

Color surculorum juniorum glaucescens et vetustiorum nigrescens. Folia basi lata subamplectente inserta; dein lineari-attenuata, obtusiuscula, dimidio breviora quam in præcedente et siccitate tantum incurva. Capsulæ dupplo breviores, basi parum angustatæ. Operculum quoque longius cuspidatum. Pili calyptræ rariores et apicem ejusdem haud superantes.

648. ORTHOTRICHUM *striatum:* foliis attenuatis patulis margine recurvis, peristomio interno sedecim-dentato, calyptra pilosa.

O. striatum *Hedw. stirp.* 2. t 56. *Smith brit.* 3. p. 1262. *Web. et Mohr crypt.* p. 234.

Polytr. Bryi ruralis facie — majus *Dillen. musc.* p. 430. t. 55. f. 8.

Bryum striatum α. *Linn. svec.* n. 987.

Hab. in truncis arborum præcipue Betulæ per totam Lapponiam sylvaticam passim, in Nordlandia inferalpina vulgatius; in rupibus rarissime.

649. ORTHOTRICHUM *obtusifolium:* foliis subovatis obtusis concavis, peristomio interno octodentato, calyptra glabriuscula.

O. obtusifolium *Schrad. Samml.* — *Swartz musc. svec.* p. 90. t. 4. f. 8. *Web. et Mohr crypt.* p. 231.

Hab. in truncis Populorum Lapponiæ inferioris et Nordlandiæ meridionalis rarius.

650. ORTHOTRICHUM *anomalum β.*: foliis oblongis obtusiusculis erectis, peristomio interno nullo, calyptra pilosa, setis subexsertis.

Var. O. anomali *Hedw. stirp.* 2. t. 57. *Spec.* p. 162. *Web. et Mohr crypt.* p. 229. *Dillen.* t. 55. f. 9.

Hab. in saxis et rupibus Lapponiæ sylvaticæ et Nordlandiæ inferalpinæ passim.

A vulgari *O. anomalo* differt surculis simplicioribus, foliis latioribus obtusioribus erectioribus, calyptræ pilis crebrioribus et longioribus.

NECKERA.

Hedw. fund. 2. p. 93. tab. 8. fig. 47. 48. 49.

Fructificationes dioicæ, laterales: sterilis gemmiformis axillaris.

Capsula recta. Peristomium dupplex: exterius dentibus sedecim acutis: interius ciliis totidem distinctis alternis.

651. NECKERA *viticulosa:* repens, ramis erectis simpliciusculis, foliis ovato-elongatis obtusiusculis siccitate incurvis.

N. viticulosa *Hedw. spec.* p. 209. tab. 48. fig. 4. 5. *Swartz musc.* p. 71. *Web. et Mohr crypt.* p. 240.

Hypnum viticulosum *Linn. spec. pl.* p. 1392.

H. subhirsutum viticulis gracilibus. *Dillen.* p. 307. t. 39. f 43.

Hab. in rupibus umbrosis siccioribus Nordlandiæ inferalpinæ raro; ego ad Lyngenfjord eam tantummodo legi.

Habitus a Hypnoideis muscis plerisque recedit, et Orthotrichis non parum convenit. Folia enim sunt subcoriacea, ex areolis opacis minutis constituta sine reticulo evidenti. Nervus quoque pellucidior quam latera folii.

E diverso in Hypnis etc. folia sunt tenuiter membranacea, ne dicam micacea et subsplendentia, reticulo evidenti.

652. NECKERA *curtipendula:* surculo vago subpinnato, foliis ovatis acuminatis superne serrulatis patulis, setis flexuosis incurvisque.

N. curtipendula *Hedw. spec. musc.* p. 209. *Swartz musc. svec.* p. 71. *Web. et Mohr crypt.* p. 241. *Smith fl. brit.* 3. p. 1275.
Hypnum curtipendulum *Linn. svec.* n. 1030.
H. dentatum curtipendulum. *Dillen.* p. 333. t. 43. f. 69.

Hab. in rupibus siccis Nordlandiæ inferalpinæ passim.
Folia e reticulo pellucidiore constituta; acumine subflexuoso, serrulato. Nervus in medio fere folii desinit, ut acumen eo caret. Capsula ipsa semper recta, sed ob torsiones setæ sæpe retroflexa.

653. NECKERA *pumila:* surculis complanatis pinnatis, foliis acinaciformibus acutis distichis, capsulis ovalibus exsertis.
N. pumila *Hedw. stirp.* 3. t. 28. *Spec. musc.* p. 205. *Smith brit.* 3. p. 1272.
Hypnum pennatum *Dicks. crypt. fasc.* 1. p. 5. t. 1. f. 8.

Hab. in cryptis rupium siccis et saxorum lateribus occultis ad montes sylvaticos et subsylvaticos Lapponiarum svecicarum rarius: ex. gr. Roussokärro et Mustavaara parœciæ Enontekis, nec non Aikoniemi prope Kellojärvi paroeciæ Sodankylä, sed ad Gillesnöle Lapponiæ Umensis frequentius.

Neckeræ pennatæ H. simillima; sed surculi duplo fere angustiores et teneriores; folia saltim in Lapponia minus acuminata, grandius reticulata; foliola perichætialia obtusiora, magis convoluta. Setæ tam longæ ut capsulæ e perichætiis totæ exseruntur. Perichætia foliis dupplo longiora, patentia et satis conspicua.

LESKEA.

Hedw. fund. 2. p. 93. tab. 10. f. 62. 63. 65.

Fructificationes dioicæ, laterales: sterilis gemmiformis axillaris.
Capsula rectiuscula. Peristomium dupplex: exterius dentibus sedecim, acutis; interius membranaceum, divisum in lacinias totidem, sæpe pertusas, æquales, absque ciliis interjectis.

654. LESKEA *complanata:* surculis procumbentibus complanatis pinnatis, ramis attenuatis, foliis oblongis apiculatis enervibus.

L. complanata *Hedw. spec.* p. 231. *Swartz musc. svec.* p. 68. *Web. et Mohr crypt.* p. 245.
H. pennatum compressum et splendens. *Dillen.* p 268. t. 34. f. 7.
Hab. in lateribus occultis rupium et saxorum Nordlandiæ inferalpinæ rarissime, nec nisi prope Qualviig Lyngensem lecta.

Surculi toti in planum redacti. Folia tenuissima et valde diaphana, subintegerrima. Habitus surculorum fere *Hypni denticulati.*

655. LESKEA *trichomanoides:* surculis adscendentibus complanatis pinnatis, foliis obliquis subovalibus obtusis crenulatis subuninervibus.
L. trichomanoides *Hedw. spec.* p. 231. *Swartz musc. svec.* p. 68. *Web. et Mohr crypt.* p. 246.
Hypnum trichomanoides *Schreb. lips.* 88.
H. pennatum trichomanoides *Dillen. musc.* p. 269. t. 34. f. 8.
Hab. in lateribus rupium occultis Nordlandiæ inferalpinæ raro, utpote ad Lyngen, Sörfolden et Salten visa.

Surculi quasi bullati, seu e latere superiori convexi. Folia usque ad medium nervo tenuiori notata, paullo crassiora vel saturatius colorata quam in præcedente, superne eximie crenulata. Habitus surculorum fere ut in Leskeis exoticis valde nitidus et elegans, apud adultiores flavescens.

Folia omnium Hypnoideorum muscorum non eo modo condupplicata ac in Fissidentibus, sed tantum pinnatim disticha vel situ suo complanata; ubi autem latiora sunt latus inferius dilatatur, ut subauriculata vel pterygoidea evadunt ut in Jungermanniis.

656. LESKEA *incurvata:* ramis vagis fructiferis, foliis ovatis acuminatis subsecundis uninervibus, capsula cernua.
L. incurvata *Hedw. spec.* p. 216. t. 53. *Web. et Mohr crypt.* p. 248.
Hab. supra lapides suboccultos in locis subalpinis et ipsis alpibus passim, sed nonnisi in Lyngentind Nordlandiæ capsulifera lecta.

Surculos steriles diu pro *Pterogonio gracile* habui, a quo facile dignoscuntur foliis planiusculis, valide uninervibus.

657. LES-

657. LESKEA *pulvinata:* surculis procumbentibus subcapillaceis, ramis adscendentibus, foliis ovatis acutis concavis enervibus, capsulis oblongis cernuis.

Hab. locis subhumidis ad radicem et infimam partem trunci præcipue Populorum Lapponiæ Kemensis inferioris passim copiose; nec alibi visa.

Leskeæ paludosæ simillima, sed satis diversa mihi videtur: surculis tenuioribus, foliis siccitate adpressis (nec subsecundis), nervo orbatis, reticulo verum grandiori instructis, paullo brevioribus; capsulis brevioribus, oblongis (nec subcylindricis), erectiusculis (qua nota ab *Hypno lurido* satis superque differt). Denso grege crescit et ideo pulvinaria insignia supra truncos efficit, unde nomen desumtum. Peristomium Leskeæ generis, quamquam laciniæ angustissimæ.

658. LESKEA *polyantha:* surculis repentibus multifloris, ramis aggregatis erectis, foliis enervibus acuminatis, capsulis rectis.

L. polyantha *Hedw. stirp.* 4. t. 2. *Spec.* p. 229. *Swartz musc. svec.* p. 68. *Web. et Mohr crypt.* p. 251.

Hypnum polyanthos. *Schreb. lips.* p. 97. *Smith. brit.* 3. p. 1278.

Hypnum sericeum ramosius et tenuius etc. *Dillen. musc.* p. 327. t. 42. f. 62.

Hab. in truncis arborum frondosarum per partem sylvaticam Lapponiarum Svecicarum parcissime, et Nordlandiam inferalpinam passim.

Folia subpatula, oblongo-ovata, acumine tenui instructa ut fere pilifera, omni nervo destituta, et ideo mollia. Operculum in Lapponia semper conicum.

659. LESKEA *sericea:* surculis repentibus, ramis adscendentibus arcuatis, foliis attenuatis trinervibus concavis, setis asperulis, capsulis rectis.

L. sericea *Hedw. stirp. crypt.* 4. tab. 17. *Spec.* p. 228. *Swartz musc. svec.* p. 69. *Web. et Mohr crypt germ* p. 249.

Hypnum sericeum *Linn. svec.* n. 1036. *lappon.* n. 412 *Smith. brit.* 3. p. 1282.

Hypnum vulgare sericeum. *Dillen. musc.* p. 323. t. 42. f. 59.

Hab. in saxis rupibusque siccis Nordlandiæ inferalpinæ passim, ut etiam in Lapponia Kemensi inferiore parcius lecta.

Rami structurâ suâ sciuroidea, curvata, insignes. Folia semper erecta, et creberrime conferta, sensim e basi attenuata, valde concava vel potius subconvoluta; nervis omnino tribus conspicuis apicem vix attingentibus instructa, rigidula vel strigosa.

660. LESKEA *dendroidea:* surculis erectis, ramis fasciculatis terminalibus, foliis ovalibus concavis uninervibus, peristomii laciniis pertusis.

L. dendroidea *Hedw. spec. musc.* p. 228.

Neckera dendroidea *Swartz musc. svec.* p. 71.

Climacium dendroides *Web. et Mohr crypt.* pag. 252. t. 10. f. 2.

Hypnum dendroides *Linn. svec.* n. 1028. *lapp.* n. 411.

Hypnum dendroides sericeum etc. *Dillen. musc.* p. 513. t. 40 f. 48.

Hab. locis udis sterilibus in Lapponia sylvatica et inferalpina Norvegica vulgatissime sterilis; ut etiam in alpinis parcius.

Folia oblongo-ovalia, valde concava, superne serrulata. Peristomii interioris laciniæ non tantummodo in membranam communem basilarem confluunt, verum etiam foraminibus magnis crebris adeo fenestratæ ut scalam fere referant, quod a charactere Neckeræ ejusque ciliis filiformibus omnino alienum, sed Leskeis adeo conveniens ut vix diversum constituet genus.

HYPNUM.

Linn. gen. ed. Schreb. n. 1656. *Hedw. fund.* 2. p. 94.

Fructificationes dioicæ, laterales: sterilis gemmiformis axillaris.

Capsula ut plurimum cernua s. obliqua.

Peristomium dupplex: exterius dentibus sedecim acutis; interius membranaceum divisum in lacinias totidem latiores, cum angustioribus capillaceis interjectis.

*Foliis enervibus et subenervibus.

661. HYPNUM *nitidulum:* surculis subfasciculatis simplicibus planis, foliis lanceolato-at-

tenuatis distichis enervibus, capsulis erectiusculis.

Leskea nitidula *Wahlenb. in Web. et Mohr ind. mus.* —

Hypnum pulchellum *Dicks. crypt. fasc.* 2. p. 13. t. 5. fig. 6. *Engl. bot.* 28. t. 2006. sat bona. (nec Hedw). *Web. et Mohr crypt.* p. 343

Leskea pulchella *Hedw. spec.* p. 220. t. 55?

Hab. in locis deustis supra vegetabilia putrida per Lapponiam subsylvaticam rarius; copiose lectum ad Kaunavaara paroeciæ Enontekis.

Sequenti adeo affine, ut miror ei nunquam comparatum fuisse. Surculi eodem modo plani, sed dupplo triplove angustiores. Folia magis erecta, e basi sensim attenuata in apicem rectum, minus complicata ut tantum infimus margo replicatur. Peristomium Leskeis affine utpote uno tantum cilio brevi inter singulas lacinias.

662. HYPNUM *denticulatum:* surculis subfasciculatis simpliciusculis planis, foliis oblongis apiculatis distichis enervibus, capsulis oblongis subcernuis.

H. denticulatum *Linn. svec.* n. 1014. *Engl bot.* 18. t. 1260. *Hedwig. stirp.* 4. tab. 31. *Spec.* p. 237.

H. sylvaticum *Huds. angl.* 294. *Web. et Mohr cr.* p. 345.

H. denticulatim pennatum, pinnulis simplicibus. *Dillen. musc.* p. 267. t. 34. f. 6.

Hab. in cryptis præcipue ad radices arborum totius Lapponiæ sylvaticæ et inferalpinæ frequenter.

Habitu omnino variabilis species, sed folia semper apiculis flexuosis subcapillaribus distingvuntur, de cætero egregie patent, vivide viridia sunt utpote e reticulo tenuiori facta, nitida. Setæ surculis vix dupplo longiores. Capsulæ ob brevitatem oblongæ dicendæ, quamquam ubique ejusdem latitudinis.

663. HYPNUM *obtusatum:* surculis subfasciculatis simplicibus planis, foliis ovalibus obtusis distichis subenervibus, capsulis cylindraceis subcernuis.

H. denticulatum γ. obtusifolium *Turn. spic. musc.* p. 146. t. 12. f. 2.

Hab. in lignis putræfactis locisque siccioribus occultis Lapponiæ subsylvaticæ rarius; copiose legi ad Kaunavaara paroeciæ Enontekis et in Hopseidet Finmarkiæ.

Ob reticulum grandius et dilutiori succo repletum folia hujus sunt albicantia vel argenteo-nitida; omnino obtusa, quamquam apex interdum exsiccando constringitur. Nervus in basi foliorum adest evidens, ad medietatem folii haud pertingens. Surculi breves semper decumbentes, sublanceolatæ, setis ut plurimum triplo breviores. Capsulæ etiam pallidæ, dupplo triplove longiores quam in præcedente.

664. HYPNUM *undulatum:* surculis fasciculatis simplicibus planis, foliis ovatis acuminatis undulatis subenervibus oblique complicatis, capsulis cernuis.

H. undulatum *Linn. spec. plant.* p. 1589. *Hedw. spec. musc.* p. 242. *Web. et Mohr crypt.* p. 348. *Engl. bot.* 17. t. 1181. bona.

H. pennatum undulatum *Dillen. musc.* p. 271. t. 36. f. 11.

Hab. in lateribus saxorum umbrosis irrigatis supra tenuem terram Nordlandiæ inferalpinæ rarissime, at ad montem alpinum Strandåfjället paroeciæ Keringöæ copiose.

Præcedentibus revera valde affine. Modus crescendi isdem scil. a caudice communi fere subterraneo egrediuntur plures surculi divaricati, subdecumbentes, simplices; simulque ex eadem basi seta una alterave. Folia quoque eodem modo subcomplicata sed majori gradu, ut lobus replicatus ultra dimidiam partem reliqui folii tegit. De cætero foliorum margines ob dorsum incurvatum undulatæ fiunt, nec discus foliorum bullatus ut in Neckeris.

Varietatem dupplo majorem in aqua ad Strandåfjället legi *H. lucenti* similem, sed cujus reticulum foliorum haud majus quam in *H. obtusato.*

665. HYPNUM *purum:* ramis pinnato-sparsis teretibus, foliis subrotundis apiculatis imbricatis subenervibus. *Web. et Mohr* l. c. p. 316.

H. purum *Linn. spec.* n. 1031. *lappon.* n. 410. *Hedw. spec. musc.* p. 253. t. 66. *Engl. bot.* 23. t. 1599. *Dillen.* p. 309. t. 40. f. 45.

Hab. in sylvaticis umbrosis Nordlandiæ inferalpinæ passim-

Differt ab insequente: ramis magis incrassatis et obtusis, caule viridi, foliis latioribus fere subrotundis, nervo tenui brevi instructis.

666. HYPNUM *parietinum:* ramis pinnatis attenuatis, foliis ovatis apiculatis laxe imbricatis enervibus, capsulis oblongis, operculo conico.

H. parietinum *Linn. svec.* n. 1020. *lapp.* 406. sec. ips. herbar. —

H. compressum *Schreb. lips.* 96. *Dillen.* l. c. p. 312. t. 40. f. 47.

H. Schreberi *Willden. berol* 325. *Engl. bot.* 23. t. 1621. *Smith brit.* 3. p. 1315. *Web.* l. c. p. 340.

H. muticum *Swartz mus. svec.* 60.

Hab. in sylvaticis sterilibus Lapponiarum omnium ubique, sed parcius quam in Svecia.

Caulis hujus intensius croceus ut etiam infima basis foliorum, dum e diverso *H. purum* totum viride.

Vulgatissimus et copiosissimus in Svecia muscus non potest non antiquo nomine designari; quamquam eum ab insequente non satis distinxit Linnéus. *H. tamariscinum Hedw.* in Svecia vix crescere videtur, itaque Linnéo incognitum fuit; nec dubitandum, quin insequens ejus *H. proliferum* constituerit.

667. HYPNUM *proliferum:* geniculato - proliferum tripinnatum, foliis cordatis acuminatis patulis subbinervibus plicatisque, setis aggregatis.

H. proliferum *Linn. svec.* n. 1018. *lapp.* n. 405.

H. splendens *Hedw. spec.* p. 262. t. 67. *Web. et Mohr cr.* p 358.

H. filicinum, tamarisci foliis majoribus splendentibus. *Dillen. musc.* p. 274. t. 35 f. 13.

β. *umbratum* bipinnatum, foliis subserrulatis.

H. umbratum *Hedw. spec.* p. 263. t. 67 f. 10.—13.

Hab. in sylvis umbrosissimis præcipue frondosis Nordlandiæ inferalpinæ passim copiose.

H. delicatulum Linn. (quod H. recognitum H.) et *H. tamariscinum* H. in Lapponia haud reperi.

668. HYPNUM *triquetrum:* surculis erectis, ramis pinnato - sparsis, foliis cordatis acuminatis divergentibus subbinervibus.

H. triquetrum *Linn. svec.* n. 1016. *lappon.* n. 409. *Web. et Mohr crypt.* p. 354. *Hedw. spec.* p. 256. *Engl. bot.* 23. t. 1622. haud opt.

H. vulgare triangulum etc. *Dillen. musc.* p. 293. t. 38. f. 28.

Hab. in sylvis siccis acerosis Lapponiarum Svecicarum et Nordlandiæ inferalpinæ passim parciusque quam in Svecia.

Europæorum Hypnorum certe maximum foliis majoribus quam ullus alius muscus.

669. HYPNUM *loreum:* surculis decumbentibus vagis, foliis ovato-attenuatis subsecundis enervibus, capsulis ovatis.

H. loreum *Linn. spec. plant.* p. 1593. *Hedw. spec.* p. 294. *Web. et Mohr crypt.* p. 353. *Engl. bot.* 29. t. 2072.

H. loreum montanum etc. *Dillen. musc.* p. 305. t. 39. f. 40.

Hab. in sylvis montanis Nordlandiæ inferalpinæ passim

Præcedenti sine dubio proxime affine. Folia triplo angustiora ut etiam breviora, sine vistigiis nervorum, acumine valde attenuato instructa. Rami sparsi, rariores.

670. HYPNUM *squarrosum:* surculis erectiusculis sparsim ramosis, foliis ovato-acuminatis recurvis enervibus, capsulis ovalibus.

H. squarrosum *Linn. svec.* n. 1027. *Hedw. spec.* p. 281. *Engl. bot.* 28. t. 1953. *Web. et Mohr crypt.* p. 353.

H. repens, triangularibus reflexis foliis etc. *Dillen. musc.* p. 303. t. 39. f. 38.

Hab. in graminosis sterilibus Nordlandiæ inferalpinæ rarius.

Surculi duplo angustiores quam in præcedente. Color semper dilutius viridis vel virescens. Folia in trunco vel surculo primario eximie squarrosa et recurvata, sed rami laterales attenuati sunt foliis tantummodo patulis.

671. HYPNUM *Halleri:* surculis repentibus, ramis erectis confertis teretibus, foliis ovato-acuminatis recurvis enervibus, capsulis subcylindricis.

H. Halleri *Hedw. stirp. crypt.* 4. t. 21. *Spec.* p. 279. *Web. et Mohr crypt.* p. 352.

? β. *majus:* foliis patulis, ramis vagis.
H. squarrosulum *Brid. musc.* 2. p. 2. tab. 4. fig. 2. *Engl. bot.* 24. t. 1709.
Hab. in rupibus irrigatis umbrosis quibus arcte adnascitur per Nordlandiam inferalpinam passim copiose.

Pulchella est atque tenuis species, valde implexa, ramos breves erectos stellulas referentes emittens, et adeo rupes quasi panno textili inducens. Ramorum apex haud attenuatus sed potius incrassatus et læte viridis idque in musco fuscescente, unde habitum stellularem pulchellum efficiunt. Folia minuta, basi magis imbricata quam in præcedente, mox valde recurvata. Setæ ramis triplo quadruplove longiores. Capsulæ semper elongato-cylindraceæ, unde differentia haud spernenda desumitur.

Muscum paullo majorem in saxis siccioribus Nordlandiæ sæpius reperi, quem huc relatum voluissem, quamquam foliis tantummodo patulis magis attenuatis, et ramis sparsim positis *H. stellato* convenire videtur.

672. HYPNUM *alpinum:* surculis repentibus filiformibus, ramis erectis, foliis ovato-acuminatis erectis subenervibus.
H. alpinum *Turn.* — *Smith brit.* 3. p. 1330.
Hab. in rupibus irrigatis umbrosis inferalpinis Nordlandiæ rarius. Ad Dale Sörfoldensem cum præcedente lectum.

Mea exemplaria minora sunt quam scotica, nervique tantum vestigium ad basin gerunt. De cætero præcedenti affine quamquam abunde diversum.

673. HYPNUM *serpens:* surculis repentibus capillaceis, ramis adscendentibus simpliciusculis, foliis oblongis attenuatis enervibus, capsulis incurvis.
H. serpens *Hedw. stirp. crypt.* 4. t. 18. *Spec.* p. 268. *Web. et Mohr crypt.* p. 300.
Hab. ad arborum radices humectatas Nordlandiæ inferalpinæ rarius.

Surculi et rami omnino capillaris tenuitatis, foliis exiguis subimbricatis. Capsulæ magis incurvatæ quam in ullo alio.

674 HYPNUM *moniliforme:* surculis setaceis teretibus vagis, foliis ovatis obtusis concavis imbricatis enervibus, capsulis erectiusculis.

Leskea julacea *Wahlenb. in Web. et Mohr ind. mus.*

Icon tab. nostr. XXIV.

Hab. in humosis madidis ad rupes umbrosissimas inferalpinas Nordlandiæ passim; rarissime vero capsuliferum lectum ad Vattfjället Saltensium, ad pagum Dale Sorfoldensem, et in insula Tromsöa.

Adeo diversissimus est hic muscus ut nulli alii Hypno affinis. Surculi ejus julacei, fragiles, moniliformes, primum glauco-virides sed cito albescentes *Jungermanniam julaceam L.* insigniter referunt. Folia eximie concava et extrorsum gibba nodulos quasi efficiunt, unde surculi revera moniliformes. Reticulum foliorum grandius et tota substantia fere carnosa vel spongiosa, nec scariosa tenax ut in cæteris Hypnis fere omnibus nervus omnino deest. Perichætia foliis triplo longiora, valde acuminata, colore fusco insignia et facillime dignoscenda; foliolis oblongo-attenuatis. Capsulæ oblongatæ, erectiusculæ, læves. Peristomium interius laciniis angustis, quarum sinus alterni (haud singuli) cilio unico ornantur; itaque ad Leskeas re vera admodum accedit.

Iconis explicatio: muscus integer m. naturali. A. isdem septies auctus. B. surculus alter m. naturali. C. Folium caulinum m. valde aucta. D. idem e latere visum. E. Folium perichætiale. F. Capsula. G. Peristomii interioris pars.

675. HYPNUM *cuspidatum:* surculis pinnatis, foliis ovalibus obtusiusculis enervibus superne convolutis ramosque acuminatos efficientibus, capsulis cernuis.

H. cuspidatum *Linn. spec.* n. 1035. *Hedw. spec. musc.* p. 254. *Web. et Mohr crypt.* p. 339.

H. palustre, extremitatibus cuspidatis etc. *Dillen. musc.* p. 300. t. 39. f. 35.

Hab. in paludibus aquosis apricis Lapponiæ sylvaticæ fere ubique.

676. HYPNUM *scorpioides:* surculis prostratis, ramis vagis sursum incrassatis incurvis, foliis ovatis

acuminatis subsecundis enervibus, capsulis cernuis.

H. scorpioides *Linn. svec.* n. 1026. *Hedw. spec. musc.* p. 295. *Web. et Mohr crypt.* p. 372. *Engl. bot.* 15. t. 1039.

H. scorpioides palustre etc. *Dillen. musc.* p. 290. t. 37. f. 25.

Hab. in paludibus aquosis apricis totius fere Lapponiæ frequenter.

Inter majores hujus generis species numerandum, ramis suis apice turgidis insigne. Folia tantum superiora acuminata, subsecunda; inferiora potius obtusiuscula imbricata; utraque vero lævia sine plicis striisque ullis, valde concava.

677. HYPNUM *cupressiforme:* surculis decumbentibus subpinnatis, foliis ovatis acuminato-uncinatis secundis enervibus.

H. cupressiforme *Linn. svec.* n. 1024. *Hedw. stirp. crypt.* 4. t. 23. *Spec.* p. 291. *Engl. bot.* 26. t. 1860. *Web. et Mohr crypt.* p. 370.

H. crispum cupressiforme etc. *Dillen. musc.* p. 287. t. 37. f. 23.

Hab. in saxis sylvaticis tenui terra obtectis siccisque Lapponiæ fere omnis etiam subalpinæ frequenter.

Folia per se ovata imbricata, sed acumine tenui longo incurvato eximie uncinata, unde surculi subtus hirsuti supra vero læves imbricati apparent. Rami quasi depressi vel supra planiusculi et dilatati.

678. HYPNUM *crista castrensis:* surculis adscendentibus plumosis, foliis attenuatis secundis incurvisque enervibus striatis.

H. crista castrensis *Linn. svec.* n. 1022. *lappon.* n. 407. *Hedw. spec. musc.* p. 287. t. 76. f. 1-4. *Web. et Mohr crypt.* p. 368.

Hab. in saxosis muscosis sylvarum Lapponiæ et Nordlandiæ inferalpinæ parcius.

Surculi ramis crebris approximatis frondes referunt oblongas simplices insignes; quorum rachis crassiuscula rigida. Folia certe enervia, sed præcipue versus apicem striis plicisque insignibus prædita, fere tota curvata vel e basi heteromalla.

** Foliis uninervibus.

679 HYPNUM *rugosum:* surculis ramisque vagis adscendentibus sursum incrassatis recurvisque,

foliis ovalibus acuminatis subsecundis uninervibus transversim rugosis.

H. rugosum *Linn.?* *Hedw. stirp.* IV. t. 23. A.

H. rugulosum *Web. et Mohr. deutschl. krypt.* p. 363.

Hab. in saxis inter Lichenes fructiculosos per partem subalpinam Lapponiæ raro; sed in alpestribus siccis Nordlandiæ fere omnis passim copiosius.

Alpestris hic muscus utique memorabilis mihi videtur et nulli alii affinis. Nitidus est cum eximia mollitie, simulque turgidus obesus. Folia magna; nervo perconspicuo ultra medium extenso, acumine tantum curvato sesundoque. Color stramineus.

680. HYPNUM *aduncum:* surculis erectis, ramis patentibus, foliis oblongo-attenuatis uncinatis secundis uninervibus striatis.

H. aduncum *Linn. svec.* n. 1025. *Hedw. stirp. crypt.* 4. tab. 24. *Spec.* p. 295. *Web. et Mohr crypt.* p. 360.

H. palustre erectum, summitatibus aduncis *Dillen. musc.* p. 292. t. 37. f. 26.

β. *revolvens:* foliis secundo-recurvatis, sine striis plicisve.

H. revolvens *Swartz musc. svec.* p. 101. t. 7. f. 14. *Engl. bot.* 29. t. 2073.

Hab. locis udis præcipue montosis Lapponiæ sylvaticæ et Nordlandiæ inferalpinæ passim.

H. cupressiformi haud parum convenit, sed rami compressi (nec depresso-dilatati), folia nervo perconspicuo instructa, plicata vel striata.

β. quodammodo medium inter *H. aduncum* et *H. scorpioides* mihi videtur, utroque tamen tenuius. Folia basi ovata, acuminata (haud vero ita uncinata): nervo ad apicem vix pertingente, quo jungitur cum *H. adunco;* omnibus striis plicisque orbata; ejusdem coloris et consistentiæ ac in *H. scorpioide.*

681. HYPNUM *fluitans;* surculis gracilibus vagis, foliis lanceolatis cuspidatis: nervo exserto subsecundo.

H. fluitans *Linn. svec.* n. 1034. *Hedw. stirp. crypt.* 4. tab. 36. *Spec.* p. 296. *Web. et Mohr crypt.* p. 358.

H. erectum aut fluitans etc. *Dillen. musc.* p. 299. t. 38. f. 33.
Hab. in aqua stagnante per Lapponiam sylvaticam passim.

Folia ipsa angustissima fere linearia, adpressa; nervo valido in cuspidem setaceum opacum foliis dupplo longiorem protenso.

682. HYPNUM *diastrophyllum*: surculis repentibus, ramis assurgentibus pinnatis, foliis cordatis acuminatis subsecundis univervibus striatis.
H. diastrophyllum *Swartz musc. svec.* p. 58
H. commutatum *Hedw. stirp.* 4. t. 26. *Spec. musc.* p. 284. *Web. et Mohr crypt.* p. 356.
Hab. in rivulis fontanis Nordlandiæ inferalpinæ rarius ex. gr. ad Helland Sörfoldensem et Vättfjället Saltensium.

Tum surculi ac rami crassiusculi. Ramorum apices subincrassati et incurvati. Folia ramorum subtriangularia, concava, plicata; acumine brevi, subsecundo, fere enervi s. nervo evanescente.

E diverso *H. filicini L.* surculi et rami duplo graciliores et recti; folia ovata, planiuscula, lævia (sine plicis), acumine longiori, rectiori, cum nervo excurrente.

683. HYPNUM *abietinum:* surculis adscendentibus pinnatis, ramis attenuatis, foliis ovatis acutis imbricatis uninervibus.
H. abietinum *Linn. svec.* n. 1023. *lappon.* n. 408. *Hedw. stirp.* 4. tab. 32. *Spec.* p 353. *Web. et Mohr crypt.* p. 332. *Michaux amer.* —
H. lutescens etc. *Dillen. musc.* p. 280. t. 35. f. 17.
Hab. in sylvaticis siccis Nordlandiæ maritimæ passim parcius.

Respectu foliorum et ramorum forma a præcedente haud alienum. Eodem quoque modo radiculosum est. Folia sine plicis striisque ullis, concava, nervo tenuiori vix ultra medium promanente instructa.

684. HYPNUM *alpestre:* trunco repente subterraneo, ramis assurgentibus teretibus subdivisis, foliis ovalibus obtusis subuninervibus.
H. alpestre *Swartz musc. svec.* p. 102. t. 6. f. 15. *Hedw. spec. musc.* p. 245. t. 64. f. 1 - 4.

Hab. in saxis rivulorum æstate exsiccatorum per Lapponiam subalpinam rarius. Ego læte vigens reperi ad Tjäkelvafs lacum Lapponiæ Pitensis.

A cæteris adeo diversissimum ut nescio cui comparandum. Rami julacei apice luteo-virides et folia *H. purum* satis referunt; sed valde molles atque flaccidi sunt ut in Hypnis aquaticis. Truncus ipse revera subterraneus et foliis orbatus ramos emittit crebros approximatos densos cæspites constituentes. Folia sat magna ut in *H. puro* sed tenuissima, omnino obtusa: nervo tenuissimo inconspicuo ultra medium haud evagante concolore. Setæ laterales, breves vixque unciales, apicem rami haud superantes. Capsulæ erectiusculæ.

Figura *Swartzii* habitum satis exhibet, quamquam folia nimium parva; sed in *Hedwigiana* situs omnium partium alienus, nec folia in natura acutiuscula. *Hypnum molle Dicks.* quæ *Engl. bot.* 28 t. 1992. diversum mihi videtur gracilitate insigni et foliis acutis, quamquam et nostri textura mollis.

685. HYPNUM *sarmentosum:* surculis prostratis elongatis ramosis, foliis oblongis obtusiusculis laxe imbricatis uninervibus.

Hab. in rupibus alpinis ubi aqua nivalis defluit passim.

Sarmentis ultra spithamam longis cum aqua fluctuantibus, colore purpurascentibus insigne est. Habitu et crassitudine ramorum *H. cuspidatum* forsan refert. Folia præcipue apicem versus eximie purpurascentia; nervo purpureo pernotabili apicem attingente; reticulo quoque grandiori quam in plerisque Hypnis.

H. fuscum Schleich. ejusdem fere habitus, sed foliis omnino enervibus ad *H. scorpioides* accedit.

686. HYPNUM *stramineum:* surculis simpliciusculis filiformibus, foliis oblongis obtusiusculis adpressis subuninervibus.

H. stramineum *Dicks. crypt.* fasc. 1. p. 6. t. 1. f. 9. *Web. et Mohr crypt.* p. 320.

Hab. in paludibus aquosis profundis sylvaticis rarius.

Tenuitate surculorum ab affinibus facile distingvitur. Folia minuta, valde tenuia et semper pallida; nervo perevidenti, tenui, vix ultra folii medium evagante.

687. HYPMUM *trifarium:* surculis simpliciusculis filiformibus, foliis ovalibus obtusis concavis trifariis subuninervibus.

H. trifarium *Web. et Mohr crypt.* p. 319. *Iter. svec.* p — t. 2. fig. 2. a — d.

Hab. in paludibus profundis Nordlandiæ raro ex. gr. ad Dale Sörfoldensium lectum.

688. HYPNUM *nitens:* surculis erectis pinnatis, foliis oblongo-attenuatis cuspidatis trinervibus striatisque erectiusculis.

H. nitens *Schreb. lips.* 92. *Hedw. spec. musc.* p. 255. *Web. et Mohr crypt.* p. 314. *Engl. bot.* 25. t. 1646.

H. palustre erectum trichodes etc. *Dillen. musc.* p. 305. t. 39. f. 37.

Hab. in paludosis graminosis Lapponiæ sylvaticæ passim.

Folia omnino ut in *H. lutescente* vel *Leskea sericea*, sed directio surculorum et ramorum diversa.

689. HYPNUM *velutinum:* surculis repentibus, ramis brevibus simplicibus, foliis ovali-attenuatis cuspidatis uninervibus.

H. velutinum *Linn. svec.* n. 1037. *Hedw. stirp. crypt.* 4. tab. 27. *Spec.* p. 272. *Web. et Mohr crypt.* p. 310. *Dillen. musc.* p. 326. t. 42. f. 61.

Hab. ad ligna putrida sylvarum inferalpinarum Nordlandiæ passim; ut etiam ad Alten Finmarkiæ lectum.

Prope Lamaskoski Lapponiæ Enontekensis re vera lectum capsuliferum et a proxime insequente distinctum.

990. HYPNUM *strigosum:* surculis procumbentibus, ramis subfasciculatis simplicibus, foliis ovato-acuminatis patulis uninervibus.

H. strigosum *Hoffm. fl. germ.* p. 76. *Web. et Mohr crypt.* p. 321.

Hab. in rupibus siccis Nordlandiæ inferalpinæ passim ex. gr. in rupe ad Dale Sörfoldensium; etiam Finmarkiæ ad Alten lectum.

Præcedenti certe affine toto habitu et capsulis ovatis incurvis. Surculi vero tenuiores ob folia minora et præcipue breviora, brevius acuminata ne dicam tantum acuta.

H. præcox Hedw. hujus varietas esse videtur in loco campestri nata; sed *H. thuringicum Brid.* quasi medium est inter hoc et *H. velutinum L.*

FONTINALIS.

Linn. gen. ed. Schreb. n. 1655. *Hedwig fundam.* 2. p. 96. t. 9. f. 53.

Fructificationes dioicæ, axillares, gemmaceæ.
Capsula erecta. Peristomium dupplex; exterius dentibus sedecim; interius indivisum, conicum, cancellatum.

691. FONTINALIS *antipyretica:* foliis bipartitis carinatisve trifariis oblongis acutis enervibus, perichætio capsulam subincludente.

F. antipyretica *Linn. svec.* n. 961. *Hedw. spec.* p. 298. *Lightf. scot.* p. 694. *Web. et Mohr crypt. germ.* p. 376. *Falk russ. topogr.* 2. p. 274.

F. triangularis major etc. *Dillen. musc.* p. 254. t. 33. f. 1.

Hab. in fluviis minoribus Lapponiæ inferioris parcius quam in Svecia.

Muscus hic, quod admodum memorabile, revera heterophyllus est. Duæ enim series vel anguli surculorum e foliis duobus divisis sed condupplicatis formantur; tertia autem folia habet singula valde carinata vel cymbæformia, dorso integra.

Datur autem varietas minor cujus omnia folia bipartita; a qua *Trichostomum fontinalioides* toto cælo differt foliis sublinearibus nervo crasso instructis. Hanc varietatem minorem saltim respectu habitus exhibet *F. squamosa Engl. bot.* 26. t. 1861.

692. FONTINALIS *squamosa:* foliis lanceolatis subconvolutis trifariis enervibus, perichætio capsulam subincludente obtuso.

F. squamosa *Hedw. stirp.* 3. t. 12. *Spec.* p. 298. *Web. et Mohr crypt. germ.* p. 376. *Smith fl. brit.* 3. p. 1336. *Lightf. scot.* p. 696.

F. squamosa tenuis sericea *Dillen.* p. 258. t. 33. f. 3.

Hab. in fluviis minoribus Lapponiæ sylvaticæ et subsylvaticæ passim copiosius.

Folia hujus haud carinata, sed subconvoluta et inde extrorsum convexa et primo intuitu subulata, stricta, erectiora, quo surculi dupplo angustiores quam in præcedente. Nervi ne vestigium quidem adest.

693. FONTINALIS *falcata:* surculis subramosis, foliis lanceolato-elongatis cuspidatis carinatis trifariis secundo-falcatis uninervibus, perichætio elongato setam exsertam vaginante.
F. falcata *Hedw. stirp. crypt.* 3. tab. 24. *Spec.* p. 299. *Swartz musc. svec.* p. 72.
F. capillacea *Linn. svec.* n. 962. *Ehrh. crypt.* n. 205.
Hab. in saxis rivulorum et fluviorum Lapponiæ sylvaticæ passim, sed uti præcedentes rarius fructificat.

Surculi breves, vix ultra biunciales, semper regulariter trifarii et tamen apicibus incurvi vel arcuati. Folia quoad substantiam tenuiora quam in præcedente, in cuspidem elongata, nervo angusto sed perevidenti et in apicem excurrente instructa.

Anictangium aquaticum H. a nostro musco adeo differt ut neutiquam affines sunt: foliis vix ac neutiquam trifariis, linearibus vel sursum latioribus, nervo dupplo crassiore rigidis, opacis, haud secundis; perichætio brevi ipsam vaginulam haud tegente, e. s. p.

Musci *Hepatici.*

Capsula sine operculo, longitudinaliter dehiscens, inferne tantum calyptrata.

JUNGERMANNIA.

Gen. plant. ed. Schreb. n. 1662. *Hedw. theor.* p. 154.

Fructificationes dioicæ rarius monoicæ: steriles pulveraceæ in apice ramulorum vel foliorum.

Fructus Calyx: Perichætium sacculiforme membranaceum vel carnosum.

Germen calyptrâ tectum, styligerum, in perichætio sessile.

Capsula in pedunculo subito elongando et caduco, univalvis, laciniis quatuor dehiscens. Seminula inter fila spiralia elastica.

† Foliosæ stipulatæ *).

a) Stipulis magnitudine et figura fere foliorum.

694. JUNGERMANNIA *concinnata:* surculis setaceis procumbentibus ramosis, foliis stipulisque bipartitis: laciniis lanceolatis acuminatis sexfariis.
J. concinnata *Lightf. scot.* p. 786.
J. nivalis *Swartz.*
J. julacea *Engl. bot.* 15. t. 1024. haud bona.
Hab. in terra nuda limosa irrigata juxta nivem perennem summarum alpium passim.

Surculi tenues, vix seta porcina crassiores, prorsus teretes, flexuosi, fere pinnatim ramosi. Foliorum binæ series laciniis suis dupplicibus efficiunt quatuor ordines squamularum, quibus accedunt binæ series ex stipulis subtus positis formatæ; unde surculi re vera sexfariam imbricati fiunt. Magna omnino adest analogia *J. julaceæ L.;* in *J. concinnata* vero ob accessum stipularum surculi sunt foliis trifariis tecti (nec solummodo bifariis), iisque bipartitis (nec emarginatis tantum): laciniis acuminatis. Surculi albi plerumque occurrunt ob marginem scariosum decoloratum foliorum vetustiorum; color vero nativus est luteo-viridis (nec glaucescens ut in *J. julacea*).

695. JUNGERMANNIA *setiformis:* surculis filiformibus erectiusculis subsimplicibus, foliis quadripartitis;

---

*) Folia Jungermanniarum semper bifarie inserta sunt, unde surculi plerumque plani evadunt et latus inferius facile discernitur, etiam ob pubescentiam radiculosam inde propullulantem. Apud multas species cauli adfixum reperitur foliolum in latere inferiore caulis, idque inter insertionem duorum foliorum alternatium medium tenens locum, quod *Stipula* vel Amphigastrion *Mohrio* dicitur, quodque egregium præbet generis subdividendi principium. Ubi illa stipula foliis magnitudine fere æquat, surculi eximie teretes nascuntur; plerumque vero duplo triplove minor est tuncque facile a radiculis obliteratur indeque attente observanda. *Auricula* autem appellatur appendix quodammodo auriculæformis, ex folii lobo inferiore replicato conformata, cujus margines revolvuntur. Apud alias multas species lobus replicatus planus adest, ex diviso folio ortus, qui perperam pro stipula et ab aliis auricula habitus fuit. Ubi duo lobi fere æqualis magnitudinis iique conduplicati reperiuntur, facilius rite intelligitur conformatio.

partitis: marginibus sinuum deflexis dentatis, stipulis bifidis longitudine foliorum.

J. setiformis *Ehrh. beitr.* 2. p. 150. *crypt. exs.* n. 17 *Web. et Mohr crypt.* p. 415. *Sprengel in Wetterauisch. Annal.* 1809. p. 22. t. 4. f. 3.

J. concatenata *Smith in Linn. fl. lapp. ed.* 2. n. 427.

Hab. in saxis siccis Lapponiæ totius tam sylvaticæ ac alpinæ ubique

Surculi ita teretes sunt ut latus inferius stipulare vix discerni queat, nisi in surculis decumbentibus radicantibus, ubi etiam stipulæ foliis minores evadunt quales Cl. *Mohr* loco citato descripsit. Folia profunde quadrifida; laciniis lanceolatis, cauli parallelis et circum caulem positis, extrorsum arcuatis et ob margines reflexos canaliculatis. Stipulæ a foliis vix distingui queunt, sed bipartita tantum sunt vixque extrorsum adeo prominentes. In stolonibus junioribus tenuibus viridibus constructio facilius observatur, ubi folia quasi crispa apparent dentibus suis ad basin quasi aculeata fere instar sem valv. plurimorum Rumicum. Crassitudo surculorum varia quidem est, sed semper setam valde superans.

696. JUNGERMANNIA *trichophylla*: surculis capillaceis subramosis, foliis ternatis capillaceis articulatis, stipulis binatis.

J. trichophylla *Linn. svec.* n. 1046. *Schmid. ic.* p. 64 t. 42. *Web. et Mohr crypt.* p. 411.

Lichenastrum trichodes *Dillen. musc.* p. 505. t. 73. f. 37.

Hab. in terra subhumida inter muscos, tum in sylvis ac summis alpibus per universam Lapponiam vulgaris.

Stipulæ ad latus inferius surculorum adsunt foliis paullo breviores et minus patentes, de cætero iis simillimæ. Foliorum capilli egregie patent, usque ad basin a se invicem discreti. Toti surculi *Confervam Batrachospermam* structura sua eximie referunt.

b) Stipulæ foliis dimidio breviores.

697. JUNGERMANNIA *ciliaris*: surculis procumbentibus pinnatis, foliis trifidis fimbriatisque, stipulis fimbriatis.

J. ciliaris *Linn. svec.* n. 1044. *lappon.* n. 426. *Ehrh. beitr.* 2. p. 149. *crypt.* n. 18. *Web. et Mohr crypt* p. 413.
J. pulcherrima *Web. spic.* 214. *Hoffm. germ.* p. 83.
Lichenast scorpioid. *Dillen. musc.* p. 481. t. 69. f. 3.
Hab. in sicciusculis sylvarum et camporum subalpinorum totius Lapponiæ passim.

Foliorum lobus supremus seu dorsalis cæteris major est et magis integer; inferiores tam longe fimbriati ut fere multipartiti, ægre a stipulis discernendi. Stipulæ fere dimidiam longitudinem foliorum æquant, oblongæ, multifido - fimbriatæ: fimbriis longis articulatis.

698. JUNGERMANNIA *reptans:* surculis repentibus, foliis oblongis patulis apice tridentatis, stipulis annularibus quadrifidis, perichætiis lateralibus sessilibus.
J. reptans *Linn. spec. plant.* p. 1599. *Schmid. ic.* tab. 68. *Engl. bot.* 9. t. 608. *Web. et Mohr crypt.* p. 411. *Georgii fl. baikal.* p. 239.
Lichenastrum — *Dillen. musc.* p. 494. t. 71. f. 24.
Hab in cryptis umbrosis terræ per Lapponiam sylvaticam passim. Lecta ad Pettiko - koski parœciæ Enontekis, et in Lapponia Umensi pluribus locis.

Pulchella est species, et longe a cæteris nostris recedens. Surculis longis repit, supra quasi sulco dorsali exaratis. Stipulæ abbreviatæ et insertione lata caulem in modum verticillorum cingentes, adeo ut annulos vel coronulas multipartitas apud Equiseta pulchre referunt. Color ejus vel luteo - viridis vel pallescens; nunquam rufescens. Perichætia longa subpellucida e pagina inferiore surculorum oriuntur.

699. JUNGERMANNIA *cavifolia:* surculis procumbentibus subpinnatis, foliis orbiculatis concavis basi strumosis, stipulis ovalibus bilobis. *Icon* tab. nostr. XXV. fig. 1.
J. cavifolia *Ehrh. beitr.* 4. p. 45.
J. serpyllifolia *Dicks. fasc.* 4.
Lichenastrum imbricatum minimum etc. *Dillen. musc.* 498. t. 72. f. 28.
Hab. in parietibus umbrosis irrigatis rupium sylvaticarum per Nordlandiam rarius. Legi eam ad Strandåfjället paroeciæ Foldensis, et Wättfjallet Saltensium.

Colore lutescente et habitu *J. complanatæ L.* convenit, sed surculi triplo angustiores sunt fere ut in sequenti specie. Mollis est, et e reticulo grandiori facta. Margo inferior foliorum juxta basin revolvitur et intumescit ut strumam quodammodo efficit, quamquam lobus nullus replicatus adest. Stipulæ insignes sunt, convexæ et prominulæ (nec cauli adpressæ), magnitudine fere dimidia foliorum; marginibus inflexis.

Explicatio iconis: a. muscus magn. nat. b. ramus ejus e latere inferiore visus 10es auctus. c. particula ramuli 30es auctus.

700. JUNGERMANNIA *Trichomanis:* surculis repentibus simpliciusculis, foliis ovatis obtusis planis, stipulis bilobis: lobis obtusis.

J. trichomanis *Dicks.* 405. *Sprengel in Wetter. Ann.* p. 24 t. 4. f. 8. *Web. et Mohr cr.* p. 405. Mnium Trichomanis *Linn. svec.* n. 985. *Dillen. musc.* p. 236 t. 31. f. 5.

Hab. in locis humidis inferalpinis passim ex gr. ad Verrethamn copiose lecta; ut etiam in sylvaticis et subsylvaticis Lapponiæ Umensis ex. gr. ad lacum Stora Vindelen et ad Lycksele.

Stipularum forma omnino ut in *J. cavifolia Ehrh.*, sed folia diversissima, revera ovata, et semper dupplo majora, eximie hyalina et glaucescentia, qua nota habituali facile a plerisque affinibus discernitur. Defectus strumæ foliorum certissimum characterem præbet. Capsulæ insigniter oblongatæ.

J. Trichomanis Engl. bot. 27. t. 1875. stipul. bicuspidatas exhibet.

701. JUNGERMANNIA *graveolens:* surculis repentibus indivisis, foliis subquadratis bilobis: lobis obtusis: stipulis bipartitis lanceolatis acuminatis.

J. graveolens *Schrad. Samml.* n. 106. *Web. et Mohr crypt.* p. 406

Hab. ad rivulos et rupes irrigatas prope Lycksele Lapponiæ Umensis parcius.

Surculi haud explanati ut in *J. bidentata Linn.* et *J. Trichomanis*; sed folia magis sursum versa.

702. JUNGERMANNIA *tamariscifolia:* surculis repentibus pinnatis, foliis orbiculatis, stipulis

emarginatis, auriculis subrotundis transversalibus stipula majoribus. *Web. et Mohr. cr.* p. 398.

J. tamariscifolia *Schmid. ic.* p. 256. t. 67.

J. dilatata *Ehrh. cr. dec.* n. 215. *Sprengel* l. c. p. 22. t. 4. f. 2.

Muscoides minimum, foliis alternis etc. *Michel. gen.* pag. 10. t. 6. f. 6.

Lichenastr. imbric. minus *Dillen.* t. 72. f. 27. p. 497.

Hab. in rupibus umbrosis et irrigatis Nordlandiæ inferalpinæ rarius.

Inter teneriores species numeranda, et in rupium superficie clandestine admodum serpit. Sæpe perichætia promit, et ubi hæc formantur facile est observatu quomodo auriculæ in lobos replicatos foliorum explanantur superstitis tamen stipulis. Auriculæ itaque factæ sunt ex lobis accessoriis foliorum, quorum margines revoluti sunt et quasi bullam inde efficiunt.

703. JUNGERMANNIA *dilatata:* surculis repentibus pinnatis, foliis orbiculatis, stipulis emarginatis, auriculis oblongis parallelis stipula minoribus. *Web. et Mohr cryp.* p. 402.

J. tamariscifolia *Ehrh.* — *Sprengel* l. c. p. 21. t. 4. f. 1.

J. tamarisci *Linn. spec. plant.* p. 1600. *Flor. lapp.* 425. *Engl. bot.* 16. t. 1086.

Muscoides squamosum saxatile etc. *Mich.* 10. t. 6. f. 5.

Lichenast. imbricatum, Tamarisci etc. *Dillen.* 499. t. 72. f. 31.

Hab. in saxis etiam siccioribus et arborum truncis per Lappponiam inferalpinam ubique et sylvaticam svec passim.

Dupplo triplove major est quam præcedens et sæpius fusci coloris. Rarius fructificat. Auriculæ ejus in ramis novellis interdum adeo explanatæ, ut lobos replicatos foliorum vel stipulas accessorias in sequenti specie obvias referunt; quam ob causam apud *Rothium* in eadem divisione ac sequens species merito militat.

704. JUNGERMANNIA *platyphylla:* surculis procumbentibus planis pinnatis, foliis cordatis obtusis: lobis accessoriis stipula minoribus integerrimis oblongis.

J. platyphylla *Linn. spec. plant.* p. 1600. *Web. et Mohr crypt.* p. 397. *Engl. bot.* 12. t. 798. bona.

Muscoides squamosum medium etc. *Michel. gen.* pag. 10. tab. 6. f. 4.

Lichenastrum *Dillen. musc.* p. 501. t. 72. f. 32.

Hab. inter muscos in rupibus sylvarum inferalpinarum Nordlandiæ passim.

In varietate minori reptante constructio partium melius apparet, ibique ex incisura evidenti baseos foliorum oriuntur lobi elongati surculo paralelli et cauli adnati. Quum vero hi lobi ob incisuram quasi a margine foliorum discreti sunt, et plica eorum sæpius obtusa occurrit, pro stipulis veris habiti fuerunt. Longitudo loborum vix ultra dimidiam latitudinem foliorum emetitur in prædicta varietate; sed in majoribus longiores evadunt et tota constructio magis confusa. Stipulæ semper integræ, e media pagina sæpe radicantes.

705. JUNGERMANNIA *Flœrkii:* surculis subfiliformibus adscendentibus simpliciusculis, foliis subsecundis imbricatis trilobis, stipulis minutis attenuatis incisis. *Icon* tab. nostr. XXV. fig. 3.

J. Flœrkii *Web. et Mohr crypt. germ.* p. 410.

Hab. in saxis siccis et ericetis Nordlandiæ inferalpinæ raro; a me lecta ad Qualvig sinus Lyngensis, et ad Kuma Eno parœciæ Enontekis.

Muscus julaceus est ut *J. inflata H.* vel *J. saxicola Schrad.*, et magnitudine inter utramque harum quasi medius. Folia laxius imbricata, nonnihil sursum versa ut subtus carina efficitur, in qua observantur stipulæ tenues attenuatæ simplices vel binatæ, idque ubi radiculæ deficiunt vel rariores sunt. Difficillime examinatur, sed diversus mox apparet.

Explicatio iconis: a., muscus magn. nat. b. isdem 6es auctus. c. apex surculi subtus visus ut appareant stipulæ 12es auct. d. folium seorsim 9es auct. e. stipula seorsim circiter 20es auct.

†† Foliosæ exstipulatæ s. nudæ.

a) foliis condupplicatis: lobis inæqualibus.

606. JUNGERMANNIA *taxifolia:* surculis pinniformibus simpliciusculis, foliis bifidis condupplicatis:

lobo inferiore dupplo majore oblongo denticulato.

Icon tab. nostr. XXV. fig. 2. a — c.

Hab. in tumulis paludum et in marginibus terrenis ad latera montium per totam Lapponiam sylvaticam et inferalpinam passim.

Ubi bene viget saturate viridis est, senescens autem pallescit. Magnitudine parum ludit et plerumque duplo minor quam *J. albicans Linn.* Folia obtusiuscula, undique denticulata: reticulo perquam minuto et per totam folii extensionem æquali.

Explicatio iconis: a. Surculus magn. nat. b. isdem magn. 6es auct. c. folium cum lobo altero explicato magn. 24es auct.

E diverso *J. albicantis L.* folia instruuntur nervo pellucido ob reticulum in medio laxius factum et in longitudinem extensum, versus apicem serrulata sunt (Tab. nostr. XXV. fig. 2. x.); quos characteres in varietate pusilla et *J. taxifolia* haud majore constantes reperi

707. JUNGERMANNIA *complanata:* surculis repentibus pinnatis planis, foliis orbiculatis conduplicatis: lobo inferiore papillato radiculoso.

J. complanata *Linn. svec.* n. 1041. *Flor. dan.* 6. t. 1062. *Web. et Mohr crypt.* p. 416.

J. foliis circinatis auritis etc. *Michel. gen.* pag. 7. tab. 5. fig. 21.

Lichenastrum imbricatum majus etc. *Dillen. musc.* p. 496. t. 72. f. 26.

Hab. in truncis arborum frondosarum per Norvegiam inferalpinam rarius.

Foliorum lobus inferior replicatus dense apprimitur et appendicem efficit ovatam acutiusculam; in cujus pagina inferiore versus oram inferiorem papilla protuberat primum viridis, dein fuscescens et radicans. Hæc papilla a *Cel. Mohr* pro auricula habita fuisse videtur; quum vero etiam in stipulis *J. platyphyllæ L* punctum radicans observatur, et successu temporis hæc papilla veras radiculas exserit, de indole ejus aliena haud dubito. Colore lutescente fere sulphureo plerumque dignoscitur hæc species, sed in rupibus umbrosissimis saturate viridis reperitur et talis persistit.

708. JUNGERMANNIA *undulata:* surculis planis adscendentibus, foliis conduplicatis bifidis: lobo inferiore subrotundo denticulato, superiore duplo minore integerrimo.

J. undulata *Linn. spec. plant.* p. 1598. *Web. et Mohr crypt.* p. 426.

Lichenastr. pinnis aur. *Dill.* p. 490. t. 71. f. 17.

Hab. sub aqua in rivulis per omnem Lapponiam etiam Finmarkiam maritimam frequenter.

Surculi quidem squarrosi sunt, sed folia neutiquam undulata. Colore admodum ludit, et in siccis etiam pallescens occurrit.

I. nemorosa L. tum foliis ipsis ac lobis accessoriis ciliatis discrepans, in septentrionaliori Svecia vix occurrit.

709. JUNGERMANNIA *resupinata:* surculis planis adscendentibus, foliis condupplicatis bifidis: lobo inferiore ovali apiculato dentato.

J. resupinata *Schmid.?* *Web. et Mohr crypt.* p. 427.

Lichenastrum auriculatum etc. *Dill. musc.* p. 491. t. 71. f. 19.

Hab. in rimis rupium umbrosis passim irrigatis Lapponiæ sylvaticæ parcius; ego specimina collegi in monte Korpberget prope Lycksele.

Longe tenuior est quam proxime affines, adeo ut *I. albicantem* L. fere refert. Lobus superior foliorum valde acuminatus, satis squarrosus, nec admodum adpressus.

710. JUNGERMANNIA *saxicola:* surculis adscendentibus triquetris, foliis subsecundis subconduplicatis reclinatis bilobis: lobo superiore minore patente cruciato, inferiore imbricato.

J. saxicola *Schrad. saml.* n. 97. *Sprengel in Wetterauisch. Annal.* 1809. p. 23. t. 4. f. 5. mala. *Web. et Mohr crypt.* p. 425.

Hab. in saxis Lapponiæ subsylvaticæ rarius. Lecta ad Nerva parœciæ Enontekis, et ad Gillesnöle Lapp. umensis.

Folia proprie dictu bifarie inserta sunt, sed ita sursum vergunt ut caulis e latere inferiore nudus evadit et surculi inde quasi carinati. Lobi verum superiores foliorum decussatim sibi invicem irretiuntur et planos ab hac parte efficiunt surculos. Carinæ foliorum reclinatæ, unde surgunt lobi inferiores semper imbricati et extrorsum convexi, surculosque ab hac parte lævissimos julaceos efficientes. Latus vero superius surculorum foliosum apparet, planum et ob lobos foliorum breves patentes re vera scalas refert; nec dubitamus quin hæc species *Linnéi* genuina *J. resupinata* constituerit, sub quo nomine in omnibus herbariis svecicis asservatur.

b) foliis concavis emarginatis.

711. JUNGERMANNIA *julacea:* surculis erectis filiformibus simpliciusculis, foliis concavis imbricatis bifariis emarginatis rotundatis.
J. julacea *Linn. spec. plant.* p. 1601. *Web. et Mohr crypt.* p. 421 *Ehrh. beitr.* 380.
Lichenastrum *Dillen.* p. 506. t. 73. f. 38.
Hab. in rupibus terrisque irrigatis omnium alpium vulgaris.

Color in statu vegeto eximie glaucescens, qualem in nulla alia scio. Crassitudo surculorum semper eadem nempe fili tenuioris; ab omni parte julacei sunt surculi. Folia tam arcte imbricata ut vix discernuntur; ab omni parte obtusata vel rotundata.

712. JUNGERMANNIA *emarginata:* surculis erectis subcompressis, foliis patulis subquadratis distichis emarginatis: lobis obtusis.
J. emarginata *Ehrh. beitr.* 3. p. 80. *crypt exsicc.* n 7. *Hoffm. fl. germ.* p 81. *Web. et Mohr crypt.* p 4 . *Engl bot.* 15. t. 1022. *Sprengel in Wetter. Annal.* 1809. p. 25. t. 4. f 9. mala.
J. macrorhiza *Dicks. fasc.* 2. p. 16. t. 5. f. 10.
Hab. sub aqua in rivulis et stillicidiis per partem sylvaticam et alpinam usque in summas alpes ubique.

Magnitudine admodum ludit; interdum enim in rupibus irrigatis vix major quam *J. julacea*, sæpe vero sub aqua rivulorum *J. undulatam* magnitudine non cedit. Semper eximie squarrosa apparet ob folia valde patula; simulque scariosa et rigida est dum in aqua crescit. Color ejus in rivulis alpinis eximie atro-fuscus est, idque uti videtur ob frequentem vicissitudinem siccitatis; in rupibus umbrosis læte viridis occurrit.

713. JUNGERMANNIA *Funckii:* surculis erectis simplicibus teretibus, foliis imbricatis concavis emarginatis utrinque obtusiusculis.

J. Funckii *Weber et Mohr germ. crypt.* p. 422.

J. excisa *Funck crypt fichtel.* n. 118.

Hab. in sterilibus subhumidis montium subalpinorum Lapponiæ rarius. A me lecta in Ollos-tunturi juxta Muonioniska Lapponiæ Tornensis.

Tota erecta est, surculis ab omni parte teretibus et nudis, sine ullis fibrillulis.

De hac aliisque Jungermanniis e Cl. *Web.* et *Mohrii* libello citatis nullum mihi est dubium, quum integram collectionem Jungermanniarum a b. m. *Mohr* accepi ante obitum ejus.

714. JUNGERMANNIA *inflata:* surculis adscendentibus subramosis teretiusculis, foliis imbricatis subsecundis concavis subbifidis: lobis acutiusculis.

J. inflata *Huds. angl.*

Hab. in siccis apricis per colles montesque subalpinos totius Lapponiæ ubique.

Surculi cylindracei vel julacei, e latere fibrillis radicantes.

715. JUNGERMANNIA *minuta:* surculis erectis simplicibus compressis, foliis distichis excisis: lobis æqualibus acutiusculis.

J. minuta *Dicks. fasc.* 2. pag. 13.

J. bicornis *Fl. dan.* t. 888. f. a. *Web. et Mohr crypt. germ.* p. 423. secund. exempl. Cl. Flörkii.

Hab. in spongiosis paludosis inter muscos per universam fere Lapponiam frequenter.

Surculi fere setacei sunt inter muscos erecti surgentes. Folia subcomplicata et exacte distiche posita, unde surculi compressi vel potius subpinnati apparent. De cætero folia sunt remotiuscula subpatentia (nec imbricata), profunde emarginato-excisa vel potius retusa.

716. JUNGERMANNIA *connivens:* surculis subrepentibus teretiusculis, foliis subsecundis subrotundis emarginatis: lobis obtusissimis.

J. connivens *Dicks. fasc.* 4. tab. 11. f. 16.

Hab. ad loca inundata saxorum etc. per Lapponiam alpinam et subalpinam passim.

Surculi semper repunt et fibrillis radicant, unde etiam folia non parum sursum vergunt. Folia quam maxime concava, ut fere bullata simulque patentia. Respectu habitus non parum ad *J. bicuspidatam* accedit.

c) Foliis planiusculis.

717. JUNGERMANNIA *Sphagni:* surculis repentibus, foliis subsecundis subrotundis planiusculis integerrimis.

J. Sphagni *Dicks. crypt.* fasc. 1. p. 6. t. 1. f. 10. *Web. et Mohr crypt.* p. 420.

β. minor: foliis magis concavis.

? J. scalaris *Schmidel. jung.* 17. *Hoffm. fl. germ.* p. 89. *Web. et Mohr crypt.* p. 419.

Hab. locis udis inter muscos per totam Lappponiam etiam alpinam fere ubique frequenter.

Folia eximie circinata sunt, ut Numulariam fere referunt surculi; in parte inferiore surculi patentiuscula, apicem versus adpressa ut julum e latere compressum ibi efficiunt praecipue in varietate minore. Semper pallescens est et valde mollis vel spongiosa, e reticulo laxiore facta. Fructum in varietate majori nunquam reperi.

In locis siccioribus terrenis sæpe minuta occurrit et *J. scalaris Schmid.* adeo simillima ut vix distinguenda.

718. JUNGERMANNIA *bicuspidata:* surculis capillaceis procumbentibus, foliis planis patulis cauli subparalellis bifidis: lobis divergentibus acuminatis.

J. bicuspidata *Linn. spec. plant.* p. 1598. *Web. et Mohr deutschl. crypt.* p. 424. *Schmid. ic.* p. 244. t. 65.

Lichenastrum — minim. *Dillen.* p. 488. t. 70. f. 13.

β. byssacea: longior et tenuior, foliis minoribus. *Roth germ.*

J. divaricata *Engl. bot.* 10. t. 719.

Hab. in terra humida juxta paludes et rivulos Lapponiæ sylvaticæ et inferalpinæ passim.

Folia in varietate *α.* e reticulo grandi facta sunt, ut tantum paucæ areolæ totum folium expleant. De cætero totus muscus admodum mollis et pellucidus, ut etiam in caule opus vasculare bene cernitur.

β. paullo rigidior est, caule flexuoso.

719. JUNGERMANNIA *incisa:* surculis abbreviatis, foliis subrotundis trifidis: lobis sinuatis dentatisque acutis

J. incisa *Schrad. Samml.* 2. n. 100. *Web. et Mohr crypt.* p. ,51.

Hab. in nuda terra subhumida præcipue supra lignum putridum usque in montibus subalpinis totius Lapponiæ passim.

Surculi semper brevissimi, sed crassi et valde crispati, idque ob foliorum situm confertissimum et complicatum. Figura foliorum difficilius eruitur; præcipue quum plerumque pulvis seminalis ex apicibus efflorescit. Color totius musci semper eximie glauco-viridis, quo in denso grege crescens truncos putridos totos obvestit.

J. incisa Sprengel in Wetterauische Annalen 1809. p. 23. t. 4. f. 6. nostræ plantæ haud convenit.

720. JUNGERMANNIA *quinquedentata:* surculis repentibus simpliciusculis, foliis planiusculis cauli parallelis quadrangulis quinquelobisque: lobis obtusis.

J. quinquedentata *Huds angl.* — *Linn. spec. pl.* p. 1598. *Web. et Mohr crypt.* p. 430.

J. barbata *Schmidel. ic.* t 48. *Mich. gen.* t. 5. f. 11.

Hab. inter muscos in sylvis præcipue frondosis omnium Lapponiarum frequenter.

Surculis haud parum elongatis repit et lanugine radicante saxis adhæret. De cætero habitum eximie mutat ob foliorum situm remotiorem vel approximatum.

721. JUNGERMANNIA *asplenioides:* surculis planis, foliis cauli parallelis ovalibus denticulatis.

J. asplenioides *Linn. spec. plant.* p. 1597. *Web. et Mohr crypt.* p. 420. *Engl. bot.* 25. t. 1788.

Lichenastr. Asplenii facie etc. *Dillen.* p. 482. t. 69. f. 5.

β. J. asplenioides β. minor *Linn. spec.* p. 1597.

J. major, foliis brevioribus etc. *Mich. gen.* p. 8. t. 5. f. 3.

Hab. in nemorosis inferalpinis Nordlandiæ meridionalis passim ex. gr. ad Skönstugan Saltensium; ad Gillesnöle et pluribus locis Lapponiæ Umensis.

Folia omnia planum efficiunt, simulque in caule lateribus suis decurrentia sunt. Margines eorum siccitate recurvantur (nec incurvantur ut in plerisque cæteris).

††† Frondosæ s. acaules.

722. JUNGERMANNIA *furcata:* fronde dichotoma lineari reticulata universi, laciniis obtusissimis, fructibus subtus e nervo frondis egredientibus.

J. furcata *Linn. spec.* p. 1602. *Lightf. scot.* 791. *Engl bot.* 23. t. 1632. *Hedw. theor. ed.* 2. t. 21. et 22. *Web. et Mohr crypt.* p. 434.

J. multifida *Linn. spec.* n 1049.

Marsilea minima angustifolia etc. *Michel. gen.* p. 5. t. 4. f. 4.

Lichenastrum tenuifolium furcatum etc. *Dillen. musc.* p. 512. t. 74. f 45.

Hab. in rupibus umbrosis Nordlandiæ inferalpinæ passim.

Tenera, flexilis et pallescens est (nec crassa, succulenta, obscure viridis ut *J. multifida* sub aqua rivulorum crescens): facta e reticulo eximie regulari, et nunquam fibrillis nervi radicans. Latitudo frondis ubique æqualis usque ad apices obsusissimos rotundato-truncatos. Perichætium pilosum.

723. JUNGERMANNIA *palmata:* frondibus palmatis abbreviatis spongiosis enervibus circa fructum basilarem congregatis adscendentibus.

J. palmata *Hedw. theor. ed.* 2. p. 159. t. 20. f. 7. *Hoffm. fl. germ.* p. 90. *Web. et Mohr. crypt.* p. 433.

Hab. in caudicibus putridis aliisque lignis nec non in Sphagno putrescente locis occultis humidis Lapponiæ sylvaticæ meridionalis rarius ex. gr. ad Lycksele.

Frondes valde irregulares inæqualiter incisæ, semper fragiles et crassiusculæ, e cellulosa spongiosa factæ, nec regulariter reticulatæ. Itaque præcedenti haud affinis est quamquam magnitudine simillima. Semper pallidioris coloris est.

724. JUNGERMANNIA *epiphylla:* fronde lobata enervi: lobis sinuatis undulatisque rotundatis reticulatis.

J. epiphylla *Linn. svec.* n. 1047. *Engl. bot.* 11. t. 771. *Dillen.* p. 508. t. 74. f. 41. *Hedw. theor.* t. 23.

Hab. in terra humida ad rivulos etc. Lapponiæ sylvaticæ inferioris rarius.

Quamquam hujus fructificationem in Lapponia non vidi, tamen non dubito quin hujus folia rite dignovi ex reticulo grandiore scil. capillo dimidium tantum tenuiore et longe evidentiore quam in simili *Marchantia polymorpha β. fontana.*

MARCHANTIA.

Gen. plant. ed. Schreb. n. 1661.

Fructificationes dioicæ (M. polymorpha) vel monoicæ (M. hemisphærica). Sterilis in Peltis pedicellatis subradiatis (apud M. polymorpham et hemisphæricam) vel in Cyathis sessilibus (M. polymorpha) sive omnino desideratur (in M. pilosa).

Fructus in receptaculo communi, stipitato, pileiformi vel capituliformi, subtus positus. Germina calyptrata, vel in loculamentis communibus aggregata (M. polymorpha et hemisphærica), vel solitarie innata (M. pilosa). Calyptra longitudinaliter rumpens nec ab insertione secedens.

Capsula sessilis subglobosa, apice in lacinias dehiscens. Seminula filis spiralibus elasticis munita.

725. MARCHANTIA *polymorpha:* pileo multiradiato planiusculo multiloculari, loculamentis fimbriatis.

M. polymorpha *Linn. svec.* n. 1051. *lappon.* n. 422. 423. *Hedw. theor.* p. 172. *Georgii fl. baikal.* p. 239.

α. *domestica:* frondis margine squamis scariosis

M domestica Dillenii *Schmid. ic.* tab. 9.

Lichen domesticus minor etc. *Dill. musc.* p. 527. t. 77. f. 7.

M. capitulo stellato *Mich. gen.* 2. t. 1. f. 2.

M. polymorpha *Flor. dan.* 8. t. 1427.

β. *fontana:* fronde uninervi, margine concolore.

M. fontana Dillenii *Schmid. ic.* t. 29.

Lichen fontanus major *Dill. musc.* p. 523. t. 76. f. 6.
M. major etc. *Mich. gen.* 2. t. 1. f. 1.

Hab. α. in terra utplurimam exusta ad domos et agros Novacolarum; β. locis udis prope paludes e. s. p. per totam Lapponiam sylvaticam ubique.

Radii pileorum novem sunt, inter quos e latere inferiore totidem loculamenta posita sunt: marginibus eximie fimbriatis purpurascentibus ornata. Capsulæ in singulo loculamento plures, propriis calyptris angulatis seu plicatis tectæ. Seminula unacum elateribus lutescentia.

β. *fontana* habitu et magnitudine insigniter differre videtur, sed exactius lustrata ne monstrositatem luxuriantem dicerem dubito. Frondes ejus nervo nigricanti notata sunt, et margine membranaceo integro (e diverso in planta domestica vix nervus distinguitur, et margo membranaceus interruptus vel in squamas divisus est). De cætero semper pileis tantum sterilibus præditam et maribus orbatam vidi, qualem etiam *Hedw. theor.* p. 178.

726. MARCHANTIA *hemisphærica*: pileo quadrangulari quadriloculari convexo, loculamentis integris, stipite angulato.

M. hemisphærica *Linn. svec.* n. 1052. *lappon.* n. 424. *Schmid. ic.* t. 34. *Engl. bot.* t. 503. bona. *Web. et Mohr crypt. germ.* p. 388.
Lichen pileatus parvus etc. *Dillen. musc.* p. 519. t 75. f. 2.
M. quadrata *Scopol. carn.* 2. p. 355 t. 63.
Hepatica media capitulo hemisphærico. *Michel. gen.* p 3 t. 2 f. 2.

Hab. in terra paludosa locis umbrosis sylvaticis Lapponiarum Svecicarum rarius. A me lecta ad Idivuoma Lapponiæ Enontekensis.

Magnitudo et habitus fere præcedentis. Monoica est vel peltis integris (nec lobatis) in eodem individuo ac pileis prædita Pileus radiis istis supra quasi adglutinatis, apice liberis in præcedenti tam conspicuis caret; et angulis tantum vel jugis quatuor superne notatus. Margo pilei semper integer et indivisus est, sed initio plicatus, dein expanditur et a stipite discedit, quo pileus hemisphæricam quodammodo formam acquirit. Loculamenta pilei semper quatuor, membranacea, viridia, tum a se invicem ac a stipite soluta, aperta, et in fundo foventia germina plerumque bina vel terna. Singulum germen obvelatum est sua calyptra apiculata (sed verum stigma nunquam vidi), depressa et extra marginem pilei nunquam prominens. Seminula fusca. Stipes pileorum angulatus est ob pressionem loculamentorum.

727. MARCHANTIA *pilosa:* capitulo subgloboso quadricapsulari, calyptra exserta fimbriata, stipite tereti.

M. pilosa *Flor. dan.* 8. t. 1426. bona.

M. tenella *Zoega fl. island.* — *Retz. scand.* —

Hab. in rupibus irrigatis inferalpinis Nordlandiæ rarius. Mihi obvia fuit ad Dale paræciæ Foldensis.

Tota plantula præcedentibus dupplo triplove minor et tenerior, neque peltas nec cyathos unquam proferens, tamen seminula perfecta uti videntur ubique dejiciens. Capitulum subglobosum, magnitudine tantum seminum Cannabis, ex orbiculo fere hemisphærico per se constitutum, eoque solido, sine marginibus conspicuis. Germina sub illud hemisphæron in distinctis loculamentis haud sedunt, sed in foveolis parvis inseruntur solitaria, in toto capitulo utplurimum quatuor, rarius tria et rarissime quinque. Calyptra acuminata, nuda et exserta vel corniculi instar infra capitulum prominens. Seminula virescentia. Stipes capituli omnino teres.

B L A S I A.

Gen. plant. ed. Schreb. n. 1665. *Hedw. theor.* p. 191.

Flores dioici?

♂? sacculus in substantia frondis occultus rostello elevato eminens, apice dehiscens et granula masculina emittens.

♀ ignoti?

728. BLASIA *pusilla: Linn. svec.* n. 1053. *Engl. bot.* 19. t. 1328. *Hedw. theor.* p. 191. t. 30. f. 5. — 9. optim.

Hab. in nuda terra sabulosa ad margines fluminum per totam Lapponiam sylvaticam passim.

Granula illa, quæ emittunt rostella, mihi tam similia videntur polline sic dicto masculino in Jungermanniis, vel etiam propagulis cyathorum apud Marchantiam, ut non possum quin dubitem ea esse vera semina. Semper pellucida sunt quasi e pluribus granulis partialibus composita. Conformatio conceptaculi quoque Cyathis Marchantiæ sat analoga, sed toto cælo a sapsulis veris Marchantiarum et Anthocerotis recedens. In *Marchantia pilosa* sic dicti flores masculi desiderantur, cur heic femineos pressius reperire volumus?

Ordo IV. Algae Lichenosae.

A. Athalamae *):

fructificatio sine receptaculo regulari.

LEPRARIA.

Achar lichen. univ. p. 662.

Fructificationis pulvis crustam leprosam effusam constituens.

729. LEPRARIA *incana:* pulverulenta subtenui effusa glauco-incana demum cinerascens: propagulis subvillosis.
L. incana *Achar. meth.* p. 4. *Lichen. univ.* p. 665.
Pulveraria incana *Flörke in Berl. mag.* 1807. p. 7.
Byssus incana *Linn. svec.* n. 1178. *Hoffm. enum. lich.* p. 7. t. 1. f. 6.

Hab.

---

*) Athalamæ non tantum receptaculis regularibus carent, verum etiam e crusta pulveracea adeo constituuntur, ut ob pulveraceam naturam scutellas regulares vix unquam formare posse videntur. Receptaculi enim conformatio non potest non cum substantia substratæ crustæ vel frondis analoga esse; itaque in Variolariis vix efformatæ scutellæ occurrunt, in Lichenibus nonnullis ex. gr. parietino fere efformata in Lichenibus foliaceis semper bene constituta e substantia foliacea frondis, et in Lecideis adeo indurata sunt ut substantiam propriam efficiant. Differunt itaque Variolariæ a cæteris notabili satis modo; nec excludi debent, quia eædem Variolæ farinaceæ etiam in Lichenibus scutelliferis occurrunt. De cætero ad excusanda mea nomina notandum est, quod hoc idem Schema dispositionis Lichenum anno 1801 composui et cum Cel. *Achario* communicavi, et dein præsente *Mohrio* explicui. Postquam vero nunc idem admodum mutatum video, pro meo recipere necessarium duco. Mea quoque nomina utpote intellectu et memoratu faciliora in Achariana haud mutare volui.

Hab. supra muscos ad radices arborum Nordlandiæ inferalpinæ frequenter et Lapponiæ sylvaticæ rarius.

730. LEPRARIA *botryoides:* crusta conglomerata viridissima e granulis concatenatis constituta.
Lichen botryoides *Linn. svec.* n. 1187. *Hoffm. enum. lich.* p 6 t. 1. f. 2.
Lepraria olivacea *Achar. lich. univ.* p. 666.
Hab in cryptis supra nudam terram Nordlandiæ inferalpinæ rarius.

Magis e fibrillulis composita est quam cæteræ, ideoque pro Moniliæ specie habetur a *Sprengel* et *Flörke* secundum *Berl. magaz.* 1807. p. 16.

731. LEPRARIA *chlorina:* crassa cæspitoso-pulverulenta luteo-flava, propagulis conglomeratis.
Lepraria chlorina *Achar. lichen. univ.* p. 662.
Lichen chlorinus *Achar. prodr.* p. 6.
Pulveraria chlorina *Achar. meth.* p. 1. *Engl. bot.* 29. t. 2038. *Flörke in Berlin. magaz.* 1807 p. 9.
Hab. in lateribus occultis siccis rupium inferalpinarum et sylvaticarum rarius.

In aqua fricata exhibet pulverem tenuissimum ne dicam solubilem, cujus natura vix determinari potest. Hoc vero disperso remanet massa subflocculosa subpellucida. Ob illum pulverem valde inquinans est colore satis persistente.

VARIOLARIA.

Acharii meth. lich. p. 12.

Fructificationis pulvis in maculis subrotundis submarginatis collocatus supra crustam plus minus regularem.

732. VARIOLARIA *lactea:* crusta tartarea lævigata lactea rimoso-radiata crenataque, variolis elevatis submarginatis candidis.
V. lactea *Achar. meth. suppl.* p. 7. t. 1. f. 6. *Lichen. univ.* p. 321. t. 5. f. 16.
V. actinota *Wahlenb. ibid.*
Lichen lacteus *Linn. mant.* p. 132.
Hab. in saxis petrisque siccis Finmarkiæ et Nordlandiæ inferalpinæ passim.

Rimis suis radiantibus valde notabilis et ambitu effigurato sublobato. De cætero crusta glebosa satis compacta, aquam fere repellens. Variolæ in verrucis elevatis.

β. *thelena:* crusta leprosa pulverulenta albissima verrucoso-papillata; papillis conicis varioliferis concoloribus.

V. thelena *Wahlenb. in Achar. suppl. meth.* p. 7. *Lichen. univers.* p. 320.

Hab. in rupium lateribus umbrosis prope Altenfjord Finmarkiæ rarius.

Aquam avide attrahit et inde cinerascit. Substantia ejus tota leprosa vel mollis. Odor ejus terrestris insignis est.

Secundum exemplaria Cl. *Flörkei* hæc forma omnino cum *V. lactea* confluit, ut nulli dentur limites.

B. Homothalamae:

receptaculis e substantia trunci.

LICHEN.

Parmelia *Achar. method.* p. 164. Urceolaria *Ibid.*

Receptaculum fructus scutelliforme apertum marginatum vel folio immersum.

Seminula in perispermio inclusa bina ternaque.

1. Crustacei: crusta effusa non figurata.

* scutellis pallidis et luteis.

753. LICHEN *parellus:* crusta tartarea verrucosa compacta lactea, scutellis confertis subdifformibus concoloribus margine incrassato.

L. parellus *Linn. mant.* p. 132. *Engl. bot.* 11. t. 727. *Hoffm. enum. lich.* p. 55. t. 6. f. 2.

Parmelia parella *Achar. meth.* p. 164.

Lecanora parella *Ach. lich. univ.* n. 370.

Hab. in saxis siccis prope littora maris Nordlandiæ meridionalis passim copiose.

Crusta ejus Variolariam lacteam non parum refert. Scutellæ proceriores semper angulosæ flexuosæ; disco verrucoso, inæquali, magis compacto quam in sequenti.

Hoffm. pl. lichen. tab. 12. f. 5. parum convenit utpote nimium grisea.

β. *Upsaliensis:* crusta tenui albida, scutellis pallidis margine tumidulo.
L. upsaliensis *Linn. svec.* n 1073. *Engl. bot.* 23. t. 1634. *Hoffm. en. lich* p. 56 t 7. f. 3.
Parmelia parella γ. upsaliensis *Achar. meth.* p. 163.
Patellaria upsaliensis *Hoffm. pl. lichen.* t. 21. f. 2. *fl. germ.* p. 168.
Hab. in terra sterili collium inferalpinorum Nordlandiæ parcius.
Scutellæ semper regulares quod ad discum planiusculæ et sub pongiosæ.

734. LICHEN *tartareus:* crusta tartarea granulata inæquali albo - cinerascente, scutellis testaceis albo - marginatis.
L. tartareus *Linn. svec.* n. 1070. *Engl. bot.* t. 156. *Flor. dan* t 712.
Lecanora tartarea *Achar. lich. univ.* p. 371.
Verrucaria tartarea *Hoffm. germ* p. 173.
β. *frigidus:* crusta papillosa spinulosaque
L. frigidus *Swartz meth. musc.* — *Engl bot.* 27. t 1879. bona.
γ. *gonatodes:* crusta ramulosa; ramulis divaricatis tortuosis
Isidium gonatodes *Achar. method* p. 137.
Hab. in saxis sylvaticis Lapponiæ passim parcius; at β. et γ. in muscosis alpinis.
Nullæ plantæ a solo locoque adeo mutantur ac Lichenes crustacei; præcipue in alpibus ramulosi evadunt vel crusta magis figurata instruuntur quam alibi. Hujus rei exemplum evidentissimum est Lichen gonatodes, quem in *L. tartareum* abire evidentissime vidi.

735. LICHEN *varius:* crusta inæquali subverrucosa pallide virescente, scutellis confertis disco planiusculo pallido varioque margine subinflexo elevato subflexuoso.
L. varius *Ehrh. crypt.* n. 68. *Acharii prodr.* p. 40. *Engl. bot.* 24. t. 1666.
Patellaria varia *Hoffm. plant. lichen.* p. 102. t. 23. f. 4. *fl. germ.* p 196. (verrucaria).
Parmelia varia *Achar. meth.* p. 178.
Lecanora varia *Ach. lich. u..* p. 377.
β. *maculiformis:* crusta verrucosa, scutellis lutescentibus convexis.

Verrucaria maculiformis *Hoffm. fl. germ.* p. 195.
Hab. in sepimentis ligneis, parietibus et lapidibus schistosis præcipue Nordlandiæ inferalpinæ passim.

Memorabile omnino est, quod multi Lichenes in Lapponia saxatiles evadunt, qui in Svecia nonnisi in ligno et arboribus occurrunt.

Var. β. præcipue in lapidibus alpinis prope littora maris Finmarkiæ occurrit cum crusta satis crassa et rimosa, scutellis subochraceis, habitunque diversum habet. Ab omni hujus varietate diversus est *L. sarcopis* secundum effata nuperrima ipsius Cl. *Flörkei.*

736. LICHEN *cerinus:* crusta subgranulata cinerea, scutellis planis confertis flavis margine tenui cinereo.
L. cerinus *Hedw. stirp. crypt.* t. 21. f. B. *Engl. bot.* 9. t. 627.
Parmelia cerina *Achar. meth.* p. 175.
Lecanora cerina *Ach. lich. univ.* p. 390.
β. stillicidiorum *Flor. dan.* t. 1063. f. 2.
Hab. in Populorum truncis, parietibus ligneis et β. in muscis stillicidiorum per loca alpestria præcipue maritima totius Lapponiæ frequenter.

Margine scutellarum acuto cinereo et scutellis majoribus facile distinguitur a *L. aurantiaco.*

737. LICHEN *vitellinus:* crusta granulata inæquali vitellina, scutellis planis elevato-marginatis concoloribus.
L. vitellinus *Ehrh. dec.* 16. n. 155.
Parmelia vitellina *Achar. meth.* p. 176.
Lecanora vitellina *Achar. lich. univ.* p. 403.
Patellaria vitellina *Hoffm. pl. lich.* 2. p. 5. t. 26. fig. 1. et t. 27. fig. 2.
Hab. in parietibus ligneis et lapidibus littoralibus Nordlandiæ et Finmarkiæ parcius.

In varietate saxatili scutellæ Lecideæ generis quoque occurrunt, quæ ad eandem crustam omnino pertinere videntur.

738. LICHEN *icmadophila:* crusta effusa leprosa inæquali albo-virescente, scutellis planis incarnatis subimmarginatis.
L. icmadophila *Ehrh. phytogr.* n. 40. *Hoffm. enum. lich.* p. 34. t. 8. f. 1.

L. æruginosus *Achar. prodr.* p. 53.
Lecidea icmadophila *Achar. meth.* p. 58. *lichen. univ.* p. 191.
Hab. in paludosis et uliginosis supra muscos lignaque putrefacta.

Ob substantiam molliorem scutellarum non possumus non hanc et sequentem speciem ad Lichenem referre, quamquam margine fere carent; nos enim characterem ponimus magis in substantia quam in margine.

739. LICHEN *vernalis:* crusta tenuissima cinerascente, scutellis immarginatis demum subglobosis confertis helvolo-ferrugineis.
L. vernalis *Linn.* — *Achar. prodr.* p. 51.
Lecidea vernalis *Achar. meth.* p. 68. *lich. univ.* p. 198.
Hab. in stillicidiis sylvaticis muscos incrustans.

740. LICHEN *foveolaris:* crusta leprosa inæquali albo-pallescente, scutellis urceolatis immersis testaceis elevato-marginatis.
Urceolaria foveolaris *Achar. meth.* p. 149.
Gyalecta Wahlenbergiana. *Achar. lichenogr. univ.* p. 152.
Hab. in locis obscuris stercoratis vel supra muscos putridos per alpes Lapponicas usque ad Nordcap rarius.

Urceoli sæpe ultra lineam lati et ocellos perpulchros in terra efficientes. Substantia eorum mollis et subgelatinosa ut in præcedentibus.

** Scutellis rubris.

741. LICHEN *Acharii*: crusta lævigata subrimosa ferrugineo-ochracea, scutellis urceolatis immersis immarginatis rubicundis. *Engl. bot.* 16.t.1087. *Achar. prod.* p. 33. fig. tit.
Urceolaria Acharii *Ach. meth.* p. 150. *Lichenogr. univers.* p. 331.
β. cyrtaspis: crusta rufescente, scutellis subfuscis submarginatis.
Lecanora cyrtaspis *Achar. lich. un.* p. 397.
Hab. in stillicidiis aquarum et ad rivulos supra lapides Nordlandiæ Finmarkiæque inferalpinæ passim; at *β.* sub aqua in rivulo alpino prope Kistrand legi.

Scutellæ adeo minutæ ut nudo oculo puncta tantum referunt; at in β. duplo triplove majores sunt. Nonnisi crusta scutelifera rimulosa est.

742. LICHEN *hæmatomma:* crusta pulverulenta albida, scutellis demum convexiusculis irregularibus sanguineis albo-marginatis.
L. hæmatomma *Ehrh. beytr.* 2. p. 157. *Ach. prodr.* p. 45.
Verrucaria haematomma *Hoffm. pl. lich.* 1. p. 53. t. 11. f. 1. *fl. german.* p. 198.
Lecidea hæmatomma *Achar. meth.* p. 63.
Lecanora hæmatomma *Achar. lich. un.* p. 388.
L. lacteus *Vahl.?*
Hab. in parietibus rupium umbrosis siccis sylvaticis Nordlandiæ meridionalis rarius ex. gr. ad Kierringöam.

In Nordlandia nonnisi crustam albidam vidi, in Svecia sæpius parum lutescit. Scutellarum vero color semper isdem.

743. LICHEN *ventosus:* crusta tartarea verrucosa pallescente, scutellis irregularibus convexiusculis rubro-brunneis pallide marginatis.
L. ventosus *Linn. svec.* n. 1065. *Achar. prodr.* pag. 46.
Verrucaria ventosa *Hoffm. pl. lich.* 2. p. 11. t. 27. f. 1.
Parmelia ventosa *Achar. meth* p. 166.
Lecanora ventosa *Achar. lich. univ.* p. 399.
Verrucaria cruenta *Hoffm. fl. germ.* p. 198.
Hab. in saxis apricis siccis sylvarum et alpium omnium totius Lapponiæ frequenter.

744. LICHEN *sarcopis:* crusta subtartarea granulosa helvola, scutellis carneo-rubris: margine elevato crenato crustæ concolori.
Parmelia sarcopis *Wahlenb. in Ach. meth. suppl.* pag. 39.
Lecanora varia γ. sarcopis *Ach. lich. un.* p. 378.
Hab. in parietibus ligneis elatis Finmarkiæ ubique.

Ob crustam crassam ne dicam frustulosam, et scutellas regulares crustæ fere immersas non possum non a L. vario distingvere; quamquam affinitas perconspicua.

Cl. Floerke, postquam mea exemplaria vidit, pro distincta agnovit tum a *L. vario* tum a *L. maculiformi Hoffm.*

745. LICHEN *ammiospilus:* crusta verrucosa tenui cinerea, scutellis aggregatis planis rufis margine tenui cinereo.

Lecidea ammiospila *Wahlenb. in Achar. meth. suppl.* p. 13.

Lecidea cinereo-fusca γ. ammiospila *Achar. lich. univ.* p. 203.

Hab. in parietibus ligneis Finmarkiæ præcipue maritimæ parcius.

Scutellæ omnino ejusdem structuræ sunt ac in *L. cerino*, ut vix nisi colore diversissimo et constanti differunt, nec non magnitudine insigniori. Longius a *Lecidea cinereo-fusca* distare mihi videtur: margine scutellarum tenui cinereo, crusta verrucosa e. s. p.

746. LICHEN *cinereo-rufus:* crusta tenui nigricante cinereo-verrucosa, scutellis planiusculis rufis margine elevato tumido cinereo.

Urceolaria cinereo-rufescens. *Achar. lich. univ.* p. 677.

Hab. in lapidibus siccis quartzosis alpestribus prope Alten Finmarkiæ copiose.

Ambitus Lichenis tenuissimus nigricans interdum dendriticus; sed intra versus verrucis cinereis præditus est, quarum apex in scutellas abeunt tumide marginatas et insigniter rufas; disco minuto carnoso. Aquam cito imbibit, quo facto discus scutellarum tumet.

*** Scutellis fuscis.

747. LICHEN *subfuscus:* crusta tenuissima lævi albocinerascente, scutellis sparsis subfuscis margine elevato tumidulo crustæ concolori.

L. subfuscus *Linn. svec.* n. 1072. *Achar. prodr.* p. 47. *Hoffm. enum. lich.* p. 51. tab. 5. fig. 3. *Flor. germ.* p. 180. (Verrucaria).

Parmelia subfusca *Achar. meth.* p. 167.

Lecanora subfusca *Achar. lich. un.* p. 393.

Hab. in parietibus ligneis et cortice Betularum Lapponiæ sylvaticæ parcius. At varietas cum crusta crassiore in rupibus marinis ad Talviig lecta est.

β. *bryonthus:* scutellis crassioribus: disco convexiusculo ruguloso opaco livescenti-hepatico marginem tumidulum superante. *Achar. meth. lich.* p. 167.

Lecanora bryontha *Achar. lich. univ.* p. 392.

Hab. supra plantarum radices et muscos in alpibus rarius.

748. LICHEN *panyrgus:* crusta subverrucosa corrugata albissima, scutellis suburceolatis subimmersis livescenti-pruinosis demumque subatris: margine turgido integro subelevato cum crusta subconfluente.

Urceolaria panyrga *Achar. meth. lich.* p. 146. t. 4. f. 2? *lichen. univ.* p. 335.

Hab. in radicibus denudatis herbarum et fruticulorum ad terram alpium Lapponiæ præcipue tornensis rarius.

Quamquam scutellæ color ob pruinam insignem fere albescens evadit, tamen adeo præcedenti affinis mihi videtur, ut non possit non hunc locum obtinere. Obscuram vero formam gerit, et adhuc dubia species esse mihi videtur.

749. LICHEN *epibryon:* crusta subcartilaginea rugosa inæquabili effusa albescens, scutellarum disco planiusculo fusco-nitido: margine tenui integro elevato crustæ concolori.

Lecanora epibryon *Achar. lichen. univ.* p. 396.

Lichen hypnorum *Wulffen. in Jacqu. collect.* 4. t. 7. f. 4.

Hab. supra muscos putrefactos in æquabilem satis superficiem redactos Finmarkiæ maritimæ ex. gr. Måsöæ satis frequenter.

Hunc eundem esse Lichenem ac L. epibryon alpium austriacarum me docuit Cl. *Flörke.* Totus e substantia compactiore et inde subnitida constructus est, ideoque non potest non ab insequente distingui.

750. LICHEN *turfaceus:* crusta corrugata crassiuscula grisea opaca, scutellis congregatis varieque pressis: disco planiusculo fusco-atro opaco: margine elevato ruguloso crustæ concolori.

Hab. supra terram apricam subuliginosam e muscis putrefactis ortam in Finmarkia maritima ex. gr. Qualöæ copiose.

Integras turfas obducit simulque colore suo, crassitudine insigni et rugositate terram turfaceam admodum refert; quo habitu diversissimo non potest non a præcedente specie nitida distingui. Scutellæ confertæ et varie sibi invicem compressæ totum fere Lichenem constituunt, ut crusta difficilius discernitur; passimque eximie dilatantur et luxuriant.

751. LICHEN *badius:* crusta verrucosa effusa olivaceo-fusca, scutellis demum convexis nigro-umbrinis nitidis.

L. badius *Achar. prodr.* 67.

Lecanora badia *Achar. lichen. univ.* p. 407.

Hab. in saxis apricis sylvaticis totius Lapponiæ passim.

752. LICHEN *aipospilus:* crusta papillata fusco-cinerea ad ambitum sulcato-radiata nigro-limitata, scutellis subbacillatis convexis rufo-fuscis subimmarginatis.

Parmelia aipospila *Wahlenb. in Achar. meth. suppl.* p. 36.

Lecanora aipospila *Achar. lich. univ.* p. 385.

Icon tab. nostr. XXVII. fig. 2.

Hab in scopulorum maritimorum scrobiculis et fissuris per totam Finmarkiam ubique sat copiose.

Papillæ quidem sibi invicem approximatæ, sed non adeo contiguæ ut crustam uniformem efficiant; de cætero sat irregulares crassiusculæ scutellas tuberculiformes vix dimidiam lineam latas sustentantes. Color crustæ e fuscescente in cinereum variat. Scutellæ papillis crustæ vix latiores.

Explicatio iconis: a. rosula lichenis minor m. nat. b. sectio rosulæ oblique visæ magn. 4es auct. — c. ejusdem sectionis pars magis aucta. d. scutella dissecta junior et e. scutella adultior dissecta 12es aucta.

753. LICHEN *spodophæus:* crusta tartarea rimosa papillato-ramulosa contigua fusco-virescente ad ambitum subradiata, scutellis planis brunneis marginatis.

Parmelia spodophæa *Wahlenb. in Achar. meth. suppl.* p 37.

Lecanora spodophæa *Achar. lich. univ.* p. 387.

Hab. in scopulis maritimis planis vento maxime expositis per insulas exteriores Finmarkiæ passim.

Crusta re vera e papillis erectis teretibus constituitur sed adeo minutis et contiguis ut superficiem granulatam referunt. Scutellæ sæpe lineam latæ et papillis seu granulis crustæ multoties latiores. Aquam avide imbibit et inde magis virescit.

754. LICHEN *poliophæus:* crusta tartarea rimosa papillato-ramulosa contigua cinerea albo-limitata, scutellis planis hepaticis marginatis.

Parmelia poliophæa *Wahlenb. in Achar. meth. suppl.* p. 38.

Lecanora poliophæa *Achar. lich. univ.* p. 398.

Icon tab. nostr. XXVII. fig. 3.

Hab. in scopulis maritimis Finmarkiæ præcedente rarior.

Crusta omnino eodem modo formata ac in præcedenti, ut nonnisi colore cinereo nunquam virescente, et margine subfibrilloso albido differt. Scutellæ interdum fere pallidæ vel rufescentes. Aquam nonnisi tardius attrahit.

Explicatio iconis: a. rosula lichenis magn. nat. — b. sectio rosulæ oblique visa 5es auct. — c. sectio similis 7es auct. — d. scutella junior perpendiculariter dissecta 20es auct. — e. scutella adultior dissecta eod. augm.

**** Scutellis nigris atrisque.

755. LICHEN *sophodes:* crusta suborbiculari granulata obscure cinerea, scutellis confertis planis nigris margine tumidulo elevato subpruinoso.

L. sophodes *Achar. prodr.* 67.

Lecanora sophodes β. crenata *Achar. lich. univ.* p. 358.

Hab. in parietibus ligneis totius Lapponiæ passim, in cortice Betulæ rarius.

Maculas unguiculares in ligno efficit, scutellis plerumque minoribus quam in Svecia vix ultra dimidiam lineam latis.

756. LICHEN *milvinus:* crusta subtartarea effusa granulata ferrugineo-fusca, scutellis planiusculis nigris elevato-marginatis.

Parmelia milvina *Wahlenb. in Achar. meth. suppl.* p. 34.

Lecanora milvina *Achar. lich. univ.* p. 350.

Hab. in petris maritimis et irrigatis totius Finmarkiæ Nordlandiæque passim copiose.

Totus Lichen æquabilis et regularis ut neque scutellæ supereminent, integras rupes ex toto fere obducit. Scutellæ de cetero minores et minus conspicuæ quam præcedentis, margine tenuiore supra crustam vix elevato. Color crustæ junioris magis fuscescit.

Nullam hujus vidi varietatem, quæ nec minime *Lichenem simplicem Davies* refert.

757. LICHEN *atrosulphureus:* crusta tartarea inæquabili glebuloso - coacervata pallide sulfurea, scutellis convexiusculis a crusta marginatis aterrimis.

Hab. in petris arenariis siccis insulæ Maasöæ Finmarkiæ copiose.

Scutellæ supra crustam haud elevatæ, sed omnino superficiales, sub prima infantia a crusta marginatæ, qui vero margo cito fere occultatur. Quamquam color scutellarum aterrimus, tamen durioris substantiæ haud sunt, verum intus mox virescunt, ut color ater nonnisi in superficie sedet omnino ut in sequenti. Crusta magis tartarea crassa et coacervata quam in affinibus, facileque in frustulas solvitur.

758. LICHEN *tephromelas:* crusta inæquali verrucosa cinerascente, scutellis demum convexiusculis atris margine elevato albo.

L. tephromelas *Ehrh.* — *Achar. prodr.* p. 67.
Parmelia atra *Achar. meth.* p 154.
Lecanora atra *Achar. lich. univ.* p. 344.
L. ater *Hudson. angl.* 530 *Ligtf. scot.* p. 813. *Engl. bot.* 14. t. 949. *Hoffm. en. lich.* p 53. t. 4. f. 4.

Hab. in lapidibus et saxis campestribus Nordlandiæ et Finmarkiæ inferalpinæ fere ubique parcius.

Color scutellarum nitido - aterrimus.

759. LICHEN *argopholis:* squamaceo - glebulosus lævigatus subcartilagineus pallescens, scutellis fusco - atris acute marginatis urceolatis nitidis elevatis.

Parmelia argopholis *Wahlenb. in Achar. meth. suppl.* p. 32.
Lecanora argopholis *Achar. lich. univ.* p. 346.

Hab. in rupibus irrigatis umbrosis per radices alpium Finmarkiæ passim copiose.

Adeo gleboso-squamaceus est ut melius ad sic dicta Psoromata refertur quamquam *L. atro* affinis. Interdum squamæ ejus coacervantur in globulos nucis Avellanæ magnitudinis. Talem quoque speciem in Germania haud vidit Cel. *Flörke*.

760. LICHEN *cinereus:* crusta subtartarea verrucoso-areolata cinerea, scutellis suburceolatis immersis nigris: margine inconspicuo lævi.
L. cinereus *Linn mant.* p. 132. *Achar. prodr.* p. 32.
Urceolaria cinerea *Achar. meth.* p. 143. *lichen. univ.:* p. 336.
Urc. ocellata *Flörke in Berl. magaz.* 1810.
β. *virens.* L. cinereus *Engl. bot.* 25. t. 1751.
Hab. in lapidibus saxisque totius fere Lapponiæ frequenter.

Variat admodum respectu habitus crustæ. In locis humidioribus magis æquabilis et rimosus, scutellis fere immarginatis; in siccioribus campestribus lapidibus magis scruposus vel verrucoso-areolatus scutellis in verrucis elevatis et ab iisdem marginatis vixque urceolatis.

761. LICHEN *mazarinus:* crusta tartarea glebosa inæquabili molli pallescente, scutellis urceolatis immersis immarginatis nigris suboccultis.
Hab. sub aqua in rivulis alpinis supra lapides rarius ex. gr. ad Käimo-kaisse paroeciæ Tanensis Finmarkiæ.

Crusta adeo mollis et crassa ut pultem fere refert; scutellis pluribus in singulo glebo crustæ, adeo immersis et urceolatis ut vix nisi poro patescunt.

762. LICHEN *protuberans:* crusta nodulosa radiato-effusa pallescente, scutellis urceolatis in nodulis immersis marginatis nigris.
Hab. in saxis et rupibus siccis absconditis prope mare septentrionale ad Altenfjord Finmarkiæ rarius.

Crusta ad ambitum limitata leprosa et striis subradiantibus notata, sensim verrucosa fit et denique nodulis omnino squæricis fere solutis et discretis obtegitur. In singulo nodulo scutella immersa adest et margine ejus limitata evadit. Crusta ipsa demum subferruginea, nodulis cinerascentibus obsita.

763. LICHEN *pelobotryus:* crusta subspongiosa rugosa subgrisea, scutellis suburceolatis immersis subimmarginatis nigris.

Urceolaria pelobotryon *Wahlenb. in Achar. meth. suppl.* p. 31. *lichen. univ.* p. 333.

Hab. in schisto alpium ab aqua nivali semper irrigato rarius ex. gr. in alpe Rastekaisse Finmarkiæ.

Crustæ substantia mollis subspongiosa differentiam optimam præbet; de cætero sæpe contigua est rariusque areolata. Scutellæ haud profunde immersæ, sed fere superficiales, planiusculæ; demumque quod ad marginem a crusta adeo solvuntur, ut fere margine proprio instructa apparent.

764. LICHEN *scruposus:* crusta tartarea inæquali cretacea albo-cinerascente, scutellis urceolatis immersis nigrescentibus: margine cinereo inflexo.

L. scruposus *Linn.* — *Ach. prodr.* p. 32. *Hoffm. en. lich.* p. 41. t. 6. f. 1.

Patellaria scruposa *Hoffm. pl. lich.* p. 54. t. 11. f. 2.

Urceolaria scruposa *Ach. meth.* p. 147. *lichen. univ.* p. 338.

Hab. in lapidibus suboccultis inferalpinis Nordlandiæ passim.

Scutellæ profunde immersæ et adeo urceolatæ ut vesiculas fere referunt, simulque confertæ vel sibi invicem contiguæ; nec unquam explanantur.

765. LICHEN *illimatus:* crusta subtartarea papillata albida, papillis subconicis, scutellis marginatis nigris.

Hab. in alpium maritimarum summis petris raris ex. gr. in Kongshavnfjället Finmarkiæ.

Crusta quod ad substantiam cretacea, papillis subteretibus apice plerumque tuberculiferis obsita. Scutellæ veræ parcius reperiuntur, et in crusta tenuiore vix papillata sedent.

766. LICHEN *mastrucatus:* crusta granulato-ramulosa coacervata subglobulifera virescente, scutellis planis atris margine crustæ concolore.

Hab. in rimis petrarum prope littora maris Nordlandiæ et Finmarkiæ passim.

Crusta fere ejusdem structuræ ac in L. spodophæo, scil. e papillis s. ramulis constituitur sed adeo tenuibus ut granulata potius apparet; de cætero valde inæquabilis ob granulorum seu potius papillarum coacervationes. Scutellæ nonnisi in crusta tenuiore observantur, superficiales elevato-marginatæ, satis minutæ, saturate atræ.

767 LICHEN *dactyliferus:* crusta papillato-ramulosa albida, ramulis discretis, scutellis subbacillatis atris concavis margine tumidulo albido.

L. oculatus *Dicks.* ?

Hab. supra muscos in uliginosis alpinis Lapponiæ rarius. Nonnisi ad Verret-hamn paroeciæ Masöæ Finmarkiæ cum scutellis lectus.

Papillæ crustæ omnino teretes sed teneriores vagæ, plerumque verrucis fuscis in apice præditæ, rarius scutellis perfectis terminatæ. Scutellæ aterrimæ: discus minor et margine proprio tenui atro præditus; sed margo e crusta factus tumidus et latior, unde oculati fiunt fructus et sic *L. oculatum Dicks.* forsan constituunt.

768. LICHEN *diamartus:* crusta subdeterminata rimoso-areolata rubro-ochracea, scutellis planis subimmersis angulatis atris.

Urceolaria diamarta *Achar. meth.* 151. *lichen. univ.* p 331.

Hab. in lapidibus supra terram parum elevatis præcipue ad littora maris Nordlandiæ passim copiose.

Color crustæ sæpe in ochraceum usque abit, sed in humido nunquam mutatur. Scutellæ planæ in areolis crustæ parum impressæ et ab oris areolarum marginatæ, et sic maculas fere efficiunt sæpe confluentes, et omnes margine speciali destitutas.

769. LICHEN *helicopis:* crusta rimuloso-areolata livido-cinerea albo-limitata, scutellis elevatis planis subimmarginatis livido-nigricantibus.

Lecidea helicopis *Wahlenb. in Achar. meth. supl.* p. 9. *Achar. lichen. un.* p. 156.

Hab. in lapidibus littoralibus sub fluxu maris interdum irrigatis ad Altenfjord Finmarkiæ passim.

In humido admodum mutatur aliumque habitum induit veramque suam naturam exhibet. Crustæ areolæ adeo minutæ sunt, ut nudis oculis haud discernuntur, verum potius asperula vel granulata apparet crusta. Color in humido lividus, in sicco cinereus; sed limites albi haud mutantur. Scutellæ supra crustam elevatæ et marginibus liberis cinctæ; discus in humido fere lividus in sicco ater apparet, vix unquam concavus: color marginis in sicco vix distinctus, sed in humido cum crustæ colore convenit.

2. CRUSTACEO-IMBRICATI: crusta effigurata in formam rosulæ foliaceæ, sed fragilis et inflexilis (*Placodium Schreb. Ach.*).

770. LICHEN *bracteatus:* crustaceo-imbricatus granulatus crenatus pallido-testaceus, scutellis rubris dilutius marginatis.
L. bracteatus *Achar. prodr.* p. 102.
Parmelia fulgens bracteata. *Ej. meth.* p. 193.
Lecanora fulgens α bracteata. *Ej. lich. un.* p. 438.
Hab. in alpium maritimarum lateribus apricis Nordlandiæ rarius parciusque.
Crusta in his locis vix ac ne vix effigurata, adeo ut inter Placodia locum haud obtineret nisi nimia affinitas cum *L. fulgente* id svaderet, cujus forsan varietas imperfecta est. Color marginis scutellarum fere medium tenet inter disci et crustæ.

771. LICHEN *gelidus:* crustaceo-imbricatus rimosus tenuis cinereo-carneus: rosula centrali incrassata, scutellis rubris.
L. gelidus *Linn. mantiss.* p. 133. *Achar. prodr.* p. 74. *Engl. bot.* 10. t. 699. optim.
L. Heclæ *Flor. dan.* t. 470. f. 2.
Parmelia gelida *Achar. meth.* p. 188.
Lecanora gelida *Achar. lich. univ.* p. 428.
Hab. in lapidibus micaceis ad latera alpium declivia nimbosa prope mare septentrionale Nordlandiæ passim, Finmarkiæ rarius.
Sine scutellis a me semper lectus et maculis pulverulentis cinereis tantum præditus. Crustæ ambitus in vetustiori statu squarrosus et subelevatus, unde Placodium re vera dicendus. Rosulæ color nonnisi paullo saturatior quam reliquæ crustæ.

772. LICHEN *saxicola:* crustaceo-imbricatus tenuis subcartilagineus multipartitus pallido-virescens, scutellis ochraceis demum convexis.
L. saxicola *Pollich.* — *Achar. prod.* p. 104. *Engl. bot.* 24. t. 1695. optim.
L. muralis *Hoffm. en. lich.* p. 64. t. 11. f. 1.
Psora muralis *Hoffm. pl. lich.* p. 77. t. 16. f. 1. *fl. germ.* p. 157.

Parmelia saxicola *Achar. meth.* p. 191.
Lecanora saxicola *Achar lich. un.* p 431.
Hab. in saxis campestribus Nordlandiæ inferalpinæ et Lapponiæ sylvaticæ parcius.

773. LICHEN *chlorophanus:* crustaceo - imbricatus glebulosus elevato-radiatus saturate luteus, scutellis convexis immarginatis pallidioribus.
Parmelia chlorophana *Wahlenb. in Achar. meth. suppl.* p. 44.
Lecanora chlorophana *Achar. lich. univ.* p. 436.
Icon tab. nostr. XXVIII. fig. 2.
Hab. in rupium parietibus occultis per alpes totius Lapponiæ tum svecicæ ac norvegicæ passim parcius, usque ad lacum Tjäkelvafs Lapponiæ Pitensis procedens.

Crusta quam in sequenti crassior, in glebulas magis divisa; radiis elevatis subteretibus. Color vividissime luteus et sæpe in virescentem vel citrinum vergens; nunquam flavescens, nec fulvescens. Scutellæ semper convexæ et immarginatæ characterem fere certissimum præbent; de cætero majores quam in sequenti. Distinctissimus est, colore suo vivacissimo rupes obscuras admodum ornans.

Explicatio iconis: a. rosula minor lichenis magn. nat. — b. sectio ejus perpendicularis oblique visa magn. 4plo aucta. c. eadem sectio 6es auct. — d. scutella junior et verruca crustæ subsidens perpendiculariter sectæ magn. 10es auct. — e. scutella adultior secta eod. augm.

774. LICHEN *murorum:* crustaceo - imbricatus rugoso - radiatus vitellinus, scutellis planiusculis elevato - marginatis saturatioribus.
L. murorum *Hoffm. enum. lich.* p. 63. t. 9. f. 2. *Achar. lich prodr.* p. 101.
Psora saxicola *Hoffm. pl. lichen.* p. 82. t. 17. f. 3. *fl. germ.* p. 158.
Parmelia murorum *Ach. meth.* p. 195.
Lecanora murorum *Ach. lich. un.* p. 433.
β. *major:* lobis latioribus planiusculis flavis.
γ. *crenulatus:* lobis angustissimis granulatis flavis, scutellis planis margine elevato crenulato.
Hab. in lapidibus et petris littoralibus ad mare septentrionale Nordlandiæ et Finmarkiæ; præcipue

pue β. et γ. adeo juxta aquam, ut sub procellis semper irrigantur: fere ubique.

Color semper a præcedentis diversissimus, interdum pallescit sed nunquam virescit. Margo scutellarum in α. fere proprius vel e substantia disci; in γ omnino e crusta formatus et granulatus, unde hanc varietatem primum pro distincta specie habui, cujus crusta adeo tenuis ut *L. candelarium* vulgarem fere refert.

Alii quoque Lichenes multi ad mare heic tantum crescunt, qui in Svecia ubique occurrunt, quasi clima nimium severum esset hisce.

775. LICHEN *elegans:* subimbricatus aurantiacus multipartitus: laciniis teretiusculis flexuosis subdiscretis, scutellis concavis concoloribus.

L. elegans *Achar. prodr.* p. 102.

Lichen tegularis *Ehrh. crypt.* n. 304. *Hoffm. fl. germ.* p. 158.

Lecanora elegans *Achar. lich. univ.* p. 435.

Parmelia elegans *Achar. meth.* p. 195.

β. *tenuis:* laciniis subfiliformibus.

Psora miniata *Hoffm. pl. lichen.* t. 60. f. 1. *flor. germ.* p. 158.

Hab. in petris et rupibus siccis apricis alpium Lapponicarum omnium, præcipue vero prope mare septentrionale frequenter.

Color hujus nunquam dilutior fit, sed sæpe saturatior ut interdum in β. ruber fere evadit. Scutellæ insigniter elevatæ et semper concavæ, margine tenui ejusdem omnino substantiæ ac crusta.

Pigmento copioso scatet, quod cum Kali in rubro-violaceum abit.

776. LICHEN *stramineus:* subimbricatus crassiusculus stramineus: laciniis convexis subteretibus contiguis, scutellis planis rubro-fuscis margine tumido.

Parmelia straminea *Wahlenb. in Ach. meth. suppl.* p. 47.

Lecanora straminea *Ach. lich. univ.* p. 432.

Icon tab. nostr. XXVIII. fig. 1.

Hab. in alpium maritimarum summis tumulis lapideis ventis impetu quam maxime expositis per Finmarkiam satis copiose.

Ejusdem substantiæ et formæ est ac præcedens, ut nequeat non eandem subdivision in intrare. Rosulæ laciniæ radiantes simpliciusculæ. Arcte adnatus est et subtus glaberrimus. Vetustior valde scruposus evadit, sed pulvinulis farinaceis haud obtegitur. Scutellæ crassiusculæ, minores rarius ultra dimidiam lineam latæ, margine elevato insigniter tumente et interdum verrucoso. Totus Lichen sæpius subgranulatus et asperatus, quo etiam a *L. recurvo* ni fallor differt.

Explicatio iconis. a. rosula dimidia lichenis magn nat. — b. ejusdem sectio perpendicularis oblique visa magn. triplo auct. c. sectio alia oblique visa 6:es aucta. — d. scutella junior secta 10:es auct. — e. scutella adultior secta eodem augm.

777. LICHEN *molybdinus:* crustaceo-imbricatus glebulosus carinato-radiatus umbrino-fuscus, scutellis nigro-fuscis urceolatis margine tumido.

Parmelia molybdina *Wahlenb. in Ach. meth. suppl.* p. 42.

Lecanora molybdina *Achar. lich. univ.* p. 430.

β. *erevticus* convexo-radiatus fusco-brunneus, scutellis concaviusculis margine dupplici.

Parmelia erevtica *Wahlenb. in Ach. meth. suppl.* p. 43.

Lecanora erevtica *Achar. lichen. univ.* p. 430.

γ. *microcyclos* radiis planiusculis, scutellis subimpressis.

Icon tab. nostr. XXIX. fig. 1.

Hab. in saxis et rupibus siccioribus prope mare septentrionale Finmarkiæ passim frequenter; β. præcipue in rupibus irrigatis.

Difficilis utique est species et vario respectu insigniter variabilis.

α. crassiores placentulas efficit quam ulla alia species hujus subdivisionis: glebulis et radiis valde elevatis ultra dimidiam lineam crassis. In his glebulis scutellæ inseruntur elevatæ, contractæ et fere verrucæ-formes disco tantum minutiore, et margine omnino proprio cinctæ.

β. crusta minus crassa et elevata, radiis tantummodo convexis. Scutellæ minus supra crustam elevatæ et in glebulis fere impressæ unde margine accessorio ab iisdem formato cinguntur. De cætero color ejus magis brunneus e loco sæpius irrigato et lætiori vegetatione dependere videtur.

γ Pertenuis est et maculas minores dimidiæ vix unciæ latitudinis efficit. Scutellæ ejus adhuc magis impressæ et inde insigniter bi-marginatæ. Totus nigro-fuscus est, et humectatus parum brunneus evadit.

Has tres varietates diu pro totidem speciebus distinctis habui, nec scio ullam aliam speciem adeo variantem. Forsan etiam huc pertinet *L. hysginus*, qui tunc statum ejus quartum minimum efficeret.

Explicatio iconis: a. rosula lichenis magn. nat. — b. ejusdem sectio oblique visa magn. 4:plo auct. — c. scutella ejusdem secta 8:ies auct — d. var. β. rosula mag. nat. — e. ejusdem scutella 2:es aucta. — f. var. γ. rosula magn. nat. — g. ejusdem sectio 4:plo auct. — h. ejus scutella secta 48:es auct.

778. LICHEN *hysginus:* subimbricatus stellatus minutus fusco-castaneus, laciniis convexiusculis lobatis obtusis, scutellis immersis rubris immarginatis urceolatis.

Parmelia hysgina *Wahlenb. in Ach. meth. suppl.* pag. 48.

Hab. in saxo sicco prope Kaafjord Altensem Finmarkiæ copiose.

Tota rosula diametro bi s. trilineari. Humectata magis umbrina fit, et tunc scutellæ facilius perspiciuntur omnino urceolatæ.

Cel. Acharius in Lich. universali hunc Lichenem varietatem *L. molybdini* dicit, *L. erecticum* vero distingvit, quod contra omnia indicia factum esse credimus ob scutellas urceolatas.

Explicatio Iconis. a. lichen totus magn. nat. b. isdem 4:es auct. — c. sectio perpendicularis lichenis oblique visa 8:es auct. — d. scutella junior dissecta magis aucta. — e. scutella adultior dissecta.

3. SQUAMACEI: foliola minuta crustam squamaceam constituentia (*Psoroma Achar*).

779. LICHEN *brunneus:* granulato - squamaceus cinereo - hepaticus, scutellis confertis planis rufis margine crenulato crustæ concolori.

L. brunneus *Swartz. nov. Act. Ups.* V. p. 247. *Engl. bot.* 18. t. 1246.

Parm. brunnea *Achar. meth.* p. 186.

Lecanora brunnea *Achar. lichen. univ.* p. 419.

Psora pezizoides *Hoffm. fl. german.* p. 166.

Hab. in terra e vegetabilibus destructis ad rupes subhumidas vel paludes totius Lapponiæ passim.

Squamulæ hujus adeo minutæ et contiguæ, ut crustam æquabilem subgranulosam efficiunt. Discus scutellarum humectatus tumescit et insigniter carnosus apparet.

780. LICHEN *hypnorum:* squamulosus crenulatus pallido - hepaticus, scutellis concavis dilatatis badiis: margine squamuloso.

L. hypnorum *Flor. dan.* t. 956. *Engl. bot.* 11. t. 740.

Psora hypnorum *Hoffm. pl. lich.* 3. t. 63. f. 4. - 7. *flor. german.* p. 166.

Parmelia lepidora *Achar. meth.* p. 185.

Lecanora lepidora *Achar. lichen. univ.* p. 418.

Hab. in muscis destructis locis siccioribus ad radices arborum etc. totius Lapponiæ fere ubique,

Squamulæ duplo majores laxiusque positæ quam in præcedente, evidenter crenulatæ, inæquabiles. Scutellæ quoque magis elevatæ; quarum vetustiores margine proprio instruuntur, extra quam squamulæ oræ inseruntur.

Lecanora hypnorum Ach. lich. univ. p. 417. hujus tantum status macrior et deterior est.

781. LICHEN *leucolepis:* squamaceus: squamis adpressis incisis albo - glaucescentibus, scutellis planis nigris margine elevato albo.

Hab. supra muscos putrefactos ad latera subirrigata rupesque montium inferalpinorum Nordlandiæ rarius ex. gr. in Middagshauen prope Kieringöam.

Minutus adeo est ut *Lecideam muscorum* fere refert, sed foliola perdistincta et expansa habet, quæ nonnisi ob conservam incrustantem demum fuscescunt. Scutellæ latitudine squamarum, insigniter ocellatæ ob marginem albicantem.

782. LICHEN *cervinus:* glebuloso-squamaceus sublobatus castaneus, scutellis immersis demum marginatis planiusculis fuscescentibus. — *Persoon* sec. exempl.

L. squamulosus *Schrad. diar.* 1801. 1. p. 75.

Parmelia peliocypha *Wahlenb. in Achar. meth. suppl.* p. 41.

Parmelia squamulosa *β. Achar. meth. suppl.* p. 41.

Lecanora badia *β.* discreta *Achar. lich. univ.* p. 407.

Hab. in lapidibus siccis campestribus totius Lapponiæ ubique.

Primum incipit ut glebulæ subrotundæ convexæ discretæ, quarum margines sensim dilatantur et in lobos adpressos abeunt. In centro hujus glebulæ lobatæ oriuntur scutellæ primum immersæ et immarginatæ, demum margine proprio emergente circumdatæ; disco semper plano, opaco.

· 4. IMBRICATI: folio anguste laciniato repente, imbricatim adpresso, subtus plerumque radiculoso. (*Imbricaria Schreb. gen. — Achar. prodr.*)

783. LICHEN *melanaspis:* subimbricatus adnatus subtus lævis cinereo-glaucescens: laciniis linearibus convexis contiguis, scutellis convexis nigris subimmarginatis.

Parmelia melanaspis *Achar. method.* p. 196.

Lecanora melanaspis *Achar. lichen. univ.* p. 427.

Hab. in lapidibus saxisque irrigatis sive ad fluvios sive ad radices montium Lapponiæ sylvaticæ et inferalpinæ rarius.

Crassiusculus et haud flexilis, itaque unacum sequente Placodiis admodum affinis, nec nisi ob similitudinem cum *L. cæsio* huc relatus. Rosula ubique ejusdem crassitudinis, sine rugis vel glebulis vel cæspitulis pulverulentis. Scutellæ a prima infantia planæ insigniter elevatæ et incrassatæ; margine haud elevato, sed humiliore quam discus.

784. LICHEN *alphoplacus:* subimbricatus incrassatus cinereo-albidus, laciniis ambitus teretiusculis rugosis connatis subtus lævibus, scutellis planis rufo-cæsiis marginatis.

Parmelia alphoplaca *Wahlenb. in Achar. meth. suppl.* p. 41.

Lecanora alphoplaca *Achar. lich. univ.* p. 428.

Hab. in rupibus subalpinis irrigatis prope Altenfjord Finmarkiæ maritimæ frequenter.

Placentas valde incrassatas et glebosas constituit, quo ab omnibus longe differt. Fere totus torulis et nodis obtectus, ut nonnisi extimus ambitus lacinias distinctas exhibet. Scutellæ quoque incrassatæ, margine parum elevato cinctæ.

785. LICHEN *cæsius:* imbricatus albo-cinerascens; laciniis sublinearibus planiusculis subtus nigro-fibrillosis, scutellis nigris subconcavis margine subinflexo. — *Achar. prodr.* p. 108. *Hoffm. en. lich.* p 65. t. 12. f. 1.

Psora cæsia. *Hoffm. pl. lichen.* p. 37. t. 8. f. 1.

Parmelia cæsia *Achar. meth.* p. 197. *lichen. univ.* p. 479.

β. *dubia:* laciniis angustioribus subfiliformibus.

Lobaria dubia *Hoffm. fl. germ.* 1. p. 156.

Hab. in petris campestribus vento expositis siccis Nordlandiæ inferalpinæ rarius. β. in omnibus fere rupibus et petris totius Lapponiæ nec non in cortice Alni Betulæque ubique frequenter.

786. LICHEN *cycloselis:* imbricatus cinereo-lividus: laciniis subdigitatis dentatisque crispis, scutellis nigro-fuscis concavis elevato-marginatis.

L. cycloselis *Achar. prodr.* p. 115. *Engl. bot.* 27. t. 1942.

Parmelia cycloselis *Achar. meth.* p. 199. *lichen. univ.* p. 482.

L. orbicularis *Hoffm. enum. lich.* p. 68. t. 9. f. 1.

Hab. in saxis sylvaticis irrigatis, supra muscos et truncos arborum totius Lapponiæ fere ubique parcius.

Foliola re vera ita fasciculatim dividuntur ut digitata dici queant. Supra muscos interdum valde squarrosus evadit, tuncque sequenti haud dissimilis est.

787. LICHEN *muscigenus:* imbricatus incisus lobatusque: lobis squarrosis adscendentibus livido-castaneis glauco-marginatis, scutellis nigro-fuscis adnatis margine crenato.

Parmelia muscigena *Achar. lich. univ.* p. 472.

Lichen hypnorum *Liljebl. sv. fl.* —

β. *glaucescens:* rore glauco superfusus, margine pulverulento.

Parmelia muscigena γ. squarrosa *Achar. lichen. univ.* p. 473.

Hab. supra et inter muscos subhumidos totius Lapponiæ sylvaticæ et inferalpinæ passim copiose.

In inferalpinis Nordlandiæ adeo luxuriat ut recognitu difficilis evadit, quo in statu Circinariam quandam apprime refert et scutellis Cetrariæ Ach. gaudet. Foliola interdum castanea et margine tantum glaucescentia ut in Svecia crescit, sed sæpius pagina tota superior superfunditur rore glauco et margines pulverulentæ fiunt, quo in statu habitum longe alienum induit. Vidi quoque specimina lobis adeo dilatatis instructa, ut *L. juniperinum* vel *sepincolam* referebant. Scutellæ interdum immersæ et immarginatæ, alias adnatæ; margine crenulato glauco; disco planiusculo sæpe ultra duas lineas lato. — Est itaque species paradoxa, quæ non tantum plures subdivisiones conjungit, verum etiam genera mere factitia. Subtus fere semper lævis et pallidior.

788. LICHEN *stellaris:* imbricatus læviusculus virenti-cinereus radiatus: laciniis linearibus planiusculis subtus albo-fibrillosis, scutellis nigro-glaucescentibus.

L. stellaris *Linn. svec.* n. 1082. *Hoffm. enum. lich.* p. 71. t. 13. f. 1. 2. *Flor. germ.* p. 152. (Lobaria).

Parmelia stellaris *Achar. meth.* p. 209. *lichen. univ.* p. 476.

Hab. in cortice veteri rimoso Alni incanæ per totam Lapponiam sylvaticam frequenter.

In humido statu parum virescit, nec adeo versicolor est ac *L. pulverulentus* Hoffm. cui alias simillimus.

789. LICHEN *alevrites:* imbricatus corrugatus cinerascens lobatus: lobis undulatis crenatis, scutellis planis nigro-fuscis margine crenulato.

L. alevrites *Achar. prodr.* p. 117.

Parmelia alevrites *Achar. meth.* p. 208. *lichen. univ* p. 484.

L. pallescens *Hoffm. en. lich.* p. 66. t. 10. f. 1. 2.

Hab. in parietibus ligneis et trabibus per totam Lapponiam sylvaticam et subalpinam passim frequenter.

Rosulas minores vix unciam latas efficit; foliolis lobisque semper contiguis et ob mutuam pressionem corrugatis undulatisque. Scutellæ valde confertæ discum rosulæ obtegunt, inæquabiles.

790. LICHEN *ulothrix:* imbricatus complanatus sublividus; laciniis dichotome ramosis discretis linearibus nigro - ciliatis, scutellis nigro - fuscis margine tenui subtus nigro - fibrillosis.

L. ulothrix *Achar. prodr.* p. 113.

Parmelia ulothrix *Achar. meth.* p. 200. *lichen. univ.* p 481.

L. ciliatus *Hoffm. enum. lichen.* p. 69. t. 14. f. 1.

Hab. in populorum truncis Lapponiæ sylvaticæ inferioris passim copiose.

Laciniæ parcius divisæ, undique lineares et angustatæ (vix dimidiam lineam latæ) ciliis nigris marginatæ habitum proprium hujus speciei exhibent. Scutellæ sparsæ, demum foliolis multoties latiores.

791. LICHEN *rubiginosus:* imbricatus membranaceus adpressus livido - plumbeus incisus crenatusque nigro - ciliatus, scutellis rufo - fuscis planis elevato - marginatis.

L. rubiginosus *Thunberg prodr. fl. cap.* p. 176. *Achar. prodr.* p. 99.

L. decorus *Smith* MS

L. affinis *Dicks. crypt. fasc.* 4. p. 24. t. 12. f. 6. *Engl. bot.* 14. t. 983.

Parmelia rubiginosa *Achar. lichen. univ.* p. 467.

Hab. in saxis sylvaticis irrigatis et cortice Betularum Salicumque Nordlandiæ meridionalis maritimæ passim copiose. In Præfectura Saltensi a me fere ubique lectus.

Fronde tenui re vera membranacea, argutius crenata, lævigata, et margine subtus cæruleo - bombycino habitum omnino gentilem induit a præcedentium longe diversum. Color margines versus magis plumbeus; interdum totus lichen fere pallescens scutellis subrufis, quo in statu *L. rubiginosum* verum constituit. Scutellæ confertiores sæpius ultra lineam latæ, margine elevato tumidulo crenulato cinerascente perconspicuo.

792. LICHEN *plumbeus*: imbricatus submembranaceus radiosus livido-plumbeus: ambitu lobato crenato extra marginem nigro-bombycino, scutellis convexiusculis subimmarginatis fuscis.

L. plumbeus *Lightf. scot.* p. 826. tab. 26. *Achar. prodr.* p. 120.

Parmelia plumbea *Achar. meth.* p. 212. *lichen. univ.* p. 466.

Hab. in truncis squamatis arborum frondosarum ad radices montium inferalpinorum Nordlandiæ meridionalis maritimæ satis frequenter; in rupibus irrigatis rarius.

Præcedente quod ad frondem amplior, crassior, lobis magis rotundatis parciusve crenatis: sed scutellæ semper multoties minores fere tuberculiformes, quibus certissime distingvitur. Rosulæ frondis omnino indivisæ et tantum plicato-radiosæ, rugisque radiantibus ornatæ; marginibus plumbeis tela radiculosa bombycina crassa (lineas duas) plumbeo-cærulescente substratis. Scutellæ minutæ, nunquam ultra dimidiam lineam latæ; margine vix elevato, parum conspicuo et disco concolore.

793. LICHEN *elæinus*: imbricato-adnatus membranaceus umbrino-olivaceus crenatus: lobulis explanatis subtruncatis, scutellis umbrino-nigris elevato-marginatis.

Parmelia elæina *Wahlenb. in Ach. meth. suppl.* p. 45.

Lecanora elæina *Achar. lichen. univ.* p. 429.

Icon tab. nostr. XXVIII. f. 3.

Hab. in lapidum lateribus occultis ad alpem Rofsmollen Qualöæ Finmarkiæ occidentalis sat copiose, sed alibi non visus.

Frons adeo tenuis et lapidi adnata ut crustam exteriorem *Lichenis gelidi* valde refert, quo ab omnibus speciebus hujus sectionis facile distingvitur. Tamen re vera membranaceus et flexilis est, nec ullo modo crustacei indolis. Quum adeo adnatus est, non potest non subtus nudus esse usque ad extimam marginem lævissimam, qua differentia certissime distingvitur a *L. rubiginoso* cui proximus esse videtur. De cætero frondis rosula plicato-radiosa (radiis angustis linearibus), sed usque ad extimum marginem indivisa, demumque crenato - lobata. Color rosulæ saturate umbrino - olivaceus, et tantum ad ambitum dilutior. Scutellæ minutiores dimidiam lineam haud latæ: margine perconspicuo, elevato, rosulæ concolori; disco plano.

Explicatio iconis: a. Exemplar minus lichenis magn. nat. b. sectio ejus perpendicularis oblique visa, qua intelligitur tenuitas frondis etc., magn. 4plo auct. c. eadem sectio magn. 7es auct. d. scutella perpendiculariter secta 24es auct. e. scutella altera vetustior eod augm.

794. LICHEN *balaninus:* imbricato - adnatus brunneo - castaneus torulosus: lacinulis teretiusculis fastigiatis contiguis, scutellis subimmersis fuscis.

Hab. in petris ad littora maris Finmarkiæ usque ad Nordcap rarius, et rarissime scutelliferus.

Cæteris omnibus hujus subdivisionis minor est adeo ut *L. murorum γ. crenulatum* minutie sua refert; de cætero habitu placodiis minoribus similior quam Circinariis. Tota rosula papillis seu torolis obtegitur apice perforatis ut Endocarpon esse primum credidi; nec nisi extimus ambitus adeo expansus ut Circinariam æquat. Scutellæ veræ demum in disco rosulæ papilloso - frustuloso emergunt planæ vel convexiusculæ; margine vix elevato crustæ concolori.

795. LICHEN *aquilus:* imbricatus multipartito - ramosus dilute castaneus: laciniis convexiusculis crenatis fimbriatisque, scutellis fusco - nigris. *Ach. prod.* 109.

Parmelia crossophylla *Wahlenb. in Achar. meth. suppl.* p. 48.

P. aquila β. crossophylla. *Achar. lich. univ.* p. 488.
Lich. pullus *Lightf. scot.* p. 825.

Hab. in saxis rupibusque siccis vento expositis juxta littora maris Finmarkiæ et Nordlandiæ passim copiose.

Pulchre atque digitatim ramificatus est; ramulis in vetustiori Lichene crustam totam efficientibus assurgentibus contiguis. Late expanditur ut sæpe ultra palmarem evadit. *Engl. bot.* 14. t. 982. huic satis convenit; et secundum specimen scoticum visum ne minime a nostra *P. crossophylla* differt *L. aquilus.*

796. LICHEN *encaustus:* imbricato - adnatus corrugatus pallido - griseus; lacinulis compaginatis gibbulis, scutellis griseo - nigris demum planiusculis submarginatis.

L. encaustus *Smith act. Linn.* 1. p. 83. *Engl. bot.* 29 t. 2049 haud bona.

Parmelia encausta *Achar. lichen. univ.* p. 489.

Hab. in saxis siccis alpestribus Finmarkiæ inferalpinæ et Nordlandiæ passim; sed in alpibus adjacentibus frequentius usque ad Sveciam transiens.

Color sæpe nigrescit et ideo satis variabilis est, semper vero opacus nec nitidus. Sed conformatio rosulæ ubique eadem et characteristica; adeo enim tenuiter corrugata ut nonnisi rugæ lævigatæ lineis gyrosis interstinctæ patescunt; nec in ambitu explanata verum e lacinulis mere torulosis constructa. Hisce notis certissime a sequentibus distingvitur, quibus re vera proxime affinis. Scutellæ minores, explanatæ et bracteatæ.

797. LICHEN *stygius:* imbricatus castaneo - piceus palmato - laciniatus; laciniis divergentibus convexiusculis nitidis, scutellis concoloribus demum atris crenulatis.

L. stygius *Linn. svec.* n. 1097. *Hoffm. enum. lich.* p. 75. t. 14. f. 2. *Achar. prodr.* p. 109.

Squamaria stygia *Hoffm. pl. lich.* 2. p. 3. t. 25. f. 2.

Parmelia stygia *Achar. meth.* p. 203. *lichen. univ* p. 471.

Hab. in lapidibus et saxis siccis apricis totius Lapponiæ tum alpinæ ac exteralpinæ ubique frequenter.

Laciniæ subtus magis piceæ quam supra.

798. LICHEN *fahlunensis:* imbricatus nigro - piceus digitatim laciniatus; laciniis divergentibus planis angustatis, scutellis explanatis æneofuscis crenulatis.

L. fahlunensis *Linn. svec.* n. 1078. *Hoffm. enum. lich.* p. 80. t. 17. fig. 2. *Achar. prodr.* p. 110.

Squamaria fahlunensis *Hoffm. pl. lich.* 2. p. 45. t. 36. f. 2.

Parmelia fahlunensis *Achar. meth.* p. 203. *lich. univ.* p. 470.

β. *sciastrus:* laciniis linearibus opacis, scutellarum marginibus integris.

Parmelia sciastra *Achar. meth. suppl.* p. 49. *lichen. univ.* p. 471.

Hab. in lapidibus saxisque siccis apricis universæ Lapponiæ tum alpinæ summæ ac sylvaticæ ubique frequenter.

Laciniæ extimæ subtus dilutius coloratæ quam supra, utrinque opacæ.

799. LICHEN *omphalodes:* imbricatus æruginoso-fuscus nitidus punctatus multifidus: laciniis concaviusculis subtruncatis crenatisque, scutellis badiis crenulatis.

L. omphalodes *Linn. svec.* n. 107. *lapp.* n. 447. *Achar. prodr.* p. 114. *Westring laf-färg-hist.* 5. t. 3.

Parmelia omphalodes *Achar. meth.* p. 204. *lichen. univ.* p. 469.

Hab. in saxis quam maxime ventis expositis præcipue ad lacus majores Lapponiæ sylvaticæ et inferalpinæ passim.

800. LICHEN *saxatilis:* imbricatus lacunoso-reticulatus scabriusculus cinerascens: laciniis oblongatis truncatis dilatatisque sinuatis subtus nigro-fibrillosis, scutellis badiis crenulatis.

L. saxatilis *Linn. svec.* n. 1075. *lappon.* n. 447. (inclus. præced.) *Lightf. scot.* p. 816. *Hoffm. enum. lich.* p. 83. t. 15. f. 1. et t. 16. f. 1. *Achar. prodr.* p. 115.

Parmelia saxatilis *Achar. meth.* p. 204. *lichen. univ.* p. 469.

Lichenoides vulgatissimum etc. *Dillen. musc.* p. 188. t. 24. f. 83.

Hab. in saxis apricis siccis universæ Lapponiæ usque in alpibus altioribus ubique.

801. LICHEN *physodes:* subimbricatus lævigatus albo-glaucescens multipartitus: laciniis linearibus convexis apice inflatis adscendentibus subtus nudis nigro-fuscis.

L. physodes *Linn. svec.* n. 1081. *Hoffm. enum. lich.* p. — t. 15. f. 2. *fl. germ.* p. 150. (Lobaria) *Achar. prodr.* p. 115.

Parmelia physodes *Achar. meth.* p. 250. *lichen. univ.* p. 492.

Lichenoides ceratophyllum etc. *Dillen. musc.* p. 154. t. 20. f. 49.

Hab. in cortice læviori Betulæ albæ aliarumque arborum, ut etiam in tectis ligneis totius Lapponiæ sylvaticæ et subalpinæ frequenter.

802. LICHEN *ambiguus:* imbricatus pallido-virescens dichotome laciniatus: laciniis sublinearibus planis truncatis subtus fuscis, scutellis planis fuscis.

L. ambiguus *Wulffen in Jacq. collect.* 4. p. 239. t. 4. f. 2. *Achar. prodr.* p. 117.

Parmelia ambigua *Achar. meth.* p. 207. *lichen. univ.* p. 485.

Squamaria ambigua *Hoffm. pl. lich.* t. 40. f. 2—4. *fl. german.* p. 155.

Hab. in parietibus ligneis, asseribus, truncis emortuis totius Lapponiæ sylvaticæ, subalpinæ et ininferalpinæ Norvegicæ satis frequenter.

Quod ad divisionem frondis ad *L. cæsium* accedit, sed color et scutellæ toto cælo diversæ. Sequentem speciem valde refert

803. LICHEN *centrifugus:* imbricato-radiatus albovirescens dichotome partitus: laciniis sublinearibus convexiusculis obtusiusculis subtus albis fuscescenti-fibrillosis, scutellis periphericis rufo-fuscis.

L. centrifugus *Linn. suec.* n. 1074. *lapp.* n. 448. t. 11. f. 2. *Achar. prodr.* p. 206. *Ehrh. dec. lich.* n. 116.

Parmelia centrifuga *Achar. meth.* p. 206. *lichen. univ.* p. 486.

Hab. in saxis apricis siccissimis planioribus circulos suos late pulchreque diffundens per Lapponiam universam usque in alpibus altioribus ubique frequenter.

804. LICHEN *conspersus:* imbricatus pallido-lividus sinuato-laciniatus; laciniis explanatis divergentibus subtus fuscis, scutellis spadiceis.

L. conspersus *Ehrh. dec.* — *Achar. prodr.* p. 118.

L. centrifugus *Hoffm. enum. lich.* p. 78. t. 10. f. 5.

Squamaria centrifuga *Hoffm. pl. lichen.* 1. p. 78. t. 16. f. 2.

Parmelia conspersa *Achar. meth.* p. 205. *lichen. univ.* p. 486.

Lichenoides imbricatum viridans etc. *Dill. musc.* p. 180. t. 24. f. 75.

Hab. in petris prope littora maris Nordlandiæ meridionalis rarius, nec alibi in Lapponia.

805. LICHEN *olivaceus:* imbricatus utrinque olivaceo-umbrinus rotundato-lobatus crenatusque rugulosus, scutellis concoloribus.

L. olivaceus *Linn. svec.* n. 1077 *lappon.* n. 449. *Achar. prodr.* p. 121. *Hoffm. enum. lich.* p. 86. t 13 f. 3.

Parmelia olivacea *Achar. meth.* p. 213. *lichen. univ.* p. 462.

Lichenoides olivaceum etc. *Dillen. musc.* p. 184. t. 24. f 78.

Hab. in parietibus ligneis et truncis arborum frondosarum totius Lapponiæ sylvaticæ ubique; ut etiam in fruticibus Betulæ albæ locis alpinis et Betulæ nanæ per alpes quoque altiores passim

E tenuiore membrana simulque compactiore constat, quam præcedentium plerique; subtus radiculis sparsis concoloribus præditus. Est fere solus Lichen arboreus in alpinis obvius.

806. LICHEN *parietinus:* imbricatus flavissimus lobatus crispus subtus lævis, scutellis concoloribus: margine lævi.

L. parietinus *Linn. svec.* n. 1080. *Hoffm. en. lich.* p. 89. t. 18. f. 1. *Achar. prodr.* p. 121.

Parmelia parietina *Achar. meth.* p. 213. *lichen. univ.* p. 463.

Lichenoides vulgare sinuosum etc. *Dillen. musc.* p. 180. t. 24. f. 76.

Hab. in rupibus prope littora maris Nordlandiæ et Finmarkiæ rarius; nec alibi.

5. Latifolii: foliis liberis haud adnatis.

a) decumbentes et subtus villosi (*Lobariæ Schreb. gen.* — *Achar. prodr.*)

807. LICHEN *glomuliferus:* latifolius subcoriaceus corrugatus lividus subtus albo-ochraceus sinuato-lobatus: lobis angulatis emarginatisque, scutellis rufo-spadiceis, glomerulis atroviridibus.

L. glomuliferus *Lightf. scot.* 2. p. 853. *Achar. prodr.* p. 154.

Parmelia glomulifera *Achar. meth.* p. 218. *lich. univ.* p. 456.
L. mutabilis *Ehrh.* —
Lichenoides subglaucum cumatile etc. *Dillen.* p. 197. t. 26. f. 99.
Hab. in rupibus irrigatis et in truncis arborum frondosarum locis occultis prope mare septentrionale Nordlandiæ meridionalis rarius ex. gr. ad Kierringöam præfecturæ Saltensis copiose.

Colore suo mutabili admodum insignis est. Junior et prope ambitum in humido omnino lividus est, in sicco verum dilute ochraceus; sed vetustior et centrum versus rosulæ humectatus virescit, exsiccatus albescit. Lividus ille color interdum in glaucum vergit, neutiquam proprie dictu cumatilis evadit. Subtus semper ad marginem albidus, intra versus ochraceus vel potius dilute testaceus, quod pro certissima ejus differentia habeo. Substantia re vera subcoriacea tenax. Placentas amplas plurium palmarum latitudinis constituit; sed singuli lobi vix trium linearum latitudinis sunt, subrotundi. Scutellæ demum amplæ et elevatæ, semper concavæ. Per dissectionem patet colorem lividum nonnisi in stratu fæculari epidermidem proxime subjacente sedere.

808. LICHEN *scrobiculatus:* latifolius scrobiculosus plumbeo-griseus subtus cinerascens lobatus; lobis subcircinatis integris, scutellis tumidis fuscis subimmarginatis.
L. scrobiculatus *Scopol. fl. carn.* p. 1351. *Lightf. scot.* 2. p. 850. *Fl. dan.* t. 1007. *Engl. bot.* t. 497. *Achar. prodr.* p. 152.
Pulmonaria verrucosa *Hoffm. pl. lichen.* 1. p. 1. t. 1. f. 1.
Parmelia scrobiculata *Achar. meth.* p. 219.
Sticta scrobiculata *Achar. lich. univ.* p. 433.
Lichenoides pulmoneum villosum etc. *Dillen.* p. 216. t. 29. f. 114.
Hab. ad rupes Lapponiæ sylvaticæ svecicæ rarius; sed præcipue ad truncos arborum frondosarum Nordlandiæ inferalpinæ et Finmarkiæ frequentius.

Color Lichenis sicci fere pallidus, sed humectatus insigniter plumbeus evadit vixque ullo modo virescit. Subtus tum in sicco ac humido cinerascens. Margines loborum elevati ut lobi valde concavi et pateriformes fiunt. Scutellæ semper convexæ et fere proboscideæ, marginibus disco humilioribus obtusissimis folio concoloribus.

809. LICHEN *pulmonarius:* latifolius expansus reticulato-lacunosus olivaceus laciniatus; laciniis sinuatis subtruncatis, scutellis planis rufis.

L. pulmonarius *Linn. svec.* n. 1087. *lappon.* n. 444. *Achar. prodr.* n. 152. *Engl. bot.* 8. t. 572. *Lightf. scot.* p. 831.

Pulmonaria reticulata *Hoffm. pl. lichen,* 1. p. 4. t. 1. f. 2.

Parmelia pulmonacea *Achar. meth.* p. 220.

Sticta pulmonacea *Achar. lich. univ.* p. 449.

Lichenoides pulmoneum etc. *Dillen. musc.* p. 212. t. 29 f. 113.

Hab. ad truncos arborum frondosarum scil. salicis capreæ et Betulæ locis inferalpinis occultis Nordlandiæ meridionalis passim.

In sicco utrinque cervinus et supra nitidulus. Scutellæ primum concavæ et margine elevato fere concolore cinctæ.

b) adscendentes utrinque glabri (*Platisma Achar. prodr.*)

810. LICHEN *juniperinus:* latifolius utrinque lævis pallideque flavus laciniatus erosusque crispus, scutellis marginalibus adnatis badiis crenulatis.

L. juniperinus *Linn. svec.* n. 1095. *lapp.* n. 450. *Lightf. scot.* p. 856. *Hoffm. en. lich.* p. 101. t. 22. f. 1. *Achar. prodr.* p. 168.

Squamaria juniperina *Hoffm. pl. lichen.* 1. p. 35. t. 7. f. 2.

Cetraria juniperina *Achar. meth.* p. 298. *lichen. univ.* p. 506.

β. *pinastri:* expansus pulverulentus sterilis.

Squamaria pinastri *Hoffm. pl. lich.* p. 33. t. 7. f. 1.

Hab. in caudicibus Juniperi locis campestribus Lapponiæ sylvaticæ rarius; at β. in truncis Pini ubique frequenter.

811. LICHEN *sepincola:* latifolius castaneus subtus dilutior lobatus undulatus crenatusque, scutellis submarginalibus adnatis concoloribus.

L. sepin-

L. sepincola *Ehrh. Hannöv. Magaz.* — *Hedw. stirp. crypt.* 2. p. 8. t. 2. f. 1 — 10. *Hoffm. enum. lich.* p. 102. t. 17. f. 1. *Achar. prodr.* p 169.

Platisma sepincola *Hoffm. pl. lich.* 1. p. 71. t. 14. fig. 1.

Cetraria sepincola *Achar. meth. lich.* p. 297. *lichen. univ.* p. 507.

β. *ulophylla:* laciniarum marginibus albo - pulverulentis.

Hab. præcipue β. in parietibus ligneis totius fere Lapponiæ etiam subalpinæ ubique parcius.

812. LICHEN *glaucus:* latifolius glaucescens nitidus subtus fusco - niger sinuatus undulatus.

L. glaucus *Linn. svec.* n. 1094. *Lightf. scot.* p. 838. *Hoffm. enum. lich.* p. 97. t. 22. f. 1. *Achar. prodr.* p. 167.

Cetraria glauca *Achar. meth.* p. 296. *lich. univ.* p. 509.

Lichenoides endiviæ foliis etc. *Dillen. musc.* p. 192. t. 25. f. 96.

Hab. in ramis Pinus sylvestris Lapponiæ sylvaticæ et præcipue inferalpinæ passim parcius; ut etiam in saxis.

6. ANGUSTIFOLII (*Physcia Schreb. Achar.*)

813. LICHEN *nivalis:* subangustifolius lacero - laciniatus lacunosus albus dentatus, scutellis marginalibus adnatis pallescentibus.

L. nivalis *Linn. svec.* n. 1086. *lappon.* n. 446. t. 11. f. 1. *Achar. prodr.* p. 171. *Engl. bot.* 28. t. 1994. *Pallas it. sibir.* 3. p. 25.

Cetraria nivalis *Achar. meth.* p. 294. *lichenogr. univ.* p. 510.

Hab. in terra campestri aprica sicciori tum Lapponiæ sylvaticæ totius ac præcipue per alpes omnes etiam elatiores ubique minus copiose; in subalpinis non raro fructificans.

814. LICHEN *cucullatus:* angustifolius dichotome ramosus canaliculatus pallescens, marginibus undulatis, scutellis terminalibus adnatis pallescentibus.

L. cucullatus *Bellardi fl. ped. append.* — *Achar. prodr.* p. 171.

Cetraria cucullata *Achar. meth.* p. 293. *lichen. univ.* p 511.

Hab. in terra alpestri cum præcedente ubique, præcipue in subalpinis frequenter.

815. LICHEN *odontellus:* angustifolius pulvinatus palmatim ramosus expansusque planus fusco-castaneus, marginibus inermibus.

L. odontellus *Achar. prodr.* p 213.

Hab. in terra juxta saxa majora per Lapponiam sylvaticam locis alpestribus passim.

816. LICHEN *islandicus:* angustifolius dichotome ramosus subcanaliculatus olivaceo-castaneus, marginibus ciliato-dentatis, scutellis subterminalibus adnatis concoloribus.

L. islandicus *Linn. svec.* n. 1085. *lapp.* n. 445. *Flor. dan.* t. 155. *Lightf. scot.* p. 829. *Engl. bot.* 19. t. 1330. *Achar. prodr.* p. 170.

Lichenoides islandicum *Hoffm. pl. lichen.* p. 41. t. 9. f. 1.

Cetraria islandica *Achar. meth. lich.* p. 293. *lichen. univ.* p. 512.

Physcia islandica *Michaux amer.* 2. p. 326.

Hab. in terra sylvatica et alpestri universæ Lapponiæ etiam alpinæ ubique. In viis sic dictis hyemalibus omnium copiosissime viget; de cætero plerumque parcius occurrit.

Vix datur alius Lichen quod ad magnitudinem adeo varians ac hic. Quo minor et angustior eo crebrius ciliatus est; qui pollicem fere latus, nudiusculus.

817. LICHEN *ciliaris:* angustifolius dichotomus subdecumbens virescenti-cervinus; foliolis convexis subtus canaliculatis albicantibus fimbriatis, scutellis elevatis nigro-fuscis.

L. ciliaris *Linn. svec.* n. 1083. *Achar. prodr.* p. 173.

Lichenoides ciliare *Hoffm. pl. lichen.* t. 3. f. 4. *fl. germ.* p. 144.

Parmelia ciliaris *Achar. meth.* p. 255.

Borrera ciliaris *Achar. lichenogr. univ.* p. 497.

Lichenoides hispidum etc. *Dillen.* p. 150. t. 20. fig 45.

Hab. in petris nudis vel pauca terra obtectis prope littora maris Nordlandiæ et Finmarkiæ usque ad

Nordcap rarius; nec in arboribus Lapponiæ unquam visus.

A vulgari differt: colore obscuriore, ramis semiteretibus torulosis, scutellis fere semper nigro-fuscis vixque prima infantia subcæsiis. Attamen varietas tantum inconsiderabilis est, ob locum suum solummodo insignis. Fere omnes Lichenes apud nos in arboribus et lignis crescentes in summo septentrione saxatiles evadunt antequam desinunt.

818. LICHEN *tenellus* β. angustifolius digitatim ramosus decumbens cinerascens, laciniis apice adscendentibus incrassatis fimbriatis, scutellis atris.

L. tenellus *Scop. carn.* 1406. *Achar. prodr.* p. 172. *Engl. bot.* 19. t. 1351. bona.
L. hispidus *Schreb. spicil.* 1120.
Lichenoides hispidum *Hoffm. pl. lichen.* 1. p. 13. t. 3. f. 2. 3.
Borrera tenella *Achar. lichen. univ.* p. 498.
Parmelia tenella *Achar. meth.* p. 498.

Hab. in petris denudatis prope littora maris Nordlandiæ et Finmarkiæ usque ad Nordcap passim; ut etiam in parietibus ligneis ibidem parcius.

Scutellæ in hac varietate semper atræ, apices laciniarum vix fornicati, et de cætero minus adscendentes quam in vulgari. Nec dubito, quin hæc et ultima species Lichenibus imbricatis proxime affines sint, ut nonnisi ægerrime heic ponuntur ob adscendentes eorum lacinias et similitudinem cum *L. levchomelas.*

819. LICHEN *candelarius:* angustifolius erectus multifido-ramulosus lacerusque flavissimus, scutellis terminalibus concoloribus.

β. *subcrustaceus.*

L. candelarius *Linn. svec.* n. 1069. *Engl. bot.* 25. t. 1794. *Lightf. scot.* p. 811. *Hoffm. enum. lich.* p. 57. t. 9. f. 3. *Achar. prodr.* p. 93.
Parmelia candelaria *Ach. meth.* p. 187.
Lecanora candelaria *Ach. lich. un.* p. 416.

Hab. perfectissimus in saxis prope littora maris Finmarkiæ et Nordlandiæ; at β. in parietibus ligneis totius fere Lapponiæ.

Quum in his locis foliola ejus elongantur et altitudinem plurium linearum acquirunt, et in utroque latere plana et æqualia fiunt, non potui non huic subdivisioni eum adnumerare.

7. Longifolii: foliis linearibus elongatis utrinque planis.

820. LICHEN *polymorphus:* longifolius cæspitosus rigidus pallidus laciniato-ramulosus, lacunulis fariniferis superficialibus.

L. polymorphus *Achar. prodr.* p. 178. *Nov. Act. Stockh.* 18. p. 270. t. 11. f. 3.

Parmelia polymorpha *Achar. meth.* p. 265.

Ramalina polymorpha *Achar. lich. un.* p. 600.

Lichen ides fuciforme tinctorium *Dillen. musc.* p. 167. t. 22. f. 60.

Hab. in petris lapidibusque elatis vento maxime expositis prope mare septentrionale et in alpibus maritimis totius Finmarkiæ et Nordlandiæ passim.

Crassior atque rigidior quam cæteri, vix unquam ultra pollicem longus; inferne simpliciusculus linearis; apicibus difformiter laceris. Lacunulis suis fariniferis præcipue dignoscitur.

821. LICHEN *farinaceus:* longifolius subfiliformis dichotomus lævis pallidus, pulvinulis fariniferis marginalibus.

L. farinaceus *Linn. svec.* n. 1089. *Lightf. scot.* p. 833. *Achar. prodr.* p 177. *Nov. act. Stockh.* 18. p. 257. t. 11. f. 1.

Parmelia farinacea *Achar. meth.* p. 263.

Ramalina farinacea *Achar. lich. un.* p. 606.

Lichenoides segmentis angust. *Dillen. musc.* p. 170. t. 23. f 63.

Hab. in scopulis maritimis usque ad Nordcap rarius.

Omnimodo convenit cum nostro Svecico in truncis arborum obvio; nisi minor et paullò tenuior esset. Color etiam ibi per ætatem lividus luridusque evadit.

8. Setosi: setis solidis flexilibus apice attenuatis.

822. LICHEN *sarmentosus:* setosus compressiusculus sublacunulosus pallidus dichotomus, api-

cibus ramosissimis laxis, scutellis explanatis lividis concavis.

L. sarmentosus *Achar. prodr.* p. 180. *Nov. act. Stockh.* 16. p. 212. t. 8. f. 2. *Schrad. journ. f. d. Bot.* 1799. t. 3. f. 3.

Parmelia sarmentosa *Achar. meth.* p. 271.

Alectoria sarmentosa *Achar. lich. un.* p. 595.

Hab. in truncis Pinus sylvestris præcipue ad latera montium Lapponiæ sylvaticæ infimæ parcius.

Fila ejus crassiora interdum subinania fiunt. Nunquam nitidus occurrit.

823. LICHEN *jubatus:* setosus attenuatus lævis nitidus dichotomus ramosissimus pendulus lividus, axillis compressis, scutellis convexis subimmarginatis.

L. jubatus *Linn. svec.* n. 1124. *lappon.* n. 456. *Achar. prodr.* p. 219. *Lightf. scot.* p. 891. *Engl. bot.* 27. t. 1880.

Parmelia jubata *Achar. meth.* p. 272.

Alectoria jubata *Ach. lich. univ.* p 592.

Usnea jubata etc. *Dillen. musc.* p. 64. t. 12. f. 7.

Hab in truncis et ramis arborum totius Lapponiæ sylvaticæ et inferalpinæ vulgaris; sed in subalpinis rarius.

β. *chalybeiformis:* setosus lævis decumbens tortuosus implicatusque subramosus plumbeus.

L. chalybeiformis *Linn. svec.* n. 1127. *Achar. prodr.* p. 220.

Parmelia jubata δ. chalybeiformis *Achar. meth.* p. 273.

Alectoria jubata δ. chalybeiformis *Achar. lich. un.* p. 593.

Usnea rigida etc. *Dillen.* p. 66. t. 13. f. 10.

Hab. in saxis lapidibusque apricis totius Lapponiæ etiam alpinæ passim copiose.

9. FILAMENTOSI: filis medula tenaci præditis, cortice fragiliore. (*Usnea Dillen.* — *Schreb. Ach*).

824. LICHEN *barbatus:* filamentosus pallidovirens pendulus divergenti-dichotomus, ramulis divergentibus.

L. barbatus *Linn. svec.* n. 1123. *Achar. prodr.* p. 223. *Lightf. scot.* p. 890.

Usnea barbata *Achar. meth.* p. 313. *lich. univ.* p. 624.
Lichen ramis filiformibus ramosis etc. *Linn. fl. lapp.* n. 457.
Usnea barbata etc. *Dillen.* p. 63. t. 12. f. 6.
Lapponibus *Slappo* s. *Jeuj.* Fennonibus *karmu.*
Hab. in arboribus præcipue Betulis Lapponiæ sylvaticæ passim; in lignis Nordlandiæ inferalpinæ brevis admodum occurrit.

10. Corniculati: ramis ramulisque rigidis acuminatis furcatisque. (*Cornicularia Schreb. gen.* — *Achar*).

825. LICHEN *ochroleuchus:* subcorniculatus erectiusculus pallidus rimulosus divergente-dichotomus, ramulis divergentibus furcatis nigricantibus.
L. ochrolevchus *Ehrh. beitr.* 3. p. 82. *Achar. prodr.* p. 215.
Usnea ochrolevcha *Hoffm. pl. lich.* 2. p. 7. t. 27. fig. 2.
Cornicularia ochrolevcha *Achar. lich. un.* p. 614.
Parmelia ochrolevcha *Achar. meth.* p. 271.
Hab. ad terram supra alios Lichenes per alpes elatiores totius Lapponiæ sat frequenter; nec inter arbores unquam lectus.

Denudata pars Lichenis semper nigrescit; ubi sparsus crescit et totus ventis expositus etiam truncus niger fit, si vero cæspitosim congregatur vel aliis plantis occultatur quod ad maximam partem pallescit. In nigrescente trunco perevidentes sunt rimulæ albicantes lineares fibrosam ejus compagem indicantes, quibus non potest non certissime a *L. sarmentoso* distingui, cui quidem nonnihil affinis est, sed sequenti tota sua statura longe similior. Neque *L. sarmentosum* minime nigrescentem vidi quamquam denudatum, neque ramulis furcatis rigidis vel corniculatis ullo modo præditum; itaque setosus mihi dicitur, *L. ochrolevchum* vero ad corniculatos retuli.

L. sarmentosus Engl. bot. 29. t. 2040. nostrum Lichenem ochrolevchum apprime exhibet, apicibus tantum concoloribus discrepans.

826. LICHEN *divergens:* corniculatus erectus castaneus albo-punctatus angulatus divergente-dichotomus, ramulis divergentibus furcatis nodulosis elongatis, scutellis ambitu crenulatis concoloribus.

Cornicularia divergens *Achar. meth.* p. 305. t. 6. f. 1 *Lichen univ.* p. 613.

L. chalybeiformis *Flor. dan.* t. 262.

Hab ad terram supra alios Lichenes in alpibus omnibus frequenter.

Magnitudo et statura omnino præcedentis, cui de cetero vix affinis est. Multum fragilior est, adeo ut difficile integer conservatur. Truncus valde inæqualis angulatus et lacunulosus; punctis albis hiantibus subrotundis vel oblongis (nentiquam vero linearibus ut in præcedente), quibus a *L. aculeato* certe distinguitur. Mihi perquam distinctus esse videtur. Ramuli quoque ultimi dichotomi et castanei. Insigniter unicolor est; neque enim ad basin pallescit, nec ad apices nigrescit.

827. LICHEN *aculeatus:* corniculatus erectus fruticulosus compressiusculus fusco-castaneus, ramulis fasciculatis fastigiatis squarrosis dentato-spinulosis nigricantibus.

L. aculeatus *Ehrh.* — *Achar. prodr.* p. 213.

Coralloides aculeatum *Hoffm. pl. lich.* p. 26. t. 5. fig. 2.

Cornicularia aculeata *Achar. meth.* p. 302. *lichen. univ.* p. 612.

Lichen spadiceus *Roth. in Ust. mag.* 2. t. 1. f. 1.

Lichen hispidus *Lightf. scot.* p. 883.

Cornicularia spadicea *Achar. meth.* p. 301. *lichen. univ.* p. 611.

Coralloides fruticuli specie etc. *Dillen. musc.* p. 112. t. 17. f. 31.

Hab. in terra aprica sylvatica et alpina totius Lapponiæ frequenter; in alpibus altioribus cum præcedentibus associatus quoque viget.

828. LICHEN *tristis:* corniculatus cæspitosus cartilagineus piceus adscendens distiche-dichotomus, ramis integris læviusculis erectis, scutellis subradiatis convexis fusco-nigris.

L. tristis *Web. spicil.* p. 260. t. 5. *Ehrh. exsicc. dec.* 1. n. 10. *Achar. prodr.* p. 212. *Engl. bot.* 10. t. 720. haud bona.
L. corniculatus *Lightf. scot.* p. 885.
L. fucoides *Wulfen. in Jacq. collect.* 3. pag. 143. t. 12. f. 3.
Cornicularia tristis *Hoffm. pl. lichen.* 2. p. 36. t. 34. f. 1. *Achar. method.* p. 300. *Lichen. univ.* p. 610.
Coralloides corniculatum etc. *Dillen. musc.* pag. 118. t. 17. f. 37.

Hab. in saxis lapidibusque denudatis apricis siccis alpium maritimarum Nordlandiæ meridionalis rarius copiose ex. gr. in alpe Kierringen prope Kierringöam et alpe Skollen prope Rörstad præfecturæ Saltensis

Totús Lichen *Fucum fastigiatum* minorem apprime refert; adeo enim corneus est, atque ramis suis abbreviatis obtusiusculis facillime distingvendus. Per se crescit et cum nullis aliis muscis implicatus, cæspitulos insignes efformans. Cauliculi ad ambitum cæspituli adscendentes sunt et omnino dichotomi; ramis distichis vel in planum redactis, quibus a cæteris facillime distinguitur. Neque axillæ compressæ sunt, neque rami ullo modo angulati; sed ubique æquales, tereter, crassitudine fili. Versus centrum cæspitis cauliculi frequentius in scutellas abeunt, et irregulariter dividuntur. Substantia interna cauliculi vix alba est, sed potius cornea et subtransparens.

829. LICHEN *lanatus:* corniculato-setaceus decumbens dichotomus flexuoso-vagus cinereo-niger.
L. lanatus *Linn. svec.* n. 1125. *Achar. prodr.* p. 216.
Cornicularia lanata *Achar. meth.* p. 304. *lich. univ.* p. 615.

β. *alpicola:* repens implexus nodulosus dichotomo-reticulatus subtus cinerascens, scutellis planis submarginatis.
L. reticulatus *Wulfen. in Jacq. Collect.* 2. t. 9. f. 6. 7.
L. norrmœricus *Gunn. norv.* t. 2. f. 9-11.
Usnea cæspitosa exilis *Dillen.* p. 66. t. 13. f. 9.

Hab. α. in rupibus saxisque sylvaticis passim; β. in saxis lapidibusque apricis siccis omnium alpium frequenter.

Capillo duplo triplove tantum latior est.

830. LICHEN *pubescens:* corniculato-capillaceus decumbens ramulosus niger rugosus nodulosusve, ramulis implexis rigidulis.

L. pubescens *Linn. svec.* n. 1126. *Ehrh. crypt.* n. 80. *Achar. prodr.* p. 217. *Lightf. flor. scot.* 2. p. 893.

Cornicularia pubescens et hispidula *Achar. lich. univ.* p. 616. 617.

Coralloides tenuissimum etc. *Dillen.* p. 113. t. 17. fig. 32.

Hab. in saxis rupibusque umbrosissimis interdum ab aqua irrigatis Lapponiæ sylvaticæ et alpinæ passim.

Præcedente multoties tenuior est, capillo fere angustior. De cætero nulla differentia certius distingvitur quam ramulis suis subfasciculatis parvas spinulas referentibus. In Lapponia plerumque minor varietas vel *C. hispidula Achar.* occurrit.

11. GELATINOSI. (*Collema Hoffm. Schreb. Achar.*)

831. LICHEN *asperellus:* gelatinosus subcrustaceus ramulosus niger, ramulis decumbentibus divisis torulosis obtusis, scutellis planis plumbeis.

Parmelia aspratilis *Achar. in Web. et Mohr beitr.* 2. p. 152. t. 2. f. 2.

Collema asperellum *Ach. lich. univ.* p. 629.

Hab. in petris umbrosis juxta mare septentrionale Finmarkiæ rarius.

Licheni nigro quod ad habitum simillimus, sed: ramuli insignes, ad ambitum rosulæ decumbentes, fibrilliformes, vario modo divisi, punctis elevatis scabriusculi et sæpe quasi sulcati; qua sua structura Cornicularium potius refert. De cætero ob habitum suum asperulum a cæteris hujus subdivisionis recedit, ut nonnisi bibula ejus natura hujus sectionis est. Scutellæ semper convexiusculæ mihi visæ sunt, margine concolore et ejusdem substantiæ, unde Lecideis valde accedit.

832. LICHEN *muscicola:* gelatinosus fibrillosus nigro-fuscus, fibrillulis erectiusculis furcatis subulatis, scutellis concavis subbrunneis.

L. muscicola *Swartz. in Nov. Act. Ups.* 4. p. 248. *Achar. prodr.* p. 215. *Bernhardi in Diar. Schrad.* 1799. 1. p. 22. t. 2. f. 8.

Parmelia muscicola *Achar. meth.* p 244.

Collema muscicola *Achar. lich. univ.* p. 660.

Hab. supra muscos et lapides locis occultis umbrosis Nordlandiæ et Finmarkiæ inferalpinæ passim copiose.

In lapidibus denudatis adeo expanditur ut re vera fibrillulosus dici meretur; ramulis vario modo dichotomis et furcatis; quo in statu *L. velutinum* eximie refert. Color ejus semper fuscescens, ne dicam subbrunneus, quo a præcedentibus omnibus facile distingvitur. Ramuli sæpe insigniter acuminati. Scutellarum discus interdum planiusculus evadit, sed margines eximie elevati concavitatem efficiunt.

833. LICHEN *velutinus:* gelatinosus fibrillosus pulvinato-decumbens ater, fibrillulis simpliciusculis flexuosis extenuatis, scutellis concavis subimmersis nigris tumidulis.

L. velutinus *Achar. prodr.* p. 218.

Parmelia pannosa *Achar. meth.* p. 245. *Web. beitr.* 2. p. 150. t. 2. f. 1. (haud vero Hoffmanni C. pannosum.)

Collema pannosum *Achar. lich. univ.* p. 660.

Lichen exilis *Lightf. fl. scot.* p 894.

Hab. in saxis umbrosissimis occultis Lapponiæ sylvaticæ passim.

Sæpius pro *L. pubescente* habitus est. Scutellis utique occurrit, sed *L. pubescens* verus non item, forsan nunquam cum iis repertus.

834. LICHEN *byssinus:* gelatinosus subsquamaceus umbrinus: laciniis confertissimis multifidis granulosis ramulosisve, scutellis rufescentibus.

Collema byssinum *Hoffm. fl. germ.* p. 105.

Collema tenuissimum *Achar. lich univ.* p. 659.

Parmelia tenuissima *Achar. meth.* p. 244.

Lichen tenuissimus *Dicks. crypt.* 1. p. 12. t. 11. fig. 8.

Hab. in lignis udis locis putridis ad littora maris Nordlandiæ et Finmarkiæ.

835. LICHEN *scotinus:* subgelatinosus squamaceus congregatus brunneus; squamis erectiusculis incisis plicatisque subcontiguis; scutellis sessilibus concoloribus.

L. scotinus *Achar. prodr.* p. 128. *Act. Stockh.* 22. p. 162. t. 3. f. 4.

Parmelia scotina *Achar. meth.* p. 237.

Collema scotinum *Achar. lich. un.* p. 551.

Hab. inter muscos putrescentes ad mare Finmarkiæ ex. gr. Måsöæ.

Tenuis adeo est ut L. muscicolam fere refert.

836. LICHEN *melænus:* gelatinosus squamaceus niger, marginibus elevatis undulatis crispis crenatis complicatis scutelliferis, scutellis planis elevatis crenulatis concoloribus.

L. gyrosus *Achar. prodr.* p. 135.

Parmelia melæna γ. gyrosa *Achar. meth.* p. 242.

Lichen jacobæifolius β. gyrosus *Bernh. in Schrad. diar.* 1799. t. 1. f. 5. 6.

Collema melænum ζ. gyrosum *Achar. lich. un.* p. 638.

Hab. in petris lapidibusque ad littora maris Finmarkiæ et Nordlandiæ ubique.

Siccus aterrimus est, humidus parum virescit vel potius luridus fit, sed minus tumescit quam plerique cæteri. Adeo complicatus in his locis crescit ut pagina foliolorum neutiquam patet sine ruptura cæspituli. Scutellæ supra cæspitulum positæ, ut facillime apparent, quibus ab aliis facile discernitur; de cætero majores sunt et explanatæ.

837. LICHEN *rivularis:* gelatinoso-pulposus subfoliaceus, lobis erectis margine scutelliferis, scutellis planis fuscis.

L. rivularis *Achar. prodr.* p. 132. *Nov. Act. Stockh.* 22. p. 163. t. 5. f. 5.

Parmelia flaccida β. rivularis *Achar. meth.* p. 229.

Collema flaccidum β. rivulare *Achar. lich. univ.* p. 648.

Hab. in rupium lateribus irrigatis Nordlandiæ inferalpinæ parcius.

Scutellæ in sicco rufo-fuscæ, in humido foliis concolores. Foliola ejus sicca eximie tenera et olivacea

838. LICHEN *lacerus:* gelatinosus foliaceus tenerrimus glaucescens, lobis erectiusculis confertis erosis, scutellis lateribus adnatis rubicundis.

L. lacerus *Swartz in Nov. Act. Ups.* 5. p. — *Achar. prodr.* p. 135. *Engl. bot.* 28. t. 1982.

L. tremella *Roth germ.* 1. p. 503. *Bernh. in Schrad. diar.* 1799 p 19. t. 2. f. 2.

Lichen tremelloides *Lightf scot.* p. 842. *Dillen* t. 9 f. 51.

Parmelia lacera *Achar. meth.* p. 225.

Collema lacerum *Achar. lich. un.* p. 657.

Hab. inter muscos ad latera montium inferalpinorum parcius.

Pulvinatus ibi crescit, foliis admodum complicatis et subintegris.

839 LICHEN *nigrescens:* gelatinosus latifolius indivisus tenerrimus decumbens plicato-radiatus olivaceus, scutellis proboscideis centralibus rufo-fuscis.

L. nigrescens *Linn. suppl.* p. 451. *Ehrh. beitr.* 2. p. 146. *Achar. prodr.* p. 130. *Huds. angl.* p. 450.

Collema vespertilio *Hoffm. pl. lich.* 2. p. 48. t. 57. f. 2. 3.

Parmelia nigrescens *Achar. meth.* p. 227.

Collema nigrescens *Ach. lich. un.* p. 646.

Lichen vespertilio *Lightf. scot.* p. 840.

Hab. in truncis Populorum Lapponiæ sylvaticæ inferioris parcius, et inferalpinæ passim.

Etiam in statu exsiccato pellucidus est instar membranæ animalis expansæ, subtus radiato-scrobiculatus. Scutellæ respectu folii satis minutæ, vix ultra tertiam partem lineæ latæ.

840. LICHEN *saturninus:* gelatinoso-coriaceus latifolius lobatus atro-virens subtus incanus, lobis oblongis undulatis, scutellis planis rubris.

L. saturninus *Dicks. pl. crypt.* 2. p. 21. t. 6. f. 8. *Engl. bot.* 28. t. 1980. *Achar prodr.* p. 132.

L discolor *Achar. nov. act. Stockh.* 16. t. 3. f. 5.

L. myochrous *Ehrh. dec.* 29. n 286. *Bernhardi in Schrad. diar.* 1799. 1. p. 18.

Parmelia saturnina *Achar. meth lich.* p. 221.
Collema saturninum *Ach. lich. un* p. 644.
Hab. in truncis Populorum Lapponiæ sylvaticæ et inferalpinæ passim.

Quando exsiccatus supra omnino plumbeus, subtus cinerascens vel incanus, omnino opacus; in aqua utrinque virescit, extra aquam subtus canescentia sericea tenuissima insignis. Exsiccando haud corrugatur sed tantummodo flectitur.

PELTIDEA.

Achar. meth. lich. p. 282.

Receptaculum fructus peltiforme: peltæ folio innatæ s. totaliter adnatæ, immarginatæ, planæ, oblongatæ, membrana lacera interdum tectæ.
Seminula bina ternaque in perispermio proprio inclusa.

† Peltis anticis, folio subtus venoso.

841. PELTIDEA *crocea:* peltis anticis lateralibus spadiceis, folio subtus venoso croceo.
P. crocea *Achar. meth.* p. 290.
Lichen croceus *Linn. svec.* n. 1101. *lapp.* n. 443. t. 11. f. 5. *Wulfen in Jacq coll.* 4. p. 255. t. 11. f. 2. 3. *Lightf. fl. scot.* p. 856. *Engl. bot.* t. 498. opt. *Ach. prodr.* p. 165.
Peltigera crocea *Hoffm. pl. lich.* 2. p. 6 . t. 42. f 4. 5.
Arthonia crocea *Achar. in Schrad. diar. nov.* 1. p. 20.
Solorina crocea *Achar. lich. un.* p. 149.
Hab. supra terram alpestrem siccam denudatam tum in Lapponia sylvatica ac in omnibus alpibus ubique parcius.

Color lateris inferioris haud mutabilis et ideo ut in aliis quoque Lichenibus differentiam certissimam exhibet; sed lateris superioris admodum mutatur, utpote in humido atro-viridis, in sicco cinnamomeus vel dilute hepaticus. Nec color viridis in aqua cito redit, quia stratum fæculiferum epidermide crassiore subcoriacea obtegitur. Stratum croceum spongiosum ultra dimidiam crassitudinem folii efficit; est autem folium crassius et fragilius quam in cæteris. Peltæ semper ejusdem coloris sunt et ab epidermide constituuntur, ita ut stratum seminiferum supra stratum fæculiferum viride haud mutatum sedet. Perispermia hujus speciei sæpe vidi seminulis pluribus quam tria referta.

842. PELTIDEA *saccata:* peltis anticis lateralibus depresso-saccatis, folio subtus venuloso albicante.
P. saccata *Achar. meth.* p. 291.
Lichen saccatus *Linn. svec.* n. 1102. *Engl. bot.* t. 288. *Lightf. fl. scot.* p. 855.
Arthonia saccata *Achar. in Schrad. diar. nov.* 1. p. 21.
Solorina saccata *Achar. lich. univ.* p. 149.
Lichenoides — peltis immersis *Dillen.* p. 221. t. 30. f. 121.
Hab. in terra irrigata vel supra muscos ad rupes umbrosissimas Nordlandiæ inferalpinæ fere ubique frequenter.

Folium tenuius quam in cæteris, subtus strato spongioso et villo extrorsum verso venulas interdum efficiente. Supra lætius viride est folium. Peltæ fuscæ. Seminula grandiora quam in omnibus cæteris capillo quinquies tantum angustiora, quaterna concatenata.

843. PELTIDEA *canina:* peltis anticis marginalibus elongatis rufescentibus, folio cinereo-viridi lævi subtus fusco-venoso.
P. canina *Achar. meth.* p. 284. *lich. univ.* p. 517.
Lichen caninus *Linn. svec.* n. 1100. *lappon.* n. 441. *Lightf. scot.* p. 845. *Achar. prodr.* p. 160. *Dillen. musc.* p. 200. t. 27. f. 102.
Peltigera canina *Hoffm. fl. germ.* p. 106.
β. crispa: margine crispo pollinifero.
Hab. in sylvis totius Lapponiæ; β. in alpestribus et subalpinis frequenter.

844. PELTIDEA *aphtosa:* peltis anticis marginalibus subrotundis rubris, folio livido verrucoso subtus nigro-maculato barbatoque.
P. aphtosa *Achar. meth.* p. 287. *lich. un.* p. 516.
L. aphtosus *Linn. svec.* n. 1098. *Lightf. fl. scot.* p. 847.
Peltigera aphtosa *Hoffm. pl. lich.* 1. p. 28. t. 6. f. 1. *fl. german.* p. 107.
Hab. in sylvis subhumidis totius Lapponiæ parcius.

Hujus et præcedentis peltæ margines habent laceros ob membranam primum obtegentem; ita etiam *P. horizontalis.* Sed *Peltideæ venosæ* peltæ marginibus gaudent integris, et reliquarum omnino inmarginatæ sunt. Itaque vario modo differunt, ut habitu magis quam charactere junguntur.

845. PELTIDEA *horizontalis:* peltis subanticis subhorizontalibus badiis transversim oblongis, foliis glaucescentibus subtus albo-maculatis.

P. horizontalis *Achar. meth.* p. 288. *lichen. un.* p. 515.

Peltigera horizontalis *Hoffm. germ.* p. 107.

Lichen horizontalis *Wulf. in Jacq. coll.* 4. t. 16. *Lightf. scot.* p. 849. *Engl. bot.* 13. t. 888.

Lichenoides subfuscum etc. *Dillen.* p. 205. t. 28. fig. 104.

Hab. in rupibus siccioribus umbrosis inter Hypna aliosque muscos frondosos Lapponiæ meridionalis rarius. A me lecta ad Tuggensele Lapponiæ Umensis copiose.

Venæ in pagina inferiore fusco-griseæ versus ambitum obliterantur, sed in disco folii maculas albissimas inter se relinquunt, quibus bene distingvitur hæc species.

846. PELTIDEA *venosa:* peltis subanticis horizontalibus fuscis, folio adscendente viridi subtus venis atris excurrentibus.

P. venosa *Achar. meth.* p. 282. *lichen. univ.* p. 514.

Lichen venosus *Linn. svec.* n. 1097. *Engl. bot.* 13. t. 887. *Lightf. scot.* p. 844.

Peltigera venosa *Hoffm. pl. lich.* p. 31. t. 6. f. 2.

Hab. in terræ marginibus umbrosissimis madidis juxta fluvios Lapponiæ sylvaticæ passim copiose; sed ad rupes Nordlandiæ inferalpinæ ubique frequenter.

Venis suis ad margines folii undique excurrentibus ab omnibus aliis facillime distingvitur.

†† Peltis posticis; folio avenio.

847. PELTIDEA *resupinata:* peltis posticis subhorizontalibus marginalibus rufis, folio crispo castaneo-livido subtus pallescente pubescente granuloso.

P. resupinata *Achar. meth.* p. 289.

Lichen resupinatus *Linn. svec.* n. 1096. *Jacqu. collect.* 4. t. 12. f. 1. *Lightf. scot.* p. 843.

Nephroma resupinata *Achar. lich. univ.* p. 522.

β. papyracea: tenuior olivaceo - viridis, subtus lævis.

Peltigera papyracea *Hoffm. germ.* p. 108.

Hab. ad radices arborum frondosarum et ad saxa rupesque Lapponiæ sylvaticæ et inferalpinæ passim *β.* in subsylvaticis et alpinis ubique.

Peltæ a pagina inferiore folii distingvuntur mediante margine elevato acuto, et de cætero subhorizontales sunt. Stratum fœculare longe sub pelta procedit, sed demum evanescit. Pubescentia paginæ inferioris longe a præcedentium diversa, et ejusdem naturæ ac in *Lichene sylvatico;* verruculæ quoque albæ ejusdem indolis ac cyphellæ ejus. Pubescentia usque ad peltarum marginem procedit.

β. omnino lævis est, et habitu L. *herbaceum* apprime refert.

848. PELTIDEA *arctica:* peltis posticis marginalibus dilatatis aurantiacis, folio expanso sulphureo subtus nigro avenio.

Lichen arcticus *Linn. svec.* n. 1099. *lapp.* n. 442.

Lichen grœnlandicus *Flor. dan.* t. 466.

Peltidea polaris *Achar. meth.* p. 288. *Flor. dan.* 8. t. 1430.

Nephroma polaris *Achar. lichen. univ.* p. 521.

Hab. in terra alpestri subhumida Lapponiæ sylvaticæ, subalpinæ et inferalpinæ ubique frequenter.

Maxima pars lateris inferioris quæ terræ incumbit obtegitur villo aterrimo in venas tamen non disposito, adeo ut margines et lobi peltigeri tantum nudi ejusdem fere coloris ac latus superius. Peltæ omnino immarginatæ et nulla membrana unquam tectæ, paginæ inferiori omnino æquales vel contiguæ; nec ab epidermide paginæ superioris replicato ullo modo ortæ.

B O E O M Y C E S.

Achar. meth. lich. p. 321.

Receptaculum fructus tuberculiforme: tubercula convexa, hemisphærica, immarginata, bacillata, subinflata s. subtus inania demumque in medio pervia.

Seminula vix ulla ob tenuitatem insignem strati seminiferi.

1. Cru-

1. CRUSTACEI.

849. BOEOMYCES *roseus:* crustaceus subleprosus albescens, tuberculis demum inflatis carneis.
B. roseus *Achar. meth.* pag. 321. *lichen. univ.* pag. 572.
Lichen ericetorum *Linn. svec.* n. 1068. *lappon.* n. 455. *Scop. flor. carn.* — *Achar. prodr.* pag. 81.
Lichen Bœomyces *Ehrh.* — *Hoffm. enum. lich.* p. 37. t. 8. f. 3.
Coralloides fungiforme carneum. *Dillen. musc.* p. 76. t. 14. f. 1.
Hab. in terra compactiore denudata sylvatica Lapponiæ inferioris rarius.
Per ætatem tubercula rumpuntur et cavitatem exhibent omnino vacuam alb·m

850. BOEOMYCES *rufus:* crustaceus granulosus virescenti-cinereus, tuberculis subbracteatis rufofuscis.
Lichen rufus *Huds. angl.* 2. p. 527. *Achar. prodr.* p. 82.
L. fungiformis *Web. spic.* p. 197. *Hoffm. enum. lich.* p. 38 t. 8. f. 2.
Bœomyces rupestris δ. rufus *Achar. meth. lich.* p. 322. *lich. univ.* p. 574.
Hab. in terra occulta macra ad semitas etc. Lapponiæ sylvaticæ passim.
Hujus receptacula nunquam insigniter inflata vidi, sed primum patelli formia, demum marginibus reflexis.

851. BOEOMYCES *placophyllus:* crustaceo-imbricatus corrugatus albo-glaucescens, lobis squarrosis subtus candidis, tuberculis subbracteatis rufo-fuscis simplicibus.
B. placophyllus *Achar. meth.* p. 325. t. 7. fig. 4. *lichen. univ.* p. 574.
Hab. in terra arenosa macra ad d·vias sylvarum Lapponiæ inferioris rarius; ut etiam ad Sörfolden Nordlandiæ lectus.
Bacilli et tubercula omnino præcedentis, nisi paullo majora. Lobi ad ambitum crustæ adeo foliacei et elevati ut latus eorum inferius candidum bene patescit; de cætero subcartilaginei et ejusdem sub-

stantiæ ac in Scyphiferis veris, unde nexus omnium harum specierum facilius percipitur.

2. Bacillati: bacillo solidiusculo.

852. BOEOMYCES *paschalis:* caule solido ramoso squamuloso-granulato, tuberculis explanatis fuscis.

Lichen paschalis *Linn. svec.* n. 1120. *lappon.* n. 336. *Flor. dan.* t. 151. *Gunn. norv.* n. 268. *Lightf. scot.* p. 886.

Coralloides paschale *Hoffm. pl. lich.* p. 23. t. 5. f. 1.

Stereocaulon paschale *Achar. meth.* p. 315. *lich. univ.* p. 581. *Mich. amer.* 2. p. 331.

β. nanum.

St. nanum *Achar. meth.* p. 315.

Hab. in campis sylvaticis apricis alpestribus et in alpibus omnibus tum supra terram ac lapides frequenter.

Caulis adeo fibrosus ut *Usneas Achar.* apprime refert, quamquam crusta fragiliore haud obtectus. Tubercula primum re vera concaviuscula, mox vero dupplo triplove grandiora fiunt et tunc semper patellulam convexam referunt, demum in medio rumpuntur et cavitatem seu hiatum subtus exhibent uti ceteri Bœomycides. De cætero fungosa sunt et tantum stratu pertenui fructificante obducta; quam ob causam non possum non hanc speciem huic generi annumerare, quamquam textura caulis differat eodem modo ac Usnearum a Lichenibus corniculatis.

853. BOEOMYCES *symphycarpus:* subacaulis squamaceus: squamis lobatis lividis subtus albidis, tuberculis fusco-nigris conglomeratis.

B. symphycarpus *Achar. meth.* p. 326. (exclus. synonym. omnib.)

Cenomyce symphycarpa *Achar. lichen. un.* p. 568. (exclus. syn.)

Capitularia symphycarpa *Flörke in Web. beitr.* 2. p. 281.

Hab. in terra alpestri montium subalpinorum Lapponiæ; ex. gr. in monte Rousso-tjärro parœciæ Enontekis Lapponiæ Tornensis copiose lectus.

Foliola squamæformia omnino ut in Scyphiferis, sed tubercula vix ac ne vix supra margines eorum elevata, fere nigra.

854. BOEOMYCES *cariosus:* stipite solidiusculo eroso granulosoque cinereo diviso, tuberculis fuscis confertis.

B. cariosus *Achar. meth.* p. 326.

Lichen cariosus *Achar. in Nov. Act. Stockh.* 22. t. 4. f. 4. *prodr.* p. 198.

Cenomyce cariosa *Achar. lichen univ.* p. 567.

Hab. in humo sicciori e ligno putrefacto orta per Lapponiam sylvaticam ubique parcius.

855. BOEOMYCES *botrytes:* stipite subfistuloso ramuloso læviusculo pallescente, tuberculis pallidis.

B. botrytes *Achar. meth.* p. 327.

Lichen botrytes *Hagen hist. lich.* p. 121. t. 2. f. 9. *Achar. prodr.* p. 199.

Cenomyce botrytes *Achar. lichen. univ.* p. 569.

Hab. in caudicibus decisis et truncis arborum putrescentibus Lapponiæ sylvaticæ ubique.

3. SCYPHIFERI: syphis clausis.

† tuberculis coccineis.

856. BOEOMYCES *cocciferus:* nudus subverrucosus, scypho stipiteque obconico subintegro pallido, tuberculis marginalibus coccineis.

B. cocciferus *Achar meth* p. 33. (partim)

Capitularia extensa *Flörke in Berlin. magaz.* 1808. p. 222.

Lichen cocciferus *Linn. svec.* n. 1109. *lappon.* n. 429. *Engl. bot.* 29. t 2051.

Cenomyce coccifera. *Achar. lich. univ.* p. 537.

Coralloides — *Dillen. musc.* t. 14. f. 7. A. — I.

Hab. in terra campestri macera aprica totius Lapponiæ sylvaticæ admodum frequenter.

Ob tubercula majora et copiosiora nomine cocciferi præ cæteris meretur. Color coccineus tum hujus ac sequentium eodem modo in atro-purpureum mutatur, quando in aqua detinentur vel seniores fiunt. Stipes demum insigniter virescit.

857. BOEOMYCES *bellidiflorus:* glaber, stipite squamoso gracili, scyphis angustis, tuberculis marginalibus confertissimis coccineis.

B. bellidiflorus *Achar. meth.* p. 335.

Lichen bellidiflorus *Achar. in Nov. Act. Stockh.* 22. p. 218. t. 4. f. 1.

Capitularia bellidiflora *Flörke in Berlin. magaz.* 1808. p. 224.

Hab. in terra aprica montium subalpinorum passim satis frequenter.

858. BOEOMYCES *plevrotus:* pulverulentus pallidus, stipite sursum incrassato scyphoque ampliato sinuato radiatoque, tuberculis subdiscretis coccineis.

Capitularia plevrota *Flörke in Berlin. magaz.* 1808. p. 218.

Hab. in terra aprica alpestri cum *B. coccifero* passim.

Hic quasi *B. cocciferum* pulverulentum constituit, tamen omni respectu diversus est habitu gentiliori, simpliciori, magis æquabili (nunquam tuberculoso et scrobiculato), colore magis lutescente, tuberculis minoribus, discretis.

859. BOEOMYCES *macilentus:* pulverulento-granulatus albicans virescensque, stipitibus cylindricis ramulosis, scyphis subnullis angustatisque, tuberculis coccineis.

Capitularia macilenta *Flörke in Berlin. magaz.* 1808. p. 214.

Lichen macilentus *Ehrh. decad.* n. 267. *Schrad. crypt. Samml.* n. 134.

Bœomyces bacillaris δ. macilentus *Achar. meth.* p. 330.

Cenomyce bacillaris γ. macilenta *Achar. lich. un.* p. 543.

Coralloides *Dillen.* t. 14. f. 10. Ac. et Bc. et t. 15. f. 19. C.

Hab. in terra aprica alpestri cum præcedentibus passim.

Hic plerumque in Svecia pro *L. digitato* venditur. Stipes ad basin et sub tuberculis evidenter virescit simulque granulis et interdum squamulis obtegitur, quo a præcedente et insequente bene distingvitur.

860. BOEOMYCES *deformis:* tenuissime pulverulentus sulphureus, stipite cylindrico subventricoso, scyphis urceolatis angustis crenatis, tuberculis coccineis.

B. deformis *Achar. meth.* p. 334.

Lichen deformis *Linn. svec.* n. 1116. *lappon.* n. 433. t. 11. f. 5.

Capitularia crenulata *Flörke in Berlin. magazin.* 1808. p. 219.

Hab. in terra campestri totius Lapponiæ sylvaticæ et subalpinæ frequentissime.

Stipes plerumque ultra pollicem longus sustentat scyphum brevissimum stipite paullo tantum latiorem crassum, extus pruina sulphurea semper tectum. Inferne stipes quidem virescens evadit, vix vero unquam granulatus.

861. BOEMYCES *digitatus:* granulato - pulverulentus flavescens, foliolis radicalibus expansis subtus pulverulentis, stipitibus cylindricis, scyphis angustatis subampullaceis demum difformibus, tuberculis coccineis.

Lichen digitatus *Linn. svec.* n. 1114. *lapp.* n. 456.

Capitularia digitata *Flörke in Berlin. mag.* 1808. p. 216.

Boeomyces digitatus *Achar. meth.* p. 353.

B. bacillaris *Achar. meth.* p. 329. (junior).

Coralloides *Dillen.* t. 15. f. 19. A. B.

Hab. in caudicibus putridis arborum præcipue pini totius Lapponiæ sylvaticæ passim; ut etiam in muscis putridis per alpes minores usque ad Verrethavn prope Måsöam Finmarkiæ.

Foliola radicalia sæpius dimidiam longitudinem stipitis emetiuntur, plerumque eximie flavescentia et facile dignoscenda.

†† Tuberculis fuscis s. fuscescentibus.

862. BOEOMYCES *pyxidatus:* pulverulentus virescenti - cinereus æquabilis, stipite obconico scyphoque dilatato demumque radiato, tuberculis fuscis.

B. pyxidatus *Achar. prodr.* p. 337.

Capitularia pyxidata *Flörk. in Web. Beytr.* 2. p. 287. et *in Berlin. magaz.* 1808. p. 136. tab. 2.

Lichen pyxidatus *Linn. svec.* n. 1111. *lappon.* n. 428.

Coralloides *Dillen.* t. 14. f. 6. A. C. I.

Lichen radiatus *Schreb.* — *Achar. prodr.* p. 190. *Dillen.* t. 15. f. 16. A. B. *Flörke* l. c. fig. 9 - 12.

Lichen fimbriatus (form. jun.) *Linn. svec.* n. 1112. *lappon.* n 43?. *Dillen. musc.* t. 14. f. 8. *Flörke in Berlin. Magaz.* l. c. f. 28-30.

L. cornutus (forma sterilis) *Linn. svec.* n. 1115. *lappon.* n. 434. *Dillen.* t. 15. f. 14. A. D. E.

β. *longipes:* stipite cylindrico gracili albescente.

Capit. pyxidata β. longipes *Flörke in Berlin. magaz.* 1808. p. 139.

Hab. in campis sylvarum supra terram e ligno putrido ortam per totam Lapponiam sylvaticam passim.

Superficie sua pulverulenta æquabili cinerascente optime distingvitur hæc species, quæ forma mirum in modum ludit uti eximie demonstravit Cel. *Flörke* in *Berlin. magaz.* — Speciminibus certissime determinatis omnium Boeomycidum me amicissime donavit Cl. *Flörke*, unde ejus denominationes omnium certissime citare possum.

863. BOEOMYCES *neglectus:* glaber verrucosus virenti-griseus, stipite elongato sursum turbinato, scypho regulari margine extenuato, tuberculis subpedicellatis fuscis.

Capitularia neglecta *Flörk. in Web. beytr.* 2. p. 306.

Coralloides. — *Dillen.* t. 14. f. 9. A.

Hab. in campis sylvarum præcipue in ligno prutrescente Lapponiæ sylvaticæ frequentissime.

Hanc vulgatissimam speciem semper pro *L. pyxidato Linn.* habuimus.

864. BOEOMYCES *verticillatus:* glaber læviusculus, stipitibus fibuliformibus, scyphis regularibus planiusculis e fundo proliferis, tuberculis marginalibus sessilibus fuscis.

Capitularia verticillata *Flörke in Web. beytr.* 2. p. 283.

Bœomyces turbinatus γ. verticillatus *Ach. meth.* p. 340.

Lichen — centro simpliciter prolifero. *Linn. flor. lapp.* n. 431. (sub L. cornucopioide in Fl. svec.)

Coralloides — *Dillen.* t. 14. f. 6. D-H.

Hab. in terra aprica macra glareosa per totam Lapponiam sylvaticam usque in subalpinam ubique frequentissime.

Singularis admodum species scyphis suis parvis regularibus per prolificationem centralem simplicem in verticillos vel annulos tuberculiferos abeuntibus.

865. BOEOMYCES *degenerans:* glaber subverrucosus demum nigrescens alboque guttatus, stipite subdichotomo polymorpho, scyphis irregularibus fissis cristatisque: prolificationibus demum squamosis, tuberculis fuscis.

Capitularia degenerans *Flörke in Web. beytr.* 2. p. 308.

Coralloides *Dillen. musc.* t. 15. f. 20.

β. trachyna: stipitibus cylindricis nudiusculis, scyphis minoribus fimbriatis.

Cap. degenerans trachyna *Flörk.* l. c. p. 316.

Bœomyces trachynus *Achar. meth.* p. 348.

Hab. uti præcedens in terra aprica macra per Lapponiam omnem usque ad regionem subalpinam frequentissime.

Scyphi e margine varie admodum ramificant ramosque etiam steriles exserunt.

866. BOEOMYCES *gracilis:* lævigatus lividus, stipitibus filiformibus divisis fastigiatisque: apicibus subulatis, scyphis minutis cyathiformibus dentatis, tuberculis pedicellatis fuscis.

B. gracilis *Achar. meth.* p. 344.

Capitularia gracilis *Flörke in Web. beytr.* 2. p. 322.

Lichen gracilis *Linn. svec.* n. 1113. *Lightf. fl. scot.* p. 873. *Engl. bot.* 18. t. 1284.

Cenomyce ecmocyna γ. gracilis *Achar. lichen. univ.* p. 550.

Coralloides scyphiforme serratum etc. *Dillen. musc.* p. 88. t. 14. f. 13. A-D.

Hab. in terra sylvatica et in truncis arborum dejectis per totam Lapponiam vulgatissime.

867. BOEOMYCES *amaurocræus:* lævis pallidus fruticuloso-dichotomus: apicibus subulatis fusco-nigrescentibus, scyphis angustis planiusculis intus cribrosis margine nigro-radiatis.

Capitularia amaurocræa *Flörke in Web. beytr.* 2. p. 334.

Cenomyce uncialis γ. bolacina. *Achar. lichen. univ.* p. 559. (sec. ips. Acharii determ.)

Coralloides — *Dillen.* t. 14. f. 13. E.?

Hab. in terra sicca aprica tum sylvestri ac subalpina frequenter. In monte subalpino Vallivaara prope Naimacka Lapponiæ Tornensis specimina copiosa collegi cum *Hypno rugoso*.

Habitu toto cum B. fruticulosis vel perforatis convenit, sed scyphi ejus clausi et tantum cribrosi hujus subdivisionis esse satis indicant.

4. Fruticulosi: scyphis apertis vel axillis perforatis præditi.

868. BOEOMYCES *crispatus:* lævis fruticulosus dichotomus albescens, axillis dilatatis infundibuliformibus dentatis cristatisque, scyphis planiusculis fundo apertis fimbriatis.

Capitularia crispata *Flörke* MS.

Boeomyces turbinatus ζ. crispatus *Achar. meth.* p. 341.

Cenomyce allotropa ζ. crispata *Achar. lichen. un.* p. 555.

Hab. in terra sicca alpestri usque ad montes subalpinos Lapponiarum omnium frequentissime.

Ob axillas suas scyphorum instar dilatatas Lichenes scyphiferos magis refert quam præcedens, sed hi scyphi spurii omni fundo carent. In apicibus ramorum passim adsunt alii scyphi spurii pateriformes fere ut in B. *gracili*.

869. BOEOMYCES *squamosus:* granulatus squamosusque, stipite ramoso elongato subventricoso, scyphis pateriformibus perviis, tuberculis fuscescentibus.

Capitularia squamosa *Flörke* MS.

Cladonia squamosa *Hoffm. fl. germ.* p. 125.

Boeomyces sparassus *Achar. meth. lich.* p. 346.

Cenomyce allotropa δ. sparassa *Achar. lich. univ.* p. 556

Coralloides *Dillen.* t. 15. f. 17.

Hab. in caudicibus truncisque putrescentibus sylvarum totius Lapponiæ ubique. Specimina collegi etiam ad Kierringöam præfecturæ Saltensis Nordlandiæ.

Hujus stipites vetustiores squamis vel potius foliolis majoribus magis multifidis obtecti sunt quam in ulla alia specie. Pedunculi scyphorum elongati: scyphis subintegris. Stipes haud dichotomus ut in præcedente, sed passim divisus uti *B. cariosi.*

870. BOEOMYCES *racemosus:* squamosus virescens, stipitibus demum inflatis curvatis, ramis subsecundis, apicibus divergentibus spinulosis.
Cladonia racemosa *Hoffm. fl. germ.* p. 114.
Boeomyces spinosus *Achar. meth* p. 358.
Lichen spinosus *Huds. angl.* p. 459. *Lightf. scot.* p. 882.
Cenomyce furcata spinosa *Achar. lich. un.* p. 562.
Coralloides sparsum, caulibus tortuosis etc. *Dillen. musc.* p. 101. t. 16. f. 25.
Hab. in truncis arborum dejectis putrescentibus Lapponiæ sylvaticæ passim.
Caule suo crasso difformi et inflato præcedentibus similior est quam sequentibus.

871. BOEOMYCES *uncialis:* lævis pallidus dichotomus, axillis perforatis apertis, apicibus patentibus brevibus rigidis fuscescentibus.
B. uncialis *Flörke in Wetter. Annal.* 1809. p. 98. *Achar meth.* p. 352.
Lichen uncialis *Linn. svec.* n. 1118. *lappon.* n. 438. *Achar. prodr.* p. 201. *Lightf. scot.* p. 880.
Cenomyce uncialis *Achar. lich. univ.* p. 558.
Coralloides perforatum minus. *Dillen.* p. 99. t. 16. f. 22.
Boeom. aduncus *Achar. meth.* p. 353.
Hab. in terra macra et saxis sylvarum ubique frequentissime.

872. BOEOMYCES *furcatus:* lævis lividus dichotomus, axillis imperforatis, ramis acicularibus curvatis, apicibus furcatis divergentibus.
B. furcatus *Achar. meth.* p. 357.
Cladonia furcata *Hoffm. germ.* p. 115.
Lichen furcatus *Huds. angl.* p. 458.
Coralloides corniculis brev. *Dillen.* p. 104. t. 16. fig. 27.
β. *subulatus:* caule extenuato parcius ramoso aciculari.
B. subulatus *Achar. meth.* p. 357.
Lichen subulatus *Linn. svec.* n. 1119. *lappon.* n. 435.

Cenomyce ecmocyna γ. subulata. *Achar. lichen. un.* p. 550.

Coralloides corniculis longis. *Dillen.* p. 102. t. 16. fig. 26.

Hab. in ericetis sylvaticis totius Lapponiæ frequenter.

Quomodo Cel. *Acharius Boeom. subulatum* nunquam scyphiferum cum *Boeomycide gracili* semper scyphis perfectis prædito conjungere potuit, mihi non constat.

873. BOEOMYCES *rangiferinus:* cinerascens fruticulosus ramosissimus trichotomus, axillis pertusis, apicibus nutantibus.

B. rangiferinus *Achar. meth.* p. 355.

Lichen rangiferinus *Linn. svec.* n. 1117. *lappon.* n. 437. *Achar. prodr.* p. 202. *Lightf. scot.* p. 877.

Cenomyce rangiferina *Achar. lich. univ.* p. 564.

Coralloides - ubique candicans *Dillen.* p. 107. t. 16. f. 29.

β. *alpestris:* ramulis implexis fastigiatis. *Achar. meth.* p. 356.

γ. *pungens:* apicibus ramulorum mucronatis divergentibus.

B. pungens *Achar. meth.* p. 354.

Cladonia rangiformis *Hoffm. germ.* p. 114.

Cenomyce furcata ζ. pungens *Achar. lich. univ.* p 562.

Coralloides - corniculis rufescent. *Dillen.* p. 110. t. 16. f. 30.

Lapponibus *Wiste.* Fennonibus *Jäkälä* s. *Peuran - jäkälä.*

Hab. in campis siccioribus sylvarum omnium frequentissime; in subsylvaticis totam terram lapponicam tegit; in subalpinis quoque frequenter, sed in ipsis alpibus parcius.

874. BOEOMYCES *vermicularis:* albissimus simpliciusculus subfiliformis prostratus fistulosus.

B. vermicularis *Achar. meth.* p. 359. *Engl. bot.* 29. t. 2029. bona.

Lichen vermicularis *Dicks. crypt.* 2. p. 23. t. 6. fig. 10.

Cladonia subuliformis *Hoffm. pl. lich.* 2. p. 15. t. 29. f. 1. — 3.

Cenomyce vermicularis *Achar. lich. univ.* p. 566.
Hab. in terra uliginosa alpestri Lapponiæ subalpinæ rarius.

Eximie fistulosus est: cavitate omnino lævissima nec ullis rudimentis cellulosæ evanescentis obsita; unde non potest non a *B. ceratite* diversus esse.

875. BOEOMYCES *ceratites:* albissimus solidus teres subdivisus, ramis lævissimis conoideis obtusiusculis.

Hab. in terra nuda succosa subinundata alpium maritimarum Nordlandiæ meridionalis passim copiose ex. gr. in alpe Kierringen et in Schollen prope Rörstad.

B. taurico certe proximus et toto habitu satis similis, sed ob soliditatem completam et constantem non potest non distingvi. Interdum subdecumbens est et magis discretus; plerumque vero cæspitose crescit, omnino erectus, inferne divisus et sulcatus vel longitudinaliter rugosus; apicibus subincrassatis omnino solidis. Sub epidermide opaca reperitur stratum fæculiferum virescens, unde color leviter glaucescens superficiei.

ENDOCARPON.

Hedwig. stirp. 2. tab. 20. A.

Receptaculum fructus verruciforme, clausum: verrucæ e folio formatæ, intus seminuliferæ, ostiolo plerumque discolore se aperientes.
Seminula bina ternaque in perispermio lineari.

876. ENDOCARPON *pertusum:* crusta subcartilaginea glebulosa albicante, verrucis aggregatis in singula glebula, ostiolo nigro pertuso.

Lichen pertusus *Linn. syst. nat.* *Engl. bot.* 10. t. 677. *Achar. prodr.* p. 17. *Hoffm. enum. lich.* p. 16. t. 3. f. 3. *Lightf. scot.* p. 802.
Thelotrema pertusum *Achar. meth.* n. 131.
Porina pertusa *Achar. lichenogr. univ.* p. 308.
Lichenoides verrucosum etc. *Dillen.* p. 128. t. 18. fig. 9.

Hab. in cortice arborum frondosarum Lapponiæ sylvaticæ rarissime: ex. gr. in Salice pentandra ad Ivalojoki Enarensem, et prope Kierringöam Nordlandiæ Saltensis lectum.

Quæ in Enare legi exemplaria optima sunt: crusta omnino albida, et ostiola in glebulis crustæ nigra bene formata. Verrucæ in glebula singula sitæ haud intus confluunt, sed parietibus suis tantum contiguæ sunt. Interdum quoque una verruca in singula glebula adest. De cætero verrucarum parietes omnino ejusdem substantiæ et coloris ac crusta, et nonnisi ostiolum supremum nigricans. Itaque me judice ab Endocarpo genere haud essentialiter differt. Neque *L. lepadinum* ab hoc genere removere volui.

877. ENDOCARPON *sinopicum:* crusta areolata sublobata effigurataque virenti-rubiginosa, ostiolis impressis nigris.

E. sinopicum *Wahlenb. in Ach. met. sup.* 30. *Achar. lich. univ.* p. 297.

Hab. in lapidibus siccis cariosis micaceis ad latera alpium et montium alpestrium passim copiose.

Siccum ruberrimum est, sed humidum virescit præcipue in centro idque ob stratum fæculare viride translucens. Ambitus autem in humido spadiceus evadit. Tale stratum fæculare viride in nullo alio Lichene rubro adest, et subfoliaceam hujus naturam satis indicat. Receptacula ejus immersa a strato viridi undique circumdantur, et per se subhyalina sunt, nec nisi orificio nigro prædita, itaque certe hujus nec Verrucariæ generis. Sed interdum orificium verrucæ dilatatur in discum nigrum, quo in statu urceolatum evadit receptaculum.

L. sinopicus Engl. bot. 25. t. 1776. haud nobis satisfacit, quia ambitum lobatum omittit.

878. ENDOCARPON *smaragdulum:* crustaceo-scutatum minutum subrotundum viridi-luteum, ostiolis verrucarum impressis rufo-fuscis.

E. smaragdulum *Wahlenb. in Ach. meth. suppl.* p. 29. *lichen. univ.* p. 298.

Hab. in petrarum rimis scrobiculisque siccioribus prope mare septentrionale Finmarkiæ rarius copiose ex. gr. ad Altenfjord et ad Værethavn prope Måsöam.

Adeo cartilagineum et fragile est, ut quamquam a lapide undique solutum, tamen neutiquam flexibile. Itaque quod ad substantiam præcedenti proximum, ut etiam conformatione receptaculorum. Scutum illud parvum quod constituit ultra duas vel tres lineas latum non est, plerumque excentrice sulcatum. Color in vetustioribus exemplaribus prope ambitum nonnihil rufescit. Receptacula approximata et interdum subaperta vel urceolata ut in præcedente, ut qui utrasque has species ad Lichenes refert parum errat; ostiolum enim verrucarum vix nisi discus punctiformis receptaculi occulti esse videtur.

879. ENDOCARPON *tephroides:* subfoliolosum adnatum lobatum rimulosum cinerascens, verrucis elevatis nigris.

E. tephroides *Achar. meth.* p. 129. *Lichen. univ.* p 297. *Engl. bot.* 28. t. 2013 bona.

E. hygrobium *Wahlenb. in Ach. meth. suppl.* p. 28.

Lichen fuscellus *Turner. in Transact. Linn.* 7. p. 90. t. 8. f. 2. (secund. specim.)

Hab. in terra atra ad rupes et declivia præcipue ab aqua nivali irrigata per totam Finmarkiam et Nordlandiam inferalpinam fere ubique.

Foliolum quamquam minimum tamen coriaceæ substantiæ est, et nullum stratum viride continet. Superficies ejus mollis et fere alutaria vel rugulosa; margo paullum obscurior et subtus nigrescens; de cætero paginam inferiorem haud denudare potui ob adnatam terram. Receptacula elevata et tota magis nigrescentia quam in reliquis.

880. ENDOCARPON *Hedwigii:* foliolosum subcartilagineum discretum subrotundum lobatumve olivaceum subtus pallens, verrucis nigrofuscis.

E. Hedwigii *Achar. meth.* p. 125.

E. pusillum *Hedw. stirp.* 2. p. 56. t. 20.

E. hepaticum *mihi olim* — *Achar. lichen. univ.* p. 298.

β. *lachneum* foliolis aggregatis subimbricatis.

E. lachneum *Achar. meth.* p. 127. *lichen. un.* p. 239.

L. lachneus *Achar. prodr.* p. 140. *Engl. bot.* 24. t. 1698.

Hab. in terra denudata ad rupes lateraque declivia montium inferalpinorum Finmarkiæ et Nordlandiæ rarius; et β. in ipsis rupibus earumque rimis paullo copiosius.

Secundum exemplar *E. Hedwigii* a. b. m. *Mohr* missum idem est ac nostrum E. *hepaticum*; ut etiam *β*. cum exemplare *E. lachnei* a Cel. *Achario* dato convenit. Itaque de synonymis nullum mihi dubium. Color prope centrum folioli luride-olivaceus, sed marginis magis virens; in sicco autem hepaticus plus minusve dicitur.

β. subter margines quoque pallens est, sed ubi lapidi incumbit nigrescit, quæ nigredo in *α*. haud patet ob terram adnatam. Itaque essentialiter non differt. Color in sicco magis lividus in humido viridior quam in *α*. Nec mirum est quod foliola in rimis rupium aggregantur, quæ in terra dispersim nascuntur.

881. ENDOCARPON *miniatum*: subumbilicatum complicatum rigidum cinerascens subtus læve rugulosum fulvescens.

E. miniatum *Achar. meth.* p. 127. *lich. univ.* p. 302.

Lichen miniatus *Linn. spec. plant.* p. 1617. *Engl. bot.* 9. t. 593. opt. *Lightf. scot.* p. 857.

Endocarpon complicatum *Achar. meth.* p. 128.

Lichenoides coriac. — subtus fulvum. *Dillen.* p. 223. t. 30. f. 127.

β. *pusillum*: E. euplocum *Achar. meth.* p. 127. t. 3. f. 4. *lichen univ.* p. 301.

L. leptophyllus *Engl. bot.* 28. t. 2012. f. 1.

Hab. in nudis rupibus apricis rarius irrigatis Finmarkiæ et Nordlandiæ inferalpinæ passim.

Humidum prope margines vix virescit, et discus folii semper cinerascens permanet. Lobi occultati foliorum utrinque fulvescunt; sed ubi latus inferius cœlo obvertitur color ejus fulvescens in fuscescentem abit et sic me judice E. *complicatum* nascitur, quod varietatem hujus esse credidcrim. Nec E. *euplocum* nisi minuta hujus foliola est, qualia etiam Finmarkiæ legi.

882. ENDOCARPON *fluviatile*: subumbilicatum complicatum corrugatumque lævigatum, lobis imbricatis concavis olivaceis subtus subcervinis.

E. Weberi *Achar. meth.* p. 128. *lichen. univ.* p. 304.

Lichen fluviatilis *Web. spicil.* p. 265. t. 4. *Ehrh. dec.* 4. n. 39.
L. aquaticus *Engl. bot.* 9. t. 594. opt.
L. miniatus β. complicatus *Lightf. scot.* p. 858.
Platisma aquaticum *Hoffm. pl. lichen.* 2. p. 64. t. 45. f. 1. — 5.
Lichenoides imbr. luridum. *Dillen.* p. 224. t. 30. f. 128.

Hab. sub aqua rivulorum et fluminum minorum lapidibus denudatis adhærens Lapponiæ sylvaticæ infimæ rarius.

Multo tenuius est quam præcedens, sed exsiccatum fragilissimum supra margaritacei coloris. In humido verum pulchre viridi - olivaceum magis flexile quam præcedens. Utrinque semper lævigatum est. His notis utique distingui potest. Lobi ejus dupplo triplove minores quam folia præcedentis.

883. ENDOCARPON *phylliscum*: subgelatinosum peltatum inciso-lobulatum fusco-atrum, marginibus verrucisque tumidis.
E. phylliscum *Wahlenb. in Achar. meth. Suppl.* p. 25. *Achar. lich. univ.* p. 300.
Icon tab. nostr. XXIX. fig. 2.

Hab. in parietibus rupium aqua nivali madefactis Finmarkiæ inferalpinæ passim frequenter; demum etiam Elfdaliæ in Vermlandia quoque lectum.

Distinctissima et optima hujus generis species. Foliolum siccum adeo tenue et aterrimum ut Gyromii cujusdam foliolum refert, sed in aqua eximie tumet et fuscescit (neutiquam vero virescit ut gelatinosi Lichenes plerique) et simul pelluciditatem quandam prodit. Rosulas linea bis terve latiores constituit, lobulis suis undulatis interdum subimbricatis fere subglobosis insignes. Verrucæ quoque hemisphæri instar protuberant, ostiolo semper pertusæ; de cætero ejusdem subgelotinosæ vel gelatinoso - coriaceæ substantiæ ac foliolum.

Explicatio iconis: a. frons tota peltata magn. nat. — b. eadem magn. 8: es auct. — c. ejusdem sectio perpendicularis cum sectis duobus receptaculis magn. 20: es auct.

C. Heterothalamae:

receptaculis corneis s. alius substantiæ quam truncus.

VERRUCARIA.

Acharii meth. p. 115.

Receptaculum fructus verruciforme, clausum: verrucæ corneæ, intus seminuliferæ, ostiolo concolori se aperientes.

Seminula nuda sine perispermio, vixque concatenata.

884. VERRUCARIA *epidermidis:* crusta tenuissima lactea, verrucis oblongatis depressis, ostiolo eminente.

V. epidermidis *Achar. meth.* p. 118. *lich. univ.* p. 276.

Hab. in epidermide Betularum passim.

885. VERRUCARIA *umbrina:* crusta subgelatinosa subgranulosa determinata umbrino-fusca, verrucis subgranulatis ostiolo eminente nudo.

V. umbrina *Achar. meth.* p. 122. *lich. univ.* pag. 231.

V. fusca *Persoon.* —

V. antiquitatis *Flörke in Berl. mag.* 1807. p. 17.

Hab. in lapidibus juxta littora maris Finmarkiæ et Nordlandiæ passim.

Verrucæ quidem elevatæ sunt, sed crustæ granulis adeo superfusæ ut nonnisi apex earum emergit.

886. VERRUCARIA *clopima:* crusta subtartarea rimuloso - tuberculata fusca intus albescente, verrucis in crustæ tuberculis majoribus immersis supra concaviusculis ostiolo eminente.

V. clopima *Wahlenb. in Achar. meth. sup.* 19. *Achar. lichen univ.* p. 287.

Hab. in rupibus inferalpinis aqua nivali sæpe irrigatis umbrosisque Finmarkiæ Nordlandiæque pssim.

Tota sua constructione valde memorabilis est. Crustæ tubercula omnia lævigata sunt (nec ullo modo granulata), intus albescentia præcipue in statu exsiccato. Tubercula fructifera quoque intus albescentia, sed receptacula omnia aterrima. Verrucæ in tuberculis propriis adeo immersæ ut vix supereminent;

eminent; de cætero per se submarginatæ et inde concaviusculæ, ostiolo tantum centrali elevato.

887. VERRUCARIA *fuliginea:* crusta pulveracea inæquali subfloccosa aterrima, verrucis in crustæ acervulis immersis indeque marginatis papillæformibus.

V. lignyota *Wahlenb. in Achar. meth. Suppl.* p. 20. *Achar. lich. univ.* p. 287.

V. fuliginosa *Wahlenb. itin. lapp.*

Hab. in rupibus ab aqua nivali perfusis Finmarkiæ raro ex. gr. ad Refsbotten sinus Altensis copiose lecta.

Fuliginem frustuloso-flocculosam adeo refert, ut nihil similius. Pulveracea re vera est, quamquam e pulvere tenuissimo haud composita. Verrucæ minores quam in plerisque cæteris, in tuberculis flocculosis crustæ adeo occultatæ ut nonnisi apiculus punctiformis intra marginem tumidulum tuberculorum apparet. Aquam avide imbibit et inde turget, quo subgelatinosa natura forsan prodit; sed semper aterrima opaca manet.

888. VERRUCARIA *margacea:* crusta inæquali rugosa cinerea, verrucis conoideis papillatis concoloribus.

Thelotrema margaceum *Wahlenb. in Ach. meth. Suppl.* p. 30.

Pyrenula margacea *Achar. lichen. univ.* p. 315. t. 5. f. 3.

β. æthiobola: verrucis tumidis denudatis, crusta fuscescente.

V. æthiobola *Wahlenb. in Achar. meth. Suppl.* p. 17. *Achar. lichen. univ.* p. 292.

Hab. in petris ab aqua nivali sæpe irrigatis inferalpinis Nordlandiæ et Finmarkiæ rarius.

Postquam nunc de cornea substantia receptaculi *V. margaceæ* convictus sum, non possum non eam huc reponere verum etiam *V. æthiobolam* varietatis loco subjungere. In *α.* crusta supra receptaculum adeo effusa est ut vix nisi apex ejus nigricans apparet. De cætero quoque receptacula minora paruumque tumentia.

E contra *β. æthiobolæ* receptacula nonnisi basi occultantur, et tumida instar sphærularum eminent; ostiolo sæpius depresso. Crustam ejus interdum nigrescentem vidi, aliquando etiam subcineream; nunquam vero rimulosam.

889. VERRUCARIA *aractina:* crusta æquabili rimulosa subnitida punctato-scabrida aterrima, verrucis conoideis supra plano-impressis.

V. aractina *Wahlenb. in Achar. meth. Suppl.* p. 17. *Ach. lichen. univ.* p. 292.

Hab. in petris littoralibus aqua marina sæpe adspersis per totam Finmarkiam et Nordlandiam frequenter.

Durioris substantiæ est quam omnes reliquæ, et inde superficies valde compacta et nitidula, nec nisi tenuissime rimulosa: rimulis vix confluentibus.

890. VERRUCARIA *maura:* crusta æquabili rimosissima lævigata aterrima, verrucis minutis occultis apice prominentibus.

V. maura *Wahlenb. in Achar. meth. suppl.* p. 19. *Achar. lich. univ.* p. 291.

Hab. in saxis petrisque maritimis aqua marina interdum perfusis Finmarkiæ et Nordlandiæ ubique.

Crusta crassior est quam præcedentis, simulque opacior, rimoso-frustulosa, aquam citius imbibens, quo gelatinosior esse videtur. Frustula receptaculifera majora sunt reliquis, sed vix elevatiora vel convexiora. Apex verrucarum tantum apparet ut punctum elevatum. Tota substantia interna aterrima.

891. VERRUCARIA *striatula:* crusta dendritica virenti-atra limitata, radiis convexis ramosis, verrucis conoideis supra excavatis.

V. striatula *Wahlenb. in Achar. meth. suppl.* p. 21. *Achar. lich. univ.* p. 293.

Hab. in petra littorali sub fluxu maris sæpehumectata, ad Påsekåv sinus Altensis Finmarkiæ rarius.

Ubi tenuior est virentiam quandam ostendit versus lucem posita, qua a præcedentibus bene distingvitur et ad sequentes accedit. Sed albedinem quandam in verrucis haud detegere potui, nisi nitorem partis sectæ vellem. De cætero verrucæ magis difformes sunt quam in ulla alia, plerumque tamen ejusdem magnitudinis ac in *V. aractina.*

892. VERRUCARIA *mucosa:* crusta gelatinoso-mucosa lævissima nigro-virescente, verrucis minutis immersis ostiolo prominente.

V. mucosa *Wahlenb. in Ach. meth. suppl.* p. 23. *Achar. lichen. univ.* p. 282.

Hab. in petris maritimis sub fluxu semper aqua immersis Finmarkiæ et Nordlandiæ frequenter.

Ubi crassior est crusta in humido fere nigra evadit, sed margines ejus effusi semper virescunt. Quamquam admodum gelatinosa est simulque crassiuscula, vix rimulas unquam agit exsiccando. Verrucæ ejus punctiformes in crusta sicca facile inveniuntur ostiolis suis atris, sed in humida omnino obliterantur nec supra crustam ulterius prominent.

893. VERRUCARIA *cevthocarpa:* crusta subgelatinosa determinata rimoso-radiata crenata atra, verrucis minutis immersis apiculo prominente.

V. cevthocarpa *Wahlenb. in Achar. meth. suppl.* p. 22. *Achar. lich. univ.* p. 283.

Hab. in foveolis petrarum aquam marinam retinentibus Finmarkiæ passim copiose.

Crusta semper determinata maculas orbiculares efficiens, semperque aterrima sine margine vel effusione ulla virente. Ambitus crustæ in sicco pulchre rimoso - radiatus, qui radii tamen in humido obliterantur vel confluunt. Verrucæ omnino ut in præcedente, sed ob crustam concolorem adhuc difficiliores inventu. In medio ita frustulosa est ut vix dimidiam superficiem lapidis obtegit, quo ab omnibus præcedentibus longe differt; nec hæc frustula humectatione unquam confluunt.

OPEGRAPHA.

Acharii meth. p. 16.

Receptaculum fructus corneum lineare subapertum: disco lineari intra margines paralellas.

894. OPEGRAPHA *astroidea:* crusta tenuissima lævigata albescente, lineolis depressis planiusculis stellatim fissis radiatisque.

O. astroidea *Achar. meth.* p. 25. *Engl. bot.* 26. t. 1847. bona.

Arthonia radiata β. astroidea *Achar. lich. univ.* p. 144.

Hab. in cortice lævi Alni incanæ et Sorbi Aucupariæ Lapponiæ rarius, vixque nisi ad Polmak Finmarkiæ orientalis visa.

Mirum sane quod unica est hujus generis species in Lapponia obvia, dum *O. paralellam* excipias ad Hysteria ralatam.

LECIDEA.

Acharii meth. lichen. p. 32.

Receptaculum fructus corneum, scutelliforme, apertum: scutellæ orbiculares, subimmarginatæ s. margine ejusdem substantiæ ac discus.

Seminula nuda (sine perispermio) in disco scutellarum coacervata vixque concatenata.

I. Crustaceae.

895. LECIDEA *tigillaris:* crusta verrucosa glebulosaque glabra citrina, scutellis in verrucis crustæ elevatis planis tumide marginatis atris.

L. tigillaris *Achar. meth.* p. 46. t. 2. f. 1. *lich. univ.* p. 164.

Lichen tigillaris *Achar. prodr.* p. 67.

Hab. in lignis denudatis fissisque utpote trabibus perpendicularibus, parietibus ligneis septentrionem versus etc. per Lapponiam tam sylvaticam quam subalpinam passim copiose.

Optimam ideam hujus generis præbet, qua percepta de charactere distinctivo nullus dubitet. Discus scutellæ e pulverulenta compage constat, quam quod ad maximam partem seminula constituunt. Hæc compages omnino aterrima est, nec contextum quendam penicillatim extrorsum vergentem exhibet ut in Lichenibus veris. Sub hac positum est ipsum receptaculum lamellam itidem aterrimam corneam referens. Itaque adeo Caliciis convenit, ut si genus Lecideæ expungeretur hanc speciem potius ad Calicia relatam voluissem quam cum Lichenibus cæteris confusam. Fundus scutellarum fere urceolatus est et tam profunde demersus ut totam fere crustam penetrat, quo etiam longa diversitas a Lichenibus optime patet; insuper omnino ab eadem substantia atra clausus. Crusta primum quidem e glebulis vel guttis discretis efficitur, sed demum adeo confluunt hæ glebulæ, ut areolata dici haud meretur; de cætero tenacioris ne dicam magis cartilagineæ substantiæ est quam reliquarum. Color ejus citrinus vel flavo - virens in supremo stratu vel epidermide omnino sedet et inde neutiquam mutatur.

Pleræque vero species insequentes hujus characteris plus minusve participes sunt, itaque incertum numne nonnullæ earum ad Lichenem potius referendæ. Quæ stratum subpellucens seminuliferum in receptaculo carbonaceo crassisimo habent ut ex. gr. *L. Wahlenbergii, rubiformis*, non possunt alibi locum obtinere. Aliæ vero superficiem aterrimam duriusculam habent totum fructum undique ambientem, sed modiolus subpellucidus est, et hæ majorem numerum constituunt hujusque generis magis dubiæ sunt.

896. LECIDEA *parasema;* crusta tenui contigua cinerascente nigro-limitata, scutellis explanatis marginatis atris intus nigricantibus.

L. parasema *Achar. meth.* p. 35. *lichen. univ.* p. 175.

Verruc. punctata *Hoffm. fl. germ.* p. 192.

Lichen sangvinarius *Hoffm. enum. lichen.* p. 27. t. 5. f. 3. 4.

β. *elæochroma:* crusta rugoso-granulata virescente, scutellis subæruginosis.

γ. *punctiformis:* crusta subnulla, scutellis plerumque convexis.

Verrucaria punctiformis *Hoffm. germ.* p. 193.

Hab. in cortice læviore Alni incanæ totius Lapponiæ sylvaticæ passim; β. præcipue in Salice capræa Finmarkiæ et Nordlandiæ inferalpinæ frequenter lecta; γ. in nudo ligno ubique frequentissime.

Varietas β. adeo differt, ut distinctam speciem forsan constitueret. Crusta ejus crassiuscula maculas minores guttarum instar refert, et nullis lineis nigricantibus limitata est. Scutellæ crebriores sed simul minores quam in α. rore virescente superfusæ, demum aterrimæ; disco asperiore.

897. LECIDEA *sangvinaria:* crusta leprosa subverrucosa albicante, scutellis hemisphæricis atris sub receptaculo sangvineis.

L. sangvinaria *Achar. meth.* p. 39. *lichen. univ.* pag. 170.

Lichen sangvinarius *Linn. svec.* n. 1060. *Lightf. fl. scot.* p. 803. *Ehrh. beitr.* 5. p. 56.

Verrucaria sangvinea *Hoffm. pl. lichen.* 2. p. 58. t. 41. f. 1.

Hab. in cortice arborum præcipue Juniperi ut etiam ad terram supra muscos per totam Lapponiam sylvaticam et subalpinam passim.

Crusta sicca fere candida est, leprosa vel subpulverulenta late effusa; sed in humido cinerascit. Scutellæ a prima infantia convexæ et immarginatæ, quarum stratum seminuliferum nigrescit, et subter illud adest color sangvinolentus perinsignis.

898. LECIDEA *dolosa:* crusta effusa subpulverulenta ferrugineo-cinerascente, scutellis minutis planis subimmarginatis atris.

L. dolosa *Ach. meth. S.* p. 11. *lich. univ.* p. 181.

Hab. in cortice abietis frustuloso Lapponiæ sylvaticæ passim.

Scutellæ et habitus proxime *L. parasemæ* accedit, sed color crustæ in ferrugineum vergens ejusque pulveracea substantia speciem bene distinctam reddere videtur.

899. LECIDEA *sabuletorum:* crusta granulacea effusa albicante, scutellis demum hemisphæricis atris submarginatis subconflentibus.

L. sabuletorum *Flörke in Berlin. mag.* 1808. p. 309.

Lichen sabuletorum *Schreb. spicil.* p. 134.

L. muscorum *Swartz.* — *Retz.*

β. *geochroa:* crusta sordide cinerea, scutellis cærulescentibus.

Lichen muscorum *Wulf. in Jacq. coll.* 4. t. 7. f. 1. *Flor. dan.* t. 1003. f. 1.

γ. *euphorea:* crusta subverrucosa, scutellis confertissimis. *Flörke in Berlin. mag.* 1808. p. 311.

Hab. ad terram supra muscos destructos locis alpestribus passim, at β. præcipue in alpinis maritimis Finmarkiæ; γ. in lignis totius Lapp. vulgatissime.

Crusta unice e granulis separatis lævibus capillo sæpius latioribus constat; quæ granula intus subinania forsan vesicularia esse videntur, quia interdum collapsa inveniuntur. Interdum superficies eorum pulverulenta apparet. Hæc granula præcipue regularia et insignia sunt in varietate β, quæ inde arenam cineream eximie refert.

Hæc species in Svecia semper *L. muscorum* audit.

900. LECIDEA *uliginosa:* crusta granulacea subgelatinosa viridi-fuscescente, scutellis demum hemisphæricis atris intus concoloribus.

L. uliginosa *Achar. meth.* p. 43. *lichen. univ.* p. 180.

Lichen uliginosus *Schrad. crypt. samml.* n. 163. *Achar. prodr.* p. 69.

Hab. in terra nuda vegetabili præcipue ad radices arborum emortuarum locis uliginosis Lapponiæ sylvaticæ et subalpinæ passim.

Præcedentis varietati β. magis affinis est quam quis primo intuitu crederet. Granula ejus minus regularia apparent, ut etiam scutellæ magis inconspicuæ minoresque.

901. LECIDEA *coniops:* crusta granulacea inæquabili ferrugineo-cinerea nigrolimitata: granulis sublobatis, scutellis planis elevato-marginatis atris.

L. coniops *Wahlenb. in Achar. meth. Suppl.* p. 8. *Achar. lichen. univ.* p. 171.

Hab. in petris prope littora maris ab aqua procellosa sæpe conspersis Finmarkiæ passim frequenter.

Crustam proxime præcedentium eximie refert, sed granula ejus majora atque sublobata vel crenata sunt. Optime distinguitur scutellis suis superficialibus, tenuioribus, margine elevato semper cinctis, nec unquam convexis.

902. LECIDEA *atro-alba:* crusta effusa tenuissima atra, glebulis convexis elevatis albicantibus, scutellisque immixtis planiusculis atris.

L. atro-alba *Achar. meth.* p. 45. *lichen. univ.* p. 162.

Lichen atro-albus *Linn. svec.* n. 1064.

Verrucaria atro-alba *Hoffm. fl. germ.* p. 182.

β. *concreta* glebulis contiguis crustam rimosam fuscescentem efficientibus.

Hab. in lapidibus saxisque siccis apricis totius Lapponiæ ubique; at β. præcipue in alpinis frequenter.

Memorabilis est fundo suo atro præcipue in ambitu eximio, quo aliis Lichenibus nigro-limitatis accedit. Successu temporis glebulæ frequentiores nascuntur in disco et fundum atrum obtegunt. Sic transitum quendam detegimus ad varietatem β, quæ adeo dissimilis ut nullus affinitatem suspicaret. Est enim hujus crusta contigua e glebulis magis irregularibus tota fuscescens; scutellis subimmersis inconspicuis.

De cætero interdum adeo fuscescit et mutatur ut in L. *fusco-atram* abire videtur; attamen vix audeo has species tam dissimiles conjungere.

903. LECIDEA *lapicida:* crusta tartarea rimosa sublævigata albida, scutellis inter crustæ frustulas depressis planis marginatis confluentibus aterrimis.

L. lapicida *Achar. meth.* p. 37. *lichen. univ.* p. 159.

Verrucaria contigua *Hoffm. germ.* p. 184.

β. *radians:* areolis in ambitu subdiscretis radiantibus.

L. lapicida ζ. radians. *Achar. lich. univ.* p. 160.

Hab. in lapidibus apricis siccis præcipue Nordlandiæ et Finmarkiæ maritimæ passim copiose.

Crusta in his locis vix unquam cinerascit, sed potius ferruginea evadit, frustulis majoribus subconvexis. Scutellis suis planis in superficie crustæ positis nec supra eam elevatis dignoscitur, quibus totus Lichen perquam æquabilis evadit. Aterrimæ sunt scutellæ vel potius cærulescentes. In schisto crusta sæpe nigro-limitata.

904. LECIDEA *confluens:* crusta subeffusa rimosa æquabili fumoso-cinerea, scutellis crustam subæquantibus marginatis demum convexis confluentibus.

L. confluens *Achar. meth.* p. 40. *lichen. univ.* p. 174.

Verrucaria confluens *Hoffm. pl. lich.* 1. p. 87. t. 19. f. 1. *flor. germ.* p. 184.

Lichen confluens *Web. spic.* 180. t. 1. f. 2.

Hab. in omnibus saxis apricis siccis Lapponiæ tum sylvaticæ ac alpinæ.

Crusta sæpe colore ochraceo superfusa est, rubrum vero colorem vix unquam acquirit.

905. LECIDEA *rivulosa* β. *mollis:* crusta rimulosa tartarea subspongiosa asperulaque umbrino-cinerea, scutellis elevatis marginatis nigris.

L. rivulosa var. *Achar. meth.* p. 38.

Hab in lapidibus saxisque elatioribus alpium præcipue maritimarum Finmarkiæ et Nordlandiæ passim.

Quin præcedenti proxime affinis fit, nulli dubitamus; sed satis superque distincta. Crusta intus alba et satis compacta; superficies vero mollis vel spongiosa ob asperitiem quandam tenuissimam, qua etiam colorem eximie mutat. Sicca enim saturate cinerea, sed humida omnino umbrina fit vel fuscescit, quo charactere non potest non certissime a *L. lapicida* distingvi, quæ immutabilis persistit. Scutellæ quoque supra crustam adeo elevatæ, ut pagina inferior perspici queat; simulque mollioris substantiæ vel subcorneæ, margine crassisculo instructæ, dilutiusque coloratæ.

906. LECIDEA *fusco-atra:* crusta tenuissima nigricante, areolis planis nitidis castaneis dilutius marginatis, scutellis inter areolas elevatis convexis atris.

L. fusco-atra *Achar. meth.* p. 44.
Lichen fusco-ater *Linn. svec.* n. 1063.
Lecanora fusco-atra *Achar. lich. univ.* p. 359.

β. gibba: areolis convexis gibbosis contiguis.

Hab. in lapidibus saxisque siccis apricis per totam Lapponiam etiam alpinam frequenter.

Valde peculiaris species, et nulli alii affinis. In lapidibus lævibus et ubi lætius viget omnino excentrice crescit: extimus ambitus nonnullarum linearum latitudinis tenuissimus nigricans est sine ullis areolis; dein intra versus nascuntur areolæ minutæ punctiformes longius disjunctæ, quæ sensim longius introrsum majores crebrioresque fiunt, usque dum prope centrum crustæ fere contiguæ albo-marginatæ et scutellis immixtæ. Intus albissimæ sunt areolæ et in humido nonnihil tumescentes lividiorisque coloris. Scutellæ quoque sub receptaculo albidæ, sed stratum seminuliferum aterrimum satisque crassum durumque.

β. areolis suis gibbis totam crustam fere usque ad extimum marginem occupantibus habitum satis diversum induit. Hæc nonnisi ad littora maris septentrionalis a me lecta est.

907. LECIDEA *atro-virens:* crusta tenuissima nigricante, areolis planiusculis contiguis satu-

rate luteis, scutellis inter areolas depressis margineque earum adnatis planis atris.

L. atro-virens *Achar. meth.* p. 45. *lichen. univ.* p. 163.

Lichen atrovirens *Linn. spec.* n. 1062. *Lightf. scot.* p. 801.

Verrucaria atrovirens *Hoffm. pl. lich.* 1. p. 83. t. 17. f. 4.

β. *alpicola:* areolis sparsis lutescentibus in crusta atra.

L. atrovirens β. gerontica. *Achar. meth.* p. 45. *lich. univ.* p. 163.

Hab. in saxis et lapidibus siccis apricis lævioribus totius Lapponiæ sylvaticæ et inferalpinæ frequenter; et β. in alpibus ubique.

Color areolarum in ipsa epidermide sedet, intus enim albidæ sunt areolæ, et prope basin nigrescentes: quæ nigrescentia ad scutellas extenditur. Ipsæ scutellæ intus aterrimæ et carbonaceæ substantiæ, adeo ut melior hujus generis est species quam pleræque cæteræ.

β. Areolas habet majores nonnullarum linearum latitudinis guttas sparsas coloratas in crusta nigerrima pulchre referentes. Scutellæ quoque ejus duplo majores. Senescens neutiquam est status vulgaris Lecideæ atro-virentis.

908. LECIDEA *silacea:* crusta verrucosa inæquali rubra, scutellis subelevatis planis angulatis atris.

L. silacea *Achar. meth.* p. 48. *lichen. univ.* p. 164.

L. silaceus. *Achar. prodr.* p. 66. *Engl. bot.* 16. t. 1118.

Hab. in lapidibus congestis eorumque scrobiculis ad latera alpium interdum irrigata parcius.

Crustæ verrucæ inæqualis magnitudinis, intus albissimæ (nec virentes). Scutellæ semper aterrimæ, verrucis crustæ dupplo triplove majores explanatæ; margine evidenti vix tamen elevato, tenui.

909. LECIDEA *Oederi:* crusta tenui granulata subpulveracea ochraceo-ferruginea, scutellis minutis elevatis margine discoque tumidulo pulverulento nigricante.

L. Oederi *Achar. meth.* p. 49.

Lichen Oederi *Swartz act. Ups.* 4. p. 245. *Engl. bot.* 16. t. 1117. optim.
L. Dicksoni *Achar. prodr.* p. 76.
Hab. in lapidibus congestis siccioribus ad latera alpium montiumque sylvaticorum fere ubique.

Crusta æquabilis, e granulis minutis nudo oculo haud distinguibilibus, et insuper pulverulentis, intus concoloribus composita. Scutellæ pulvere ferrugineo fere superfusæ; margine tumidulo elevato, et sæpe disco quoque medio elevato.

Patellaria silacea *Hoffm. pl. lich.* 1. p. 89. t. 19. f. 2. quasi intermedia est inter hanc et præcedentem.

910. LECIDEA *atrata:* crusta tenui rimulosa punctulata aterrima, scutellis innatis verruciformibus urceolatis concoloribus.
Gyalecta atrata *Achar. lichenogr. univ.* p. 152.
Hab. in petris siccis promontorii maritimi Rypklubb Qualöæ Finmarkiæ occidentalis sat copiose.

Crusta adeo *Verrucariæ aractinæ*, ut nihil similius esse queat, nisi ad ambitum tenuior et subdendritica sit. Receptacula quoque fere ejusdem structuræ ac in dicta Verrucaria, sed latiora et supra aperta excavatione hemisphærica, crustæ planum attingentia perdistincta. Innatas scutellas dixi quia margines earum cum crusta confluunt, quamquam elevati, et inde forma verrucæ oritur. Ab omni respectu hujus generis species sequentibus valde affinis est, nec unquam me judice cum Lichene *foveolari* in uno genere conjungi potest.

911. LECIDEA *fumosa:* crusta rimoso-areolata subcartilaginea lævigata grisea, scutellis innatis elevato-marginatis atris.
Lecidea fumosa *Flörke in Berl. mag.* 1809. p. 312.
Lichen cechumenus *Engl. bot.* 26. t. 1830.
Lecidea cechumena *Achar. meth.* p. 42. *lichen. univ.* p. 157.
Lecidea athroocarpa *Achar. meth.* p. 41.
Hab. in lapidibus petrisque siccis suboccultis promontorii Rypklubb Qualöæ Finmarkiæ parcius.

Præcedenti valde affinis esse videtur, quamquam color crustæ diversissimus et singulæ partes duplo triplove majores. Crustæ areolæ adeo distinctæ, ut sæpe frustulatim e lapide solvuntur; sed omnes æquabiles. Substantia earum omnino cartilaginea videtur, et superficies corneo-lævigata. Scutellæ numerosæ, eodem modo innatæ vel margine cum crusta confluente (nec soluto) præditæ ac in præcedente, sed latiores sunt: disco demum plano et marginibus elevatis cincto.

912. LECIDEA *petræa:* crusta rimoso-areolata inæquabili cinerea, areolis passim elevatis scutelliferis, scutellis innatis conglomeratis planiusculis elevato-marginatis nigris.

L. petræa var? *Achar. meth.* p 57.

Hab. in saxis et petris quartzosis schistosisque ad radices alpium Finmarkiæ et Nordlandiæ passim.

Crustæ superficies haud pulverulenta est ut in *L. concentricæ* specimine, sed omnino lævis. Tota crusta in areolas perdistinctas divisa est, quarum elevatiores scutellas plures aggregatas ferunt. Ad ambitum interdum subradiata est et coloris lividi. Intus præcipue sub receptaculis rubicunda. Scutellæ innatæ vel margine cum crusta connato simulque tumido corneo elevato omnino Lecideæ generis; sed aliæ rarius in eadem crusta obveniunt scutellæ totæ immersæ sine margine proprio *Lichenis cinerei* simillimæ.

913. LECIDEA *amylacea:* crusta tartareo-pulverulenta inæquabili pallido-alba, scutellis e crusta protuberantibus pruinosisque convexis immarginatis atris.

Lecidea amylacea *Achar. lichen. univ.* p. 173.
Parmelia amylacea *Achar. meth.* p 159.
Lichen amylaceus *Achar. prodr.* p. 59.

β. *speirea* crusta albissima tenuiore, scutellis submarginatis.

Lecidea speirea *Achar. meth.* p. 52. *lichen. univ.* p. 184.

Hab. in rupibus siccioribus suboccultis inferalpinis Finmarkiæ et Nordlandiæ passim.

Distinguitur facile crusta sua crassa et tamen tota farinaceæ substantiæ, vixque unquam rimosa. Crustæ farina supra ambitum scutellarum elevatur et extenditur, unde quasi e substantia crustæ facti apparent margines. Stratum seminuliferum tenue quidem est, sed aterrimum; subtus albissima est crusta.

L. speirea specifice neutiquam differt multo minus generice. Ejus scutellæ plerumque elevatiores crassiores et duriores; interdum quoque e crusta elabunt foveolam urceolatam relinquentes.

914. LECIDEA *sulphurea:* crusta rimosa subgranulosa pallide-sulphurea, scutellis subinnatis demum convexis nigris pruinosisque.
Lichen sulphureus *Hoffm. enum. lich.* p. 32. t. 4. f. 1. *Achar. prodr.* p. 58.
Verrucaria sulphurea *Hoffm. pl. lich.* 1. p. 56. t. 11. f. 3. *flor. german.* p. 196.
Parmelia sulphurea *Achar. meth.* p. 159.
Lecan. sulphurea *lichen. univ.* 399.

Hab. in saxis lapidibusque campestribus præcipue regionis subalpinæ Lapponiæ frequenter.

915. LECIDEA *decolorans:* crusta granulosa albo-cinerea: granulis demun in pulverem virescentem varium fatiscentibus, scutellis planiusculis marginatis miniatis.
Lec decolorans *Flörke in Berlin. mag.* 1809. p. 193.
Patellaria decolorans *Hoffm. pl. lichen.* 2. p. 54. t. 39. f. 2. *flor. german.* p. 177. (Verruc.)
Lecidea jungermanniæ *Achar. meth. lich.* p. 70.
Lichen jungermanniæ *Flor. dan.* t. 1065. f. 1.
β. *granulosa:* crusta subpapillosa, scutellis demum hemisphæricis rugosis fusco-nigris. *Flörke* l. c.
Verrrucaria granulosa *Hoffm. pl. lichen.* 2. p. 21. t. 30. f. 3.
Lichen granulosus *Ehrh. dec.* n. 145.
Lecidea desertorum *Achar. lich. univ.* p. 168.
Lichen decoloratus *Achar. prodr.* p. 50.

Hab. in campis sterilissimis desertis Lapponiæ tum sylvaticæ ac subalpinæ frequenter.
Var. α. muscos præcipue incrustat in alpibus passim.

Crustæ granula in var β. adeo grandiora ut nudo oculo facillime distinguuntur. Scutellis carnosis mollibus et plerumque difformibus a *L. sabuletorum* certissime differt. *L. decoloratus* Ach. hujus tantum statum juniorem vel minus effiguratum constituit secundum specimina certa.

2. Squamaceae:

916. LECIDEA *scalaris:* squamis subdiscretis crenatis adscendentibus utrinque pallido-cervinis subtus pulverulentis, scutellis marginatis nigro-glaucescentibus.

L. scalaris *Achar. meth.* p. 78. *lichen. univ.* p. 214.

Lichen scalaris *Achar. prodr.* p. 95. *Nov. Act. Stockh.* 16. t. 5. f. 1.

Psora ostreata *Hoffm. fl. germ.* p. 163.

β. myrmecina: squamis cervinis, scutellis dilatatis angulatis aterrimis margine glaucescente.

L. myrmecina *Achar. meth.* p 78. (excl. synon.)

Hab. in cortice frustuloso Pinus sylvestris prope terram parcius; at *β.* in caudicibus carbonatis Lapponiæ sylvaticæ frequenter.

Ipsius *L. scalaris* color in humido haud mutatur, sed semper isdem pallido-cervinus. Nec scutellarum glaucescentia in humido perit, quæ in disco et margine æque insignis est.

β. myrmecina eximie differt: squamis in humido virescentibus vel omnino cervinis. Scutellæ frequentes squamis duplo triplove-majores, insigniter inciso-lobatæ; adeo aterrimæ et parum elevatæ ut ægre a carbone substrato distingvuntur, verum sæpius pro carbonis maculis denudatis habentur. Margo vero earum sub microscopio valde notabilis, et semper glaucescens. Maxime notabilis est; quod autem in terra unquam crescat, valde dubito.

917. LECIDEA *microphylla:* crusta squamacea effusa cervino-fusca, lobulis minutis aggregatis incisis, scutellis demum convexis fusco-nigris.

L. microphylla *Achar. meth. suppl.* p. 76.

Lichen microphyllus *Swartz in Nov. Act. Ups.* 4. p. —. *Achar. prodr.* p. 91.

Lecanora microphylla *Achar. lich. univ.* p. 420.

β. radiata: crusta ad ambitum radiata foliolosa, scutellis concavis marginatis.

Lichen levchophæus *Vahl in Flor. dan.* t. 955. f. 2. (secund. Flörke in Berlin. mag. 1810. n. 7.)

Hab. in rupibus umbrosis ad stillicidia aquarum totius Lapponiæ frequenter; *β.* ad Portikoski parœciæ Sodankylä Kemensis copiose.

918. LECIDEA *atro-rufa:* crusta squamaceo-contigua inæquabili cinereo-fuscescente, squamulis sublobatis, scutellis convexis difformibus fusco-atris.

L. atro-rufa *Achar. meth.* p. 74. *Lichen. univ.* p. 200.

Lichen atro-rufus *Dicks. crypt.* 4. p 22. t. 12. f. 14. *Schrad. diar. bot.* 1801. .1. p. 75.

Lichen luridus *Vahl in Fl. dan.* —

Hab. in terra uliginosa turfosa per latera alpium Nordlandicarum et Finmarkicarum passim copiose.

919. LECIDEA *rubiformis:* squamis aggregationem scutellarum cingentibus crenatis cartilagineis lividis subtus albis, scutellis convexis nigro-fuscis immarginatis.

Psoroma rubiforme *Wahlenb. itin. MS.*

Boeomyces rubiformis *Achar. meth.* 324. t. 7. f. 3.

Cenomyce rubiformis *Achar. lichen. un.* p. 526.

Hab. in terra micacea irrigata prærupta alpis Lyngentind Nordlandiæ.

Vix ulli alii Licheni affinis esse videtur nisi *L. decipienti.* Foliola squamacea Boeomycidis quodammodo sunt, sed receptacula tota corneæ substantiæ et intus usque ad basin terræ nec folio infixam aterrima, quare non potest non Lecideæ generis esse. Substantia foliolorum magis cartilaginea quam in cæteris, ut etiam humida sine fractura flecti nequeat. Supra fuscescentis coloris sunt foliola sicca, in humido autem virescunt ob stratum fæculiferum perinsigne; subtus lævia, colore parum pallescente. Fructus adeo coacervati ut baccam parvulam *Rubi cæsii* referunt; de cætero fere clavæformes vel turbinati: intus quod ad maximam partem nigri et tantum sub stratu seminulifero dilutioris coloris.

920. LECIDEA *candida:* squamaceo-glebulosa, glebulis candido-pulverulentis crenatis plicatisque, scutellis impressis planis nigris glauco-pruinosis.

L. candida *Achar. meth.* p. 79. *lich. univ.* p. 212.

Lichen candidus *Weber spicil.* p. 193. *Ehrh. dec.* n. 49.

Patellaria candida *Hoffm. pl. lich.* 2. p. 33. t. 33. f. 2. *flor. germ.* p. 164. (Psora)

Hab. ad terram præruptam irrigatam, muscos destructos incrustans, per radices et latera alpium Finmarkiæ et Nordlandiæ passim.

Ob candorem incomparabilem sui nominis bene merita est species, et a *L. vesiculari* perquam diversa. Albedo illa candidissima tum a pulvere obtegente oritur, tum a defectu strati virescentis; intus enim etiam albida est substantia. Scutellæ primum eodem pulvere albicantes, mox vero nigrescunt, et demum totæ atræ evadunt multo magis ampliatæ quam in *L. vesiculari* valde multangulæ, sed semper planæ et elevato-marginatæ.

Engl. bot. 16. t. 1138. vix ac ne vix nostram speciem refert; exemplaria vero hercynica a Cel. *Mohr* data et Lapponica ex asse conveniunt.

921. LECIDEA *decipiens:* squamis peltatis discretis adnatis rubris subtus margineque albidis, scutellis marginalibus convexis subimmarginatis atris.

L. decipiens *Achar. meth.* p. 80.

Lichen decipiens *Ehrh.* — *Hedw. stirp. crypt.* 2. p. 7. t. 1. B. *Dicks. crypt.* 2. p. 21. *Ach. prodr.* p. 96.

Psora decipiens *Hoffm. pl. lich.* 2. p. 63. t. 43. fig. 1 - 3. *flor. germ.* p. 162.

Lecanora decipiens *Achar. lich. univ.* p. 409.

Lichen pezizoides *Swartz. nov. Act. Ups.* 4. p. —

Hab. in terra elata et tamen madida per latera alpium Nordlandicarum præcipue maritimarum passim copiose.

Foliola semper terræ adnata ut pagina eorum inferior vix denudatur; margines autem semper albescunt et in senescente statu pagina quoque superior. Color ejus ruber sub aqua in hepaticum vel sublividum vergit præcipue foliorum veteriorum. Substantia foliolorum cartilaginea est, ut flecti nequeunt: omnino ut in L. rubiformi, unde primum affinitatem summam harum specierum detexi, quam etiam comprobat anatomia receptaculorum veteriorum.

922. LECIDEA *Wahlenbergii:* subimbricata adnata gyroso-plicata flavo-viridis in ambitu lobata, scutellis convexis immarginatis aterrimis.

L. Wah-

L. Wahlenbergii *Achar. meth.* p. 81. t. 2. f. 2. *lich. univ.* p. 211.
Lichen prasinus *Wahlenb. intiner. MS.*
Lichen pulchellus *Schrad. diar. bot.* 1801. 1. p. 74.
Hab. in parietibus rupium suboccultis irrigatis eorumque rimis parca terra micacea inductis per alpes summas Nordlandicas inter Tromsöen et Enontekis sitas rarius copiose.

Adeo diversissima est, ut nulli alii affinis. Colore suo vivacissimo et scutellis aterrimis perinsignis est. In statu juniori color omnino flavo-viridis et totus Lichen placentam integram nonnullorum pollicum latitudinis efficit; sed senescens pallido-flavus evadit et in frustula dissolvitur. Superficies rugulosa est vel alutaria sive quodammodo mollis. Substantia omnino membranacea seu subcoriacea (nec ullo modo tartarea). Scutellæ primum re vera superficiales nec margine quidem supra paginam folii elevatæ, demum convexæ tuberculorum unæ alteriusve lineæ latitudinis instar; intus totæ usque infra basin folii carbonaceæ aterrimæ, ut optimam Lecideæ speciem exhibeant.

GYROMIUM.

Gyrophora *Achar. meth.* p. 100.

Receptaculum fructus corneum s. carbonaceum, gyroso-plicatum, clausum.
Seminulifera substantia cartilaginea intra gyros induratos clausos inclusa.

923. GYROMIUM *polyphyllum:* subumbilicatum, foliis congestis lævibus fusco-nigricantibus subtus aterrimis glabris.
Lichen polyphyllus *Linn. svec.* n. 1104. *Engl. bot.* 18. t. 1282. *Lightf. scot.* p. 863.
Lichen glaber *Achar prodr.* p. 144.
Gyrophora glabra *Achar. meth.* p. 101. *Flörke in Berl. mag.* 1810. p. 60.
Gyrophora heteroidea *Achar. lich. un.* p. 218.
Lichen utrinque glaber. *Linn. fl. lapp.* n. 452.
Lichenoides tenue etc.. *Dillen.* p. 225. t. 30. f. 129.
Hab. in petris lapidibusque subcampestribus præcipue Nordlandiæ inferalpinæ passim.

Color aterrimus totius paginæ inferioris in aqua haud mutatur, et differentiam necessariam hujus speciei exhibet. Pagina quoque superior in humido fere obscurior evadit.

924. GYROMIUM *hyperboreum:* umbilicatum rugoso-verrucosum fusco-olivaceum subtus nigrum sublacunosum glaberrimum, fructibus irregulariter gyrosis.

G. hyperborea *Achar. meth.* p. 104. *lich. univ.* p. 225.

Lichen hyperboreus *Achar. prodr.* p. 146. *Nov. Act. Stockh.* 15. t. 2. f. 2.

Lichen — superficie subtus lacunata. *Linn. flor. lappon.* n 455.

Hab. in saxis siccioribus apricis totius Lapponiæ præcipue subsylvaticæ omnium frequentissimum; in alpibus ubique sed minus frequenter.

Proqe umbilicum semper subtus nigrum etiam in humido, sed ad ambitum interdum dilutius evadit et in humido subolivaceum. Supra in sicco nigro-fuscum, in humido semper subolivaceum. Ad ambitum semper verrucosum; quæ verrucæ demum in squamulas abeunt supra fundum atrum dispersas, quo in statu insigniter marmoratum apparet.

925. GYROMIUM *erosum:* umbilicatum gyroso-lineatum pertusumque fusco-olivaceum subtus cinereum prope gyros pertusos fibrillosum, fructibus irregulariter gyrosis.

G. erosa *Achar. meth.* p. 105. *lichen univ.* p. 224. *Engl. bot.* 25. t. 2066.

Lichen erosus *Web. spicil.* p. 259. *Achar. prodr.* p 145.

Lichen reticularis *Westring. in Nov. Act. Stockh.* 14. p. 45.

Hab. in saxis elatioribus alpestribus totius Lapponiæ præcipue subalpinæ et alpinæ frequenter.

Qui hanc speciem destructione cribratam credunt, haud rite intellexerunt quam regulariter in prima infantia lineis gyratis passim pertusis ornata est. Color paginæ superioris ut in præcedente, cui certe proximum est; sed subtus prope umbilicum semper cinereus tum in sicco ac humido. Fibrillæ paginæ inferioris tantum e marginibus vel potius angulis gyrorum pertusorum egrediuntur (nec e pagina frondis); et de cætero cinerascentes, rigidæ, cartilagineæ sunt.

926. GYROMIUM *proboscideum:* umbilicatum membranaceum reticulato - rugosum olivaceo - griseum subtus pallidum punctatum subfibrillosumve, fructibus gyrosis.

G. proboscidea *Achar. meth.* p. 105. *lichen. univ.* p. 220.

Lichen proboscideus *Linn. svec.* n. 1106. *Achar. prodr.* p 147.

Umbilicaria corrugata *Hoffm. pl. lich.* 2. p. 65. t. 43. f. 4 — 7.

L. torrefactus *Lightf. scot.* p. 862.

β. *arcticum* crassius olivaceo-fuscum subtus glaberrimum ad umbilicum nigricans.

G. arctica *Achar. Meth.* p. 106. t. 2. f. 6. *lichen. univ.* p. 221.

Lichenoides atrum *Dillen.* p. 220. t. 30. f. 119.

Hab. in saxis petrisque elatis alpestribus totius Lapponiæ præcipue alpinæ usque ad nivem perennem ubique frequentissime; at β. vix nisi in summis alpibus.

In aqua cito reviviscit et eundem colorem fusco-olivaceum induit eandemque substantiam prodit ac duo præcedentia; sed exsiccando griseum vel glaucescens evadit, quo optime ab iisdem distinguitur. Subtus quoque ad ambitum glaucescit vel nigrescit dum exsiccatum, sed in aqua semper pallescit totum. Fructus ejus ut in præcedentibus, nisi magis regulares.

β. in humido ejusdem coloris ac α., exsiccatum vero supra fuscescit, nec unquam glaucescit. Subtus ad umbilicum nigrescit. Hisce notis se quasi medium sistere videtur inter *G. proboscideum* et *G. hyperboreum*.

927. GYROMIUM *cylindricum:* umbilicatum subcoriaceum læve livido - cinereum margine subtusque ramoso - fimbriatum pallidum, fructibus elevatis subcircinatis.

G. cylindrica *Achar. meth.* p. 107. *lichen. univ.* p 223.

Lichen cylindricus *Linn. amœn. ac.* — *Achar. prodr.* p. 148.

L. crinitus *Lightf. scot.* p. 860. *Hoffm. pl. lich.* 2. p. 67. t. 44.

L. proboscideus *Hedw. stirp. crypt.* 2. t. 1. A. *Engl. bot.* 8. t. 522. *Ehrh. dec.* 2. p. 19.
Lichenoides corneum etc. *Dillen.* p. 218. t. 29. f. 116.

Hab. in petris maxime elatis interdum ab aqua nivali irrigatis per summas alpes totius Lapponiæ passim.

In statu exsiccato præcedenti sæpe simillimum; in aqua vero nonnisi tardius emollitur coloremque cinereum sive retinet sive in lividum nonnihil mutat, simulque superficiem mollem fere alutariam exhibet et substantiam crassam subcoriaceam. Hisce notis sequenti speciei accedere videtur præcipue cum in locis bene irrigatis grandescit et incrassatur eximie; sed prope umbilicum semper glaberrimum est; fimbriis tantum ad ambitum ornatum. Hæ fimbriæ vel radiculæ magis distinctæ et longiores quam in ulla alia specie, quarum interiores pallidi coloris exteriores luci expositæ nigricantes. Fructibus quoque elevatis et crebrius plicatis a sequente distinguitur, quæ tamen nota haud certissima vel evidentissima.

928. GYROMIUM *velleum:* umbilicatum coriaceum læve cinerascens subtus nigro-hirsutum, fructibus innatis gibbosis circinato-plicatis.

G. vellea *Achar. meth.* p. 109. *lich. univ.* p. 223.
Lichen velleus *Linn. svec.* n. 1103. *lapp.* n. 454. *Achar. prodr.* p. 151.
Umbilicaria vellea *Michaux amer.* 2. p. —
Lichenoides cor. etc. *Dillen musc.* p. 545. t. 82. f. 5.
Gyrophora spadochroa *Achar. lich. univ.* p. 229. *Flörke in Berlin. mag.* 1810. p. 66.
L. hirsutus *Achar. prodr.* p. 150. (junius).

Hab. in rupium parietibus irrigatis et occultis per Lapponiam sylvaticam et inferalpinam ubique.

Color in humido vix mutatur vel parum lividus fit. Senescens supra fuscescit, sed in infantili statu pallescit simulque subtus cinerascit. Usque ad umbilicum semper nigro-villosum: villositate quasi radiata, qua a præcedente certissime distinguitur.

L. hirsutus Achar. in Lapponia cum *L. velleo* commixtus crescit, nec nisi status minus procerus esse mihi videtur. Nec miramus hunc lichenum in rupibus apricis Uplandiæ minorem crescere quam in Lapponia.

CALICIUM.

Achar. meth. p. 87. *lichen. univ.* p. 232.

Receptaculum fructus corneum s. carbonaceum claviculiforme: capitulum hemisphaericum, disco planiusculo submarginato præditum; bacillo aciculari in capitulum abeunte ejusdemque substantiæ.
Seminula nuda e superficie disci facile secedentia.

929. CALICIUM *hyperellum:* crusta granulata inæquabili flavo-virente, capitulis sublentiformibus marginatis fusco-atris, bacillis inferne dilatatis.
C. hyperellum *Achar. meth. lich.* p. 93. *lichen. univ.* p. 237.
Lichen hyperellus *Achar. prodr.* p. 85.
β. *baliolum:* capitulis aterrimis nitidis, crusta subfrustulosa.
C. baliolum *Achar. meth.* p. 94. t. 2. f. 4. mala. *lichen. univ.* p. 238.
Hab. in cortice frustuloso Abietis Lapponiæ sylvaticæ passim; et β. in Betula alba rarius.

Crusta plus minusve crassa, interdum frustuloso-pulvinata. Discus capituli semper aterrimus, dilatatus: marginibus patentibus.

β. nonnisi varietatem majorem et vegetiorem constituit, cujus pedicelli nihil rufescentis habent (ut vult Cel. *Acharius* in methodo), sed omnino nigro-picei sunt ut melius describuntur in Lichenographia universali.

930. CALICIUM *claviculare:* crusta pulveracea effusa cinerascente, capitulis subglobosis cinereo-nigris, bacillis subsetaceis.
C. claviculare *Achar. prodr.* p. 90. *lichen. univ.* p. 235.
Lichen clavellus *Achar. prodr.* p. 83.
β. *subtile:* crusta tenuissima albicante, capitulis minutis.
C. subtile *Persoon. tent. disp. fung. suppl.* p. 60. *Achar. lichen. univ.* p. 243.
C. claviculare η. pusillum *Achar. lich. univ.* p. 236.
Hab. in cortice frustuloso Pinus sylvestris passim, Abietis rarius; β. in Pinu ad Portikoski infra templum Sodankylä collegi.

Crusta e particulis dupplo triplove minoribus efficitur quam in præcedente, ideoque pulveracea dici meretur; nec unquam subfrustulosa vel coacervata observatur. Bacilla teneriora, minus rigidula, inferne potius attenuata quam incrassata. Capituli discus fuscescens.

β. in Vermlandia primum a me lectum ne minime differt a Cel. *Flörkei* speciminibus certis *Calicii subtilis Persoon.*

931. CALICIUM *sphærocephalum:* crusta tenuissima lævigata albicante, capitulis sublentiformibus subumbrinis, bacillis acicularibus.

C. sphærocephalum *Achar. meth.* p. 91.

Lichen sphærocephalus *Swartz Act. Ups.* — *Achar. prodr.* p. 84.

Calicium claviculare δ. sphærocephalum *Achar. lich. univ.* p. 237.

Mucor sphærocephalus *Linn.* —

Hab. in ligno denudato subputrescente Lapponiæ sylvaticæ ubique.

In ligno lævi crusta omnino lævissima est, sine ullis granulis; qua non potest non a præcedente distingui. De cætero quod ad rigiditatem bacillorum et formam capitulorum propius *C. hyperello* accedere videtur.

β. *xylonellum:* crusta tenuissima lævi subalbicante, capitulis sphæroideis submembranaceis margineque elevato subinflexo, bacillis cylindraceis, flexilibus.

C. xylonellum *Achar. meth.* p. 92. *lichen. univ.* p. 236.

Hab. in parietibus ligneis lævibus ad septentrionem versis Lapponiæ sylvaticæ infimæ rarius; prope templum Tornense rusticum copiosissime.

Toto habitu præcedenti simillimum, sed substantia capitulorum nonnihil diversa. Capitula enim submembranacea sunt, vel membrana fuscescente a parenchymate interiori discrepante obducta; cujus membranæ margines subliberi discum depressiorem ambiunt. Bacilla quoque crassiora minusque rigida sunt, et unacum capitulo opacioris vel obscurioris coloris, nec ullo modo nitiduli.

932. CALICIUM *chlorellum:* crusta tenuissima lævi albicante, capitulis bacillisque clavatis flavo-viridibus pruinosis.
C. chlorellum *Achar. meth.* p. 95. t. 2. f. 5. *lichen. univ.* p. 239.
β. *orochroum:* capitulis sublenticularibus: margine flavo-viridi.
C. orochroum *Wahlenb. in Ach. meth. suppl.* p. 15.
C. trabinellum *Achar. meth. suppl.* p. 15.
C. claviculare β. trabinellum *Achar. lichen. univ.* p. 255.
Hab. in parietibus ligneis siccioribus passim.

Totus fructus tenerior quam in omnibus præcedentibus, sed de cætero æque duriusculus et carbonaceus. Quamquam varietatis β. fructus crassior, non potest non huc referri; nec ob defectum crustæ pulveraceæ ad *claviculare* pertinere potest.

933. CALICIUM *chrysocephalum:* crusta coacervato-granulata citrina, capitulis subturbinatis margine flavis, basi bacillisque subæruginosis.
C. chrysocephalum *Achar. meth. suppl.* 15. *lichen. univ.* p. 239.
Lichen chrysocephalus *Turn. in Transact. Linn.* 7. p. 88. t. 8. f. 1.
C. chlorellum β. elatinum *Achar. meth.* p. 95.
Hab. in parietibus ligneis sed præcipue in cortice fructuloso Abietis Lapponiæ sylvaticæ rarius.

Fructus præcedenti speciei adeo similis, ut dubito an characterem quendam certum præbeat; sed crusta satis diversa disperse granulosa, eleganter citrina: qua non potest non distingui.

934. CALICIUM *capitellatum:* crusta pulveracea effusa viridi-flava, capitulis globosis utrinque seminuliferis pedicellisque capillaribus flexuosis virescentibus.
C. capitellatum *Achar. meth.* p. 98. *lichen. univ.* p. 241.
Mucor furfuraceus *Linn.*
Hab. ad radices arborum emortuas Lapponiæ rarissime; a me ad Lammaskoski Lapponiæ subalpinæ Tornensis lectum.

Bacillis ultra bilinearis longitudinis facile distinguitur; demum nigrescentibus, nec adeo mollibus ac in *C. aciculari* et *C. cantherello*. Crusta omnino pulveracea.

SPHAEROPHORON.

Acharii meth. p. 134. *lichen. univ.* p. 585.

Receptaculum fructus carbonaceum, nucleiforme: nucleus solidus, substantiæ granulosæ, undique æqualis, in strato corticali ramorum inclusus, indeque per rupturam elabens.

Seminula nuda, libera, in substantia nuclei undique nidulantia.

935. SPHAEROPHORON *coralloides*: fruticulosum, caule subindiviso, ramulis furcatis acuminatis subcastaneis.

S. coralloides *Schrad.* — *Achar. meth.* p. 134. *lich. univ.* p 585

Lichen globiferus *Linn. mant.* — *Lightf. scot.* p. 887. *Achar. prodr.* p 210.

Coralloides globiferum. *Hoffm. pl lich.* 2. p. 25. t. 31. f. 2. *flor. german.* p. 131.

Coralloides cupressiforme etc. *Dillen. musc.* p 117. t 17. f. 35.

Hab. in saxis pauca terra obductis Lapponiæ tum sylvaticæ ac alpinæ ubique sat frequenter; etiam in maritimis ubique.

Caulis non tantum subindivisus cylindraceus, verum etiam tenax adeo ut cortex solus annulatim rumpitur; quibus notis a sequente distinguitur. Rami enim semper fragilissimi, ejusdem divisionis ac in sequente, et ubi occultati etiam cinerascentes.

936. SPHAEROPHORON *fragile*: fruticuloso-cæspitosum dichotomum, apicibus subteretibus obtusiusculis cinerascentibus.

S. fragile *Schrad.* — *Achar. meth.* p. 135. t. 3. f. 5. *lichen. univ.* p. 585.

Lichen fragilis *Linn. svec.* n. 1121. *lappon.* n. 440. t. 11. f. 4.

Lichen sterilis *Achar. prodr.* p. 211.

Coralloides fragile *Hoffm. pl. lich.* 2. p. 34. t. 33. f. 3. *flor. germ.* p. 131. (Stereocaulon).

Hab. in saxis eorumque rimis apricis per totam Lapponiam etiam alpinam et inferalpinam frequenter.

Totum quantum dichotomum et fragilissimum, adeo ut caulis nullus a ramis distingui queat; nec unquam filo tenuiore crassius est. Tubercula fructus plerumque grandiora et difformia.

Neque in maritimis Nordlandiæ reperire potui *Sph. compressum*, quod in tota Scandinavia certe desideratur.

ALGAE AQUATICAE.

FUCUS.

Gen. plant. ed. Schreb. n. 1671.

Semina in capsulis poro dehiscentibus, aggregatis frondi immersis (Fucus pr. s. dictus scil. n. 937. 938. 939. 946. 951. 952. 953.); simulque adsunt vesiculæ simplices s. articulatæ.

s. in capsulis imperforatis, solitariis, superficialibus (Sphærococcon scil. n. 940 - 942. 947 - 949. 954 - 964.); simulque adsunt granula immersa in appendicibus foliorum fere ut in Confervis

s. solitaria, nuda, in frondium superficie (Palmaria scil. n. 943 - 945. 950.)

1. FRONDESCENTES COSTATI: costa seu nervo crassiori simplici in medio frondis.

937. FUCUS *serratus:* fronde dichotoma costata lineari serrata, apicibus obtusis tuberculiferis planis.

F. serratus *Linn. fl. svec.* n. 1144. *lappon.* n. 462. *Engl. bot.* 17. t. 1221. *Turner. synops. fuc.* n. 23. *Esper ic. fuc.* p. 23. t. 5. pejor. *Zoega fl. island.* n. 1. *Lightf. scot.* p. 902.

Norvegis Nordlandiæ *Bred-tang.*

Hab. in infimis littoribus ut etiam infra littora ubi refluxus maris fundum nunquam denudat per partem tum interiorem ac exteriorem sinuum insularumque Nordlandiæ et Finmarkiæ frequenter.

Modus crescendi decumbens et e centro undique imbricatim radians est, quo pulvillos circulares in fundo maris efficit.

Methodum Fucos in plura genera secundum fructum dividendi, qua moliti sunt *Stackhouse* deinque Clar. *Weber* et *Mohr*, assumere haud ausus sum; quum adhuc nimium desideratur physiologica eorum cognitio et penitior comparatio dupplicis eorum fructus. Observationibus certis satis nobis constat, quod apices ramorum capsuliferi nunquam in vesiculas permutantur, uti perperam statuerunt laudati *Weber* et *Mohr*.

938. FUCUS *vesiculosus:* fronde dichotoma costata lineari integerrima, apicibus tumidis capsuliferis geminis, vesiculis binis infraaxillaribus.

F. vesiculosus *Linn. fl. svec.* n. 1145. *lappon.* n. 460. *Engl. bot.* 15. t. 1066. *Turner. synops. fuc.* p. 117. n. 24. *Esper ic. fuc.* p. 33. t. 12. *Lightf. scot.* p. 904. *Zoega fl. island.* n. 2. *Olavs. it. island.* p. 412.

Planta petrarum *Mart. spitzb.* cap. 10. t. F. f. b.

β. *inflatus:* fronde apicem versus inflata. *Flor. dan.* t. 1127.

F. inflatus *Linn. svec.* n. 1148. *lappon.* n. 468. *Lightf. scot.* p. 910.

γ. *spiralis:* fronde tenui evesiculosa spiraliter torta.

F. spiralis *Linn. fl. svec.* n. 1147. *lappon.* n. 467. *Engl. bot.* 24. t. 1685. optime. *Esper. ic. fuc.* p. 36. t. 14.

δ. *rigidus:* stipite rigido inferne teretiusculo nudo.

Lapponibus *Tagi.* Norvegis Nordlandiæ *Blad-tang* item *Kue-tang* (quia vaccis pabulum præstat).

Hab. in summis littoribus a fluxu maris bene inundatis per partem interiorem sinuum et oras intimas insularum maritimarum Nordlandiæ Finmarkiæque vulgatissime.

γ. præcipue ad exitum fluminum in fundo maris. A me frequentissime inventus in fluvio Kobbvandselven sinus Sörfoldensis.

ε. in oris extimis insularum undis æstuantibus maxime expositis.

939. FUCUS *ceranoides:* fronde dichotoma lineari integerrima subenervi, apicibus tuberculiferis tumidis lanceolatis acuminatis.

F. ceranoides *Linn. fl. svec.* n. 1146. *lapp.* n. 465. *Turner. synops. fuc.* p. 156. n. 25. β.

F. filiformis *Gmel. hist. fuc.* p. 72. t. 1. f. 1.
F. distichus *Turner. hist. fuc.* n. 4. t. 4. *Lightf. scot.* p. 912.
F. linearis *Flor. dan.* t. 351. haud bona.

Hab. Nordlandiæ plerumque in scrobiculis et recessubus littoralibus aqua marina semper repletis nec sub refluxu maris evacuatis per promontoria insulasque exteriora sat frequenter. Circa Rörstad, ubi *Linné* sub itinere suo lapponico Fucos legit, vulgaris est.

Frons inferne caulescens seu per nonnullas dichotomias marginibus membranaceis carens, ibique subteres compressa; superne sensim alis seu marginibus foliaceis instruitur, ita ut apex sterilis semper reliqua fronde latior fit et subenervis. Vesiculæ tuberculatæ s. capsuliferæ subpedunculatæ sunt ob frondem sub ipsis angustatam, oblongæ vel potius cylindricæ inflatæ s. inanes (uti eas descripsit *Linné*), subsolitariæ vixque unquam connatæ s. geminæ.

2. FRONDESCENTES VENOSI: venis undique divergentibus.

940. FUCUS *sinuosus* γ: foliis membranaceis venosis roseis ovalibus sinuato-dentatis, stipite ramoso abbreviato perenni tereti.
F. sinuosus γ. quercifolius *Turner. hist. fuc.* n. 35. *synops. fuc.* p. 1. n. 1.
F. Palmetta var. *Esper. ic. fuc.* tab. 42.
F. roseus *Flor. dan.* t. 652.
F. rubens *Lightf. scot.* p. 913.

Hab. infra littora Nordlandica in stipitibus *Fuci digitati* parasiticus juxta oras promontoriaque extima passim. A me lectus ad Kierringöam multis locis.

Substantia foliorum quamquam tenuis quodammodo scariosa vel rigidula est. Color ejus roseus sub putrescentia primum in violaceum demum in tegularem colorem abit. Forma foliorum exacte foliis *Alni incanæ* convenit; in Lapponia vix lobata.

940. FUCUS *sanguineus*: foliis membranaceis venosis sanguineis oblongis undulatis integerrimis

subpetiolatis, costa tuberculifera, stipite ramoso tereti.

F. sanguineus *Linn. mant.* p. 136. *syst. nat.* XII. p. 718. *Turn. hist. fuc* n. 36. t. 36. *Engl. bot.* 15. t. 1041. *Gmel. hist. fuc.* p. 185. t. 24. f. 2. *Esper. ic. fuc.* p. 79. t. 38. *Lightf. scot.* p. 942, *Zoega fl. island.* n. 24.

Hab. in stipitibus *Fuci digitati* parasiticus cum præcedente rarius.

Substantia foliorum magis mollis et caduca quam in præcedente. Color ejus roseo-sanguineus formosissimus in aqua dulci cito testaceus et denique sordide lutescens evadit.

942. FUCUS *alatus*: fronde dichotoma sublineari venosa integerrima membranacea rosea: axillis excisis margine orbatis, stipite compresso.

F. alatus *Linn. mant.* p. 135. *syst. nat.* 12. p. 718. *Engl. bot.* 26. t. 1837. optim. *Turner. synops. fuc.* p. 144. n. 27. *Gmel. hist. fuc.* p. 187. t. 25. f. 1. 3. *Gunner. norv.* n. 750. *Esper. ic. fuc.* p. 20. t. 3. *Zoega fl. island.* n. 28. *Lightf. scot.* p. 951.

Hab. infra littora Nordlandica et Finmarkica in stipitibus *Fuci digitati* parasiticus cum præcedentibus passim.

In varietate latiori Gmel l. c. f. 3. frons omnino venosa est: venis lateralibus ad marginem excurrentibus perevidentibus; ideoque cum stricte sic dictis Fucis alatis uti *serrato* etc. haud sociari potest, sed præcedentibus proxime affinis est. Eodem modo etiam crescit sub aqua nonnullarum orgyarum profunditatis, quo omnes vicissitudines maris et ventorum haud penetrant. In genere tam naturali præferendæ sunt subdivisiones naturales. — Substantia hujus mollior quam in *F. sinuoso*, sed minus contractilis et crispabilis.

3. STIPITATI: stipite simplicissimo unifolio in radicem digitatam abeunte.

943. FUCUS *digitatus:* stipite tereti nudo elongato rigido, radice digitata, folio coriaceo ovali-subcordato concavo in lacinias ensiformes diviso.

F. digitatus *Linn. mant.* p. 134. *Turn. synops. fuc.* p. 207. *Flor. dan.* 3. t. 392. *Esper.*

icon. fuc. p. 99. t. 48. 49. *Zoega fl. island.* n. 21. *Olavs. it. island.* p. 443. *Lightf. scot.* 2. p. 935.

F. hyperboreus *Gunner. norv.* n. 61. tab. 3.

Phycodendron s. Fucus arboreus.

Norvegis Nordlandiæ *Tare - lägg* s. *Skalme-Tare.*

Hab. infra littora in fundo maris profunditate plurium orgyarum sub infimo refluxu, nec unquam aquæ superficiem attingens, idque juxta oras extimas insularum exteriorum et in scopulis profundis per totam Nordlandiam et Finmarkiam frequenter. In Vesteraalen, Andenes etc. stipites ejus crassitudinem fere brachii attingunt et undique materiam pro foco alendo suppeditant.

Hic omnium plantarum lapponicarum ne dicam europæarum frondes maximas gerit utpote homine dupplo triplove longiores. Mari septentrionali valde familiaris ibique eadem loca occupans ac *F. bulbosus* in mari meridionali. Quamquam adeo giganteus est vix specie differre videtur a varietate maxima *F. saccharini;* et fere mihi persuasum habeo quod inter utrosque nullus limes existit. Tamen unicuique absurdum apparuisset tenellam *Ulvam latissimam* et hunc gigantem plantarum maritimarum in una specie cogere. Nonnisi in profunda aqua magnitudinem insignem et ætatem majorem acquirere potest, simulque mucilaginem crassiorem in propriis ductubus corticalibus proferre; propius ad littora ab undis procellisque impeditur, quin adeo crescat et sic *F. saccharinus* oritur, demumque ubi aqua marina interdum defluit membranaceus tenuis et viridis fit sine mucilagine insigniori, qualis *Ulva latissima.*

944. FUCUS *saccharinus:* stipite tereti æquali, radice digitata, folio indiviso ensiformi subcoriaceo enervi.

F. saccharinus *Linn. fl. svec.* n. 1151. *lappon.* n. 460. *Gmel. hist. fuc.* p. 194. tab. 28. f. 1. *Turner. synops. fuc.* p. 198. n. 57. *Gunner. norv.* n. 116. *Esper. ic. fuc.* p. 52. t. 24. *Zoega fl. island.* n. 23. *Olavs. it. island.* p. 443. *Lightf. scot.* p. 940. *Pallas it. sibir.* 3. p. 34.

F. bifurcatus *Gunn. norv.* n. 312? *Act. nidros.* 4. p. 86. t. 6?
β. fronde bullata *Flor. dan.* 3. t. 416. *Esper. ic. fuc.* t. 57.
Ulva latissima *Linn. syst. nat.* — *fl. svec.* n. 1156.
Ulva mesenteriformis *Roth. germ.* 3. p. 534.
γ. fronde tenui membranacea, stipite abbreviato.
Ulva latissima *Gunner. norv.* n. 115.
Ulva longissima et maxima *Gunner. norv.* 2. p. 128. tab. 7.
Planta petrarum major. *Mart. spitzberg.* tab. I. fig. C.
Norvegis Nordlandiæ *Hæste-tare* sive *Troll-tare* (i. e. Equi marini ficti s. diaboli marini fucus).

Hab. infra littora in superficie maris refluxi vel in infimis littoribus interdum denudatis, per oras exteriores insularum et promontoriorum totius Nordlandiæ et Finmarkiæ frequenter.

Varietates omnes etiam perpusillæ digito minimo haud longiores, quales exhibet Gmel. tab. 28. f. 2. semper instruuntur radice digitata, qua facillime ab omnibus Ulvis etc. distingvuntur. Simplicissimus omnium est et nunquam e radice vel stipite stolones ullos profert, unde non potest non seminibus propagari quamquam adeo subtilissimis et dispersis ut hucusque observatorum oculos sese subtraxerunt.

Nomen specificum saccharinum perperam a Linnéo huic datum est, uti videtur ex auctoritate Sibbaldi synonymi ad *F. dulcem* vel *palmatum* pertinentis, qui vera est Alga saccharifera islandica. Hic nonnisi mucilaginem continet eamque tam crudam, ut ne quidem a bovibus edi queat; itaque Norvegi eum Diabolo marino pro esca destinaverunt.

945. FUCUS *esculentus*: stipite incrassato pinnis elongatis enervibus onusto foliumque ensiforme membranaceum percurrente.
F. esculentus *Linn. mant.* p. 135. *Lightf. scot.* 2. p. 938. t. 28. *Turner. synops. fuc.* p. 104. n. 22. *Engl. bot.* 25. t. 1759. *Flor. dan.* 5. t. 417. *Zoega flor. island.* n. 22. *Olavs. it. island.* p. 443.

F. pinnatus *Gunner. norv.* n. 313. *Act. nidros.* 4. p. 84. t. 8. f. 1. mala.

F. fimbriatus *Gmel. fuc.* p. 200. t. 29. f. 1.

F. folio plano ensiformi, caule pinnato. *Linn. flor. lappon.* n. 461.

Norvegis Nordlandiæ *Tare* (præ cæteris) item *Bue-Tare.*

Hab. infra littora adeo ut superficiem maris sub refluxu tangit usque ad profunditatem nonnullarum pedum juxta oras exteriores insularum et promontoriorum per totam Nordlandiam frequenter et Finmarkiam passim.

Hæc septentrionalibus regionibus propria species valde memorabilis est tum respectu structuræ ac materiei. Radix digitata est ut in præcedentibus et digitis suis nudis alimentum ex aqua marina sugere videtur. Substantia stipitis et costæ proprii indolis omnino cartilaginea et elastica est, flectendo haud difficile frangitur (nec ita tenax et lignea ac in *F. saccharino*), sed difficillime comprimitur et triturando in mortario comminuitur. Nihil mucilaginis cortinet, quod experimentis propriis intellexi; errant itaque qui statuunt Fucos mucilagine sua nutrire. Costa media folii crassa pennam anserinam plerumque æquans, simul ac stipes supra et subtus planiuscula, obtusangula (nec quadrangula ut plerique habent auctores). Folium longissimum sæpe orgyalem longitudinem attingens, semper tamen æque angustum et ensiforme, membranaceum, facile in lacinias transversales a margine ad costam lacerandum, eamque ob causam sub hieme undis adeo destruitur ut superne solus nervus medius nudus superstes sit. Stipes primo anno nudus; altero vere, dum maxima pars folii destructa est, in medio intumescit parumque dilatatur, ex qua intumescentia nascuntur foliola marginalia plana (nec unquam inflata ut dixit Gunnerus), falcata, obtusa, enervia, subcoriacea vel ipso folio crassiora.

4. FOLIACEI ACAULES membranacei sine ullo nervo vel venis.

946. FUCUS *canaliculatus:* dichotomus enervis coriaceus linearis subtus canaliculatus, apicibus tuberculiferis incrassatis truncatis.

F. canaliculatus *Linn. herbar.* — *Lightf. scot.* p. 917. *Gmel. hist. fuc.* p. 73. t. 1. A. fig. 2. *Engl. bot.* 12. t 825. *Turner. synops. fuc.* n. 41. *Zoega flor island.* n. 8

F. excisus *Linn. spec. plant.* p. 1627. *Gunner. norv.* n. 314.

F. rotundus *Esper ic. fuc.* t. 17.

Hab. in supremis littoribus ubi nonnisi a summo fluxu maris tangitur per oras interiores insularum et in mediis sinubus totius Nordlandiæ et Finmarkiæ ubique frequenter.

Folium ejus crassius quam in sequentibus et plerisque cæteris, semper æque angustum, sed longitudo ejus varia interdum vix pollicaris, sæpius ultra palmaris.

947. FUCUS *mammillosus:* dichotomus linearis cartilagineo-membranaceus supra canaliculatus nitidus purpurascens: apicibus rotundatis, tuberculis submarginalibus pedicellatis demumque foliaceis.

F. mammillosus *Turner. synops. fuc.* n. 43. *Engl. bot.* 15. t. 1054. optim.

F. alveolatus *Esper. ic. fuc.* p. 139. t. 70. (canaliculatus).

F. ceranoides *γ. Gmel. hist. fuc.* p. 115. *Lightf. scot.* p. 316.

F. spermophorus *Gunner. flor. norv.* n. 414?

Hab. in inferioribus littoribus sub refluxu infimo tantum denudatis per promontoria et insulas exteriores Nordlandiæ frequenter. Ego eum in parœcia Foldensi fere ubique legi.

Substantiâ suâ satis ab insequente *F. crispo* distingvitur. Quamquam tenuior est, tamen ita ridi-diusculus ut per se stare queat dum refluit aqua, et pulvillos perpulchros in scopulis format. Revera subcorneus est et valde tenax. Etiam siccatus Fucus valde flexilis, sed ita tenacissimus ut vix disrumpi queat. Superficies ejus nitida ob cellulosam compactiorem quam in *F. crispo.* Color semper purpureo-fuscus. Folium regulariter dichotomum (nec ut in *F. crispo* subpalmatum): laciniæ in media ejus altitudine prope margines obsitæ tuberculis numerosis, subcompressis, globulum seminalem foventibus. Versus apices laciniarum tubercula hæc ra-

riora

riora evadunt minusque elevata, sed eorum vestigia per series juxta margines disposita undique cernuntur.

948. FUCUS *crispus:* dichotomo-palmatus crispus subcartilagineus, laciniis planis acutiusculis, tuberculis solitariis in disco laciniarum immersis.

F. crispus *Linn. mant.* p. 134. *Gunn. norv.* n. 748. *Turner. synops. fuc.* n. 42. *Zoega fl. island. Flor. dan.* t. 1128. *Olavs. it. island.* p. 445. et 943.

F. pumilus *Vahl in Flor. dan.* t. 1066.

F. foliifer *Esper ic. fuc.* p. 106. t. 52. bona.

F. crispatus *Flor. dan.* 5. t. 826.

F. ceranoides *Gmel. hist. fuc.* p. 115. t. 7. f. 1. *Esper icon. fuc.* p. 143. t. 98. f. 1-3. *Lightf. scot.* 913.

Hab. in littore medio ad sinus exteriores Nordlandiæ et Finmarkiæ fere ubique.

Variæ quoque ejus formæ ibi occurrunt; γ. *stellatus Turner.* præ cæteris vulgaris in infimis littoribus.

949. FUCUS *soboliferus:* fronde membranacea plana enervi palmato-laciniata, margine prolifero: laciniis summis multifido-incisis. *Turner hist. fuc.* n. 45. *Vahl in Flor. dan.* t. 1066.

Hab. in fundo maris Finmarkiæ ubi unicum exemplar legit *Vahl.*

950. FUCUS *palmatus:* membranaceus palmatus purpurascens: laciniis magine foliosis: foliolis oblongis subsimplicibus.

F. palmatus *Turner. synops. fuc.* n. 33. *Lightf. scot.* p. 933. t. 27. *Engl. bot.* 19. t. 1306. bona. *Zoega fl. island.* n. 20. *Olavs. it. island.* p. 444. 942. 943.

F. ovinus *Gunner. act. nidros.* 4. p. 85. t. 9. *Flor. norv.* n. 310.

F. caprinus et rubens *Esper. ic. fuc.* p. 146. t. 74.

Ulva caprina *Gunner. norv.* n. 1001. t. 6. f. 4. *Flor. dan.* 7. f. 1228 (tenuior.).

Alga saccharifera *Borrichii.*

β. laciniatus: fronde tenuiter laciniata, foliolis sublinearibus.

Ulva delicatula *Gunn. norv.* n. 1035. t. 8. *Flor. dan.*

Norvegis Nordlandiæ *Sou-söll* (i. e. ovina ulva).

Hab. in infimis littoribus ubi vix sub extimo refluxu denudatur, tum per oras extimas insularum tum etiam in mediis sinubus Nordlandiæ et Finmarkiæ ubique. Interdum etiam parasiticus occurrit in stipitibus *Fuci digitati* ad scopulos extimos maris.

β. in *Fuco nodoso* ad interiores oras insularum parasiticus passim.

Magnitudine magis variat quam affines ejus. Sæpe cubitalem latitudinem attingit et tunc satis crassiusculus est, tamen semper adeo mollis et debilis ut lapidibus se adglutinat fere membranæ mucosæ instar. Hac sua mollitie ab omnibus similibus certissime distingvitur. Nec exsiccatione rigidus evadit. E cellulosa laxiori constituitur quam cæteri.

5. Caulescentes: foliolis fructiferis distinctis deciduis.

951. FUCUS *siliquosus:* caule compresso alternatim ramoso: ramulis dilatatis siliquæformibus: siliquis seminiferis lanceolatis, aliisque inanibus articulatis.

F. siliquosus *Linn. fl. svec.* n. 1130. *lapp.* n. 463. *Engl. bot.* t. 474. *Turner. synops. fuc.* p. 60. n. 15. *Lightf. scot.* p. 921. *Esper. ic. fuc.* p. 27. t. 8. *Zoega fl. island.* n. 11.

Hab. ad Nordlandiam Finmarkiamque in fundo maris arenoso profunditate orgyali sub infimo refluxu, idque juxta insulas et promontoria exteriora ubique parcius.

Hujus sic dictæ siliquæ dupplicis distincti generis sunt, quæ haud successu temporis in se invicem abeunt. 1) Siliquæ tuberculiferæ habent tubercula in superficie prominula et in corticali substantia sine ordine posita, poro sese aperientia et seminula fundentia; quæ siliquæ sub fine hyemis excrescunt et primo vere seminula fundunt, dein cadunt ut summa æstate frustra quæruntur. 2) Siliquæ articulatæ vel vesiculosæ sub æstate excrescere incipiunt, et tenellæ habent intus scrobiculos oblongos ternos justa se invicem in medulari substantia positos, idque quinis circiter seriebus distinctis. Singulus scrobiculus a cellulosa arachnoidea pertextus nec unquam seminula evidentiora continuisse videtur. Demum terni scrobiculi confluunt in unam concamerationem, et sic articulationes siliquæ formantur. Hæ siliquæ persistunt per totum annum et apicem foliaceum gerunt.

952. FUCUS *nodosus:* caule compresso dichotomo opposite crenato: ramſorum medio in vesiculam dilatato, globis fructiferis pedunculatis lateralibus.

F. nodosus *Linn. svec.* n. 1149. *lappon.* n. 464. *Engl. bot.* 8. t. 570. *Turner. synops. fuc.* p. 252. n. 46. *Lightf. scot.* p. 918. *Esper. ic. fuc.* p. 118. t. 60. *Zoega fl. island.* n. 10.

Norvegis Nordlandiæ *Stelk-tang.*

Hab. in superioribus mediisque littoribus ad oras interiores insularum exteriorum et exteriorem partem sinuum maris per Nordlandiam et Finmarkiam vulgatissime.

Caulis regulariter dichotomus: vesicula supra singulam dichotomiam una, quæ nunquam capsulas vel seminula evidentiora continuerit. Globuli re vera fructiferi semper laterales sunt (nec unquam in medio caulis seu ramorum), et a crenis caulis marginalibus oriuntur binati vel ternati, demumque seminibus effusis cadunt, ut sub autumno caulis omnino nudus et iis orbatus reperitur (eodem modo ac siliquæ fructiferæ in *F. siliquoso*). Qua autem functione funguntur vesiculæ illæ a fructu vero tam distinctæ adhuc latet. An seminula quædam alterius generis et omnium subtilissima continent? An talia seminula in bullis mucifluis *Fuci saccharini* speciem propagant?

6. CAULESCENTES NUDI COMPRESSI.

953. FUCUS *loreus:* carnosus, radice in calycem inanem solutum orbicularem efformata, caule funiformi subtereti dichotomo demumque tuberculato.

F. loreus *Linn. herb.* — *Turner. synops. fuc.* p. 246. n. 45. *Gunner. fl. norv.* n. 988. *Flor. dan.* 4. t. 710. *Engl. bot.* 8. t. 596. optim. *Esper. ic. fuc.* p. 43. t. 39. et 19. *Zoega fl. island.* n. 12. *Lightf. scot.* p. 920.

F. elongatus *Gmel. fuc.* p. 103. *Linn. spec. pl.* p. 1627. *Gunner. norv.* n. 1095?

Ulva pruniformis *Gunner. norv.* n. 737. t. 2. f. 6. et tab. 9. f. 4. 5. (status infantilis).

Hab. in infimis littoribus Nordlandicis etc. per oras extimas insularum exteriorum tam profunde ut vix sub infimo refluxu denudatur, passim.

Annuus est, nec unquam ultra hiemem vestigium ejus persistit. Primo vere (mense Maji) nonnisi globus pruniformis adest, intus cavus et aqua repletus, cujus ambitus dein dilatatus evadit et umbilicus supra depressus. Initio mensis Junii ex hoc umbilico proveniunt caules loriformes valde lubrici, carnosi et succosi, qui cito admodum elongantur et intra paucas hebdomades ultra pedem longi evadunt, per paucas dichotomias divisi, ubique aequales et denique per totam longitudinem tuberculis sparsis nodulosi. Caules lorei jam perfecti scutum calyciforme radicale collapsum reperitur et nihil succi aquosi ulterius continet. Capsulae turberculaeformes per totam longitudinem rarius sparsae, subrotundae, poro dehiscentes, intus filis arachnoideis repletae, quae inter semina majuscula rotundata opaca, interdum pyriformia fine angustiore adfixa (omnino ut in Fucis proprie sic dictis ex. gr. *vesiculoso*). Substantia omnium fucorum mollissima, adeo ut undique decumbit. Maxime paradoxus est; scutum calyciforme solum vices frondis gerit, et lora nonnisi spicae seminiferae sunt.

954. FUCUS *coccineus* β. *pusillus:* subcaulescens compressus submembranaceus digitato-ramosus roseus: ramulis distichis secundisque.

Var. F. coccinei *Turner. hist. fuc.* n. 39. t. 39. *synops. fuc.* p. 291. n. 54.

Var. F. Plocamii *Gmel. hist. fuc.* p. 153. t. 16. *Esper. ic. fuc.* p. 18. t. 2. *Lightf. scot.* p. 957.

F. cartilagineus *Huds. angl.* ed. 1. p. 475. *Gunner. norv.* n. 864?

F. gigartinus *Flor. dan.* 3. t. 394. (convenientissima fide exempl. island. in herb CelSwartzii) *Gunn. norv.* n. 847. *Zoega fl. island.* n. 53.

Hab. in ipsis radicibus Fuci digitati profunditate saltim duarum orgyarum sub infimo refluxu, idque ad oras exteriores insularum exteriorum Nordlandiæ. Ego eum ad Kierringöam parcius initio mensis Junii forsan non satis adultum legi. *Gunnerus* suum *F. gigartinum* in Finmarkia invenit.

Substantia, colore et figura frondis exacte cum *F. coccineo* convenit, sed vix pollicem altus a me saltim repertus, cristulam ex asse referens ramis suis fastigiatis distichis. Exsiccatus chartæ parum adhæret, colorem roseum diaphanum pulcherrime servat, et valde tenuis mollis et membranaceus adhuc esse reperitur; quibus notis a *F. cristato Turn.* et omni varietate *F. gigartini* veri longe discrepat.

955. FUCUS *plumosus:* caulescens compressus subcartilagineus roseus ramosissimus: ramis supradecomposito-pinnatis: pinnulis oppositis in apice quadrifido seminula nuda gerentibus.

F. plumosus *Linn. mant.* p. 134. *Gunner. norv.* p. 747. *Turner. hist. fuc.* n. 60. tab. 60. elegantiss. *synops. fuc.* n. 55. *Engl. bot.* 19. t. 1308. *Esper. icon. fuc.* p. 92. t. 45. *Zoega fl. island.* n. 30. *Lightf. scot.* p. 955.

β. tenerior, pinnis linearibus.

F. ptilotus *Gunner. fl. norv.* n. 1045. t. 2. f. 15. *Esper. icon. fuc.* p. 96. t. 46.

γ. tenerrimus.

F. pectinatus *Gunner. fl. norv.* n. 973. t. 2. f. 8. *Esper. icon. fuc.* p. 97. t. 47.

Hab. in fundo maris stipitibus *Fuci digitati* infixus parasiticus, idque juxta oras extimas scopulorum et insularum exteriorum Nordlandiæ et Finmarkiæ frequentissime. In his regionibus lætissime luxuriat ut proprie borealis species esse videtur.

Color ejus roseo-purpureus nativus cito evadit violaceus in aqua dulci et dein testaceus, denique etiam bene elotus in viridem usque abit. Ut conservetur color nativus requiritur acidum aquæ marinæ; quo remoto virescit ac si Alkali adfusum esset. His mutationibus coloris ab extractivo fugacissimo quali florum Malvæ etc. ortis obnoxii sunt fere omnes Fuci molliores et annui; sed qui magis cornei et perennes sunt, colorem quoque constantiorem habent ex. gr. *F. mammillosus, corneus, Brodiei, Ulva umbilicalis* etc.

956. FUCUS *pygmæus:* conglomeratus subgelatinosus dichotomo-ramulosus: apicibus tuberculo solitario globoso pertuso terminatis.

F. pygmæus *Lightf. scot.* p. 964. tab. 32. bona. *Engl. bot.* 19. t. 1332. *Turner. synops. fuc.* p. 208. n. 47.

Lichen confinis *Flor. dan.* 5. t. 879. *Achar. lichen. prodr.* p. 208.

Hab. ad littora vel supra littora Nordlandica et Finmarchica ubique, idque ubi a summo fluxu maris haud inundatur sed tantum sub procellis ab undis marinis irrigatur.

Hic Fucus respectu loci amphibius inter Fucos et Lichenes quoque respectu fructificationis ambigit; ad Fucos proprie sic dictos seu tuberculiferos proxime tamen accedere videtur (nec ad Sphærococcon).

6. Filiformes teretes.

957. FUCUS *aculeatus* β. filiformis ramosissimus cartilagineus, ramis alternis compressiusculis spinosis: spinulis distischis subulatis erectis.

F. aculeatus β. muscoides *Turner. synops. fuc.* n. 48. *Lightf. scot.* 2. p. 926 (caudatus). *Pallas it. sibir.* 3. p. 34. *Zoega fl. island.* p. 13. *Olavs it. island.* p. 445.

F. muscoides *Huds. angl.* 2. p. 590. *Gmel. hist. fuc.* p. 130. tab. 12 (nec Linnéi). *Gunner. norv.* n. 1071.

Planta facie caudæ equinæ *Martin. spitzberg.* t. I. fig. b.

Hab. infra littora Nordlandica ex. gr. Kierringöæ in fundo maris profunditate orgyali sub infimo refluxu, stipitibus *Fuci digitati* infixus parasiticus, idque juxta oras exteriores insularum exteriorum rarius copiose.

Substantia omnino cartilaginea ut in stipitibus *Fuci esculenti*, tamen exsiccatione non parum contrahitur et parum rigidus evadit. Color dum in mari degit olivaceus est ut in plerisque, sed in aëre evectus mox lætius virescit vel prasinus evadit, quem colorem plerique fuci nonnisi coquendo acquirunt. Longius autem vicissitudinibus aëris expositus rubescit ut alii, quo colore etiam papyrum ad adsiccandum adhibitum tingit.

958. FUCUS *viridis:* filiformis pinnatim ramosus supradecompositus subgelatinosus viridis: ramis ramulisque oppositis approximatis capillaribus tenuissimis continuis.

F. viridis *Turner. synops. fuc.* pag. 397. *Engl. bot.* 24. t. 1669. bona. *Flor. dan.* t. 886.

Hab. parasiticus inter F. plumosum etc. in stipitibus *Fuci digitati* ad oras exteriores insularum Nordlandiæ meridionalis ex. gr. ad Kierringöam et Rörstad copiose. Etiam lapidibus nudis adnatus in posteriori loco, tuncque non parum rufescens.

Præcedenti re vera proxime affinis præcipue colore sub aqua marina olivaceo sed extra aquam cito in prasinum abeunte. De cætero substantia subgelatinosa eum longe removet, ut etiam tenuitas tanta ut eum diu pro *Conferva villosa Dillv.* t. 37. habuerim et eum quoque cum *Conf. rhizoide Ehrh.* comparaverim.

959. FUCUS *lumbricalis β.* caulescens filiformis subcartilagineus dichotomus fastigiatus: apicibus fructificantibus lanceolatis tumidulis diaphanis.

F. lumbricalis β. *Turner. hist. fuc.* n. 6. t. 6. *synops. fuc.* p. 318. n. 59.

F. fastigiatus *Gmel. hist. fuc.* p. 106. t. 6. f. 1. *Lightf. scot.* 2. p. 930. *Flor. dan.* 3. t. 393.

F. caprinus *Gunner. norv.* n. 311. *Act. nidros.* 4. p. 82. t. 5. f. 4.

Hab. in cryptis recessubusque littoralibus aqua marina semper repletis, ut etiam infra littora in fundo maris ad insulas exteriores Nordlandiæ rarius.

In exsiccato hoc fuco superficies rugosa est; nec lævis ut in *F. rotundo Gmel.* Substantia utriusque horum fucorum simillimorum valde diversa esse videtur: in *F. lumbricali* sub extima epidermide substantia carnosa et mollior est, sed in centro compactior; unde rugæ superficiei in exsiccata planta et fractura difficilor et opacitas major. E contrario in *F. rotundo* substantia compactior cartilaginea extrinsecus posita est, unde facilius flectendo frangitur nec collabitur superficies sed transparentia magis conservatur. Exinde forsan etiam provenit, quod fructus *F. lumbricalis* in apice tumido formatur, dum apud *F. rotundum* per superficiem vel e latere rumpere cogitur ob corticem ad distendendum nimis rigidum. *Fucus lumbricalis* colorem in recenti magis olivaceo-fuscescentem habet; magis septentrionalis quoque est quam *F. rotundus Gmel.* neque in Lapponia neque a Lightfootio ad Scotiam visus.

960. FUCUS *plicatus:* setiformis subcorneus decumbens ramosissimus æqualis: ramis assurgentibus complicatis flexuosis.

F. plicatus *Gmel. hist. fuc.* p. 142. t. 14. f. 2. bona. *Engl. bot.* 16. t. 1089. *Turn. synops. fuc.* n. 60. *Lightf. scot.* p. 929.

F. albus *Gunner fl. norv.* n. 757.

β. subfastigiatus erectus subdichotomus. *Turner. syn. fuc.* n. 60.

F. cartilagineo-corneus etc. *Flor. dan.* 5. t. 408.

F. longissimus *Esper. ic. fuc.* p. 44. t. 20.

Hab infra littora in fundo maris vel in foveis recessubusque littoralibus aqua marina semper repletis per insulas promontoriaque exteriora Nordlandiæ et Finmarkiæ rarius; β. in sinu Altensi legi.

Substantia ejus durior quam in *F. rotundo Gmel.* qua eo longius a præcedente differt.

961. FUCUS *ramentaceus:* subfiliformis tenax: ramis confertis subcompressis elongatis.

F. ramentaceus *Gunn. norv.* n. 686.

Ulva sobolifera *Flor. dan.* t. 356.

Hab. in mari Finmarkico. A me ad sinum Altensem copiose lectus.

Obscura species *F. confervoidi* proxima, sed caule crassitudinis chordæ et duriore uti videtur bene diversa. Chartæ haud adhæret.

962. FUCUS *confervoides:* filiformis carnosiusculus ramosissimus purpurascens, ramis ramulisque subsecundis utrinque attenuatis.

F. confervoides γ. *Turner. synops. fuc.* n. 61. (secund. specim. ejus). *Engl. bot.* 24. t. 1668.

Hab. corallinæ plerumque adhærens in scrobiculis littoralibus aqua marina semper repletis parcius scil. ad Alten Finmarkiæ et Kierringöam Nordlandiæ a me lectus.

Fila ejus vel saltim ramuli exsiccando collabunt et plani evadunt, chartæque laxius adhærent. Eximie mollis est, haud vero gelatinosus ut *Ulva filiformis* cui omnium simillimus.

963. FUCUS *flagelliformis:* filiformis lubricus ramosus: ramis brevibus subdistichis sparsis subfurcellatis.

F. flagelliformis *Flor. dan.* t. 650. *Turner. synops. fuc.* n. 62. *Hist. fuc.* n. 85.

Hab. in *Fuco serrato* parasiticus infra littora Nordlandica ex. gr. Kierringöæ.

Ob lubricitatem insignem chartæ bene adhæret. Rami breves adeo ut caudam sciuri quodammodo refert.

964. FUCUS *subfuscus:* filiformis ramosissimus: ramulis superne aggregatis fastigiatis acicularibus strictis.

F. subfuscus *Turner. synops. fuc.* p. 350. n. 66. *Ejusd. hist. fuc.* n. 10. t. 10. *Engl. bot.* 17. t. 1104. bona.

F. variabilis *Gooden. et Woodw. transact. linn.* 3. p. 220.

Hab. infra littora ubi vix sub infimo refluxu denudatur tum in rupibus tum in stipitibus Fuci digitati idque ad oras exteriores insularum Nordlandiæ passim. A me circa Kierringöam multoties copiose lectus.

Ramulis suis fastigiatis arbusculam pulchre refert; tamen specimina majora ramos magis sparsos longiores gerunt. Fere ejusdem substantiæ est ac præcedens et chartæ laxius adhæret.

965. FUCUS *Filum:* filiformis simplicissimus utrinque attenuatus subcartilagineus subinanis lubricus.

F. Filum *Linn. svec.* n. 1153. *lappon.* n. 459. *Turner synops. fuc.* n. 63. *Flor. dan.* 5. t. 821.

F. Tendo *Esper ic. fuc.* p. 47. tab. 22.

Hab. infra littora præcipue in fretis angustioribus Nordlandiæ et Finmarkiæ occidentalis passim copiose.

966. FUCUS *lycopodioides: Gunner. fl. norweg.* n. 688. *Flor. dan.* t. 357. *Zoega fl. island.*

Hab. in mari Finmarkico: *Gunnerus.*

Plures quidem a *Rev. Gunnero* exhibentur Fuci uti in Finmarkia et Nordlandia lecti ex. gr. *F. dentatus et laciniatus;* eos vero repetere dubitavi quia nomina dubiis haud carent, et insuper lecti esse videntur inter rejectamenta maris ad littora. Omnes meos Fucos e fundo maris forcipe evulsi, nec alios uti indigenos assumere voluissem. Leginius undique ad littora Finmarkica semina *Mimosæ scandentis, Dolichos urentis* etc. e longinquo adventa; multo magis probabile ne dicam certum, quod Fuci e longinquo natant.

U L V A.

Gen. plant. ed. Schreb. n. 1670.

Planta subgelatinosa foliacea vel tubulosa seminula in superficie dispersa gerens.

* Planæ foliaceæ sessiles.

967. ULVA *umbilicalis:* plana orbicularis peltata sessilis subscariosa nitida fuscescens.

U. umbilicalis *Linn. spec. plant.* p. 1633. *Gunner. norv.* n. 959. *Lightf. scot.* p. 967.

F. Tremella umbilicalis *Gmel. hist. fuc.* p. 219.

Tremella marina umbilicata *Dillen. musc.* p. 45. t. 8. f. 3.

β. purpurea: elongata subensiformis undulata purpureo-fusca.

U. purpurea *Roth flor. germ.* 3. p. 555. *Catal. bot.* 1. p. 209. t. 6. f. 1.

Hab. in petris summi littoris ubi vix a summo fluxu maris inundatur idque ad oras extimas insularum exteriorum Nordlandiæ ubique.

β. nonnisi in fundo maris *Ulva filiformi* insidens reperi ex. gr. ad Sommerset in sinu Lerfjörd paroeciæ Foldensis Nordlandiæ.

Colore suo nitido demum in aureum et cupræum vario modo vergente petras admodum ornat. Quamquam substantia ejus satis tenuis tamen quodammodo scariosa et rigidula, adeo ut extra aquam sese sustinet et chartæ vix ac ne vix exsiccando adhæret. Color ejus sub infantia semper purpureo-fuscescens, nec unquam virens evadit nisi in statu senili decrepito.

β. longitudine sua spithamæa et angustie nec non tenuitate majori tantum differre videtur. Substantia de cætero eadem subscariosa.

968. ULVA *Lactuca:* membranacea undulata crispaque mollis viridis opaca.

U. Lactuca *Linn. fl. svec.* n. 1157. *Lightf. scot.* p. 970. n. 5. α. *Roth. fl. germ.* 3. p. 538.

Tremella marina vulgaris *Dillen. musc.* p. 42. t. 8. f. 1.

Hab. in fundo maris ubi ab aqua marina semper tegitur, idque utplurimum supra Corallinam ad insulas exteriores Nordlandiæ ubique.

Substantia hujus valde mollis e laxiori cellulosa constructa; itaque exsiccando chartæ firmiter se adglutinat. Color semper vivide et læte viridis (nec plus minus olivaceus ut in *Fuci saccharini* varietate tenuissima), qualis de cætero nonnisi iis plantis marinis competere videtur, quæ in aqua dulci etiam amphibiunt uti *Ulva compressa, Conferva glomerata* etc. Est in aqua marina curiosa quædam facultas colorem in rubrum mutandi! quæ tamen in plantis perfectis ex. gr. Zostera haud exercit.

969. ULVA *terrestris:* foliacea difformis arhiza undique flexuosa et bullata viridis opaca.

U. terrestris *Roth. flor. germ.* 3. p. 542. *Catal.* 1. p. 211.

U. crispa *Lightf. scot.* p. 972.

Tremella terrestris etc. *Dillen. musc.* p. 52. t. 10. f. 12.

Hab. juxta mare sed supra littora plures orgyas usque ad 100 pedes elevata in terra umbrosa nuda aere marino exposita Nordlandiæ et Finmarkiæ ubique.

Quamquam ab undis marinis nunquam irrigatur, tamen aërem marinum sibi exposcit et nunquam intra oras maritimas occurrit. Coriosum admodum est quam certas sedes sibi exposcunt plantæ marinæ. Hæc Ulva omnium summum locum occupat; postea *supra littora* crescit Fucus pygmæus, dein Ulva umbilicalis et Fucus canaliculatus. *Margo superior littorum* seu limes fluxus summi indigitatur serie numerosa Lepadis balanoidis; infra quam primum occurrunt Fucus vesiculosus et nodosus, dein Fucus serratus, Fucus crispus, Conferva rupestris; postea vel *in medio littore* Fucus mammillosus, Conferva rubra, denique in infimo littore nonnisi a summo refluxu denudato vigent Fucus palmatus et subfuscus, Fuci saccharini varietates tenuiores. *In ipso limite infimo littoris* vigent Fucus loreus, Fucus saccharinus. *Infra littus* ubi aqua marina nunquam deficit occurrunt Fucus esculentus et Ulva Lactura; demumque *in fundo maris* inter Corallinam et alia Zoophyta reperiuntur Fucus digitatus, siliquosus, confervoides, plumosus, alatus, sangvineus, Conferva diaphana etc. Ex omnibus his nulli magis mare a magno fluxu et reflexu motum sibi exposcunt, quam qui in infimo littore crescunt uti Fucus palmatus, loreus; ideoque ad littora Svecica Bahusiæ desiderantur.

** Tubulosæ et teretes.

970. ULVA *compressa:* tubulosa compressa passim constricta viridis, ramis elongatis.

U. compressa *Linn. fl. svec.* n. 1155. *Lightf. scot.* p. 969. *Engl. bot.* 25. t. 1739. optim.
U. tubulosa simplex *Linn. fl. lappon.* n. 458.
Conferva compressa *Roth. fl. germ.* 3. p. 485.
Tremella-compressa *Dillen. musc.* p. 48. t. 9. f. 8.
β. brevissima subcampanulata.

Hab. in summis littoribus ad intimos angulos sinuum præcipue juxta fluminum et rivulorum exitum per Nordlandiam et Finmarkiam ubique frequenter. β. in recessubus aquæ dulcis apricis.

Hæc contenta est aqua parum salsa, itaque *ad sinus intimos maris* crescere potest et peregrinatori ex alpibus provenienti primum obvenit. Mox etiam reperitur Fucus vesiculosus et nodosus, Conferva rupestris. Ulterius *versus pelagum* tendens legit Fucum serratum, dein Fucum canaliculatum et crispum; postea *ad promontoria* obveniunt Fucus palmatus, Ulva umbilicalis, Conferva polymorpha, Fucus saccharinus; et denique *ad oras extimas* insularum crescit Fucus loreus et esculentus etc.

971. ULVA *filiformis:* gelatinosa purpurascens subfiliformis, æquabilis ramosa: ramis sparsis longis distantibus.

U. filiformis *Huds. angl.* p. 570.

U. purpurascens *Engl. bot.* 9. t. 641. (haud Hudsoni).

Fucus contortus *Gmel. hist. fuc.* p. 181. t. 22. f. 1.

Hab. in fundo maris infra infimum refluxum vel in scrobiculis littoralibus aqua marina semper repletis per sinuum partes exteriores insulasque Nordlandiæ frequenter.

Filo sæpe dupplum crassior. Admodum lubrica gelatinosa et quasi opalescens, tamen superficies membranacea lævis et colorata. Substantiam ejus interiorem fere hyalinam gelatinosam reperi, sine ullis radiis seminuliferis et sine ullo nervo centrali; nequit itaque Rivulariæ species esse. Exsiccando chartæ se firmiter inglutinat gelatinæ vel muci instar, tamen eam crispat.

972. ULVA *cylindrica:* gelatinosa simplicissima utrinque obtusata apice incrassata subcylindrica viridis punctata evasculosa.

Icon tab. nostr. XXX. fig. 1.

Hab. in fluminibus magis pacificis lapidibus innata Lapponiæ Pitensis passim. Ad Arjeplog eam pluribus locis legi mense Augusti.

Substantia interna tota hyalina sine ullo nervo centrali et omnibus radiis seminuliferis. Color ejus dilute viridis consistit in punctulis superficiei sparsis, inter quæ tota substantia hyalina. Exsiccando substantia omnis evanescit et colorem tantum virescentem in charta relinquit.

Explicatio iconis: a. tota Ulva magn. nat. b. particula ejus transversim secta et oblique visa magn. 12es aucta. c. particula e latere visa paullo magis aucta.

CONFERVA.

Gen. plan. ed. Schreb. n. 1672.

Planta filamentosa: filis nodosis s. articulatis s. annulatis intus vel extus granuliferis.

1. NODOSAE: nodis opacis cum internodiis confluentibus.

973. CONFERVA *gelatinosa β. cærulescens:* nodis caulium incrassatis distantibus, ramulis verticillatis dichotomis gelatinosis subfuscis.

Batrachospermа ludibunda ε. cœrulescens. *Bory de St. Vincent in Annal. de Mus.* 1808. pag. 324. t. 30. f. 3.

C. gelatinosa *Linn. spec.* n. 1165. spec. pl. 1635. *Lightf. scot.* 2. p. 986. *Engl. bot.* 10. t. 689. *Dillwyn. conf. brit.* t. 32. *introd.* p. 63.

Batrach. moniliforme δ. vagum *Roth. germ.* 3. p. 482.

C. alpina lubrica, filamensis nodosis cæruleis. *Dillen. musc.* p. 38. t. 7. f. 45.

Hab. in lapidibus rivulorum Lapponiæ sylvaticæ inferioris parcius.

Varietas cærulescens heic tantum occurrit caule rigidiore, verticillis ramulorum minoribus et parum gelatinosis; in quo statu ad *C. atram* accedit. Ego quidem consultius puto *C. atram* pro distincta habere quam huic jungere, quamquam re vera valde affines sint.

Obs. Conferva quædam a me prope littora Nordlandica lecta et pro *C. spongiosa* habita nonnisi varietatem *C. pennatæ* sistit. Itaque *C. spongiosam* e Flora Lapponica excludo auctoritate Gunneri non satis fisus.

974. CONFERVA *atrovirens:* filamentis noduloso-punctatis atro-virentibus rigidulis: ramulis subsecundis brevibus intus graniferis.

C. atrovirens *Dillw. conf. brit.* t. 25. *introd.* pag. 60.

Hab. prope cataractas fluminum lapidibus saxisque adhærens per Lapponiam sylvaticam frequenter.

Ad Lichenes capillaceos revera tum habitu ac structura interna valde accedit. Substantia fibrarum primariarum subpellucida, punctis incrassatis nodulos efficientibus adspersa; quæ puncta approximata plerumque inordinate posita sunt, et nonnisi rarius juxta se invicem circa caulem posita circulos irregulares efficientia. Ex his tuberculis sparsim nati esse videntur ramuli breves pellucidi in axi granulis approximatis referti. Modum crescendi valde memorabilem et prolificantem habere videtur: granula centralia ramorum sensim dividuntur et in tubercula superficialia abire videntur, e quibus denique nascuntur novi ramuli. Filamenta primaria capillo plerumque duplo angustiora, ramuli vero capillo quadruplo tenuiores. Specimen Nobil. *Turnero* misi, quo de nomine Dillwynii certissimus factus sum.

975. CONFERVA *diaphana:* nodosa dichotoma, nodis purpureis, internodiis incrassatis diaphanis.

C. diaphana *Lightf. scot.* 2. p. 996. *Dillwyn. Conf. brit.* t. 38. *introd.* p. 78. *Engl. bot.* 25. t. 1742. optim. *Roth. fl. germ.* 3. p. 525.

Hab. in stipitibus *Fuci digitati* aliisque fucis perennibus profundius crescentibus ut etiam in Corallina scrobiculorum littoralium per littora Nordlandica et Finmarkica frequenter.

Nodi e substantia quadam spongiosa sive cellulosa tenuissima utriculari conflati sunt, unde striæ obsoletiores per internodia effunduntur ab eadem cellulosa tenuissima constructæ et neutiquam vasculares. Neque parietes membranacei neque vasa e membranis hyalinis constructa in hacunquam observantur; quo eximie a sequentibus differt. Granulum centrale vel nervus centralis omnis semper deest.

2. VASCULOSAE: internodiis striato-vasculosis.

976. CONFERVA *polymorpha:* creberrime articulata dichotoma, septis diaphanis, segmentis abbreviatis multistriatis.

C. polymorpha *Linn. svec.* n. 1174. *Lightf. scot.* 2. p. 989. *Dillwyn. brit. conferv.* t. 44. *introd.* p. 81. *Engl. bot.* 25. t 1764. optim.

Ceramium fastigiatum *Roth. fl. germ.* 3. p. 463.

Hab. in *Fuco nodoso* sub refluxu maris denudato locis pacificis frequenter.

Cæteris Confervis longe crassior, filo vix tenuior, extra aquam vix decumbens. Septa omnino diaphana et nullis membranis limitata, sed solis extremitatibus vasculorum indigitata. Segmenta valde abbreviata vel diametro triplum breviora; striis seu vasculis numerosis ultra decem in unoquoque latere, omnino isoletis. Granulum centrale in singulo segmento adest nigrescens.

977. CONFERVA *atrorubens:* articulata dichotoma extenuata rubro-nigrescens, segmentis multinervibus quadratis, ramulis demum multifidis subpenicilliformibus.

C. atrorubescens *Dillwyn. brit. conf.* tab. 70.

C. nigrescens *Huds. angl.* p. 595. *Dillw.* l. c. *introd.* p. 86.

Hab. in Corallinis lapidibusque per littora exteriora maris Nordlandiæ Finmarkiæque frequenter.

Quamquam sæpius intense rubra occurrit et tunc pro *C. rubra* haberi videtur a *Web. et Mohr* in editione germanica l. c. t. 54. fig. A a.; tamen secundum figuras *Dyllwynii* non potest non ad longe aliam speciem referri. Ob colorem lætiorem nomen Hudsoni ineptum credidi; occurrit vero interdum ad lapponiam satis crassa et eximie nigrescens varietas, quæ *C. nigrescentem* Huds. valde refert, cujus autem fructificationem nunquam reperi.

978. CONFERVA *stricta:* articulata dichotoma capillaris purpurea, ramis strictis fastigiatis, segmentis trinervibus diametro triplum longioribus. *Dillwyn. brit. conf.* t. 40. *introd.* p. 83.

Hab. in scrobiculis scopulorum rarius denudatorum et exteriorum infra littora maris prope Kierringöam Nordlandiæ passim copiose.

Colorem suum amoenissimum purpureum etiam sub exsiccatione servat. Nec de cætero ullo modo a Dillwynii figura et descriptione differt.

979. CONFERVA *pennata:* articulata olivacea ramosa, ramis pinnatis oppositisque approximatis strictis, segmentis subquadratis.

C. pennata *Huds. angl.* p. 604. *Dillwyn brit. conf.* t. 86. *introd.* p. 87.

Hab. inter Corallinam in scrobiculis aqua marina semper repletis tum Nordlandiæ ac Finmarkiæ parcius.

Inter hanc et sequentem sectionem fere ambigit vasculis tantum obsoletioribus in ramis adultis, et nervo centrali in ramulis ultimis. His notis non potest non a vera *C. scoparia* facillime distingui. Ramis suis plumosis valde notabilis inprimis cum rachis plana et pinnulis octuplo latior.

3. ARTICULATAE: articulis evasculosis.

* ramosæ.

980. CONFERVA *rupestris:* articulata dichotoma virgataque intense viridis, septis pellucidis subcontractis, segmentis elongatis opacis.

C. ru-

C. rupestris *Linn. svec.* n. 1176. *Dillwyn brit. conf.* t. 23. *introd.* p. 65. *Roth. fl. germ.* 3. p. 516. *Engl. bot.* 24. t. 1699. optim. *Flor. dan.* t. 948. *Roth. fl. germ.* 3. p. 516.

Hab. in rupibus littoralibus inprimis prope exitum fluviorum per totam Nordlandiam et Finmarkiam frequenter.

Sequentibus longe rigidior et fragilior, adeo ut exsiccando haud adhæret. Fila omnia tum infimi stirpis ac ramorum ultimorum ejusdem fere crassitudinis scil. capillo vix tenuiora. Figuram Dillwynii haud bonam esse puto; multo magis placet *Engl. bot.* tab. cit. ut etiam figura *C. ægagropilæ* in Web. et Mohr. schwed. reise, quæ tantum brevitate ab hac differt.

Omnes Confervæ hujus et sequentis sectionis modo crescendi longe differunt a præcedentibus. Sunt scilicet ubique ejusdem crassitudinis, articulis quasi concatenatis compositæ et revera moniliformes. E contra præcedentium sectionum confervæ e trunco crassiore sensim extenuantur in ramos multoties tenuiores, quo fabricam longe magis compositam indicant et Fucis Lichenibusque accedunt.

981. CONFERVA *glomerata:* articulata virgatim ramosa, ramulis secundis, septis subcontractis, segmentis elongatis pellucidis virescentibusque.

C. glomerata *Linn. spec. plant.* p. 1637. *Huds. fl. angl.* p. 602. *Dillwyn Conf. britt.* t. 13. *introd.* p. 65.

β. *marina* paullo crassior, viridior.

C. crystallina *Roth. fl. germ* 3. p. 515. (Forsan C. lætevirens *Engl. bot.* 26. t. 1854?)

Hab. in lapidibus fluviorum puriorum Lapponiæ sylvaticæ rarius; at β. in mari Nordlandico sat vulgaris.

Præcedenti forma articulorum et tota structura simillima, sed ramuli longe crebrius divisi et segmenta nonnisi parcissimâ materiâ granulosâ repleta flaccida, nec adeo fareta et rigida ac præcedentis.

982. CONFERVA *littoralis:* articulata dichotoma ramosissima tenuissima, segmentis abbreviatis pellucidis pallidisque.

C. littoralis *Linn. svec.* n. 1170. *Lightf. scot.* p. 979. *Dillw. conf. brit.* t. 31. *introd.* p. 70.
Ceramium confervoides *Roth fl. germ.* 3. p. 467.
Hab. in fucis prope littora maris ubique frequenter.

Tenuissima omnium est, utpote capillo decies fere angustior, septis tenuissimis et segmentis nulla materia colorata repletis. Ob tenuitatem maximam mucilaginem potius quam confervam in aqua refert.

983. CONFERVA *mutabilis:* ramulis fasciculatis glomeratisve brevibus, filis primariis simpliciusculis hyalinis articulatis, segmentis subventricosis,

C. mutabilis *Roth. germ.* 3. 1. p. 518. *Dillw. conf. brit.* tab. 12. *introd.* p. 63.
C. gelatinosa γ. *Huds. angl.* p. 598.
Drapernaldia mutabilis *Bory de St. Vincent in Annal. de Muse.* 1808. p. 402. t. 35. f. 1.
Hab. in fluviis purissimis Lapponiæ sylvaticæ rarius.

Tota structura a *C. gelatinosa* diversissima, quamquam habitu quodammodo similis. Sola est species hujus sectionis in qua fila primaria (capillo vix angustiora) ramulis ultimis multoties crassiora sunt, aliis quoque respectubus a cæteris longe aliena.

984. CONFERVA *seriata:* subcontinua vage ramosa, utriculis centralibus punctiformibus approximatis viridibus.

Icon tab. nostr. XXX. fig. 2.
Hab. in limo inundato paludum Lapponiæ sylvaticæ passim copiose.

Filamentis admodum implexis pellem murinam valde refert, eamque ob causam diu a me pro *Conferva myochroa Turn.* habita est. Sed puncta centralia admodum insignia sunt, in ramis tenellis fere confluentibus, in adultioribus bene distinctis et demum in utriculos subdiaphanos abeuntia. Fila capillo quinquies angustiora.

Explicatio iconis: a. Confervæ fila nonnulla magn. nat. — b. pars fili unius cum ramulis magn. 80:es auct.

** Simplices.

985. CONFERVA *fucicola:* articulata simplex rufescens, segmentis quadratis egranulosis pellucidisque.

C. fucicola *Vellej's mar. plant. pl.* 4. *Dillw. brit. conf.* t. 66. *introd* p. 53.
C. ferruginea *Roth. germ.* 3. p. 505.
Hab. in Fuco serrato etc. sub aqua marina plerumque recondito fere ubique.

Pulchella species fasciculos e centro radiantes constituens. Fila crassitudinem capilli fere attingunt. Septa in sicco opaca, in humido pellucida quamquam tenuia. Segmenta colore saturatiore limitata, de cætero utique diaphana.

986. CONFERVA *atropurpurea:* subarticulata simplex, granulis subquadratis approximatis demum bipartitis purpureis.
C. atropurpurea *Mert. MS.* secund. ex. Mohrii. *Dillwyn brit. conferv.* tab. 103. *introd.* p. 54.
Hab. in saxis sub refluxu maris vix denudatis ad insulas exteriores Nordlandiæ rarius.

Substantia ejus admodum mollis et succosa, unde etiam exsiccata et in aqua iterum immersa admodum torquetur et oscillat, uti de Oscillatoriis narrant. Nec articuli adeo evidentes, quin potius granula in tubo communi locata videantur. Fila juniora ni fallor virescunt.

987. CONFERVA *bipunctata:* articulata simplex virescens, segmentis oblongatis bilocularibus bimaculatisque.
C. bipunctata *Roth. catal. bot.* 2. p. 204. *Engl. bot.* 23. t. 1516. bona. *Dillw. conf. brit.* t. 2. *introd.* p. 50.
Hab. in lapidibus fluminum præcipue in cataractis Lapponiæ sylvaticæ et subalpinæ frequenter.

Cæteris Confervis aquarum dulcium longe frequentior est, lanugine rigidiore et magis tortuoso lapides insigniter obvestiens.

988. CONFERVA *quinina:* articulata simplex, linea granulifera spirali simplici; granulis demum confluentibus.
C. quinina *Müll. in Nov. Act. Petrop.* 3.
C. spiralis *Dillw. conf. brit.* tab. 3. *introd.* p. 50. *Engl. bot.* 23. t. 1656.
Hab. in fluminibus Lapponiæ sylvaticæ parcius.

989. CONFERVA *pectinalis:* simplex compressa attenuata creberrime articulata, segmentis valde abbreviatis facile dissilientibus hyalinis.

C. pectinalis *Müll. in Nov. Act. Petr.* 3. *Engl. bot.* 23. t. 1611. *Dillw. conf. brit.* t. 24. *introd.* p. 51.

Hab. inter *C. glomeratam* et *bipunctatam* in fontibus etc. Lapponiæ sylvaticæ haud raro.

Compressa omnino est nec teres saltim postquam exsiccata fuerit. Hoc quidem conspicitur, quando lamina vitrea ita inclinatur sub microscopio composito, ut aqua motu suo specimina circumvolvit vel volvendo latera omnia plantæ conspicienda præbet.

990. CONFERVA *flocculosa:* simplex compressa articulata, segmentis subquadratis facile dissilientibus nervo hyalino centrali notatis.

C. flocculosa *Engl. bot.* 24. t. 1761. optim. *Dillwyn. brit. conj.* t. 28. *introd.* p. 52. *Roth. germ.* 3. p. 523.

Hab. cum præcedente inter *C. bipunctatam* ex. gr. ad templum Arjeploug Lapponiæ Pitensis.

Nullum est dubium, quin præcedenti proxime affinis sit, tamen ob nervum hyalinum non potest non distingvi contra sententiam Cl. *Weber* et *Mohr* in ed. germ. operis *Dillwynii.*

4. Annulatae.

991. CONFERVA *flos aquæ:* filis omnium tenuissimis pectinatim congestis cohærentibusque subannulatis.

C. flos aquæ *Roth. Catat.* 3.

Byssus Flos aquæ *Linn. svec.* n. 1182. *lappon.* n. 529.

Hab. in fluviis pacificis Lapponiæ sylvaticæ rarius ex. gr. ad Wajkijaur Lapp. Lulensis copiose; aliud vero naturæ productum re vera pulverulentum pro flore aquæ plerumque habitum vulgatius occurrit (Flor. lappon. n. 552.)

NOSTOC.

Schrank - Vaucher.

Massa gelatinosa granulis excentricis composita.

992. NOSTOC *vulgare:* gelatinosa tremulans virescens subplicata.

Nostoc vulgare *Schrank.*

Tremella Nostoc *Linn. fl. suec.* n. 1136. *lappon.* n. 530.

Linkia Nostoc *Mohr in Web. beitr.* 2. p. 359.

Hab. in pratis stercoratis Lapponiæ passim.

Ordo V. FUNGI.

SPHAERIA.

Persoon. synops. fung. pag. 1.

Fructus sphærulæ subglobosæ intus cavæ sive seminulis perispermio indutis repletæ.

Fungillus plerumque verruciformis seu nullus.

993. SPHAERIA *concentrica:* globosa magna, sphærulis in strata concentrica dispositis numerosissimis.

S. concentrica *Persoon. syn.* p. 8. *Albertin.* et *Schweiniz fung.* p. 3.

Hab. in ramis caudicibusque *Betulæ albæ* totius Lapponiæ sylvaticæ passim.

Aterrimi hi fungi, magnitudinem pugnæ manus sæpe attingentes, in sola Betula ejusque cortice niveo crescunt, ubi aspectum valde notabilem efficiunt. Valde longævi esse videntur, quum stratum tantummodo unicum Sphærularum singulo anno adponunt. Sphærulæ ratione magnitudinis totius fungi satis minutæ, utpote seminibus Papaveris haud grandiores, astomæ, puncto minuto sese aperientes. Substantia interna omnino carbonacea, fragilis, subnitens, nigra.

994. SPHAERIA *fusca:* composita subrotunda fusca subpulverulenta intus concolor, sphærulis subcutaneis umbilicatis.

S. fusca *Pers. syn.* p. 12. et in *Ann. bot.* p. 22. t. 2. f. 3.

S. fragiformis *Hoffm. pl. crypt.* I. p. 20. t. 5. f. 1.

Hab. in cortice *Alni incanæ* Lapponiæ sylvaticæ rarius ex. gr. ad Sodanhylä Kemensem.

Totus fungillus magnitudine Pisi minoris supra planiusculus vel subdepressus. Sphærulæ vix prominent, seminibus Papaveris multo minores.

995. SPHAERIA *deusta:* composita effusa inæqualis nigra primo fuscescens, sphærulis prominentibus papillatis.

S. deusta *Hoffm. crypt.* 1. p. 3. t. 1. f. 2. *Persoon. synops.* p. 16.

S. versipellis *Tode fung. mekl.* 2. p. 55. t. 17. fig 129.

Hab. in ligno betulino denudato Lapponiæ quoque subalpinæ ex. gr. ad Polmack Finmarkiæ.

In prima ætate præcedenti satis similis, sed multo magis irregularis. Sphærulæ maturæ multo grandiores utpote seminibus Sinapios vix minores, adeo prominentes ut totum fungum verrucosum efficiunt, plus minusve elevatæ et inæquales, satis fragiles et, sæpe disruptæ.

996. SPHAERIA *Betulæ nanæ:* epiphylla composita effusa nigerrima, sphærulis prominulis umbilicatis.

Icon tab. nostr. XXX. fig. 3.

Hab. in foliis *Betulæ nanæ* per alpes rarius; Måsöæ in Finnarkia a me tantum lecta.

Structura sua præcedenti haud dissimilis, sed adeo minutissima ut totus fungillus semine Sinapios minor et singula sphærula capillo angustior. Pro Xylomatis specie itaque facile haberetur, nisi sphærulæ adeo prominerent, ut facile cum ostiolo suo discernerentur præcipue in humectato statu.

Explicatio iconis: a. folium *B. nanæ* cum fungilli acervulis pluribus magn. nat. b. folii particula cum acervulo fungilli uno magn. 8es auct. c. stroma unum fungilli perpendiculariter sectum 70:es auctum.

997. SPHAERIA *ochracea:* epiphylla composita crustacea flava, sphærulis immersis minutis rufescentibus.

Xyloma rubrum *Persoon. synops.* p. 105.

Hab. in foliis *Pruni Padi* vivis frequenter.

Crusta coriaceæ fere substantiæ, ipso folio duplo tantum crassior. Puncta fulva re vera aperturæ sunt peritheciorum subtus latentium; quæ perithecia intus capillo duplo triplove latiora, pariete pallidiori cincta, subtus puncta elevata in aversa folii pagina efficiunt. Totus fungillus *Lichenem Acharii* admodum refert colore et magnitudine omnium partium.

998. SPHAERIA *nivea:* scutelliformis alba, sphærulis rostratis immersis: ostiolis superficialibus nigris centralibus

S. nivea *Hoffm. crypt.* 1. p. 28. t. 6. f. 3. *Persoon. synops.* p. 38. *Albertin. et Schweiniz fung. nisk.* p. 19. n. 58. α.

Lichen rosaceus *Flor. dan.* t. 825. f. 1.

Hab. in cortice ramulorum exsiccatorum *Populi tremulæ* Lapponiæ sylvaticæ fere ubique.

Verrucæ supra epidermidem prominentes seminibus Sinapios haud multo majores; disco plano et margine explanato sublacero albo. Ostiola eminentia, approximata in disco scutellæ; quorum vero sphærulæ profunde sub scutella in ipso cortice populino latent, nulloque conceptaculo communi gaudent, magnitudine circiter seminum Papaveris, dupplumque majorem diametrum occupantes quam scutella eminens.

999. SPHAERIA *calvula:* verruciformis composita cinerea, sphærulis rostratis immersis: ostiolis prominentibus nigris marginalibus.

Icon tab. nostr. XXX. fig. 4.

Hab. in cortice ramulorum exsiccatorum *Salicis glaucæ* prope Sodankylä Lapponiæ Kemensis.

Præcedenti valde affinis ob situm sphærularum et figuram ostiolorum prorsus convenientem. Ipsae vero verrucæ adhuc minores apparent, supra convexæ et immarginatæ; ostiola adeo prope marginem disposita ut centrum omnino læve et cinereum relinquunt.

Explicatio iconis: a. ramulus salicinus cum hujus Sphæriæ stromatibus pluribus magn. nat. b. stroma unum e latere visum magn. 8es auct. c. idem stroma superne visum eodem augm. d. stroma perpendiculariter sectum cum ipsis sphærulis subtus in cortice latentibus magn. 16es auct.

1000. SPHAERIA *subcutanea:* composita plana effusa, papillis sphærularum prorumpentibus distantibus.

S. tessella β. decedens *Persoon. synops.* p. 48?

Hab. sub epidermide ramorum *Salicis phylicifoliæ* per totam Lapponiam usque ad lacum Enarensem passim.

Tumores usque ad pollicem latos et parum elevatos efficit sub epidermide prorepens; nec nisi singula ostiola distantia epidermidem penetrant et fungum subtus latentem indicant. Sphærulæ seminibus Papaveris parum grandiores, subrotundæ, papillulas breviores emittentes, corticem vix intrantes, sed inter corticem et epidermidem nidulantes revera intercutaneæ.

1001. SPHAERIA *coronata:* aggregata conica, sphærulis conceptaculo inclusis: rostris conniventibus liberis superne incrassatis pentagonis.

Sph. coronata *Hoffm. crypt.* 1. p. 26. t. 5. f. 3.

Hab. in cortice ramorum Sorbi Aucupariæ totius Lapponiæ sylvaticæ frequenter; in Pruni Padi autem rarius ex. gr. ad Polmach Finmarkiæ lecta.

Conceptaculum tumidum nonnisi sphærulas ipsas includit, adeo ut ultra dimidia pars rostrorum nuda patet. Sphærulæ numerosæ ultra viginti fungillum pisi minoris magnitudine efficiunt. Proboscides rostrorum fastigiatæ vel ejusdem altitudinis, unde fungillus supra planus evadit.

1002. SPHAERIA *pusilla:* aggregata depressa, sphærulis nudis decumbentibus rostris convergentibus apiceque conjunctis.

S. pusilla *Persoon. synops.* p. 46. t. 1. f. 14. a.

Hab. sub epidermide *Betulæ albæ* juniori frequenter, *Alni incanæ* rarius.

Parum cortici adhæret et plerumque cum epidermide detrahitur, unde difficilius integra denudatur. Sphærulæ seminibus Papaveris fere minores vix cohærentes, inter epidermidem et corticem nudæ latentes circinatim dispositæ, rostris rimulam epidermidis centralem petentibus.

1003. SPHAERIA *mammiformis:* subaggregata, sphærulis paucis connatis majusculis globosis papillatis.

S. mammiformis *Hoffman. crypt.* p. 13. t. 3. f. 2. *Persoon. synops.* p. 64?
Hab. in cortice ramorum *Salicis capreæ* Lapponiæ sylvaticæ passim; ut etiam rarius sub epidermide Betulæ crassiori.

Hujus sphærulæ majores quam alius cujusdam speciei lapponicæ scil. semine Sinapios grandiores; de cætero nigro-fuscæ, læves, papillo minuto præditæ. Simplex vix dici meretur, quum sphærulæ communem maculam paginæ inferioris corticis semper efficiunt.

1004. SPHAERIA *sangvinea:* simplex globulosa sangvinea papillata.
S. sangvinea *Sowerby.* — *Bolton.* — *Persoon. synops.* p. 81.
S. coccinea *Persoon. synops.* p. 49?
Hab. parasitica in *Sphæria coronata Hoffm.* supra corticem Sorbi Aucupariæ rarius.

Pustulas dictæ Sphæriæ sæpe adeo obtegit ut stroma ipsius crederes; interdum vero parcior est ut proboscides pentagonæ facile dignoscuntur. Sphærulæ inter minutiores, seminibus Papaveris multo tenuiores vel capillo nonnisi triplo latiores.

1005. SPHAERIA *pulvis pyrius:* simplex, sphærulis rotundatis libèris superne rugosis sulcatisve.
S. pulvis pyrius *Persoon. synops* p. 86.
Hab. in ligno denudato plerumque betulino supra terram inter muscos dejecto per totam Lapponiam etiam subalpinam frequenter.

Sphærulæ semper seminibus Papaveris minutiores aterrimæ, subnitidæ, a ligno fere solutæ vel unico tantum punctulo adhærentes; situ vero valde variabiles, interdum approximatæ, sæpe sparsæ in crustam subcæsiam vel hyloicam, quo in statu Hysterium quoddam admodum refert.

1006. SPHAERIA *Dematium:* simplex, sphærulis umbilicatis planiusculis pilis erecto-divergentibus medio obsitis.
S. Dematium *Persoon. synops.* p. 88?
Hab. in capsulis *Bartsiæ alpinæ* raro ex. gr. prope Hammerfest Finmarkiæ.

Sphærulæ in meis speciminibus omnino solitariæ, nec congestæ, unde de identitate fungilli Persoonii incertus hæreo. Respectu magnitudinis sphærulæ duplo circiter minutiores seminibus Papaveris; subumbilicatæ, circa umbilicum pilis minutissimis aterrimis rigidulis obsitæ.

1007. SPHAERIA *setacea*: simplex epiphylla, sphærulis sparsis latentibus, rostris setaceis attenuatis.

S. setacea *Persoon. synops.* p. 62? *Albertini et Schweinitz fung. nisk.* p. 32.

? S. tubæformis *Tode fung. mekl.* p. 41. t. 16. fig. 128.

Hab. in foliis deciduis *Betulæ albæ* et *nanæ* per totam fere Lapponiam.

Sphærulæ intra membranas folii latentes tumores seminibus Papaveris paullo grandiores efficiunt. Setulæ aterrimæ.

1008. SPHAERIA *fallax*: simplex sparsa, sphærulis sursum cylindricis subapertis basi farctis semiglobosis.

? S. fallax *Persoon. synops.* p. 92.

Hab. in cortice *Pruni Padi* Finmarkiæ copiose.

Pezizis re vera affinis substantia sua carnosa, labiis oris tumidis etc. Nucleus fructigerus subfulvus, cylindricus.

H Y S T E R I U M.

Persoon. syn. p. 97.

Fructus perithecium elongatum, rima longitndinali dehiscens.

Fungillus nullus.

1009. HYSTERIUM *versicolor*: ovale subdepressum læve, marginibus rimæ prominentibus contiguis rufescentibus.

Icon. tab. nostr. XXX. fig. 5.

Hab. in foliis deciduis *Salicis hastatæ*, *arbusculae* etc. per Lapponiam alpinam et subsylvaticam ex. gr. ad Hammerfest Finmarkiæ et ad Sotajoki parœciæ Enare.

Pulchra species nulli alii affinis. Perithecium semper ejusdem magnitudinis semine Papaveris paullo minus, e membrana fragili chartacea factum, per se aterrimum, sed extus pruina glaucescente obductum, intus pulvisculo subfusco vel rufescente inquinatum. Rima per totam longitudinem perithecii extenditur; labiis tenuibus in medio contiguis.

Explicatio iconis: a. folii salicini pars cum hujus Hysterii speciminibus pluribus magn. nat. — b. fungillus unus superne visus magn. 16es auct. — c. isdem e latere visus eod. augm. — d. ejus sectio transversalis oblique visa eod. augm.

1010. HYSTERIUM *pulicare:* oblongum utrinque obtusum tumidum striatum.

H. pulicare *Persoon. syn.* p. 98.

Lichen alneus *Achar. prodr.* p. 20.

Hab. in cortice frustuloso præcipue Alni per totam Lapponiam sylvaticam ubique frequenter.

Magnitudine quidem variat, sed pulice nunquam majus evadit.

1011. HYSTERIUM *elongatum*: oblongo-lineare acutiusculum tumidulum striatum.

H. fraxini *Persoon. syn* p. 100. t. 2. fig. 5 7.8?

Hab. in ramis denudatis *Salicis capreæ* passim.

Præcedenti adeo affine ut vix specie diversum. Eodem gradu durum et timidulum.

1012. HYSTERIUM *parallelum:* erumpens lineiforme parallelum disco demum explanato fuscescente.

Lichen parallelus *Achar. prodr.* p. 23.

Hysterium abietinum *Persoon. syn.* p. 101.

Hab. in ligno denudato putrescente præcipue Juniperi per totam fere Lapponiam frequenter.

Substantia disci haud anthracina ut in præcedentibus, sed revera subcarnosa et nonnihil pellucens, præcipue alteram versus extremitatem gelatinam quasi effundens.

1013. HYSTERIUM *pezizoides:* erumpens oblongum subparallelum, disco demum explanato fuscescente marginibus deciduis albis.

Hab. in ligno putrescente betulino Finmarkiæ prope Hammerfest.

Paradoxa species disco suo lato carnoso Pezizis simillima; sed primum rima longitudinali e labiis accessoriis facta diversissima et præcedenti revera proxime affinis.

1014. HYSTERIUM *Sorbi:* erumpens oblongum, disco explanato nigricante intus albido.

Hab. in ipso epidermide ramulorum *Sorbi Aucupariæ* Finmarkiæ.

Intra membranas epidermidis sedet et per extimam erumpit. Discus omnino ejusdem texturæ ac in præcedentibus, ut non potest non ejusdem generis esse; magnitudine et forma seminis Papaveris. Dissectus vero discus maculas oblongas omnino albidas in superficie ramulorum relinquit.

X Y L O M A.

Persoon. synops. fung. p. 103.

Fructus perithecium difforme, farctum, irregulariter rumpens, basi carnosa interdum insidens.

Fungillus nullus.

1015. XYLOMA *salicinum* β.: compositum crassum tumidum inæquale intus basi album.

X. salicinum var. *Persoon. syn.* p. 103. obs. 2.

Hab. in foliis *Salicis lanatæ, reticulatae* etc. per totam Lapponiam etiam alpinam passim.

Varietas minor est vix ultra duas lineas lata, composita tuberculo majori centrali et pluribus minoribus lateralibus tuberculis. Singulum tuberculum semine Sinapios fere majus, supra planiusculum, lævissimum, intus demum subinflatum; stratum enim exterius nigrum a basi alba elevatur, idque forsan ob seminula interjacentia. Basis illa carnosa dimidiæ lineæ crassitudinis, insigniter candida.

1016. XYLOMA *Andromedæ:* compositum oblongum crassiusculum rugoso-costatum nitidum.

X. Andromedæ *Persoon. syn.* p. 104. *Albertini* et *Schweinitz. fung. nisk.* p. 62.

Hab. in foliis *Andromedæ polifoliae* frequenter.

Rugæ illæ notabiles, quæ in humido fungo persistunt, limites internos peritheciorum indicant. Præcedenti multo tenuius est, et intus aterrimum sine ulla basi discolori.

1017. XYLOMA *alneum:* simplex minutum subrotundum plicatum. *Persoon syn.* p. 108. *Albertini et Schweinitz fung. nisk.* p. 66.

Hab. in foliis *Alni incanæ* adhuc viridibus frequenter.

N A E M A S P O R A.

Persoon synops. p. 108.

1018. NAEMASPORA *crocea:* nuda albescens, cirris inæqualibus flavo-croceis.

? N. crocea *Persoon synops.* p. 109.

Hab. in ramis siccis *Pruni Padi* ad Väskinjarga prope flumen Tana Lapponiæ Kemensis.

AECIDIUM.

Persoon synops. p. 204.

1019. AECIDIUM *cornutum:* compositum flavum, peridiis cylindricis longis fimbriatis subgriseis.

A. cornutum *Persoon syn.* p. 205.

Hab. in pagina supina foliorum vegetantium *Sorbi Aucupariae* Lapponiæ sylvaticæ frequenter.

Stroma fungilli vel basis ejus vix unquam semine Cannabis latius, subcorneum. Peridia e fundo ejus nascuntur et primum subulata prorumpunt, demum apice irregulariter finduntur.

1020. AECIDIUM *Phacae frigidae:* peridiis sparsis cupulatis subintegris sublividis, seminulis fuscis.

Hab. in foliis *Phacae frigidae* per alpes Finmarkiæ orientalis prope Polmack.

Inter minutiores hujus generis species: peridiis capillo triplo tantum latioribus, subhyalinis. Pulvisculus seminalis demum totum folium obtegit. Peridium clausum planiusculum est; dein quasi operculo circumscisso dehiscit, unde marginis integritas insignis oritur.

UREDO.

Persoon synops. p. 214.

1021. UREDO *betulina:* rubicunda conferta inæqualis bullata crispaque clausa.

U. populina β. betulina *Persoon. syn.* p. 219.

Hab. in foliis *Betulae albae* frequenter.

1022. UREDO *Ledi:* sparsa aggregataque miniato-aurantiaca subcylindrica, pulvere laxo. *Albertini et Schweinitz fung. nisk.* p. 125.

Hab. in pagina inferiori *Ledi palustris:* ad Polmak Finmarkiæ copiose lecta.

1023. UREDO *caricis:* pulvere nigro capsulas replens. *Persoon syn.* p. 225. *Albertini et Schweinitz fung. nisk.* p. 130.

Hab. in capsulis *Caricum* præcipue *paniceæ* frequenter.

LYCOPERDON.

Persoon synops. p. 140.

1024. LYCOPERDON *Bovista:* subrotundum lacero-dehiscens *Linn. svec.* n. 1280. *Lapp.* n. 525.
Hab. in pratis sicrioribus per totam Lapponiam usque ad Kistrand Finmarkiæ.
Obs. *Lycoperdon cervinum Linn.* extra Lapponiam tantummodo lectum est secundum ipsius *Linnéi fl. lapp.* n. 526.

LYCOGALA.

Persoon synops. p. 157.

1025. LYCOGALA *miniata:* gregaria globosa primum miniata demum fuscescens, pulvere roseo. *Persoon syn.* p. 158.
Lycoperdon Epidendrum *Linn. spec. plant.* p. 1654. *Lightf. scot.* 1068. *Sowerb. fung.* t. 52.
Hab. in ligno denudato putrido Lapponiæ sylvaticæ passim ex. gr. ad Sodankylä Lapp. Kemensis.

STEMONITIS.

Persoon synops. p. 186.

1026. STEMONITIS *fasciculata:* cespitosa major, capillitio subattenuato cortice toto evanescente. *Persoon. syn.* p. 187.
Clathrus nudus *Syst. veg. ed. Murr.* p. 1017.
Trichia nuda *Sowerb. fung.* t. 50.
Hab. in parietibus ligneis rarius; mihi obvia ad Muddosjaur prope Enare Lapponiæ Kemensis.
Stipite rigido demum omnino denudato *Periconiam Stemonitiden Persoon.* p. 687. eximie refert.

MUCOR.

Persoon. synops. p. 199.

1027. MUCOR *Mucedo:* fugax stipitatus, capsula globosa. *Linn. svec.* n. 1284. *Lapp.* n. 534.
Hab. in putrescentibus ubique.

AMANITA.

Persoon. syn. p. 246.

1028. AMANITA *muscaria.*

Agaricus muscarius *Linn. svec.* n. 1235. *lapp.* n. 515.
Hab. in sylvis Lapponiæ.

AGARICUS.

Persoon. syn. p. 257.

1029. AGARICUS (*Coprinus*) *squarrosus. Flor. dan.* 7. t. 1191.
A. depilatus *Persoon. syn.* p. 408.
Hab. in truncis betulinis Finmarkiæ: *Vahl.*
Agarico nitenti *Fl. dan.* affinis.

1030. AGARICUS *bicolor: Flor. dan.* t. 1070.
? A. fuscescens var. *Schaeff.*
Hab. in Finmarkiæ pratis. *Vahl.*

1031. AGARICUS (*Cortinaria*) *viscidus: Persoon. synops.* p. 291. *Linn. fl. svec.* n. 1229. *lappon.* n. 485.
Hab. in Lapponia: *Linné.*

1032. AGARICUS (*Cortinaria*) *cinnamomeus: Persoon. syn.* p. 297? *Linn. svec.* n. 1205. *lapp.* n. 494.
Hab. in Lapponia: *Linné.*

1033. AGARICUS (*coprinus*) *nitens: Vahl flor. dan.* tab. 1067.
A. squamosus γ. *Persoon. syn.* p. 409.
Hab. in stercore vaccino Finmarkiæ: *Vahl.*

1034. AGARICUS (*Coprinus*) *fimetarius: Linn. fl. svec.* n. 1215. *lapp.* n. 503.
A. comatus *Pers. syn.* p. 395.
Hab. in Lapponiæ fimetis: *Linné.*

1035. AGARICUS (*coprinus*) *exstinctorius: Linn. svec.* n. 1196. *Flor. lapp.* n. 480. 481. *Persoon. synops.* p. 417?
Hab. in Lapponia: *Linné.*

1036. AGARICUS (*Mycena*) *hypnorum* γ.: *Persoon. synops.* p. 386.
Hab. in paludosis ad Polmack Finmarkiæ, ubi eum ipse legi.

1037. AGARICUS (*Lactifluus*) *rubescens: Vahl flor. dan.* 7. tab. 1069. f. 2. *Schæff. fung.* tab. 75.
A. subdulcis α. rufus *Persoon. synops.* p. 433.
Hab. passim in Finmarkia: *Vahl.*

1038. AGARICUS (*Gymnopus*) *cervinus*: *Vahl in Flor. dan.* t. 1067. f. 2. *Schæff. fung.* t. 10.
A. pluteus *Persoon. syn.* p. 357.
Hab. in ligno putrido Finmarkiæ haud frequens: *Vahl.*

1039. AGARICUS (*Pratella*) *campestris*: *Persoon. synops.* p. 418. *Linn. svec.* n. 1203. *lapp.* n. 482.
Hab. in Lapponia: *Linné.*

1040. AGARICUS (*Pratella*) *campanulatus*: *Linn. svec.* n. 1213. *lapp.* n. 507. *Persoon. syn.* p. 426?
Hab. in Lapponia: *Linné.*

1041. AGARICUS (*Russula*) *integer*: *Linn. svec.* n. 1230. *lapp.* n. 486. 487.
Hab. in Lapponia: *Linné.*

1042. AGARICUS (*Omphalia*) *nivalis*: *Vahl in Flor. dan.* 7. tab. 1071. fig. 2. *Persoon. synops.* p. 454.
Hab. in alpibus: *Vahl.*

1043. AGARICUS (*Omphalia*) *cyaniceps*: *Vahl in Flor. dan.* 7. tab. 1071. fig. 3. *Persoon. syn.* p. 464.
Hab. in pratis Finmarkiæ: *Vahl.*

1044. AGARICUS (*Omphalia*) *androsaceus*: *Linn. svec.* n. 1193. *lapp.* n. 472. *Persoon. syn.* p. 468.
Hab. in foliis Pini per omnes sylvas Lapponiæ frequenter.

1045. AGARICUS (*Plevropus*) *dentatus*: *Linn. svec.* n. 1206. *lapp.* n. 495. *Persoon. syn.* p. 476?
Hab. in Lapponia: *Linné.*

1046. AGARICUS (*Plevropus*) *pubescens*: *Vahl in Flor. dan.* 7. tab. 1073. fig. 2.
A. variabilis *Persoon. syn.* p. 483?
Hab. in ramis putridis Betulæ albæ Tromsöæ Nordlandiæ: *Vahl.*

1047. AGARICUS (*Plevropus*) *resupinatus*: pileo resupinato velato, vertice elongato stipitiformi. *Vahl in Flor. dan.* 7. tab. 1072.
Hab. in ramis putridis Alni Finmarkiæ: *Vahl.*

1048. AGARICUS (*Pratella?*) *separatus*: *Linn. svec.* n. 1220. *lapp.* n. 504.
Hab. in Lapponia; *Linné.*

1049. AGA-

1049. AGARICUS (*Pratella*) *georgii*: *Linn. svec.* n. 1210. *lapp.* n. 496.
Hab. in Lapponia: *Linné.*

1050. AGARICUS *fuscipes*: *Vahl in Flor. dan.* 7. tab. 1194. fig. 2.
Hab. in Finmarkia, ubi ad Polmack eum legi.

1051. AGARICUS *subluteus*: *Vahl. in Flor. dan.* 7. tab. 1192.
Hsb. in Finmarkia.

1052. AGARICUS (*Omphalia?*) *umbelliferus*: *Linn. svec.* n. 1192. *lapp.* n. 471.
Hab. in Lapponia: *Linné.*

1053. AGARICUS *clypeatus*: *Linn. svec.* n. 1216. *lapp.* n. 506.

1054. AGARICUS *mammosus*: *Linn. svec.* n. 1218. *lapp.* n. 501.

1055. AGARICUS *equestris*: *Linn. svec.* n. 1219. *lapp.* n. 502.

Hab. omnes in Lapponia secundum *Linné* vel *Rudbeck.* Plures vero e Rudbeckio-Linneanis Agaricis enumerare omnino taedet, quum semper incerti manebunt, nec dubio caret, an re vera in Lapponia lecti sint. Quamquam Agaricos et cæteros carnosos fungos haud multum curare potui, tamen satis persuasus sum, quod eorum proventus in Lapponia satis parcus sit; brevis ibi autumnus pruina frigida sæpe infestatus iis minime favet. In maritimis Nordlandiæ et Finmarkiæ lætius crescunt, idque uti videtur ob rorem marinum ibi frequentissimum.

MERULIUS.

Persoon. synops. fung. p. 488.

1056. MERULIUS *Chantarellus*: stipitatus totus vitellinus. *Persoon. syn.* p. 488.
Agaricus chantarellus *Linn. svec.* n. 1207. *lapp.* n. 493.
Hab. in pratis sylvaticis Lapponiæ: *Linné.*

1057. MERULIUS *cupularis*: acaulis resupinatus cupuliformis totus griseus.
Icon tab. nostr. XXX. fig. 6.
Hab. in ligno putrescente *Salicis phylicifoliæ* ad Polmack Finmarkiæ.

Adeo perpusillus est, ut magnitudinem seminis Cannabini vix unquam attingat. Primum pronascens pustulam magnitudine seminis Papaveris supra umbilicatam refert; umbilicus hic sensim dilatatur, et abit in discum concavum: plicis rectis, simplicibus, ad centrum haud pertingentibus. Cupula demum obliqua evadit et margo ejus inferior ligno adnatus, ita tamen ut limbus semper distinctus permaneat. Byssus albicans cupulam semper cingit.

Explicatio iconis: a. frustulum ligni cum fungillis 5 magn. nat. b. fungillus junior adhuc non plane apertus 4plo auct. c. fungillus apertus oblique visus eod. augm. d. alter magis e latere visus eod. augm.

1058. MERULIUS *sepiarius:* acaulis suberosus utrinque planus supra asperus, plicis confertis ramosis flavescentibus.

M. sepiarius *Pers. observ.* 2. p. 93.
Agaricus sepiarius *Pers. syn.* p. 487.
A. acaulis utrinque planiusculus *Linn. svec.* n. 1243. *lapp.* n. 517.

Hab. in tignis denudatis dejectis Lapponiæ sylvaticæ passim frequenter ex. gr. ad Sodankylä Lapponiæ Kemensis.

In speciminibus parum expansis et congestis plicæ adeo anastomosant, ut sinus dædaleos eximie forment; sed ubi lætius viget et liberius expanditur fungus, plicæ parallelæ sunt et passim tantum connectuntur. Hinc tutius mihi videtur huic generi adnumerare, quamquam Dædaleis re vera affinior est.

BOLETUS.

Persoon. synops. p. 503.

1059. BOLETUS *luteus: Linn. flor. svec.* n. 1247. *lappon.* n. 520.
B. annulatus *Persoon. syn.* p. 503.
Hab. in sylvis Lapponiæ non raro: *Linné.*

1060. BOLETUS *bovinus: Linn. flor. svec.* n. 1246. *lappon.* n. 518.
Lapponibus *Swaipo.* Fennonibus *Tatti.*
Hab. in Lapponia sylvatica parcius.

1061. BOLETUS *perennis:* coriaceus tenax cinnamomeus stipitatus, pileo æquali velutino margine acuto.

B. perennis *Linn. svec.* n. 1245. *lapp.* n. 519. *Persoon. syn.* pag. 518.
Hab. in pinetis arenosis Lapponiæ passim.
Totus fungus tenuissimo tomento sericeo fere splendet. Pileus supra plicis tribus in centro connatis; margine acuto, sed haud tenui. Pori integri. Stipes respectu latitudinis pilei validus, digito minimo sæpe crassior.

1062. BOLETUS *albidus:* acaulis dimidiatus, pileo carnoso extenuato lævi albido - cæsio sublineato, poris albis.
B. albidus *Sowerb. engl. fung.* t. 226.
B. cæsius *Persoon. syn.* p. 526.
Hab. ad truncos *Alni incanae* dejectos locis umbrosissimis Lapponiæ Umensis passim.
Carnosioris substantiæ est, quamquam vix duas lineas crassus. Margo extenuatus, integer, vix flavescens. Supra omnino subnitidus, Zonis saturatius tinctis, lineis radiantibus griseis ornatus. Subtus poris creberrimis, tenui septo distinctis, subspongiosus.

1063. BOLETUS *svaveolens: Linn. svec.* n. 1255. *lappon.* n. 522. *Persoon. syn.* p. 530.
Hab in Salicibus rarius: *Linné.*

1064. BOLETUS *cinnabarinus:* dimidiatus acaulis unicolor cinnabarinus, pileo crassiusculo acuto ruguloso, poris dentatis.
B. cinnabarinus *Persoon. syn.* p. 540. *Jacqu. austr.* 4. t. 304.
Hab. in truncis *Betulae albae* dejectis rarissime; nec nisi ad Suddiksmyran prope Lycksele Lapponiæ Umensis lectus.
Supra omnino glaber et tantum rugulosus; umbone interdum sursum extenso. Margo semper acutus, interdum extenuatus. Pori haud minuti, inæquales; septis denticulatis tenuibus.

1065. BOLETUS *igniarius:* dimidiatus acaulis rugulosus, pileo duro basi nigrescente, margine cinnabarino, poris pallescentibus. *Persoon. syn.* p. 534. *Linn. svec.* n. 1256. *lapp.* n. 521.
Hab. in truncis betulinis et abietinis frequenter.

1066. BOLETUS *fomentarius:* dimidiatus acaulis lignosus, pileo subtriquetro nigro - fasciato obtuso, poris minutis glauco - ferrugineis.

B. fomentarius Linn. svec. n. 1252. *Persoon. syn.* p. 556.

Lapponibus *Tjana* et *Niwsa tjana*. Fennonibus *Tuhnio*.

Hab. in truncis betulinis Lapponiæ sylvaticæ frequenter.

Pedem equinum eximie refert; margine quasi retuso umbrino. Pori multo tenuiores quam in præcedentibus, capillo vix latiores: dissepimentis crassioribus, obtusiusculis.

1067. BOLETUS *lutescens:* dimidiatus acaulis cæspitosus suberosus, pileo plano tomentoso pallido: fasciis lutescentibus.

B. lutescens *Persoon. syn.* p. 539.

Hab. in caudicibus ad alpem Rofsmollen Qualöæ Finmarkiæ.

SISTOTREMA.

Persoon. synops. p. 550.

1068. SISTOTREMA *cinereum:* acaule imbricatum suberosum, pileo dimidiato hirsuto pallescente subtus cinereo. *Persoon. synops.* p. 551.

Hab. ad truncos Lapponiæ sylvaticæ passim.

Pori integri ne quidem ad marginem adsunt, sed ubique laminulas laceratas irregulares passim connexas reperi.

HYDNUM.

Persoon. synops. p. 554.

1069. HYDNUM *imbricatum:* stipitatum, pileo carnoso convexo squamoso. *Linn. svec.* n. 1257. (cum descript. n. 1256). *lapp.* n. 523. *Persoon. syn.* p. 554.

Hab. in pinetis umbrosissimis Lapponiæ inferioris passim.

1070. HYDNUM *compactum:* suberosum obconicum supra planiusculum rugosum cinerascens, subulis fuscescentibus, stipite confluente brevi. *Persoon. syn.* p. 556.

Hab. in ericetis inter Dicrana Lapponiæ sylvaticæ passim: ex. gr. ad Lycksele Lapp. Umensis.

Habitus insigniter turpis ob staturam invenustam et superficiem totam rudem quisquiliarem. Subulæ interdum cinerascentes.

1071. HYDNUM *auriscalpium*: stipitatum, pileo dimidiato. *Linn. svec.* n. 1260. *lapp.* n. 524.
Hab. inter folia dicidua Pinorum per Lapponiam: *Linné.*

THELEPHORA.

Persoon synops. p. 565.

1072. THELEPHORA *laevis*: late effusa pustulata albido-carnea, ambitu lævissimo byssino.
T. lævis *Persoon. syn.* p. 575.
Hab. supra corticem Populi passim.
Tenuis adeo est, ut vix ultra corticem elevetur, pustulis raris elevatis semine Sinapios majoribus obsita.

HELVELLA.

Persoon. synops. p. 614.

1073. HELVELLA *infula*: stipite lævi subtomentoso, pileo brunneo lævi. *Persoon. syn.* p. 617.
Hab. ad radices Abietis Lapponiæ inferioris; ad Sodankylä Lapp. Kemensis frequentius visa.
Stipes infra marginem pilei multoties brevior quam supra eum.

1074. HELVELLA *membranacea*: *Vahl in Flor. dan.* 7. tab. 1077.
Hab. in paludosis muscosis Vardöæ Finmarkiæ copiosissime: *Vahl.*

TREMELLA.

Persoon. synops. p. 622.

1075. TREMELLA *juniperina*: sessilis membranacea auriformis fulva. *Linn. svec.* n. 1017. *lapp.* n. 531. *Persoon. syn.* p. 625.
Hab. in ramis Juniperi Lapponiæ sylvaticæ passim.

PEZIZA.

Persoon. synops. p. 631.

1076. PEZIZA *turbinata*: carnosa sessilis turbinata albido-purpurascens, margine denticulato.

Vahl in Flor. dan. 7. t. 1017. f. 2. *Persoon. syn.* p. 634.

Hab. in ramis putridis Coryli Avellanæ Nordlandiæ: *Vahl.*

1077. PEZIZA *carnosa*: turbinata sessilis carnosa purpurea, margine undulato. *Vahl in Flor. dan.* 7. t. 1017. f. 1.

Hab. cum præcedente: *Vahl.*

1078. PEZIZA *sarcoides*: subaggregata carnoso-firmula cruenta dilatata subcupularis extus rugosa.

P. sarcoides *Persoon. syn.* p. 633.

Hab. in *Salicis limosae* ramis exsiccatis per Lapponiam Kemensem passim.

Adeo dilatata est, ut fundus cupulæ planus evadat et satis tenuis; marginibus tantum extimis sursum versis. Substantia sat fragilis.

1079. PEZIZA *ciborum*: stipitata cyathiformis spadicea, margine integerrimo. *Vahl in Flor. dan.* 7. t. 1078 f. 1. *Persoon. synops.* p. 659.

Hab. in paludosis in Hopseidet Finmarkiæ tantum: *Vahl.*

1080. PEZIZA *phiala*: stipitata cyathiformis sordide lutea, margine integerrimo. *Vahl in Flor. dan.* t. 1078. f. 2. *Persoon. synops.* p. 659.

Hab. in ramis putridis Alni Tromsöæ Nordlandiæ: *Vahl.*

1081. PEZIZA *atrata*: aterrima applanata subcarbonacea distincte marginata.

Lichen atratus *Hedw. stirp. crypt.* 2. p. 61. t. 21. A.

Peziza patellaria *Persoon. syn.* p. 670.

Hab. in ramis siccis Populi etc. fere ubique.

1082. PEZIZA *hysterium*: sparsa nigra subrotunda oblongaque primum clausa, disco demum explanato molli pallescente.

P. hysterium *Persoon. syn.* p. 671.

Hab. in cortice frustuloso Abietis Lapponiæ sylvaticæ passim.

1083. PEZIZA *conglomerata*: subcomposita verruciformis, cupulis proboscideis duris aterrimis margine elevato pruinoso-glaucescente.

? Sphæria Cucurbitula β. nigrescens *Tode fung. mekl.* p. 39. t. 16. f. 110.

Hab. in cortice vivo *Alni incanae* epidermidem penetrans per totam Lapponiam sylvaticam fere ubique.

Basis re vera communis adest aterrima. Cupulæ sursum tam parum dilatantur, ut discus earum semine Papaveris nunquam latior sit.

Figuram Todei citatam satis refert, sed semper dura carbonacea aterrima est, et nunquam cavitatem internam in dissecto fungillo invenire potui, nec emollita unquam tumescit.

1084. PEZIZA *radiata:* immersa, ore prominente niveo subfarinaceo integro fissoque, disco livido.
P. radiata *Persoon. syn.* p. 674.
Lichen excavatus *Hoffm. enum. lichen.* p. 47. t. 7. f. 4.
Patellaria excavata *Hoffm. pl. lich.* 1. p. 101. t. 23. f. 3.
Hab. in cortice *Salicis phylicifoliae* totius Lapponiæ passim.

HELOTIUM.

Persoon synops. p. 678.

1085. HELOTIUM *galeatum* β. *syn.* p. 678?
Acrospermum unguinosum et cylindricum *Vahl in Flor. dan.* 7. t. 1076.
Hab. in ramis putridis Alni Tromsöæ Nordlandiæ: *Vahl.*

MONILIA.

Persoon. syn. p. 691.

1086. MONILIA *digitata*: glauca, stipite simplici digitato. *Persoon. syn.* p. 693.
Mucor crustaceus *Linn. svec.* n. 1283. *lapp.* n. 533.
Hab. in rebus domesticis putridis.

DEMATIUM.

Persoon synops. fung. p. 695.

1087. DEMATIUM *Jolithus*: minutum effusum rubrum demum griseum.
Byssus Jolithus *Linn. svec.* n. 1178. *lappon.* n. 528.
Hab in lapidibus ante annum denudatis per sylvas rarius.

CONCLUSIO.

In Linnéi Flora Lapponica enumerantur 534 *species, exceptis Zoophytis; quae autem numeros* 345 *et* 375 *obtinent species, duplices sunt, quibus additis species* 556 *efficiuntur. Ex his autem speciebus Linneanis complures excludere consultius duxi, partim quia varietates sunt partim quia eas in Lapponia nemo unquam legit; quæ quidem excludendæ, in Linnæi Flora numeros sequentes habent:* 9. 16. 29. 38. 45. 49. 52. 56. 84. 87. 91. 96. 148. 159. 171. 199. 202. 205. 220. 222. 229. 299. 304. 318. 319 321. 323. 335. 345. 348. 349. 361. 364. 366. 367. 371. 403. 423. 430. 431. 434. 467. 468. 469. 473. 474. 475. 476. 477. 478. 479. 483. 484. 487. 488. 489. 490. 491. 492. 497. 498. 499. 500. 505. 508. 509. 510. 511. 512. 513. 514. 515. 516. 526. 527. 532. *(Linnéi n.* 450. *sub* Lichene glauco *citare oblitus sum). Desumtis his numeris* 76 *Linnéi plantae lapponicae ad species* 460 *rediguntur, quas in meam quoque floram recipere haud dubitavi. Postea Cel.* Smith *in nova editione Florae Lapponicae species* 55 *addidit scil.* 49*. 50*. 52*. 79*. 94*. 96*. 111*. 114*. 115*. 173*. 178*. 186*. 187*. 211*. 212*. 217*. 227*. 255*. 264*. 267*. 276*. 283*. 316*. 336*. 338*. 359*. 370*. 381*. 389*. 389**. 398*. 401*. 405*. 409*. 412*. 414*—414*****. 426*. 426**. 427*. 434*. 443*. 453*. 455*. 456*. 457*. 459*. 460*. 461*. 463*. 464*. 468*. *Ne autem aliorum dubia propagarem, ex his iterum exclusi octo species scil. n.* 96*. 212*. 217*. 227*. 370*. 405*. 455*. 460*. *utpote in Lapponia, quantum constat, nunquam lectas vel etiam in varietatibus numerandas. Itaque Linnéanas et Smithianas tantum* 507 *species mea Flora recenset; ex quo patebit, eam duplo auctam, vel* 580 *speciebus ditatam, praeterea etiam diligentissime castigatam prodire.*

INDEX

GENERUM ET SPECIERUM

CUM

SYNONYMIS SELECTIS.

Lichen polio-

Corrigenda.

pag.	lin.	lege:
XLII	30	d*u*bitemus
6	22	interalpinorum
7	12	dehiscen*s*
10	15	longitudin*e*
18	20	serrulato
	24	Reliqu*i*
19	6	summo triquetro
	20	præcedent*ia*
23	8	tri*a*ve
	17	fusc*i*
24	38	qu*am*
25	16	parvos
	18	, *et* stolones
26	4	longi*us*
	11	dat*æ*
27	34	differentia*m*
28	ult.	violace*i*
31	22	convoluta
	penult.	summ*as*
32	33	egredit*ur*
39	29	duo*s*
40	6	densos
56	55	durior*es*
58	29	elat*as*
	30	foliosos-denudatos
	ult.	lat*um*, crass*um* etc.
66	23	nostr*um*
68	15	5fidu*s*
70	10	du*æ*
77	24	frig*us*
85	18	h*i*c
87	30	du*æ*
97	37	frigor*i*
102	23	pe*t*iolo
103	34	ipso
104	21	remot*a*
107	6	e*a*rum
109	35	decolorat*a*
112	12	gutta*m* una*m*
125	13	qu*em*
129	31	?*as*
137	5	ali*a* plant*a*
155	38	qu*æ*
156	21	frigidorum
159	29.30	simillim*a*
162	2	adulta*m*
170	13	loc*i*
181	17	calcare*a*
205	34	simil*e*
219	32	acuminat*o*
221	ult.	nidifica*m*
222	27	*i*dem
223	41	mascul*u*m
228	5	mascul*us* subulat*us*
242	23	du*as*
247	14	fil*a*
266	28	H*a*nc
270	55	lætissim*i*
271	19	acuminat*o*
190	4	frig*us*
296	20	utr*o*que
391	2	ann*o*tino
309	35	un*o*
333	39	Fin*mar*kiæ
334	18	denudat*a*
333	40	nervu*m* totu*m*
348	37	maturu*m*
398	15	notat*æ*
400	29	efformat*æ*
407	28	apic*es*
411	22	frustul*a*
412	29	singul*a* gleb*a*
413	13	instruct*æ*
451	33	nom*en*
514	34	confluenti*a*
518	2	Sodan*k*ylä.

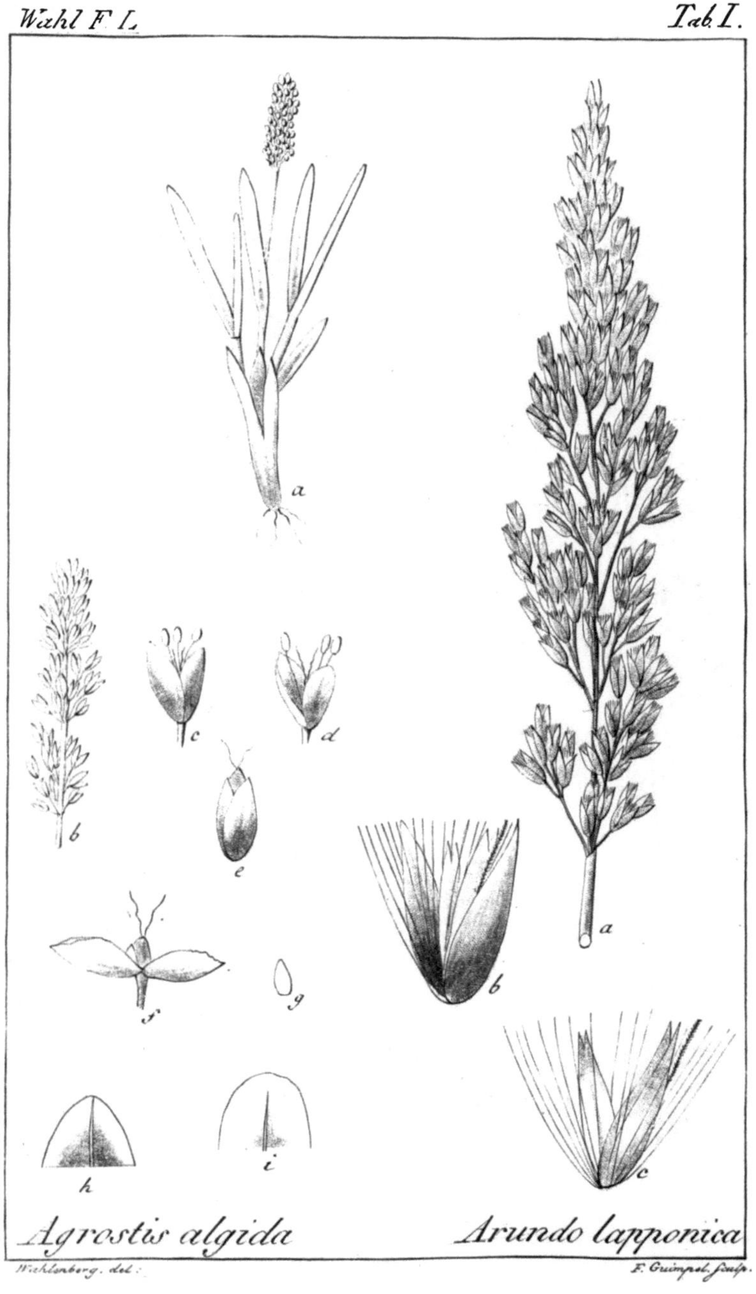

Wahlenberg. del: F. Guimpel. sculp.

Tab. II.

Arundo strigosa *Holcus alpinus.*

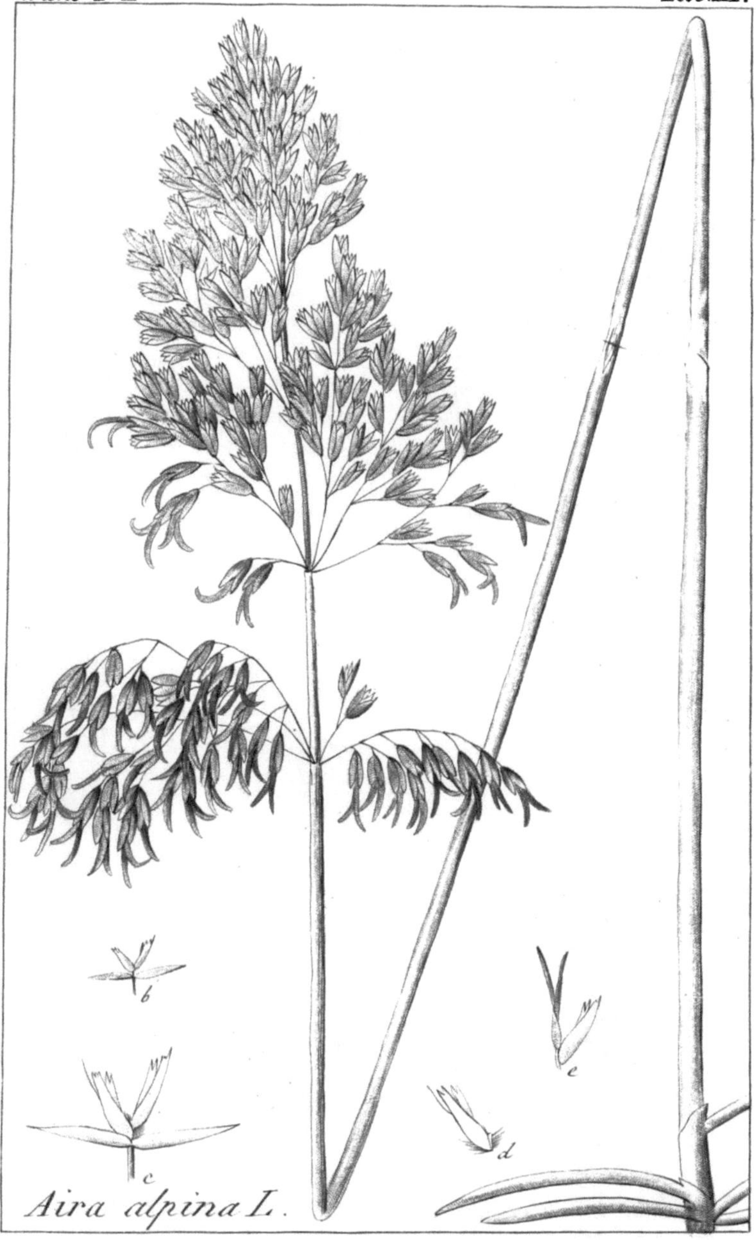

b

c

d

e

Aira alpina L.

Tab. IV.

Juncus bottnicus

Tab.VI

Alsine rubella.

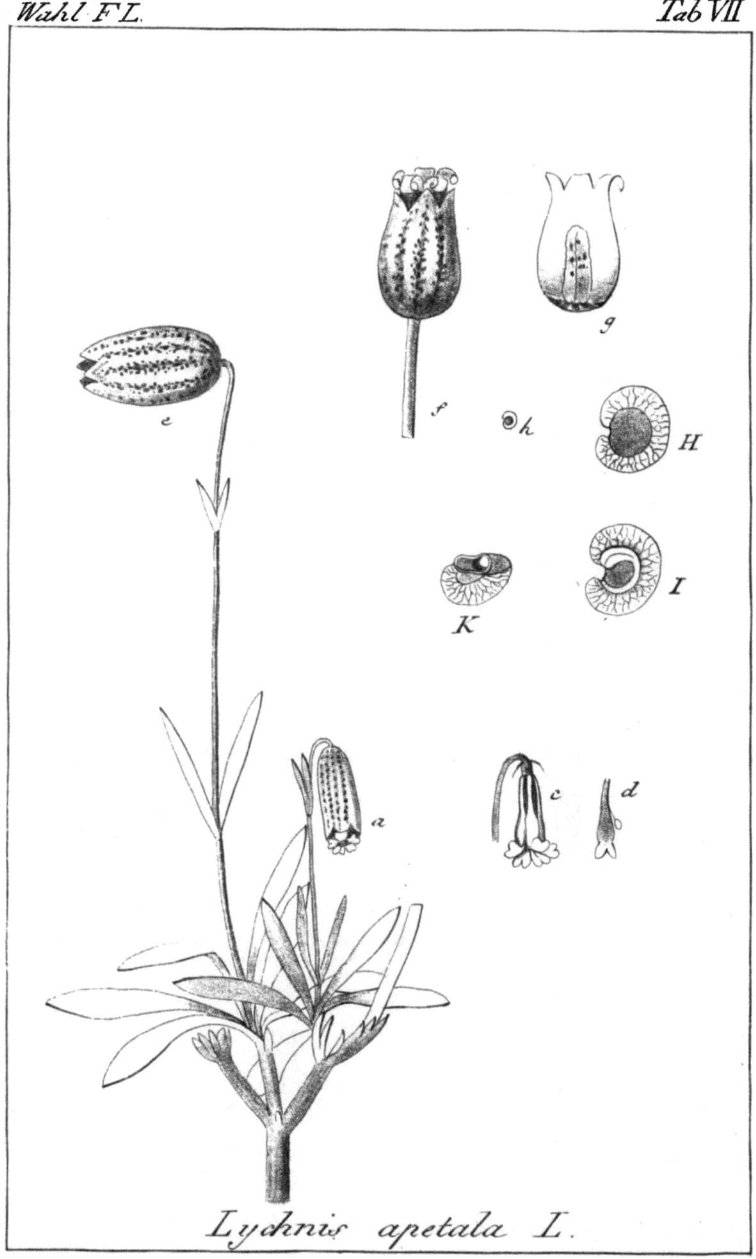

Lychnis apetala L.

Tab VIII.

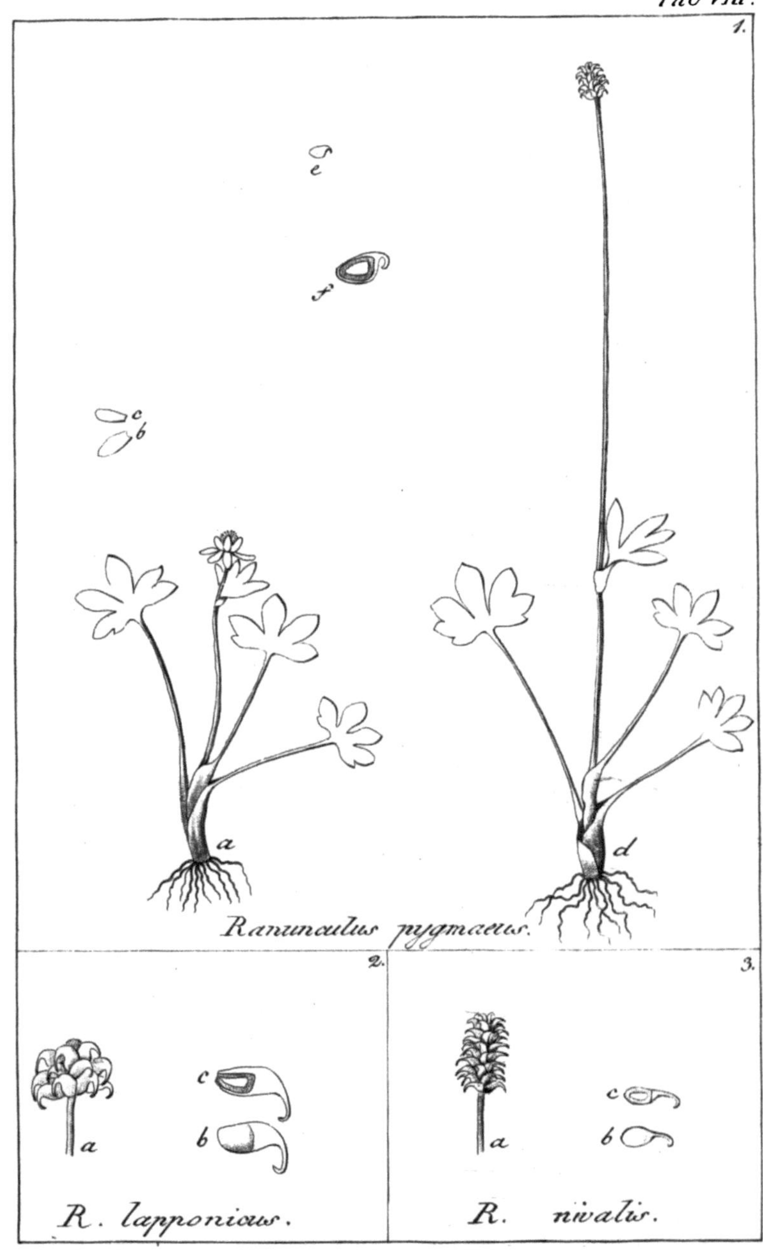
1.
e
f
c
b
a
d
Ranunculus pygmaeus.
2.
a
c
b
R. lapponicus.
3.
a
c
b
R. nivalis.

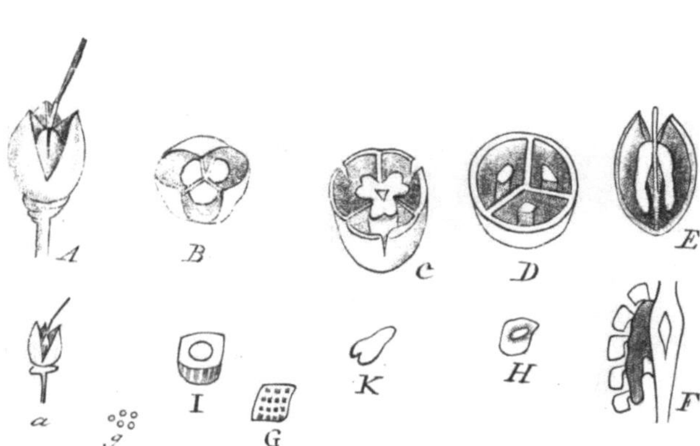

Diapensia

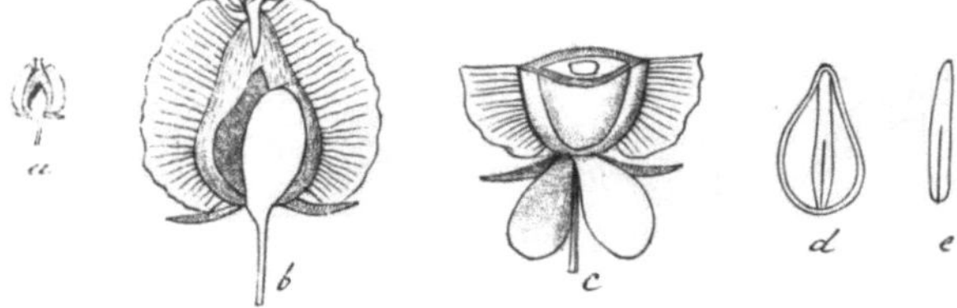

Rheum digynum

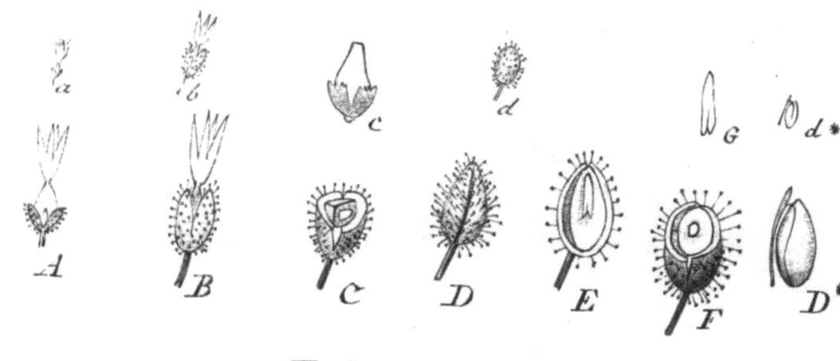

Linnea

Tab X.

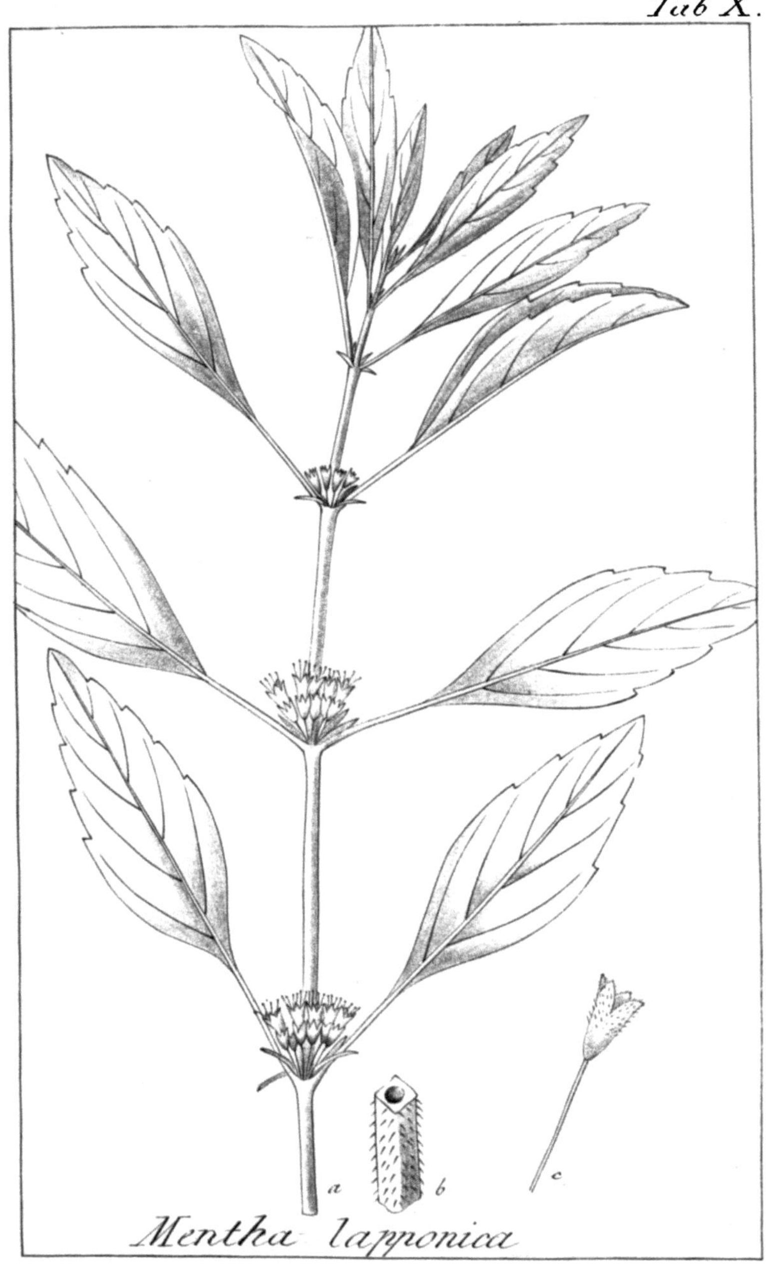

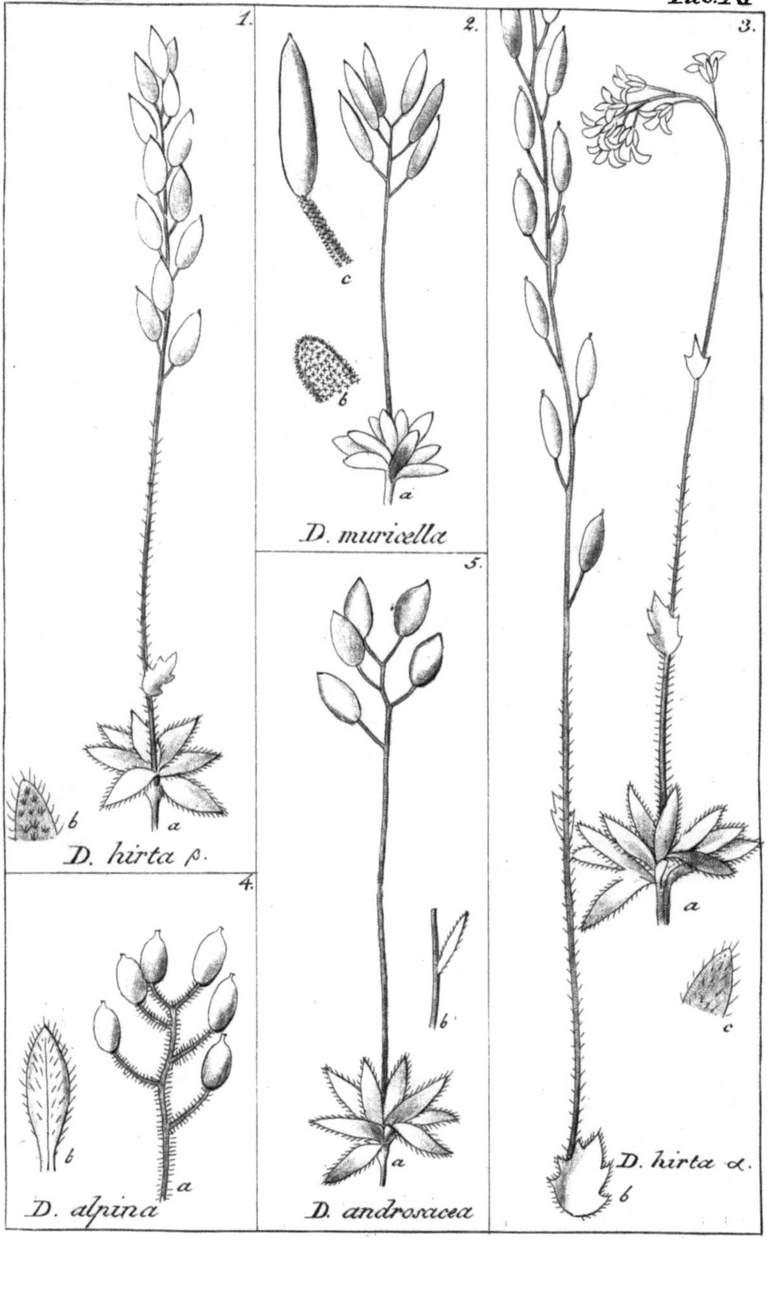

1. D. hirta β.

2. D. muricella

3. D. hirta α.

4. D. alpina

5. D. androsacea

Tab XII.

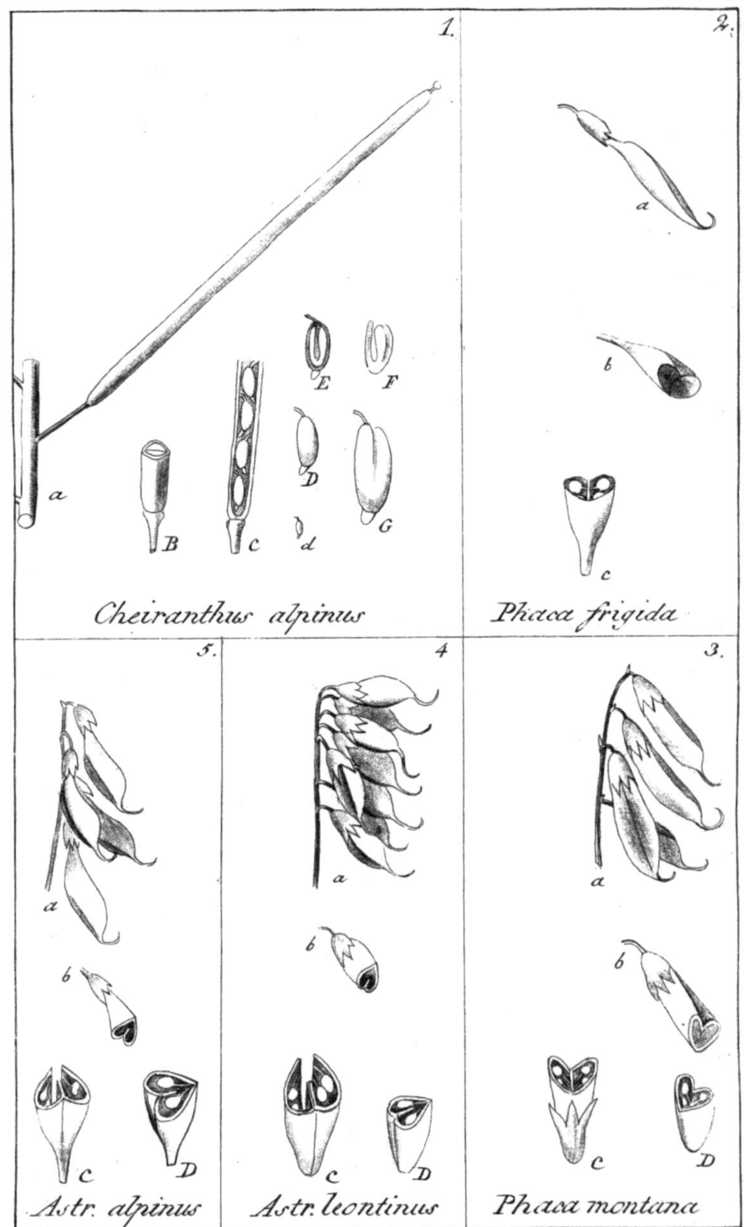
1.
a
B
c
d
D
E
F
G
Cheiranthus alpinus
2.
a
b
c
Phaca frigida
5.
a
b
c
D
Astr. alpinus
4
a
b
c
D
Astr. leontinus
3.
a
b
c
D
Phaca montana

Tab XIII

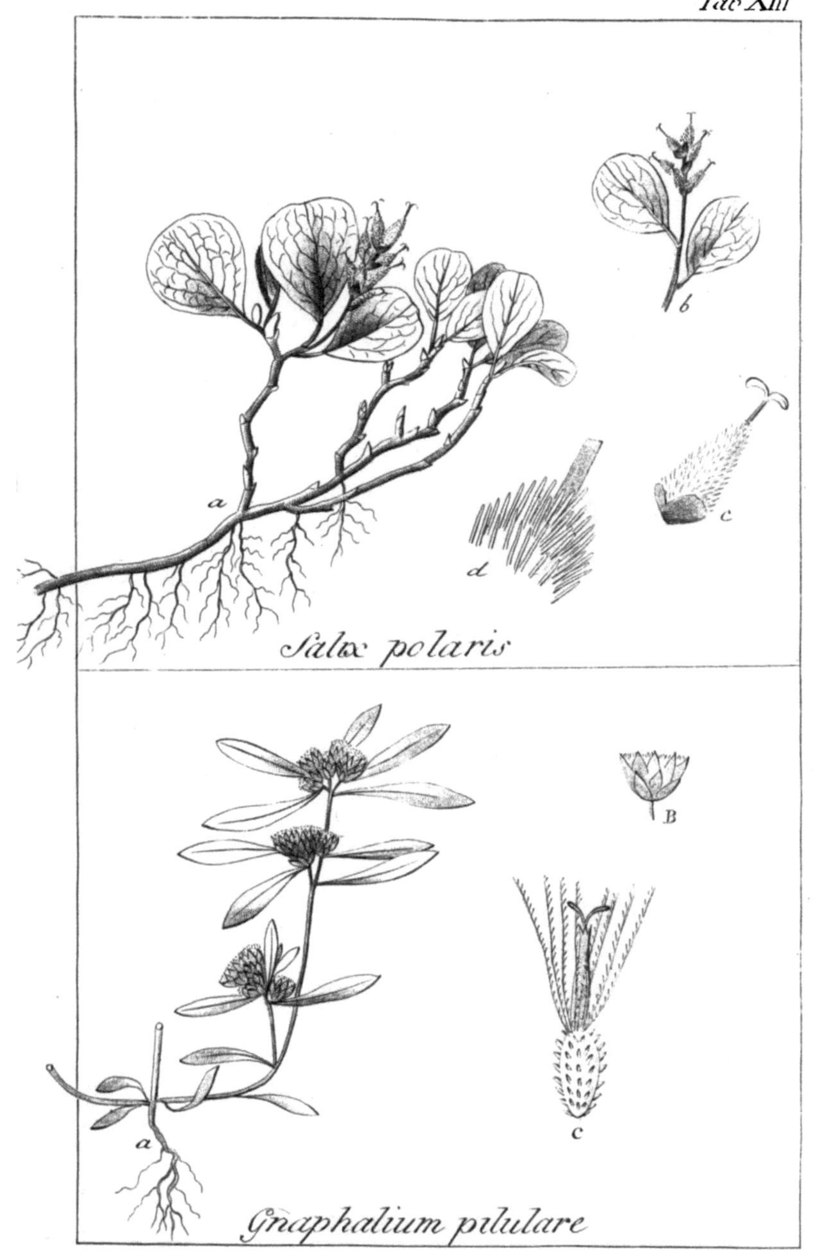

Wahl Fl.
Tab XIV
b
c
d
f
g
e
a
Carex pedata L:

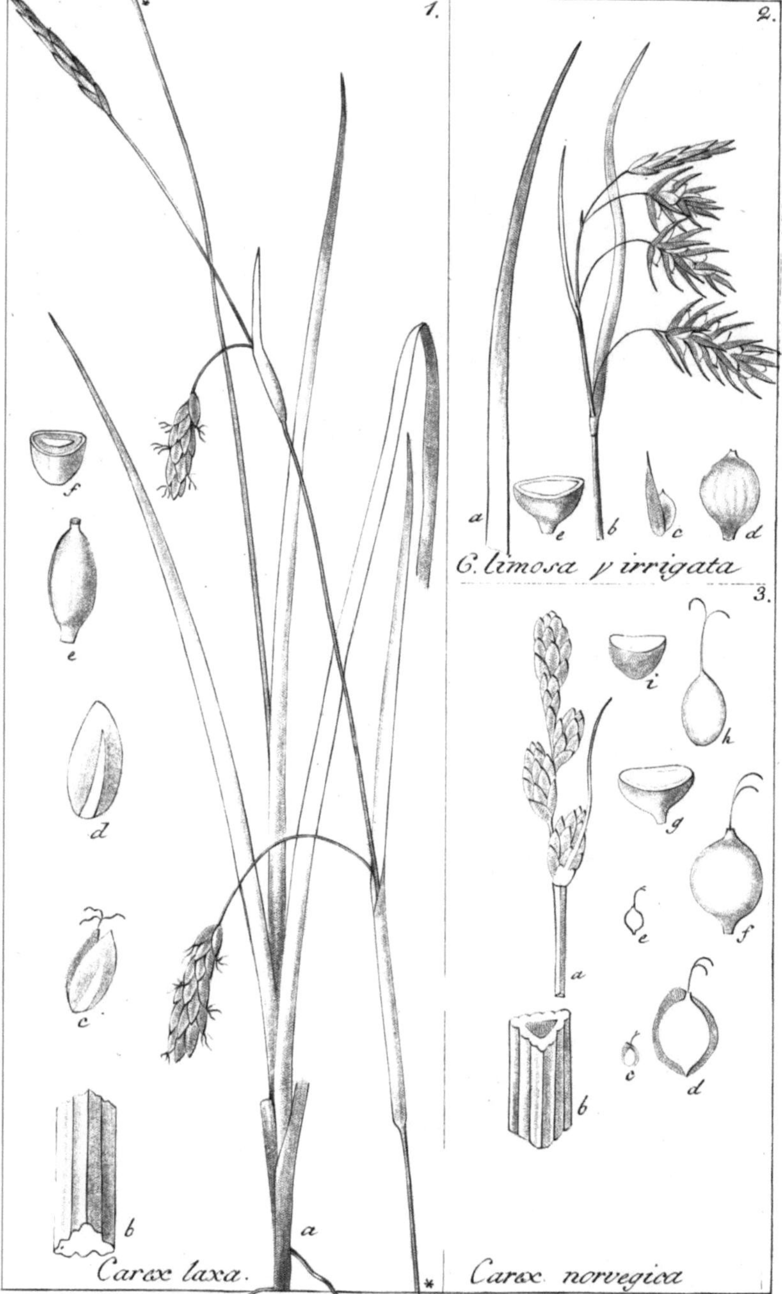
1.
2.
C. limosa γ irrigata
3.
Carex laxa.
Carex norvegica

Tab XVI.

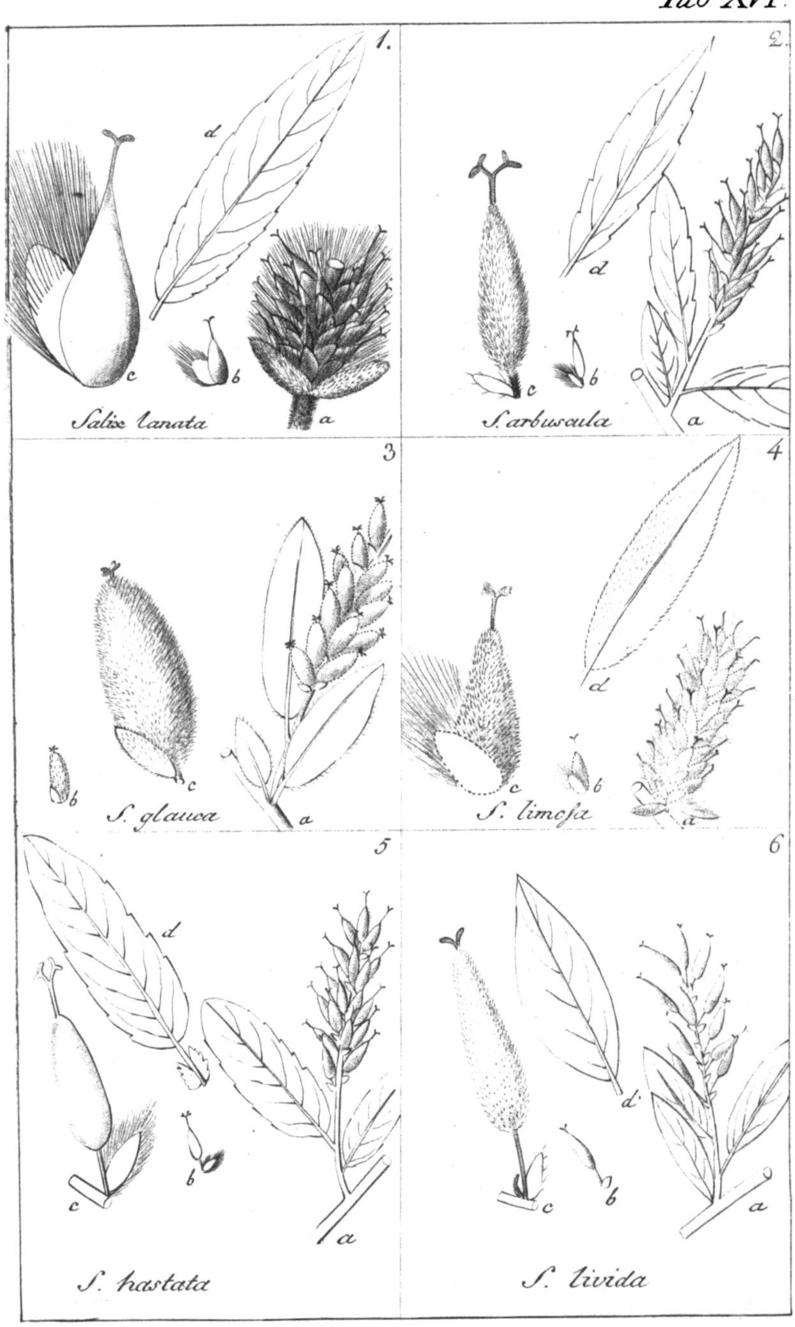
1.
Salix lanata
2.
S. arbuscula
3
S. glauca
4
S. limosa
5
S. hastata
6
S. livida

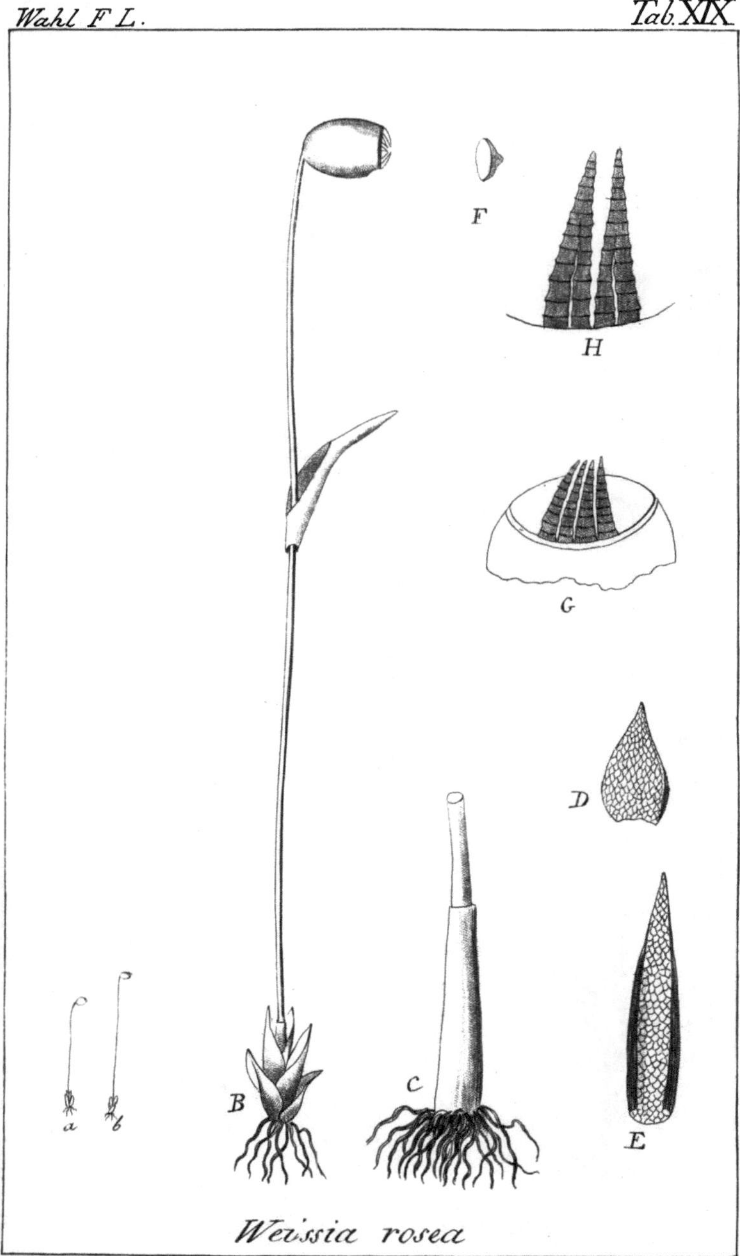

Weissia rosea

Tab. XX

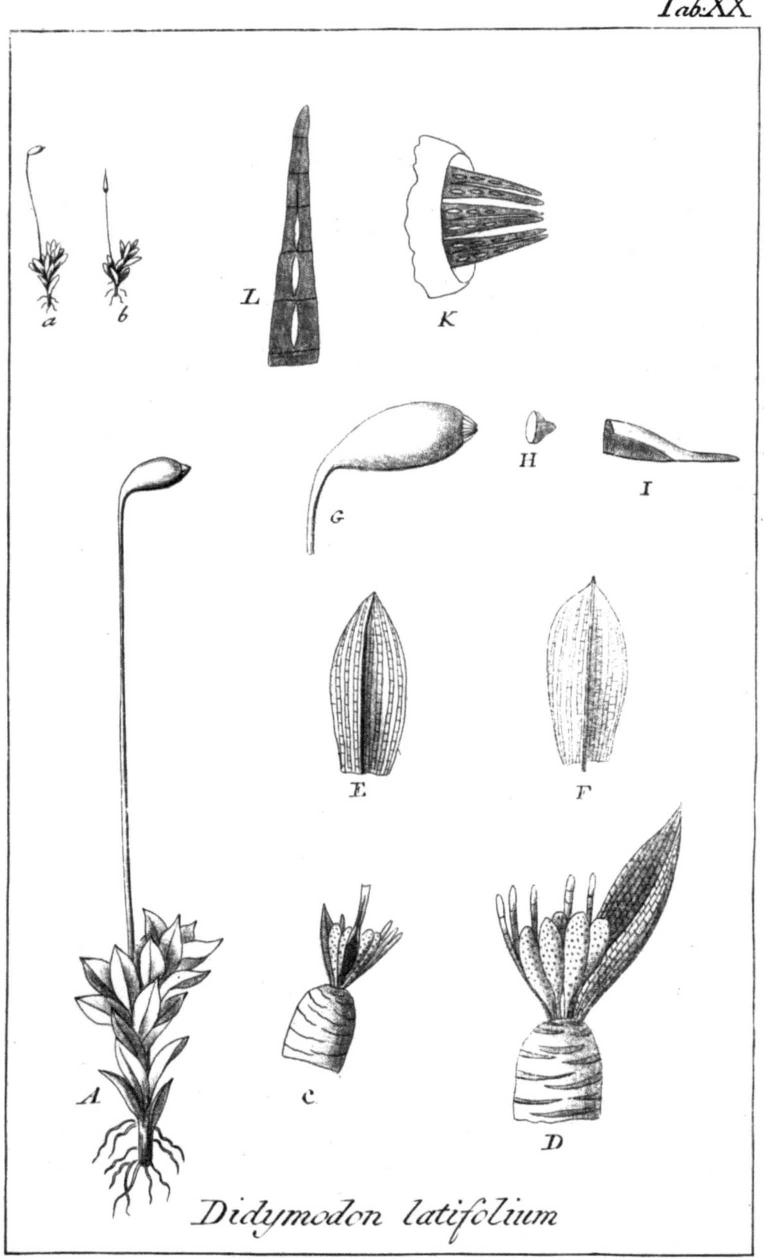

Didymodon latifolium

Dicranum alpestre

Conostomum boreale

Tab. XXII.

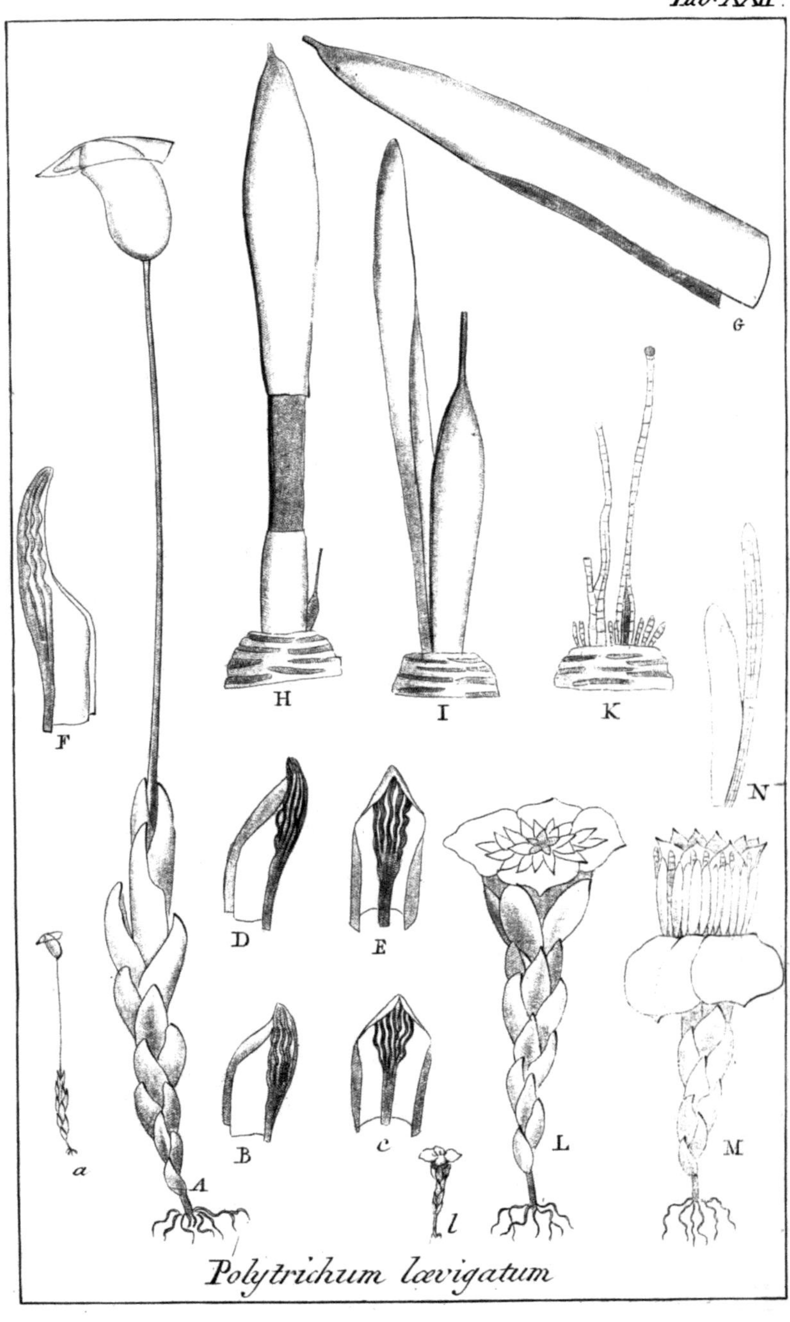

Polytrichum lævigatum

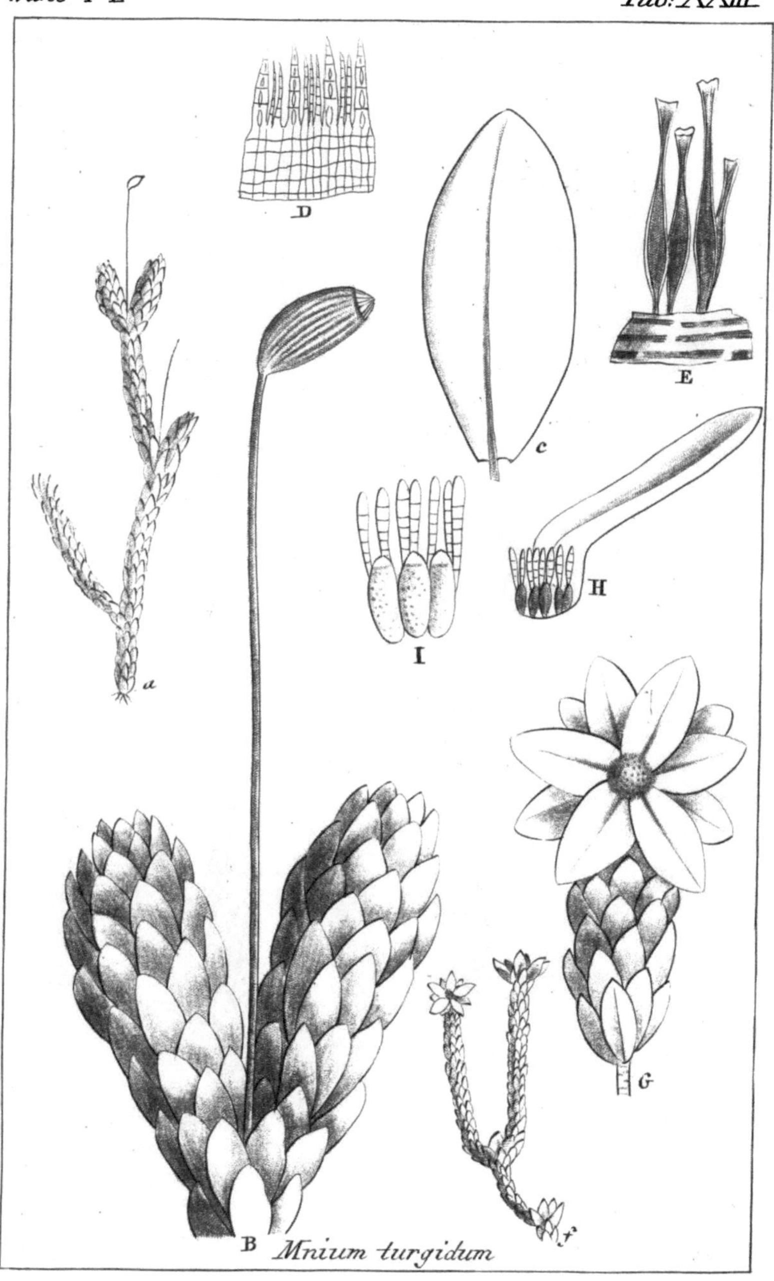

Mnium turgidum

Tab. XXIV

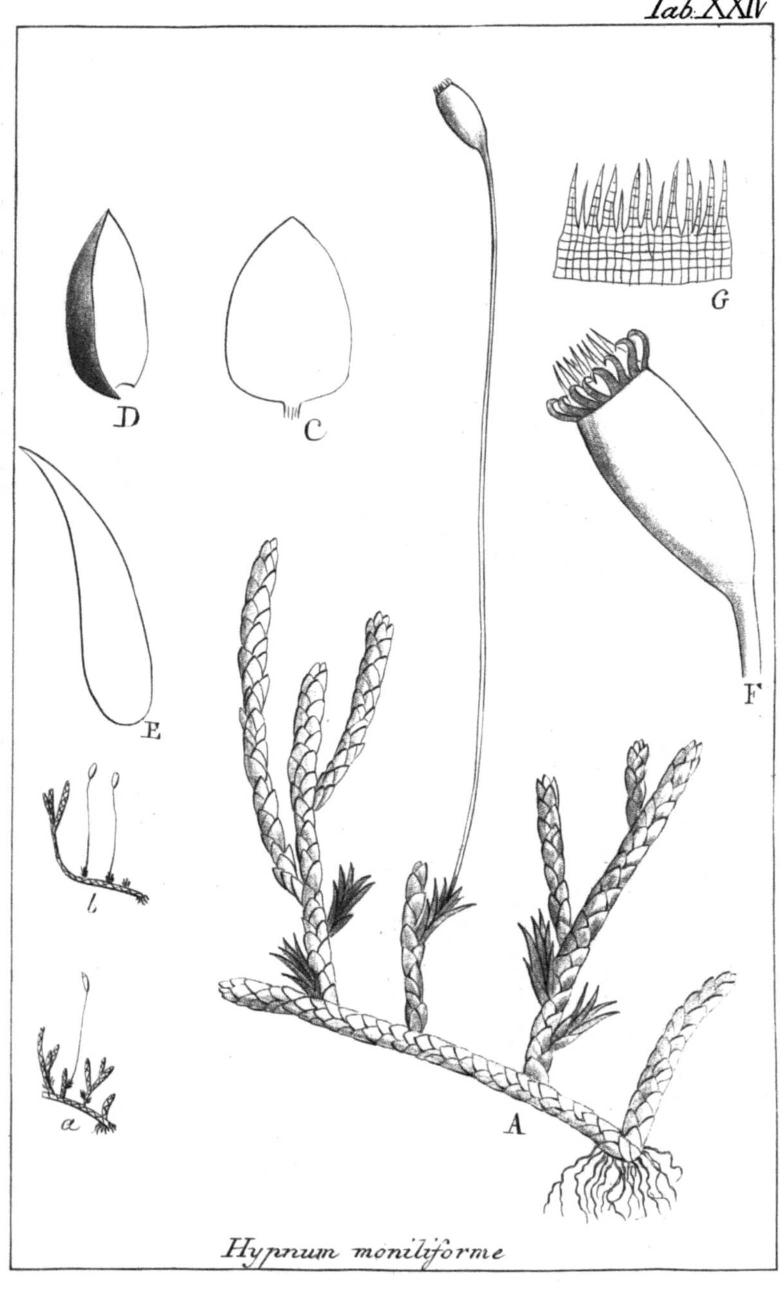

Hypnum moniliforme

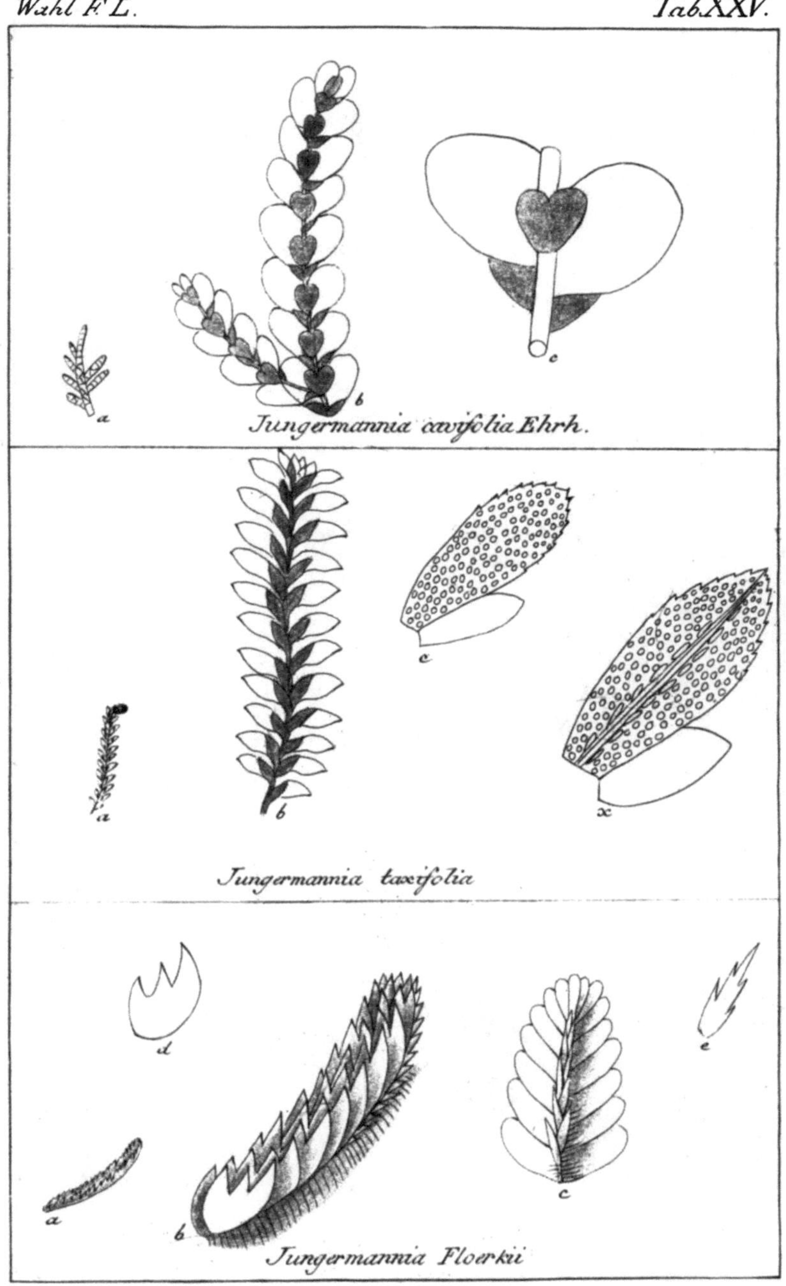
a
b
c
Jungermannia cavifolia Ehrh.
a
b
c
x
Jungermannia taxifolia
d
e
c
a
b
Jungermannia Floerkii

Tab. XXVI

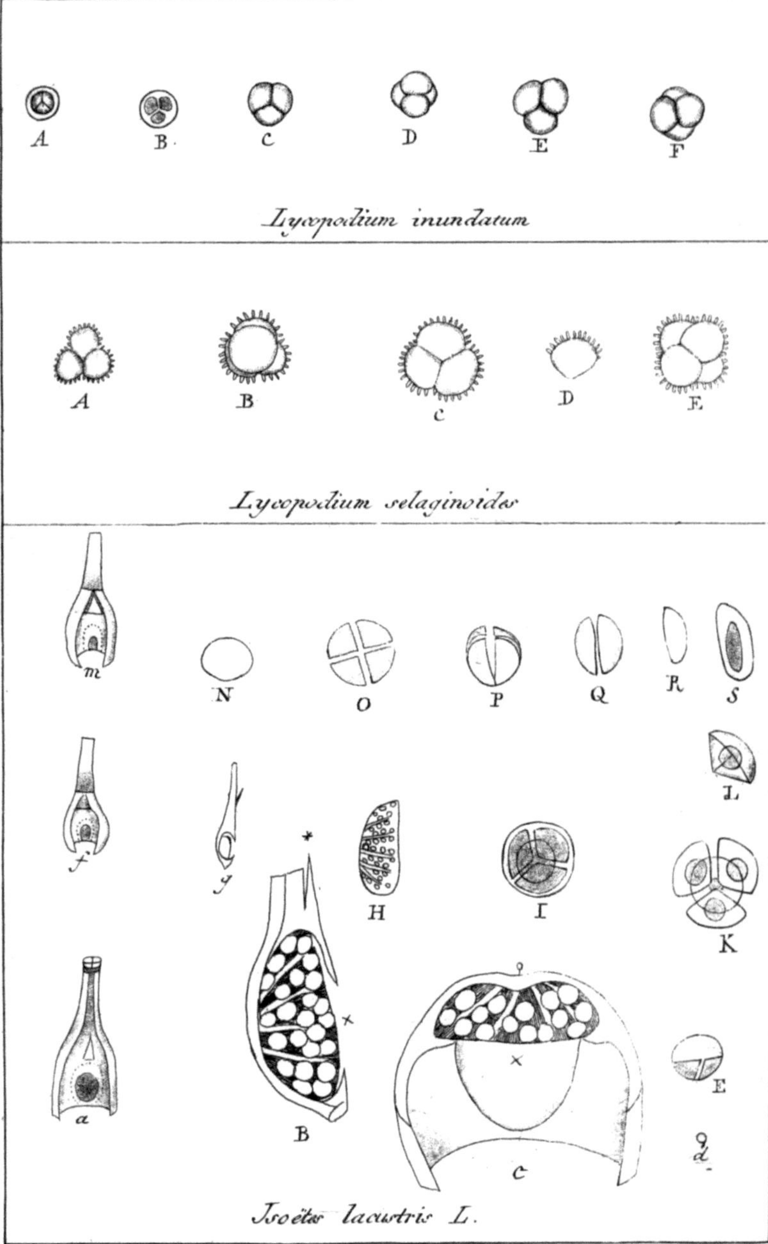
A
B
C
D
E
F
Lycopodium inundatum
A
B
C
D
E
Lycopodium selaginoides
m
N
O
P
Q
R
S
L
f
g
H
I
K
a
B
C
E
d
Isoëtes lacustris L.

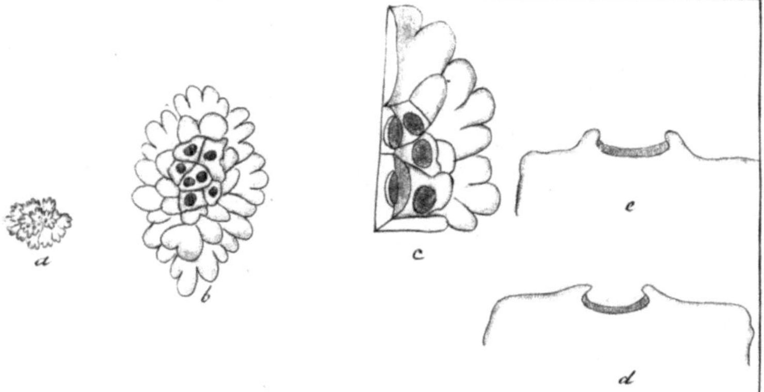

a b c e d

Lichen hysginus

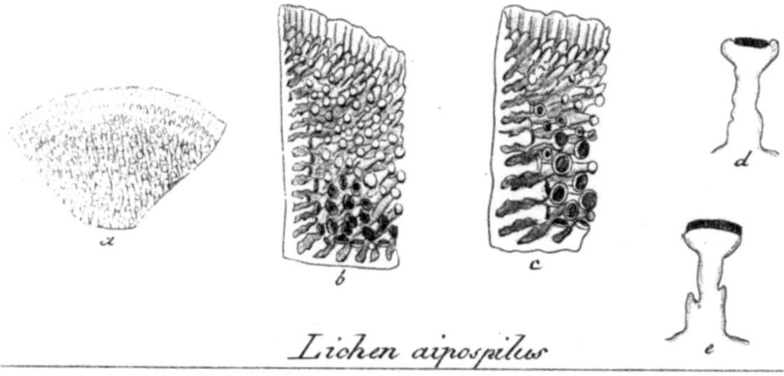

x b c d e

Lichen aipospilus

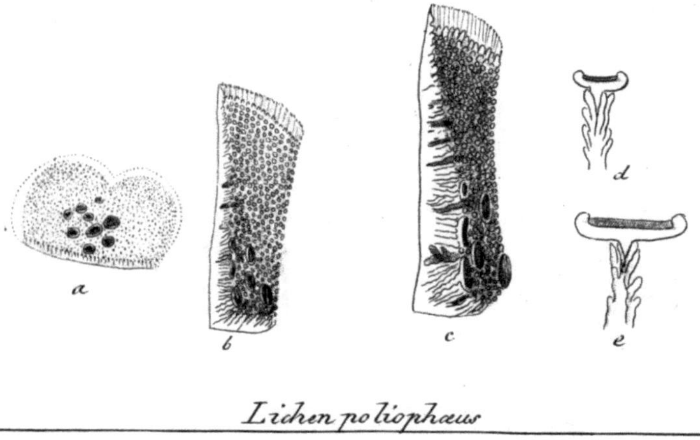

a b c d e

Lichen poliophaeus

Tab. XXVIII

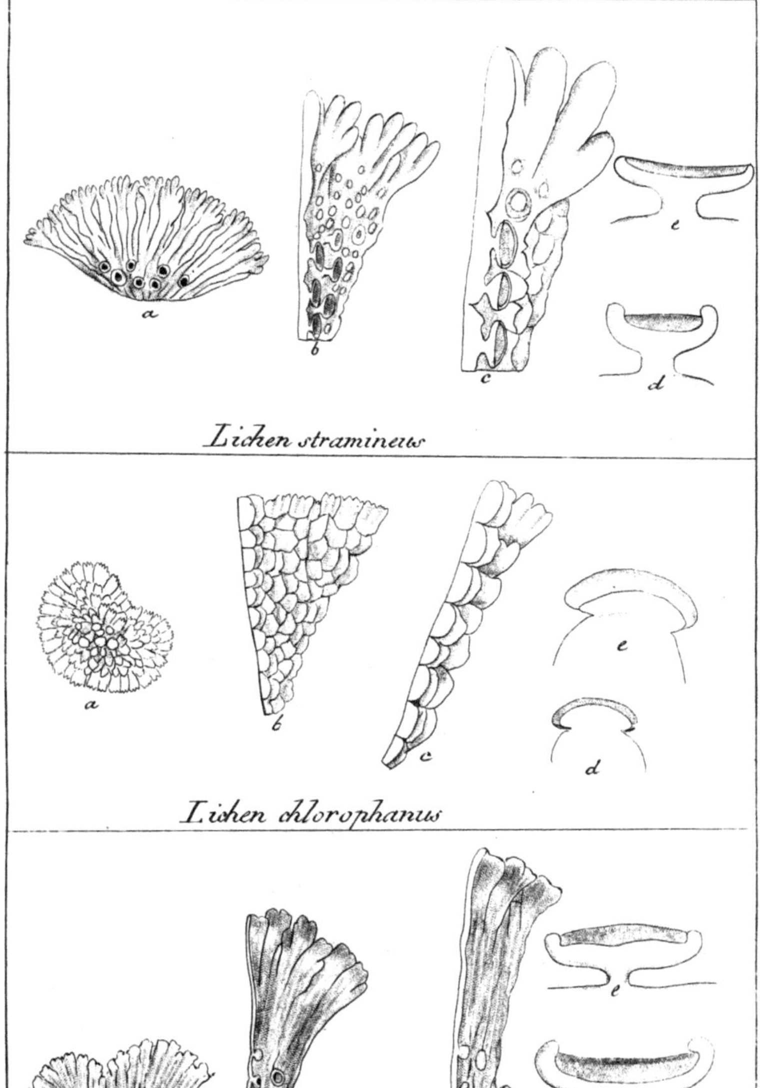
a
b
c
e
d
Lichen stramineus
a
b
c
e
d
Lichen chlorophanus
a
b
c
e
d
Lichen elæinus

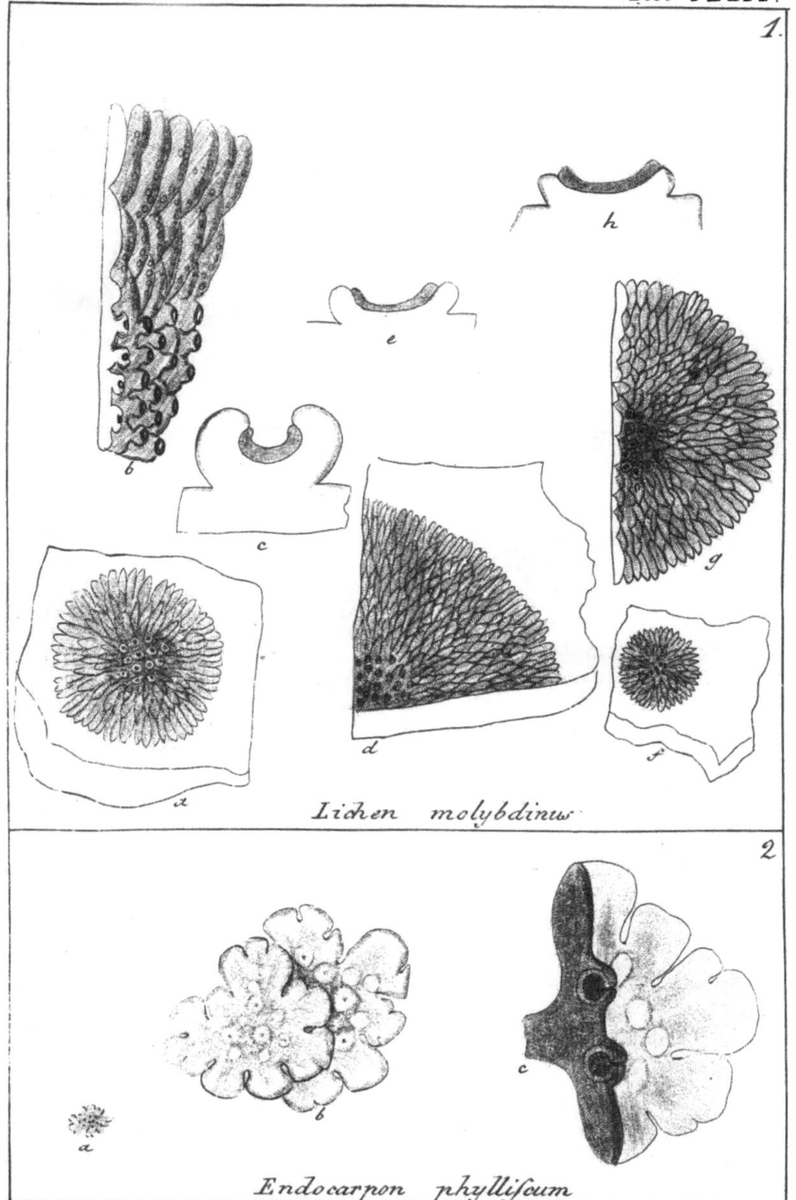
1.
b
h
e
c
g
a
d
f
Lichen molybdinus
2
b
c
a
Endocarpon phylliscum

Tab XXX

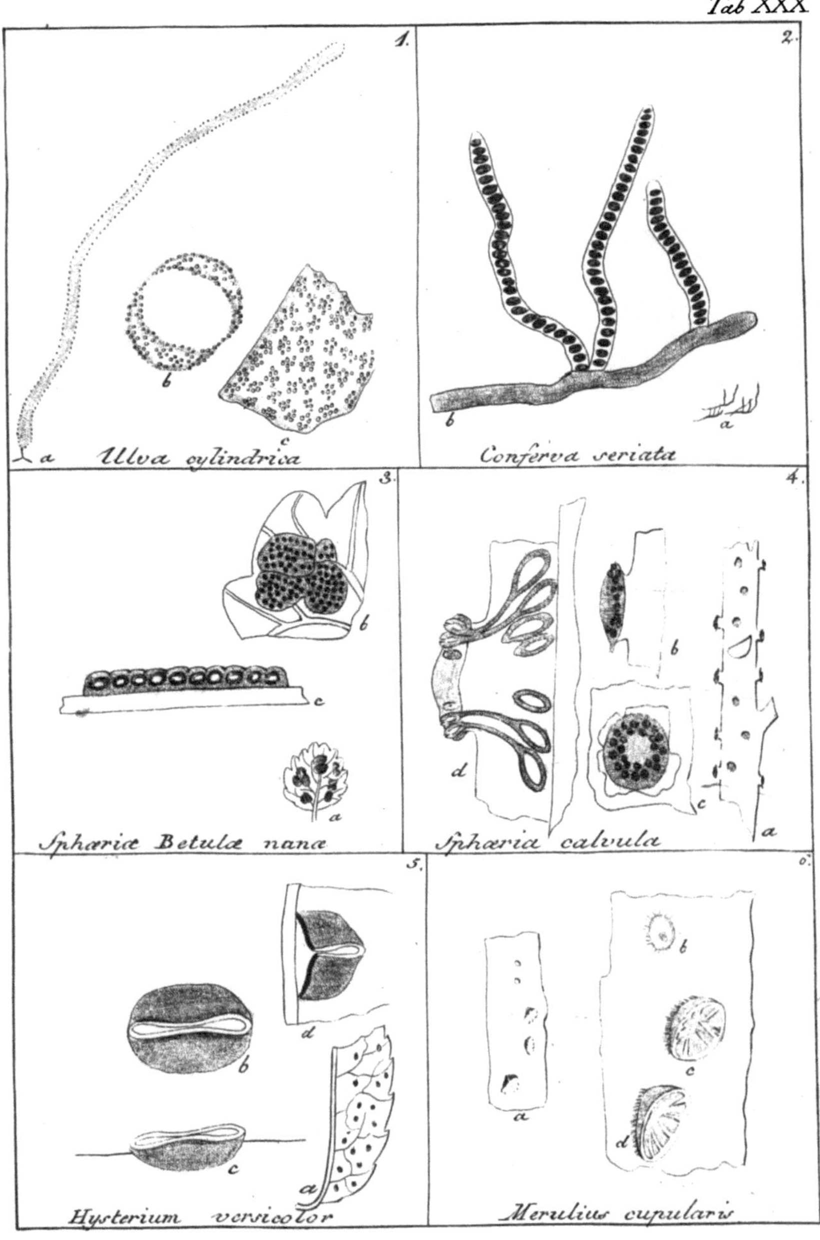
1.
Ulva cylindrica
2.
Conferva seriata
3.
Sphæriæ Betulæ nanæ
4.
Sphæria calvula
5.
Hysterium versicolor
6.
Merulius cupularis

Bei Fragen zur Produktsicherheit wenden Sie sich bitte an:
If you have any questions regarding product safety,
please contact:

Walter de Gruyter GmbH
Genthiner Straße 13
10785 Berlin
productsafety@degruyterbrill.com